Maschinenelemente

Entwerfen, Berechnen und Gestalten im Maschinenbau

Ein Lehr- und Arbeitsbuch

Von

Dr.-Ing. G. Niemann

Professor an der Technischen Hochschule München

Erster Band

Grundlagen, Verbindungen, Lager Wellen und Zubehör

Mit 795 Abbildungen

3. berichtigter Neudruck

Springer-Verlag Berlin Heidelberg GmbH

1958

ISBN 978-3-662-23318-4 ISBN 978-3-662-25358-8 (eBook)
DOI 10.1007/978-3-662-25358-8

Ursprünglich erschienen bei Springer-Verlag OHG., Berlin/Gottingen/Heidelberg 1950
Softcover reprint of the hardcover 3rd edition 1950

Vorwort zum dritten Neudruck.

Bei dem 3. Neudruck wurden die in den Normen inzwischen eingetretenen Änderungen berücksichtigt und eine Reihe von Fehlern berichtigt.

München, im November 1957.

G. Niemann.

Vorwort zur ersten Auflage.

Beim Aufbau des vorliegenden Buches folge ich meinen Erfahrungen als Konstrukteur und Hochschullehrer und stelle voran

die Arbeitsmethoden und Handwerksregeln,

wie man im Maschinenbau als Konstrukteur überlegend, gestaltend und berechnend vorgeht. Dann bringe ich als weitere Grundlagen

angewandte Festigkeitsrechnung, Leichtbau und Werkstoffe

ebenfalls ausgerichtet auf den Bedarf des Konstrukteurs. Hierauf fußend, werden dann

die eigentlichen Maschinenelemente

einzeln behandelt, und zwar im 1. Band die Verbindungsmittel, Federn, Wälzpaarungen Wälz- und Gleitlager, Achsen und Wellen, Wellenverbindungen und Kupplungen, denen im 2. Band die Zahntriebe, Reibtriebe, Riemen- und Seiltriebe, Reibkupplungen, Bremsen und Gesperre folgen werden.

Bei der Darstellung der einzelnen Maschinenelemente kam es mir darauf an, daß einerseits der *Überblick* und das *Verständnis* für die kritische Auswahl und Verwendung der Elemente und ebenso die *Vorstellung* von den auftretenden Beanspruchungen und Einflußgrößen nicht zu kurz kamen und andererseits der schaffende Konstrukteur ausreichende *Erfahrungsangaben* und *Zahlenunterlagen, Berechnungsbeispiele* u. *Schrifttum* griffbereit vorfindet. Denn, je mehr wir den Konstrukteur entlasten können, um so mehr Zeit gewinnt er für seine eigentliche Aufgabe: Gestalten, kritisch abwägen, auswählen und berechnen.

Wenn ich hierbei bestimmte Gebiete ausführlicher behandelt und für den Konstrukteur stärker ausgewertet habe, so mußte ich dafür an andern Stellen den Text etwas verdichten, wofür ich um Verständnis bitte.

Zum Schluß danke ich allen, die zum Gelingen dieses Buches beitrugen:

Professor Constantin Weber besonders für Abschnitt 3.1 (Ermittlung der Nennspannung),

Professor O. Kienzle für die Vergleichskalkulationen der Nabensitze S. 287 und für die

[1] Die Auszüge sind als Anhalt für den Konstrukteur gedacht; wirklich maßgebend bleibt stets die neueste Ausgabe der DIN-Blätter.

Durchsicht der Kapitel 6 (Normzahlen, Passungen) und 18 (Preßsitze),

Dr.-Ing. Hans Wahl für die Überlassung von Unterlagen und für die Durchsicht von Abschnitt 2.12 (Verschleißabwehr),

Dipl.-Ing. W. Appelt für den Entwurf der Bilder und Tafeln und für die sorgfältige Überwachung und Korrektur des Manuskriptes und der Druckfahnen,

Dipl.-Ing. K. Bötz für zahlreiche Anregungen und erste Durchsicht mehrerer Kapitel,

Dr.-Ing. H. Glaubitz für Bild 5/3 und 5/4,

Dr.-Ing. K. Talke, Dr.-Ing. W. Thomas, Dr.-Ing. W. Thuss, Dr.-Ing. E. Rubo und Dipl.-Ing. W. Hagen für die erste kritische Durchsicht mehrerer Kapitel, und allen *Firmen*, die Material beisteuerten.

Nicht zuletzt gilt mein Dank meiner Gattin, deren hilfreiche Energie und ermunternder Glaube an die Wichtigkeit dieses Buches mir in der jahrelangen Arbeit ein gern empfundener Ansporn gewesen sind.

Dem Springer-Verlag danke ich für die gute Zusammenarbeit.

Braunschweig, den 21. April 1950.

Gustav Niemann.

Inhaltsverzeichnis.

Seite

I. Grundlagen 1

1. Gesichtspunkte und Arbeitsmethoden 1

1.1. *Lehren aus der konstruktiven Entwicklung* 1
1.2. *Überprüfung der Voraussetzungen und Präzisierung der Aufgabe* 2
1.3. *Lösung der Aufgabe* 3
1.4. *Der Weg zu neuen Lösungen* 4
1.5. *Kritik und Auswahl der Lösungen* 6
1.6. *Ablauf der konstruktiven Arbeit* 8
1.7. *Berechnungen* 9
1.8. *Modelle und Versuche* 10
1.9. *Behandlung von Anständen* 11
1.10. *Schrifttum zu 1* 11

2. Gestaltungsregeln 12

2.1. *Einfluß von Funktion und Wirtschaftlichkeit* 12
2.2. *Einfluß von Beanspruchung und Funktion* 13
2.3. *Einfluß von Bedienung und Wartung* 14
2.4. *Einfluß des Werkstoffs und der Art der Fertigung* 15
2.5. *Gußteile* 15
2.6. *Schweißteile* 19
2.7. *Schmiede- und Preßteile* 19
2.8. *Blechteile und Rohre* 19
2.9. *Bearbeitete Teile* 20
Arbeitsflächen S. 21, Oberflächengüte und Passungen S. 21, Bohrungen und Durchbrüche S. 22, Gewinde und Zentrierungen S. 24, Verbindungen S. 24.
2.10. *Für den Zusammenbau* 25
2.11. *Für den Versand* 25
2.12. *Verschleißabwehr* 25
Bedeutung S. 25, Verschleißanalysen S. 26, Günstige Maßnahmen S. 27, bei Gleitverschleiß S. 28, bei Wälzverschleiß S. 31, bei Mineral- und Strahlverschleiß S. 31, bei Sogverschleiß S. 32.
2.13. *Korrosionsschutz* 32
Korrosionsarten und -Erscheinungen S. 32, Verhalten der Metalle S. 32, Schutzmaßnahmen S. 33.
2.14. *Schrifttum zu 2* 34

3. Festigkeitsrechnung 36

3.1. *Ermittlung der Nennspannung* 37
1. Kraftgrößen im Querschnitt 37
2. Normalspannung aus Längskraft 38
3. Normalspannung zwischen zwei Flächen 38
4. Normalspannung aus Biegemomenten 39
5. Resultierende Normalspannung 41
6. Schubspannung aus Querkräften 42
7. Schubspannung aus Drehmomenten 43
8. Resultierende Schubspannung 46
9 Vergleichspannung 46
10. Knick- und Beulspannung 47
11. Spannungen beim Stoß 49
12. Nennspannung und wirkliche Spannung 49

3.2. *Statische Festigkeitswerte* 49
Beim Zugversuch S. 50, Bei anderen Belastungsarten S. 50, Härtewerte S. 51, Erfahrungswerte zu 3.2 S. 51.

3.3. *Schwingungsfestigkeit* 52
Grundlagen S. 52, Minderung der Dauerfestigkeit S. 55, Erhöhung der Dauerfestigkeit S. 57, Dauerfestigkeit eines Bauteils S. 57.

Seite

3.4. *Schlagfestigkeit* 58
Kerbschlagfestigkeit S. 58, Dauerschlagfestigkeit S. 58, Dauerschlagzahl S. 58.

3.5. *Zulässige Spannung* 58
Ansatz S. 58, Bestimmung der Nutzfestigkeit S. 59, Bestimmung des Lastfehlers S. 59, Ansatz der Nutzsicherheit S. 59, Beispiel für den Ansatz S. 59.

3.6. *Schrifttum zu 3* 60

4. Leichtbau 61

4.1. *Überblick* 61

4.2. *Werkstoffvergleich mittels Kenngrößen* 62

4.3. *Werkstoffsparende Gestaltung* 67
1. Einige Grundsätze S. 68, 2. Günstige Querschnittswahl S. 68, 3. Sonstige Maßnahmen. 71

4.4. *Stahl-Leichtbau* 73
1. Erreichbare Gewichtsverminderung S. 74, 2. Bauweise S. 75, 3. Steife und Schwingungsverhalten 75

4.5. *Leichtmetall-Leichtbau* 76
1. Erreichbare Gewichts- und Kostenminderung S. 76, 2. Bauweise 77

4.6. *Schrifttum zu 4* 77

5. Werkstoffe, Profil- und Maßtafeln 79

5.1. *Werkstoffwahl* 79

5.2. *Gießbares Eisen* 80
Grauguß S. 80, Temperguß S. 81, Stahlguß S. 82.

5.3. *Flußstahl (Walzstahl, Schmiedestahl, Baustahl)* 83
1. Einfluß der Legierungszusätze 83
2. Wärme- und Härtebehandlung 84
3. DIN-Blätter 86
4. Stahlbleche 86
5. Profilstähle 87
6. Maschinenbaustähle 87
7. Einsatz- und Nitrierstähle 87
8. Vergütungsstähle 90
9. Gezogene und Automatenstähle 91
10. Federstähle 91
11. Warmfeste und zunderbeständige Stähle 91
12. Rost- und säurebeständige Stähle 92
13. Werkzeugstähle und Schneidmetalle 93

5.4. *Nichteisenmetalle* 93
1. Aluminium und Aluminium-Legierungen 93
2. Magnesium und Magnesium-Legierungen 96
3. Zink und Zink-Legierungen 98
4. Kupfer und Kupfer-Legierungen 98

5.5. *Nichtmetalle* 100
1. Holz 100
2. Plastische Kunststoffe 101
3. Keramische Stoffe 103

5.6. *Sonderstoffe* 103
1. Metallkeramische Stoffe 103
2. Verbundstoffe 103
3. Gleitwerkstoffe s. Kap. 15.7.
4. Lote s. Kap. 8.
5. Reibstoffe s. Band II.
6. Austauschstoffe s. S. 100 bis 104 und Kap. 15.7.
7. Gummi s. Kap. 12.8.

Seite

5.7. *Schrifttum zu 5* . . . 104
5.8. *Profil- und Maßtafeln* . . . 107
Rundquerschnitte S. 107, Stahlrohre S. 108, Leichtprofile S. 109, L-Stahl S. 110, [-Stahl S. 116, I-Stahl S. 117, Sicherungsringe S. 120, Stellringe S. 121, Dichtungsringe S. 122.

6. Normen, Normzahlen und Passungen . . . 123
6.1. *Normen* . . . 123
6.2. *Normzahlen* . . . 123
6.3. *Passungen* . . . 123
6.4. *Schrifttum zu 6* . . . 127

II. Verbindungselemente . . . 128

7. Schweißverbindung . . . 128
7.1. *Anwendung* . . . 128
7.2. *Herstellung* . . . 128
1. Schweißverfahren . . . 129
2. Schweißbarkeit . . . 129
3. Besondere Maßnahmen . . . 129
7.3. *Gestaltung* . . . 130
7.4. *Stoß- und Nahtformen* . . . 130
7.5. *Zeichnungsangaben* . . . 132
7.6. *Festigkeitsrechnung* . . . 133
7.7. *Schweißen im Stahlbau* . . . 134
7.8. *Schweißen im Kesselbau* . . . 135
7.9. *Schweißen im Maschinenbau* . . . 136
7.10. *Schrifttum zu 7* . . . 136

8. Lötverbindung . . . 136
8.1. *Überblick* . . . 140
8.2. *Lötverfahren* . . . 141
8.3. *Bemessung der Lötverbindung* . . . 142
8.4. *Schrifttum zu 8* . . . 142

9. Nietverbindung . . . 143
9.1. *Anwendung und Herstellung* . . . 143
9.2. *Beanspruchung und Bemessung* . . . 143
Verwendete Bezeichnungen S. 143, Einschnittige Nietverbindung S. 144, Mehrschnittige Nietverbindungen S. 145.
9.3. *Erfahrungsangaben* . . . 145
9.4. *Im Stahlbau* . . . 147
Gestaltung S. 147, Berechnung S. 147, Beispiele S. 148.
9.5. *Im Leichtmetallbau* . . . 151
9.6. *Im Kesselbau* . . . 152
Gestaltung S. 152, Berechnung S. 153, Beispiele S. 153, Nahtformen S. 154.
9.7. *Im Behälterbau* . . . 156
9.8. *Schrifttum zu 9* . . . 156

10. Schraubenverbindung . . . 157
10.1. *Verwendung und Herstellung* . . . 157
10.2. *Gestaltung und Bedienung* . . . 158
10.3. *Bezeichnungen* . . . 160
10.4. *Gewinde* . . . 161
10.5. *Kraftübersetzung und Wirkungsgrad* . . . 161
10.6. *Gefahrenquellen* . . . 162
10.7. *Beanspruchung und Berechnung* . . . 166
Ohne Vorspannung S. 166, Unter Last drehend angezogen S. 167, Vorgespannt und längsbelastet S. 167, Stoßhaft längsbelastet S. 169, Querbelastet S. 169, Bewegungsschrauben S. 170, Beispiele S. 170.
10.8. *Erfahrungswerte und Schraubentafel* . . . 171
10.9. *Normen* . . . 175
10.10. *Schrifttum zu 10* . . . 175

11. Bolzen und Stiftverbindungen . . . 176
11.1. *Verwendung* . . . 176
11.2. *Ausführung* . . . 176
11.3. *Beanspruchung und Bemessung* . . . 179

Seite

11.4. *Schrifttum zu 11* . . . 181
Klemm- und Preßverbindungen s. Kap. 18.2.
Keilverbindungen s. Kap. 18.4.
Gelenke s. Kap. 17.4 und 19.3.

12. Elastische Federn . . . 181
12.1. *Verwendung* . . . 181
12.2. *Federarten, Auswahl, besondere Eigenschaften* . . . 182
12.3. *Bezeichnungen, Kennlinien, Kennwerte* . . . 183
12.4. *Festigkeit und zulässige Beanspruchung* . . . 185
12.5. *Zug- oder druckbeanspruchte Federn* . . . 186
Zugfeder aus Stahldraht S. 186, Ringfeder S. 187.
12.6. *Biegebeanspruchte Federn* . . . 188
Einseitige Biege-Stabfeder mit konstantem Querschnitt S. 188, Mit abnehmendem Querschnitt S. 189, Geschichtete Blattfeder S. 190, Doppelseitige Biegefeder S. 191, Eingespannte Lenkerfeder S. 191, Gewundene Biegefeder S. 191, Ebene Spiralfeder S. 192, Tellerfeder S. 192.
12.7. *Drehbeanspruchte Federn* . . . 193
Drehstabfeder S. 193, Zylindrische Schraubenfeder S. 194, Litzen-Schraubenfeder S. 196, Kegelfeder S. 196, Pufferfeder S. 197.
12.8. *Gummifedern* . . . 197
12.9. *Stoßvorgang* . . . 200
12.10. *Eigenschwingungen* . . . 200
12.11. *Schrifttum zu 12* . . . 201

13. Wälzpaarungen . . . 203
13.1. *Überblick* . . . 203
13.2. *Bezeichnungen* . . . 204
13.3 *Beanspruchung* . . . 204
bei Linienberührung S. 205, bei Punktberührung S. 205, Maximale Schubspannung S. 206.
13.4. *Zulässige Belastung* . . . 207
Statisch S. 207, Dynamisch S. 209, Einfluß von Durchmesser und Schmiegung S. 211, Erfahrungswerte für K S. 211, Einfluß der Berührungsart S. 212.
13.5. *Rollreibung* . . . 212
13.6. *Berechnungsbeispiele* . . . 213
13.7. *Schrifttum zu 13* . . . 214

III. Lager . . . 215
14. Wälzlager . . . 215
14.1. *Überblick* . . . 215
Eigenschaften S. 215, Verwendungsgrenzen S. 215, Bauweise S. 216, Innere Baumaße S. 217. Werkstoff S. 217, Auswahl S. 217, Einbau S. 218, Toleranzen S. 218, DIN-Blätter S. 219, Anstände S. 219.
14.2. *Tragkraft* . . . 219
Bezeichnungen S. 219, Dynamische Tragfähigkeit S. 220, Spezifische Belastung S. 220, Belastung und Lebensdauer S. 221, Besondere Belastungsfälle S. 222, Sonstige Einflüsse S. 223.
14.3. *Reibung, Schmierung und Lagertemperatur* . . . 224
14.4. *Schrifttum zu 14* . . . 226
Maßtafeln 14/5 bis 14/15 S. 227 bis 238.
Für Ringlager S. 228 bis 231, Ringkegellager S. 232/33, Nadellager S. 234, Walzenkränze S. 234, Scheibenlager S. 236 bis 238.

15. Gleitlager . . . 239
15.1. *Überblick* . . . 239
Eigenschaften und Verwendung S. 239, Neuere Tendenzen S. 239, Einteilung S. 240.
15.2. *Laufverhalten, Schmiertheorie* . . . 240
Bezeichnungen S. 240, Reibung und Schmierdruck S. 240, Erwärmung S. 243.
15.3. *Auslegung der Querlager* . . . 245
Erfahrungswerte S. 245, Beispiele S. 246.
15.4. *Gestaltung der Querlager* . . . 247
Erfahrungsangaben S 247, DIN-Blätter S. 250, Maße der Kurzgleitlager S. 250.
15.5. *Schmierung der Querlager* . . . 251
Art der Schmierung S. 251, Anordnung und Schmierplan S. 251, Fettschmierung

Seite

S. 251, Frischölschmierung S. 251, Tauschschmierung S. 252, Hubschmierung S. 252, Umlauf-Spülschmierung S. 252.

15.6. *Längslager* 252
Überblick S. 252, Ebene Spurplatte S. 253, Segment-Spurlager S. 253, Gestaltung S. 254.

15.7. *Gleit-Werkstoffe* 255

15.8. *Schrifttum zu 15* 258

16. Schmierstoffe 261

16.1. *Übersicht* 261

16.2. *Eigenschaften und Prüfung der Schmierstoffe* 263

16.3. *Zähigkeit der Schmieröle* 265

16.4. *Schrifttum zu 16* 268

IV. Wellen und Zubehör 268

17. Achsen und Wellen 268

17.1. *Überblick* 268
Arten und Herstellung S. 268, DIN-Blätter S. 269, Wellendurchmesser S. 269, Genormte Drehzahlen S. 269, Wellenenden S. 270, Gestaltung S. 270, Sicherung S. 270.

17.2. *Bemessung der Achsen und Wellen* 270
Bezeichnungen S. 270, Erfahrungsangaben S. 271.

17.3. *Berechnungsbeispiele* 273

17.4. *Gelenkwellen und biegsame Wellen* 276

17.5. *Schrifttum zu 17* 277

18. Verbindung von Welle und Nabe 278

18.1. *Überblick* 278
Auswahl S. 278, Festigkeit S. 278, Nabenmaße S. 279, DIN-Blätter S. 279, Bezeichnungen S. 280.

18.2. *Reibschluß-Verbindungen* 281
Kräfte beim Klemmsitz S. 281, beim Preßsitz S. 282, Querpreßsitz S. 283, Längspreßsitz S. 285, Kegelsitz S. 286.

18.3. *Formschluß-Verbindungen* 287
Längs- und Querstift S. 287, Paßfeder S. 287, Vielnut S. 287, Kerbverzahnung S. 288, K-Profil S. 288.

18.4. *Vorgespannte Formschluß-Verbindungen* 288
Scheibenkeil S. 289, Flachkeil S. 289, Nutenkeil S. 289, Tangentkeil S. 289.

18.5. *Schrifttum zu 18* 293

19. Verbindung von Welle und Welle (Kupplungen) 294

19.1. *Überblick* 294

19.2. *Feste Kupplungen* 295
Plan-Kerbverzahnung S. 295, Scheibenkupplung S. 296, Schalenkupplung S. 297, Stieber-Rollkupplung S. 297.

19.3. *Ausgleich-Kupplungen* 298
Ausgleich-Größen S. 298, Bauarten und Bemessung S. 398, Baumaße S. 299, Kugelgelenke S. 300.

19.4. *Schaltkupplungen* (Wellenschalter) 300
Bauarten S. 300, Kräfte und Schalterleichterungen S. 303, Stoßkraft S. 304.

19.5. *Schrifttum zu 19* 304
Reibkupplungen s. Band II.

Sachverzeichnis 305

Inhaltsübersicht von Band II

Zahngetriebe: 20. Grundlagen. 21. Stirntrieb. 22. Kegeltrieb. 23. Schraubentrieb. 24. Schneckentrieb. 25. Kettentrieb. 26. Zahngesperre. **Reibgetriebe:** 27. Reibgesperre. 28. Reibkupplungen und Reibbremsen. 29. Reibräder 30. Seiltrieb. 31. Riementrieb.

Sonstiges.

I. Grundlagen.

1. Gesichtspunkte und Arbeitsmethoden.

„Ein Mann, der konstruieren will....
Der *schau* erst mal und *denke!*"

Zum *erfolgreichen Konstruieren gehört mehr als nur Konstruieren!* Die erste Voraussetzung ist vor allem die ungeteilte Hingabe an die Aufgabe. Die nächste ist die Beherrschung zahlreicher Gesichtspunkte und Erfahrungen, die zum Teil außerhalb des Rahmens der eigentlichen konstruktiven Tätigkeit liegen.

Die Frage ist nun, wie weit derartige Erfahrungen erfaßt und in Form von Gesichtspunkten und Arbeitsmethoden dargeboten werden können.

Denn mit Erfahrungsangaben ist es eine eigene Sache: Sie sagen einem nur wenig und die Aufzählung aller Einflußmomente wirkt oft erdrückend, solange man nicht selbst ähnliche Situationen erlebt hat. Es gilt hier, wie auch sonst im Leben: *Fremde Erfahrungen werden erst durch eigene gleichartige Erfahrungen lebendig und fruchtbar!*

Man nehme daher die nachfolgenden Ausführungen zunächst als Überblick über die Arbeitsmethoden bei konstruktiven Aufgaben. Man muß sie dann aber in *eigener* konstruktiver Tätigkeit *üben* und *erleben* und mit eigenen Erfahrungen verschmelzen.

1.1. Lehren aus der konstruktiven Entwicklung.

Die stets zu beobachtende *Weiter*entwicklung einer Konstruktion von der ersten Ausführung bis zur ausgereiften Form zeigt schon, daß bei der Erstausführung gewisse Erfahrungen noch fehlen und, daß man nur schrittweise von Ausführung zu Ausführung dem Ideal näherkommt.

Hierbei sind es zunächst die auftretenden *Anstände* und nicht vorausgesehenen *Nebenwirkungen* und ihre *Erforschung*, dann weiter die mit dem Erfolg wachsenden *Anforderungen* und nicht zuletzt die mit dem Erfolg wachsende *Konkurrenz*, welche die Entwicklung vorwärts treiben, bis eine gewisse Reife erreicht ist. Im großen ganzen verläuft die Entwicklung eines technischen Gebildes nach der bekannten biologischen Wachstumskurve (Bild 1/1), und es ist für die Inangriffnahme einer konstruktiven Weiterentwicklung wertvoll zu wissen, in welchem Bereich der Entwicklungskurve man sich befindet. Denn: Je ausgereifter eine Konstruktion ist, um so geringer ist der noch erzielbare Fortschritt, und um so größer ist der hierfür erforderliche Aufwand.

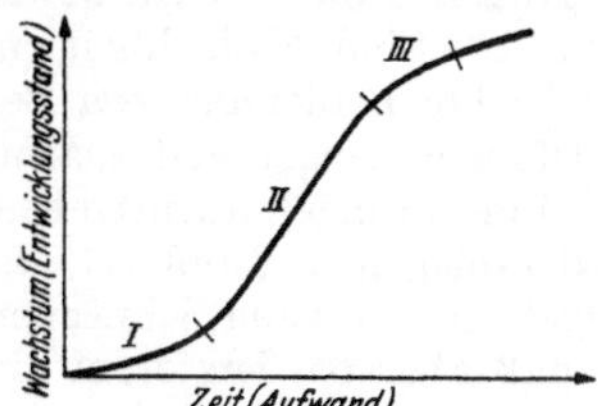

Bild 1/1. Biologische Wachstumskurve (S-Kurve). Sie trifft im wesentlichen auch für die Entwicklung technischer Gebilde zu. Im Gebiet der Reife (III) ist nur noch ein geringer Fortschritt mit erheblichem Aufwand erzielbar.

In diese mehr oder weniger stetige Entwicklung können nun *neue Erkenntnisse* (neue Werkstoffe, neue Verfahren, neue Energiequellen) oder *neue Bedürfnisse* (wirtschaftliche, soziale, politische Veränderungen) neue Impulse hineintragen, die neue Lösungen hervorrufen.

Im Verlauf einer derartigen technischen Entwicklung pflegen folgende konstruktive Aufgaben einander abzulösen:

1) *Erstausführung.* Erzielung der angestrebten Wirkung.

2) *Fortentwicklung.* Ausmerzung der Anstände, Ausreifung, Vereinfachung und Verbilligung der Konstruktion.

3) *Anpassung* der Konstruktion an besondere Anwendungsgebiete und Entwicklung von Sonderausführungen hierfür.

4) *Typisierung.* Festlegung auf bestimmte Größen, Ausführungsformen und Leistungen, soweit dieses nicht schon vorher erfolgte.

5) *Umstellung* auf andere Fertigung bzw. andere Werkstoffe.

6) *Neukonstruktion* auf neuer Ebene.

Die Frage ist nun, wie wir bei den einzelnen Aufgaben am besten vorgehen, welche Arbeitsmethoden zu empfehlen und welche Gesichtspunkte besonders zu beachten sind. Der erste Schritt heißt stets:

1.2. Überprüfung der Voraussetzungen und Präzisierung der Aufgabe.

Erfahrungsgemäß wurzeln die meisten Anstände und Fehlentwürfe in ungenügender Vorklärung der Anforderungen und unzureichender Formulierung der Aufgabe. Man muß erst wissen, was man will und worauf es wirklich ankommt! Der Konstrukteur muß wissen, ob im vorliegenden Fall Qualität oder Preis entscheidend sind, ob die Funktion verbessert, oder der Aufwand verringert werden soll. Denn: *Die jeweils beste Lösung ist der jeweils beste Kompromiß zwischen konkurrierenden Anforderungen.*

So wird man für eine *Erstausführung* vorher untersuchen müssen: Die Frage des *Bedarfs* [1], die vorliegenden *Arbeitsbedingungen* und besonderen *Anforderungen* und andererseits die erzielbare *Wirkung* und den hierfür zu erwartenden *Aufwand.*

Die Frage des *Bedarfs* und des zulässigen *Aufwands* wird häufig erst durch eine nähere Erforschung (Marktanalyse) des erzielbaren Preises, des möglichen Absatzes und der erforderlichen Qualität beantwortet werden können [2].

Die vorliegenden *Arbeitsbedingungen* und *Anforderungen* und auch die bisher vorliegenden Erfahrungen wird man am besten an Ort und Stelle im Kreis der Benutzer erkunden. Hierbei ist zu klären: Was wird als *notwendig* angesehen (Leistung, Energieverbrauch, Sicherheit usw.), was ist außerdem *erwünscht* (bequeme Bedienung, Geräuscharmut usw.)? Spielen die Beschaffungs-, die Energie- oder die Unterhaltungskosten die größere Rolle? Wird die Maschine überlastet, schlecht gewartet, selten oder ständig benutzt? Sind Einfachheit und Betriebssicherheit, oder größere Leistungsfähigkeit und leichte Bedienung von Bedeutung?

Oft auch zeigen erst *zahlenmäßige* Voruntersuchungen, wo besondere Aufwendungen oder Einsparungen anzustreben sind. So zeigt z. B. die Aufteilung der Jahreskosten von Förderanlagen in Tafel 1/1, daß die Einsparung an Energiekosten wohl bei der Handhängebahn und beim Schneckenförderer, aber kaum beim Portaldrehkran von Bedeutung ist, daß aber bei letzterem eine Verringerung der Abschreibungskosten (geringere Beschaffungskosten oder längere Lebensdauer) und der Unterhaltungskosten von Bedeutung wäre [3].

Erst nach einer derartigen Vorklärung wird man die technischen Anforderungen so umfassend und genau wie möglich *in Zahlen* festlegen, z. B. Leistungen, Geschwindigkeiten, Drehzahlen, Tragkraft, verlangte Güte usw. Hierbei wird man häufig übertriebene Anforderungen zugunsten anderer Gesichtspunkte (Preis) in mündlichen Besprechungen zurückschrauben müssen.

---

[1] Eine falsche Einschätzung der Bedürfnisse ist wohl die häufigste Ursache für den wirtschaftlichen Mißerfolg einer Neukonstruktion.

[2] Gewöhnlich ist bei den ersten Ausführungen der Qualitätsgedanke vorherrschend, um zunächst die Funktion zu sichern. In der 2. Periode tritt dann die Preisfrage in den Vordergrund und drängt zur billigen, aber technisch gerade ausreichenden Ausführung. In der 3. Periode setzt dann eine rückläufige Tendenz ein: In bestimmten Anwendungsfällen befriedigt die Qualität nicht mehr. Man entwickelt für diese Sonderfälle eine hochwertige Ausführung, die dann neben der billigeren für den Massenbedarf gebaut wird. Ein gutes Beispiel für diesen Entwicklungsgang sind Elektromotoren, dann Schalter, Sicherungen, Stecker und Kupplungen für elektrische Leitungen.

[3] Da in Wirklichkeit wohl die Kosten pro t Umschlag entscheidend sein werden, d. h. die Jahreskosten geteilt durch die jährlich umgeschlagene Tonnenzahl, könnte man auch versuchen, die Umschlagsleistung zu erhöhen.

Oft lohnt sich auch die Untersuchung, ob man die verlangte Leistung günstiger auf mehrere *gleiche* Maschinen aufteilt (Reserve bei Ausfall) oder besser auf mehrere *hintereinander* geschaltete (mehrere Einzweck- statt einer Mehrzweckmaschine) oder umgekehrt mehrere in einer Maschine vereint und so erst die Voraussetzungen für eine günstige Lösung schafft.

Ein durchschlagender Gesichtspunkt kann eine ganze Konstruktion umwerfen![1]

Weiter ist zu klären, ob man mit Einzel-, Serien-, oder Massenfertigung zu rechnen hat, da die *Stückzahl* die Art der Fertigung und diese die konstruktive Gestaltung bestimmt.

Tafel 1/1.

Verteilung der Jahreskosten in % bei verschiedenartigen Fördergeräten.

	3 t- Portal-Drehkran im Seehafen	Gurtförderer	Schneckenförderer	Handhängebahn
Abschreibung und Verzinsung	52,7	65,0	27,45	12,9
Unterhaltungskosten	19,0	5,5	3,92	5,5
Energiekosten	4,4	29,5	68,63	81,6
Bedienungskosten	20,8	—	—	—
Sonstiges	3,1	—	—	—
Summe:	100	100	100	100

Sinngemäß wird man bei den anderen Konstruktionsaufgaben vorgehen: So ist für eine *Fortentwicklung* (neue Type)[2] eine kritische Überprüfung der bisherigen Anstände und Erfahrungen notwendig und bei *Typisierungsarbeiten* die nähere Kenntnis des Bedarfs, der günstigsten Größenabstufung und der verschiedenen Anwendungsfälle. Dagegen erfordert die *Umstellung* und *Anpassung* einer Konstruktion für andere Anwendungsgebiete, andere Fertigung oder andere Werkstoffe ein näheres Eingehen auf deren Erfordernisse.

Auf diese Vorklärung und Präzisierung der Aufgabe sollte man reichlich Zeit und Mühe verwenden, denn gerade hierdurch erspart man sich viele Rückschläge.

Erst dann schreiten wir zur

1.3. Lösung der Aufgabe.

Je eindeutiger Aufgabe und Anforderungen festgelegt sind, um so eindeutiger ist die Lösung vorgezeichnet. Meist werden bereits bestimmte Lösungen oder bestimmte Erfahrungen vorliegen, von denen man ausgehen kann.

So wird man zunächst die *eigenen* einschlägigen Ausführungen durchgehen und deren technische Daten, Gewichte und Kosten übersichtlich zusammengestellt bereithalten[3].

Die nächstliegende Frage ist: *Wie baut die Konkurrenz?* So sagte mir mein erster Konstruktionschef, als ich mit einem neuen Vorschlag zu ihm kam:

„Das kommt erst später! Sehen Sie sich erst mal an, wie die Konkurrenz baut. Dann ergründen Sie, warum sie so baut. Und wenn Sie auch noch in Erfahrung gebracht haben, was daran geschätzt wird und was nicht, dann können Sie mir mit neuen Vorschlägen kommen."

Die konstruktive Aufgabe wird häufig darin bestehen, eine in den Grundzügen bekannte Konstruktion in bestimmter Richtung günstiger zu gestalten oder bestimmten Anforderungen anzupassen.

Hierbei kommt es darauf an, die konstruktiven Möglichkeiten im Rahmen der gestellten Forderungen voll auszuschöpfen, d. h. die kritischen Punkte zu erkennen und die verschiedenen Bauelemente voll zu beherrschen, um dann durch ihre geschickte Auswahl, Berechnung und Gestaltung zu einer günstigen Gesamtlösung zu kommen.

Aber auch für das Auffinden *neuer* Lösungen lassen sich Erfahrungen angeben.

---

[1] So führte z. B. beim *Seehafen-Kran* der Gesichtspunkt, mehrere Krane für *eine* Schiffsluke arbeiten zu lassen zum *Wipp*-Drehkran, und der Gesichtspunkt, den leeren Haken und kleinere Lasten schneller zu heben zur Hubwinde mit Doppel-Motor.

[2] Die Zeit, die zur Ausreifung einer Konstruktion erforderlich ist, verlangt, daß man eine neue Type bereits durchkonstruiert und erprobt, wenn die bisherige ihren Zweck noch erfüllt. Die laufende Fertigung hält man möglichst frei von Änderungen und stellt sie dann auf die bereits erprobte neue Type um. Man bevorzugt also eine „treppenförmige" Entwicklung.

[3] So pflegt jedes gut geleitete Konstruktionsbüro von jeder ausgeführten Konstruktion ein „Schlußblatt" mit allen technischen Daten aufzustellen.

1.4. Der Weg zu neuen Lösungen[1].

Hierzu bedarf es erstens der *Anregung!* Was regt uns an? Vor allem das eindrucksvolle Erlebnis einer neuen Erscheinung, einer neuen Erkenntnis, oder eines neuen Bedürfnisses (oft auf ganz anderen Gebieten). Eine besondere Rolle spielt hierbei die *Erregung*, sei es die Freude oder Verwunderung über etwas Neues oder umgekehrt der „*fruchtbare Ärger*" über eine Unvollkommenheit (jeder Ärger muß sich lohnen!) und die *lebhafte Auseinandersetzung* mit Fachleuten oder sonstigen Erfahrungsträgern (der Wert von Vorträgen und Diskussionen).

Dann die zwar weniger eindrucksvolle, aber häufig schon ausreichende Anregung durch *Lesen.* Hierbei kommt es auf die offene und fragende, auf die verknüpfende und schlußfolgernde Einstellung, also auf den *eigenen aktiven* Anteil an.

Ein vorzügliches Mittel ist auch die *Selbstanregung* durch Aufwerfen einer Frage (eine Frage „bohrt"), durch Kritik des Bisherigen und durch Aufwerfen neuer Gesichtspunkte und neuer Wünsche. Sei es die Frage: Was fehlt noch? Welche Wünsche stehen noch offen? Welche Anstände bleiben bestehen? Wie sieht das Ideal aus? Oder die Frage: Wo würde diese Lösung ebenfalls vorteilhaft sein?[2] Mit welchen anderen Mitteln läßt sich der gleiche Zweck erreichen? Läßt er sich mit weniger Aufwand erreichen? Oder: Auf welchen Gebieten liegen ähnliche Aufgaben vor und welche Lösungen werden bevorzugt? Also Vergleiche ziehen und auf den Nachbar- und Grundgebieten Umschau halten! So wird der Brennkraftmotor-, der Kompressoren- und Pumpenbau Anregungen für den Dampfmaschinenbau bieten können, der Flugzeugbau für den Kraftwagen und dieser für den Kranbau — und umgekehrt.

Zweitens muß für die aufzufindende Lösung genügend *Baumaterial* in Form von einschlägigen Kenntnissen und Erfahrungen vorhanden sein oder beschafft werden[3], so daß

drittens aus der *innigen Berührung*, Verknüpfung und Ausscheidung der Lösungsgedanke hervorgehen kann. Hierbei ist der Wechsel zwischen *offener Einstellung* (Aufnahme und Anregung) und *Konzentration* (Verknüpfung und Verarbeitung) wesentlich.

Variation der Lösung. So glücklich ein Konstrukteur über eine gefundene Lösung sein mag und so verführerisch es dann für ihn ist, sich damit zu begnügen — ebenso sicher ist, daß die erste Form einer Lösung ganz selten die günstigste ist. Man muß jetzt den *Grundgedanken* der Lösung genauer zu erfassen suchen. Man muß ihn in Parallel- und Umkehrlösungen mehrfach abwandeln, um zu einem vollständigen Einblick und Durchblick zu kommen, kurz: um das „Gesetz" zu erfassen. Erst durch eine derartige intensive Auseinandersetzung mit dem Problem gelangt man zum Kern, gelangt man zu weiteren Gedanken und Kombinationen, die wiederum zu neuen Lösungen führen.

Diese Gedankenarbeit unterstützt man am besten durch *Skizzen* (Prinzipskizzen, Schemabilder und Skizzen von besonderen Einzelheiten), Vergleichen und *Stichwortnotizen* und in besonderen Fällen durch *Modelle.*

Für *getriebliche* Aufgaben ist es wertvoll zu wissen, daß kinematische Umkehrungen, z. B. die Bewegung des Werkstücks an Stelle des Werkzeugs, nur kinematisch, aber nicht technisch gleichwertig sind, daß also gerade das Durchdenken von Umkehrungen lohnend sein kann (Bild 1/2).

---

[1] Die *Methoden* zum Auffinden neuer Lösungen sind noch wenig entwickelt. Wer sich selbst etwas beobachtet, weiß, wie umwegig und schwerfällig wir uns geistig außerhalb der eingefahrenen Denkbahnen bewegen. Es wäre wertvoll, die verschiedenen Erfahrungen hierin zusammenzutragen und zu einer „Technik" zu verdichten. Denn — wie bei jeder Kunst — beruhen die höchsten Leistungen auf den drei Komponenten: Veranlagung, Übung und „Technik". Hierzu obiger Beitrag.

[2] So wurde die Verwendung eines Sauerstoffstrahls zum Reinigen des verstopften Abstichlochs bei Hochöfen zum Ausgangspunkt für die Entwicklung des autogenen Brennschneiders.

[3] Durchforschung des *Fachschrifttums* (Fachbücher, Fachzeitschriften, Patent- und Werbeschriften), Befragung von *Fachleuten* oder *technischen Auskunftstellen* (Fachverbände, Forschungsinstitute und Technische Hochschulen).

Ferner sind gewöhnlich reine Drehzapfenbewegungen (Kreisbewegungen) gegenüber geradlinigen oder kurvenförmigen Schubbewegungen vorzuziehen, ebenso durchlaufende Drehbewegungen gegenüber hin- und hergehenden.

Der Verlauf von Relativbewegungen kann sehr einfach durch übereinander gelegte und entsprechend verschobene Transparentblätter überprüft und aufgezeichnet werden.

Weiter ist zu überlegen, ob die *zusätzliche* Ausnutzung eines Bauteils oder eines Vorgangs für eine zusätzliche Aufgabe Vorteile bringt (z. B. beim Zweitaktmotor die zusätzliche Ausnutzung der Kolben für die Schlitzsteuerung des Gases, oder beim Fordson-Schlepper die Ausnutzung des Motor-Getriebe-Blocks als Verbindungsträger zwischen Vorder- und Hinterachse), oder ob gerade umgekehrt die Abtrennung und Übertragung einer Funktion auf einen besonderen Bauteil (Spezialisierung) einen Fortschritt bedeutet.

Die obigen Hinweise zeigen bereits, daß es besonders für Neukonstruktionen wertvoll ist, eine gewisse „*Variationstechnik*" zu beherrschen (Bild 1/2), für die gerade Kinematik und Getriebelehre zahlreiche (wenn auch einseitige) Beispiele liefern [*1/1*] bis [*1/9*]. Ferner müssen uns die für den jeweiligen Zweck in Frage kommenden *Bauelemente* geläufig sein. So stehen z. B. zum stufenlosen, formschlüssigen Nachstellen nur der Keil und seine Abkömmlinge nach Bild 1/3 zur Verfügung[1]. Zur Variationstechnik gehört auch die Methode der *Vervielfachung*. So wird z. B. beim Kühlschrank die geringe Kühlwirkung, die beim Entspannen von Druckgas auftritt, erst durch ihre vielfache Wiederholung technisch wirkungsvoll. Ferner *Optimum*-Untersuchungen: Bei welcher Formgebung wird z. B. das geringste Gewicht oder der geringste Windwiderstand eines Trägers erreicht (siehe Kap. 4.2), oder der geringste Strömungsverlust bei einem Ventil?

1.
2.
3.
4.

Bild 1/2. Variation einer Reibscheiben-Kupplung (schematisch) als Beispiel für die Variationstechnik.
1. Variation: Scheiben-, Kegel-, Trommel-Kupplung.
2. Variation: Vervielfachung und Kraftausgleich.
3. Variation: Innen oder außen mehr Scheiben.
4. Variation: Zug- oder Druck-Anordnung.
Ein weiteres Variationsthema wäre die Ein- und Ausschalt-Einrichtung.

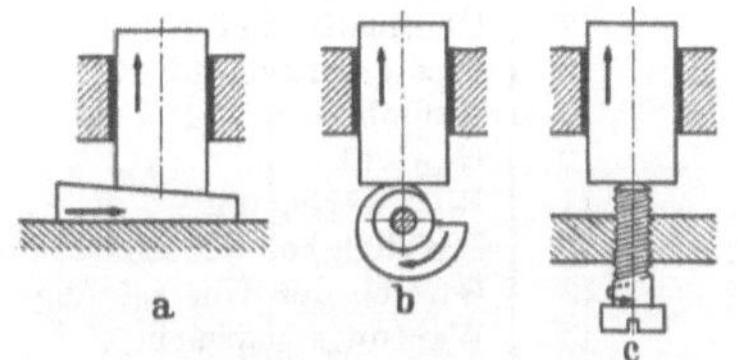

Bild 1/3. Elemente zum feinfühligen Nachstellen. a) Keil; b) Drehkeil (Exzenter); c) Schraube (Keil um Zylinder gewunden).

1.5. Kritik und Auswahl der Lösung.

Soweit mehrere Lösungen die gestellten Anforderungen (s. unter 1.1) erfüllen, wird man sie an Hand einer Bewertung der einzelnen Eigenschaften vergleichen und gegen-

[1] Zum kraftschlüssigen Nachstellen: Gewichts-, Feder- oder Magnetkräfte, Flüssigkeits- oder Gasdruck.

einander abwägen (s. Tafel 1/2). Oft können bereits *Überschlagsrechnungen* zeigen, daß in dem einen oder anderen Falle die gewünschte Wirkung nicht voll erreicht, oder der erforderliche Aufwand zu groß wird. Im allgemeinen werden aber einige Lösungen in der engeren Wahl verbleiben, für die erst *maßstäbliche Entwürfe* und eingehende Berechnungen notwendig sind, um zwischen ihnen entscheiden zu können. In anderen Fällen werden erst bestimmte Fragen durch Versuche oder durch Heranziehen von Spezialisten, Lieferanten oder Benutzern geklärt werden müssen, um eine Entscheidung zu ermöglichen.

Bei zahlreichen konkurrierenden Gesichtspunkten ist eine zutreffende Gesamtbewertung oft nicht einfach. Man greift in solchen Fällen am besten zur *Punktwertung*[1].

Man schreibt hierzu die maßgebenden Gesichtspunkte untereinander und gibt für jede der zu beurteilenden Konstruktionen ihren Erfüllungsgrad mit einer Punktzahl z an (z. B. $z = 1$ bis 4; Ideal $= 4$)[2]. Die von einer Konstruktion erreichte Gesamtpunktzahl kann dann als Vergleichsmaß für deren technischen Wert dienen. Tafel 1/2 zeigt eine derartige Bewertung.

KESSELRING [*1/3*] treibt diese Bewertungsmethode noch weiter. Er bildet aus der Gesamtpunktzahl z der betreffenden Konstruktion und z_i für die ideale Konstruktion den „*technischen Wert*" $x = z/z_i$ und aus den Gestehungskosten K der Konstruktion, und der Idealkosten K_i den *Gestehungswert*[3] $y = K/K_i$ und trägt sie in ein $x-y$-Diagramm ein (Bild 1/4). Aus x und y kann man den *Gesamt-Vergleichswert* $s = x/y$ bilden.

Es ist ein besonderer Vorzug der Punktwertung, daß man sich Punkt für Punkt mit allen maßgeblichen Eigenschaften einer Konstruktion auseinandersetzen muß. Gleichzeitig wird man bei jeder Punktwahl angeregt zu prüfen, durch welche Maßnahmen der betreffende Punktwert erhöht werden könnte. Das Punktsystem zeigt deutlich, wo die Weiterbildung einer Konstruktion einsetzen müßte.

Tafel 1/2. *Beispiel einer Punktwertung für vier Übersetzungsgetriebe für Personen-Kraftwagen nach* KESSELRING [*1/3*]. (Die elektrische und die hydraulische Kraftübersetzung bestehen aus Generator, Motor und Regelung).

Nr.	Eigenschaft	Getriebeart				
		Zahnrad	Reibrad	Elektrisch	Hydraulisch	Ideal
1	Wirkungsgrad	4	3	2	2	4
2	Geräuscharmut	3	4	3	4	4
3	Schalterleichterung	2	3	4	4	4
4	Stufenlosigkeit	2	4	4	4	4
5	Betriebssicherheit	4	1	4	4	4
6	Lebensdauer	3	1	4	4	4
7	Überlastbarkeit	4	1	3	3	4
8	Frostempfindlichkeit	2	3	4	2	4
9	Raumbedarf	4	2	1	2	4
10	Gewicht	4	3	1	2	4
11	Rückwärtsgang	3	3	4	2	4
12	Freizügigkeit der Anordnung	3	2	4	2	4
13	Bereich der Übersetzung	3	2	4	4	4
14	Wartungsansprüche	3	3	3	4	4
	Summe	44	35	45	43	56
	Techn. Wert $x = z/z_i \leq 1$	0,79	0,63	0,80	0,77	1
	Gestehungswert $y = K/K_i \geq 1$	1,3	1,9	6,35	4,65	1
	Gesamtvergleichswert $s = x/y$	0,608	0,332	0,126	0,166	1

[1] Oft genügt es auch schon, die Vor- und Nachteile einer Konstruktion in geordneter Folge aufzuschreiben, um zu einer Klärung zu gelangen.

[2] Häufig ist die Zahl 1 oder 100 als Punktzahl für das Ideal vorteilhafter.

[3] Bei KESSELRING [*1/3*] ist y mit „wirtschaftlichem Wert" und s mit „Stärke" bezeichnet.

So möchte ich zu dem Beispiel Tafel 1/2 und Bild 1/4 sagen: Obwohl hier jede Eigenschaft einfach das gleiche Gewicht erhalten hat (Ideal = 4)[1], obwohl man über einzelne der angegebenen Punktzahlen streiten könnte und obwohl der Unterschied im Gestehungswert nicht ohne weiteres mit dem Unterschied im technischen Wert vergleichbar ist, so bleibt doch das erzielte Gesamtbild wertvoll. Man erkennt, daß

1) das *Zahnradgetriebe* sowohl im technischen als auch im Gestehungswert sehr weit fortgeschritten ist und seine Weiterentwicklung bei Nr. 3, 4 und 8 anzusetzen wäre;

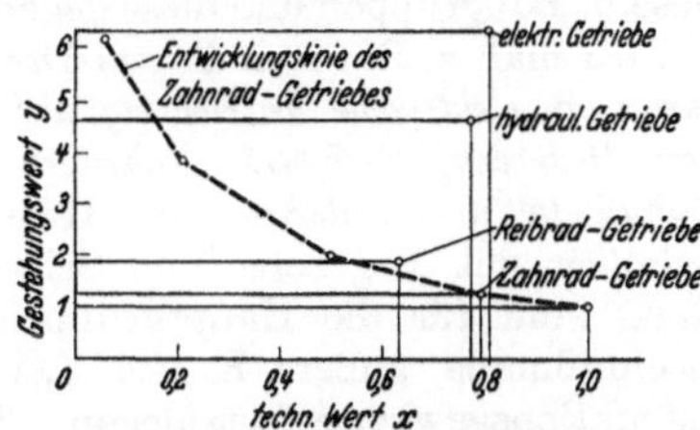

Bild 1/4. Bewertung von Kraftwagengetrieben, entsprechend Tafel 1/2 nach Kesselring [1/3].

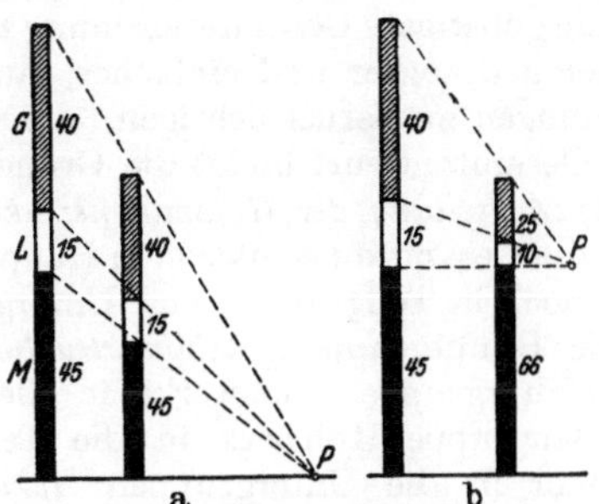

Bild 1/5. Senkung der Gestehungskosten einer Konstruktion im Zuge der technischen Entwicklung, nach Kesselring [1/3].

a) Normalfall, Konstruktion schrittweise verbessert (trifft für 80% aller Fälle zu); b) Sonderfall, Fertigung schrittweise rationalisiert; *M* Materialkosten, *L* Lohnkosten, *G* Gemeinkosten.

2) bei der *hydraulischen* und besonders bei der *elektrischen* Kraftübersetzung der unverhältnismäßig hohe Gestehungswert ihre Verwendung im PKW trotz ihrer hohen technischen Wertigkeit durchweg verbieten wird;

3) beim *Reibradgetriebe* eine Weiterentwicklung zunächst bei Nr. 5, 6 und 7 einsetzen müßte, um für PKW's geeigneter zu werden.

Noch eindeutiger läßt sich der Wert einer Konstruktion beurteilen, wenn sich auch ihre technischen Eigenschaften durch ihre Wirkung in Kostenwerten ausdrücken lassen, wie z. B. bei Förder- und Umschlaganlagen in Kosten pro Tonne Umschlag, bei Lastfahrzeugen in Kosten pro Tonne und Kilometer, bei Kraftmaschinen in Kosten pro PS-Stunde usw. Bei allen Zahlenvergleichen muß man jedoch nachprüfen, ob darin sämtliche Einflußgrößen erfaßt sind, ob sie richtig erfaßt sind und ob die Vergleichsbasis zutrifft.

In vielen Fällen werden für die Beurteilung auch noch folgende Erfahrungen dienlich sein:

1) Der Vater einer Neukonstruktion *überwertet* häufig die Bedeutung der durch seine Konstruktion herausgestellten Eigenschaften. (Sind sie wirklich so wichtig?) Hier wird die Beurteilung durch andere Fachleute, besonders aus dem Kreis der späteren Benutzer wertvoll sein.

2) Entscheidend für den Erfolg einer Konstruktion ist vor allem die einwandfreie Verwirklichung eines *durchschlagenden Grundgedankens*. Sein Fehlen kann auch durch besondere konstruktive Feinheiten nicht ersetzt werden.

3) Der Vorteil einer Neukonstruktion muß einen gewissen *Schwellwert* überschreiten, um sich durchzusetzen. Besonders wird eine Neukonstruktion eine gebräuchliche *einfachere* auf die Dauer nur dann verdrängen, wenn ihre Vorzüge entscheidend sind.

4) Bei gleichartigen Konstruktionen können die *Werkstoffkosten* als Maßstab für die Gestehungskosten der Konstruktion dienen (Bild 1/5). Hieraus ergibt sich auch der Konstruktionsgrundsatz: Geringe Materialkosten anstreben! Und weiter: „Formleichtbau" (s. Kap. 4.3) bevorzugen! Eine Gegenüberstellung der Werkstoffkosten eines Trägers bei gleicher Festigkeit bzw. gleicher Verformung, aber aus verschiedenen Werkstoffen zeigt Tafel 4/2, im Kap. 4.2.

[1] Es gibt Fälle, wo eine oder mehrere Eigenschaften entscheidend sind, z. B. beim Rennwagen die größere Geschwindigkeit, beim Fahrzeug für Moorboden die geringere Bodenpressung, oder bei Wüstenfahrzeugen die sichere Abdichtung gegen Sand. In derartigen Fällen wird man die Bewertung auf diese Eigenschaften richten, bzw. ihnen eine ausschlaggebende Idealpunktzahl zuordnen.

1.6. Ablauf der konstruktiven Arbeit.

Nachdem alle wesentlichen Punkte für das konstruktive Vorhaben geklärt sind, beginnen wir mit dem

1) *maßstäblichen Gesamtentwurf*, der die Hauptmaße und die Gesamtanordnung festlegt. Gerade hierbei werden durchweg Parallel- und Folge-Entwürfe erforderlich sein, um die günstigste Gesamtanordnung zu finden, um von Entwurf zu Entwurf fortschreitend immer gedrängter und einfacher, raum- und gewichtsparender zu bauen, um alle Einwendungen zu berücksichtigen, die von seiten der beteiligten Stellen gemacht werden. Der Gesamtentwurf bildet die Grundlage für den nächsten Schritt:

2) *Aufteilung der Gesamtkonstruktion.* Bei sehr umfangreichen Objekten unterteilt man die Gesamtkonstruktion in Hauptgruppen, diese in Baugruppen und diese gegebenenfalls noch in Teilgruppen und Untergruppen. So wird man z. B. einen Portal-Drehkran in die Hauptgruppen *Stahlkonstruktion*, *Triebwerke* und *elektrische Ausrüstung* aufteilen, die Hauptgruppe Triebwerke in die Baugruppen *Hubwerk*, *Drehwerk*, *Fahrwerk* usw., die Baugruppe Hubwerk in die Teilgruppen *Hubwinde*, und *Zubehör*, die Teilgruppe Zubehör in die Untergruppen *Hakengeschirr*, *Seilrollen* mit Lagerung und Seilschutz, *Seil* mit Seilbefestigung usw. Bei der Aufteilung sind für die Hauptgruppen und Baugruppen die notwendigen *Ausgangswerte* (Anschlußmaße, äußere Kräfte, Leistung, Geschwindigkeit usw.) und die angesetzten Konstruktionsgewichte festzulegen. Ferner wird man die Art der Fertigung klären und die Verwendung vorhandener, genormter oder marktgängiger Bauteile.

Dann wird der Gruppenkonstrukteur den *Gruppenentwurf* anfertigen und hierdurch die Ausgangswerte für die Untergruppen bzw. für die *Einzelteile* festlegen, deren Konstruktion der Teilkonstrukteur übernimmt. Zeitlich wird man darauf achten, daß die Zeichnungen für die Guß- und Schmiedeteile und für Teile, die auswärts zu bestellen sind, zuerst angefertigt werden.

Eine derartige Aufteilung der Konstruktion ermöglicht erst die *zeitliche Parallelschaltung* und zwar sowohl bei der konstruktiven Arbeit als auch bei der Fertigung und beim Zusammenbau.

3) *Gestaltung der Einzelteile* s. S. 12.

4) *Überprüfung der Zeichnungen.* Lieber eine Zeichnung zweimal sorgfältig nach jedem Gesichtspunkt überprüfen, als eine Zeichnung ändern müssen, wenn die Fertigung schon angelaufen ist! Denn nachträgliche Zeichnungsänderungen bringen mehr Ärger. als man gewöhnlich denkt, besonders dann, wenn man nicht alle ausgegebenen Exemplare der Zeichnung sofort eigenhändig richtigstellen kann, oder wenn bereits ein Teil der Lieferung gefertigt ist.

Die beste Regel für die Überprüfung von Zeichnungen lautet: *Für jeden Gesichtspunkt eine Durchsicht!*

Erfahrungsgemäß ist es schwer, die Aufmerksamkeit gleichzeitig auf mehrere nicht zusammenhängende Gesichtspunkte einzustellen. Man lege daher vorher fest, nach welchen Gesichtspunkten die Durchsicht einzeln vorgenommen werden soll. Zum Beispiel:

a) *Kritische Punkte finden.* Was könnte Schwierigkeiten bereiten? Bei der Fertigung, beim Zusammenbau, im Gebrauch?

b) *Festigkeit.* Gefährdete Querschnitte nachrechnen! Kerbstellen und ungünstige Kraftleitung, Krafthäufung und zusätzliche Biegemomente ausmerzen!

c) *Gleitstellen.* Ist hier die Werkstoffpaarung, Oberflächengüte, Passung und Schmierung einwandfrei? Ist bei Verschleiß für Nachstellung oder leichte Auswechselung gesorgt?

d) *Abdichtung, Entlüftung und Schaulöcher.* Wo erforderlich? Ausreichend?

e) *Zusammenbau.* Ist die Zuordnung gesichert und der Zusammenbau möglich (Reihenfolge der Sitze, Platz für Monteurdaumen)? Wo ist genaue Einstellung und Anpaßarbeit erforderlich (Stellschrauben, Paßbleche)? Wodurch kann Zusammenbau erleichtert werden?

f) *Fertigung.* Wie fertigen, aufnehmen und messen? Bezugskante? Durchgehende Bohrungen? Ist die Fertigung auf üblichen Maschinen, mit üblichen Werkzeugen und üblichen Lehren möglich?

g) *Vereinheitlichung.* Symmetrische statt Links- und Rechtsausführung. Verwendung genormter bzw. marktgängiger Teile und Werkstoffe anstelle von Sonderausführungen. Verminderung der Schraubengrößen (Anzahl der Bedienungsschlüssel).

h) *Einsparungen.* Wo läßt sich an Baulänge, an Gewicht oder Raumbedarf sparen? An Qualität oder Aufwand hinsichtlich Werkstoff, Passung und Bearbeitung? (Stichwort: „entfeinen" und „plattieren"!).

i) *Maße.* Ist jede Ecke durch Maße festgelegt? Innen und außen? Bezugskante? Dann die Einzelmaße zusammenzählen und mit dem Gesamtmaß vergleichen! Dann prüfen, ob die Maße der zu paarenden Teile an den Paarungsstellen übereinstimmen.

1.7. Berechnungen.

Wir suchen bei unseren konstruktiven Aufgaben die maßgebenden Einflußgrößen, z. B. auftretende Kräfte, Beanspruchungen und Verformungen, Lebensdauer oder Verschleiß, Wirkungsgrad, Leistung und Energieverbrauch usw. *rechnerisch* zu erfassen, um

1) die zu erwartenden Wirkungen,
2) den erforderlichen Bauaufwand (Abmessungen und Gewichte),
3) den Vorteil einer Lösung gegenüber einer anderen

vorhersagen oder *nachprüfen* zu können.

Bei einer Berechnung liegen die Klippen, abgesehen von Rechenfehlern, in den *Voraussetzungen des Rechnungsansatzes.* Was nützen die sorgfältigsten Berechnungen, wenn die Ausgangswerte mit den wirklichen nicht übereinstimmen, oder wenn bestimmte Voraussetzungen gar nicht zutreffen? Also nicht nur rechnen, sondern kritisch denken: Sind die verwendeten Gleichungen und eingesetzten Werte auch für den vorliegenden Fall zutreffend?

Das gilt besonders, wenn es sich um *neue Verhältnisse* oder um Gleichungen und Erfahrungswerte handelt, die unter *anderen Umständen* gewonnen wurden. In solchen Fällen überlegt man: Welche Einflußgrößen und in welcher Potenz sind in der Gleichung enthalten? Entspricht das den vorliegenden Verhältnissen? Sind vielleicht noch andere Größen von Einfluß? Zu welchen Ergebnissen führt die Gleichung in nachprüfbaren Grenzfällen?

Also nicht schematisch rechnen, sondern sich zunachst von dem Inhalt der Gleichungen und von den Ergebnissen eine *Vorstellung* machen, wie überhaupt das *Vorstellungsvermögen ein durch nichts zu ersetzender Helfer des Konstrukteurs ist.*

Aber auch die Vorstellung kann trügen und muß wiederum durch mathematische Überlegungen oder durch Versuche korrigiert werden. Hierzu ein einfaches Beispiel: Eine Stahlkugel von 1 m Durchmesser wiegt etwa 4 t und hänge an einem Drahtseil von 2 cm Durchmesser. Nehmen wir jetzt den Kugeldurchmesser 10mal so groß, so ist man versucht, verführt durch das Augenmaß, auch den Drahtseildurchmesser 10mal so groß zu nehmen. In Wirklichkeit müßte er $\sqrt{10^3} = 31{,}6$mal so groß sein, da das Kugelgewicht mit der 3. Potenz des Durchmessers, die Tragfähigkeit des Seiles aber nur mit der 2. Potenz des Drahtseildurchmessers zunimmt.

Häufig kann man die ganze Rechnung einfacher als *Vergleichs*rechnung mit Kennwerten durchführen, wie es im Kap. 4.2 gezeigt wird.

Ferner ist zu prüfen, ob für die Berechnung die auftretenden *Größt*werte (z. B. gegenüber Gewaltbruch oder plastischer Verformung) oder die *Durchschnitts*werte (z. B. gegenüber Dauerbruch oder bei Berechnungen auf Verschleiß und Lebensdauer) maßgebend sind.

Dann ist bei technischen Rechnungen besonders darauf zu achten, daß die Rechnungsgrößen auch in der richtigen *Dimension* in die Gleichung eingesetzt werden (häufigste Fehlerquelle!).

Bei wichtigen Rechnungen wird man die *Größenordnung* des Endergebnisses durch Überschlagsrechnungen an Hand von Erfahrungen oder anderweitigen Überlegungen nachprüfen. Besonders geeignet sind Kontroll-Rechnungen mit einem *anderen* Rechnungsweg. Dabei treten oft Abweichungen vom ersten Ergebnis auf, deren Durchdenken besonders aufschlußreich sein kann.

Bei *Serien*rechnungen arbeitet man am besten tabellenmäßig oder man trägt die Rechnungswerte graphisch auf, um Einzelfehler an der Unstetigkeit zu erkennen.

Beim *Konstruieren* gehen Entwerfen und Berechnen Hand in Hand. Hierbei ist es meist bequemer und auch für die Ausbildung des „technischen Gefühls" günstiger, wenn man zunächst entwirft und dann *nach*rechnet.

1.8. Modelle und Versuche.

Modelle sind nicht nur am Platze, um andere durch Augenschein zu überzeugen, sondern auch dann, wenn konstruktive Fragen an ihnen geklärt werden können. Wir benutzen hierzu

1) *Funktionsmodelle*, z. B. aus Pappe, Holz, Metall oder Plexiglas, um Bewegungsvorgänge zu klären, oder aus Gummi, um Formänderungen an ihnen zu studieren und hieraus Rückschlüsse auf die Spannungsverteilung zu ziehen. Bei zweidimensionalen Vorgängen genügen bereits einfache Flächenmodelle.

2) *Formmodelle*, um die räumliche *Aufteilung* oder die räumliche *Gesamt*wirkung zu studieren, um den *Formverlauf* oder *Durchdringungen* oder die Wirkung von Aussteifungen zu überprüfen oder die Lage eines Schwerpunktes zu bestimmen. Sie werden je nach Bedarf aus Holz, Gips oder Metall, oder auch aus verleimten Karton in einem handlichen Maßstab, oder als „*Attrappe*" in Naturgröße ausgeführt.

3) *Versuchsmodelle*, um bestimmte Fragen an einem gegenüber der Wirklichkeit verkleinerten bzw. vergrößerten Modell durch Versuche zu beantworten.

Versuche sind oft der einzige Weg, um bestimmte Fragen für die Konstruktion zu klären. Sie erfordern aber meist mehr Zeit und Mittel, als man vorher annimmt.

Verhältnismäßig einfach sind noch *Abnahmeversuche* (Funktionserprobung) und *Dauerversuche* (Einsatzerprobung), die an die Herstellung angeschlossen werden können und im wesentlichen nur die *Funktion und Bewährung* nachweisen sollen. Ferner übliche *Prüfversuche* an Probestücken oder Modellen auf vorhandenen Prüfmaschinen, wie z. B. Werkstoffprüfungen, Windkanalversuche usw.

Erheblich teurer und zeitraubender werden aber Versuche, für die erst Versuchseinrichtungen und besondere Meßvorrichtungen entwickelt werden müssen und vor allem dann, wenn *Einzelversuche* nicht ausreichen und in langwierigen *Reihenversuchen* der Einfluß mehrerer Größen variiert und auch quantitativ erfaßt werden muß. Daher muß man bei den Forderungen nach dem, was durch Messungen geklärt werden soll besonders vorsichtig sein und sich auf das Notwendige beschränken.

Besonders wichtig sind für den Konstrukteur *Betriebsmessungen* an ausgeführten Anlagen, um wirklich zutreffende Ausgangswerte für seine Berechnungen zu erhalten, z. B. Leistungs-, Drehmoment-, Kraft- und Dehnungsmessungen, um die wirklich erforderlichen Antriebsleistungen, die wirklich auftretenden Kräfte bzw. Beanspruchungen der Bauteile kennen zu lernen. Dabei sind die Betriebsbedingungen, unter denen gemessen wurde, so ausführlich wie möglich bei jedem Meßergebnis anzugeben.

1.9. Behandlung von Anständen.

Bei der Inbetriebnahme einer Neukonstruktion pflegen *Anstände* aufzutreten. In solchen Fällen kommt es darauf an, erst einmal die Ursachen richtig zu erkennen und diese dann Schritt für Schritt zu beseitigen.

Hierbei ist die *eigene* aufmerksame Beobachtung der Betriebsbedingungen sehr wichtig. Oft wird man auch hier *Versuche* durchführen müssen, bei denen alle störenden Einflüsse nacheinander ausgeschaltet werden, bis die wirkliche Ursache klar erkannt ist.

Meist sind es unvorhergesehene *Nebenerscheinungen*, wie Dauerbrüche oder dynamische Anstände (Schwingungskräfte, Erschütterungen, Lärm), Dichtungs- oder Verschleißfragen, die dem Konstrukteur das Leben sauer machen und die in dem einen Falle schon mit geringen Mitteln behoben werden können[1], während sie im anderen die ganze Konstruktion in Frage stellen (z. B. die Verschleißfrage beim Kohlenstaubmotor).

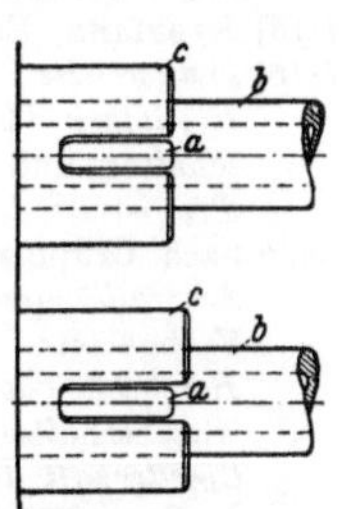

Bild 1/6. Der wiederholt eingetretene Dauerbruch der Welle *b* am Durchtritt des Querriegels bei *a* (Bild oben) konnte durch eine geringe Verlängerung der Nabe *c* (Bild unten) vermieden werden, nach KRUMME [1/5].

Nur wenn wirklich alle Mittel erschöpft sind, soll man von dem Grundgedanken einer Konstruktion abgehen. Mit anderen Worten: Die Frage, ob Kinderkrankheit oder unheilbarer Konstitutionsfehler, ist erfahrungsgemäß erst *nach* erschöpfender Untersuchung und Behandlung zu beantworten. So brach die Welle nach Bild 1/6 oben immer wieder am Durchtritt des Querriegels bei *a*. Man ist geneigt, hier auf einen Konstitutionsfehler zu schließen. Durch eine geringe Verlängerung der Nabe *c* (s. Bild 1/6 unten) konnte dieser Mangel jedoch abgestellt werden.

Derartige Anstände sind anderseits die wertvollste und durch keine theoretische Lehre ersetzbare *Erfahrungsquelle* für den Konstrukteur — *wenn er sie zu nutzen versteht.*

Erst nach solchen Anständen wird er beim Konstruieren gebührend beachten, daß

1) auch das weniger ins Auge fallende Glied in der Wirkungskette *wichtig* ist und daß es jede Vernachlässigung oder nicht artgerechte Behandlung durch „Anstände" quittiert; daß

2) alle Glieder, außer auf den Zweck, auch *aufeinander* abgestimmt sein müssen (denke an das schwächste Glied der Kette!); daß

3) mit jedem weiteren Glied, mit jeder Komplizierung auch die *Störanfälligkeit* wächst.

Erst dann wird er sich bei jeder Konstruktion fragen: „*Geht es wirklich nicht einfacher?*" Erst dann wird er imstande sein, die *beste Lösung als den besten Kompromiß* zwischen den konkurrierenden Anforderungen zu erfassen — und zu verwirklichen.

1.10. Schrifttum zu 1.

[1/1] MÜNZINGER, FR.: Ingenieure, Baumeister einer besseren Welt. 3. Aufl. Berlin/Göttingen/Heidelberg: Springer 1947.

[1/2] OHNESORGE, O.: „Schraubrill", Geschichte einer Erfindung. Bochum 1937.

[1/3] KESSELRING, F.: Konstruieren und Konstrukteur. Z. VDI 81 (1937) S. 365. — Die starke Konstruktion. Z. VDI 86 (1942) S. 321.

[1/4] VOLK, C.: Der konstruktive Fortschritt. Berlin: Springer 1941.

[1/5] KRUMME, W.: Konstruktionserfahrungen aus dem Maschinen- und Gerätebau. München: Hanser-Verlag 1947.

[1/6] BAUERFEIND, R.: Konstruieren. Brandenburg: Selbstverlag 1947.

[1/7] KNAB, H. J.: Übersicht über Kinematik/Getriebelehre. Nürnberg: Selbstverlag 1930. (Eine Fundgrube für kinematische Umkehrungen und Variationen!)

[1/8] FRANKE, R.: Vom Aufbau der Getriebe. 1. Bd. Die Entwicklungslehre der Getriebe, 2. Aufl. Berlin u. Krefeld-Uerdingen 1948. (Enthält vorzügliche Beispiele für die Variationstechnik.)

[1/9] NIEMANN, G.: Über Wippkrane mit waagerechtem Lastweg. Diss. T. H. Berlin 1928. (Ein Beispiel für die Variationstechnik.)

[1/10] DAEVES, K.: Großzahl-Forschung u. Häufigkeitsanalyse. Z. VDI 91 (1949), S. 65.

[1/11] STRAUCH, H.: Das Gesetz der Häufigkeitsverteilung in Massenerscheinungen. Arch. Metallkde, Bd. 1 (1947), S. 201.

[1/12] WEBER, M.: Das Ähnlichkeitsprinzip der Physik und seine Bedeutung für das Modellversuchswesen. Forschg. Ing.-Wes. 11 (1940), S. 65.

[1] So hat z. B. Gummi so manche neue PKW-Konstruktion bei dynamischen Anständen gerettet. Mittel gegen Dauerbrüche s. Kap. 3.3 u. 4.3 gegen Verschleiß Kap. 2.12.

[1/13] HAGEN, H.: Die Beurteilung der Werkstoffeignung für statische, dynamische und thermische Beanspruchung auf Grund des Ähnlichkeitprinzips. Die Technik 3 (1948), S. 6/14.

[1/14] ECKERT, E.: Ähnlichkeitsbetrachtungen an Strömungsmaschinen für Gase. Luftt.-Forschg. 18 (1941), Lfg. 11, S. 387.

[1/15] EVERLING, E.: Psychophysiologische Forderungen an die Technik. Die Technik 3 (1948), S. 511.

[1/16] *Industrielle Fachdokumentation:* (nach RKW-Merkblatt industrielle Fachdokumentation).

Bibliothek des deutschen Museums München. Museumsinsel 1. Fachgebiet: Exakte Naturwissenschaften und Technik.

Treuhandstelle Reichspatentamt, Berlin SW 61, Gitschinerstr. 97/103. Eingeteilt in 26000 Gruppen nach Gruppeneinteilung der Patentklassen.

Zentralbücherei der Siemens u. Halske AG. Berlin-Siemensstadt und München, Hofmannstr. 51. Fachgebiete: Nachrichtentechn. Meßtechnik, Werkstoffkunde.

Bergbaubücherei Essen, Friedrichstr. 2. Fachgebiete: Naturwissenschaft und Technik, Wirtschaftswissenschaften.

Gesellschaft deutscher Metallhütten- und Bergleute. Clausthal-Zellerfeld, Paul-Ernst-Str. 10. Fachgebiete: Metallhüttenkunde, Metallverarbeitung, Analyse der Metalle.

Bücherei des Vereins deutscher Eisenhüttenleute e. V. Düsseldorf, Breite Str. 27. Fachgebiete: Eisen- und Stahlerzeugung, Werkstoffkunde, Analyse von Eisen und Stahl, Verwendung von Eisen und Stahl, Betriebswirtschaft.

2. Gestaltungsregeln.

Bei der Gestaltung einer Maschine und ihrer Bauteile müssen wir einerseits ihre *Funktion, Bedienung und Wartung* beachten und andererseits die Eigenarten des *Werkstoffes* und der *Fertigung* berücksichtigen. Nur wenn wir deren Abhängigkeit voneinander und ihren Einfluß auf die *Kosten* klar übersehen, können wir eine *optimale* Gestaltung erreichen.

Hierzu seien einige Erfahrungen kurzgefaßt zusammengestellt, die wir als „*Handwerksregeln*" für den Konstrukteur auffassen können [1].

2.1. Einfluß von Funktion und Wirtschaftlichkeit.

Im allgemeinen sucht der Konstrukteur seine Bauteile zunächst so zu gestalten, daß sie die gedachte *Funktion* ausreichend erfüllen. Erst wenn diese gesichert ist, wird er versuchen, sie *wirtschaftlicher* zu erreichen. Die größere Wirtschaftlichkeit kann einmal in *geringeren Kosten* für die Konstruktion gesucht werden, dann aber auch in einer *besseren Funktion* (größere Leistung, Tragkraft, Lebensdauer bzw. geringerer Energieverbrauch, Wartung usw.). Entscheidend ist letzten Endes, ob hierdurch der *Gesamtwert,* die „Stärke" der Konstruktion nach S. 7 zunimmt. Beispiele s. Leichtbau S. 76.

Der Drang nach *Einsparungen* findet seine Grenze in der Gefährdung der Funktion, die Erfüllung von *Sonderwünschen* in der Gefährdung der Wirtschaftlichkeit.

Einsparmöglichkeiten: Unter Beachtung des allgemeinen Grundsatzes „Die *Eignung* einer Konstruktion soll dem *Bestwert,* der *Aufwand* dem *Kleinstwert* zustreben" [2], suchen wir beim Konstruieren zu sparen

1) *an Konstruktionskosten,* durch Ausnutzung vorhandener Konstruktionen, durch Verwendung von Normteilen und marktgängigen Halbzeugen und Bauteilen, durch Einsparung an Typen, an Baugrößen und Bauformen, d. h. im großen gesehen, durch *Vergrößerung der Stückzahl je Bauteil.* Beispiele: Verwendung von Profilstäben, Blechen, Wellen und Rohren in genormten marktgängigen Abmessungen, von genormten Schrauben, Stiften, Keilen usw.; ferner durch *symmetrische* Ausführung von Bauteilen an Stelle von besonderen Links- und Rechtsausführungen;

---

[1] Bitte Vorsicht! Hintereinander durchgelesen wirken sie wie jedes Konzentrat mehr ermüdend als anregend. Man begnüge sich zunächst mit dem allgemeineren Teil bis S. 15 und nehme sich die weiteren von Fall zu Fall beim *eigenen Konstruieren* vor, also bei der Gestaltung eines Gußstücks Kap. 2.5, bei bearbeiteten Teilen Kap. 2.9 usw.

[2] Nach BAUERFEIND [2/2].

2) *an Werkstoffkosten,* einmal durch Einsparungen an Werkstoff*menge,* durch optimale Formgebung (s. Leichtbau), dann durch Einsparung *hochwertiger* Stoffe (wie häufig genügen z. B. *plattierte* Rohre, *plattierte* Schneidwerkzeuge, Gleitlager usw. an Stelle von Massivstücken aus Sparstoffen!) und schließlich durch verringerten Abfall (s. Bild 2/10);

3) *an Fertigungskosten,* durch Wahl der günstigsten Fertigungsweise (s. S. 15), durch Vergrößerung der Stückzahl (s. oben), durch Ersparnis an zu bearbeitenden Flächen, an Oberflächengüte und Toleranz; durch günstigere Form und Lage der Arbeitsflächen (Ersparnis an Spannzeit, an Werkzeugen und Vorrichtungen, an Meßkosten und an Ausschuß), überhaupt durch Fertigungsmöglichkeit auf üblichen Maschinen mit üblichen Werkzeugen, Vorrichtungen und Lehren und nicht zuletzt durch fertigungsgünstige Unterteilung der Konstruktion. Beispiele s. S. 15 bis S. 25.

4) *an Vertriebskosten,* durch bessere Eignung (das Bessere verkauft sich leichter!), durch vielseitigere Verwendungsmöglichkeit der Konstruktion, durch leichteren Ein- und Ausbau der Ersatzteile und schließlich durch eine Formgebung, die Verpackung und Versand verbilligt. Beispiel s. Bild 2/31 S. 25.

2.2. Einfluß von Beanspruchung und Funktion.

1) *Festigkeit und Gestaltung.* Der Bauteil soll sich unter den Betriebsbedingungen weder unzulässig verformen, noch vorzeitig brechen, noch unzulässig verschleißen oder korrodieren. Hieraus ergeben sich bestimmte Regeln für die Gestaltung. Sie werden im Kapitel 4 Leichtbau (günstige Querschnittswahl und Formgebung), im Kapitel 2.12 Verschleißabwehr und 2.13 Korrosionsschutz im einzelnen behandelt.

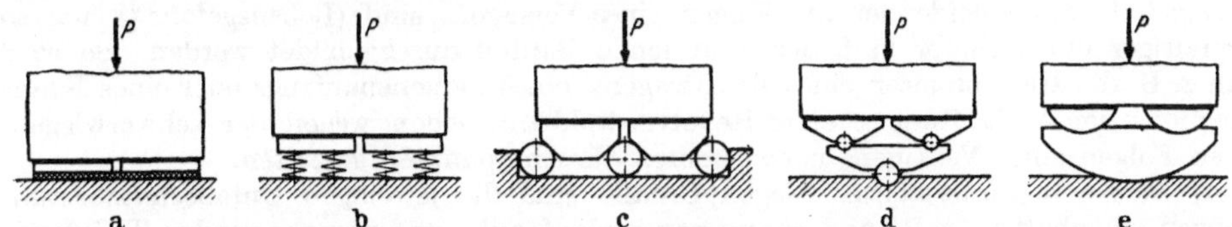

Bild 2/1. *Kraftausgleich.* a) plastischer Ausgleich durch plastische Zwischenlage, b) elastischer Ausgleich durch Federn, c) Keilketten-Ausgleich, d) Hebel-Ausgleich, e) Gelenkausgleich mit erweiterten Zapfen.

2) *Undurchsichtige und unnötige Kraftwirkungen* möglichst vermeiden! Also „statisch bestimmte" Auflagen und Verbindungen bevorzugen z. B. Dreipunkt-, statt Vierpunkt-Auflage, Kraftausgleich nach Bild 2/1 und gegebenenfalls noch Kraftbegrenzungen (z. B. Brechbolzen) als Überlastschutz.

3) *Bei Stoßkräften und Wechselkräften* erstrebt man *spielfreie* und möglichst *vorgespannte* Verbindungen, um Lockerungen und Schlagwirkungen infolge Totgangs zu unterbinden (Schrauben sichern!). Außerdem werden Stoßkräfte um so kleiner, je größer die Dehnwege (elastische oder plastische Verformung) sind. Beispiele s. Dehnschrauben, Federn, Keil- und Preßverbindungen und Schraubenverbindungen.

4) *Bei höherer Drehzahl* möglichst starr bauen, gut auswuchten und bei Resonanz die Eigenschwingungszahl verlagern bzw. Schwingungen dämpfen, um schädliche Erschütterungen und unzulässige Beanspruchungen zu vermeiden.

5) *Für Geräuscharmut* sind Paarungen mit einer gewissen Gleitreibung günstiger als reine Wälzpaarungen, z. B. Gleitlager gegenüber Wälzlagern, Schneckentriebe und versetzte Kegeltriebe gegenüber Stirn- und Kegeltrieben, Zahnräder mit Schrägverzahnung gegenüber Geradverzahnung usw. Ferner sind Werkstoffe mit innerer Dämpfung z. B. Gummi, Holz, Preßstoffe und Gußeisen geräusch- und schwingungsdämpfender als z. B. Stahl (s. auch Nahtdämpfung Kap. 7).

6) *Bei Gleit- und Verschleißstellen* den Verschleiß durch geeignete Paarung, Oberflächenbeschaffenheit und Schmierung möglichst klein halten (s. Verschleißabwehr S. 25)

und seine Folgen durch leichte Nachstell- und Ersatzmöglichkeit verringern, z. B. Kontakte, Lagerbüchsen, Gewindebüchsen, Brems- und Kupplungsbeläge, Schneiden und Düsen auswechselbar vorsehen.

7) *Sichere Dichtungen* gegen Zutritt von Staub und Sand, bzw. gegen Austritt des Füllstoffs (Öl, Benzin, Wasser, Gas) sind häufig von entscheidender Bedeutung für eine sichere Funktion (s. Dichtungen, Kap. 15.4).

2.3. Einfluß von Bedienung, Wartung und Betriebssicherheit.

1) *Bedienung erleichtern!* Eine einfache, sinnfällige, (fehlgriffsichere) und bequeme Lage, Form und Bewegung der Bedienungshebel, -griffe und -knöpfe verringert die Ermüdung und steigert die Leistungsfähigkeit [1]; ebenso eine Herabsetzung der Bedienungskräfte und -wege, eine möglichst wenig ermüdende Stellung des Bedienenden (Sattelstütze, Rückenstütze, Polsterung). Ferner ist eine *Konzentration* der Schaltorgane im Bereich der Hände und Füße, bzw. der Anzeigeorgane im Bereich der Augen anzustreben. Häufig wird man auch mehrere Schaltbewegungen in *einem* Hebel vereinigen können (Einhebelsteuerung). Sehr zu empfehlen ist auch eine an den Bedienungsgriffen selbst oder in der Nähe fest angebrachte Schaltskizze oder *Schaltanweisung*. Als Grifform ist der Kugelkopf sehr bewährt.

2) *Mangelnde Sorgfalt der Benutzer berücksichtigen!* (Fachleute, Laien, Hausfrauen ?) So wird man z. B. bei Haushaltsmaschinen die Anforderungen bezüglich Sorgfalt der Bedienung und Wartung sehr niedrig ansetzen müssen und z. B. ohne Nachschmierung der Gleitstellen auszukommen suchen („Öllos"-Lager, Wälzlager).

3) *Betriebssicherheit.* Überlege: Was *kann* geschehen, wenn dieses oder jenes Teil versagt ? Je einschneidender die Folgen eines Versagens sind (Lebensgefahr ?), um so sorgfältiger und sicherer muß der betreffende Bauteil durchgebildet werden. So wird man z. B. die Haltebremsen eines Kraftwagens, eines Personenaufzugs oder eines Krans gegenüber der Auslaufbremse einer Revolverdrehbank schon wegen der schwerwiegenderen Folgen eines Versagens nach anderen Gesichtspunkten gestalten.

4) *Besondere Sicherungen.* Gegen Unfälle sind die jeweiligen Unfallschutzbestimmungen einzuhalten, z. B. Abdeckung von umlaufenden und vorspringenden Teilen wie Zahn-, Ketten- und Riementrieben, von Schleifscheiben und Nasenkeilen; Fingerschutz bei Stanzen; Berührungsschutz bei stromführenden Teilen; Augenschutz bei strahlenden und spritzenden Vorgängen; Fangvorrichtungen bei Aufzügen usw. Ferner muß man prüfen, wie weit Vorsorge zu treffen ist gegen unzulässige *Bewegungen* (Verriegelungen), gegen Überschreitung der *Endstellungen* (Endschalter), gegen unzulässige *Belastungen* (Überlastanzeiger, Lastschalter oder Abfederungen), gegen unzulässige *Geschwindigkeit* (Fliehkraftschalter), gegen unbefugte *Eingriffe* (Plombieren und Sonderverschlüsse), gegen *Lockern* und *Lösen* von Teilen (z. B. Schraubensicherungen, Drahtsicherungen) usw.

5) *Kontrolle und Wartung erleichtern!* Besondere Sorgenkinder sind *Verschleißstellen, Abdichtungen* und *Schmierstellen.* Gewöhnlich ist ein an der Maschine fest angebrachter *Schmierplan* zu empfehlen, falls keine Zentralschmierung oder Dauerschmierung (Umlaufschmierung, Ringschmierlager, Fettkammerlager oder Wälzlager) vorgesehen ist. In vielen Fällen ist eine *Kontrollmöglichkeit* für den Ölstand (Schauglas oder Meßstab), für den Ölumlauf (Tropfglas oder Öldruckmesser) oder für die Öltemperatur (Thermometer) wesentlich. Schmierstellen stets geschlossen und gut zugänglich anordnen und *rot* kennzeichnen.

Eine *glatte Außenform* der Maschinen und der Bauteile erleichtert die Sauberhaltung und verringert die Unfallgefahr. Gegebenenfalls sind auch *Fangrillen* für Öl und sonstige

---

[1] Angaben über menschliche Maße und optimale Leistungsbedingungen s. Hütte, Bd. 2, 27. Aufl. Berlin 1944, S. 328. Psychologische Gesichtspunkte s. [*1/15*].

Genormte Abmessungen von Griffen, Hebeln, Kurbeln und Handrädern s. DIN: Kugelgriffe DIN 99, Kugelknöpfe 319, Keulengriffe 830, 831; Ballengriffe 39, 98, 957, 958, Hahngriffe 473, Handräder 388 bis 390, 950 bis 952, 955, 956; Handkurbeln 468, 469.

Flüssigkeit am Umfang des Maschinenbetts zu empfehlen. Die Wartung soll möglichst wenig *Bedienungsschlüssel* erfordern (Anzahl der Schraubengrößen verringern!).

2.4. Einfluß des Werkstoffs und der Art der Fertigung.

1) *Werkstoff- und fertigungsgerechte Gestaltung.* Bild 2/2 zeigt an einem einfachen Beispiel, wie sich die Gestaltung eines Bauteils der Art der Fertigung und dem Werkstoff anpassen muß. Weitere Beispiele s. S. 17 bis S. 25. Eine derartige fertigungsgerechte und werkstoffgerechte Gestaltung setzt voraus, daß wir uns über den zu wählenden Werkstoff [1] und die Art der Fertigung bereits im klaren sind. Das ist aber keineswegs immer der Fall, da umgekehrt auch die hierdurch bedingte Gestaltung die Wahl des Werkstoffs und der Fertigung beeinflußt. In vielen Fällen werden daher *Vergleichsentwürfe* und *Vergleichskalkulationen* am Platze sein.

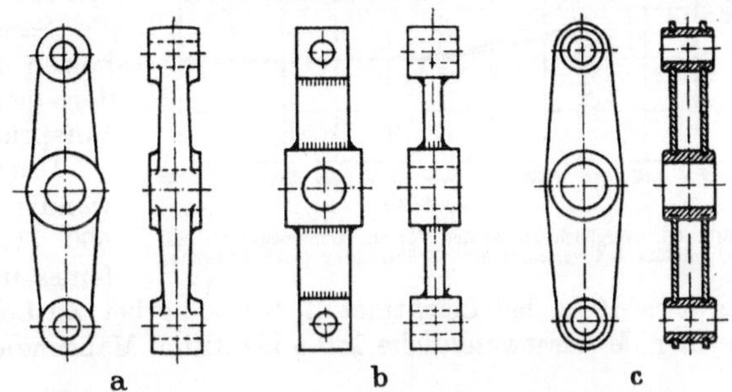

Bild 2/2. Gestaltung eines Hebels bei verschiedener Herstellung a) gegossen, b) geschweißt, c) gestanzt und mit Büchsen durch Bördeln vereinigt.

2) *Einfluß der Stückzahl.* Bei *Massenfertigung*, also bei sehr großer Stückzahl, tritt die werkstoff- und zeitsparende *spanlose* Fertigung (Gießen, Walzen, Pressen, Spritzen, Drücken, Ziehen und Stanzen) in den Vordergrund, da sich dann die Kosten der hierfür erforderlichen Formstücke (Modelle, Matrizen, Gesenke, Schnitte) auf eine große Stückzahl verteilen. Hier lohnt sich auch der erhöhte Aufwand für eine bis zum letzten vorgetriebene *optimale Gestaltung* und eine *verfeinerte Aufteilung* der Konstruktion, wobei auch eine Gestaltung tragbar wird, die *Sondereinrichtungen* (besondere Werkzeuge, Vorrichtungen und Maschinen) für die Fertigung erfordert.

Bei *Einzelfertigung* und bei geringer Stückzahl ist häufig eine einfachere Formgebung notwendig, um eine Fertigung mit vorhandenen Einrichtungen und ohne Formstücke und Modelle zu ermöglichen. Hier treten *geschweißte* und *geschmiedete* Bauteile gegenüber gegossenen und im übrigen die *spangebende*[2] Formgebung aus dem Vollen in den Vordergrund. In solchen Fällen wird man durchweg auch mehr *Anpaßarbeit* zugunsten einer einfacheren Fertigung zulassen.

Bei *Serienfertigung* sind wir in der Gestaltung und Fertigung auf einen Kompromiß zwischen obigen Extremen angewiesen.

2.5. Gußteile.

Ihre Formgebung muß sich dem *Gießverfahren* anpassen, dem *Einformen* und *Ausheben* des Modells (bei Sandguß) bzw. des Gußteiles (bei Kokillen- und Spritzguß), dem *Fließvorgang* und dem ungleichen *Erkalten* und *Schwinden* des Gusses.

1. Wahl des Gießverfahrens.

Für Eisen- und Stahlguß kommt, abgesehen vom Hartguß in Kokillen für Sonderzwecke, nur *Sandguß* [3] in Frage; für Leichtmetalle, für Zn- und Cu-Legierungen auch *Kokillen-* und *Druckguß* (Spritzguß)[4]. Siehe hierzu Bild 2/3 und Tafel 2/1.

[1] Werkstoffvergleich nach Werkstoff-Kenngrößen s. S. 62, Werkstoffwahl s. S. 79.

[2] Formgebung durch Drehen, Fräsen, Bohren, Hobeln, Schleifen.

[3] Bei schwereren Stücken auch *Lehm*guß, wobei die Lehmform mit *Schablonen* geformt wird.

[4] Eine Abart ist der *Schleuderguß*, bei dem der Druck durch die Fliehkraft (die Gußform rotiert!) erzeugt wird. Er wird besonders für Bronzekränze von Schneckengetrieben verwendet, um ein hochfestes und dichtes Gefüge zu erhalten.

Sandguß ist bei geringer Stückzahl am billigsten (s. Bild 2/3) und auch für sehr große Gußstücke geeignet. Mindestwanddicke etwa 3 mm bei Grauguß und 5 mm bei Stahlguß (steigt mit Fließweglänge und Durchflußmenge); erreichbare Maßgenauigkeit etwa $\pm$ 1 mm; die Oberfläche ist rauh.

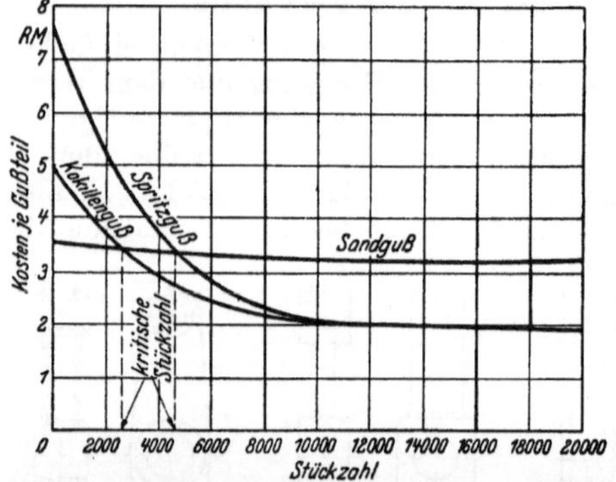

Bild 2/3. Vergleich der Kosten für ein Gehäusegußteil aus Aluminium bei verschiedenen Gießverfahren (nach LÜPFERT).

Kokillenguß eignet sich für *große Serien* und ist für einfache Teile schon ab 200 Stück diskutierbar. Stückgewicht bis etwa 50 kg; Wanddicke $\geq$ 3 mm; Maßgenauigkeit $\geq$ 0,2 bis 0,3 mm. Außerdem ergibt Kokillenguß eine glatte Oberfläche, ein feineres und dichtes Gefüge und eine höhere Festigkeit als Sandguß. Kleine Stahlbüchsen, Stahlbolzen u. dgl. können mit eingegossen werden (gegen Bewegung durch Rillen oder Vorsprünge sichern!).

Druckguß eignet sich für kleine, dünnwandige und maßfertige *Massenteile* (ab 500 Stück diskutierbar) und ergibt ein feines und dichtes Gefüge. Stückgewicht bis etwa 10 kg bei Leichtmetall, bis 20 kg bei Zn-Legierung und bis 25 kg bei Cu-Legierung. Mindestwanddicke $\geq$ 0,5 bis 3 mm, Maßgenauigkeit 0,03 bis 0,3 mm (s. Tafel 2/1):

Tafel 2/1. *Grenzwerte für die Maße von Gußteilen bei verschiedenen Werkstoffen und Gießverfahren* (nach LÜPFERT).

		Grauguß Temperguß (Stahlguß)	Al-Leg.	Mg-Leg.	Zn-Leg.	Messing
Sandguß:						
Wanddicke (mm)	$\geqq$	3 (5)	3,5	3,5	3,5	3,5
Erreichbare Maßgenauigkeit (mm)	$\pm$	1	0,8	0,8	0,8	1
Kokillenguß:						
Wanddicke (mm)	$\geqq$	—	3	3	3	3
Erreichbare Maßgenauigkeit (mm)	$\pm$	—	0,2 ··· 0,3	0,2 ··· 0,3	0,2 ··· 0,3	—
Mindest-Stückzahl		—	200	200	200	200
Stückgewicht bis (kg)		—	50	50	50	50
Druckguß:						
Wanddicke (mm)	$\geqq$	—	0,8 ··· 3	0,8 ··· 3	0,5 ··· 3	1 ··· 3
Erreichbare Maßgenauigkeit (mm)	$\pm$	—	0,03 ··· 0,1	0,02 ··· 0,1	0,02 ··· 0,1	0,15 ··· 0,3
Mindest-Stückzahl		—	500	500	500	500
Stückgewicht bis (kg)		—	10	10	20	25
Für eingegossene Bohrung[1]:						
Durchmesser D (mm)	$\geqq$	—	2	2	0,5	4
Tiefe L (durchgehend)	$\leqq$	—	3 D	4 D	8 D	3 D
,, (nicht durchgehend) .	$\leqq$	—	2 D	3 D	4 D	2 D
Verjüngung in % von L		—	0,4 ··· 0,8	0,3 ··· 0,4	0,2 ··· 0,4	1,0 ··· 2,0

[1] Beim Druckguß (Spritzguß) können Bohrungen mit eingegossen werden, wenn entsprechende Stifte (Durchm. D und Länge L) in die Gußform eingesetzt werden.

2. Gießvorgang.

Wichtig für den Entwurf ist eine richtige Vorstellung vom *Erstarrungsvorgang* des Gusses Bei zeitlich ungleicher Erstarrung verringert sich nach Bild 2/4 und 2/5 das Volumen der *später* erstarrenden, also der dickeren (bzw. der inneren) Stellen gegenüber den vorher erstarrten dünneren (bzw. äußeren). Es entstehen „Lunker" (Hohlräume,

s. Bild 2/4 und 2/5), bzw. *Verkürzungen* (Bild 2/6) der später erstarrenden Teile, bzw. *Spannungen* oder *Risse*, wenn die Verkürzung behindert wird. Letztere treten besonders leicht an den Übergangsstellen von dicken zu dünnen Querschnitten und an Wandecken auf. Wir müssen also durch eine entsprechende Formgebung (Bild 2/7 u. 2/8) oder durch entsprechende Maßnahmen beim Gießen (Bild 2/5) eine ungleiche Erkaltung verhindern oder einen Ausgleich der Spannungen ermöglichen (Bild 2/8e). Je größer das Schwindmaß des Werkstoffs, um so wichtiger werden derartige Maßnahmen (z. B. bei Stahlguß).

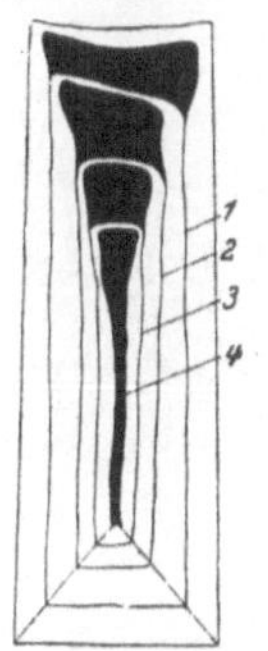

Bild 2/4. Lunkerbildung im Gußblock durch fortschreitende Erkaltung von außen nach innen. Die Linien *1* bis *4* geben die zeitliche Folge der Erstarrung an (nach LÜPFERT).

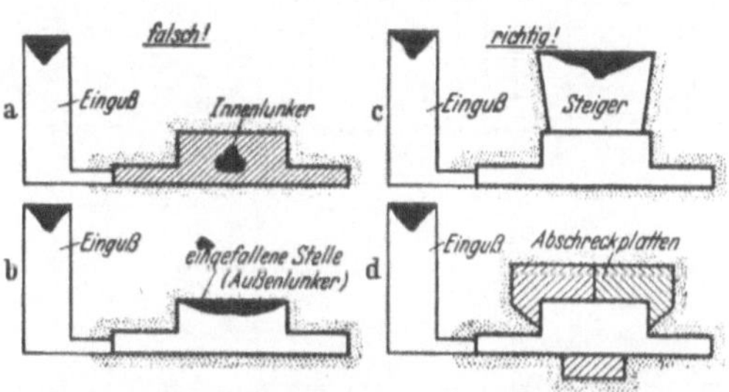

Bild 2/5. Lunkerbildung (a, b) und ihre Vermeidung (c, d) bei Formgußteilen durch besondere Maßnahmen beim Gießen (nach LÜPFERT).

Mittlere Schwindmaße in % bei: Grauguß 1; Hartguß 1,5; Temperguß 1,6; Stahlguß 2; Al-Legierung 1···1,7 (Silumin 1,15; S-Spritzguß 0,5); Mg-Legierung 1,2···1,9; Zn-Legierung 1,8; Rotguß 1,5; Gußmessing 1,8; Zn-Bronze 0,8···1,5.

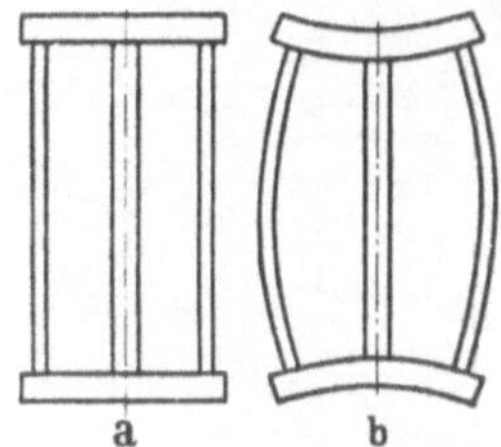

Bild 2/6. Verziehen eines Gußstücks b bei ungleicher Abkühlung. Die später erstarrenden dicken Teile werden kürzer; a zeigt das Modell (nach LAUDIEN).

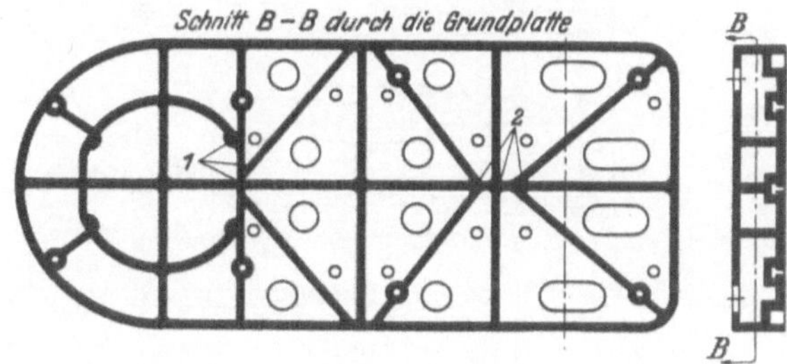

Bild 2/7. Grundplatte der Raboma-Radialbohrmaschine (nach WIDMEIER) weitgehend durch Rippen ausgesteift, wobei Stoffhäufungen (Lunkerbildung) durch Auseinanderziehen der Stoßstellen vermieden werden (s. Punkt *1* und *2*).

3. Gestaltungsregeln für Gußteile.

a) Geringe Modellkosten erreicht man durch
einfache Begrenzungslinien (Gerade und Kreisbogen),
einfach herstellbare Flächen (Plan- und Drehflächen),
ungeteilte Modelle, ohne besondere Kerne,
einfache und sicher aufliegende Kerne (Bild 2/8),
falls sie nicht überhaupt vermieden werden können. Jede Modellteilung und jeder Kern erhöhen die Modell-, Einform- und Putzkosten und vermehren außerdem den Ausschuß durch Modell- und Kernversetzungen.

b) Geringere Einformkosten ergeben sich, wenn man nach Bild 2/8
Übergänge gut ausrundet,
Hinterschneidungen vermeidet (sonst Modellteilung!),
geringste Einformhöhe anstrebt (Teilebene in *Längs*richtung des Modells),

mit wenig Teilebenen (wenig Formkästen) auskommt,

verwickelte Teilstücke abtrennt und für sich gießt und stets etwas „*Neigung*“ für die Flächen in Ausheberichtung vorsieht und zwar

bis 1 : 100 bei Kokillen- und Spritzguß,
bis 1 : 50 bei hohen Flächen und
bis 1 : 3 bei niedrigen Putzen.

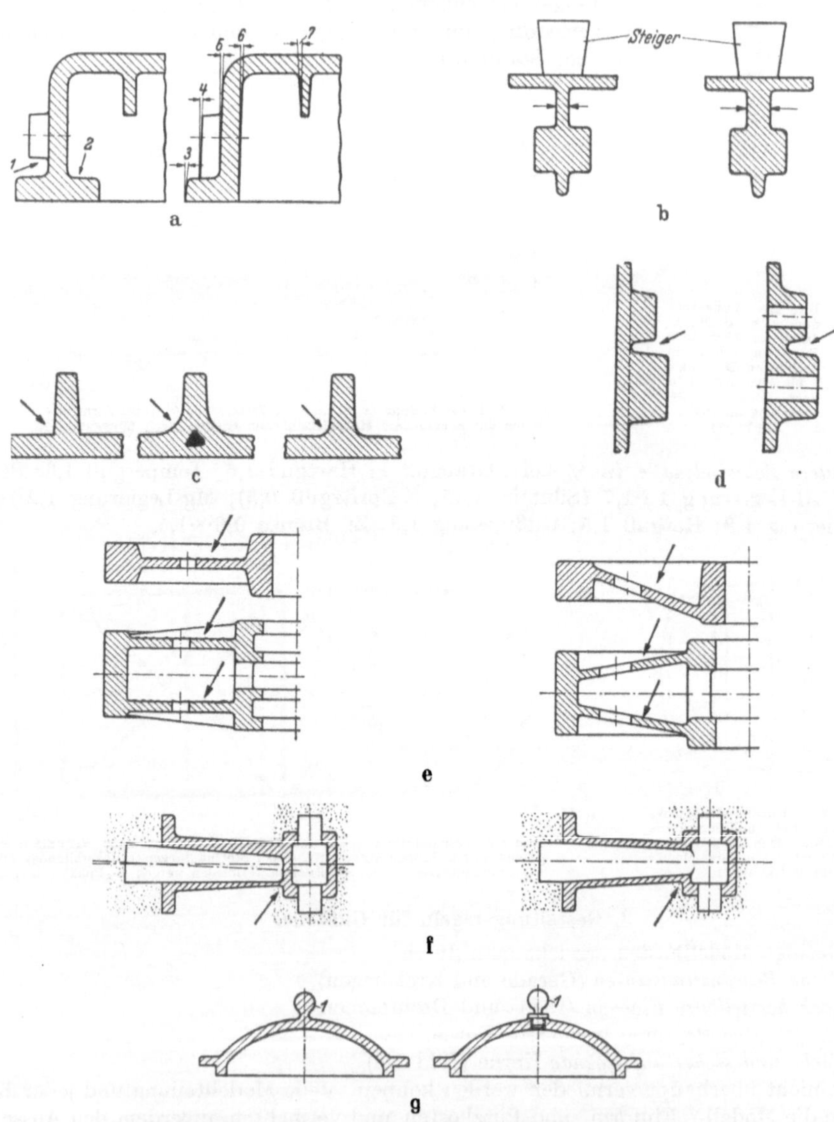

Bild 2/8. Gestaltung von Gußteilen mit Rücksicht auf Einformen, Ausheben, Fließen und Schwinden des Gusses. Jeweils „links“ schlechter und „rechts“ besser gestaltet.

a) Hinterschneidungen (Pfeil *1 2*) vermeiden und Aushebeschrägen (Pfeil *3* bis *7*) vorsehen;
b) Genügend große Durchgangsquerschnitte;
c) Abgerundete Querschnittsübergänge (zu große ergeben Lunker, zu kleine ergeben Spannungen);
d) Wanddicke möglichst gleichmäßig;
e) Geneigte Flächen sind günstiger für die Entlüftung und für den Spannungsausgleich;
f) Mehrfach abgestützte Kerne ergeben weniger Fehlguß;
g) Verwickelte Teile abtrennen und gesondert herstellen (Griff *1*).

c) Weniger Fehlgüsse ergeben sich, wenn man auch konstruktiv das Fließen, Gasen und Schwinden des Gusses nach Bild 2/8b bis e berücksichtigt durch

genügend große Durchflußquerschnitte (Wanddicke entsprechend Fließweglänge und Durchflußmenge, Bild b und d),

geringe Stoffanhäufung (weniger Lunker und Seiger, Bild c),

gut angerundete Übergänge (weniger Risse und Spannungen, Bild c),

Versteifungsrippen dünner als Wände (weniger Risse und Spannungen, Bild a) und

geneigte statt waagerechter Flächen (weniger blasige Oberflächen, Bild e).

d) Besondere Anforderungen an bestimmte Stellen des Gußstücks, wie dichte, porenfreie oder glatte Oberfläche, oder besondere Festigkeit u. dgl. sind *auf der Zeichnung besonders zu vermerken*, damit Modellmacher und Gießer entsprechende Vorkehrungen treffen können (s. Bild 2/5). Es empfiehlt sich überhaupt, Entwürfe von besonderen Gußteilen mit einem Gießereifachmann zu besprechen.

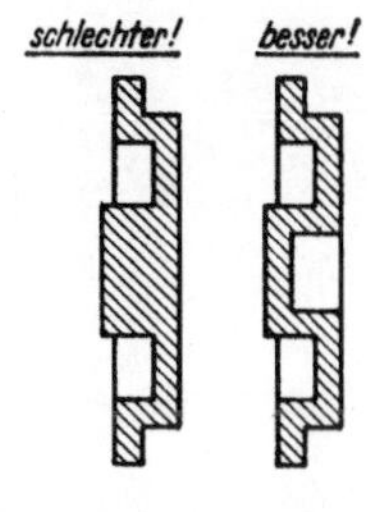

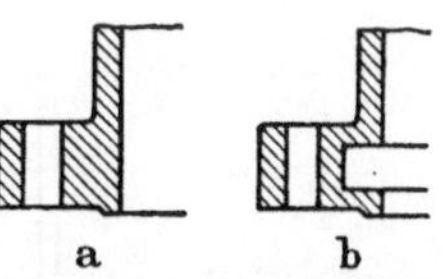

Bild 2/9. Bei Temperguß ist wegen des Durchtemperns eine gleichmäßige Wanddicke von etwa 3 bis 8 mm anzustreben.

e) Bei Temperguß ist wegen des Durchtemperns auf eine gleichmäßige Wanddicke von etwa 3 ··· 8 mm zu achten (s. Bild 2/9), während bei *Schwarzguß* die Wanddicke ungleich sein und 3 ··· 40 mm betragen kann.

f) Bei Leichtmetall-Gußstücken, z. B. aus Silumin, sind wegen der größeren Dünnflüssigkeit und Warmzähigkeit gegenüber Grauguß auch verwickelte Teile erheblich sicherer und vor allem auch mit *geringerer Wanddicke gießbar*. So gibt z. B. Laudien für eine Motorhaube in den Abmessungen $1 \times 0{,}6$ m vielfach ausgespart und verrippt, eine Wanddicke von 4 mm für die Ausführung in Silumin an (Gewicht etwa 20 kg) und etwa 7 mm in Grauguß (Gewicht etwa 100 kg). Im übrigen erstrebt man bei Leichtmetall-Gußteilen gleichmäßige Wanddicke, größere Ausrundungshalbmesser und größere Trägheitsmomente der Querschnitte, verbunden mit dünnen und ausreichend verrippten Wänden.

2.6. Schweißteile.

Günstige Gestaltung s. Kap. 7 und besonders Tafel 7/9.

2.7. Schmiede- und Preßteile.

Sie sind wegen ihrer größeren Zähigkeit gegenüber Gußteilen nicht immer zu entbehren. *Hand*schmiedestücke sind, wie jede Handarbeit, teuer. Man muß daher gerade hierbei auf eine besonders einfache Formgebung bedacht sein. Verwickelte Teile werden oft günstiger geschweißt, oder gegossen.

*Gesenk*schmiedestücke lohnen sich wegen der Gesenkkosten erst bei größerer Stückzahl und sind durchweg teurer als Gußstücke. Auch hierbei ist eine einfache Formgebung mit abgerundeten Ecken und Kanten wesentlich, um die Gesenkkosten herabzusetzen. Verwickelte oder größere Stücke gegebenenfalls *geteilt* pressen und stumpf zusammenschweißen (z. B. Lokomotiv-Schubstangen). Erreichbare Maßgenauigkeit etwa $\pm$ 0,5 mm bei Stahl und $\pm$ 0,2 bis 0,3 mm bei Gesenkpreßteilen aus NE-Metallen. Ferner sind *stranggepreßte* Stangen und Rohre mit verschiedenartigen Profilen bis herunter auf 2 mm Wanddicke aus Cu-, Al-, Mg- oder Zn-Legierungen einfach und wirtschaftlich herstellbar.

2.8. Blechteile und Rohre.

Blechteile können durch Abkanten, Biegen, Falzen und Bördeln, durch Pressen, Ziehen und Drücken und durch Stanzen und Ausschneiden (Ausbrennen) ihre Formgebung erhalten. Hierbei legt man besonderen Wert auf geringen Blechabfall, d. h. auf *günstige Blechaufteilung* und Verwendung der Abfallstücke (s. Bild 2/10).

Größere Blechflächen werden zweckmäßig durch „*Sicken*“ eingepreßte Hohlrippen ausgesteift (Bild 2/11). Halbmesser des Sickenprofils etwa 2—3mal Blechdicke.

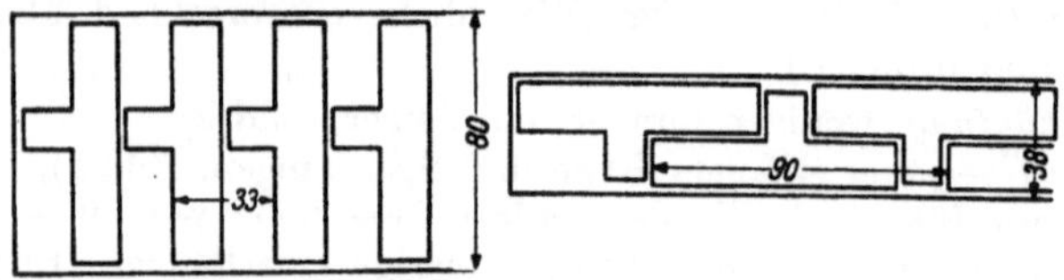

Bild 2/10. Blechaufteilung bei Stanzteilen. Eine Tafel 500 mal 1500 mm ergibt links 252 Teile, rechts 416 Teile.

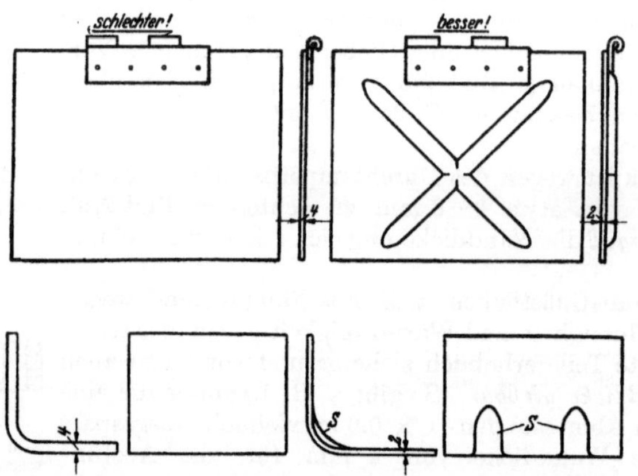

Bild 2/11. Blechteile können durch „Sicken“ S ausgesteift werden (nach METZNER).

Beim Abkanten von Blech ist der innere Abkanthalbmesser r und die gestreckte Länge L von der Blechdicke s abhängig. Anhaltswerte s. Tafel 2/2.

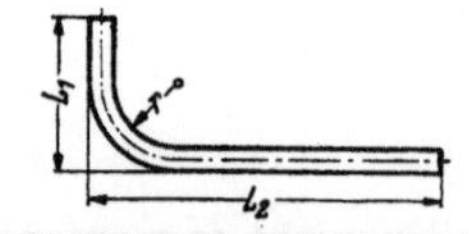

Tafel 2/2. *Maße (mm) beim Abkanten von Blechen (nach* BAUERFEIND*). Gestreckte Länge* $L = L_1 + L_2 - V$; $V = 1{,}48\,s + 0{,}43\,r$.

Die kleineren Werte für r gelten für Stahlbleche mit $\delta_5 \geq 20\%$ Bruchdehnung, die größeren für $\delta_5 \geq 15\%$.

Blechdicke s	0,5		0,8		1		1,2		1,5		2		2,5		3		4		5
Halbmesser $r \geq$	0,6	1	1	1,6	1,6	2,5	1,6	2,5	2,5	4	2,5	4	4	6	4	6	6	10	10
Maß V	1	1,17	1,6	1,87	2,17	2,55	2,46	2,85	3,29	3,94	4,03	4,68	5,42	6,2	6,08	6,94	8,5	10,2	11,7

Beim *Ziehen* (auch Tiefziehen) von topfartigen Hohlkörpern mit Durchmesser d und Höhe h beträgt der Durchmesser D für den erforderlichen ebenen Blechzuschnitt gleichen Flächeninhalts etwa: $D = \sqrt{d^2 + 4\,d \cdot h}$.

Bei *Rohren* (Wanddicke s) nimmt man den Biegehalbmesser bezogen auf Rohrmitte möglichst $\geq 3 \cdot s$ (notfalls $2 \cdot s$).

2.9. Bearbeitete Teile.

Bevorzugt wird eine Formgebung, die kürzere Zeiten für das Aufspannen, Bearbeiten und Messen des Werkstücks ermöglicht und ferner geringe Maschinen- und Vorrichtungskosten erfordert. Hierzu lassen sich zahlreiche Einzelerfahrungen für die Gestaltung auswerten.

1. Arbeitsflächen.

a) *Ebene* oder *Dreh*flächen, und zwar parallel oder senkrecht zur Aufspannfläche, sind am einfachsten zu bearbeiten.

b) *Vorstehende Leisten und Augen* sind billiger zu bearbeiten, als ganze Flächen (Bild 2/12 und 2/17).

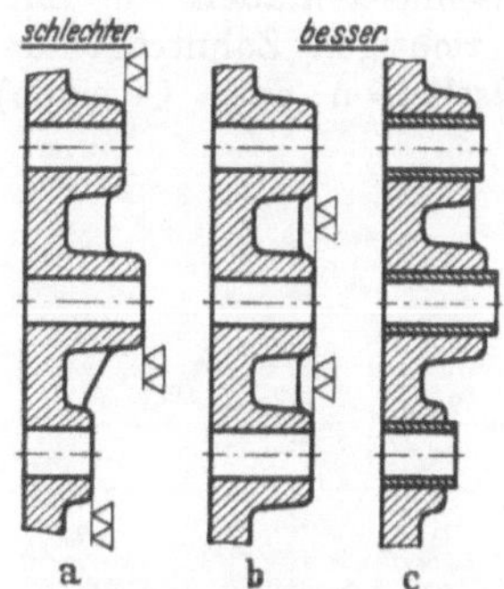

Bild 2/12. Arbeitsflächen möglichst in *eine* Höhe legen (b), oder fertig bearbeitete Büchsen einsetzen (c).

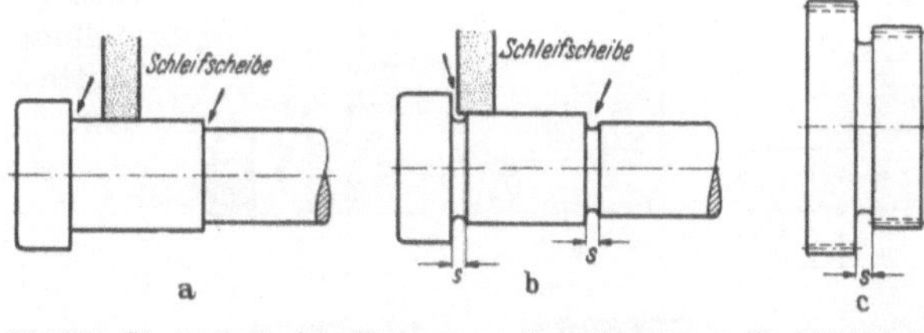

Bild 2/14. Für den Auslauf der Werkzeuge genügend Platz lassen (für Schleifscheibe etwa 6 mm).

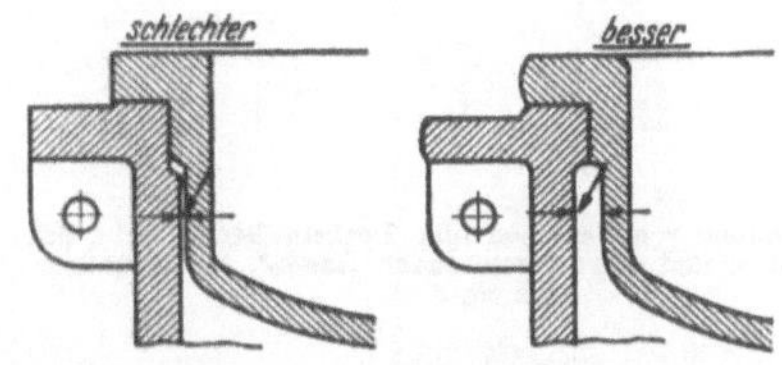

Bild 2/15. Bearbeitete Flächen genügend weit vorziehen!

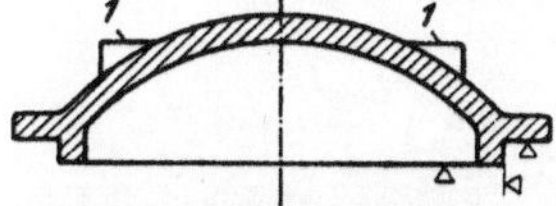

Bild 2/13. Deckel mit angegossenen Nasen *1* zum Einspannen und Fertigbearbeiten in *einer* Aufspannung.

c) *In einer Höhe* liegende Arbeitsflächen (Bild 2/12) bevorzugen.

d) In *einer* Aufspannung, also von einer Seite her bearbeitbare Flächen sind billiger und ferner genauer in ihrer Lage zueinander herzustellen (Bild 2/13).

e) Für die „*Aufnahme*" des Werkstücks gegebenenfalls besondere Anlageflächen, Spannlöcher usw. vorsehen (Bild 2/13).

f) Den *Auslauf* des Werkzeugs nicht behindern (Bild 2/14) und die bearbeiteten Leisten genügend weit vorziehen (s. Bild 2/15).

g) Bei *bearbeiteten* Abrundungen sind nichttangierende billiger (Bild 2/16).

Bild 2/16. Bei bearbeiteten Abrundungen sind nicht-tangierende (rechts) billiger (nach METZNER).

2. Oberflächengüte und Passungen [1].

a) *Nicht feinere Oberflächen* vorschreiben, als es die Funktion erfordert! Z. B. nur *Lauf*flächen und Dichtungsflächen fein bearbeitet (fein geschlichtet bzw. geschliffen, poliert oder geläppt); *ruhend* belastete Flächen nur geschruppt; *unbelastete* möglichst unbearbeitet lassen, wobei kleine Herstellungsungenauigkeiten durch einen überstehenden Rand (Bild 2/17) verdeckt werden können.

Rauhtiefen (in $^1/_{1000}$ mm)[2]: Schruppen 40 bis 250; Schlichten und Schlichtschleifen 4 bis 40; Feinschleifen, Läppen, Polieren 0,4 bis 4; Feinst-Schleifen, -Läppen, -Polieren 0.04 bis 0,4.

b) *Kleine Maßtoleranzen* möglichst vermeiden! Man überlege: Sind sie wirklich für die Funktion erforderlich und sind sie bei der vorgesehenen Anordnung überhaupt erreichbar und gut meßbar? (Bild 2/18). Können sie vielleicht durch elastische oder

[1] Hier pflegt besonders der Anfänger zu sündigen, indem er aus Unsicherheit lieber teure Oberflächengüten und Toleranzen vorschreibt, anstatt etwas nachzudenken, oder sich zu erkundigen.

[2] DIN 140 Kennzeichnung und Zuordnung von Oberflächengüten.

plastische Anpassung herabgesetzt werden? S. Bild 2/27, ferner Spannstift und Kerbstift (Kap. 11) und Plastischer Preßsitz (Kap. 18.2).

c) *Anpaßarbeiten* sind immer teuer. Trotzdem wird man sie vorsehen, wennhierdurch teurere Toleranzen oder Sondervorrichtungen vermieden werden, z. B. bei „Kettentoleranzen" (Bild 2/19), bei Kegelrädern und Schneckenrädern zur Einstellung des richtigen Zahntragbildes (mittels Paßscheiben oder Gewinde) usw.

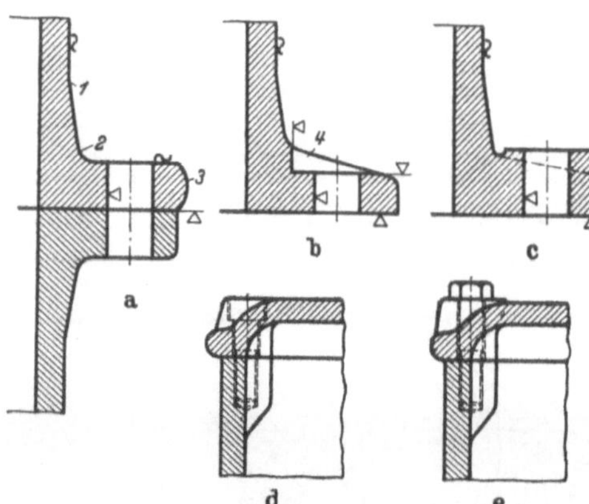

Bild 2/17. Ausbildung von Flanschen und Deckeln. Bechte bei a den Übergang *1* und *2*, und den überstehenden Rand *3*, bei b die Aussenkung *4*

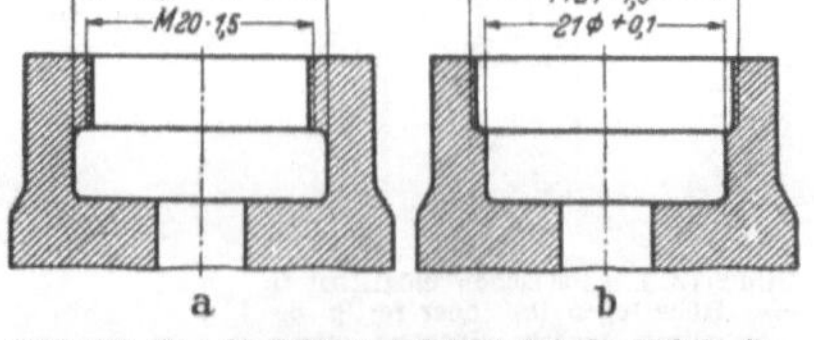

Bild 2/18. Das Maß 21 ⌀ + 0,1 ist bei der linken Anordnung nur mit einer Sonderlehre meßbar, bei der Anordnung rechts jedoch mit einem üblichen Lehrdorn (nach METZNER).

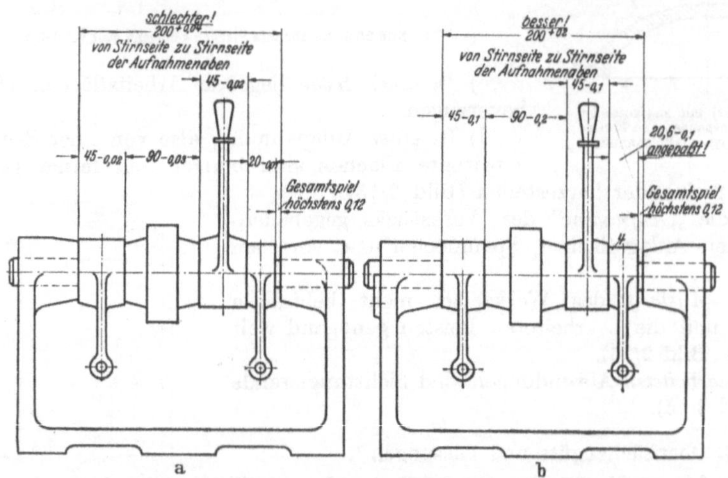

Bild 2/19. Bei tolerierten Kettenmaßen (links) ist es oft billiger *ein* Maß anzupassen (Handarbeit), dafür aber die übrigen Maße gröber zu tolerieren (rechts) (nach METZNER).

3. Bohrungen und Durchbrüche.

a) *Vorhandene Bohrerdurchmesser* bevorzugen, wozu auch die nicht ganzzahligen Größen für Durchgangslöcher und Kernlochbohrer (3,3; 4,2; 6,7; 8,4 usw.) gehören, und gegebenenfalls auf die vorhandenen Reibahlen und Lehren Rücksicht nehmen.

b) *Bei Schräglöchern* (Bild 2/20) besondere Ansatzflächen senkrecht zur Bohrrichtung vorsehen oder ansenken.

c) *Durchgehende* Bohrungen (Bild 2/21) sind billiger zu bohren, zu reiben und zu messen als abgesetzte oder Sacklöcher. Absätze oder Anlageflächen gegebenenfalls durch Sprengringe (s. Seegersicherungen S. 119) oder eingesetzte Büchsen schaffen.

d) *Sacklöcher* (Bild 2/22) möglichst mit Bohrspitze zulassen und nur so tief, wie notwendig, tolerieren.

e) „*Geräumte*" *Durchbrüche* (Bild 2/23) erfordern teure Räumnadeln und müssen für ihren Durchzug beiderseitig offen sein. Hierbei einfache symmetrische Profile bevorzugen. Für Absätze gegebenenfalls Büchsen einsetzen.

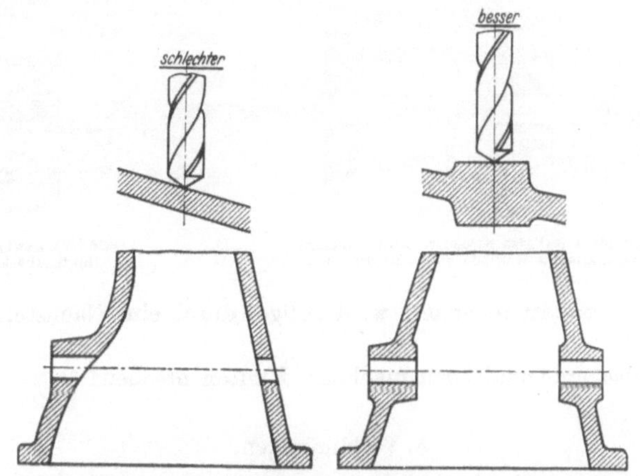

Bild 2/20. Bei „Schräglöchern" Ansatzflächen senkrecht zur Bohrrichtung vorsehen (nach WIDMEIER).

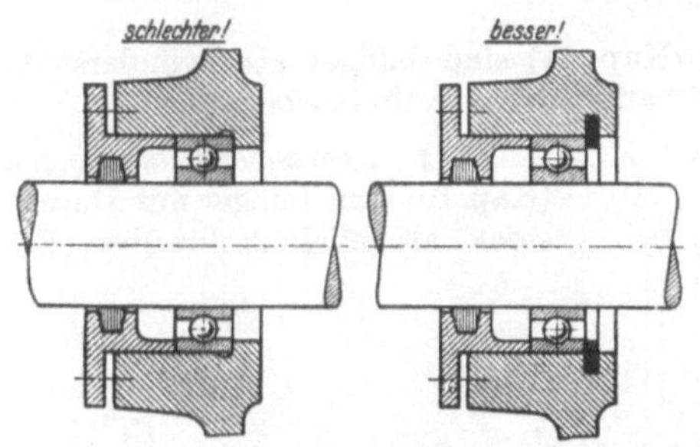

Bild 2/21. Durchgehende Bohrungen (rechts) sind billiger herzustellen.

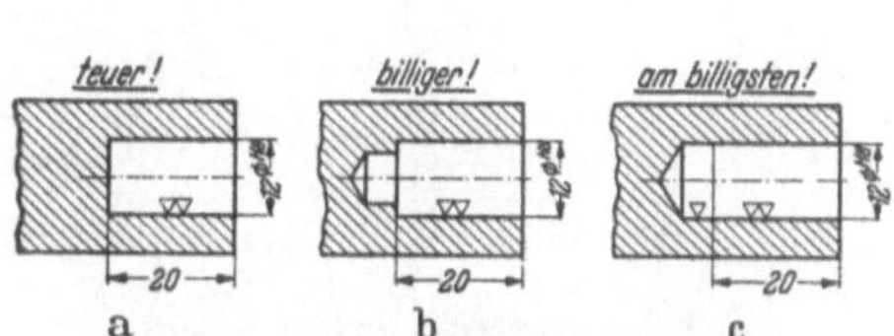

Bild 2/22. Sacklöcher mit Bohrspitze (c) sind billiger.

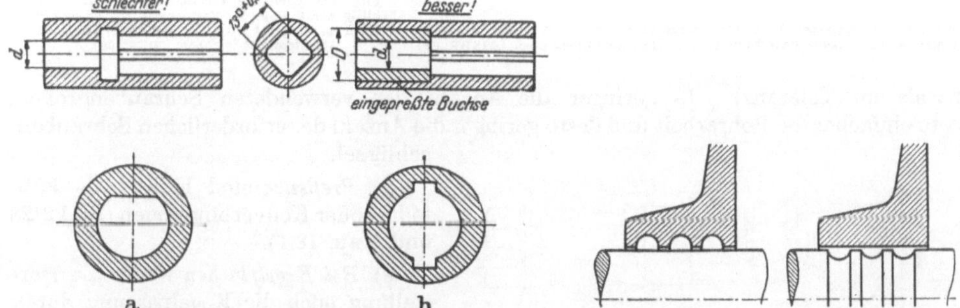

Bild 2/23. Bei „geräumten" Durchbrüchen sind einfache, symmetrische und glatt durchgehende Profile (b) anzustreben (nach METZNER).

Bild 2/24. Eindrehungen sind an Außenflächen (rechts) billiger zu fertigen.

f) ***Eindrehungen*** an Bohrungen (Innenflächen) sind teurer als an Wellen (Außenflächen), s. Bild 2/24.

4. Gewinde und Zentrierungen.

a) *Gewinde zentriert nicht!* Also gegebenenfalls besondere Zentrieransätze vorsehen (Bild 2/25).

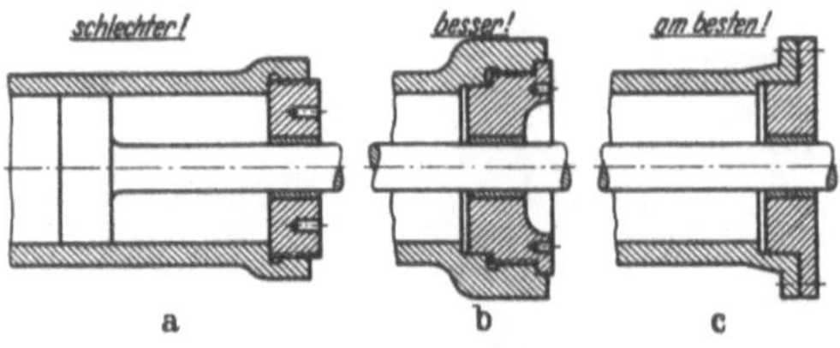

Bild 2/25. Gewinde zentriert nicht (a)! Also besondere Zentrieransätze vorsehen (b), oder gegebenenfalls das Gewinde ganz einsparen (c).

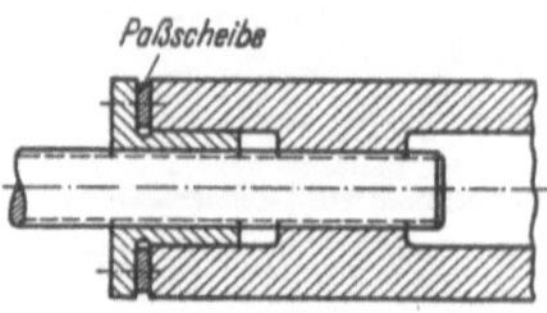

Bild 2/26. Gewinde-Nachstellung durch Gewindebüchse und Paßscheibe.

b) *Gewinde ohne Spiel* ist teuer und wird billiger durch eine Nachstell-Gewindebüchse erreicht (Bild 2/26).

c) *Zentrieransätze* genügend hoch machen! Kanten brechen!

5. Verbindungen.

a) *Mehrfachanlagen* in gleicher Richtung, z. B. Vielnutwellen (Kap. 18.3) erfordern eine hohe Arbeitsgenauigkeit; daher möglichst vermeiden, oder durch elastische Mittel einen Ausgleich ermöglichen (Bild 2/27).

b) *Kerbstift-* und *Spannstift*-Verbindungen (Kap. 11) sind billiger als Zylinderstift- oder Kegelstift-Verbindungen (Ersparnis an Toleranz bzw. an Aufreibarbeit).

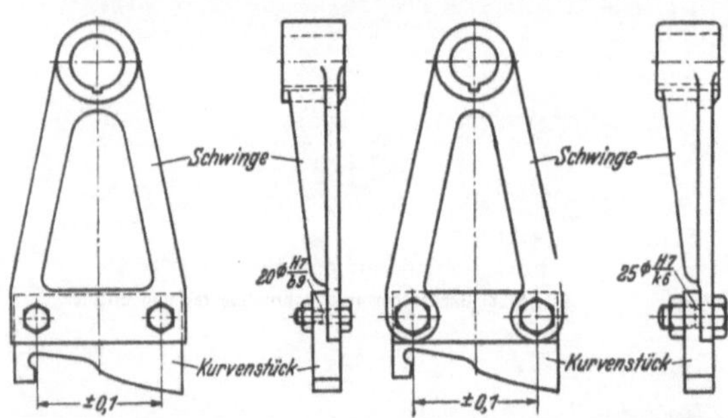

Bild 2/27. Kurventräger. Links starr ausgeführt, rechts mit elastischen freien Armen, wodurch beide Paßschrauben zum Tragen kommen (nach LEINWEBER).

c) *Schraubenverbindungen* (Kap. 10) sind billiger mit Durchsteck- als mit Paßschrauben (Ersparnis an Toleranz). Je geringer die Anzahl der verwendeten Schraubengrößen, desto einfacher die Bohrarbeit und desto geringer die Anzahl der erforderlichen Schraubenschlüssel.

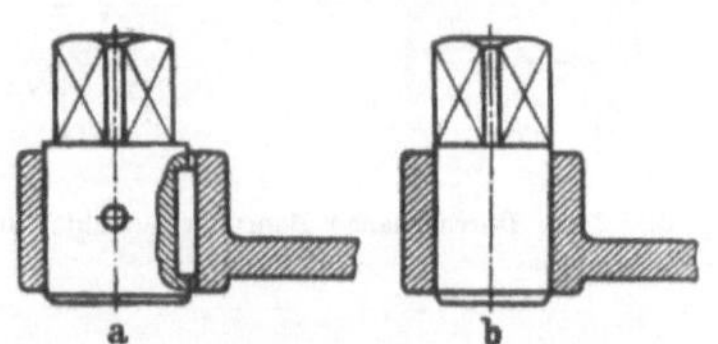

Bild 2/28. Drehfeste Verbindung. Preßsitz b ist billiger als Paßfeder-Verbindung a. Ersparnis bei b an Gewicht 13%, an Werkstoff 23%, an Arbeitszeit 65% (nach LEINWEBER).

d) *Preßsitze* sind billiger als Paßfeder- oder Keilverbindungen (Bild 2/28 und Kap. 18.1).

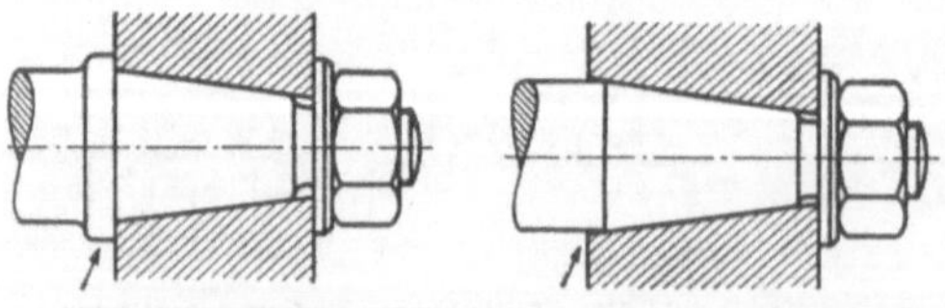

Bild 2/29. Bei Kegelflächen jegliche Behinderung der Kegelpassung durch anderweitige Anlagen vermeiden.

e) *Bei Kegelflächen* weder die Herstellung noch die Kegelpassung durch vorspringende Absätze behindern (Bild 2/29). Gebräuchliche Kegelverjüngungen bevorzugen, für die Reibahlen bzw. Lehren vorhanden sind. Auf der Zeichnung hierfür nur *einen* Durchmesser und die Kegelneigung festlegen.

2.10. Zusammenbau.

Hier ist im Einzelfall zu prüfen

1) ob eine *starre Verbindung* an bestimmten Anlageflächen (Absätze, Zentrierungen, Anschläge, Paßstifte) und in bestimmten Richtungen (längs? quer?) *notwendig* ist und ob die hierfür erforderliche Genauigkeit *erreichbar* ist?

2) ob eine *nachgiebige* Verbindung (und in welcher Richtung nachgiebig?) durch elastische, plastische, gelenkige oder verschiebliche Paarung *zweckmäßig* ist, und ob man hierfür die zu erwartenden Abweichungen *beherrschen* kann?

3) ob eine bestimmte *Stellung* der Teile zueinander durch Anschläge (Absätze, Paßscheiben, Paßfedern, Paßstifte) oder Markierungen (z. B. Körnerschläge) festzulegen ist?

Als Beispiel zeigt Bild 2/30, wie die Verbindung der Baugruppen *A* bis *E* teils elastisch (zwischen *A*—*B* und *D*—*E*), teils längsverschieblich (zwischen *B*—*C*) und teils starr (zwischen *C*—*D*) ausgeführt ist. (Überlege: warum?)

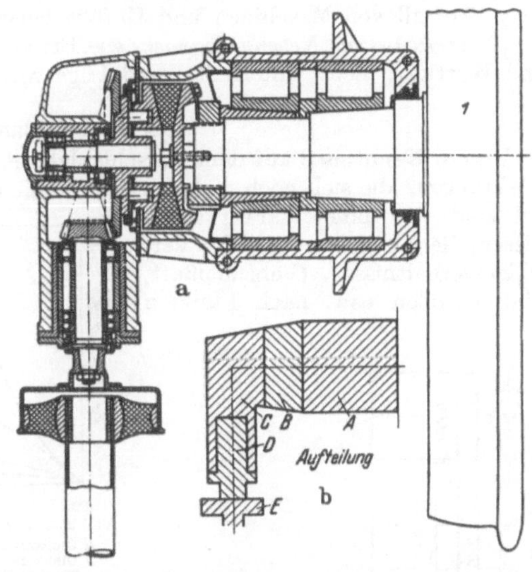

Bild 2/30. Antrieb eines Stromerzeugers, vom Radsatz *1* ausgehend für Eisenbahnfahrzeuge. b Aufteilung in Baugruppen *A* bis *E* (nach KRUMME).

Ferner ist zu überlegen, ob der Zusammenbau so überhaupt möglich ist, ob genügend Platz für den *Monteursdaumen*, für den Ansatz des Schraubenschlüssels usw. bleibt und dann, wo der Zusammenbau durch *Entgraten* und *Kantenbrechen*, durch kegelige Enden der Bolzen oder Bohrungen und durch *Vorrichtungen* und *Sonderwerkzeuge* erleichtert werden kann.

2.11. Transport — Rücksichten.

Einzelteile und Baugruppen dürfen nicht schwerer oder größer sein, als es die *Hebe- und Transportmöglichkeiten* und die *Lademaße* (Versand mit LKW, Eisenbahn oder Schiff?) zulassen. Spielen die Versandkosten eine besondere Rolle (beim Export), so ist eine leichte, *raumsparende* und verpackungsgünstige Formgebung von Vorteil (Bild 2/31).

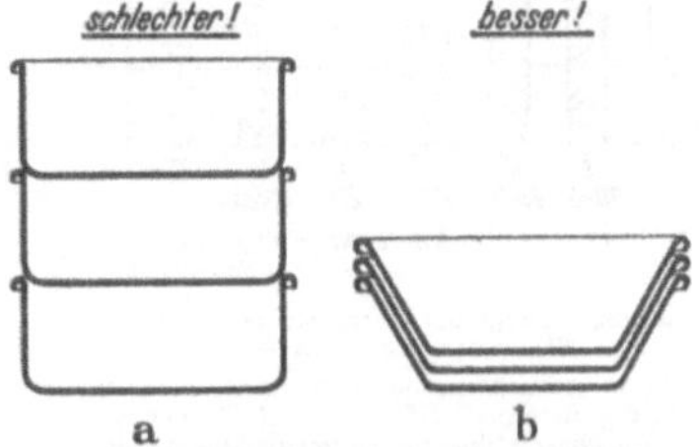

Bild 2/31. Anpassung an den Versand. Die Gefäße rechts nehmen gestapelt weniger Raum ein.

2.12. Verschleißabwehr [1].

1. Bedeutung.

Man macht sich nur selten klar, daß bei Bauteilen die Wertvernichtung durch mechanischen Verschleiß wohl noch größer ist, als durch Bruch oder Korrosion [2]. Nach KLOTH [*2/36*] wandern z. B. jährlich etwa 10 000 t Stahl allein als Verschleißstaub von Ackergeräten in den deutschen Ackerboden. Nach WAHL [*2/30*] erfordert der Verschleiß in der

[1] Die vorliegende Abhandlung stützt sich in wesentlichen Punkten auf die Arbeiten von Dr. WAHL [*2/30*] Institut für Verschleißtechnik Stuttgart.

[2] Unter mechanischem Verschleiß verstehen wir die Abnutzung der Oberfläche durch mechanische Einwirkungen, unter „Korrosion" die Abnutzung durch chemische Veränderungen.

deutschen Zementindustrie jährlich etwa 30 000 t Stahl und Eisen. Der gesamte Schaden durch mechanischen Verschleiß verschlingt jährlich mehrere Milliarden unseres Volksvermögens.

Für den Konstrukteur kommt hinzu, daß der Verschleiß außerdem

a) die *Funktion* der Maschinen herabsetzt und hierdurch z.B. Ausschuß in der Fertigung, Ausfall von Maschinen und Unfälle hervorruft und

b) *unerwünschte Nebenwirkungen*, wie Erwärmung und Lärm, mehr Energieverbrauch und Wartung, mehr Unterhalts- und Lagervorratskosten mit sich bringt.

2. Verschleißanalyse.

Unsere Kenntnisse auf dem Verschleißgebiet bestehen bisher aus zahlreichen *Einzelerfahrungen*, die sich noch nicht zu Grunderkenntnissen geschlossen haben. Im Einzelfall sind wir daher darauf angewiesen, die jeweils vorliegenden Verschleißverhältnisse (Verschleißart, Einflußgrößen usw. nach Punkt a bis c) genauer zu erfassen und sie dann mit erprobten ähnlichen Verschleißverhältnissen zu vergleichen und die hierfür vorliegenden Erfahrungen auszunutzen [1] (s. Bild 2/32).

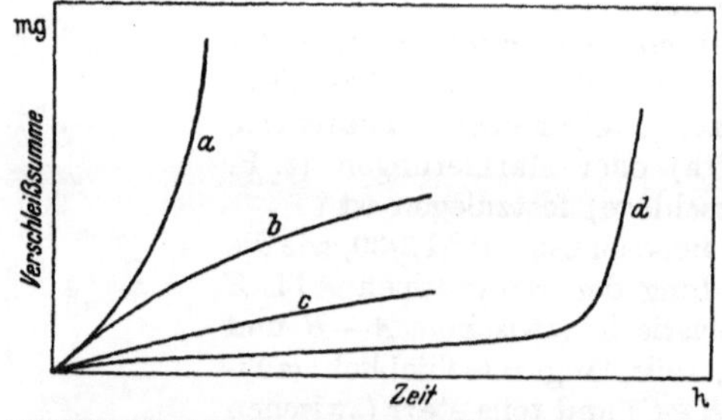

Bild 2/33. Zeitlicher Verlauf von Verschleißvorgängen (schematisch):
a Gleitverschleiß mit „Freßtendenz",
b Gleitverschleiß mit „Einlauftendenz",
c Trocken-Wälzverschleiß,
d Schmierwälzverschleiß.

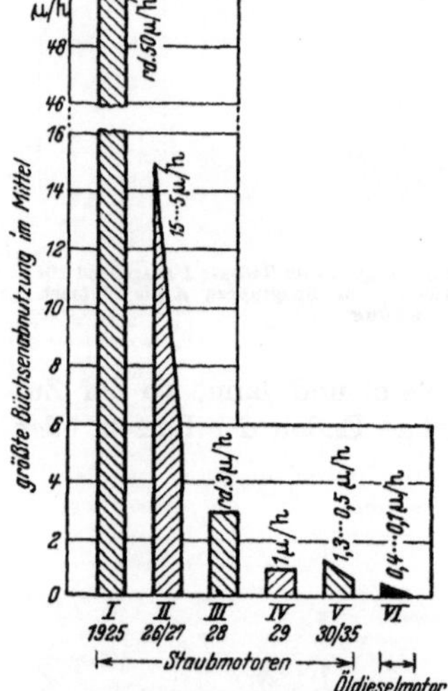

Bild 2/32. Erfolge der Verschleißbekämpfung an Staubmotoren (nach WAHL)
I Erste Versuchsergebnisse an Staubmotoren mit gußeisernen Büchsen und Ringen.
II Versuchsergebnisse mit verschiedenem konstruktivem und betrieblichem Sonderaufwand.
III Versuchsergebnisse für Hochdruckluftspülung; unwirtschaftlich.
IV Versuchsergebnisse mit Ölspülung, unwirtschaftlich.
V Versuchsergebnisse an Staubmotoren gewöhnlicher Bauart, aber mit Büchsen und Ringen aus Sonderwerkstoffen.
VI Vergleichsversuche mit Öldieselmotoren.

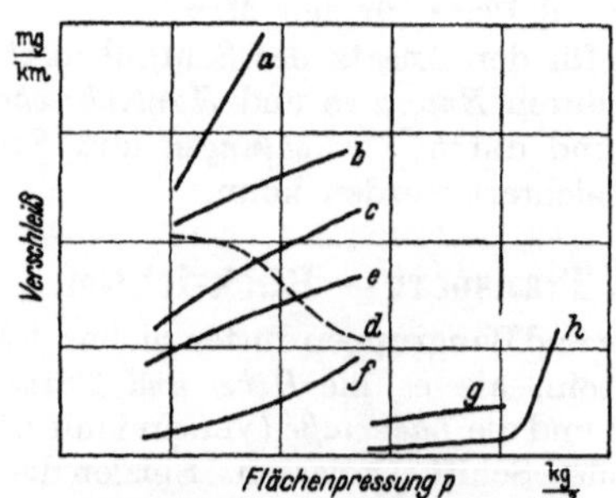

Bild 2/34. Einfluß der Flächenpressung auf Verschleißvorgänge (schematisch).
a Trocken-Mineralgleitverschleiß Metall/Mineral.
b Trocken-Korngleitverschleiß Me/Me.
c Trocken-Gleitverschleiß Me/Me.
d Trocken-Gleitverschleiß mit Sondertendenz Me/Me.
e Schmier-Korn-Gleitverschleiß Me/Me.
f Schmier-Gleitverschleiß Me/Me.
g Trocken-Wälzverschleiß St/St.
h Schmier-Wälzverschleiß St/St.

a) *Verschleißarten*: Im Maschinenbau haben wir es entsprechend dem Bewegungsvorgang vor allem zu tun mit

[1] Die jeweiligen Verschleißerfahrungen sind nur *engbegrenzt* übertragbar. So ist z. B. Mn-Hartstahl bei stark quetschender Gleitbewegung (z. B. bei Baggerzähnen) infolge Kalthärtung sehr verschleißfest, bei leicht schürfender Gleitbewegung (z. B. Sandstrahlen) dagegen nur mittelmäßig.

Gleit-Verschleiß (bei Gleitlagern, Gleitführungen, Zahnrädern, Rutschen, Brechern, Pflugscharen und sonstigen Bearbeitungswerkzeugen),

Wälz-Verschleiß (bei Wälzlagern, Laufrädern, Nocken, Zahnrädern); ferner mit *Strahl*-Verschleiß (bei Düsen, Turbinen, Rohrkrümmern) und *Sog*-Verschleiß (Kavitation bei Wasserturbinen).

Dann ist es von Bedeutung, ob die Verschleißbewegung „*geschmiert*“ oder „*trocken*“, mit oder ohne „*Zwischenkorn*“ (Mineralstaub) vor sich geht. Ferner unterscheiden wir den Verschleißangriff durch *Mineralien* (Steine, Erden, Erze), kurz „Mineralverschleiß“, wegen seiner besonders ungünstigen Wirkung gegenüber dem Verschleißangriff durch andere Stoffe. Darüber hinaus können wir die Verschleißart nach der Stoffpaarung, nach den Verschleiß*erscheinungen* (s. Punkt b), nach dem Verschleiß*verlauf* usw. kennzeichnen. Es können auch mehrere Verschleißarten überlagert auftreten.

b) *Verschleißerscheinungen:* Beim *Gleit*-Verschleiß können außer *Aufrauhungen* und feinem *Abrieb* (mehr oder weniger oxydiert!) noch plastische Verformungen, Riefenbildungen, Rattermarken, und bei *Trocken*-Gleitverschleiß auch „Fressen“, d. h. Verschweißen und nachfolgendes Losreißen mehr oder weniger großer Teilchen, auftreten. Der Abrieb selbst kann wiederum zwischen den Gleitflächen „klemmend“ oder „rollend“ wirken. Beim Wälz-Verschleiß können plastische Verformungen und Anrisse, Ausbröckelungen (Grübchen, „pittings“), und Abblätterungen, Narbungen und Einpressungen von Fremdkörpern auftreten, während beim *Strahl*- und *Sog*-Verschleiß vor allem Auswaschungen (Erosionen), Auskolkungen und Lochbildungen zu beobachten sind.

c) *Einflußgrößen:* Der Verschleiß wird nach Art und Menge erheblich beeinflußt

1) von der *Paarung* (Eigenschaften der gepaarten Stoffe, Form, Glätte, Dichte und Härte der Oberfläche),
2) vom *Zwischenstoff* (Flüssigkeit, Staubkörner, Abrieb, Gase, Luft usw.),
3) von der *Belastung je Flächeneinheit,*
4) vom *Bewegungsablauf* (Bewegungsart und -Geschwindigkeit),
5) von *sonstigen Größen* (wie Temperatur usw.).

d) *Verschleißtendenzen:* Wesentliche Ansatzpunkte für die Verschleißabwehr ergeben sich aus der Kenntnis des Verschleiß*verlaufs* über der Zeit (Bild 2/33), über der Belastung (Bild 2/34), über der Geschwindigkeit, über der Werkstoffpaarung (Bild 2/35) und ferner über der Härte der Oberflächen (Bild 2/36 u. 2/37) und der Verschleißart usw.

3. Günstige Maßnahmen (allgemein)[1].

Auf Grund der Verschleißanalyse lassen sich unter Heranziehung der bisherigen Erfahrungen (Verschleißtendenzen) gewöhnlich Hinweise zur Verringerung des Verschleißes oder seiner Folgen oder Hinweise für geeignete Versuche geben (s. Bild 2/32).

Allgemeine Empfehlungen. a) *Günstigere Stoffpaarung.* Gewöhnlich kann man den Verschleiß durch Verwendung verschleißfesterer Werkstoffe, oder richtiger gesagt, durch eine günstigere Stoff*paarung* (s. Bild 2/35 bis 2/45) herabdrücken. Es bleibt jedoch zu beachten, daß eine unter bestimmten Verschleißbedingungen günstige Paarung bei geänderten Bedingungen ungünstiger sein kann. Siehe hierzu die besonderen Erfahrungsangaben unter Punkt 4. bis 7. In vielen Fällen läßt sich aber noch mehr erreichen, wenn man die Verschleiß*arbeit* selbst verringert durch

b) *günstigere Verschleißbewegung,* z. B. bei Dichtungen durch berührungslose Labyrinthdichtung statt Gleitdichtung, bei Zahnrädern durch kleinere Zähne und größere Eingriffswinkel, bei Gelenken durch Federgelenk statt Bolzengelenk; ferner Wälzbewegung statt Gleitbewegung, flüssige, statt halbflüssiger Gleitreibung, bzw. halbflüssige statt trockener Reibung (auch bei Mineralstaub als Zwischenkorn!).

---

[1] Ich glaube, die Erkenntnisse der Verschleißtechnik könnten auch für das *menschliche* Zusammenleben — zweckmäßige und unzweckmäßige Paarungen — von Bedeutung sein. Jedenfalls findet man hier noch zuviel trockene Gleitreibung mit Freßtendenz!

c) *Herabsetzung der Verschleißkräfte,* z. B. durch günstigere Wahl der Flächenpressung, der Geschwindigkeit und der Formgebung [1], durch *Herabsetzung des Reibwerts,* z. B. durch glattere Oberflächen (besonders bei Gleitlagern wichtig!), durch günstigere Schmierung [2]; durch Fernhalten von Mineralstaub (sichere Dichtungen!), durch Sammelrillen für Abrieb und Staub usw.

d) *Grenztemperatur* nicht überschreiten, z. B. bei Ölschmierung, bei Kunstreibstoffen usw.

e) *Verschleißfolgen verringern,* z. B. Nachstellvorrichtungen vorsehen, den Verschleiß auf bestimmte Verschleißteile beschränken und diese leicht auswechselbar machen. In vielen Fällen wird man den Verschleiß auch durch Auftragschweißen, durch Metall-Aufspritzen oder durch dünne Überzüge, z.B. durch Hartverchromen, ausgleichen können.

4. Bei Gleitverschleiß.

Möglichst „flüssige“ Reibung erstreben (ohne Verschleiß! s. Gleitlager), wofür eine glatte gleit- und bettungsfähige Tragfläche aus Lagermetall gepaart mit einer glattharten Gleitfläche durchweg günstig ist (Bild 2/35). Ferner Kantenpressungen vermeiden und

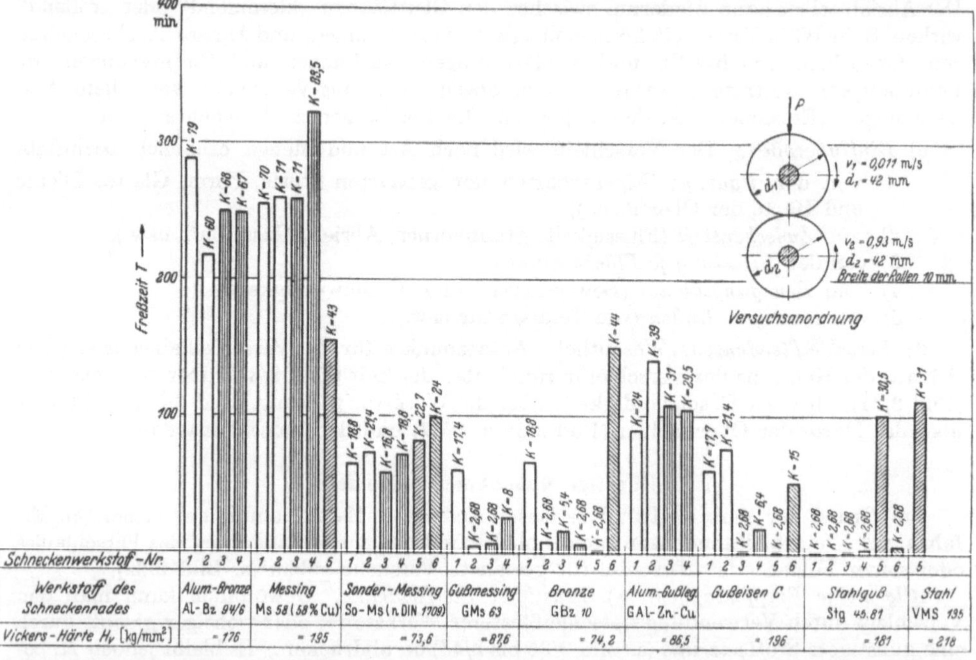

Bild 2/35. Schmiergleitverschleiß von Werkstoffpaarungen für Schneckengetriebe nach Versuchen von WAHL. Ermittelt wurde die Laufzeit bis zum Freßbeginn der Rollenpaarung. Die Umfangsgeschwindigkeit beträgt $v_1 = 0{,}011$ m/s, $v_2 = 0{,}93$ m/s. Die spezifische Belastung $K = \frac{P}{d \cdot b}$ (kg/cm²) ist für jede Paarung angegeben! $d = \frac{d_1 \cdot d_2}{d_1 + d_2}$; Tropfschmierung mit Spindelöl. Schneckenwerkstoff:

1 ist Stahl VMS 135 ($H_V = 218$); *4* ist StC 16.61 einsatzgehärtet ($H_V = 807$);
2 ist St 70.11 ($H_V = 278$); *5* ist St 60.61 verchromt;
3 ist StC 45.61 gehärtet ($H_V = 566$); *6* ist VMS 135 phosphatiert.

Mineralstaub durch sichere Dichtungen fernhalten. Die Schmierung durch günstige Schmierkeilbildung (richtige Schmiernuten und Lagerspiel), durch richtige Wahl der Schmierzähigkeit entsprechend der Gleitgeschwindigkeit, Temperatur und Belastung

[1] Die verschlissene Form gibt häufig wertvolle Fingerzeige für eine günstigere Formgebung.

[2] Bei Reibkupplungen und Reibbremsen mit Kunstreibstoff setzt z. B. eine geringe Schmierung den Verschleiß erheblich herab, während der Reibwert nur wenig absinkt.

und durch ausreichende Zuführung von Schmierstoff sichern (s. Gleitlager). Bei *Trocken-Gleitverschleiß* und auch bei *halbflüssiger* Reibung ist außerdem eine *freßsichere* Stoffpaarung wesentlich. Den Einfluß der Härte und der Härteverfahren zeigen Bild 2/36 u. 2/37. Bei Trocken-Gleitverschleiß ist auch der Einfluß von Gasen beachtlich[1]. Günstige Werkstoffpaarungen s. Bild 2/35 bis 2/39.

Bei *Korn-Gleitverschleiß*, z. B. bei Metall gegen Metall mit Mineralstaub als Zwischenkorn (Gleitlager bei Baggern, Greifern und Landmaschinen) ist der „*Einbettungseffekt*" zu beachten: Das Zwischenkorn drückt sich hierbei in den weicheren Werkstoff stärker ein als in den härteren und greift dann durchweg den härteren Werkstoff mehr an, als den weicheren. Gleichharte Werkstoffe sind ungünstiger als ungleich harte, sofern sie nicht härter als das Zwischenkorn sind. Günstige Werkstoffpaarungen s. Bild 2/38 bis 2/40. Ferner zeigen Versuche [2/38], daß auch bei

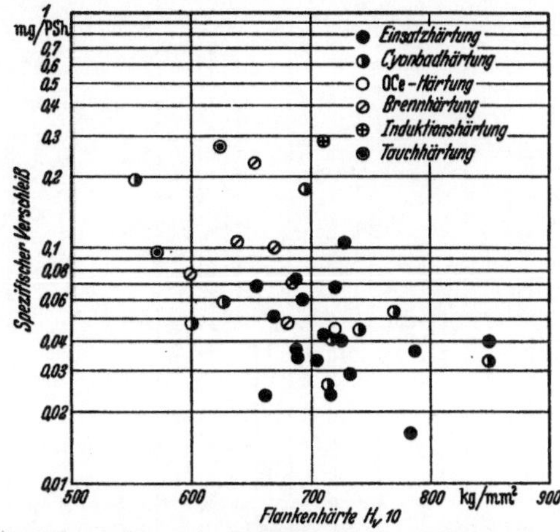

Bild 2/36. Schmiergleitverschleiß bei gehärteten Zahnrädern. Einfluß der Härte und des Härteverfahrens, nach GLAUBITZ [2/47].

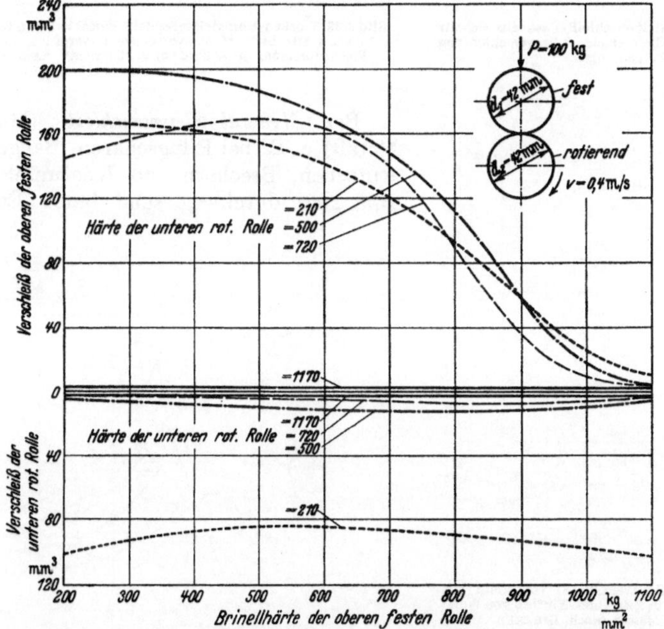

Bild 2/37. Trocken-Gleitverschleiß bei Stahl/Stahl verschiedener Härte nach Versuchen von WAHL auf der Amsler-Rollen-Prüfmaschine. Spez. Belastung $K = \frac{P}{d \cdot b} = \frac{100}{2{,}1 \cdot 1} = 47{,}7\ \mathrm{kg/cm^2}$, Umfangsgeschwindigkeit $v \approx 0{,}4$ m/s.

[1] Nach Versuchen von SIEBEL [2/40] mit Trocken-Gleitverschleiß von St 60 gegen St 60 betrug z. B. der Verschleiß bei Einblasen von N_2 statt Luft nur $^1/_5$, von O_2 nur $^1/_{180}$, und bei CO_2 war er praktisch Null.

mineralischem Zwischenkorn der Verschleiß erheblich geringer ausfällt, wenn die Gleitflächen *geschmiert* werden (bisher oft umgekehrt angenommen).

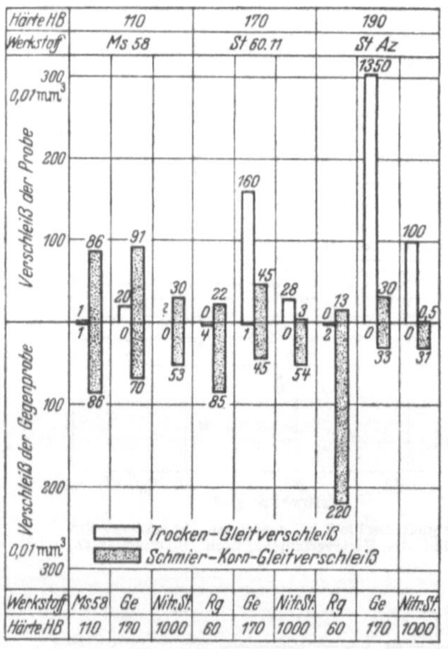

Bild 2/38. Schmier-Korn-Gleitverschleiß (Paste aus Schmirgel und Öl) und Trocken-Gleitverschleiß bei verschiedenen Metallpaarungen.

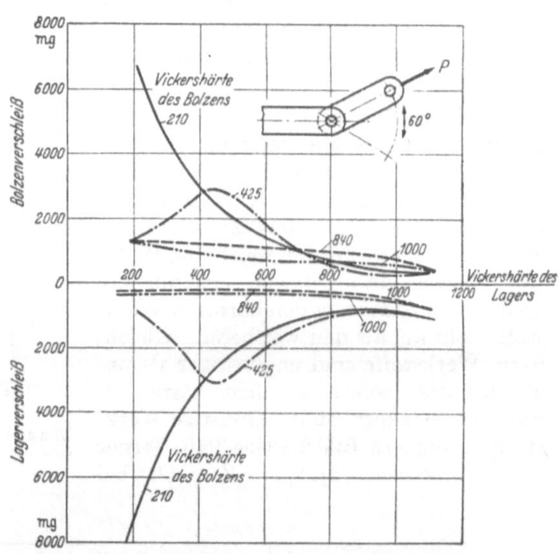

Bild 2/39. Trocken-Korngleitverschleiß: Verschleiß von Kettenbolzen und Kettenbüchsen aus StC 60.61 verschieden vergütet, unter 60° Schwenkwinkel, Flächenpressung $p = P/(d \cdot b) = 10\ \text{kg/cm}^2$. nach Versuchen von WAHL.

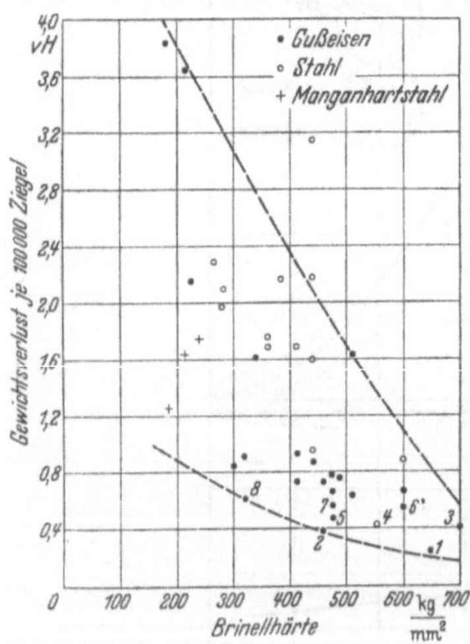

Bild 2/40. Mineral-Gleitverschleiß: Verschleiß von Knetmühlenmessern in Ziegelbrei. Einfluß von Werkstoff und Härte der Messer (nach DIERKER, EVERHART und RUSSEL). Legierungsanteile für die günstigsten Werkstoffe Nr. 1 bis 8: Nr. 1 (2% C, 3% Cr, 5% Mo); Nr. 2 (2,5 C, 28 Cr); Nr. 3 (3,4 C, 1,5 Cr, 4,5 Ni); Nr. 4 (1,5 C, 14 Cr, 3,5 Cu); Nr. 5 (3,1 C, 1,6 Mn, 1,0 Mo); Nr. 6 (3,1 C, 2,9, Mn, 1,4 Mo); Nr. 7 (3,1 C, 1,6 Mn); Nr. 8 (3,9 C, 1,0 Mn, 1,0 Mo).

Bei *Mineral-Gleitverschleiß* (Mineral gegen Metall) z. B. bei Pflugscharen, Baggern, Greifern, Rutschen, Brechern und Knetmühlen sind nach Bild 2/40 durchweg sehr harte Stähle, insbesondere Hartguß und Hartmetalle mit hohen Anteilen an C, Cr, Mn, Ni und Mo besonders günstig.

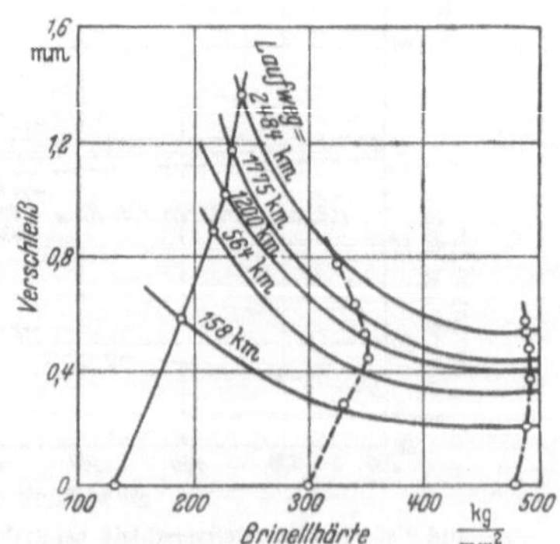

Bild 2/41. Trocken-Wälzverschleiß von Kranlaufrädern mit aufgeschweißten Laufflächen verschiedener Härte (nach HÜNGSBERG).

5. Bei Wälzverschleiß.

Bei *Wälzverschleiß* z. B. bei Laufrädern, Zahnrädern, Reibrädern, Nockensteuerungen, bei Wälz- und Schneidenlagern aus Stahl oder Eisen wächst die ertragbare Belastung bei *Linien*berührung etwa mit H_B^2/E und bei Punktberührung mit H_B^3/E^2. Bei zusätzlichem positivem Schlupf z. B. am Zahnkopf von Zahnrädern ist

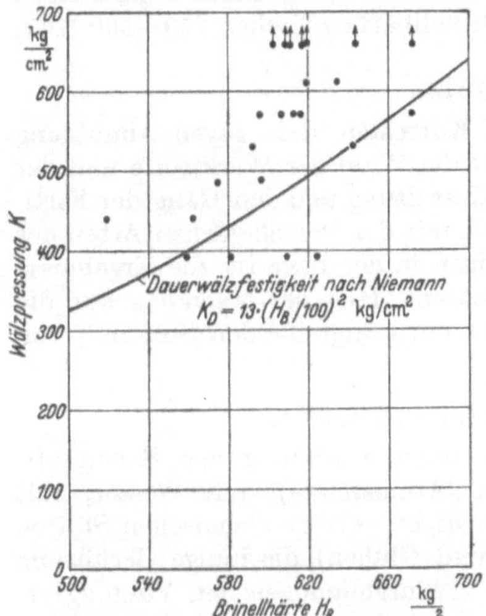

Bild 2/42. Schmier-Wälzverschleiß von gehärteten Zahnrädern (nach Versuchen von GLAUBITZ). Einfluß der Härte auf den Eintritt der Grübchenbildung

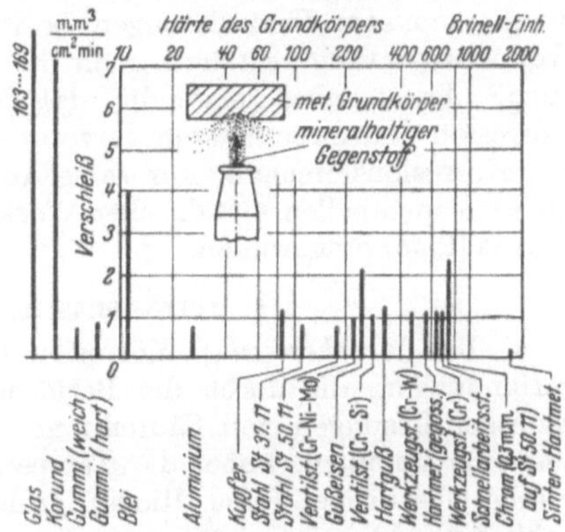

Bild 2/43. Senkrecht-Strahlverschleiß durch Quarzsand an verschiedenen Werkstoffen (nach WELLINGER und BROCKSTEDT).

die ertragbare Belastung größer und bei Trockenlauf unterbleibt die Grübchenbildung. Dafür tritt aber bei Trockenlauf entsprechend mehr Oxydbildung, Abrieb und Abblättern der Lauffläche auf. Einfluß der Brinellhärte H_B s. Bild 2/41 und 2/42.

6. Bei Mineral-Strahlverschleiß.

Bei *Mineral-Strahlverschleiß* (Mineralstrahl gegen Werkstoff, z. B. beim Sandstrahlen) ist bei *senkrechter* Bestrahlung nach Bild 2/43 die Härte des Grundkörpers zwischen 100 bis 600 Brinell erstaunlicherweise ohne besonderen Einfluß, es kann sogar ein weicherer Werkstoff, z. B. Gummi und St 37 günstiger sein als ein härterer, z. B. als Hartguß, Hartmetall gegossen und Glas.

Bei *tangentialem* Strahl ist dagegen nach Bild 2/44 der härtere Werkstoff

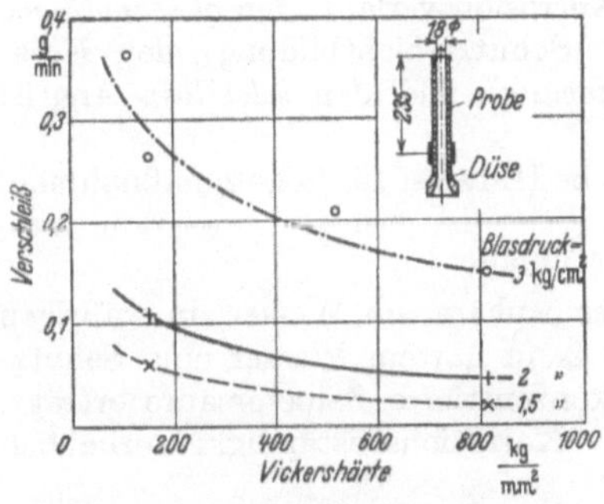

Bild 2/44. Tangential-Strahlverschleiß durch Quarzsand bei Düsen aus verschieden hartem Stahl (nach WELLINGER und BROCKSTEDT).

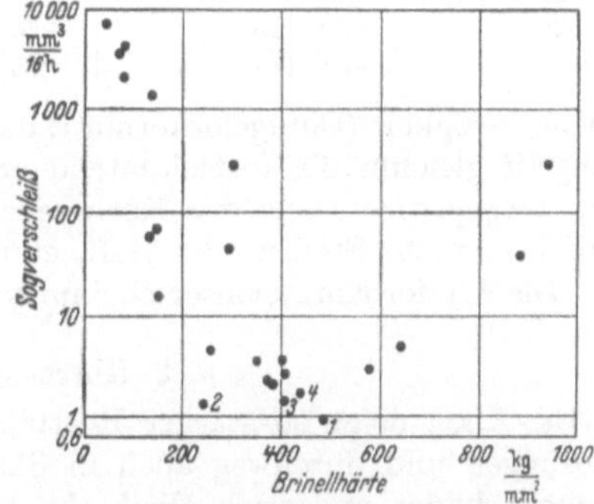

Bild 2/45. Sogverschleiß (Kavitation) bei verschiedenen Metallen (nach MOUSSON).

Günstigste Werkstoffe: Nr. 1 Stellit gewalzt (30% Cr, 65% Co 4 W); Nr. 2 Rostfreier Stahl, elektrisch aufgeschweißt (17 Cr, 7Ni); Nr. 3 Rostfreier Stahl kugelfallgehärtet (18 Cr, 8 Ni); Nr. 4 Stellit gewalzt (30 Cr, 60 Co, 8 W).

durchweg bedeutend verschleißfester. Günstig ist auch die Bildung einer Schutzschicht aus dem Strahlgut als Auflage.

7. Bei Sogverschleiß.

Bei *Sogverschleiß* sind nach Bild 2/45 Stähle und Stellite mit hohen Legierungszusätzen an Cr, Co, Ni und Wo besonders günstig, wobei die Brinellhärte zwischen 250—500 liegt.

2.13. Korrosionsschutz.

Der notwendige Schutz unserer Maschinen gegen Korrosion, d. h. gegen Abnutzung durch chemische Veränderungen, beeinflußt nicht nur die Wahl der Werkstoffe und der Werkstoffpaarung, sondern auch die konstruktive Gestaltung und den Gang der Fertigung. Es ist daher notwendig, daß der Konstrukteur mit den verschiedenen Arten der Korrosion und ihrer Abwehr vertraut ist und im übrigen in der Lage ist, die Ergebnisse der Korrosionsforschung für seine Aufgaben auszunutzen. Hier sei besonders auf die „Korrosionstabellen metallischer Werkstoffe, geordnet nach angreifenden Stoffen", von Ritter [*2/58*] hingewiesen.

1. Korrosionsarten und Korrosionserscheinungen.

a) Bei der *chemischen* Korrosion handelt es sich um die Bildung von Sauerstoffverbindungen, die durch die Berührung mit Gasen (Atmosphäre), mit Wasser, mit wäßrigen Lösungen, mit Säuren und Alkalien und sonstigen aktiven chemischen Stoffen zustande kommen, wobei die Temperatur (Kochen und Glühen), die innige Berührung (rauhe Oberfläche, Risse, Riefen, grobes Korn) und Verunreinigungen den Vorgang erheblich beschleunigen können.

Wesentlich für den Korrosionsschutz ist nun, wie weit durch den Korrosionsvorgang selbst genügend schützende Deckschichten entstehen (Passivierung), wie z. B. bei Stahl durch Zusatz von Cr, Cu usw., bei Grauguß und Bronze durch Zusatz von Si usw.

b) Bei der *elektrochemischen* (Spannungs-) Korrosion handelt es sich um die Bildung von galvanischen Lokalelementen zwischen Metallen, die in der Spannungsreihe (Tafel 2/3) weiter auseinanderliegen und durch eine stromleitende Flüssigkeit, z. B. Schwitzwasser verbunden sind. Hierbei wird das *unedlere* Metall, z. B. Eisen gegenüber Kupfer, angegriffen.

Tafel 2/3. *Spannungsreihe (Volt) der Metalle in wäßriger Lösung gegen Wasserstoffelektrode (nach Lüpfert).*

Kalium . .	—3,2	Eisen . . .	—0,43	Wasserstoff.	+0
Natrium . .	—2,8	Kadmium .	—0,40	Kupfer . .	+0,34
Magnesium.	—1,55	Kobalt . .	— 0,29	Silber . . .	+0,8
Aluminium.	—1,28	Nickel . . .	—0,22	Quecksilber	+0,86
Mangan . .	—1,08	Blei	—0,12	Gold . . .	+1,5
Zink. . . .	—0,76	Zinn. . . .	—0,1	Platin . . .	+1,8

c) *Korrosionserscheinungen.* Wir können hier unterscheiden nach der äußeren Erscheinung: gleichmäßiges Korrodieren (Rosten, Zundern), Lochfraß, Unterrosten und Herabsetzung der Dauerfestigkeit (Gefügelockerung); dann nach dem Korrosionsverlauf: den *gleichmäßigen* Angriff gleichmäßig fortschreitend oder abklingend (Schutzschichtbildung), den *Korngrenzen*angriff entlang der Korngrenzen (Gefügelockerung) und den *selektiven* Angriff auf bestimmte Stellen oder Gefügeteile.

Die Art der Korrosionserscheinungen gibt wesentliche Hinweise für Schutzmaßnahmen.

2. Korrosionsverhalten der Metalle.

a) *Eisen* neigt zu starker Rostbildung in der Atmosphäre, im Wasser, in wäßrigen Lösungen und durchweg auch in Säuren, während es in hartem Wasser eine Schutzschicht bildet und auch alkalische Lösungen und konzentrierte Salpetersäure erträgt. Durch Zusatz von Cu, Al, Si oder Cr kann jedoch seine Korrosionsbeständigkeit erheblich erhöht werden.

b) *Aluminium* und Al-Legierungen s. S. 95 und S. 96.

c) *Magnesium* s. S. 97.

d) *Zink* bildet an der Atmosphäre eine unansehnliche mattgraue, aber dichte Schutzschicht, auch gegen Schwefelwasserstoff; sie schützt aber nicht gegen schweflige Säure und Chloride in der Industrieluft und auch nicht gegen kochendes Wasser, schwache Säuren, Alkalien, chlorid- und sulphathaltige Lösungen. Zinklegierungen sind meist noch unbeständiger.

e) *Kadmium* verhält sich ähnlich wie Zink.

f) *Blei* ist durch Schutzschichtbildung beständig gegen Luft, gegen hartes Wasser, gegen Schwefel und Schwefelverbindungen.

g) *Zinn* ist beständig gegen Luft, wäßrige Lösungen und schwache Säuren (Nahrungsmittelindustrie), aber sehr empfindlich gegen schweflige Säure und Kälte (Zinnpest), etwas weniger gegen alkalische Lösungen und starke Säuren.

h) *Kupfer* ist sehr widerstandsfähig gegen Luft (Patinabildung), Gase, wäßrige Lösungen. Seewasser, sowie gegen die meisten Säuren, Basen und Salze; aber nicht gegen Salpetersäure, Ammoniak und Schwefel und bildet bei Fruchtsäure Grünspan (giftig!).

Kupferlegierungen verhalten sich ähnlich (Bronze meist. noch besser als Cu); Messing mit weniger als 61% Cu ist korrosionsgefährdeter.

i) *Nickel* verhält sich ähnlich wie Kupfer. Jedoch können schwefelhaltige Gase in der Wärme die Korngrenzen angreifen.

k) *Platin, Gold und Silber* sind als Edelmetalle korrosionsfest. Nur Silber wird von Schwefelwasserstoff geschwärzt und von Salpetersäure und anderen starken Oxydationsmitteln angegriffen.

l) *Chrom* ist, abgesehen von Alkalien, auch bei höheren Temperaturen und auch gegen oxydierende Mittel sehr korrosionsbeständig.

3. Schutzmaßnahmen.

Wenn die Korrosionsbeständigkeit des verwendeten Werkstoffs für den betreffenden Zweck nicht ausreicht, sind besondere Vorkehrungen zu treffen, die sich nach der Art des Korrosionsangriffs, nach dem Grade des notwendigen Schutzes und nach dem Werkstoff richten. Hierzu einige Angaben:

a) *Schutz gegen Spannungskorrosion* ist besonders an der Berührungsstelle von Metallen verschiedenen Potentials (s. Tafel 2/3) erforderlich, wenn Feuchtigkeit hinzutritt. So kann man an der Stoßstelle von Stahl und Leichtmetall die Stahlseite verzinken oder phosphatieren, die Aluminiumseite eloxieren oder lackieren, die Magnesiumseite bichromatisieren oder mit einer isolierenden Zwischenlage aus Kunststoff versehen.

b) *Fettüberzüge* aus Mineralfett, Staufferfett oder Vaseline sind für einen vorübergehenden Schutz blanker Metallteile gegen Anrosten geeignet.

c) *Brünieren* von Eisen und Stahl ergibt eine schöne schwarze Oberfläche und etwas erhöhte Rostbeständigkeit.

d) *Lacküberzüge* (elastisch!), können durch Streichen, Spritzen oder Tauchen aufgebracht und gegebenenfalls noch durch Einbrennen stoßfest gemacht werden. Hierfür kommen je nach den Umständen Öl-, Kunstharz-, Nitrozellulose- und Einbrennlacke in Frage und gegen Laugen, Chlor oder starke Säuren auch Chlorkautschuklacke.

e) *Phosphatieren* („Parkern" und „Bondern") wird in steigendem Maße als Rostschutz und als Grundschicht für Lack oder Fettüberzüge, besonders bei Stahl- und Eisenteilen angewendet. (Auch für Gleitflächen vorteilhaft!)

f) *Tauch- oder Spritzüberzüge* aus Zinn, Zink, Blei oder Aluminium. Die Spritzüberzüge sind weniger dicht, also weniger korrosionsschützend. Durch Al-Überzüge kann eine hohe Zunderbeständigkeit erreicht werden.

g) *Verzinken*, besonders *Glanzverzinken* und anschließendes Lackieren mit Klarlack wird heute als Korrosionsschutz für Eisen und Stahl gegenüber Verchromen, Verkupfern und Vernickeln bevorzugt.

h) *Galvanische Überzüge* (Elektroplattierung) aus Kupfer, Nickel, Chrom oder Kadmium. Die Überzüge sind härter als das Ausgangsmetall. Hartverchromen hat sich besonders bewährt als Verschleißschutz für Schneid-, Zieh- und Meßwerkzeuge.

i) *Elektrisches Oxydieren* von Aluminium (Eloxalverfahren) ergibt eine Schutzschicht, die korrosions-, haft- und verschleißfest ist, außerdem elektrisch isolierend und gut rückstrahlend, gut färb- und tränkbar und sehr hart ist. Das entsprechende Verfahren für Magnesium (Elomag) hat sich gegenüber den Chromatbeizen noch weniger durchgesetzt.

k) *Eindiffundieren* von Al in Stahl (Alumetieren, Kalorisieren, Alitieren), um Stahl gegen Hitze, Sauerstoff und Schwefel beständig zu machen; ferner von Chrom in Stahl (Inkromieren), um ihn rost- und zunderbeständig zu machen und schließlich von Stickstoff in Stahl (Nitrierhärten) als Verschleißschutz.

l) *Chromatbeizen*, meist mit anschließendem Lackieren ist als Korrosionsschutz besonders für Magnesium-Legierungen, ferner für Aluminium und Zinklegierungen von großer Bedeutung.

m) *Plattieren* für besonders hohe Korrosionsbeanspruchungen. Hierbei wird das Überzugsmetall zusammen mit dem Grundmetall ausgewalzt, z. B. werden Stahlbleche oder Stahlrohre mit Al, Cu, Ni, Ms, Tombak oder Chromnickelstahl plattiert, Al-Bleche mit Cu (Cupal) und Al–Cu–Mg-legierte Bleche mit korrosionsbeständigem Al.

n) *Emailüberzüge* für Blechwannen, Kannen, Töpfe u. dgl. sind chemisch sehr beständig (nicht gegen Alkali und Flußsäure), aber weniger schlagfest (spröde).

2.14. Schrifttum zu 2.

1. Allgemeines.

[2/1] KRUMME, W.: Konstruktionserfahrungen aus dem Maschinen- und Gerätebau München. Hanser-Verlag 1947.

[2/2] BAUERFEIND, R.: Konstruieren. Brandenburg: Selbstverlag 1947.

[2/3] WÖGERBAUER, H.: Die Technik des Konstruierens. München, Berlin: Oldenburg 1943.

[2/4] RABE, K.: Grundlagen feinmechanischer Konstruktionen. Wittenberg: Ziemsen-Verlag 1942.

[2/5] RICHTER, v. VOSS: Bauelemente der Feinmechanik. Berlin: VDI-Verlag 1942.

[2/6] WINTER, H.: Grundzüge der Maschinenkonstruktion und Normung. Wolfenbüttel: Verlagsanstalt 1947.

[2/7] — Winke für den Konstrukteur. AEG-Norm 175.

[2/8] LAUDIEN-EDERT-QUANTZ: Maschinenelemente. Leipzig: Jänecke 1931.

[2/9] ERKENS, A.: Die Grundlagen der Konstruktion, dargestellt an einem Beispiel der Praxis. Berlin: Beuth-Vertrieb 1930. — ferner: Aus der Konstruktionspraxis. Berlin 1931.

[2/10] — Konstruiere mit Kerbstift. Kerb G. m. b. H. 1926.

2. Beanspruchung und Gestaltung.

(S. auch Festigkeitsrechnung S. 60 und Leichtbau S. 77.)

[2/11] LEHR, E.: Spannungsverteilung in Konstruktionselementen. Berlin 1934.

[2/12] — Konstruktionstagung Stuttgart, Festigkeit und Formgebung. Stuttgart 1936.

[2/13] WUNDERLICH, F.: Festigkeit und Formgebung. Stuttgart: VDI-Verlag 1938.

[2/14] UDE, H.: Steigerung der Dauerhaltbarkeit der Konstruktionen. Z. VDI Bd. 79 (1935) S. 47.

[2/15] UDE, H.: Neuere Erkenntnisse der Werkstofforschung als Grundlage der Konstruktion (Vortrag). Auszug hieraus s. Techn. Blätter Bd. 31 (1941) S. 203.

[2/16] WIEGAND, H.: Oberflächengestaltung und -behandlung dauerbeanspruchter Maschinenteile. Z. VDI 84 (1940) S. 505.

3. Werkstoff und Gestaltung.

[2/17] LÜPFERT, H.: Metallische Werkstoffe (Gestaltungsgrundsätze für Gußteile S. 56). Bad Wörishofen: Verlag Banaschewski 1946.

[2/18] — Werkstoffumstellung im Maschinen- und Apparatebau. Berlin: VDI-Verlag 1940.

[2/19] — Konstruieren in neuen Werkstoffen. VDI-Sonderheft Berlin: VDI-Verlag 1942.

[2/20] — Werkstoffsparende Gestaltung. Hrsg. TWL. Berlin: Beuth-Vertrieb 1938.

4. Fertigung und Gestaltung.

[2/21] LEINWEBER, P.: Passung und Gestaltung. Berlin: Springer 1942.

[2/22] METZNER, W.: Fertigungstechnische Richtlinien für die Gestaltung von Heeresgerät. Werkstattstechnik und Werksleiter Jg. 34 (1940) S. 322.

[2/23] LEHMANN, R.: Wirtschaftlicher konstruieren — billiger gießen! Berlin: VDI-Verlag 1932.

[2/24] LISCHKA, A.: Was muß der Maschineningenieur von der Eisengießerei wissen? Berlin: Springer 1929.
[2/25] KOTHNY, E.: Einwandfreier Formguß (Werkstattbücher H. 30). Berlin: Springer-Verlag 1938.
[2/26] VÄTH, A.: Der Schleuderguß. Berlin: VDI-Verlag 1934.
[2/27] JUNGBLUTH: Gestaltung für Temperguß. Kruppsche Monatshefte 1927, S. 193.
[2/28] — Gestaltung von Spritzgußteilen aus nichthärtbaren Kunststoffen. Berlin: VDI-Richtlinien 1942.
[2/29] — Der Spritz- und Preßguß. Düsseldorf 1942.

5. Verschleißabwehr.

(Weiteres Schrifttum s. WAHL [2/30].)

[2/30] WAHL, H.: Verschleißtechnik. Die Technik Bd. 3 (1948) S. 193 (weiteres Schrifttum).
[2/31] WAHL, H.: Verschleißbekämpfung bei Staubmotoren. Z. VDI Bd. 80 (1936).
[2/32] — Reibung und Verschleiß. Vorträge der VDI-Verschleißtagung Stuttgart 1938. Berlin: VDI-Verlag 1939.
[2/33] SIEBEL, E.: Handbuch der Werkstoffprüfung Bd. I und II. Berlin: Springer 1939 und 1940.
[2/34] — Verein deutscher Eisenhüttenleute: Werkstoff-Handbuch Stahl und Eisen. Düsseldorf: Verlag Stahleisen 1937 (besonders D 21).
[2/35] — Verein deutscher Eisenhüttenleute: Werkstoffausschuß. Berichte Nr. 37, 59, 210, 275, 339.
[2/36] KLOTH, W.: Die Haltbarkeit der Bodenbearbeitungswerkzeuge. Die Technik i. d. Landwirtschaft Bd. 11 (1930) S. 332.
[2/37] KLOTH, W.: Haltbarkeitsforschung im Landmaschinenbau. Z. VDI Bd. 75 (1931) S. 1127.
[2/38] DAEVES: Schwachstellenforschung. Autom. techn. Z. Bd. 44 (1941) S. 107—111.
[2/39] SPORKERT, K.: Über die Abnutzung von Metallen bei gleitender Reibung. Werkstattstechnik Bd. 30 (1936) S. 221ff.
[2/40] SIEBEL, E. u. R. KOBITZSCH: Verschleißerscheinungen bei gleitender trockener Reibung. Berlin: VDI-Verlag 1941.
[2/41] KEHL, B.: Untersuchungen über das Verschleißverhalten der Metalle bei gleitender Reibung. Diss. Stuttgart 1935.
[2/42] KNIPP, E.: Über den Verschleiß von Eisenlegierungen auf mineralischen Stoffen. Gießerei Bd. 24 (1937) Nr. 2 S. 25—28.
[2/43] HÜNGSBERG, H.: Der Verschleiß von Auftragschweißen bei Kranlaufrädern und Rollenlagern im Betrieb und Laboratorium. Arch. Eisenhüttenwesen Bd. 16 (1942/43) Nr. 11/12 S. 453—464.
[2/44] DIERKER, A., J. D. EVERHART und R. RUSSEL: Wearing properties of some metals in clay plant operation. Bull. Ohio State University Bd. 8 (1939) Nr. 97, S. 25.
[2/45] LISSNER, A.: Über den Verschleißwiderstand metallischer Werkstoffe. Schlägel und Eisen Bd. 36 (1938) Nr. 3 S. 51—57.
[2/46] EICHINGER, A.: Verschleiß metallischer Werkstoffe. Mitt. KWI Eisenforschung Bd. 23 (1941) S. 247 bis 265.
[2/47] GLAUBITZ, H.: Oberflächenhärtung und Bauteilfestigkeit von Zahnrädern. Werkstatt und Betrieb Bd. 80 (1947) Nr. 10 S. 249ff.
[2/48] GLAUBITZ, H.: Verschleißkennwerte für Zahnräder. ATM-Blatt V 9113—4, Okt. 1948.
[2/49] NIEMANN, G.: Walzenfestigkeit und Grübchenbildung bei Zahnrad- und Wälzlagerwerkstoffen. Z. VDI Bd. 87 (1942) S. 515.
[2/50] MOUSSON, J. M.: Pitting resistance of metals under cavitation conditions. Trans. Amer. Soc. mech. Engr. Bd. 59 (1937) S. 399.
[2/51] NOWOTNY: Werkstoffzerstörung durch Kavitation. Berlin 1942.
[2/52] WAHL, H. u. F. HARTSTEIN: Strahlverschleiß. Stuttgart: Franck'sche Verlagsbuchhandlung 1947.
[2/53] WELLINGER, K. und N. C. BROCKSTEDT: Versuche zur Ermittlung des Verschleißwiderstandes von Werkstoffen für Blasversatzrohre. Glückauf (1942) Nr. 10 S. 130—133; vgl. auch Stahl und Eisen Bd. 62 (1942) Nr. 30 S. 635—637.
[2/54] ZEMANN, J.: Die Abnützung als Berechnungsgrundlage für Maschinenteile. MTZ (1942) H. 10, S. 372.
[2/55] OPITZ, H.: Untersuchungen über das Verschleißverhalten von gußeisernen Flächen. Werkstattstechnik und Werksleiter Bd. 34 (1940) S. 42. — Festigkeit u. Verschleiß von Zahnrädern aus geschichteten Kunstpreßstoffen. Dtsch. Kraftfahrtforsch. Berlin 1939 H. 36.
[2/56] ENGLISCH, C.: Verschleiß, Betriebszahlen u. Wirtschaftl. von Verbrennungskraftmaschinen. Berlin: Springer 1943.
[2/57] HANFT, F.: Untersuchungen über die Abnutzung an Kraftfahrzeugteilen. Diss. TH. Dresden 1934.
Nachtrag: SEIDEL u. TAUSCHER: Gleitverschleiß von Grauguß, Die Technik Bd. 4 (1949), S. 455.

6. Korrosionsschutz.

(S. auch LÜPFERT [2/17].)

[2/58] RITTER, F.: Korrosionstabellen metallischer Werkstoffe, geordnet nach angreifenden Werkstoffen. Wien: Springer 1937.
[2/59] — Z. Metalloberfläche. München: Verlag Hanser.
[2/60] BAUER, O., O. KRÖHNKE und G. MASING: Die Korrosion metallischer Werkstoffe. Leipzig 1936, 1940.

[2/61] WIEDERHOLT, W.: Metallschutz. AWF-Schriften Bd. 1 und 2. Leipzig 1938—1940.
[2/62] WIEDERHOLT, W.: Oberflächenschutz von Metallen. Z. VDI Bd. 85 (1941) S. 451—459. — Reiches Schrifttum.
[2/63] MACHE, W.: Metallische Überzüge. Leipzig: Verlagsanstalt 1941.

3. Festigkeitsrechnung.

Die Festigkeitsrechnung soll die Frage beantworten, wie weit ein Bauteil den zu erwartenden Belastungen gewachsen ist, bzw. welche Abmessungen hierfür erforderlich sind.

Wir berechnen hierzu nach den Regeln der Festigkeitslehre aus der gegebenen Nennlast die „*Nennspannung*" an den gefährdeten Stellen des Bauteils und vergleichen sie mit einer „*zulässigen Spannung*", oder wir berechnen umgekehrt aus der Nennlast und der zulässigen Spannung die erforderlichen Abmessungen an den gefährdeten Stellen.

Eine treffende Festigkeitsrechnung setzt voraus, daß auf der einen Seite die Betriebsbedingungen und die sich hieraus ergebenden Belastungen für den Bauteil richtig erfaßt sind und daß auf der anderen Seite genügend Erfahrungen für den Ansatz der zulässigen Spannung vorliegen. Wo diese Voraussetzungen fehlen, ist auf Klärung durch Versuche zu drängen: Messung der wirklichen Belastung im Betriebe einerseits und der Bauteilfestigkeit unter Betriebsbedingungen andererseits.

Wir zeigen nachfolgend die Ermittlung der *Nennspannung*, die Ermittlung der verschiedenen *Festigkeitswerte* und anschließend den Ansatz der *zulässigen Spannung*. Die Berechnung der *Formänderung* s. Federn (Kap. 12).

Bezeichnungen:

Zeichen	Einheit	Bedeutung
A	(cmkg)	Verformungsarbeit
a_k	(mkg/cm²)	Kerbschlagfestigkeit
a	(—)	Beiwert, $= \sigma_{zul}/\tau_{zul}$ bzw. $= \sigma_{b\,zul}/\tau_{t\,zul}$
b_0	(—)	Größenbeiwert
b	(mm, cm)	Breite
C	(—)	Lastfehler $= \sigma_{Betr}/\sigma$
d, D	(mm, cm)	Durchmesser
d_a, d_i	(mm, cm)	Außen-, Innendurchm.
E	(kg/cm²)	E-Modul
e	(cm)	Randabstand
f	(cm)	Verformungsweg
F	(mm², cm²)	Querschnitt, Fläche
F_0	(mm²)	Ursprüngl. Querschnitt
F_z	(mm²)	Bruchquerschnitt
h	(mm, cm)	Höhe
H_B	(kg/mm²)	Brinellhärte
H_R	(kg/mm²)	Rockwellhärte
H_V	(kg/mm²)	Vickershärte
J_x, J_y	(cm⁴)	Flächen-Trägheitsmoment für Biegung
J_t	(cm⁴)	Flächen-Trägheitsmoment für Drehung
i	(cm)	Trägheitshalbm. $= \sqrt{J/F}$
L	(cm)	Stablänge
L_K	(cm)	freie Knicklänge
L_0	(mm)	Meßlänge
M_b	(cmkg)	Biegemoment
M_t	(cmkg)	Drehmoment
M_{bv}	(cmkg)	Vergleichs-Biegemoment
N	(—)	Lastspielzahl
P	(kg)	Kraft, Nennlast
P_{Betr}	(kg)	Betriebslast
P_K, P_{KB}	(kg)	Knick-, Beulkraft
p	(kg/cm²)	Flächenpressung
q	(—)	Beiwert, s. Bild 3/27
r	(mm)	Halbmesser
s	(cm)	Wanddicke
S_N	(—)	Nutzsicherheit
S_K	(—)	Knicksicherheit
W_b	(cm³)	Biegewiderstandsmoment
W_t	(cm³)	Drehwiderstandsmoment
y_0	(—)	Beiwert, s. Bild 3/27
δ	(%)	Bruchdehnung $= 100\,\Delta L_z/L_0$
ΔL	(mm)	Verlängerung
ΔL_z	(mm)	Bruchverlängerung
ε	(—)	Dehnung $= \Delta L/L_0$
η_1, η_2, η_3	(—)	Beiwerte, s. Tafel 3/1
λ	(—)	Schlankheitsgrad $= L_K/i$
σ	(kg/mm², kg/cm²)	Normal-, Zug- oder Druckspannung
σ_-, σ_b	(kg/mm², kg/cm²)	Druck-, Biegespannung
σ_K, σ_{KB}	(kg/cm²)	Knick-, Beulspannung
τ_t, τ	(kg/mm², kg/cm²)	Dreh-, Schubspannung
ψ	(%)	Brucheinschnürung
ω	(—)	Knickzahl

Zeiger:

Bei den Spannungszeichen σ, σ_-, σ_b, τ und τ_t bedeuten große Buchstaben A, B, D, E, F, K, N, P, Ur... als Zeiger bestimmte Festigkeitswerte nach S. 50 und Tafel 3/3; kleine Buchstaben bestimmte Spannungen z. B. Zeiger a, m, w... Ausschlag-, Mittel-, Wechselspannung; r, u, v... resultierende, untere, Vergleichs-Spannung; zul..., Betr... zulässige, Betriebs-Spannung; x, y, z... Größen, bezogen auf die Koordinaten x, y, z.

3.1. Ermittlung der Nennspannung[1].

1. Ermittlung der Kraftgrößen im Querschnitt.

Der Körper nach Bild 3/1a sei durch die Kräfte P_1 bis P_4 belastet. Der durch Schraffur hervorgehobene Querschnitt soll untersucht werden. Wir schneiden in Gedanken das stark ausgezogene Stück ab. Im Querschnitt wählen wir die Hauptträgheitsachsen als x- und y-Achse und senkrecht dazu die z-Achse. Die Wirkung der abgetrennten Stoffteilchen wird durch verteilte Kräfte ersetzt. Diese werden zu 6 Kraftgrößen zusammen-

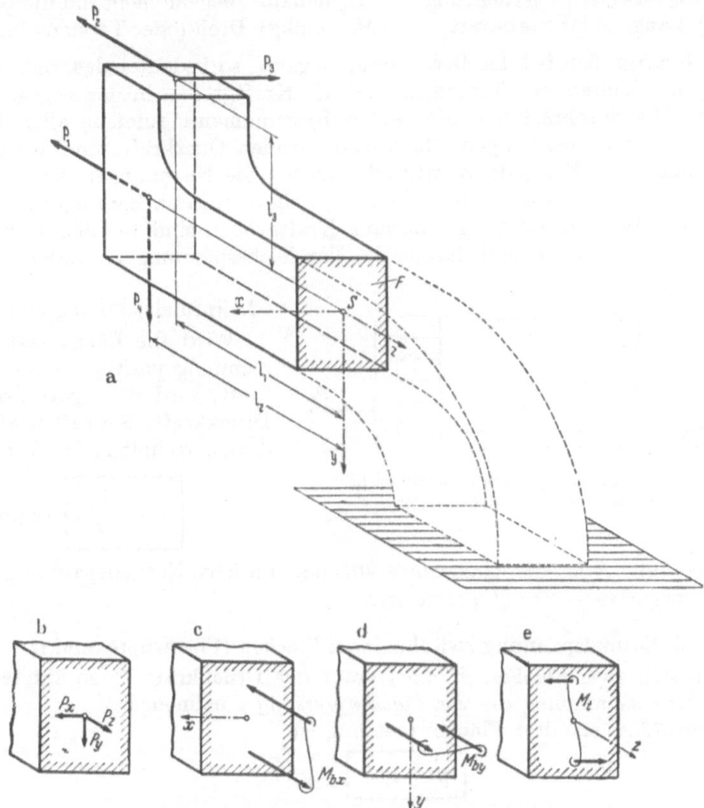

Bild 3/1. Zur Ermittlung der Kraftgrößen P_x, P_y, P_z und M_{bx}, M_{by}, M_t im Querschnitt F eines durch die Kräfte P_2 bis P_6 belasteten Körpers.
a) Gesamtdarstellung, b) bis e) Einzeldarstellung der Kraftgrößen.

gefaßt, die das abgetrennte Stück im Gleichgewicht halten. Wir führen hierzu allgemein, ohne auf die Belastung des abgeschnittenen Teiles zu achten, in der Schnittfläche folgende Kraftgrößen ein:

Im Schwerpunkt angreifend die Kräfte P_x, P_y und P_z in Richtung der drei Achsen nach Bild 3/1b, des weiteren ein Kräftepaar mit dem Moment M_{bx} um die x-Achse nach Bild 3/1c, ein Kräftepaar mit dem Moment M_{by} um die y-Achse nach Bild 3/1d und ein Kräftepaar mit dem Moment M_t um die z-Achse nach Bild 3/1e. Bei dem Kräftepaar mit positivem Moment M_{bx} liegt der Angriffspunkt der Zugkraft auf der positiven y-Achse; bei dem Kräftepaar mit positivem Moment M_{by} liegt der Angriffspunkt der Zugkraft auf der positiven x-Achse.

---
[1] Im wesentlichen nach C. Weber.

Die Kraftgrößen werden mit Hilfe der sechs Gleichgewichtsbedingungen berechnet. Die Summe der Kräfte in den drei Koordinatenrichtungen gibt:

$$P_x - P_3 = 0\,, \quad P_y + P_4 = 0\,, \quad P_z - P_1 - P_2 = 0\,.$$

Die Summe der Momente um die drei Achsen gibt:

$$M_{bx} + P_2\, l_3 + P_4\, l_2 = 0\,, \quad M_{by} - P_3\, l_1 = 0\,, \quad M_t - P_3\, l_3 = 0\,.$$

Die Kraftgrößen bezeichnet man wie folgt:

P_x (kg) Querkraft in x-Richtung	M_{bx} (cmkg) Biegemoment um die x-Achse
P_y (kg) Querkraft in y-Richtung	M_{by} (cmkg) Biegemoment um die y-Achse
P_z (kg) Längs- oder Stabkraft	M_t (cmkg) Dreh-(oder Torsions-)moment

Werden Kraftgrößen bei der Berechnung negativ, so bedeutet das, daß die Richtung der Kräfte umzukehren ist. Trotzdem sind die Kraftgrößen in der angegebenen Weise einzuführen. Die Stabkraft und die beiden Biegemomente rufen in allen Punkten des Querschnittes Normalspannungen σ hervor, die beiden Querkräfte und das Drehmoment Schubspannungen τ. Für jede Kraftgröße werden die Spannungen gefunden. Ist nur eine Kraftgröße von Belang, so bestimmen wir die hierdurch hervorgerufene maximale Spannung. Bei Berücksichtigung mehrerer Kraftgrößen sind für alle Randpunkte die Spannungen zu bestimmen und daraus die Vergleichsspannung zu bilden.

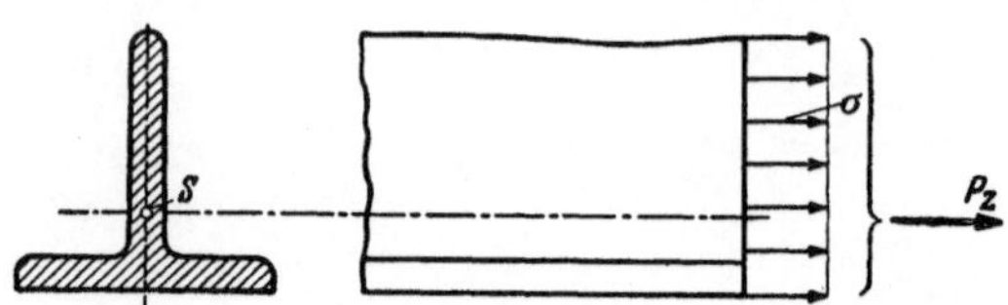

Bild 3/2. Normalspannung $\delta = P_z/F$, erzeugt durch die im Schwerpunkt S des Querschnitts angreifende Längskraft P_z.

2. Normalspannung aus Längskraft.

Wird die Längskraft bei der Berechnung positiv, so ist sie eine Zugkraft, wird sie negativ, so ist sie eine Druckkraft. Sie ruft in allen Punkten des Querschnittes die Normalspannung

$$\boxed{\sigma = \frac{P_z}{F}} \quad (\text{kg/cm}^2)$$

hervor (Bild 3/2). F ist die Querschnittsfläche. Positive Normalspannungen sind *Zug*spannungen, negative — *Druck*spannungen.

3. Normalspannung zwischen zwei Flächen (Flächenpressung).

Berühren sich zwei Flächen F (cm²) unter der Druckkraft P, so entsteht zwischen beiden eine Druckspannung, die wir *Flächenpressung* p nennen.

Bei *gleichmäßig* verteilter Flächenpressung ist

$$\boxed{p = P/F} \quad (\text{kg/cm}^2)\,.$$

Ist hierbei die Fläche zur Kraftrichtung *geneigt*, z. B. gewölbt (Bild 3/3), so wirkt im Flächenteilchen dF die Kraft $p \cdot dF$. Diese Kräfte ergeben vektoriell zusammengesetzt die Druckkraft P (Bild 3/3 rechts). Auch hierfür ist obige Gleichung zutreffend, wenn für F die *Projektion* der Druckfläche *in* Richtung der Kraft P eingesetzt wird (im Bild $F = d \cdot L$).

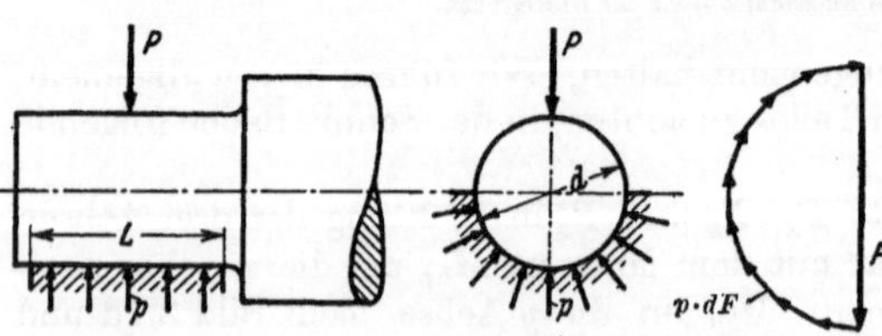

Bild 3/3. Mittlere Flächenpressung $p = \frac{P}{F}$ (kg/cm²), $F = d \cdot L$.

Bei *ungleichmäßig* verteilter Flächenpressung ist $p = P/F$ die *mittlere* Flächenpressung. Zur Ermittlung der *maximalen* Flächenpressung muß noch das Verteilungsgesetz für p bekannt sein. Als Beispiel s. die Ermittlung der maximalen Flächenpressung (Hertzsche Pressung) bei der Berührung von Kugeln und Rollen im Kap. 13.

4. Normalspannung aus Biegemoment.

Das Biegemoment um eine Hauptträgheitsachse, z. B. das Moment M_{bx} um die x-Achse, ruft die Biegespannung σ_{bx} hervor.

$$\boxed{\sigma_{bx} = \frac{M_{bx}}{J_x} y} \quad (\text{kg/cm}^2)\,.$$

J_{bx} (cm⁴) Flächen-Trägheitsmoment für die Biegung um die x-Achse,

y (cm) Abstand des Querschnittpunktes von der x-Achse.

Bild 3/4 zeigt die Verteilung der Spannungen. Die Spannung wächst mit y von Null bis zum größten Wert für $\max y = e_1$ auf der Zugseite bzw. für $\max y = e_2$ auf der Druckseite.

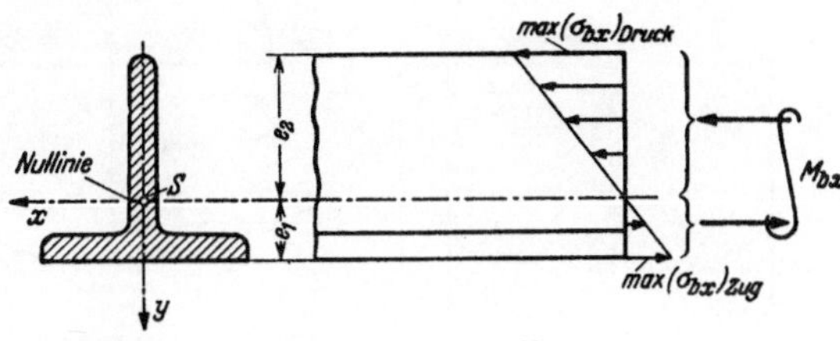

Bild 3/4. Verteilung der Biegespannung $\sigma_{bx} = \frac{M_{bx}}{J_x} y$ für den T-Querschnitt

Größte Zugspannung: $\max (\sigma_{bx})_{\text{Zug}} = \frac{M_{bx}}{J_x} e_1 = \frac{M_{bx}}{W_{b1}}$.

Größte Druckspannung: $\max (\sigma_{bx})_{\text{Druck}} = \frac{M_{bx}}{J_x} e_2 = \frac{M_{bx}}{W_{b2}}$.

$W_{b1} = J_x/e_1$ (cm³) Widerstandsmoment für die Zugseite,
$W_{b2} = J_x/e_2$ (cm³) Widerstandsmoment für die Druckseite.

Entsprechende Gleichungen gelten für die Biegung um die y-Achse.

Wirkt im Querschnitt nur das Biegemoment $M_{bx} = M_b$ und ist $e_1 = e_2$, also $W_{b1} = W_{b2} = W_b$, so wird die größte Biegespannung

$$\boxed{\sigma_b = M_b / W_b} \quad (\text{kg/cm}^2)\,.$$

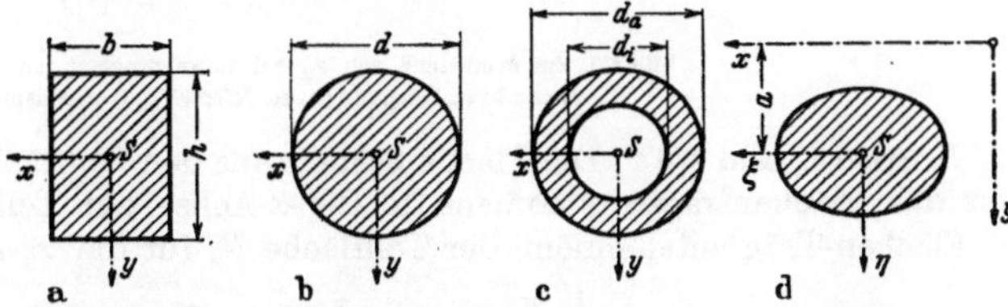

Bild 3/5. Zur Ermittlung der Flächen-Trägheitsmomente für Biegung, a) Rechteckquerschnitt, b) Kreisquerschnitt, c) Ringquerschnitt, d) bei Achsverschiebung (STEINERscher Satz).

a) Ermittlung von J und W_b, Bild 3/5.

	Trägheitsmoment J (cm⁴)	Widerstandsmoment W_b (cm³)
Allgemein: Für x-Achse . . . . Für y-Achse	$J_x = \int_{(F)} y^2\,dF$ $J_y = \int_{(F)} x^2\,dF$	$W_{bx} = J_x/e$ $W_{by} = J_y/e$
Für *Rechteck*-Querschnitt, Bild 3/5a	$J_x = b\,h^3/12$ $J_y = h\,b^3/12$	$W_{bx} = b\,h^2/6$ $W_{by} = h\,b^2/6$
Für *Kreis*-Querschnitt, Bild 3/5b	$J_x = J_y = \pi\,d^4/64$	$W_{bx} = W_{by} = \pi\,d^3/32$
Für *Kreisring*-Querschnitt, Bild 3/5c.	$J_x = J_y = \frac{\pi\,(d_a^4 - d_i^4)}{64}$	$W_{bx} = W_{by} = \frac{\pi(d_a^4 - d_i^4)}{32 d_a}$
STEINERscher Satz, Bild 3/5 d	$J_x = J_\xi + F \cdot a^2$	

Mit J_ξ (cm⁴) Trägheitsmoment f. die ξ-Achse durch den Schwerpunkt S,
J_x (cm⁴) ,, ,, ,, parallele x-Achse
F (cm²) Querschnittsfläche, a (cm) Abstand der Achsen.

b) J für zusammengesetzten Querschnitt:

Die Flächenträgheitsmomente stellen entsprechend den Integralformeln Summen dar. Sie können darum als Summe der Flächenträgheitsmomente der Teilflächen berechnet werden. Dieses gilt jedoch nicht für die Widerstandsmomente.

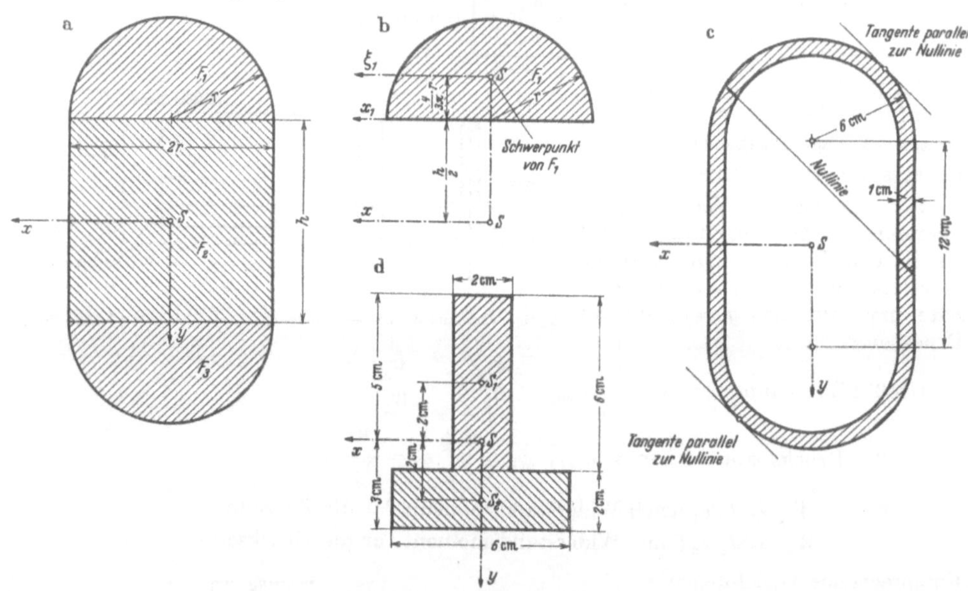

Bild 3/6. Zur Ermittlung von J_x bei zusammengesetzten Querschnitten; a) und b) zu Beispiel 1; c) zu Beispiel 2; d) zu Beispiel 3.

Beispiel 1, Bild 3/6a: Die Fläche besteht aus den Teilflächen F_1, F_2 und F_3. Wir finden erst das Flächenträgheitsmoment für die x-Achse der Teilfläche F_1 (Bild 3/6b).

Flächen-Trägheitsmoment der Teilfläche F_1 für die x_1-Achse:

$$\frac{1}{2}\,\frac{\pi}{64}\,(2\,r)^4 = \frac{\pi}{8}\,r^4 \text{ (halbe Kreisfläche),}$$

für die ξ_1-Achse: $\frac{\pi}{8}\,r^4 - \frac{1}{2}\,\pi\,r^2\left(\frac{4}{3\pi}\,r\right)^2 = \frac{\pi}{8}\,r^4 - \frac{8}{9\pi}\,r^4$ (nach dem STEINERschen Satz),

für die x-Achse:

$$J_1 = \frac{\pi}{8}\,r^4 - \frac{8}{9\pi}\,r^4 + \frac{1}{2}\,\pi\,r^2\cdot\left(\frac{4}{3\pi}\,r + \frac{h}{2}\right)^2 \text{ (nach dem STEINERschen Satz),}$$

$$J_1 = \frac{\pi}{8}\,r^4 + \frac{\pi}{8}\,r^2 h^2 + \frac{2}{3}\,r^3 h\,.$$

Für die Fläche F_3 wird $J_3 = J_1$; für die Fläche F_2 wird $J_2 = \frac{1}{12}\,2\,r\,h^3$. Hiermit wird

$$J_x = J_1 + J_2 + J_3 = \frac{1}{6}\,r\,h^3 + \frac{\pi}{4}\,r^4 + \frac{\pi}{4}\,r^2 h^2 + \frac{4}{3}\,r^3 h\,.$$

Beispiel 2, Maße nach Bild 3/6c: Der Querschnitt besteht aus dem oberen und unteren Halbkreisring und den seitlichen Rechtecken. Für die Halbkreisringe berechnen wir J als Differenz der J-Werte der Halbkreisflächen.

$$J_x = \left(\frac{\pi}{4}\,6^4 - \frac{\pi}{4}\,5^4 + \frac{\pi}{4}\,6^2\cdot 12^2 - \frac{\pi}{4}\,5^2\cdot 12^2 + \frac{4}{3}\,6^3\cdot 12 - \frac{4}{3}\,5^3\cdot 12 + \right.$$
$$\left. + 2\cdot\frac{1}{12}\,1\cdot 12^3\right)\text{cm}^4 = 3514\,\text{cm}^4,$$

$$J_y = \left(\frac{\pi}{4}\,6^4 - \frac{\pi}{4}\,5^4 + 2\cdot\frac{1}{12}\,12\cdot 1^3 + 2\cdot 1\cdot 12\cdot 5{,}5^2\right)\text{cm}^4 = 1255\,\text{cm}^4\,.$$

Beispiel 3, Maße nach Bild 3/6d: Die Fläche besteht aus zwei Rechtecken.

$$J_x = \left(\frac{1}{12}\, 2 \cdot 6^3 + 2 \cdot 6 \cdot 2^2 + \frac{1}{12}\, 6 \cdot 2^3 + 2 \cdot 6 \cdot 2^2\right) \text{cm}^4 = 136 \text{ cm}^4 .$$

$$J_y = \left(\frac{1}{12}\, 2 \cdot 6^3 + \frac{1}{12}\, 2^3 \cdot 6\right) \text{cm}^4 = 40 \text{ cm}^4 .$$

5. Resultierende Normalspannung aus Längskraft und Biegemomenten.

Im Querschnitte mögen nach Bild 3/7a gleichzeitig die Stabkraft P_z und die Biegemomente M_{bx} und M_{by} auftreten. Aus den Querschnittsabmessungen berechnen wir F, J_x und J_y. Für einen beliebigen Querschnittspunkt erhält man die *resultierende Normalspannung*:

$$\boxed{\sigma_r = \frac{P_z}{F} + \frac{M_{bx}}{J_x}\, y + \frac{M_{by}}{J_y}\, x} \quad (\text{kg/cm}^2) .$$

Setzt man $\sigma_r = 0$, so erhält man die Gleichung der Nullinie; das gibt eine lineare Gleichung zwischen x und y. Für die Querschnittspunkte, deren Entfernung von der Nullinie am größten ist, erhält man die größten Spannungen.

a) Im allgemeinen Fall zieht man an den Querschnitt Tangenten parallel zur Nullinie. In den Berührungspunkten treten die größten Spannungen auf.

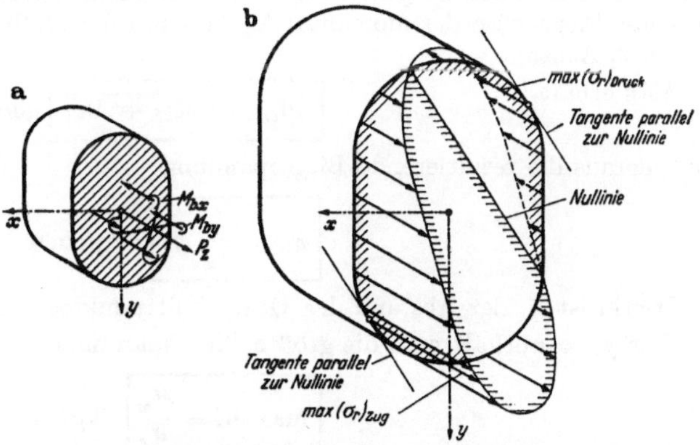

Bild 3/7. Zur Ermittlung der resultierenden Normalspannung σ_r aus P_z, M_{bx} und M_{by}; a) Angriff der Kraftgrößen; b) resultierende Normalspannungen σ_r.

Beispiel 4: Für den Querschnitt nach Bild 3/6c sei

$$P_z = 6000 \text{ kg},$$
$$M_{bx} = 70\,000 \text{ cmkg},$$
$$M_{by} = 30\,000 \text{ cmkg}.$$

Aus den Querschnittsabmessungen finden wir (s. Beispiel 2)

$$F = 58{,}5 \text{ cm}^2, \qquad J_x = 3514 \text{ cm}^4, \qquad J_y = 1255 \text{ cm}^4 .$$

Die Normalspannung durch Stabkraft und beide Biegemomente wird:

$$\sigma_r = \frac{6000}{58{,}5} + \frac{70\,000}{3514}\, y + \frac{30\,000}{1255}\, x \text{ kg/cm}^2 .$$

Für $\sigma_r = 0$ erhält man die lineare Gleichung der Nullinie: $y = -5{,}13 - 1{,}20\, x$. Die Nulllinie ist in Bild 3/6c eingezeichnet.

Die von der Nullinie am weitesten entfernten Punkte haben die Koordinaten:

$$x_1 = 4{,}60 \text{ cm}, \qquad y_1 = 9{,}84 \text{ cm},$$
$$x_2 = -4{,}60 \text{ cm}, \qquad y_2 = -9{,}84 \text{ cm}.$$

Setzt man diese Werte in die Gleichung für σ_r ein, so erhält man:

$$\max \sigma_{\text{Zug}} = 412 \text{ kg/cm}^2$$
$$\max \sigma_{\text{Druck}} = -207 \text{ kg/cm}^2 .$$

b) Bei Querschnitten mit Ecken, z. B. Rechteck-Querschnitt, ⊥-, ⊏-, T- und L-Querschnitten, sind die Spannungen der Außenecken zu berechnen.

Beispiel 5: Für den Querschnitt nach Bild 3/6d sei

$$P_z = 2400 \text{ kg}, \quad M_{bx} = 10\,000 \text{ cmkg}, \quad M_{by} = -4000 \text{ cmkg}.$$

Ferner ist $F = 24 \text{ cm}^2$, $J_x = 136 \text{ cm}^4$, $J_y = 40 \text{ cm}^4$ (s. Beispiel 3).

Im Eckpunkte unten links wird dann die Normalspannung:

$$\sigma_r = \frac{2400}{24} + \frac{10\,000}{136} \cdot 3 + \frac{4000}{40} \cdot 3 = 620 \text{ kg/cm}^2 .$$

Im Eckpunkte oben rechts wird die Normalspannung:

$$\sigma_r = \frac{2400}{24} - \frac{10\,000}{136} \cdot 5 - \frac{4000}{40} \cdot 1 = -368 \text{ kg/cm}^2 .$$

c) **Bei Kreis- und Kreisringquerschnitten** entsteht nach dem allgemeinen Verfahren aus M_{bx} und M_{by} die resultierende Biegespannung

$$\boxed{\sigma_{br} = \sigma_{bx} + \sigma_{by} = \frac{M_{bx}}{J_x} \cdot y + \frac{M_{by}}{J_y}\, x} \quad (\text{kg/cm}^2) .$$

Für die Nullinie ist $\sigma_{br} = 0$ oder $y/x = -M_{by}/M_{bx}$; die von der Nullinie am weitesten entfernten Punkte haben die Koordinaten

$$x = r \cdot \frac{M_{by}}{\sqrt{M_{bx}^2 + M_{by}^2}}, \quad y = r \cdot \frac{M_{bx}}{\sqrt{M_{bx}^2 + M_{by}^2}} .$$

d) Resultierendes Biegemoment. Bequemer ist es, die Biegemomente M_{bx} und M_{by} zu einem resultierenden Biegemoment M_{br} zusammenzufassen. Die im Querschnitte schrägliegende Biegeachse des Momentes M_{br} fällt mit der Nullinie zusammen. Wir bezeichnen sie als x_1-Achse.

Man erhält

$$\boxed{M_{br} = \sqrt{M_{bx}^2 + M_{by}^2}} \quad (\text{cmkg})$$

und hieraus die resultierende Biegespannung

$$\boxed{\sigma_{br} = \frac{M_{br}}{J_x}\, y_1} \quad (\text{kg/cm}^2) .$$

Hierin ist y_1 der Abstand des Querschnittpunktes von der x_1-Achse.

Für $y_1 = r$ erhält man die größte Biegespannung

$$\boxed{\max \sigma_{br} = \frac{M_{br}}{W_b}} \quad (\text{kg/cm}^2)$$

mit $W_b = J_x/r$.

Treten im Querschnitte die Stabkraft P_z und die Biegemomente M_{bx} und M_{by} auf, so setzt man die Biegemomente zum resultierenden Moment M_{br} zusammen und berechnet die resultierende Normalspannung

$$\boxed{\sigma_{br} = \frac{P_z}{F} + \frac{M_{br}}{W_b}} \quad (\text{kg/cm}^2) .$$

Beispiel 6: Kreisquerschnitt mit $d = 10$ cm.

$$P_z = 8000 \text{ kg}, \quad M_{bx} = 40\,000 \text{ cmkg}, \quad M_{by} = 30\,000 \text{ cmkg}$$

$$F = 78{,}5 \text{ cm}^2, \quad W_b = 98{,}2 \text{ cm}^3 .$$

Man erhält $M_{br} = \sqrt{40\,000^2 + 30\,000^2}$ cmkg $= 50\,000$ cmkg.

$$\sigma_r = \left(\frac{8000}{78{,}5} + \frac{50\,000}{98{,}2}\right) \text{kg/cm}^2 = 612 \text{ kg/cm}^2 .$$

6. Schubspannung aus Querkräften.

Gleichzeitig mit den Biegemomenten treten in den Querschnitten allgemein Querkräfte auf. Bei längeren auf Biegung beanspruchten Stäben sind die Querkräfte nur in den Querschnitten von Bedeutung, wo die Biegemomente gering sind und wo gleichzeitig die Querschnittsabmessungen klein gehalten werden. Dieser Fall liegt vor bei kurzen Endzapfen von Wellen, weiter an den Enden von auf Biegung beanspruchten Querbalken, falls die Querschnitte verjüngt werden.

Die Schubspannungen verteilen sich *nicht* gleichmäßig über den Querschnitt. Für einige wichtige Querschnitte ist die Schubspannungsverteilung in den Bildern 3/8 a bis e angegeben. Bei zur Kraftrichtung unsymmetrischen Querschnitten geht die Querkraft nicht durch den Schwerpunkt, sondern durch den *Querpunkt* T. Für den [-Querschnitt

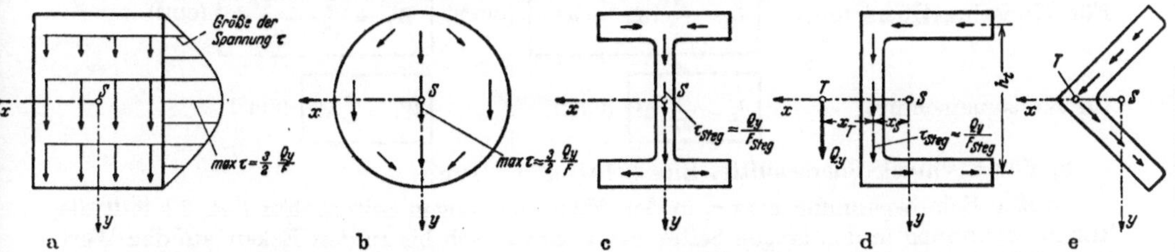

Bild 3/8. Verlauf der Schubspannung τ erzeugt durch eine Querkraft Q_y bei verschiedenen Querschnitten; a) beim Rechteckquerschnitt; b) Kreisquerschnitt; c) I-Querschnitt; d) [-Querschnitt; e) Winkelquerschnitt. Schwerpunkt S, Querpunkt T; Abstand x_T beim [-Querschnitt ist $x_T = \left(\frac{h_t}{2}\right)^2 \frac{F}{J_x} x_s$.

und den Winkelquerschnitt ist die Lage von T angegeben. Eine Querkraft durch den Schwerpunkt ist dann durch eine gleichgroße Querkraft, durch T und ein zusätzliches Drehmoment zu ersetzen.

Kurze Bolzen und Niete werden oft auf Abscheren berechnet, wobei man einen Mittelwert der Schubspannung, die *Scherspannung* $\tau_{\text{Mittel}} = Q/F$ ermittelt. Die wirklich auftretenden Spannungen sind wesentlich höher infolge der ungleichmäßigen Verteilung und Anhäufung der Spannung an den Lochrändern.

Bei längeren Balken mit I-Querschnitt oder Kastenquerschnitt beachte man, daß in der Nähe der Nullinie zwar die Normalspannungen gleich Null sind, infolge der Querkräfte jedoch hier Schubspannungen auftreten. Es ist darum nicht ohne weiteres zulässig, diese Stäbe nach Bild 3/9 auszusparen. Andernfalls ist eine genauere Untersuchung notwendig.

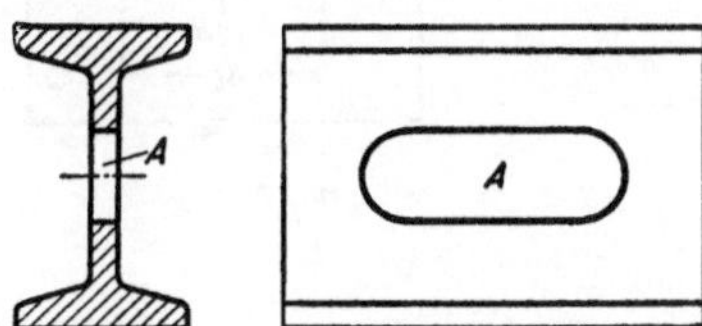

Bild 3/9. Die Aussparung A ist bei großen Querkräften nicht ohne weiteres zulässig.

7. Schubspannung aus Drehmoment.

Das Drehmoment M_t (auch Torsions- oder Drillmoment genannt) ruft im Querschnitt Schubspannungen hervor, die Drehspannungen (auch Torsions- oder Drillspannungen) genannt werden. Ihr Verteilungsgesetz ist verwickelter als das der Normalspannungen durch ein Biegemoment. Weiter unten werden für die wichtigsten Querschnitte sowohl Angaben über die maximale Drehspannung als auch über das Verteilungsgesetz der Drehspannungen gemacht. Die größte Schubspannung durch Drehung wird

$$\max \tau_t = M_t/W$$

W_t (cm³) Widerstandsmoment gegen Drehung.

Falls nur die größte Drehspannung von Belang ist, schreiben wir:

$$\boxed{\tau_t = M_t/W_t} \quad (\text{kg/cm}^2).$$

Bei einigen Querschnitten benötigen wir zur Berechnung der Schubspannungen das Flächen-Trägheitsmoment für Drehung J_t (cm⁴). Es wird außerdem in Kapitel 12 zur Berechnung des Drehwinkels benötigt und ist darum für alle angeführten Querschnitte mit angegeben.

a) Für Kreis- und Kreisring-Querschnitte, Bild 3/10a:

Die Drehspannung wächst linear mit dem Abstand vom Schwerpunkt; der Größtwert tritt am Rande auf.

Für Kreisring-Querschnitt: $J_t = \frac{\pi}{32}(d_a^4 - d_i^4)$ (cm⁴), $W_t = \frac{\pi}{16}\frac{d_a^4 - d_i^4}{d_a}$ (cm³)

für Kreisquerschnitt: $J_t = \frac{\pi}{32} d^4$ (cm⁴), $W_t = \frac{\pi}{16} d^3$ (cm³).

b) Für Rechteck-Querschnitte, Bild 3/10b und 3/10c:

Größte Schubspannung max τ_t in der Mitte der langen Seiten. Für $h < 3\,b$ fällt die Torsionsspannung in den langen Seiten etwa parabolisch bis zu den Ecken auf den Wert Null, Bild 3/10b. Für $h > 3\,b$ bleibt die Drehspannung in den langen Seiten für die

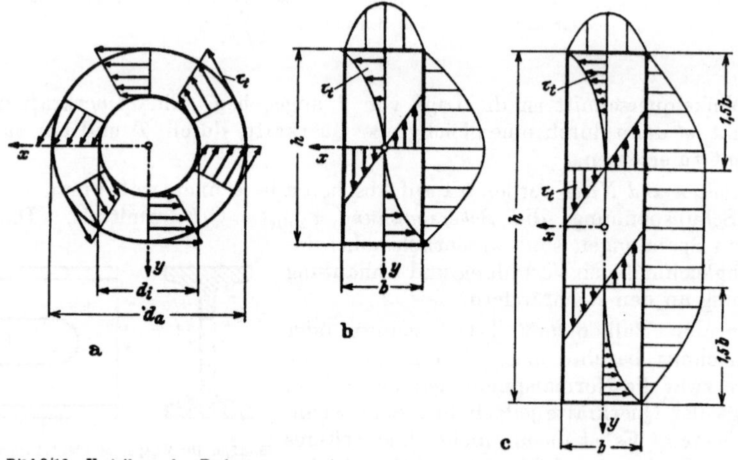

Bild 3/10. Verteilung der Drehspannung τ_t bei verschiedenen Querschnitten. a) Kreisringquerschnitt; b) und c) verschiedene Rechteckquerschnitte.

Länge $h - 3\,b$ etwa konstant und fällt erst dann parabolisch auf Null. In der Mitte der kurzen Seiten wird $\tau_t = \eta_1 \cdot \max \tau_t$ und fällt etwa parabolisch bis zu den Ecken auf Null.

$J_t = \eta_3\, b^3 h$ (cm⁴), $W_t = \eta_2\, b^2 h$ (cm³).

Die Beiwerte η_1, η_2 und η_3 hängen vom Verhältnis $h : b$ ab und sind in Tafel 3/1 zusammengestellt.

Tafel 3/1. *Beiwerte η_1, η_2, η_3 für Rechteck-Querschnitte.*

h/b =	1	1,5	2	3	4	6	8	10	∞
η_1 =	1,000	0,858	0,796	0,753	0,743	0,743	0,743	0,743	0,743
η_2 =	0,208	0,231	0,246	0,267	0,282	0,299	0,307	0,313	0,333
η_3 =	0,140	0,196	0,229	0,263	0,281	0,299	0,307	0,313	0,333

c) Für Streifenquerschnitte, Bild 3/11:

I-, [- und L-Querschnitte sind als Streifenquerschnitte aufzufassen, die aus langen Rechtecken bestehen. (Länge der Rechtecke l_1, l_2, $l_3 \cdots$, Breite b_1, b_2, $b_3 \cdots$)

Entsprechend verteilen sich auch die Spannungen ähnlich wie bei Rechteckquerschnitten. An den Randpunkten der Rechtecke, mit Ausnahme der Nähe der Ecken, wird

$$\boxed{\tau_t = \frac{M_t}{J_t}\,b} \quad (\text{kg/cm}^2).$$

Für J_t und W_t gelten folgende Näherungsformeln

$$\boxed{J_t \approx \frac{1}{3}\left[b_1^3\,l_1 + b_2^3\,l_2 + \ldots\right]} \quad (\text{cm}^4), \qquad \boxed{W_t \approx J_t/b_{\max}} \quad (\text{cm}^3).$$

Bei allmählich sich ändernder Streifenbreite (Bild 3/11 b) ist $\boxed{J_t \approx \frac{1}{3}\int b^3\,dl}$ (cm⁴).

d) Für geschlossene dünne Ringquerschnitte, Bild 3/12a: Wanddicke s konstant oder veränderlich. Zwischen der äußeren und inneren Umfangslinie ziehen wir eine mittlere Umfangslinie U, die die Wanddicke s überall halbiert. Die von ihr umschlossene Fläche ist F_U, Bild 3/12 b. Die mittlere Umfangslinie U zerfällt in die Teile U_1, $U_2 \cdots$ mit den Wanddicken s_1, $s_2 \cdots$.

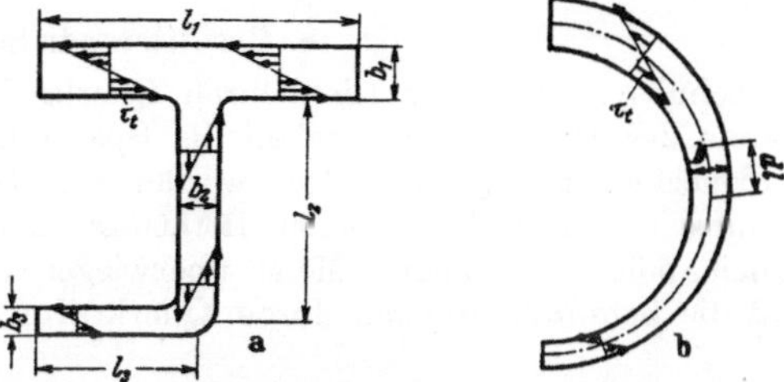

Bild 3/11. Zur Berechnung von J_t, W_t und Drehspannung τ_t bei Streifenquerschnitten.

An einer beliebigen Stelle der Wand ist die Drehspannung von innen bis außen konstant und beträgt

$$\boxed{\tau_t = \frac{M_t}{2\,F_U \cdot s}} \quad \text{kg/cm}^2.$$

Für J_t und W_t gilt $\boxed{J_t \approx \dfrac{4 \cdot F_U^2}{\left[\dfrac{U_1}{s_1} + \dfrac{U_2}{s_2} + \cdots\right]}}$ (cm⁴);

$$\boxed{W_t = 2\,F_U \cdot s_{\min}} \quad (\text{cm}^3).$$

Für *konstante* Wanddicke ist

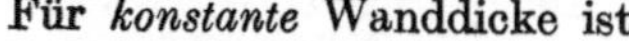

$$\boxed{J_t = 4\,F_U^2 \cdot s/U} \quad (\text{cm}^4), \qquad \boxed{W_t = 2\,F_U \cdot s} \quad (\text{cm}^3).$$

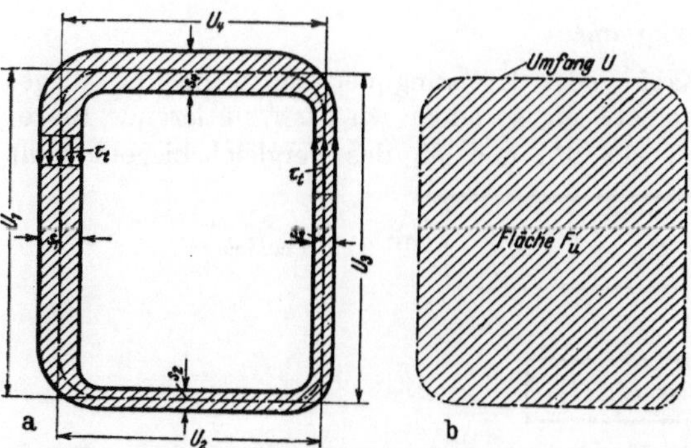

Bild 3/12. Zur Berechnung von J_t, W_t und Drehspannung τ_t bei geschlossenen Ringquerschnitten.

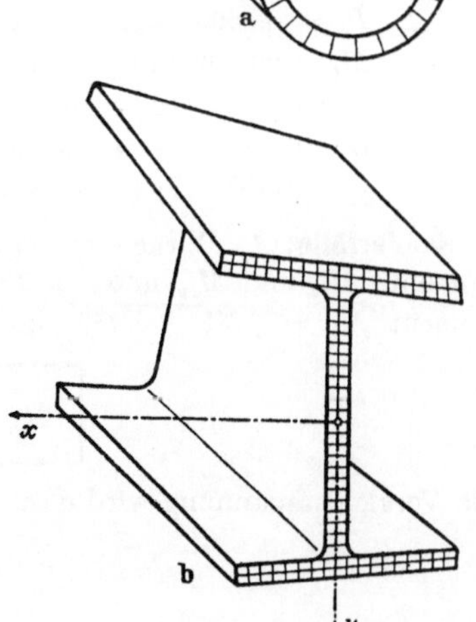

Bild 3/13. Beispiele von Querschnitten mit starker Verwölbung durch Drehbeanspruchung.

Beispiel 7: Querschnitt nach Bild 3/6c,

$$F_U = \left(\frac{\pi}{4}\,11^2 + 11 \cdot 12\right)\text{cm}^2 = 227\ \text{cm}^2,$$

$$s = 1\ \text{cm}, \qquad W_t = 454\ \text{cm}^3,$$

$$M_t = 90\,000\ \text{cmkg}, \qquad \tau_t = \frac{90\,000}{454} \approx 200\ (\text{kg/cm}^2)\,.$$

Bei einigen Querschnitten erfolgt durch die Drehung eine starke Querschnittsverwölbung, Bild 3/13. Ist in den einzelnen Abschnitten des Stabes das Drehmoment verschieden groß, so passen die verwölbten Querschnitte in den Übergangsstellen nicht zusammen. Es treten hier oft große zusätzliche Biegespannungen auf. Diese Fälle sind möglichst zu vermeiden oder durch Sonderuntersuchungen zu prüfen.

8. Resultierende Schubspannung.

Schubspannungen werden durch Querkräfte und Drehmomente hervorgerufen. Am Rande des Querschnittes gehen die Spannungen immer in tangentialer Richtung. In Außenecken des Querschnittes werden sie gleich Null. In den Randpunkten sind die Schubspannungen bei gleicher Richtung zu addieren, bei entgegengesetzter Richtung voneinander abzuziehen. Meist überwiegen die Schubspannungen durch Drehung, so daß die Schubspannungen durch Querkräfte vernachlässigt werden können.

9. Ermittlung der Vergleichsspannung.

Für jeden gefährdeten Randpunkt des Querschnittes wird die Normalspannung σ durch Stabkraft und Biegemomente und die Schubspannung τ durch Querkräfte und Drehmomente bestimmt. Aus σ und τ wird dann die Vergleichsspannung σ_v gebildet, die der weiteren Festigkeitsrechnung zugrunde gelegt wird:

$$\boxed{\sigma_v = \sqrt{\sigma^2 + (a\,\tau)^2} \leq \sigma_{\text{zul}}}$$

Mit $a = \sigma_{\text{zul}}/\tau_{\text{zul}}$

σ_{zul} zulässige Normalspannung,

τ_{zul} zulässige Schubspannung.

Beispiel 8: Querschnitt nach Bild 3/6c,

$P_z = +\,6000\ \text{kg}, \qquad M_{bx} = 70\,000\ \text{cmkg}, \qquad M_{by} = 30\,000\ \text{cmkg},$

$M_t = 90\,000\ \text{cmkg}, \quad a = 1{,}5\,;$

$\max \sigma_{\text{Zug}} = 412\ \text{kg/cm}^2$ (s. Beispiel 4);

$\tau_t = 200\ \text{kg/cm}^2$ (s. Beispiel 7);

$\sigma_v = \sqrt{412^2 + (1{,}5 \cdot 200)^2} = 510\ \text{kg/cm}^2.$

Sonderfälle: 1) Wirken auf den Kreis- oder Kreisringquerschnitt nur die Biegemomente M_{bx} und M_{by} und das Drehmoment M_t, so bilden wir das resultierende Biegemoment $M_{br} = \sqrt{M_{bx}^2 + M_{by}^2}$ und dann aus M_{br} und M_t das Vergleichsbiegemoment

$$\boxed{M_{bv} = \sqrt{M_{br}^2 + \left(\frac{a}{2}\,M_t\right)^2}} \quad \text{mit } a = \sigma_{\text{zul}}/\tau_{\text{zul}},$$

Die Vergleichsspannung wird dann

$$\boxed{\sigma_v = M_{bv}/W_b}\,.$$

2) Beim Rechteckquerschnitt ist die Vergleichsspannung meist für mehrere Randpunkte zu berechnen.

Bei auf Biegung beanspruchten Stäben mit I-Querschnitten sind sowohl die Randpunkte als auch die Anschlußstellen der Flansche an den Steg zu prüfen, da hier fast die maximale Biegespannung und außerdem die hohe Schubspannung aus der Querkraft gleichzeitig auftreten.

10. Knick- und Beulspannung.

Bei *schlanken*, gedrückten oder drehbeanspruchten Stäben ist noch die *Knickgefahr* zu berücksichtigen und bei *dünnwandigen* Bauteilen unter Druck-, Biege- oder Drehbelastung die *Beulgefahr*. In beiden Fällen handelt es sich um Stabilitätsvorgänge.

a) Knickspannung. Schlanke Druckstäbe können ausknicken, d.h. seitlich ausbiegen, wenn die Druckkraft $P = \sigma \cdot F$ einen bestimmten Wert erreicht. Diesen Wert bezeichnet man als *Knickkraft* $P_K = \sigma_K \cdot F$. Mit Einführung der Knicksicherheit S_K ist dann

die *zulässige Druckkraft* $$\boxed{P = \frac{P_K}{S_K} = \sigma \cdot F = \frac{\sigma_K \cdot F}{S_K}}\ \text{(kg)},$$

oder die *Knicksicherheit* $$\boxed{S_K = \frac{P_K}{P} = \frac{\sigma_K}{\sigma}}\ .$$

Die *Knickspannung* σ_K wird im *elastischen* Bereich nach EULER (s. Abschnitt b) und im *elastisch-plastischen* Bereich nach TETMAJER (s. Abschnitt c) bestimmt. Druckstäbe von Fachwerken werden nach dem *ω-Verfahren* (s. Abschnitt d) berechnet.

Bei sämtlichen Berechnungsarten ist nach Wahl des Stabprofiles der *Schlankheitsgrad* $\boxed{\lambda = L_K/i}$ zu berechnen. Hierin ist L_K die *freie Knicklänge* des gelenkig gehaltenen Stabes. Für andere Befestigungsarten ist aus der Stablänge L die entsprechende Länge L_K nach Bild 3/14 zu bestimmen. Meist liegt der Befestigungsfall *II* vor, so daß $L_K = L$ wird.

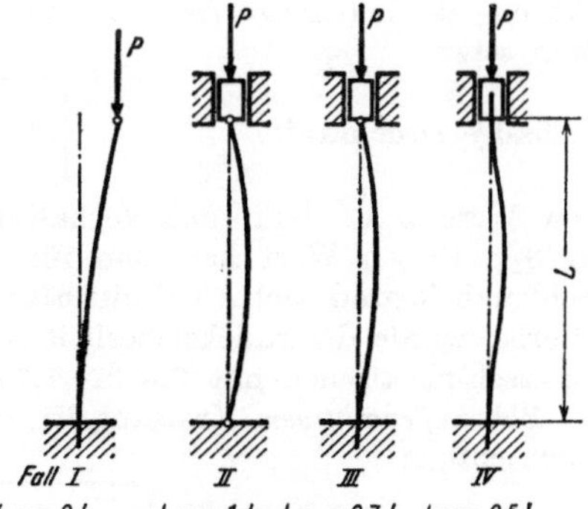

Bild 3/14. Freie Knicklänge L_K bei verschiedener Stabbefestigung.

Der Wert $i = \sqrt{J/F}$ (cm) ist der *Trägheitshalbmesser* des Querschnitts F. Hierbei ist J (cm⁴) das Flächenträgheitsmoment für diejenige Querschnittsachse, um die beim Knicken die Biegung erfolgt. Ist die Knickmöglichkeit nach allen Seiten gleich, so ist das kleinste J maßgebend. Für *Normalprofile* siehe F, J und i in Tafel 5/31—5/37 S. 108—118.

b) Rein elastischer Knickbereich (nach EULER). Ist σ_K kleiner als die Proportionalitätsgrenze σ_P des Werkstoffs [1], so knickt der Stab rein elastisch. Hierfür gilt nach EULER:

$$\boxed{\sigma_K = \frac{\pi^2 E}{\lambda^2}}\ (\text{kg/cm}^2), \qquad \boxed{P = \frac{P_K}{S_K} = \frac{\pi^2 E \cdot J}{L_K^2 \cdot S_K}}\ (\text{kg}).$$

Die Knickspannung ist hier proportional dem E-Modul und unabhängig von der Festigkeit des Werkstoffs, also für hochfesten Stahl nicht höher als für weichen Stahl. Sind E und σ_P für den Werkstoff bekannt, so folgt hieraus der kleinste λ-Wert, für den die EULER-formel noch gilt. Man erhält z. B. für

[1] σ_P s. S. 50.

Werkstoff	σ_P kg cm²	E kg/cm²	$\sigma_K \cdot \lambda^2 = \pi^2 \cdot E$ kg cm²	EULERformel gilt für $\lambda \geqq$	$L_K \geqq$ *
Stahl St 37	2050	$2{,}1 \cdot 10^6$	$20{,}7 \cdot 10^6$	100	25 d
St 60	2400	$2{,}1 \cdot 10^6$	$20{,}7 \cdot 10^6$	93	23 d
Federstahl .	5750	$2{,}1 \cdot 10^6$	$20{,}7 \cdot 10^6$	60	15 d
Gußeisen. .	1540	$1 \cdot 10^6$	$9{,}87 \cdot 10^6$	80	20 d
Duralumin .	2000	$0{,}7 \cdot 10^6$	$6{,}9 \cdot 10^6$	59	14,8 d
Nadelholz .	99	$0{,}1 \cdot 10^6$	$0{,}987 \cdot 10^6$	100	25 d

* Die angegebenen L_K-Werte gelten für Druckstäbe mit Kreisquerschnitt (Durchm. d).

Als Sicherheit genügt $S_K = 3$ bis 6, sofern nicht zusätzliche Beanspruchungen durch ein größeres S_K berücksichtigt werden sollen.

c) Elastisch-plastischer Bereich (nach Tetmajer). Sind die λ-Werte kleiner als oben angegeben, so überschreitet σ_K die σ_P-Grenze. Die Eulerformel trifft hier nicht mehr zu. Nach Versuchen von Tetmajer kann hier für σ_K gesetzt werden:

Werkstoff	σ_K (kgcm)
Weicher Flußstahl	$3100—11{,}4\,\lambda$
Harter Flußstahl	$3350— 6{,}2\,\lambda$
Holz	$293—1{,}94\,\lambda$
Grauguß	$7760—120\,\lambda + 0{,}53\,\lambda^2$

Für diesen Bereich ist eine geringere Sicherheit als unter b) ausreichend z. B. $S_K = 4$ bis 1,75, fallend mit abnehmendem λ.

d) ω-Verfahren[1]. Für Druckstäbe von *Fachwerken* hat man die Berechnung durch Einführung des ω-(Omega-)Wertes und des Wertes σ_{zul}, der für $\lambda = 0$ gilt, sehr vereinfacht. Man setzt

zulässige Druckkraft $$P = \frac{F \cdot \sigma_K}{S_K} = \frac{F \cdot \sigma_{zul}}{\omega} \quad \text{(kg)}.$$

Der Wert ω ist dann das Verhältnis von σ_{zul} zur jeweils zulässigen Druckspannung σ_K/S_K. Diesen Wert hat man für die gebräuchlichen Fachwerk-Baustoffe für jeden Schlankheitsgrad nach Abschnitt b) und c) berechnet (s. Tafel 9/4 und 9/5 auf **S. 149 u. 150**). Hierbei wurde die Knicksicherheit S_K im elastischen Bereich mit 3,5 angesetzt und im elastisch-plastischen mit 3,5 bis 1,75 (fallend mit λ bis $\lambda = 0$).

Bei *außermittigem* Kraftangriff wird das zusätzliche Biegemoment M_b wie folgt berücksichtigt:

$$\sigma = \frac{\omega \cdot P}{F} + \frac{M_b}{W_b} \leq \sigma_{zul} \quad \text{(kg/cm}^2\text{)}.$$

e) Knick-Drehmoment. Bei Drehbelastung eines langen Stabes von der Länge L kann die Längsachse des Stabes sich zu einer Schraubenlinie verwinden, d. h. „drehknicken", wenn das Drehmoment M_t einen bestimmten Wert, das Knick-Drehmoment M_K erreicht.

Nach Flügge [*3/21*] ist: $$M_K = 2\,E \cdot J_t/L \quad \text{(cmkg)}.$$

f) Beulspannung. *Dünnwandige* Bauteile können bei Druck-, Biege- oder Dreh-Belastung „*ausbeulen*" d. h. örtlich ausknicken, wenn die örtliche Spannung einen von den Abmessungen abhängigen Wert, die Beulspannung σ_{KB} überschreitet. Die entsprechende Belastung ist die Beulbelastung P_{KB}, bzw. das Beulmoment M_{KB}.

Für ein *dünnwandiges Rohr* mit *Kreisring*-Querschnitt, mittlerem Ringdurchmesser d_m, Wanddicke s und Beulsicherheit S_{KB} ist im elastischen Bereich

1) *bei mittiger Druckbelastung* (nach Flügge):

zulässige Druckkraft $$P = \frac{P_{KB}}{S_{KB}} = \frac{F \cdot \sigma_{KB}}{S_{KB}} \quad \text{(kg)}$$

mit der Beulspannung $$\sigma_{KB} = 0{,}73 \cdot E \cdot s/d_m \quad \text{(kg/cm}^2\text{)}.$$

[1] DIN 1050 und DIN 120.

Bei gleicher Beul- und Knickspannung erhält man das Verhältnis

$$d_m/s = 4{,}7 \left(\frac{L_K}{d_m}\right)$$

und hiermit die kleinste Querschnittsfläche des Rohres;

2) *bei Biegebelastung*:

zulässiges Biegemoment $$M_b = \frac{M_{KB}}{S_{KB}} = \frac{\sigma_{KB}}{S_{KB}} \cdot W_b \quad \text{(cmkg)}$$

mit der Beulspannung $$\sigma_{KB} \approx 0{,}73\, E \cdot s/d_m \quad \text{(kg/cm}^2\text{)};$$

3) *bei Drehbelastung* (nach Flügge):

zulässiges Drehmoment $$M_t = \frac{M_{KB}}{S_{KB}} = 1{,}13 \frac{E}{S_{KB}} \sqrt{s^5 \cdot d_m} \quad \text{(cmkg)}.$$

11. Spannungen beim Stoß.

Beim Stoßvorgang wird die *kinetische Energie* in *elastische* oder *plastische* Verformungsarbeit umgesetzt. Die mit dem Verformungsweg f durchweg ansteigende Kraft P läßt sich nach Bild 3/15 aufzeichnen, wenn der Zusammenhang zwischen f und P bekannt ist.

Die Stoßarbeit, gleich Verformungsarbeit $A = \int P \cdot df$ ist die schraffierte Fläche. Die größte Kraft ist die Stoßkraft P. Ist $P/f = c =$ konst., so wird $A = P \cdot f/2 = P^2/2c$, oder

$$P = \sqrt{2\,A \cdot c} \quad \text{(kg)}.$$

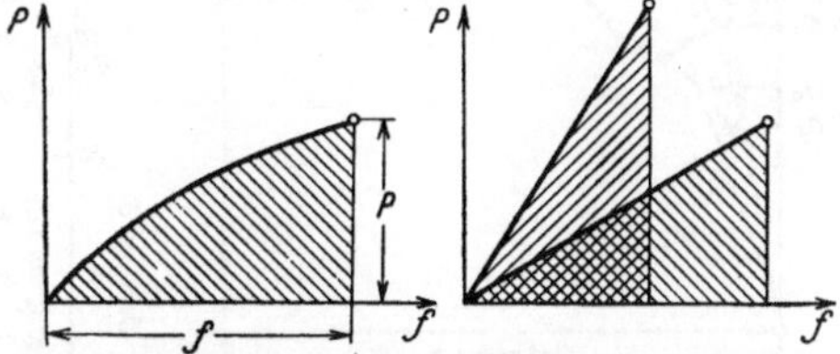

Bild 3/15. Kraftverlauf beim Stoßvorgang. Links: allgemein; rechts: bei linearem Kraftanstieg, aber verschiedenem Verformungsweg f und gleicher Stoßarbeit A (schraffiert).

Das heißt, je kleiner c, also je nachgiebiger der Bauteil, desto kleiner ist die Stoßkraft P bei gleicher kinetischer Energie (s. Bild 3/15 rechts). Aus der Stoßkraft P sind die Spannungen wie bisher zu berechnen.

Die Ermittlung von f, c, P und A bei elastischen Verformungen s. Federn (Kap. 12).

12. Nennspannung und wirkliche Spannung.

Wir berechnen die auftretenden Spannungen unter Annahme einer bestimmten Belastung, der „*Nennbelastung*“ und bezeichnen die hieraus nach obigen Regeln ermittelten Spannungen als „Nennspannungen“. Die wirkliche Betriebsbelastung eines Bauteils ändert sich jedoch mit dem jeweiligen Betriebszustand (Beharrungs- oder Beschleunigungszustand, Betrieb bei Teillast, Vollast oder Probelast usw.) und somit auch die wirkliche Spannung. Außerdem kann die wirkliche Spannungsverteilung von der angenommenen abweichen.

Trotzdem gehen wir bei der Festigkeitsrechnung zweckmäßig von der Nennspannung aus und berücksichtigen die jeweiligen Spannungsunterschiede durch eine entsprechende Änderung der „zulässigen Spannung“, wie es unter 3.5 (s. Lastfehler, S. 58) näher gezeigt wird.

3.2. Statische Festigkeitswerte.

Im Maschinenbau sind die im *Zug*versuch ermittelten Festigkeitswerte und von diesen wiederum die Zugfestigkeit σ_B und die Fließgrenze σ_F am bekanntesten und anderweitige Festigkeitswerte werden häufig auf diese bezogen.

1) Beim Zugversuch werden Prüfstäbe in einer Prüfmaschine unter langsam ansteigender Belastung zunehmend gedehnt, wobei fortlaufend die Zugkraft P und die zugehörige Verlängerung ΔL der vorher am Prüfstab markierten Meßlänge L_0 gemessen werden. Die jeweilige Verlängerung ΔL setzt sich aus der „elastischen" und „bleibenden" Verlängerung zusammen. Die bleibende Verlängerung kann nach Entlastung des Prüfstabs gemessen werden. Die „Dehnung" ist $\varepsilon = \Delta L/L_0$. Die *Spannung* $\sigma = P/F_0$ wird auf den *ursprünglichen* Querschnitt F_0 bezogen. Aus den ε- und σ-Werten entsteht das *Spannungs-Dehnungsbild* (Bild 3/16) mit folgenden Grenzwerten:

Elastizitätsgrenze σ_E ist die größte Spannung, bei der noch keine bleibende Dehnung erreicht wird. Als „technische" Elastizitätsgrenze wird meist die 0.03-Dehngrenze (geschrieben $\sigma_{0,03}$) genommen, bei der die bleibende Dehnung 0,03 % von ε beträgt.

Proportionalitätsgrenze σ_P ist die größte Spannung, bis zu der Spannung und Dehnung proportional bleiben, d. h. der *Elastizitätsmodul* $E = \sigma/\varepsilon$ noch konstant ist.

Fließgrenze σ_F, auch Streckgrenze σ_S genannt, ist die Spannung, bei der ein „Fließen" d. h. Dehnen ohne Spannungszunahme eintritt. Die Spannung kann hierbei von der oberen Fließgrenze σ_{Fo} bis auf die untere Fließgrenze σ_{Fu} absinken. Bei fehlender Fließgrenze wird hierfür ersatzweise die 0,2-Dehngrenze (geschrieben $\sigma_{0,2}$) genommen.

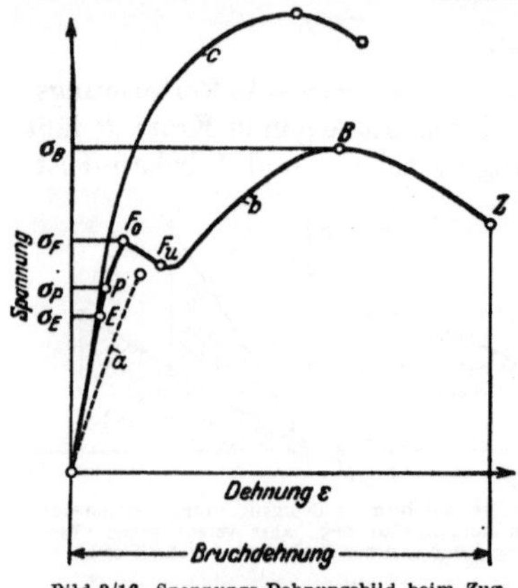

Bild 3/16. Spannungs-Dehnungsbild beim Zugversuch. *a* für Gußeisen, *b* für weichen Stahl, *c* für Stahl von hoher Festigkeit. E = Elastizitätsgrenze, P = Proportionalitätsgrenze, F_o = obere Fließgrenze, F_u = untere Fließgrenze, B = Punkt der größten Spannung (Bruchfestigkeit), Z = Bruchstelle.

Zugfestigkeit σ_B ist die erreichbare größte Spannung. Bei zähem Werkstoff tritt der Bruch erst bei Z (s. Bild 3/16) unter Abfall der Belastung und Einschnürung des Bruchquerschnitts ein.

Zähigkeit. Nach erfolgtem Bruch werden die erreichte Verlängerung ΔL_z und der Bruchquer-

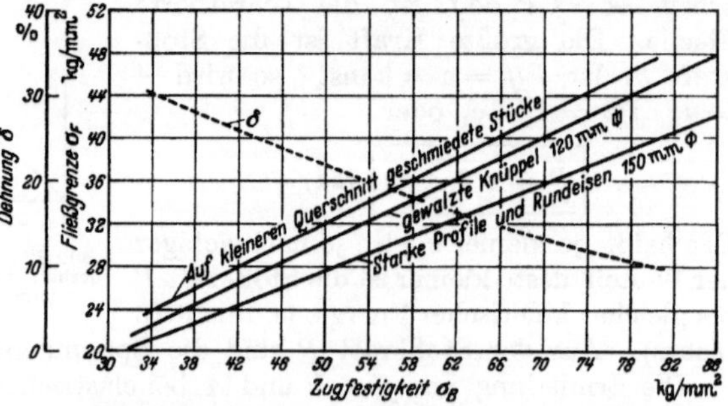

Bild 3/17. Fließgrenze σ_F und Bruchdehnung δ für SM-Stahl in Abhängigkeit von σ_B und Verarbeitung (nach DAEVES).

schnitt F_z gemessen und hieraus die *Bruchdehnung* $\delta = 100\,\Delta L_z/L_0$ in % und die *Brucheinschnürung* $\psi = 100\,(F_0 - F_z)/F_0$ in % berechnet. Beide dienen als Maß für die Zähigkeit des Werkstoffs. δ fällt mit größerer Meßlänge L_0 geringer aus. Genormt ist $L_0 = 5\,d$ (entsprechend δ_5) und $L_0 = 10\,d$ (entsprechend δ_{10}), wobei d der Prüfstabdurchmesser ist.

Bei *hoher Temperatur* (bei Stahl über 200° C) erhält man im Zugversuch die *Warmfließgrenze* (s. Tafel 3/2) und die *Warmfestigkeit.* Bei sehr hoher Temperatur (bei Stahl über 400° C) wird das Dehnen *zeitabhängig.* Man ermittelt dann durch Aufnahme mehrerer Zeit-Dehn-Kurven bei abgestufter Belastung die *Dauerstandfestigkeit* als Zugspannung, bei der das Dehnen nach unendlich langer Zeit gerade noch zum Stillstand kommt.

Bei *tiefer Temperatur* steigen σ_B und σ_F erheblich an, z. B. bei C-Stahl bei —180° C auf 150—215 % gegenüber den Werten bei 20°. Dafür sinkt aber die Dehnung erheblich ab (s. verminderte Kerbschlagfestigkeit S. 58 und Bild 3/28).

2) Bei anderer Belastungsart Bei Druck-, Biege- oder Drehbelastung läßt sich die der Zugfließgrenze σ_F entsprechende Quetschgrenze σ_{-F}, Biegefließgrenze σ_{bF} und Drehfließgrenze τ_{tF} ermitteln; bei spröden Werkstoffen auch die Druckfestigkeit σ_{-B}, Biegefestigkeit σ_{bB} und Drehfestigkeit τ_{tB}. Die *Scherfestigkeit* τ_B wird im zweischnittigen Scherversuch mit zylindrischen Proben oder im Lochstanzversuch ermittelt. Ferner kann bei Kugel- oder Rollendruck die *Wälzfestigkeit* ermittelt werden (Kap. 13); und bei Knickbelastung die *Knickfestigkeit* (s. S. 47).

3) Härtewerte. Bei der Härteprüfung wird der Widerstand bestimmt, den der Werkstoff dem Eindringen eines harten Prüfkörpers entgegensetzt. Die Härteprüfung erfordert wenig Zeit und Aufwand und genügt häufig zur Beurteilung der Werkstoffestigkeit.

Die *Brinellhärte* $H_B = P/F$ (kg/mm²) bestimmt man durch Einpressen einer Kugel unter der Prüflast P und durch Ausmessen des Durchmessers d des erzeugten Kugeleindrucks dessen Oberfläche F ist. Die Prüflast ist so zu wählen, daß d zwischen 0,2 mal bis 0,5 mal Kugeldurchmesser liegt! Die Angabe $H_{B\,5/250/30} = 440$ kg/mm² bedeutet: Brinellhärte 440, ermittelt mit 5 mm-Kugel bei 250 kg Prüflast und 30 s Belastungsdauer.

Die *Vickershärte* $H_V = P/F$ (kg/mm²) bestimmt man durch Einpressen einer *Diamantpyramide* mit 136° Flächenwinkel unter beliebiger Prüflast (0,5—120 kg) und durch Ausmessen der Diagonalen des erzeugten Pyramideneindrucks, dessen Oberfläche F ist. Bei geringer Prüflast kann auch die Härte dünner Schichten und dünner Bleche ermittelt werden.

Die *Rockwell-„C“ Härte* R_C wird durch Einpressen eines *Diamantkegels* mit 120° Kegelwinkel ermittelt und das Ergebnis an einer Meßuhr abgelesen, welche die Differenz zwischen der Eindringtiefe des Diamantkegels bei Vorlast (10 kg) und bei Hauptlast (150 kg) mißt. Die *Rockwell-„B“ Härte* erhält man bei entsprechender Verwendung einer Kugel als Eindringkörper.

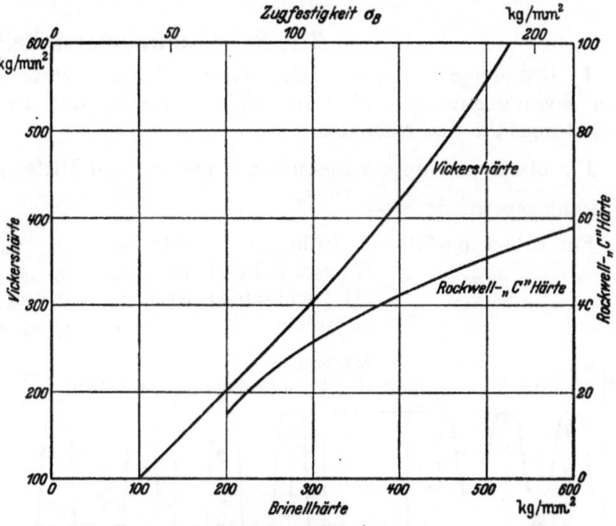

Bild 3/18. Härtewerte im Verhältnis zur Brinellhärte und zu σ_B von C-Stahl (nach DUBBEL I).

Die *Ritzhärte* nach MARTENS ist die Belastung in Gramm einer Diamantspitze mit 90° Kantenwinkel, die einen Ritz von 0,1 mm Breite hervorruft. Bequem ist umgekehrt die Bestimmung der Ritzbreite bei gegebener Last.

4) Erfahrungswerte.

Werte für σ_B und σ_F s. Werkstofftafeln S. 81—103, H_B s. Tafel 4/1 S. 63.

Verhältnis der verschiedenen Härtewerte zu H_B und σ_B für Stahl s. Bild 3/18.

Für C-Stahl und C-Stahlguß geglüht (σ_B = 30—100 kg/mm²) ist

$$\boxed{\sigma_B \approx 0{,}36\ H_B} \quad \text{(kg/mm}^2\text{)}.$$

Für Cr-Ni-Stahl geglüht (σ_B = 65—100 kg/mm²) ist $\boxed{\sigma_B \approx 0{,}34\ H_B}$ (kg/mm²)

Fließgrenze und Bruchdehnung s. Bild 3/17; Warmfließgrenze s. Tafel 3/2.

Für Grauguß: $\boxed{\sigma_B \approx 0{,}1\ H_B}$ (kg/mm²); für Grauguß ohne Gußhaut ist $\sigma_{-B} \approx 32 + 2{,}2\,\sigma_B$, $\sigma_{bB} \approx 9 + 1{,}4 \cdot \sigma_B$; $\tau_{tB} \approx 8 + \sigma_B$ (kg/mm²).

Tafel 3/2. *Warmfließgrenze von Stählen* in kg/mm².

Stahlsorte	Temperatur in °C					
	20	200	300	350	400	450
St 35.29	27	24	14	13	13	12
St 55.29	34	27	23	22	21	19
Nickelstahl (0,18% C; 1,56% Ni) .	36	34	31	29	27	24
Molybdänstahl (0,14% C; 0,3% Mo)	29	—	—	21	23	21
Chrom-Molybdänstahl (0,12 % C; 0,71% Cr; 0,3% Mo)	28	—	—	27	25	24

3.3. Schwingungsfestigkeit.

1) Grundlagen. Bei *periodisch veränderlicher* Belastung können wir nach Bild 3/19 den Spannungsverlauf über der Zeit auftragen und folgende Spannungsgrößen und Belastungsfälle unterscheiden [1]:

Die obere und untere Spannung σ und σ_u, die Mittelspannung $\sigma_m = \frac{\sigma + \sigma_u}{2}$ und die Ausschlagspannung $\sigma_a = \frac{\sigma - \sigma_u}{2}$

Für Belastungsfall I (ruhend) ist: $\sigma_a = 0$, $\sigma_m = \sigma = \sigma_u$
„ „ II (schwellend) ist: $\sigma_u = 0$, $\sigma_a = \sigma_m = \sigma/2$
„ „ III (wechselnd) ist: $\sigma_m = 0$, $\sigma_a = \sigma$
allgemein: $\sigma = \sigma_m \pm \sigma_a$.

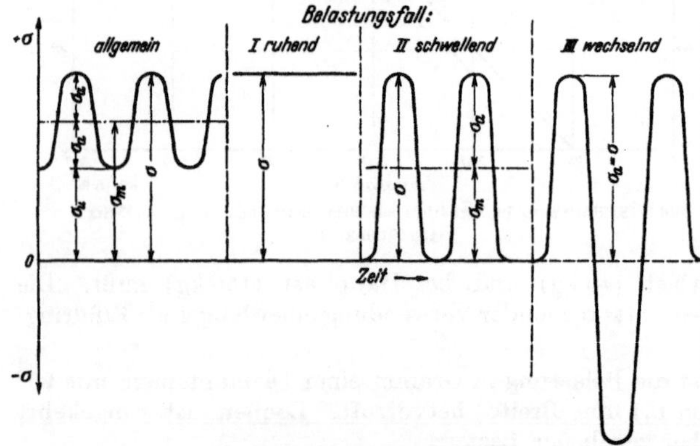

Bild 3/19. Typische Belastungsfälle.
Spannungszustand hier für Zugspannung σ gezeigt; bei Biege- bzw. Drehspannung sinngemäß σ_b bzw. τ_t statt σ schreiben.

Wir unterwerfen nun einen Prüfstab einer derart periodisch schwankenden Spannung $\sigma = \sigma_m \pm \sigma_a$ und bestimmen die Anzahl der Lastspiele N bis zum Bruch, dem „Dauerbruch“. Wir wiederholen den Versuch an weiteren Prüfstäben mit jedesmal etwas kleinerem σ_a, bis schließlich kein Bruch mehr erzielt werden kann ($N = \infty$).

Diese größte Spannung, die ohne Dauerbruch beliebig lange ertragen wird, ist die *Dauerfestigkeit* $\sigma_D = \sigma_m \pm \sigma_A$ und die entsprechende Ausschlagspannung die *Ausschlagfestigkeit* σ_A. (Beachte: große Buchstaben als Zeiger für Festigkeitswerte, kleine für Spannungswerte.)

Sinngemäß bezeichnet man die Spannungswerte, bei denen noch Dauerbruch auftritt, als *Zeitfestigkeit* und kennzeichnet sie durch Hinzufügen der erreichten Lastspielzahl N, z. B. $\sigma_{A\,10^5}$ bedeutet: Ausschlagfestigkeit für $N = 10^5$ Lastspiele.

Trägt man die Zeitfestigkeit über der Zahl der ertragenen Lastspiele N auf (Bild 3/20), so ergibt sich eine abfallende Kurve, die bei Erreichung der Dauerfestigkeit (Ausbleiben

[1]) Das Spannungszeichen σ gilt für Zug- oder Druckspannung; für Biege- oder Drehspannung sind die entsprechenden Spannungszeichen σ_b bzw. τ_t einzusetzen.

des Dauerbruchs) in die *Waagrechte* übergeht. Der Knickpunkt liegt bei der *Grenzspielzahl*, die bei Stahl bei 3—10 Millionen liegt (steigend mit σ_B und Querschnitt) und bei Leichtmetall bis über 100 Millionen erreichen kann. Diese Kurve wird als *Lebensdauer- oder Wöhlerkurve* bezeichnet. Solange Belastungswerte unterhalb der *Schadenslinie* liegen, wird die Lebensdauer nicht beeinflußt.

Dauerfestigkeitsschaubilder. Liegen die σ_D- oder σ_A-Werte für die Belastungsfälle I bis III vor, so kann man folgende Schaubilder zeichnen und aus ihnen für jedes σ_m den zugehörigen σ_D- oder σ_A-Wert abgreifen:

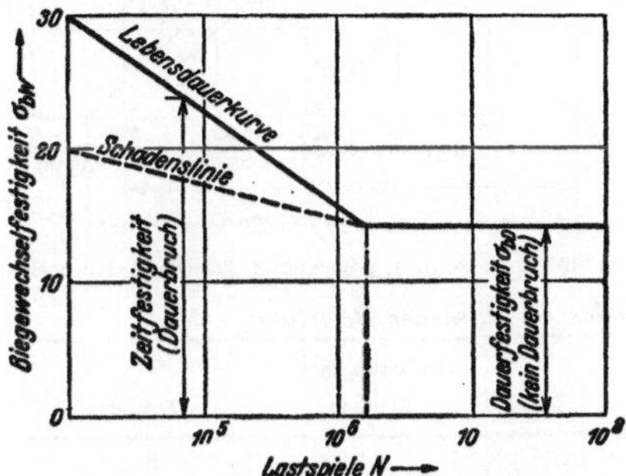

Bild 3/20. Lebensdauer- oder Wöhlerkurve und Schadenslinie für St 50.11 bei Biege-Wechselspannung.

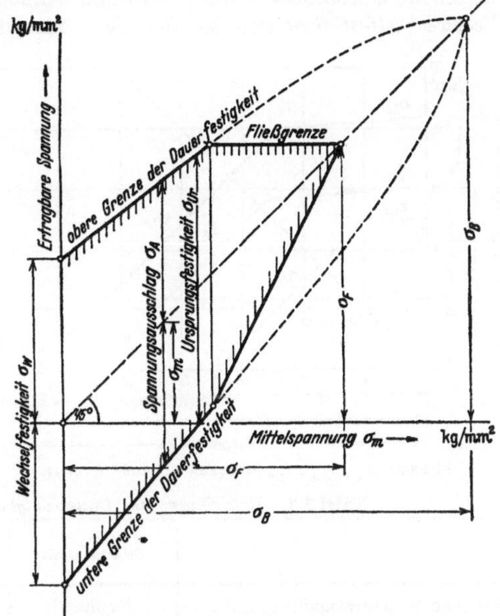

Bild 3/21. σ_D-Schaubild. Ertragbare Spannung im Dauerbetrieb bei verschiedener Mittelspannung σ_m.

Im σ_D-Schaubild (Bild 3/21) sind über σ_m die Werte $\sigma_m + \sigma_A$ als obere Grenze und die Werte $\sigma_m - \sigma_A$ als untere Grenze eingetragen. Man kann sich aber auch von der gestrichelten Geraden unter 45°, die der Mittelspannung σ_m entspricht, die σ_A-Werte nach oben und unten aufgetragen denken, um die beiden Grenzkurven zu erhalten.

Für den Belastungsfall I ($\sigma_A = 0$, Schnittpunkt der Grenzkurven) ist die *statische Bruchfestigkeit* σ_B der Grenzwert. Für den Belastungsfall II ($\sigma_u = 0$) wird σ_D mit *Ursprungsfestigkeit* σ_{Ur} bezeichnet und für den Belastungsfall III ($\sigma_m = 0$) mit *Wechselfestigkeit* σ_W. Zur weiteren Begrenzung wird noch die *Fließgrenze* σ_F eingezeichnet und man erhält so den schraffierten Linienzug als praktische Belastungsgrenze. Diese läßt sich im wesentlichen schon allein mit Kenntnis von σ_W und σ_F zeichnen, *da σ_A mit zunehmendem σ_m nur wenig abfällt*, solange σ_F nicht erreicht wird.

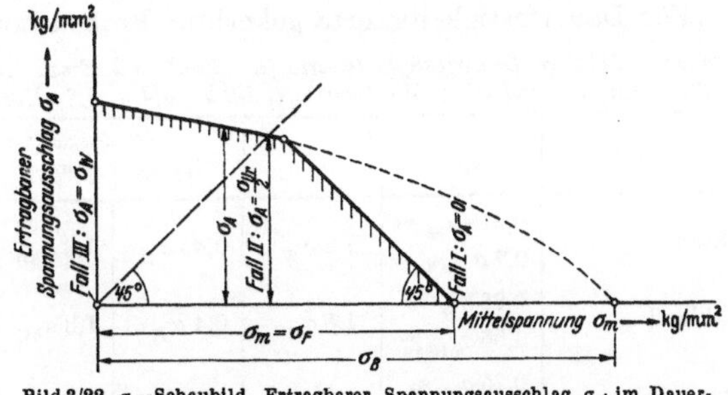

Bild 3/22. σ_A-Schaubild. Ertragbarer Spannungsausschlag σ_A im Dauerbetrieb bei verschiedener Mittelspannung σ_m.

Im σ_A-Schaubild (Bild 3/22) ist sinngemäß über σ_m der Wert σ_A und entsprechend der σ_F-Grenze der Wert $\sigma_A = \sigma_F - \sigma_m$ (ausgezogene Gerade unter 45°) aufgetragen. Die *gestrichelte* Gerade unter 45° entspricht $\sigma_a = \sigma_m$, so daß ihr Schnittpunkt mit der Grenzkurve den Grenzwert für Belastungsfall II ($\sigma_A = \sigma_m$) ergibt. Das σ_A-Schaubild ist einfacher aufzutragen und zu handhaben als das σ_D-Schaubild.

Für jede Belastungsart, wie Zug-, Druck-, Biege- oder Drehbelastung erhalten wir entsprechende Dauerfestigkeitswerte, deren Bezeichnungen in Tafel 3/3 zusammengestellt sind. Sie werden gewöhnlich an glatten, polierten oder geschliffenen Probestäben mit einem Durchmesser von 7—15 mm ermittelt. Vorherrschend ist die Ermittlung der *Biegewechselfestigkeit* σ_{bW}, zu der die anderen Dauerfestigkeitswerte in einem gewissen Verhältnis stehen (s. Tafel 3/4)[1] Entsprechende Dauerfestigkeits-Schaubilder zeigen Bild 3/23 und 3/24.

Die *Dauer-Wälzfestigkeit* bei Rollen- oder Kugeldruck s. Kap. 13.

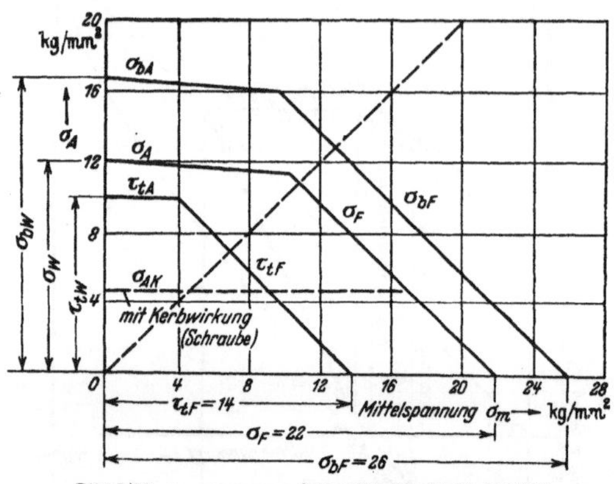

Bild 3/23. σ_A-, σ_{bA}-, τ_{tA}-Schaubild für Stahl St 37.11.

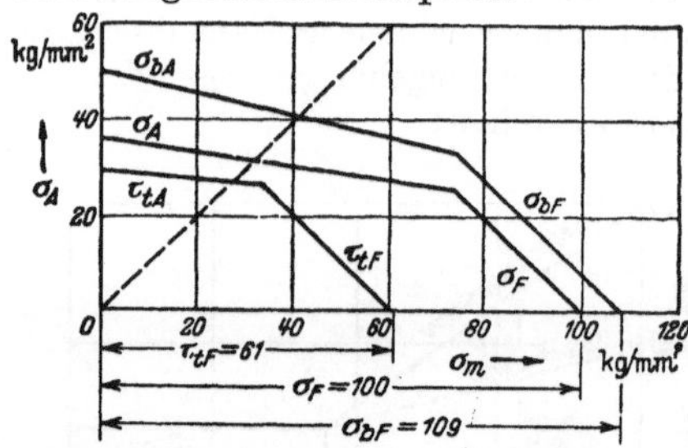

Bild 3/24. σ_A-, σ_{bA}-, τ_{tA}-Schaubild für Cr-Ni-Wo-Stahl

Tafel 3/3. *Bezeichnung der Dauerfestigkeitswerte bei verschiedener Belastung.*

	Belastungsfall	Belastungsart: Zug	Druck	Biegung	Drehung
Statische Bruchfestigkeit	I ruhend	σ_B	σ_{-B}	σ_{bB}	τ_{tB}
Fließgrenze		σ_F	σ_{-F}	σ_{bF}	τ_{tF}
Dauerfestigkeit	allgemein	$\sigma_D = \sigma_m \pm \sigma_A$		$\sigma_{bD} = \sigma_{bm} \pm \sigma_{bA}$	$\tau_{tD} = \tau_{tm} \pm \tau_{tA}$
Ausschlagfestigkeit		σ_A	σ_{-A}	σ_{bA}	τ_{tA}
Ursprungsfestigkeit	II schwellend	σ_{Ur}	σ_{-Ur}	σ_{bUr}	τ_{tUr}
Wechselfestigkeit	III wechselnd	σ_W		σ_{bW}	τ_{tW}

(Für Dauerfestigkeitswerte gekerbter Proben mit Zeiger *K*).

Tafel 3/4. *Mittlere Dauerfestigkeitswerte für Stahl und Eisen an polierten Prüfstäben mit Rundquerschnitt. Werte für σ_B und σ_F s. Werkstofftafel 5/2 bis 5/4 u. 5/8. Kerbfestigkeit s. Bild 3/27 u. Tafel 4/1 S. 63*

Werkstoff	Zug** σ_W	σ_{Ur}	Biegung*** $\sigma_{bW\,10}$	σ_{bUr}	σ_{bF}	Drehung τ_{tW}	τ_{tUr}	τ_{tF}
C-Stahl	$0{,}315\,\sigma_B \approx 0{,}7\,\sigma_{bW\,10}$	$1{,}8\,\sigma_W$	$0{,}45\,\sigma_B$	$1{,}8\,\sigma_{bW}$	$1{,}15\,\sigma_F$	$0{,}58\,\sigma_{bW}$	$1{,}9\,\tau_{tW}$	$0{,}6\,\sigma_F$
Stahlguß . . .	$0{,}26\,\sigma_B \approx 0{,}65\,\sigma_{bW\,10}$	$1{,}8\,\sigma_W$	$0{,}4\,\sigma_B$	$1{,}8\,\sigma_{bW}$	$1{,}15\,\sigma_F$	$0{,}58\,\sigma_{bW}$	$1{,}9\,\tau_{tW}$	$0{,}7\,\sigma_F$
Grauguß * . .	$0{,}25\,\sigma_B \approx 0{,}5\,\sigma_{bW\,10}$	$1{,}6\,\sigma_W$	$0{,}5\,\sigma_B$	$1{,}6\,\sigma_{bW}$	—	$0{,}75\,\sigma_{bW}$	$1{,}4\,\tau_{tW}$	—
Temperguß . .	$0{,}28\,\sigma_B \approx 0{,}7\,\sigma_{bW\,10}$	$1{,}8\,\sigma_W$	$0{,}4\,\sigma_B$	$1{,}8\,\sigma_{bW}$	$1{,}1\,\sigma_F$	$0{,}64\,\sigma_{bW}$	$1{,}9\,\tau_{tW}$	$0{,}7\,\sigma_F$

* Für Grauguß $\sigma_{-Ur} \approx 3\,\sigma_{Ur}$. $\sigma_{bB} \approx 9 + 1{,}4\,\sigma_B$ (kg/mm²). ** Für Druck ist σ_{-Ur} größer, z. B. bei Federstahl $\approx 1{,}3\,\sigma_{Ur}$
*** Für andere Durchmesser als 10 mm ist $\sigma_{bW} = \sigma_{bW\,10} \cdot b_0$ mit b_0 nach Bild 3/27.

[1] Die größere Biegewechselfestigkeit gegenüber der Zug-Druckwechselfestigkeit beruht auf einem Abbau der Spannungsspitze am Rand der Biegeprobe, also auf einer Abweichung von der geradlinig angenommenen Spannungsverteilung. Bei sehr großen Querschnittshöhen stimmen σ_{bW} und σ_W wieder überein (s. Beiwert b_0 in Bild 3/27). S. auch [*3/11*], [*3/15*], [*3/22*], [*3/32*], [*3/38*] u. [*3/47*].

Erfahrungswerte für σ_{bW} usw.: Für Stahl und Eisen s. Tafel 3/4 und Bild 3/27, für Leichtmetalle und Holz s. Tafel 4/1. Für Bronze $\sigma_{bW} \approx 0{,}23\ \sigma_B$, $\tau_{tW} \approx 0{,}15\ \sigma_B$.

2) Minderung der Dauerfestigkeit. Nehmen wir statt der glatten, polierten Probe eine mit plötzlich zunehmendem Querschnitt, so ist die Dauerfestigkeit erheblich geringer. Die Ursache ist in *örtlichen Spannungspitzen*, d. h. in örtlichen Abweichungen von der bei der üblichen Spannungsberechnung vorausgesetzten Spannungsverteilung zu suchen.

Wodurch entstehen derartige Spannungspitzen? Nach Bild 3/25 ist bei einem eingeschnürten und zugbelasteten Stab die *Rand*spannung *erhöht*, und zwar um so mehr, je *schroffer* der Querschnitt an der Einschnürstelle zunimmt. Die Randzone wird im engsten Querschnitt durch die zunehmende Basis mehr festgehalten, so daß sie mehr Spannung aufnimmt.

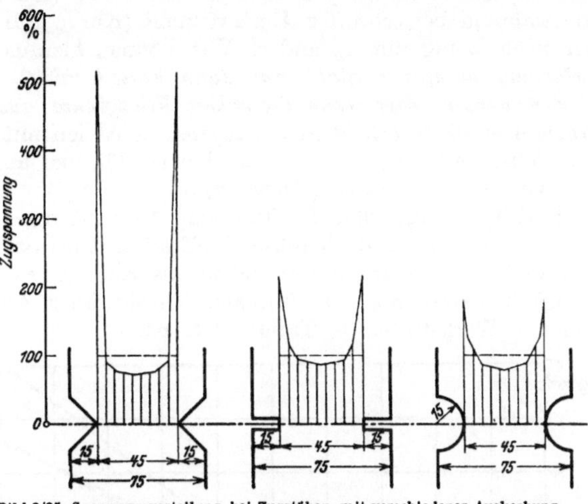

Bild 3/25. Spannungsverteilung bei Zugstäben mit verschiedener Auskerbung (nach PREUSS).

Ähnlich wirkt eine *rauhe* oder *verletzte* Oberfläche. Aber auch *Abkröpfungen* (s. Bild 3/26), *Querbohrungen, Nuten und aufgepreßte Naben* (s. Bild 3/27) bringen eine *örtliche Spannungshäufung* mit sich und somit eine Minderung der Dauerfestigkeit. Wir sprechen in solchen Fällen allgemein von „*Kerbwirkung*".

Zur leichteren Erfassung derartiger „Kerbstellen" und des Grades der Kerbwirkung können wir uns die Kraftübertragung in einem Bauteil als „*Kraftfluß*" vorstellen, wobei jeder Kraftfluß-*Änderung* oder -*Ablenkung* eine Spannungshäufung, also „Kerbwirkung" entspricht.

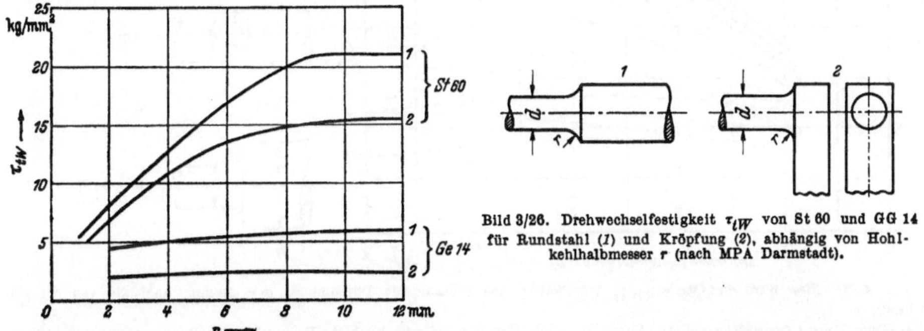

Bild 3/26. Drehwechselfestigkeit τ_{tW} von St 60 und GG 14 für Rundstahl (*1*) und Kröpfung (*2*), abhängig von Hohlkehlhalbmesser r (nach MPA Darmstadt).

Kerbstellen verringern die Dauerfestigkeit um so mehr, je „*kerbempfindlicher*" (spröder) der Werkstoff ist, d. h. je weniger er die Spannungsspitzen auszugleichen vermag, wie z. B. Glas, bei dem wir ja die Kerbempfindlichkeit zum „Schneiden" ausnutzen. Bei zähen Werkstoffen gleichen sich die Spannungen beim Überschreiten der Elastizitätsgrenze wieder aus, so daß die *statische Bruchfestigkeit* von der Kerbwirkung *nicht* beeinträchtigt wird [1]. Entsprechend verläuft die Ausschlagfestigkeit σ_A eines gekerbten Zugstabes aus Stahl nach der gestrichelten Linie in Bild 3/23. (Die Fließgrenze liegt

[1] Die Kerbwirkung *erhöht* sogar die Fließgrenze, s. SIEBEL [*3/11*] u. [*3/22*].

wegen der Fließbehinderung durch die Kerbe höchstens höher.) Sehr beachtlich ist, daß bei Druckspannung die Dauerfestigkeit durch Kerben *nicht* vermindert wird.

Die *rechnerische* Erfassung der Dauerfestigkeitsminderung für verschiedene Kerben, Abmessungen und Werkstoffe ist noch nicht abgeschlossen (s. Schrifttum).

Erfahrungswerte für σ_{bWK}. Bild 3/27 zeigt die Biegewechselfestigkeit von 10 mm Stahlproben für die häufigsten Kerbfälle, aufgetragen über der statischen Bruchfestigkeit σ_B. Wir sehen: bei der polierten glatten Probe (Kurve *1*) steigt σ_{bW} fast linear mit σ_B an, während bei schroffer Kerbwirkung (Kurve *13*) σ_{bW} sehr niedrig liegt und sich nur noch wenig mit σ_B ändert. Wir können hieraus entnehmen, *daß bei dynamischer Belastung hochfester Stahl nur dann Vorteile bietet, wenn schroffe Kerbwirkungen vermieden werden, oder wenn die höhere Fließgrenze ausschlaggebend ist.* Ferner sinkt die Wechselfestigkeit erheblich bei *abgesetzten* Wellen mit *geringer* Ausrundung (Kurve *10*), bei Wellen mit *aufgekeilter Nabe* (Kurve *12*), bei *aufgepreßter Nabe* (Kurve *12a*) und bei Wellen *mit Querloch* (Kurve *9*).

Bild 3/26 zeigt den Einfluß von Ausrundungen bei abgesetzten und bei abgekröpften Wellen auf die Drehwechselfestigkeit bei Stahl St 60 und Grauguß. Bei *Grauguß* wirken die Korngrenzen schon als Kerben, so daß äußere Kerben die Wechselfestigkeit kaum noch beeinflussen (wohl aber Abkröpfungen). Kerbfestigkeit bei anderen Werkstoffen s. Tafel 4/1 S. 63.

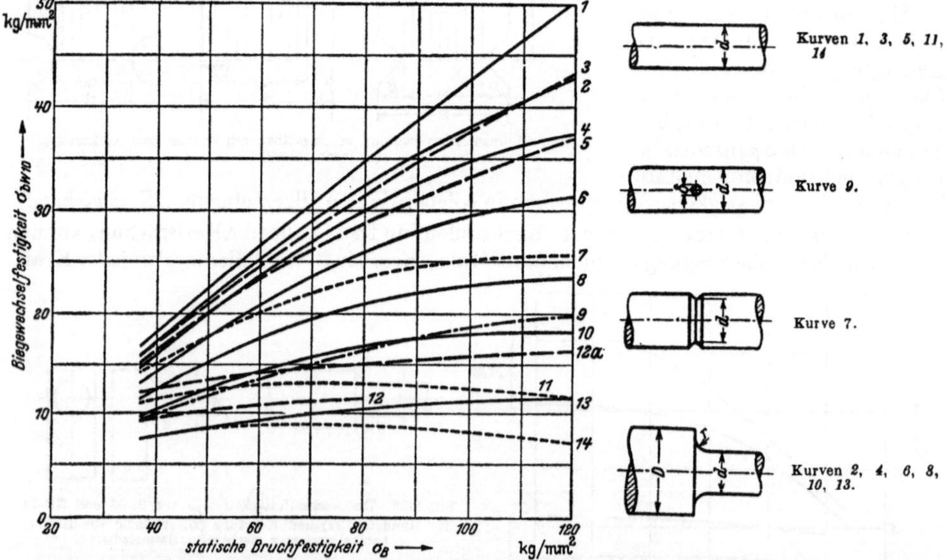

*Bild 3-27** *Biege-Wechselfestigkeit* $\sigma_{bW_{10}}$ für Wellen aus C-Stahl mit Durchmesser $d = 10$ mm, abhängig von der stat. Bruchfestigkeit σ_B.

a) *Glatte Wellen:* Oberfläche poliert (Kurve *1*), geschliffen oder fein geschlichtet (*3*), geschruppt (*5*), korrodiert mit Leitungswasser (*11*), mit Salzwasser (*14*).
b) *Mit Querloch:* $\delta = 0{,}175\, d$ (Kurve *9*).
c) *Mit Spitzkerbe:* 1 mm tief (Kurve *7*).
d) *Mit Nabe:* aufgekeilt (Kurve *12*); aufgepreßt ohne Keil (*12a*).
e) *Mit Absatz* $D/d = 2$: für $y = r/d = 0{,}5$ (Kurve *2*); $= 0{,}3$ (Kurve *4*); $= 0{,}2$ (Kurve *6*): $= 0{,}1$ (Kurve *8*); $= 0{,}05$ (Kurve *10*); $= 0$ (Kurve *13*).
f) *Für Absatz mit anderem* D/d: Entnehme $\sigma_{bW_{10}}$ aus Kurve für $y = r/d + q$.
g) *Für andere Durchmesser* d ist** $\sigma_{bW} \approx \sigma_{bWb_{10}} \cdot b_0$ und $\tau_{tW} \approx \tau_{tW_{10}} \cdot b_0$

$D/d =$	1,05	1,1	1,2	1,3	1,4	1,6
$q =$	0,13	0,1	0,07	0,052	0,04	0,022

$d = 10$	20	30	50	100	200	300 mm
$b_0 = 1$	0,9	0,8	0,7	0,6	0,57	0,56

Beispiel: Abgesetzte Welle mit $\sigma_B = 60$; $D/d = 70/50 = 1{,}4$; $r/d = 5/50 = 0{,}1$. Nach obiger Tafel ist $q = 0{,}04$, also $y = 0{,}1 + 0{,}04 = 0{,}14$.

Hierfür ist nach dem Schaubild (interpoliert zw. Kurve *6* und *8* für $\sigma_B = 60$) $\sigma_{bW10} = 19$ kg/mm².
Für $d = 50$ mm ist $\sigma_{bW} = \sigma_{bW10} \cdot b_0 = 19 \cdot 0{,}7 = 13{,}3$ kg je mm².

* Der obigen Darstellung liegen Versuchswerte von LEHR und THUM zugrunde.
** Nach ersten Versuchen von LEHR und BAUTZ. Ursachen s. Fußnote 1 S. 54.

Chemischer Einfluß. Bei korrodierten Wellen ist die Dauerfestigkeit sehr gering (Kurve *11* und *14* in Bild 3/27). Bei *fortschreitender* Korrosion sinkt die Dauerfestigkeit ständig, so daß nur noch Zeitfestigkeitswerte erreicht werden. Umgekehrt begünstigt jede Spannungsänderung (Energieänderung) eine chemische Reaktion, z. B. eine Korrosion durch innere Reibung, die wiederum die dynamische Festigkeit herabsetzt. Im gleichen Sinne wirkt die Reibkorrosion an Kerben und Nabensitzen.

Größen-Einfluß. Die Dauerbiege- und Dauerdrehfestigkeit von glatten Stahlwellen nimmt nach LEHR [*3/37*] mit steigendem Durchmesser etwa entsprechend dem Beiwert b_0 ab [1].

Durchm. d	10	20	30	50	100	200	250	300 mm
Beiwert b_0 . .	1	0,9	0,8	0,7	0,6	0,57	0,56	0,56

Auch die Schutzwirkung durch Oberflächendrücken und Härten (siehe unter Punkt 3) nimmt mit größerem Durchmesser ab. Anderseits wächst mit dem Durchmesser die Grenzspielzahl bis zur Erreichung der Dauerfestigkeit.

Temperatur-Einfluß. Bis 350° C ist die Wechselfestigkeit bei Stahl fast unverändert; bei Nichteisenmetallen sinkt sie mit steigender Temperatur ständig ab. Festigkeitswerte bei tiefer Temperatur s. SCHWINNING [2].

Vorbelastungs-Einfluß. Wiederholte Vorbelastungen mindern die Wechselfestigkeit nur dann, wenn ihre Größe und Spielzahl die ‚Schadenslinie" (Bild 3/20) überschreitet.

3) Erhöhung der Dauerfestigkeit. Die Grundregel lautet: Abbau der Spannungsspitzen durch sanfte Übergänge, noch besser durch Erzeugung von *Druckvorspannungen* [*3/36*] in der Randzone und durch *Verdichtung* und *Verfestigung* der Randzone. Hierfür hat sich besonders das *Oberflächendrücken* [*3/44*] bewährt. Es besteht in einer plastischen Verformung der Oberfläche durch Überrollen mit abgerundeten schmalen Druckrollen. Ähnliche Wirkungen erreicht man durch „*Sandstrahlen*" mit Stahlkies und durch *örtliches Härten* (Brennstrahl-, Einsatz- oder Nitrierhärten) der gefährdeten Stellen, wobei die Volumenvergrößerung (Druckvorspannung) in der Randzone von Bedeutung ist. Durch Oberflächendrücken kann die Dauerfestigkeit bis 40% und mehr, durch örtliches Härten um ein mehrfaches der Dauerfestigkeit des Grundwerkstoffes gesteigert werden. Ferner kann die Kerbwirkung von Schleifspuren durch Ätzbehandlung (chemisches Einebnen) verringert werden.

Ein weiteres Mittel ist das *Hochtrainieren* durch langsame Steigerung der Wechselspannung bis an den Wert der Dauerfestigkeit, die hierdurch, je nach dem Werkstoff, bis 25% erhöht werden kann.

4) Dauerfestigkeit des Bauteils (Nutz-Dauerfestigkeit). Wir können diese häufig nur mittelbar bestimmen als den resultierenden Wert aus der Dauerfestigkeit der *Werkstoffprobe* bei entsprechender Formgebung, Oberflächenbeschaffenheit und Belastung und ferner einem *Größenbeiwert* b_0. Diesen resultierenden Wert wollen wir als *Nutz-Dauerfestigkeit* (Zeiger N) bezeichnen. Noch zuverlässiger, aber auch erheblich teurer, ist naturgemäß die unmittelbare Bestimmung der Nutz-Dauerfestigkeit durch Versuche am Bauteil selbst.

Liegen die obigen Voraussetzungen nicht vor, so sind wir auf eine entsprechende *Abschätzung* der *Nutz*-Dauerfestigkeit angewiesen, wobei wir uns möglichst weitgehend auf die bereits vorliegenden Erfahrungen stützen.

Beispiel. Betrachten wir hierzu folgende, durch Versuch ermittelte Festigkeitsskala einer Motor-Kurbelwelle aus Stahl [3]:

[1] Für gekerbte Stäbe und andere Werkstoffe werden etwas andere b_0-Werte gelten. Ausreichende Versuche fehlen noch. Weitere Angaben hierzu s. Fußnote 1 auf S. 54.

[2] SCHWINNING: Die Festigkeitseigenschaften der Werkstoffe bei tiefen Temperaturen. Z. VDI 79 (1935) S. 35.

[3] MICKEL, E.: Mitt. Forsch.-Anst. Gutehoffnungshütte (1938) S. 73.

Ermittelt wurde (in kg/mm²)

am Prüfstab $\sigma_B = 100$, $\sigma_F = 74$, $\sigma_{bW} = 45$,
am Prüfstab $\tau_{tW} = 31$, $\tau_{tWK} = 15$ (Spitzkerbe),
am Modell 1 : 1 der Kurbelkröpfung $\tau_{tW} = 9$,
an der Kurbelwelle im Motor $\tau_{tW} = 7$ kg/mm² $= \tau_{tN}$.

Die im vorliegenden Fall maßgebende Nutzdauerfestigkeit ist τ_{tN}.

Wäre uns beispielsweise nur σ_B bekannt, so würden wir hierfür aus Bild 3/27, unter Einschätzung der erheblichen Kerbwirkung und Kraftflußänderung an der Kröpfung etwa entsprechend Kurve *10* entnehmen: $\sigma_{bW\,10\,K} = 18$ kg/mm². Für 75 mm Kurbelwellendurchmesser wird $\sigma_{bW} = \sigma_{bW\,10\,K} \cdot b_0 = 18 \cdot 0{,}65 = 11{,}65$ und nach Tafel 3/4 $\tau_{tW} = 0{,}58 \cdot \sigma_{bW} = 0{,}58 \cdot 11{,}65 = 6{,}8$ kg/mm² als Nutzdauerfestigkeit τ_{tN}, also etwa den gleichen Wert, wie oben nach Versuch.

3.4. Schlagfestigkeit.

Bei schlagartiger Beanspruchung können wir die aufnehmbare Schlagarbeit A, d. h. die Verformungsarbeit des Prüfstücks bis zum Brucheintritt ermitteln. Das Ergebnis A/F (mkg/cm²) ist die *Schlagfestigkeit*, bezogen auf den Bruchquerschnitt F. Sie dient bisher weniger der Festigkeitsrechnung, als der Kontrolle bestimmter Werkstoffeigenschaften (Zähigkeit). Wir unterscheiden:

1) Die Kerbschlagfestigkeit a_k, auch *Kerbschlagzähigkeit* genannt. Sie wird im Pendelschlagwerk an einer gekerbten Probe ermittelt, die, beiderseitig aufliegend, vom Pendelhammer durchschlagen wird. In a_k kommt neben der statischen Festigkeit und der Kerbempfindlichkeit vor allem das *plastische* Verformungsvermögen zum Ausdruck. Bei Stahl fällt a_k erheblich mit fallender Temperatur (Schlagbruch bei Kälte!) und ungeeigneter Wärmebehandlung, wie Bild 3/28 zeigt. a_k ist form- und größenabhängig, also an die Abmessungen der Probe gebunden.

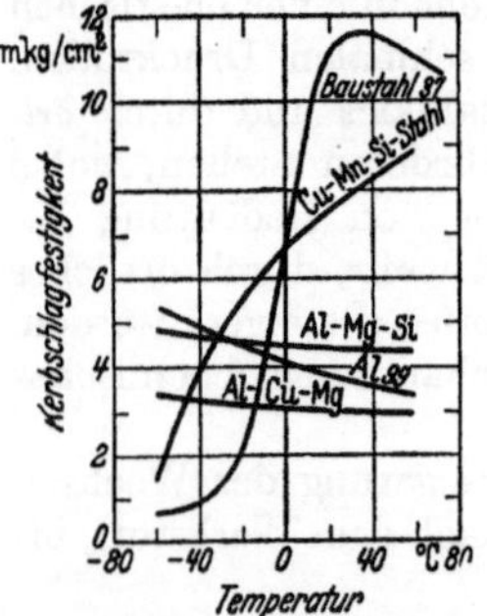

Bild 3/28. Kerbschlagfestigkeit a_k von Stahl, Al und Al-Legierungen abhängig von der Temperatur (nach LÜPFERT).

2. Die Dauerschlagfestigkeit, z. B. $a_{k\,10^6}$ ist die bis 10^6 Schlägen wiederholte und ertragene Schlagarbeit. Sie ist nach LEHR proportional σ_{bW}^2, also auch für die Festigkeitsrechnung auswertbar.

3. Die Dauerschlagzahl ist die bis zum Bruch ertragene Schlagzahl bei konstanter Schlagarbeit.

3.5. Zulässige Spannung.

1. Ansatz. Die zulässige Spannung ändert sich mit der „*Nutzfestigkeit*“ des Bauteils, also nicht nur mit der Werkstoffestigkeit, sondern auch mit der Formgebung und dem Kraftfluß, mit dem Herstellungsgang und der Größe des Bauteils, ferner mit den *Betriebsbedingungen*, so daß auch vorhandene „Erfahrungswerte“ im Einzelfall zu überprüfen sind.

Wir müssen daher wissen, wonach wir im Einzelfall die zulässige Spannung ansetzen oder variieren sollen.

Bei ihrem Ansatz ist zunächst der mögliche Unterschied zwischen der in die Festigkeitsrechnung eingesetzten Nennlast P und der maßgebenden Betriebslast P_{Betr} bzw. zwischen den entsprechenden Spannungen σ und σ_{Betr} (oder τ_t und $\tau_{t\text{Betr}}$ usw.) zu berücksichtigen.

Wir führen hierzu den „*Lastfehler*“ $\boxed{C = \sigma_{\text{Betr}}/\sigma}$ in den Ansatz der zulässigen Spannung ein.

Ferner soll die zulässige Spannung eine ausreichende Sicherheit, die „*Nutzsicherheit* S_N“ gegenüber der „*Nutzfestigkeit*“ des Bauteils einschließen.

Wir setzen $\boxed{\text{Nennspannung} \leq \text{zulässige Spannung} = \frac{\text{Nutzfestigkeit}}{\text{Nutzsicherheit} \cdot C}}$

und schreiben, z. B. bei Zugspannung $\boxed{\sigma \leq \sigma_{zul} = \frac{\sigma_N}{S_N \cdot C}}$

2) Bestimmung der Nutzfestigkeit. Sie ist diejenige Spannung, bei der am Bauteil eine *unzulässige Veränderung* auftritt, wie Dauerbruch oder plastische Verformung, Ausknicken oder Gewaltbruch, oder ein unzulässig hoher Verschleiß. Entsprechend ist als Nutzfestigkeit einzusetzen:

a) *bei dynamischer Überlastungsgefahr* (Belastung wechselnd bis schwellend) die *Dauerfestigkeit* des *Bauteils* σ_{DN} (bzw. Zeitfestigkeit), deren Ansatz auf S. 57 näher gezeigt wurde;

b) *bei statischer Überlastungsgefahr* (Belastung ruhend bis schwellend) die *Fließgrenze* (bzw. die statische Bruchfestigkeit bzw. die Knickspannung σ_K) des Bauteils, für die durchweg die entsprechenden *Werkstoff*werte σ_F, σ_{-F}, σ_{bF}, τ_{tF} (bzw. σ_B, σ_{-B}, σ_{bB}, τ_{tB}, σ_K) eingesetzt werden;

c) *bei Gleitbewegung* der Grenzwert der Flächenpressung, bei dem Verschleiß oder Temperatur unzulässig ansteigen;

d) *bei Wälzbewegung* der Grenzwert der Wälzpressung, bei dem eine unzulässige Verformung oder Grübchenbildung oder Erwärmung eintritt (s. Kap. 13).

3) Bestimmung des Lastfehlers *C*. Dort, wo die Spannung proportional der Belastung anwächst, ist der Lastfehler $\boxed{C = P_{Betr}/P}$. Hierbei ist für P_{Betr} einzusetzen:

a) *bei dynamischer Überlastungsgefahr* die größte, sich ständig *wiederholende* Belastung (Nennlast + statische und dynamische Zusatzkräfte);

b) *bei statischer Überlastungsgefahr* die größte Gesamtkraft, mit der *unter ungünstigen Umständen* gerechnet werden muß, auch wenn sie nur einmalig auftritt.

4) Ansatz der Nutzsicherheit S_N. Bei ihrem Ansatz sind einerseits die Folgen einer Überschreitung der Nutzfestigkeit (Lebensgefahr und langwierige Betriebsunterbrechung, oder leichte Behebung des Schadens) und andererseits der Einfluß von S_N auf die Wirtschaftlichkeit und den Gebrauchswert des Bauteils abzuwägen. Gewöhnlich wählt man:

$S_N = 1{,}2$ bis $2{,}0$, wenn σ_{DN} maßgebend ist,
$S_N = 1{,}1$ bis $1{,}8$, ,, σ_F ,, ,,
$S_N = 1{,}8$ bis $2{,}5$, ,, σ_B ,, ,,
$S_N = 3$ bis 6 , ,, σ_K ,, ,,

5) Beispiele für den Ansatz von σ_{zul}. *Beispiel 1*: Die festliegende Achse einer umlaufenden Seiltrommel ist schwellend auf Biegung beansprucht. Ausführung glatt durchgehend, ohne aufgesetzte Nabe, aus St 50.11, Oberfläche geschlichtet, $d = 70$ mm.

Wir entnehmen aus Bild 3/27 für St 50.11, geschlichtete Oberfläche (interpoliert zwischen Kurve *3* und *5*) $\sigma_{bW10} = 20{,}5$ kg/mm². Für $d = 70$ mm ist $\sigma_{bW70} = \sigma_{bW10} \cdot b_0 = 20{,}5 \cdot 0{,}65 = 13{,}3$. Für Schwellspannung ist nach Tafel 3/4 $\sigma_{bUr} = 1{,}8 \cdot \sigma_{bW} = 1{,}8 \cdot 13{,}3 = 24$ kg/mm² $= \sigma_{bN}$. Lastfehler $C = P_{Betr}/P = 1{,}2$ für 20% zusätzliche Beschleunigungskraft zur statischen Nennlast *P*. Mit $S_N = 1{,}5$ wird dann $\sigma_{b\,zul} = \frac{\sigma_{bN}}{S_N \cdot C} = \frac{24}{1{,}5 \cdot 1{,}2} = 13{,}3$ kg/mm²
Kontrolle: Nutzsicherheit gegen plastische Verformung

$S_N = \frac{\sigma_{bF}}{\sigma_{bzul} \cdot C} = \frac{1{,}15 \cdot 27}{13{,}3 \cdot 1{,}35} = 1{,}73$, wenn $C = 1{,}35$ für 1,35fache Probelast und $\sigma_{bF} = 1{,}15\,\sigma_F = 1{,}15 \cdot 27$ nach Tafel 3/4 mit $\sigma_F = 27$ eingesetzt wird.

Beispiel 2: Für eine Getriebewelle aus St 60.11 mit 100 mm Durchmesser ist am Sitz des aufgekeilten Zahnrades die zulässige Biegewechselspannung $\sigma_{bzul} = \frac{\sigma_{bN}}{S_N \cdot C} =$

$\frac{6,6}{1,5 \cdot 1,2} = 3,66$ kg/mm², wenn $S_N = 1,5$, $C = 1,2$ (20% Beschl.-Kraft) und $\sigma_{bN} = \sigma_{bW} = \sigma_{bW10} \cdot b_0 = 11 \cdot 0,6 = 6,6$ kg/mm² ist, mit $\sigma_{bW10} = 11$ aus Bild 3/27 Kurve *12* für St 60 und $b_0 = 0,6$ für $d = 100$ mm. Gegenüber Dreh-Schwellspannung ist etwa $\tau_{tN} = \tau_{tUr} = 1,9 \cdot 0,58\ \sigma_{bW} \approx 1,1\ \sigma_{bN}$ (s. Tafel 3/4) oder $\tau_{tzul} \approx 1,1\ \sigma_{bzul}$.

Beispiel 3: Für die Kurbelwelle auf S. 57 unter 4) war $\tau_{tN} = 7$ kg/mm². Der Lastfehler ist $C = 1$, da hier $P_{Betr} = P$ durch Versuch ermittelt wurde. Die Nutzsicherheit $S_N = 1,3$ erscheint für einen Fahrzeugmotor angemessen, so daß hier $\tau_{tzul} = \frac{\tau_{tN}}{S_N \cdot C} = \frac{7}{1,3 \cdot 1} = 5,4$ kg/mm² wird.

Weitere Beispiele und *Erfahrungswerte* für den Ansatz der zulässigen Spannung sind bei den einzelnen Maschinenelementen zu finden.

3.6. Schrifttum zu 3.

1. Spannung:

[*3/1*] NEUBER, H.: Kerbspannungslehre. Berlin: Springer 1937.

[*3/2*] LEHR, E.: Spannungsverteilung in Konstruktionselementen. Berlin: VDI Verlag 1934.

[*3/3*] MESMER, G.: Spannungsoptik. Berlin: Springer 1939.

[*3/4*] RÖTSCHER, F. u. R. JASCHKE: Dehnungsmessungen und ihre Auswertung. Berlin: Springer 1939.

[*3/5*] WEBER, C.: Die Lehre von der Drehungsfestigkeit. VDI-Forschungsheft Nr. 249. Berlin 1921; ferner ZAMM Bd. 6 (1926) S. 85.
— Festigkeitslehre. Wolfenbüttel: Verlagsanstalt 1947.

[*3/6*] UEBEL: Drehungsfestigkeit für Walzträger. Forsch. 10 (1939) S. 123.

[*3/7*] LOVE, A. E. H.: Lehrbuch der Elastizität, deutsch von TIMPE. Leipzig—Berlin: Teubner 1907; neueste engl. Aufl. (Theory of Elasticity). New-York 1944.

[*3/8*] TIMOSHENKO, S. u. J. M. LESSELS: Festigkeitslehre, deutsch von MALKIN. Berlin: Springer 1928.

[*3/9*] HEISTER, H.: Die Traglast elastisch eingespannter Stahlstützen. Diss. T. H. Darmstadt 1948.

[*3/10*] BENNEDIK, K.: Vereinfachtes Verfahren zur Ermittlung von Trägheitsmomenten. Z. VDI Bd. 90 (1948) S. 352.

[*3/11*] SIEBEL, E.: Neue Wege der Festigkeitsrechnung. Z. VDI Bd. 90 (1948) S. 135.

[*3/12*] FÖPPL, A.: Vorles. über techn. Mechanik, Bd. III und IV. Leipzig: Teubner 1927.

[*3/13*] FÖPPL, A. u. L. FÖPPL: Drang und Zwang, Bd. I und II. München—Berlin: Oldenburg 1924/28.

[*3/14*] PÖSCHL, TH.: Elementare Festigkeitslehre. Berlin: Springer 1936.

[*3/15*] SIEBEL, E. u. H. O. MEUTH: Die Wirkung von Kerben bei schwingender Beanspruchung. Z. VDI Bd. 91 (1949) S. 319.

[*3/16*] BACH, C. u. R. BAUMANN: Elastizität und Festigkeit. 9. Aufl. Berlin: Springer 1924.

[*3/17*] KARMANN, TH. VON: Enzykl. Math. Wiss. IV, Mechanik Bd. 4 (1907) S. 14. Leipzig: Teubner.

[*3/18*] SCHLEICHER, F.: Der Spannungszustand an der Fließgrenze. ZAMM 6 (1926) S. 199.

[*3/19*] JEZEK, K.: Die Festigkeit von Druckstäben aus Stahl. Wien: Springer 1937.

[*3/20*] BACH, J.: Stand des Knickproblems stabförmiger Körper. Z. VDI Bd. 77 (1933) S. 610.

[*3/21*] FLÜGGE, W.: Statik und Dynamik der Schalen. Berlin: Springer 1934.

[*3/22*] SIEBEL, E. Festigkeitsrechnung bei ungleichförmiger Beanspruchung. Die Technik Bd. I (1946) S. 265.

[*3/23*] TEN BOSCH, M.: Vorlesungen über Maschinenelemente. Berlin: Springer 1940. (Der Abschnitt I Angewandte Festigkeitslehre behandelt eingehend die Spannungsverteilung u. -berechnung besonderer Bauelemente.)
GERCKE, M. J.: Über die allgemeine Form der Knickbedingung des geraden Stabes. Konstruktion Bd. 4 (1952) S. 46.

2. Werkstoffprüfung:

[*3/24*] DIN-Blätter: DIN 1602, 1604, 1605 und DIN 50101—50144 Festigkeitsversuche allgemein, DIN 50100 Prüfung der Schwingungsfestigkeit, DIN 50103 Härteprüfung nach Rockwell, DIN 50132 und DIN 50351 Härteprüfung nach Brinell, DIN 50133 Härteprüfung nach Vickers, DIN 50122 Kerbschlagversuch.

3. Schwingungsfestigkeit:

(s. auch Schrifttum Werkstoffe S. 104, Leichtbau S. 77, Federn Kap. 12.11.)

[*3/25*] THUM, A. und W. BUCHMANN: Dauerfestigkeit und Konstruktion. Mitt. d. MPA a. d. T. H. Darmstadt Heft 1 (1932).

[*3/26*] THUM, A. und W. BAUTZ: Steigerung der Dauerhaltbarkeit von Formelementen durch Kaltverformung. — Mitt. d. MPA. a. d. T. H. Darmstadt, Heft 8 (1936).

[*3/27*] THUM, A. und H. OCHS: Korrosion und Dauerfestigkeit. Mitt. d. MPA a. d. T. H. Darmstadt, Heft 9, (1937), VDI-Verlag mit 139 Literaturangaben.

[*3/28*] GRAF, O.: Die Dauerfestigkeit der Werkstoffe und der Konstruktionselemente. Berlin: Springer 1929.

[3/29] HEROLD, W.: Wechselfestigkeit. Berlin: Springer 1934.
[3/30] BARTELS, W. Die Dauerfestigkeit ungeschweißter und geschweißter Guß- und Walzwerkstoffe. Berlin 1930.
[3/31] LEQUIS, W.: Wechselfestigkeit und Kerbempfindlichkeit... bei Stahl. Diss. 1931, T. H. BRAUNSCHWEIG.
[3/32] MAILÄNDER, R. u. W. BAUERSFELD: Einfluß der Probengröße und Probenform auf die Dreh-Schwingungsfestigkeit von Stahl. Techn. Mitt. Krupp (1934) S. 143.
[3/33] BOLLENRATH, F.: Zeit- und Dauerfestigkeit der Werkstoffe. Jb. dtsch. Luftfahrtforsch. 1938. Erg.-Bd. S. 147/157.
[3/34] BARNER, G.: Der Einfluß von Bohrungen auf die Dauerzugfestigkeit von Stahlstäben. VDI-Verlag 1931.
[3/35] GRAF, O.: Dauerfestigkeit von Stählen mit Walzhaut, ohne und mit Bohrung, von Niet- und Schweißverbindungen. VDI-Verlag 1931.
[3/36] SEEGER, G.: Wirkung der Druckvorspannungen auf die Dauerfestigkeit metallischer Werkstoffe. Berlin: VDI-Verlag 1935.
[3/37] LEHR, E.: Arbeitsblätter 1—5 des VDI-Fachausschuß für Maschinenelemente. (Dauerfestigkeitsschaubilder) Berlin 1933 und 1934.
[3/38] LEHR, E.: Dauerfestigkeit in KLINGELNBERG: Techn. Hilfsbuch. Berlin: Springer (1940) S. 105—116.
[3/39] THUM, A. u. K. FEDERN: Spannungszustand und Bruchausbildung. Berlin: Springer 1939.
[3/40] KÖRBER, F. u. M. HEMPEL: Zug-, Druck-, Biege- und Verdreh-Wechselbeanspruchung an Stahlstäben mit Kerben und Querbohrungen. Auszug Z. VDI Bd. 83 (1939) S. 1226.
[3/41] LEHR, E. u. K. H. BUSSMANN: Dauerfestigkeit von Stabköpfen. Z. VDI Bd. 83 (1939) S. 513.
[3/42] THUM A. u. E. BRUDER: Gestaltung und Dauerhaltbarkeit von Stabköpfen. Berlin: VDI-Verlag 1939.
[3/43] — s. Maschinenelemente-Tagung, Aachen 1935. Berlin: VDI-Verlag 1936. (Vorträge über Spannungs verteilung, Dauerfestigkeit und zuläss. Spannung.)
[3/44] FÖPPL, O.: (Oberflächendrücken und Dauerfestigkeit). ATZ Bd. 49 (1947) S. 54; ferner Mitt. des Wöhler-Inst. Braunschweig H. 1—40; s. auch Schrifttum Kap. 12.11.
[3/45] BUCHMANN, W.: Die Kerbempfindlichkeit der Werkstoffe. Forschung 6 (1935) S. 36.
[3/46] — (Vorträge über Dauerfestigkeit von THUM, BAUTZ usw.) in Berichtswerk 74. Hauptversammlung des VDI, Darmstadt 1936. Berlin: VDI-Verlag. 1936.
[3/47] ROŠ, M. M.: Die Dauerfestigkeit der Metalle. Revue de Metallurgie. Paris (1947) S. 125.
[3/48] — (Kugelstrahlen zur Erhöhung der Schwingungsfestigkeit.) Werkstatt und Betrieb 80 (1947) S. 212. (Auszug von BALL aus Science and Technology.)
[3/49] — (Erhöhung der Schwingungsfestigkeit durch Induktionshärtung.) Werkstatt und Betrieb 80 (1947) S. 210 u. 212. (Auszug von BALL aus Machinery, New York.)
[3/50] SEEGER, G.: Kerbwirkung an quergebohrten Torsionswellen. Die Technik Bd. 3 (1948) S. 311.
GRÖNEGRESS, H. W.: Festigkeitseigenschaften brenngehärteter Kettenbolzen. Z. VDI. Bd. 94 (1952) S. 231.

4. Festigkeitswerte der Werkstoffe (s. auch Schrifttum Werkstoffe S. 104).

[3/51] LEON, A.: Zugfestigkeit und Brinellhärte von Gußeisen. Z. VDI Bd. 80 (1936) S. 281.
[3/52] HEMPEL, M.: Gußeisen und Temperguß unter Wechselbeanspruchung (σ_D-Schaubilder für *GG*). Z. VDI Bd. 85 (1941) S. 290.
[3/53] GRUSCHKA, G.: Zugfestigkeit von Stählen bei tiefen Temperaturen. Berlin: VDI-Verlag 1934.
[3/54] FISCHER u. EHMKE: Zahlentafel über die Warmfestigkeiten und Warmstreckgrenzen der Kesselbaustoffe. Kruppsche Monatshefte 1929, S. 209.
[3/55] NIEMANN G.: Walzenfestigkeit und Grübchenbildung von Zahnrad- und Wälzlagerwerkstoffen. Z. VDI Bd. 87 (1943) S. 521.

5. Zulässige Spannung (s. auch [3/43]).

[3/56] LEHR, E.: Wege zu einer wirklichkeitsgetreuen Festigkeitsberechnung. Z. VDI Bd. 75 (1931) S. 1473.
[3/57] VOLK, C.: Sicherheit und zuläss. Spannung. Elektroschweißung (1937) S. 173/175.
[3/58] THUM, A.: Zur Frage der Sicherheit in der Konstruktionslehre. Z. VDI Bd. 75 (1931) S. 705; ferner in: Der Maschinenschaden (1935) S. 155; ferner 74. Hauptversammlung d. VDI (1936) S. 87.
[3/59] BOCK, E.: Zulässige Spannungen der im Maschinenbau verwendeten Werkstoffe. Masch.-Bau 9 (1930) S. 637 und 10 (1931) S. 66/83.

4. Leichtbau.

4.1. Überblick.

Das Streben nach Leichtbau, d. h. nach geringem Eigengewicht bedarf keiner weiteren Begründung, solange hierdurch die Gestehungskosten nicht anwachsen und die Eignung des Bauteils nicht gemindert wird.

Darüber hinaus können aber auch *höhere* Gestehungskosten für den Leichtbau tragbar sein, und zwar dann, wenn die Gewichtsverminderung genügend *anderweitige Einsparungen* oder *anderweitige Vorteile* zur Folge hat. Z. B., wenn hierdurch

1) andere Bauteile weitgehend entlastet und entsprechend leichter gehalten werden können;

2) die Gewichtsverringerung eine größere *Nutzbelastung* bei gleichem Gesamtgewicht ermöglicht (z. B. bei Fahrzeugen, Förderkörben, Selbstgreifern, Baggerkübeln und Seilbahnkabinen, s. Beispiele S. 76);

3) die *laufenden Betriebskosten* verringert werden (Energiekosten und Unterhalt bei Fahrzeugen, s. Beispiel S. 77);

4) die *Bedienung* oder die *Beförderung* erleichtert wird (z. B. bei Haushalt-, Reise- und Sportgeräten);

5) eine Konstruktion durch Leichtbau überhaupt erst möglich wird, z. B. Flugzeug.

Für den Leichtbau stehen folgende Wege offen:

a) *Schaffung günstigerer Bedingungen* (Bedingungsleichtbau), z. B. Herabsetzung der Maximalkräfte durch Abfederung oder durch besonderen Überlastschutz (Rutschkupplungen, Brechbolzen); bessere Kühlung wärmebegrenzter Konstruktionen wie Elektromotoren, Getriebe, Bremsen und Reibkupplungen; Milderung überholter Bedingungen und Vorschriften usw.;

b) *Form-Leichtbau,* indem wir durch entsprechende Formgebung, Anordnung und Behandlung die gleiche Belastbarkeit mit geringerem Stoffaufwand erreichen (s. Abschnitt 4/3),

c) *Stoff-Leichtbau,* indem wir entweder festere Werkstoffe verwenden, z. B. Flußstahl statt Grauguß, St 52 statt St 37, gehärteten statt ungehärteten Stahl (s. Stahl-Leichtbau S. 73), oder *leichtere* Werkstoffe z. B. Leichtmetall, Preßstoff oder Holz statt Stahl, Grauguß usw. (s. Leichtmetall-Leichtbau S. 76).

4.2. Werkstoffvergleich mittels Kenngrößen[1].

Bei der Abwägung, ob man einen Bauteil z. B. aus Stahl oder Leichtmetall statt Grauguß ausführen soll, ist es wertvoll, *im voraus zahlenmäßig* angeben zu können, welche *Eigengewichte Q, Querschnitte F* und *Werkstoffkosten K* vergleichsweise bei gleicher Belastung und Baulänge zu erwarten sind. Wir bilden hierzu die für den betreffenden Belastungsfall maßgebende *Werkstoff-Kenngröße.*

Bezeichnungen:

A	(cmkg)	Stoßarbeit, Federarbeit	M_b, M_t	(cmkg)	Biegemoment, Drehmoment
E	(kg/cm²)	E-Modul	P	(kg)	Belastungskraft
C	(—)	Werkstoff-Kenngrößen	q	(—)	Beiwert
C_Q, C_F	(—)	Werkstoff-Kenngröße für Q, für F	Q	(kg)	Eigengewicht
			s	(mm)	Wanddicke
C_K	(—)	Werkstoff-Kenngröße für K	S	(—)	Sicherheit
d, D	(cm)	Durchmesser	V	(cm³)	Volumen
f	(cm)	Verlängerung, Durchbiegung	W_b, W_t	(cm³)	Widerstandsmoment für Biegung, für Drehung
F	(cm²)	Querschnitt	α	(cm²/s)	Temperatur-Leitwert
G	(kg/cm²)	Gleitmodul	β	(°C⁻¹)	Ausdehnungsbeiwert
J	(cm⁴)	Flächen-Trägheitsmoment	γ	(kg/cm³)	Wichte
J_b, J_t	(cm⁴)	Flächen-Trägheitsmoment f. Biegung, für Drehung	δ	(—)	Dämpfung
			σ	(kg/cm²)	Zugspannung, Druckspannung
K	(DM)	Kosten	σ_b	(kg/cm²)	Biegespannung
k_i	(—)	Profilwert, $= F^2/J$	τ	(kg/cm²)	Drehspannung, Schubspannung
k_w	(—)	„ $= F^{3/2}/W$	φ	(—)	Drehwinkel (Bogenmaß)
L	(cm)	Trägerlänge	$\sim$		proportional

Als Beispiel für den Ansatz der Werkstoff-Kenngrößen nehmen wir den *Biegeträger* nach Bild 4/1 b.

[1] Der hier für die verschiedenen Belastungsfälle durchgeführte Werkstoffvergleich ist *allgemein* gültig. Er wird hier unter „Leichtbau" gebracht, da er für diesen erhöhte Bedeutung besitzt.

Seine Belastung P sei zunächst durch die zulässige Spannung begrenzt: $\sigma_b = M_b/W = \frac{P \cdot L}{4\, W_b} \leq \sigma_{b\,\mathrm{zul}}$. Bei geometrisch ähnlichen Querschnitten F bleibt der Profilwert $k_w = F^{3/2}/W_b$ konstant. Mit Einführung von k_w ist dann

Querschnitt $F = (M_b \cdot k_w/\sigma_b)^{2/3} \sim 1/\sigma_b^{2/3}$.
Gewicht: $Q = F \cdot L \cdot \gamma = (M_b \cdot k_u)^{2/3} \cdot L \cdot \gamma/\sigma_b^{2/3} \sim \gamma/\sigma_b^{2/3}$.
Volumen $V = F \cdot L = Q/\gamma \sim 1/\sigma_b^{2/3}$.
Werkstoffkosten $K = Q \cdot$ kg-Preis $\sim \gamma/\sigma_b^{2/3} \cdot$ kg-Preis.

Der Einfluß des Werkstoffs auf Q, V und K ist dann für diesen Belastungsfall und diese Belastungsgrenze (σ_b) gekennzeichnet durch folgende werkstoffeigene Größen:

Q-Kenngröße $C_Q = \gamma/\sigma_b^{2/3}$

V-Kenngröße $C_V = 1/\sigma^{2/3}$

K-Kenngröße $C_K = \gamma/\sigma_b^{2/3} \cdot$ kg-Preis.

Größere Kenngrößen für einen Werkstoff bedeuten also größeres Q, V und K im betreffenden Anwendungsfall.

Ist die Belastung nicht durch σ_b, sondern durch die zulässige *Durchbiegung* f begrenzt und ist

$$f = \frac{P \cdot L^3}{48\, E \cdot J} \leq f_{\mathrm{zul}} \text{ (s. Kap. 12)}$$

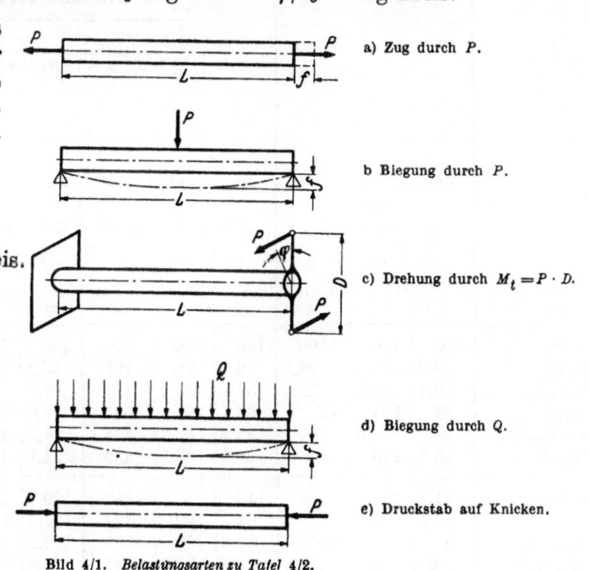

Bild 4/1. *Belastungsarten zu Tafel 4/2.*

Tafel 4/1. *Werkstoffwerte.*

E = El.-Modul, σ_{bWK} = Kerbwechselfestigkeit, H_B = Brinellhärte.

Nr.	Werkstoff	γ kg/dm³	E kg/mm²	Mindest- σ_B kg/mm²	σ_F kg/mm²	σ_{bW} kg/mm²	σ_{bWK} kg/mm²	$\frac{\sigma_{bWK}}{\sigma_{bW}}$ —	HB kg/mm²	Preise[2] kg-Preis DM/kg	Volumenpreis DM/dm³
	A. Knetlegierungen										
1.	St 37	7,85	21000	37	22	18	15	0,834	110	Profilstangen 0,22	1,73
2.	St 52	7,85	21000	52	32	25	19	0,76	142	0,30	2,36
3.	Si–Mn-Federstahl . .	7,85	21000	130	115	56	27	0,482	380	0,90	7,06
4.	Rein Al, hart	2,7	7100	18	9	6	5	0,834	40	3,20	8,65
5.	Al–Cu–Mg-Baust. . .	2,8	7200	42	28	15	13,5	0,9	110	3,50	9,80
6.	Mg–Al-Baust.	1,8	4300	30	20	12	9,5[1]	0,792	65	3,90	7,02
	B. Gußlegierungen										
7.	GG — 18	7,25	10000	19	11,5[1]	9	9	1,0	185	mittl. Gußstücke 0,60	4,35
8.	GS — 45	7,8	21500	45	22	19	14,5	0,764	—	1,00	7,80
9.	Al–Guß Leg.	2,65	7600	17	8	7	6	0,856	55	4,50	11,92
10.	Mg–Guß-Leg.	1,8	4100	20	9	5	4[1]	0,8	50	5,20	9,36
	C. Preßstoffe u. Holz										
11.	Hartgewebe T 3 . . .	1,4	1000	7,7	4,6[1]	3,6	2,6	0,722	22	Platten 13,00	18,20
12.	Lignostone BF . . .	1,35	2960	27	16,2[1]	7,5[1]	5,6[1]	0,746	22	12,30	16,61
13.	Esche	0,72	1200	13	7,0	3,6	3[1]	0,834	—	0,84	0,61

[1] Vergleichsweise eingesetzte Werte.
[2] Preise Nov. 1948.

Tafel 4/2. *Werkstoffvergleich.*

Gewicht Q, Volumen V und Werkstoff-Kosten K für stabförmige Träger aus Werkstoff Nr. 1—13 und Belastungsgrenzen nach Tafel 4/1; Profilwerte $k_i = F^2/J$ und $k_w = F^{3/2}/W$

Nr.	Werkstoff Tafel 4/1	*I. Zugstab* Bild 4/1a $Q = F \cdot L \cdot \gamma = P \cdot L \cdot \gamma/\sigma$ aus $F = P/\sigma$ Eingesetzte Lastgrenze: σ_F Q-Kenngröße: γ/σ_F			*II. a) Biegestab* Bild 4/1b $Q = (M_b \cdot k_w)^{2/3} \cdot L \cdot \gamma/\sigma_b^{2/3}$ aus $M_b = P \cdot L/4 = \sigma b \cdot W_b = \sigma_b \cdot F^{3/2} \cdot k_w$ Eingesetzte Lastgrenze: σ_F Q-Kenngröße: $\gamma/\sigma_F^{2/3}$			*b) Drehstab* Bild 4/1c $Q = (M_t \cdot k_w)^{2/3} \cdot L \cdot \gamma/\tau^{2/3}$ aus $M_t = P \cdot D = \tau \cdot W_t = \tau \cdot F^{3/2} \cdot k_w$ Eingesetzte Lastgrenze: σ_{bWK} Q-Kenngröße: $\gamma/\sigma_{bWK}^{2/3}$			*III. a) Knickstab*[1] Bild 4/1e $Q = \frac{L^2}{\pi}(P \cdot S_K \cdot k_i)^{1/2} \cdot \frac{\gamma}{E^{1/2}}$ *b) Biegestab*[2] Bild 4/1b $Q = L^2\left(P \cdot k_i \cdot \frac{L}{48f}\right)^{1/2} \cdot \frac{\gamma}{E^{1/2}}$ *c) Drehstab*[3] Bild 4/1c $Q = L\left(M_t \cdot k_i \cdot \frac{L}{\varphi}\right)^{1/2} \cdot \frac{\gamma}{E^{1/2}}$ Eingesetzte Lastgrenze: $S_K = 1$ bzw. $f = 1$, $\varphi = 1$ Q-Kenngröße: $\gamma/E^{1/2}$		
		In % von Nr. 1:			In % von Nr. 1:			In % von Nr. 1:			In % von Nr. 1:		
		Gewicht Q	Volumen V	Kosten K	Gewicht Q	Volumen V	Kosten K	Gewicht Q	Volumen V	Kosten K	Gewicht Q	Volumen V	Kosten K
1	St 37 . . .	100	100	100	100	100	100	100	100	100	100	100	100
2	St 52 . . .	69,6	69,6	94,8	78	78	106	85,5	85,5	116	100	100	136
3	Federst . .	19,1	19,1	78,5	33,4	33,4	137	67,6	67,6	277	100	100	410
4	Rein Al . .	84	244	1220	62,4	182	905	71,6	208	1040	60	174,5	870
5	Al-Cu-Mg .	28	78,5	445	30,4	85,4	484	38,3	107,5	610	60,9	170,1	970
6	Mg-Al . . .	25,2	110	444	24,4	106,8	435	31,1	136	554	50,5	220	900
7	GG—18 . .	177	192	484	142	154	387	129,7	141	354	134	145	366
8	GS—45 .	99,3	100	451	94	100	427	101,5	102	462	98,2	98,9	446
9	Al-Guß . .	92,7	275	1900	66,4	197	1360	62,2	184,5	1275	56	166	1150
10	Mg-Guß . .	56	244	1320	41,6	182	984	55,4	242	1310	51,8	226	1220
11	Hartgew. .	85,2	478	5030	50,7	284	2110	57,4	322	3380	81,6	457,5	4820
12	Lignost. . .	23,2	135	1300	21,1	122,5	1180	33,2	193	1860	45,8	267	2565
13	Esche . . .	26	314	98,6	17,8	214	67,6	24,2	292	92	34,6	417	131,5

[1] Aus $Q = F \cdot L \cdot \gamma$; $P = \frac{\pi^2 \cdot E \cdot J}{L^2 \cdot S_K}$; $J = F^2/k_i$.

[2] Aus $Q = F \cdot L \cdot \gamma$; $M_b = P \cdot L/4$; $P = 3 \cdot f \cdot E \cdot J/L^3$; $J = F^2/k_i$.

[3] Aus $Q = F \cdot L \cdot \gamma$; $M_t = P \cdot D = J_t \cdot G \cdot \varphi/L$; $J_t = F^2/k_i$.

so ergibt sich hieraus mit Hilfe des Profilwertes $k_i = F^2/J$:

$$F = \left(\frac{P \cdot L^3 \cdot k_i}{48 \cdot E \cdot f}\right)^{1/2} \text{ und}$$

$$Q = F \cdot L \cdot \gamma = (P \cdot k_i \cdot L^5/48f)^{1/2} \cdot \gamma/E^{1/2} \sim \gamma/E^{1/2}$$

und die entsprechenden *Werkstoff-Kenngrößen für Biegebelastung und f als Grenze*:

$$C_Q = \gamma/E^{1/2};\ C_V = 1/E^{1/2};\ C_K = \gamma/E^{1/2} \cdot \text{kg-Preis}\,.$$

In gleicher Weise wurden die Ausdrücke für das Eigengewicht Q für Druckstäbe auf Knicken, für Zugstäbe, für drehbelastete Stäbe, für stoßbelastete Bauteile und für eigengewichtsbelastete Biegestäbe aufgestellt und hieraus die werkstoffeigenen Kenngrößen entnommen. Sie sind in Tafel 4/2 wiedergegeben, die außerdem einen hiernach durchgeführten Vergleich der Werkstoffe von Tafel 4/1 bringt [1].

[1] Noch weitergehende Unterlagen für den Werkstoffwechsel, bis zur „berechnungslosen" Transkonstruktion eines Bauteils mittels Nomogrammen bietet SCHWERBER [4/6] nach den Arbeiten von FLEURY [4/7].

Tafel 4/2. *Werkstoffvergleich* (Fortsetzung).

Tafel 4/1 bei gleicher Länge L, geometrisch ähnlichem Querschnitt F und jeweils gleicher Belastungsart sind bei geometrisch ähnlichen Querschnitten konstant.

Nr.	Werkstoff Tafel 4/1	*IV. Bei Stoßaufnahme* $\boxed{Q = \frac{A}{\eta} \cdot \frac{\gamma \cdot E}{\sigma^2}}$ für $A = P \cdot f/2 = \eta \cdot V \cdot \sigma/E = \text{konst.}$ Eingesetzte Lastgrenze: σF Q-Kenngröße: $\gamma \cdot E/\sigma_F^2$			*V. Zugstab* Bild 4/1 a $\boxed{Q = P \frac{L^2}{f} \cdot \frac{\gamma}{E}}$ aus $P = F \cdot E \cdot f/L$ Eingesetzte Lastgrenze: $f = 1$ Q-Kenngröße: γ/E			*VI. Biegestab,* belastet durch Eigengewicht Q $\boxed{Q = \frac{L^5}{8 \cdot k_w^2} \cdot \frac{\gamma^3}{\sigma_b^2}}$ aus $M_b = Q \cdot L/8 = \sigma_b \cdot W_l = \sigma_b \cdot F^{3/2} \cdot k_w$ Eingesetzte Lastgrenze: σ_F Q-Kenngröße: $\gamma/^3\sigma_F^2$			Bild 4/1 d $\boxed{Q = \frac{5}{384} \frac{L}{f} L^4 \cdot k_i \cdot \frac{\gamma^2}{E}}$ aus $f = \frac{5}{384} \frac{Q \cdot L^3}{E \cdot J} = \text{konst.}$; $J = F^2/k_i$; $Q = F \cdot L \cdot \gamma$ Eingesetzte Lastgrenze: $f = 1$ Q-Kenngröße: γ^2/E		
		In % von Nr. 1:			In % von Nr. 1:			In % von Nr. 1:			In % von Nr. 1:		
		Gewicht Q	Volumen V	Kosten K	Gewicht Q	Volumen V	Kosten K	Gewicht Q	Volumen V	Kosten K	Gewicht Q	Volumen V	Kosten K
1	St 37 . . .	100	100	100	100	100	100	100	100	100	100	100	100
2	St 52 . . .	47,2	47,2	64,2	100	100	136	47	47	64	100	100	136
3	Federstahl .	3,66	3,66	15	100	100	410	3,08	3,68	15,1	100	100	410
4	Rein Al . .	69,4	202	1010	101,8	294	1475	24	69,8	348	35	102	508
5	Al–Cu–Mg .	7,54	21,1	120	104	292	1655	2,8	7,85	44,6	37,1	104	590
6	Mg–Al . .	5,7	24,4	105	112	490	1990	1,5	6,55	26,7	25,7	112	458
7	GG — 18. .	161	174,2	440	194	210	530	288	312	786	179	194	488
8	GS — 45 .	101,5	101,9	462	97,1	97,8	442	98	98,6	446	96,5	97	439
9	Al–Guß . .	92,4	274	1890	93,4	276	1910	29	86	595	31,5	93,4	646
10	Mg–Guß . .	26,7	116,5	630	106	464	2500	7,2	31,4	170	24,3	106	574
11	Hartgew. .	19,4	108,6	1145	375	2100	22100	13	73	766	67	376	3950
12	Lignost. . .	4,46	26	250	122	709	6840	0,94	5,45	52,6	21	122	1175
13	Esche . . .	4,66	56,4	17,7	145	1750	550	0,76	6,05	2,9	12	145	45,6

Für andere Beanspruchungsverhältnisse wird man in gleicher Weise entsprechende Werkstoff-Kenngrößen bilden. So gibt Hagen [5/5][1] an

für *Fliehkraftbeanspruchung* (z. B. umlaufende Scheiben): Je größer $(\sigma_{zul}/\gamma)^{1/2}$, desto größer ist die zulässige Umfangsgeschwindigkeit, z. B. für Al–Cu–Mg-Baustahl größer als für St 70;

für *Schwingungsbeanspruchung*: Je größer $(E/\gamma)^{1/2}$, desto größer die Eigenfrequenz, z. B. für Calit (keramischer Stoff s. S. 102) größer als für St 70;

für *Beanspruchung durch Temperaturunterschiede*: Je größer $\frac{\sigma_{zul}}{E \cdot \beta}$, desto größer der zulässige Temperaturunterschied;

für *Temperatur-Wechselbeanspruchung*: Je größer $\frac{\sigma_{zul} \cdot \alpha}{E \cdot \beta}$, um so größer der zulässige Temperatur-Sprung, z. B. für Silber und für Al–Cu–Mg-Baustoff größer als für St 70.

Zum Werkstoff-Vergleich (Tafel 4/1 und 4/2):

Wenn auch die Wahl des Werkstoffs erheblich von den jeweiligen besonderen Umständen abhängt, so lassen sich aus den Tafeln 4/1 u. 4/2 doch bereits wertvolle Schlüsse ziehen.

Aus *Tafel 4/1* geht hervor, daß der kg-Preis (und der Volumenpreis) der Leichtmetalle und Preßstoffe im Vergleich zu Stahl außerordentlich hoch liegt. Er beträgt z. B. für Al–Cu–Mg-Baustoff das 16fache (5,7fache) von St 37 und für Hartgewebe das 59fache (10,5fache).

[1] Siehe S. 104.

Es müssen also schon erhebliche Gewichtsersparnisse, oder erhebliche anderweitige Vorteile erreicht werden, um Leichtmetalle und Preßstoffe im Vergleich zum Stahl konkurrenzfähig zu machen. (Beispiele s. S. 76.)

Etwas günstiger liegen die Verhältnisse bei *Gußstücken.* Hier beträgt z. B. der kg-Preis (Volumenpreis) für Mg-Guß das 8,6fache (2,1fache) der Ausführung in Grauguß. Der Mehrpreis für Mg-Guß wird daher, besonders bei gleichem Volumen, schon eher durch Ersparnisse an Bearbeitungskosten und dgl. aufzuholen sein (Beispiel s. S. 19 u. 76).

Noch erheblich günstiger liegen die Verhältnisse für *hochfesten Stahl* gegenüber St 37. Der kg-Preis steigt nur etwas mehr an als die Festigkeit, so daß die Verwendung von hochfestem Stahl in vielen Fällen wirtschaftlich wird.

Weiter ist beachtlich, daß der *Volumenpreis* für *Holz* am geringsten und für *Hartgewebe* am höchsten von allen aufgeführten Werkstoffen ist.

Aus dem *weiteren Vergleich von Stäben* aus verschiedenem Werkstoff bei jeweils *gleicher Belastung* und *Länge* (Tafel 4/2) seien einige Ergebnisse noch besonders hervorgehoben:

1) Bei Zugstäben (Bild 4/1a) ist für σ_F als Lastgrenze die Q-Kenngröße γ/σ_F maßgebend [1]. Es ist zu ersehen, daß für diesen Fall *hochfester Stahl* (Nr. 3) alle anderen Werkstoffe (auch hochfeste Leichtmetalle!) sowohl im Gewicht und im Volumen als auch im Preis schlägt.

Verglichen mit St 37

erreicht hier:	Federstahl	19 %	des Gewichtes und	78,5 %	der Werkstoffkosten
	Mg-Al	25 %	„ „ „	449 %	„ „
	Holz	26 %	„ „ „	99 %	„ „
	Al-Cu-Mg	28 %	„ „ „	445 %	„ „

Verglichen mit Grauguß GG 18

erreicht hier:	Mg-Gußlegierung	32 %	des Gewichtes und	273 %	der Werkstoffkosten
	Al-Gußlegierung	52 %	„ „ „	395 %	„ „
	Stahlguß 45	56 %	„ „ „	95 %	„ „

2) Bei Biegestäben und Drehstäben (Bild 4/1b und c) ist für σ_F als Lastgrenze die Q-Kenngröße $\gamma/\sigma_F^{2/3}$ maßgebend. Die hochfesten Stoffe schneiden hier etwas ungünstiger ab als unter 1. Am leichtesten und billigsten baut hier *Holz.*

Verglichen mit St 37

erreicht hier:	Holz	17,8 %	des Gewichtes und	68 %	der Werkstoffkosten
	Mg-Al	24 %	„ „ „	435 %	„ „
	Al-Cu-Mg	30 %	„ „ „	484 %	„ „
	Federstahl	33 %	„ „ „	137 %	„ „

Verglichen mit GG 18

erreicht hier:	Mg-Gußlegierung	30 %	des Gewichtes und	254 %	der Werkstoffkosten
	Al-Gußlegierung	47 %	„ „ „	350 %	„ „
	Stahlguß	66 %	„ „ „	110 %	„ „

Nimmt man an Stelle von σ_F z. B. die *Kerbwechselfestigkeit* σ_{bWK} als Belastungsgrenze, so schneiden die kerbempfindlichen Werkstoffe, z. B. Federstahl gegenüber St 37 etwas ungünstiger ab.

---

[1] Je kleiner γ/σ_B desto größer ist die „Reißlänge", d. h. die Länge, bei der das Eigengewicht als Zugkraft den Bruch herbeiführt.

3) Bei Knickstäben, Biege- und Drehstäben (Bild 4/1e, b, c) ist für gleiche Knicksicherheit (S_K) bzw. gleiche Verformung (f, φ) die Q-Kenngröße $\gamma/E^{1/2}$ maßgebend.

In diesem Fall baut St 37 nicht schwerer (aber billiger) als hochfester Stahl und die hochfesten Leichtstoffe schneiden etwas ungünstiger ab, als unter 1. und 2.

Verglichen mit St 37

erreicht hier:						
	Holz	35% des	Gewichtes	und	131% der	Werkstoffkosten
	Mg–Al	50% „	„	„	900% „	„
	Al–Cu–Mg	61% „	„	„	970% „	„
	Federstahl	100% „	„	„	410% „	„

Verglichen mit GG 18

erreicht hier:						
	Mg-Gußlegierung	39% des	Gewichtes	und	334% der	Werkstoffkosten
	Al-Gußlegierung	42% „	„	„	315% „	„
	Stahlguß	73% „	„	„	122% „	„

4) Bei Stoßarbeit und σ_F als Lastgrenze ist die Q-Kenngröße $\gamma \cdot E/\sigma_F^2$ maßgebend. In diesem Falle baut *hochfester Stahl* am leichtesten und billigsten, dem Holz kaum nachsteht.

Verglichen mit St 37

erreicht hier:						
	Federstahl	3,7% des	Gewichtes	und	15% der	Werkstoffkosten
	Holz	4,7% „	„	„	18% „	„
	Mg–Al	5,7% „	„	„	105% „	„
	Al Cu–Mg	7,5% „	„	„	120% „	„

Verglichen mit GG 18

erreicht hier:						
	Mg-Gußlegierung	16,6% des	Gewichtes	und	143% der	Werkstoffkosten
	Al-Gußlegierung	57,3% „	„	„	248% „	„
	Stahlguß	63 % „	„	„	105% „	„

5) Bei Zugstäben, belastet durch P (Bild 4/1a), ist für gleiche zulässige Dehnung f/L die Q-Kenngröße γ/E maßgebend. In diesem Fall baut St 37 nicht schwerer als hochfester Stahl oder Leichtmetall, aber wesentlich billiger.

6) Bei Biegestäben, belastet durch ihr Eigengewicht Q (Bild 4/1d), ist für σ_F als Belastungsgrenze die Q-Kenngröße γ^3/σ_F^2 maßgebend. Entsprechend sind hier die hochfesten, bzw. die relativ leichten Stoffe noch erheblich mehr im Vorteil als unter 2.

Verglichen mit St 37

erreicht hier:						
	Holz	0,8% des	Gewichtes	und	2,9% der	Werkstoffkosten
	Mg–Al	1,5% „	„	„	26,7% „	„
	Al Cu–Mg	2,8% „	„	„	44,6% „	„
	Federstahl	3,7% „	„	„	15,1% „	„

4.3. Werkstoffsparende Gestaltung (Form-Leichtbau).

Da die hier vorliegenden Möglichkeiten für jede Art von Leichtbau, also *für jede konstruktive Aufgabe* von Bedeutung sind, wollen wir sie näher beleuchten. Als gute Wegweiser dienen uns

1. Einige Grundsätze.

1) *Äußere Kräfte einschränken,* d.h. jede erhöhte äußere Kraftwirkung durch Kraft*verteilung,* durch Abfederung oder Kraft*begrenzung* herabsetzen.

2) *Innere Kräfte einschränken,* d.h. jede zusätzliche innere Kraftwirkung, z. B. zusätzliche Biegemomente durch unmittelbare Kraftüberleitung von der Eintritts- zur Austrittsstelle vermeiden.

3) *Spannungsspitzen herabsetzen,* d.h. den Werkstoff aus den Zonen geringerer Spannung in die Zonen größerer Spannung verlegen mit dem Ziel, die Spannung *in allen Punkten des Körpers gleich hoch zu halten.* Damit bleibt auch die Sicherheit gegen die maßgebende Grenzspannung überall gleich groß (Körper gleicher Festigkeit).

So nehmen wir bei biege-, dreh- oder knickbeanspruchten Bauteilen den Werkstoff am besten innen fort und verlegen ihn in die hochbeanspruchte Randzone. Wir gelangen so von der massiven zur *dünnwandigen* und *aufgelösten* Bauweise (s. Tafel 4/3 und 4/4 und Bild 4/4, 4/6 und 4/7), also zum „*Schalenbau*" (Schale als Träger), zum „*Zellenbau*" (unterteilte, geschlossene Hohlräume s. Bild 4/11) und zum „*Fachwerk*" (Träger aus Zug- und Druckstäben). Hierbei kann die örtliche Knick- und Bruchgefahr der dünnen Wände, entsprechend den zahlreichen Vorbildern in der Natur, durch Unterteilung der Knicklänge (Aussteifungen, Rippen, Wulste, Spanten) unterbunden werden. Eine derartige Bauweise wird häufig erst durch eine entsprechende *Fertigungsweise* ermöglicht, wobei die *spanlose* Fertigung durch Walzen, Ziehen, Pressen, Spritzen, Abkanten und Schweißen im Vordergrund steht.

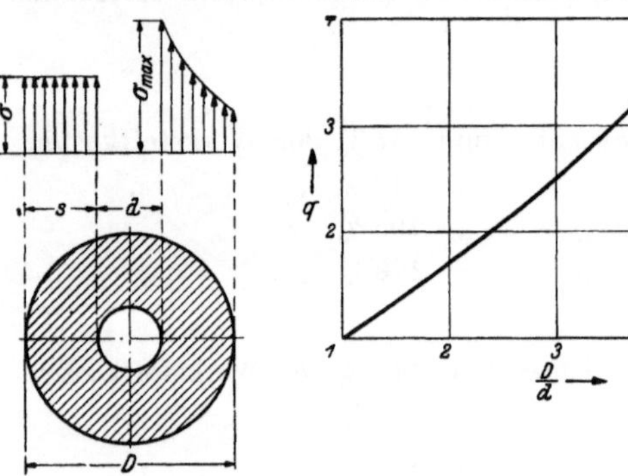

Bild 4/2. *Rohr unter innerem Überdruck p.* Die maximale Tangentialspannung $\sigma_{max} = q \cdot \sigma$ nimmt mit D/d zu. Die mittlere Spannung $\sigma = \frac{p \cdot d}{2s}$

4) *Festigkeitsminderungen,* wie Kerbwirkungen vermeiden oder ausgleichen (s. S. 55, 57 und 71).

5) *Druckvorspannung als Schutzspannung* anwenden, wenn hierdurch die maximale Zugspannung, oder der maximale Spannungsausschlag herabgesetzt, oder „Totgang" und somit Schlagarbeit vermieden werden kann. Beispiele hierfür s. Schraubenverbindung (Kap. 10) und Keilverbindung (Kap. 18.4).

2. Günstige Querschnittswahl.

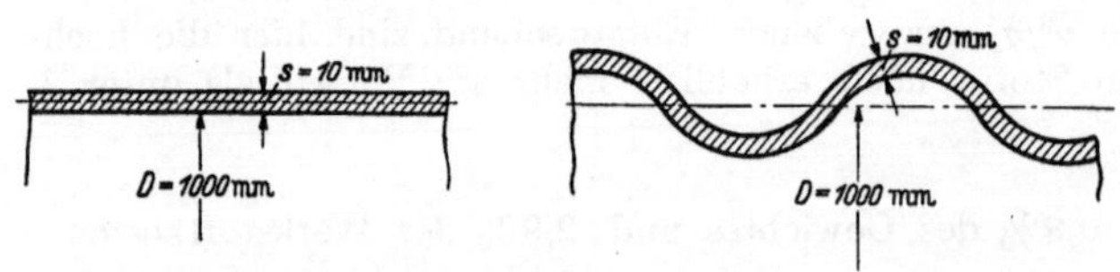

Bild 4/3. *Rohr unter äußerem Überdruck* (Flammrohr). Die gewellte Form ist steifer, so daß der Überdruck $p_a = 2s \cdot \sigma/D = 24$ kg/cm² für $\sigma = 1200$ kg/cm² ohne Einbeulgefahr ($p_a = 120$) zulässig ist, während bei der glatten Form die Einbeulgefahr schon bei $p_a = 4{,}4$ kg/cm² gegeben ist (nach THUM).

1) *Bei Zug-, Druck- oder Schubbelastung* ist entsprechend der Beziehung $\sigma = P/F$ bzw. $\tau = P/F$, die Querschnitts*form* für die entstehende Spannung gleichgültig. Zu beachten ist jedoch ihr Einfluß auf mehr oder weniger günstigen Kraftanschluß, auf Rostansatz (Wasserfang), auf leichten Anstrich und evtl. noch auf Strömungswiderstand (Windangriff).

2) *Bei Druckstäben auf Knickung* ist entsprechend der Beziehung $P = \frac{\pi^2 \cdot E \cdot J}{L^2 \cdot S_K}$, neben einem großen E-Modul (Werkstoffeinfluß) ein großes J bei kleinem Querschnitt anzustreben, also ein möglichst kleiner Profilwert $k_i = F^2/J$, z. B. ein dünnwandiger Rohr-

querschnitt, wobei die Beulgefahr (s. S. 48) die geringste Wanddicke bestimmt. Der notwendige Querschnitt ist nach Tafel 4/2 proportional $\sqrt{k_i}$.

3) Beim *Rohr unter Innendruck* ist nach Bild 4/2 die Tangentialspannung im Schnitt der Rohrwand um so ungleichmäßiger, je dicker das Rohr ist. Mehrere dünnwandige Rohre ineinandergeschrumpft sind also günstiger als ein dickes. Eine weitere Abhilfe ergibt die Erzeugung von Druckvorspannungen an der Innenfaser (z. B. durch vorhergehende plastische Verformung des Rohres unter äußerem Überdruck), wenn $\sigma_{\max}$ gering sein soll.

4) *Beim Rohr unter Außendruck* (z. B. Flammrohr) ist nach Bild 4/3 die im Längsschnitt gewellte Form beulfester.

5) *Bei Biegebelastung* ist, entsprechend den Beziehungen (s. Tafel 4/2) $\sigma = M_b/W_b f \sim 1/J$, $A \sim J/h^2$, anzustreben:

ein großes W_b/F, wenn σ_{zul} die Belastung begrenzt,

ein großes J/F, wenn f_{zul} die Belastung begrenzt,

ein großes $J/(h^2F)$, wenn A gegeben ist.

Hierfür günstige Profilformen zeigt Tafel 4/3, während Tafel 4/4 die Entwicklung vom Massivträger zum Leichtbauträger drastisch darstellt und Bild 4/4 verschiedene Lösungen für Leichtbau-Biegeträger zeigt.

6) *Bei einseitiger Biegebelastung* ist nach Tafel 4/5 der Querschnitt mit verstärkter Zugseite günstiger (Druckfestigkeit liegt höher!) und besonders bei gekrümmten Biegeträgern, bei denen nach Bild 4/5 die Biegespannung an der Innenseite stärker anwächst.

Bei gerippten Querschnitten sind nach Tafel 4/6 hohe Rippen günstig, wenn große

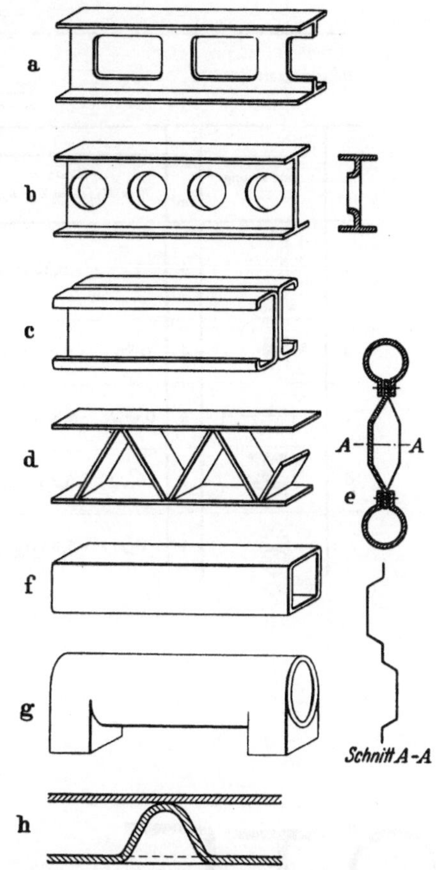

Bild 4/4. *Leichtbau-Biegeträger.* Träger a für lange Träger mit geringen Querkräften; Träger d, f und g sind außerdem drehfest; die Hohlwand h besteht aus einem glatten und einem „gekraterten" Blech; beim Träger mit Querschnitt e (Zeppelinbau) ist das Stegblech gegen seitl. Ausknicken abgekantet (Schnitt A—A).

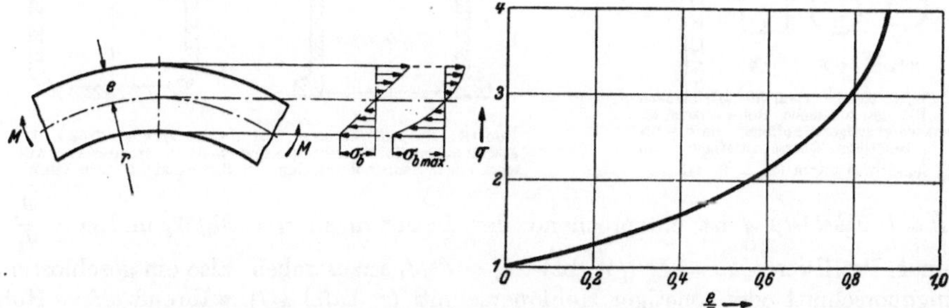

Bild 4/5. *Beim gekrümmten Biegeträger* ist die Spannung an der Innenseite $\sigma_{\max} = q \cdot \sigma_b$ größer als an der Außenseite; daher die Innenseite verstärken! $\sigma_b = M_b/W_b$.

Festigkeit und Steife, aber geringe Stoßaufnahme verlangt wird und breite niedrige Rippen, wenn auch die Stoßaufnahme groß sein soll.

Tafel 4/3. *Ertragbares P, f und A bei verschiedenen Biegeträgern* (nach THUM). Profil a ist am günstigsten, wenn σ oder f die Belastung begrenzt uud Profil d, wenn A maßgebend. Für alle Rechteckprofile (a, b, c) ist die aufnehmbare Stoßarbeit gleich, wenn F gleich ist.

Belastungsart: (Kragträger, Länge L, Last P am freien Ende)

	Ausführung	F cm²	Ertragbar: Kraft P $P = M_b/L = W_b \cdot \sigma_{zul}/L$	Durchbiegung $f = \frac{2}{3} \cdot \frac{L^2}{h} \cdot \frac{\sigma_{zul}}{E}$	Stoßarbeit $A = P \cdot f/2$ $A = \frac{1}{3} \cdot \frac{L}{h} \cdot W_b \cdot \frac{\sigma^2_{zul}}{E}$
a	80; 5	4	1 $\cdot 5{,}33\, \sigma_{zul}/L$	1 $\cdot 33{,}3 \frac{\sigma_{zul}}{E}$	1 $\cdot 4{,}44 \frac{\sigma^2_{zul}}{E}$
b	20; 20	4	0,25 $\cdot 5{,}33\, \sigma_{zul}/L$	4 $\cdot 33{,}3 \frac{\sigma_{zul}}{E}$	1 $\cdot 4{,}44 \frac{\sigma^2_{zul}}{E}$
c	5; 80	4	0,0625 $\cdot 5{,}33\, \sigma_{zul}/L$	16 $\cdot 33{,}3 \frac{\sigma_{zul}}{E}$	1 $\cdot 4{,}44 \frac{\sigma^2_{zul}}{E}$
d	30; 5; 30	4	0,636 $\cdot 5{,}33\, \sigma_{zul}/L$	2,67 $\cdot 33{,}3 \frac{\sigma_{zul}}{E}$	1,7 $\cdot 4{,}44 \frac{\sigma^2_{zul}}{E}$
e	22,6	4	0,217 $\cdot 5{,}33\, \sigma_{zul}/L$	3,58 $\cdot 33{,}3 \frac{\sigma_{zul}}{E}$	0,77 $\cdot 4{,}44 \frac{\sigma^2_{zul}}{E}$

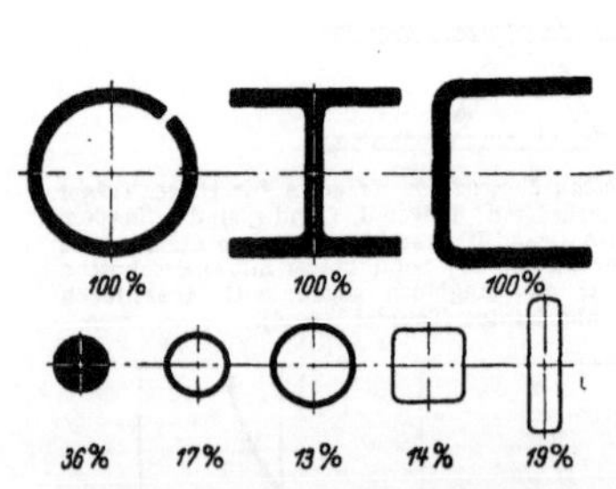

Bild 4/6. *Profile gleicher Verdrehfestigkeit* (nach ERKER). Die geschlossenen Hohlquerschnitte sind wesentlich günstiger als offene, wie die für gleiches W_t benötigten Querschnittsflächen (in % angegeben) zeigen (W_t s. S. 44).

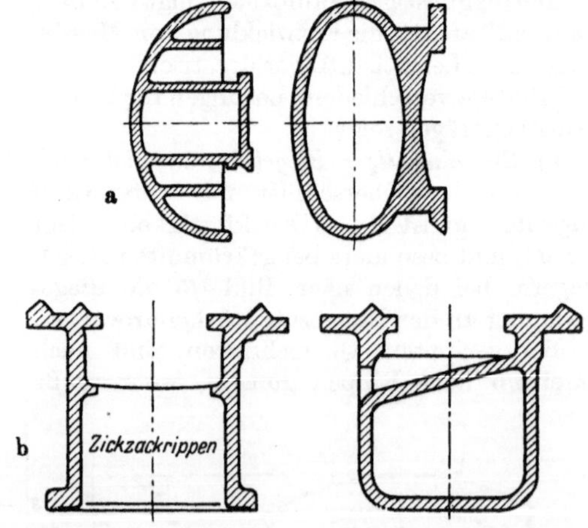

Bild 4/7. *Beispiele für biege- und drehbeanspruchte Träger.* Die geschlossenen Hohlquerschnitte sind erheblich drehfester. a Ausleger einer Radialbohrmaschine; b Drehbankbett (nach THUM).

7) *Bei Drehbelastung* ist entsprechend den Beziehungen $\tau_t = M_t/W_t$ und $\varphi = \frac{M_t \cdot L}{J_t \cdot G}$ ein kleiner Profilwert $k_w = F^{3/2}/W_t$ bzw. $k_i = F^2/J_t$ anzustreben, also ein geschlossener Kreisringquerschnitt oder sonstiger Hohlquerschnitt (s. Tafel 4/7), während *offene* Hohlprofile, U- und I-Profile sehr ungünstig sind, wie Bild 4/6 drastisch zeigt.

8) *Bei gleichzeitiger Biege- und Drehbelastung* sind nach Tafel 4/8 ebenfalls die geschlossenen Hohlprofile am günstigsten, da hierfür sowohl W_b, als auch W_t bzw. J_b und J_t gegenüber F groß sind. Anwendungsbeispiele s. Bild 4/7.

Tafel 4/4. *Gewichte von Biegeträgern*
aus Stahl (Nr. 1—8) und Al–Cu–Mg-Baust. (Nr. 9 u. 10) bei gleichem $\sigma_b = 9{,}8\ \text{kg/mm}^2$ an der Einspannstelle (Nr. 1—8 nach KLOTH).

Nr.	Anordnung 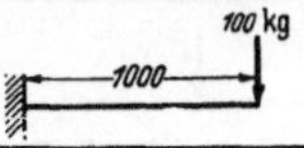 (100 kg, 1000)	Gewichte in kg	Gewichte in vH	Durchbiegung mm
1	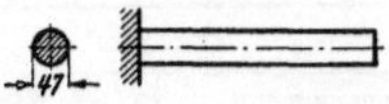	13,6	100	6,6
2	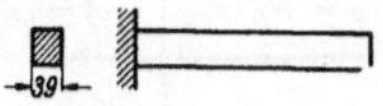	12,0	88	8,25
3	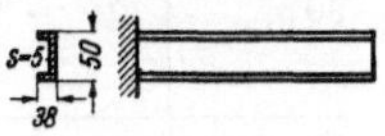	5,6	41	6,0
4	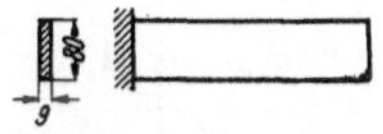	5,9	43	4,16
5	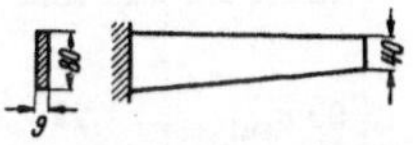	4,4	32	6,95
6	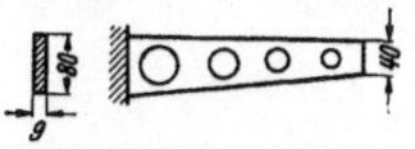	4,0	29	7,1
7	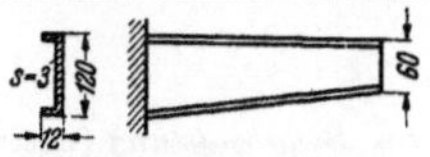	2,5	18	9,5
8	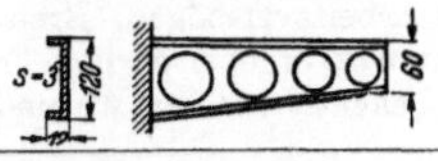	1,7	12,5	9,6
9	Wie Profil Nr. 8, jedoch aus hochfestem Al–Cu–Mg-Baustoff	0,63	4,6	28
10	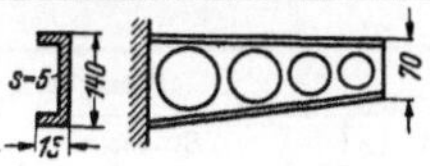	1,2	9	9,6

3. Sonstige Maßnahmen.

9) *Bei Stoßbelastung* (Stoßarbeit A) ist die Beanspruchung am kleinsten, wenn die Stoßkraft $P = 2\,A/f$ am kleinsten, also der Dehnweg f am größten ist. Bei gegebenem Volumen und begrenzter Spannung wird f am größten, wenn das ganze Volumen gleichhoch beansprucht wird, wenn also alle Stellen gleichmäßig an der Dehnung teilnehmen. Ist ein Querschnitt geschwächt, ist es besser, diese Schwächung durch alle Querschnitte durchlaufen zu lassen, wie Tafel 4/7 zeigt.

10) *Große Steife* d.h. geringe Verformung, wird zunächst durch großen E-Modul, z.B. durch Verwendung von Stahl statt Gußeisen oder Leichtmetall erreicht; ferner bei Biege-, Dreh- oder Knickbelastung durch großes J und gegebenenfalls durch besondere Abstützung der Punkte größerer Verformung. Beachtlich bleibt, daß z.B. eine Welle aus hochfestem Stahl nicht steifer ist als eine aus St 37, da der E-Modul fast gleich ist.

11) *Festigkeitsminderungen*, insbesondere *Kerbwirkungen* durch schroffe Kraftflußänderungen (s. S. 55) wie z. B. bei Wellen durch Absätze oder Eindrehungen, durch Querpressungen von Naben und Wälzlagern, durch Keilnuten und Querbohrungen können

Tafel 4/5.

Bei stets gleichgerichteter Biegebelastung ist der Querschnitt mit verstärkter Zugseite günstiger (c) (nach THUM).

Belastungsart:

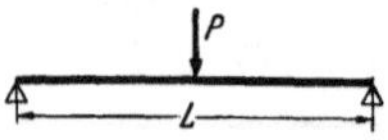

	Querschnitt des Trägers	Gewicht kg/m	Ertragbar Biegemoment $M_b = P \cdot \frac{L}{4} = W_b \cdot \sigma_{zul}$	Stoßarbeit $A = \frac{W_b}{3h} \cdot \frac{L \cdot \sigma_{zul}^2}{E}$
a	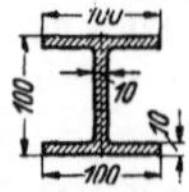	$1 \cdot 22$	$1 \cdot 90\,\sigma_{zul}$	$1 \cdot 3\,\frac{L \cdot \sigma_{zul}^2}{E}$
b	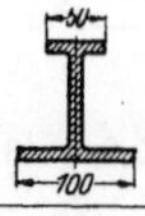	$0{,}82 \cdot 22$	$0{,}91 \cdot 90\,\sigma_{zul}$	$1{,}13 \cdot 3\,\frac{L \cdot \sigma_{zul}^2}{E}$
c	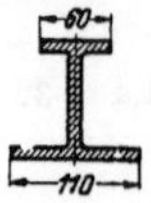	$0{,}89 \cdot 22$	$1 \cdot 90\,\sigma_{zul}$	$1{,}22 \cdot 3\,\frac{L \cdot \sigma_{zul}^2}{E}$

Tafel 4/6. ***Einfluß von Rippen bei Biegebelastung*** (nach THUM).

Hohe Rippen (b) ergeben hohe Festigkeit, aber geringes Arbeitsvermögen. Breite niedrige Rippen (c) ergeben große Festigkeit u. großes Arbeitsvermögen. Ebene Platten (a) ergeben geringe Festigkeit, aber großes Arbeitsvermögen. Kerbwirkung der Rippen beachten! Gute Abrundungen vorsehen!

Belastungsart:

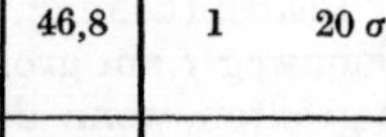

	Querschnitt des Trägers	Gewicht kg/m	Ertragbar Biegemoment $M_b = \frac{P \cdot L}{4} = W_b \cdot \sigma_{zul}$	Stoßarbeit $A = \frac{1}{3}\,\frac{L}{h}\,W_b \cdot \frac{\sigma_{zul}^2}{E}$	Durchbiegung $f = \frac{1}{6} \cdot \frac{L^2}{h} \cdot \frac{\sigma_{zul}}{E}$
a	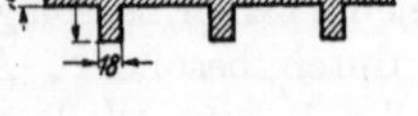	46,8	$1 \quad 20\,\sigma_{zul}$	$1 \cdot 20\,\frac{L}{3} \cdot \frac{\sigma_{zul}^2}{E}$	$1 \cdot \frac{L^2}{12} \cdot \frac{\sigma_{zul}}{E}$
b	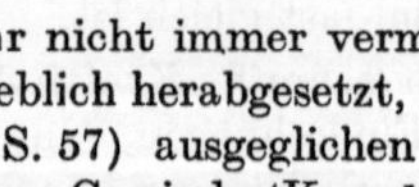	46,8	$1{,}72 \cdot 20\,\sigma_{zul}$	$0{,}3 \cdot 20\,\frac{L}{3} \cdot \frac{\sigma_{zul}^2}{E}$	$0{,}17 \cdot \frac{L^2}{12} \cdot \frac{\sigma_{zul}}{E}$
c	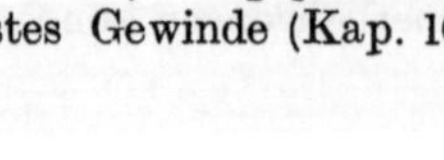	46,8	$1{,}96 \cdot 20\,\sigma_{zul}$	$0{,}61 \cdot 20\,\frac{L}{3} \cdot \frac{\sigma_{zul}^2}{E}$	$0{,}31 \cdot \frac{L^2}{12} \cdot \frac{\sigma_{zul}}{E}$

zwar nicht immer vermieden werden, sie können aber durch „weiche“ Übergänge ganz erheblich herabgesetzt, oder durch örtliche Verstärkungen, oder örtliche Verfestigungen (s. S. 57) ausgeglichen werden, wie die Bilder 4/8—4/10 zeigen. Siehe auch dauerfestes Gewinde (Kap. 10) und sonstige Abwehrmaßnahmen S. 11.

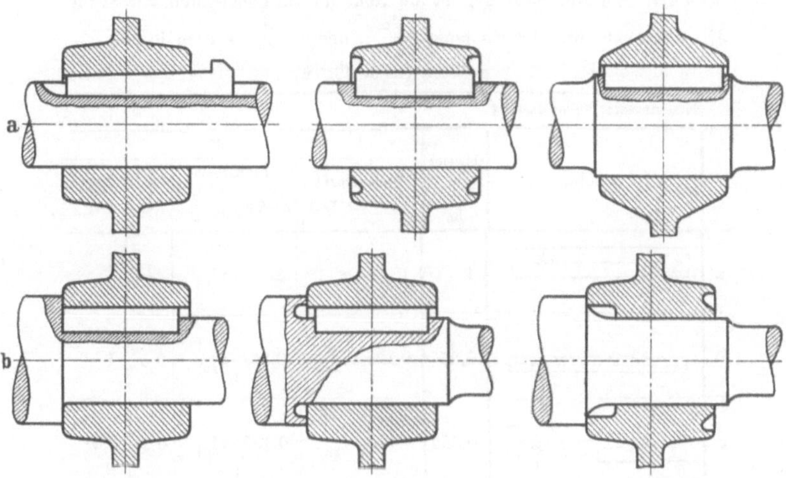

Bild 4/8. *Welle mit Nabensitz.* a) Nabe auf freier Welle; b) neben Wellenabsatz. Die Kerbwirkung (Nabenpressung, Keilnut, Absatz) ist rechts (dickere Welle im Nabensitz oben, bzw. Preßsitz unten) erheblich geringer für die Welle

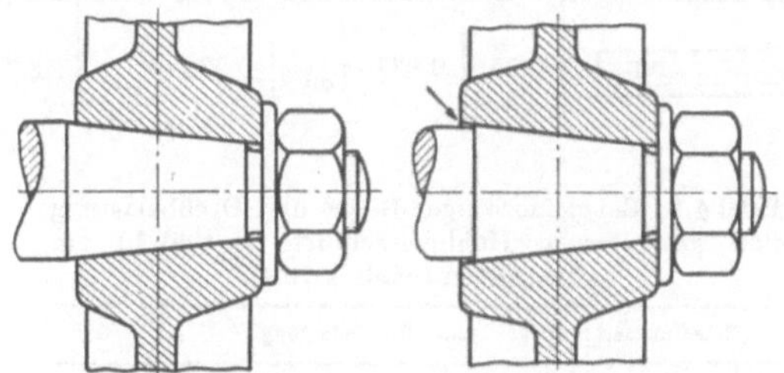

Bild 4/9. *Welle mit Kegelnabe.* Durch Überstehenlassen der Nabe (Pfeil) wird die Kerbwirkung der Nabenpressung an der Welle verringert.

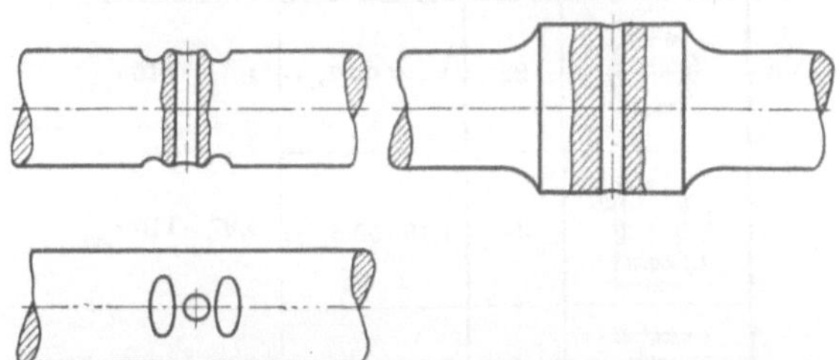

Bild 4/10 *Welle mit Querbohrung.* Die Kerbwirkung der Querbohrung läßt sich durch Ausrunden und „Drücken" des Lochrandes und durch eingedrückte „Entlastungskerben" neben der Bohrung verringern (links); andernfalls die Welle örtlich verstärken (rechts).

4.4. Stahl-Leichtbau.

Da die Gestehungskosten für einen Bauteil in Stahl-Leichtbau durchweg nicht höher sind als im Schwerbau, ist seine Anwendung im gesamten Maschinen- und Stahlbau gegeben; also nicht nur bei *ortsbeweglichen* Konstruktionen (Fahrzeuge, Schiffe, Landmaschinen, Krane und Förderanlagen), sondern auch bei *ortsfesten* Werkzeug-, Kraft- und Arbeitsmaschinen, bei Ständern und Grundplatten, bei Gerüsten und Türmen, bei Brücken und Hallen.

Tafel 4/7. Bei Drehbelastung ist ein Rohr (e) am günstigsten sowohl für M_t- als auch für A-Aufnahme; $\frac{M_t}{Q}$ und $\frac{A}{Q}$ werden hierfür am größten (nach THUM).

Belastungsart: Drehbelastung

	Drehstab	Gewicht Q kg	Ertragbar			
			Drehmoment $M_t = W_t \cdot \tau_{zul}$	Stoßarbeit $A = 2\,J_p \frac{L}{d^2} \frac{\tau^2_{zul}}{G}$	$\frac{M_t}{Q}$	$\frac{A}{Q}$
a		1	$1 \cdot \tau_{zul}$	$1 \cdot \tau^2_{zul}$	1	1
b		0,25	$0{,}125 \cdot \tau_{zul}$	$0{,}25 \cdot \tau^2_{zul}$	0,5	1
c		0,625	$0{,}125 \cdot \tau_{zul}$	$0{,}133 \cdot \tau^2_{zul}$	0,2	0,21
d		0,936	$0{,}125 \cdot \tau_{zul}$	$0{,}027 \cdot \tau^2_{zul}$	0,13	0,029
e		0,75	$0{,}938 \cdot \tau_{zul}$	$0{,}938 \cdot \tau^2_{zul}$	1,25	1,25

Tafel 4/8. Bei gleichzeitiger Biege- und Drehbelastung sind geschlossene Hohlquerschnitte (a und b) am günstigsten (nach THUM).

Belastungsart: Biege- und Drehbelastung

		Gewicht kg/m	Ertragbar	
			Biegemoment $M_b = W_b \cdot \sigma_{zul}$	Drehmoment $M_t = W_t \cdot \tau_{zul}$
a		22	$1 \cdot 58\,\sigma_{zul}$	$1 \cdot 116\,\tau_{zul}$
b		22	$1{,}15 \cdot 58\,\sigma_{zul}$	$0{,}97 \cdot 116\,\tau_{zul}$
c		22	$1{,}55 \cdot 58\,\sigma_{zul}$	$0{,}086 \cdot 116\,\tau_{zul}$
d		22	$0{,}81 \cdot 58\,\sigma_{zul}$	$0{,}189 \cdot 116\,\tau_{zul}$

1. Erreichbare Gewichtsverminderung.

Gegenüber der Ausführung in Grauguß kann im Stahl-Leichtbau die Wanddicke und das Gewicht durchweg auf 50 % herabgedrückt werden. Gegenüber üblichen Ausführungen in Stahl ist die Gewichtsersparnis naturgemäß geringer, aber immerhin beachtlich, wie die folgenden Beispiele ausgeführter Konstruktionen zeigen [1].

(Gegenüber Leichtmetall-Leichtbauten erreichte Gewichte s. S. 76.)

1) *Ständer für Fräser-Schleifmaschine*: aus Gußeisen, 180 kg, in Stahl (Zellenbau) 90 kg.
2) *Gerüst einer Kammwalze*: aus Gußeisen 5775 kg, aus Stahl geschweißt 2500 kg.
3) *Dreschmaschine*: bisher 7865 kg, in Stahl-Leichtbau 4635 kg.
4) *Strohpresse*: bisher 3900 kg, in Stahl-Leichtbau 2000 kg.
5) *Kesselwagen*: bisher 12 t, in Stahl-Leichtbau 9,5 t.
6) *Brücke über den kl. Belt*: aus St 37 genietet 22300 t, aus St 52 genietet 13800 kg.

2. Bauweise.

Wegen der unveränderten Wichte γ muß hier die Gewichtsverringerung vor allem durch werkstoffsparende Gestaltung und Fertigung (s. oben), also durch aufgelöste und dünnwandige Bauweise erzielt werden; ferner durch Verwendung *festerer* Stähle und gegebenenfalls noch durch günstige Änderung der Voraussetzungen (s. S. 62).

Im Vordergrund steht hierbei die *Schweißtechnik* (s. Kap. 7). Als Bauelemente dienen hier:

a) *Stahlbleche*, die durch Abkanten, Rundbiegen, Ziehen oder Pressen, oder Ausschneiden mit dem Brenner in ihre Form gebracht werden;

b) *Stahlstäbe* (abgekantete Leichtprofile und Rohre, Flachstäbe und Walzprofile) [2] nach S. 108—118 und

c) gepreßte oder gegossene *Formstücke*, die eingeschweißt werden.

3. Steife und Schwingungsverhalten.

Besonders bei Werkzeugmaschinen wird eine große Steife d. h. eine geringe elastische Durchbiegung ($1/f \sim E \cdot J_b$) und Verdrehung $\left(\frac{1}{\varphi} \sim G \cdot J_t\right)$ der Bauteile verlangt, ferner durchweg eine hohe Eigenschwingungszahl ($\sim E \cdot J/Q$) und vor allem geringe Resonanz-

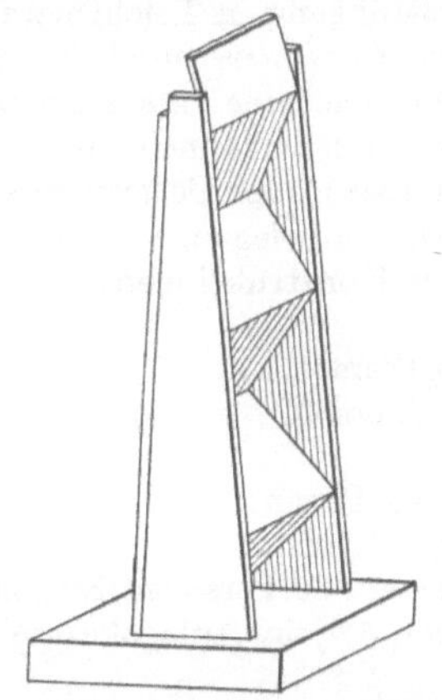

Bild 4/11. *Ständer in Zellenbauweise.* (Deckplatte fortgelassen.)

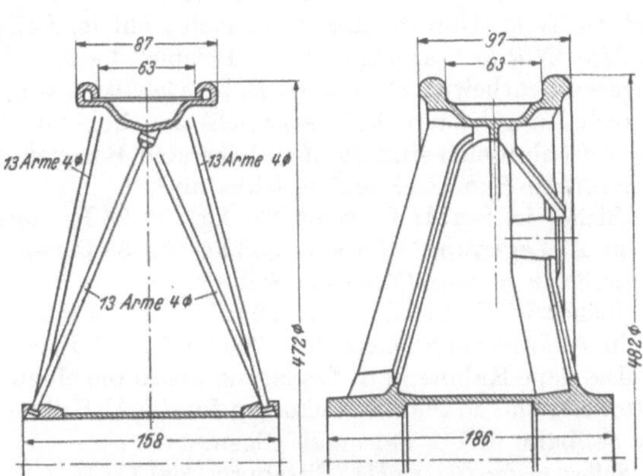

Bild 4/12. *Stahl-Leichtbau-Speichenrad* (links); „transkonstruiert" in Mg-Legierung (rechts). (nach SCHWERBER).

Schwingungsausschläge $\left(\sim \frac{1}{\delta \cdot Q}\right)$. Wie verhält sich hier die geschweißte Leichtbau-Konstruktion aus Stahl gegenüber der aus Gußeisen?

Die „in Klammer" angegebenen Kenngrößen zeigen bereits, daß der etwa doppelt so große E-Modul bzw. G-Modul von Stahl für die Steife und für die Eigenschwingungszahl günstig ist, ebenso das geringere Eigengewicht Q für die Eigenschwingungszahl. Dagegen ist das geringere Q für die Schwingungsausschläge ungünstiger. Hier zeigen jedoch die grund-

[1] Nach SCHWERBER [4/6].

[2] Über Stahlrohrgerüste s. VDJ-Nachr. v. 7. Aug. 1949. Über Stahlrohrkonstruktion s. STEINRATH in Ztschr. Der Bau 1949, S. 267 und LEWENTON in Ztschr. Bauplanung und Bautechnik, Juni 1948, S. 171.

legenden Vergleichsversuche von KIENZLE [4/23] und seinen Schülern [4/24 und 4/25] mit gegossenen und geschweißten Trägern, daß die *Dämpfung* δ durch die „Scheuerwirkung" von Schweißnähten und aufeinandergepreßten Flächen, also durch konstruktive Maßnahmen bis auf den 100fachen Wert der Werkstoffdämpfung gebracht werden kann, daß also geschweißte Leichtbauträger aus Stahl auch in diesem Punkte nicht ungünstiger zu sein brauchen als gegossene.

Typische Beispiele für die Gestaltung im Stahl-Leichtbau zeigen Bild 4/4, 4/11 u. 4/12, ferner Tafel 7/9 Kap. 7.

4.5. Leichtmetall-Leichtbau.

Wegen der erheblich höheren Werkstoffkosten (s. Tafel 4/1) wird die Ausführung in Leichtmetall meist erheblich teurer als in Stahl. Der Leichtmetall-Leichtbau kommt daher nur für solche Gebiete in Frage, wo

1) die gegenüber dem Stahl-Leichtbau noch erzielbare Gewichtsersparnis wertvoller ist, als die Mehrkosten. Siehe Beispiele 1 bis 7 unten und S. 19 u. 93;

2) die *sonstigen Eigenschaften* der Leichtmetalle, wie leichtere Formgebung und Bearbeitung, zunehmende Schlagfestigkeit bei niedriger Temperatur, größeres Dämpfungsvermögen bei Schwingung und Schall, ihr chemisches, elektrisches, magnetisches oder Wärmeverhalten (s. S. 97) von Vorteil sind;

3) außerdem *die Nachteile der Leichtmetalle*, wie größeres Volumen, geringere Härten, geringere Steife und Verschleißfestigkeit nicht ausschlaggebend sind.

1. Erreichbare Gewichts- und Kostenminderungen.

Gegenüber der Ausführung in *Stahl* tritt die erreichbare Gewichtsverminderung besonders bei allen *nicht voll beanspruchten* Teilen, wie Verkleidungen, Gehäusen und Getriebekästen in Erscheinung. Ferner lohnen sich für die Ausführung in Leichtmetall besonders solche Teile, deren Gewichtsverminderung *weitere Gewichtsverminderungen* anderer Teile (Unterbauten) nach sich zieht (s. Beispiel 4 unten) oder eine entsprechend größere *Nutzlast* ermöglicht (s. Beispiel 1—3). In anderen Fällen können die geringeren Bearbeitungskosten (z. B. bei Gehäusen von Zahnradpumpen), oder die geringeren Unterhaltungskosten (kein Anstrich) den höheren Werkstoffpreis aufwiegen.

Aufschlußreich sind die nachfolgenden Beispiele ausgeführter Konstruktionen:

1) *Seilbahn-Kabine* (Pfänder-Seilbahn) [1],
Bisher in Stahl: Gewicht 620 kg für 25 Personen = 25 kg/Person.
in Al-Legierung: Gewicht 336 kg für 38 Personen = 8,9 kg/Person.

2) *Seilbahn Kabine* (Mucrone-Seilbahn) [1].
Bisher in Stahl: Gewicht 1000 kg für 16 Personen = 62,6 kg/Person,
in Al-Legierung: Gewicht 700 kg für 23 Personen = 30,4 kg/Person.
Die neue Kabine in Al-Legierung ergab die Möglichkeit, 110 statt 60 Personen/Std. zu befördern und so die Umbaukosten für die Al-Kabine in Höhe von 5% des Anlagekapitals der Seilbahn in $1^1/_2$ Saison zu tilgen.

3) *Selbstgreifer für Kohle* (Pittsburg Coal Co.)[2].
Bisher in Stahl: Eigengewicht 9,5 t für Inhalt 6 t, zusammen 15,5 t,
in Al-Legierung: Eigengewicht 6,5 t für Inhalt 9 t, zusammen 15,5 t.
Die Leichtmetall-Ausführung des Greifers ermöglicht also 50% mehr Umschlagsleistung bei gleichen Umschlagskosten. Der erheblich höhere Beschaffungspreis des Leichtmetallgreifers macht dagegen nur wenige Prozent der Gestehungskosten der Gesamtanlage aus.

Ausführung: Wände aus Al-Blech, Kanten mit Manganstahl-Winkeln übernietet, Zähne aus Cr–Va-Stahl. Ähnlich gute Erfahrungen hat man mit Leichtmetall-Kübeln von Löffelbaggern gemacht.

---

[1] Nach SCHWERBER [4/6].
[2] Nach Reisebericht Dr. H. ERNST, Nürnberg 1939

4) *Einschienen-Laufkatze mit Führerstand*[1].

Bisher in Stahl: Gewicht 5200 kg,
in Al-Legierung: Gewicht 2900 kg.

Die Ausführung in Al-Legierung gestattete an der Fahrbahn (100 m lang mit 20 Stützen) mehr einzusparen als die Mehrkosten der Al-Katze ausmachen. Hierzu kommt der ständige Gewinn an Stromkosten für den verringerten Fahrwiderstand.

5) *Laufkran mit 9,1 t Tragkraft und 22 m Spannweite* (Alcoa, USA)[1, 2].

Bisher in Stahl: Gewicht 36,3 t
in Al-Legierung: Gewicht 19,5 t.

6) *Eisenbahn-Personenwagen.*

Bisher in Stahl: Gewicht je Sitzplatz 490 kg,
in St-Leichtbau: Gewicht je Sitzplatz 390 kg,
in Al-Leichtbau: Gewicht je Sitzplatz 295 kg.

Der Wert derartiger Gewichtsersparnisse ergibt sich aus der Erfahrung, daß der Fahrwiderstand etwa proportional dem Gewicht ist und daß die Betriebskosten pro Jahr ebenfalls proportional dem Fahrzeuggewicht sind (Betriebskosten 1938 bei der Reichsbahn etwa 380 RM je t Fahrzeuggewicht und Jahr und für Straßenbahn etwa 530 RM)[1]. Es werden also für jede t Gewichtsersparnis entsprechend hohe Beträge für die Kapitaltilgung, also für die höheren Beschaffungskosten der Al-Ausführung verfügbar.

7) *Motorhaube* aus Silumin statt Grauguß s. S. 19.

2. Bauweise.

Aufbau aus dünnwandigen Blechen, Profilstäben oder Gußstücken zu Fachwerk-, Schalen- und Hohlträgern, die durch Nieten oder Schweißen (seltener Löten) oder Schrauben verbunden werden. Die Kräfte sind möglichst verteilt überzuleiten, also z. B. über viele Nieten oder Schrauben (für Schrauben große Unterlegscheiben!). Beim Zusammentreffen verschiedener Metalle gegen Elektrolytwirkung schützen! (s. S. 33).

Al-Gußstücke. Querschnitte gering halten und Steife durch Wulste und Rippen erreichen! Gute Übergänge, besonders zwischen steifen und elastischen Stellen sind hier noch wichtiger als bei Gußeisen! Wände und Abstützungen in Rädern möglichst kegelig stellen, um Spannungsausgleich zu ermöglichen.

Als *Konstruktionsbeispiel* s. Bild 4/12.

4.6. Schrifttum zu 4.

Siehe auch Schrifttum S. 60 (Spannungsverteilung und Schwingungsfestigkeit) und S. 104 (Werkstoffe).

1. Leichtbau allgemein:

[4/1] WANSLEBEN, F.: Leichtbautechnik. Köln-Lindenthal: Ernst Stauf-Verlag 1937.

[4/2] KREISSIG, E.: Grundlagen des Leichtbaus. Stahl u. Eisen Bd. 56 (1936) S. 33 u. 81; Der Leichtbau als Konstruktionsprinzip. Techn. Mitt. (Essen) Bd. 31 (1938) S. 461.

[4/3] DUFFING, P.: Zur wirtschaftlichen Wahl von Werkstoff und Gestalt. Z. VDI Bd. 87 (1943) S. 305.

[4/4] SCHULZ, E. H.: Leichtmetalle und Stahl als Werkstoffe. Stahl u. Eisen Bd. 61 (1941) S. 1121.

[4/5] ALTMANN, G.: Werkstoffsparen im Zahnradgetriebebau. Berlin: VDI-Verlag 1942.

[4/6] SCHWERBER, P.: Stahl-Leichtbau und Leichtmetall-Sparbau. Z. VDI Bd. 86 (1942) S. 431.
— Vergleichende Stabilitäts- und Festigkeitsbetrachtungen des Sparbaus. Z. Aluminium Bd. 23 (1941) S. 5.
— Leichtbau. Z. Aluminium Bd. 23 (1941) S. 519.
— Sicherheit beim Leichtbau durch Festigkeit und Gestaltung. Z. Aluminium Bd. 23 (1941) S. 571.
— Vergleichende konstruktive Werkstoffkunde. Z. Aluminium Bd. 24 (1942) S. 197, 249, 377, 413 u. Bd. 25 (1943) S. 5, 191, 307, 405.

---

[1] Nach SCHWERBER [4/6].

[2] Hierzu die Angabe, daß in Deutschland gebaute Laufkrane gleicher Tragkraft und Spannweite auch in *Stahl* nur 19 t wiegen. Die Erklärung ist wohl darin zu suchen, daß bei uns die Werkstoffkosten im Vergleich zu den Löhnen höher liegen als in USA, und wir daher mehr Anlaß haben, werkstoffsparend zu bauen (z. B. Fachwerkträger statt Vollwandträger).

[4/7] DE FLEURY, R.: Resistance des Materiaux. Comptes rend. Acad. Sciences 210 (1940) S. 662; 211 (1940) S. 457; 212 (1941) S. 781; ferner Nomogrammes de classification et de transposition. J. Ing. Aut. 16 (1943) S. 125; ferner Revue de Metallurgie Memoires. 1943 S. 58.

GRIESE, F. W.: Leichtbau und schweißtechn. Gestaltung. DEMAG-Nachrichten Juni 1950, S. 8.

SCHAPITZ, E.: Festigkeitslehre für den Leichtbau. Dt. Ingenieur-Verlag. Düsseldorf 1951.

2. Werkstoffsparende Gestaltung:

[4/8] THUM, A.: Neuere Anschauungen in der Gestaltung. Berichtswerk 74. Hauptversamml. des VDI in Darmstadt 1936. Fachvortrag S. 87. Berlin: VDI-Verlag 1936.

— Die Gestaltfestigkeit als Grundlage der Konstruktionslehre. Heft Festigkeit und Formgebung. Stuttgart: Landes-Gewerbe-Museum 1936, Abtl. Technik.

— Zweckmäßige Konstruktion und Werkstoffwahl bei verschiedenen Betriebsbedingungen. Betriebsleitertagung 1937 der Allianz und Stuttgarter Verein. Vers. AG.

[4/9] LEHR, E.: Praktische Beispiele für Formgebung, Bearbeitung und Berechnung dauerbruchsicherer Maschinenteile. Heft Festigkeit und Formgebung. Stuttgart: Landes-Gewerbe-Museum 1936 Abtl. Technik.

[4/10] BAUTZ, W.: Möglichkeiten zur Steigerung der Dauerhaltbarkeit von Konstruktionsteilen mit unvermeidlicher Kerbwirkung. Berichtswerk 74. Hauptversamml. des VDI in Darmstadt 1936. Fachvortrag S. 281. Berlin: VDI-Verlag 1936.

[4/11] FLATZ, E.: Werkstoffsparen im Maschinenbau. Z. VDI Bd.81 (1937) S. 1481.

[4/12] UHDE, H.: Die Werkstofforschung als Grundlage der Konstruktion. Z. VDI Bd. 81 (1937) S. 929.

[4/13] ERKER, A.: Werkstoffausnutzung durch festigkeitsgerechtes Konstruieren. Z. VDI Bd. 86 (1942) S. 385.

WIEGAND, H.: Oberflächengestaltung und -behandlung dauerbeanspruchter Maschinenteile. Z. VDI Bd. 84 (1940) S. 505.

3. Stahl-Leichtbau:

[4/14] BOBEK, K., W. METZGER u. F. SCHMIDT: Stahlleichtbau von Maschinen. Berlin: Springer 1939.

[4/15] — Stahlleichtbau. Aufsatzfolge. Beratungsstelle für Stahlverwendung. Düsseldorf 1941.

[4/16] FINKELNBURG, H.: Leichtbau bei Werkzeugmaschinengetrieben. Getriebetechnik Bd. 8 (1940) S. 178; ferner Metallwirtschaft 18 (1939) S. 755.

[4/17] KRUG, C.: Die Stahlbauweise im Maschinenbau. Z. VDI Bd. 73 (1929) S. 14. Stahlleichtbau bei Werkzeugmaschinen. Z. VDI Bd. 84 (1940) S. 11; ferner Z. VDI Bd. 77 (1933) S. 301; Elektroschweißung (1938) Heft 1 Stahl und Eisen Bd. 58 (1938) Heft 2 S. 34; Werkst.-Techn. (1941) Heft 11 S. 189.

[4/18] OSINGA: Die Verwendung von geschweißten Hohlträgern im Waggonbau. Org. Fortschr. Eisenbahnw. Bd. 93 (1938) S. 416.

[4/19] TANNENBERG, M. v.: Über die Entwicklung des Doppelbleches nach Insektenflügelbauart. AWF-Mitt. (1939) Heft 7 S. 97.

[4/20] KLOSSE, E.: Untersuchungen über geschweißte Doppelbleche. Der Stahlbau Bd. 13 (1940) S. 101.

GÖTZE, F.: Grundlagen des Leichtbaus von Maschinen. Konstruktion Heft 4 (1952) S. 16. (Gute Tafeln für Vergleiche.)

4. Steife- und Schwingungsverhalten:

[4/21] THUM, A. u. PETRI: Steifigkeit und Verformung von Kastenquerschnitten. VDI-Forsch.-Heft 409. Berlin: VDI-Verlag 1941.

[4/22] SONNEMANN, H.: Die Schwingungsfestigkeit und Dämpfungsfähigkeit von handelsüblichen Stählen. Diss. T. H. Braunschweig 1936.

[4/23] KIENZLE, O. u. H. KETTNER: Das Schwingungsverhalten eines gußeisernen und eines stählernen Drehbankbettes. Werkst.-Techn. Bd. 33 (1939) S. 229.

[4/24] KETTNER, H.: Dynamische Untersuchungen an Werkzeugmaschinengestellen. Diss. T. H. Berlin 1939, Würzburg: Aumühle u. Verlag Triltsch 1939.

[4/25] HEISS, A.: Dynamische Untersuchungen an Werkzeugmaschinengestellen im Stahlschweißbau. Diss. T. H. Berlin 1942.

5. Leichtmetall-Leichtbau s. auch [4/6].

[4/26] HAAS, M. H.: Aluminium-Taschenbuch. 9. Aufl. Berlin: Aluminium Zentrale 1942.

[4/27] TEMPLIN, R. L. Traveling Cranes built of Aluminium alloy. Engng. News Rec. 8. 10. 31, Auszug s. DÜRBECK: Fördertechnik und Frachtverkehr Bd. 25 (1932) S. 138.

[4/28] HOPPE: Aluminium als Baustoff für Ausleger und Schürfkübel von Baggern in USA. Der Bauingenieur Bd. 14 (1933) S. 399.

[4/29] SUHR, O.: Anwendung von Aluminium und seinen Legierungen im Bauwesen. Der Bauingenieur Bd. 18 (1937) S. 238; ferner Laufkatze aus Al. Techn. Mitt., Essen Bd. 31 (1938) S. 513.

[4/30] PÜTTNER, H: Werkstoffgerechte Gestaltung von Maschinenteilen aus Leichtmetallguß. Metallwirtsch. Bd. 18 (1939) S. 11.

[4/31] BLEICHER, W.: Der heutige Stand der Leichtmetallverwendung im Fahrzeugbau. Z. VDI Bd. 86 (1942) S. 49.

[4/32] — Maschinenelemente aus Magnesium und Aluminium. Das Industrieblatt, Bd. 45 (1940) Heft 17 S. 623. Stuttgart.

[4/33] Rajakovics, E. v.: Dauerversuche mit Leichtmetall-Pleuelstangen. Z. VDI Bd. 85 (1941) S. 867.
[4/34] Brenner, P.: Verbindung von Leichtmetall durch Kleben. Konstruktion Heft 2 (1950) S. 326. (Kunstharz als Klebstoff, Schubfestigkeit 100 bis 200 kg/cm², oft besser als Schweißen, besonders für Dauerfestigkeit).

5. Werkstoffe, Profil- und Maßtafeln.

5.1. Werkstoffwahl.

Bei der Wahl der Werkstoffe sind zunächst die Anforderungen an den betreffenden Bauteil hinsichtlich *Funktion*, *Beanspruchung* und *Lebensdauer* zu berücksichtigen, dann die Forderungen der *Formgebung* und *Fertigung* und nicht zuletzt die *Gestehungskosten* und oft auch noch die *Beschaffungsfrage*.

Für gewöhnlich können wir uns hierbei auf die bereits vorliegenden Erfahrungen stützen und *übliche* Werkstoffe in den üblichen Qualitäten verwenden. So nehmen wir im Maschinenbau durchweg

für einfache *Achsen und Wellen* gewöhnlichen C-Stahl (St 37 bis St 60);

für *mehrfach gekröpfte Wellen* hochwertigen Stahl oder Sondergußeisen (wegen Formgebung und Kerbwirkung);

für *Keile, Paßfedern und Stifte* St 60;

für *gegossene Ständer, Grundplatten* und *Gehäuse* Grauguß, bei höherer Beanspruchung Sondergußeisen und Stahlguß, wenn wir nicht eine geschweißte Ausführung aus Stahl (meist Stahlblech) vorziehen;

für *Teile* mit *hoher Wälzpressung* (Wälzlager, Nockenwellen, hochbelastete Zahnräder) gehärteten Stahl;

für *Zahnräder* je nach der Beanspruchung Grauguß, Stahlguß, Stahl (St 42 bis St 70), gehärtete und vergütete Stähle, in Sonderfällen auch Schichtholz, Preßstoffe und Nichteisenmetalle;

für *gleitbeanspruchte Flächen* als Gegenstoff je nach den Umständen Preßstoff, weichen Grauguß, Bronze, Weißmetall, Zink- und Al-Legierungen bzw. Verbundstoffe mit gleitfähiger Außenschicht;

für *elastische Federn* Federstahl und Gummi, in Sonderfällen auch Federbronze und Holz;

für *kleinere Massenteile* Automaten- und Spritzgußlegierungen;

für *Schneiden* gehärtete Werkzeugstähle und Schneidmetalle;

für erheblich *wärme- oder feuerbeanspruchte Teile* warmfesten oder zunderbeständigen Stahl [1] oder Stahl mit zunderbeständiger Oberfläche, oder keramische Stoffe;

für besonders *verschleißbeanspruchte* Teile oder für besondere *chemische*, *elektrische* oder *magnetische* Anforderungen entsprechende Sonderwerkstoffe.

Erst wenn die bisherigen Erfahrungen nicht ausreichen, also wenn neue Gesichtspunkte (neue Erkenntnisse, neue Anforderungen, neue Werkstoffe, neue Engpässe, neue Preisverhältnisse) auftreten, oder wenn mehrere Werkstoffe in Konkurrenz treten, wird die Werkstoffwahl zu einer *Frage*.

Sie erfordert dann eine genauere Überprüfung und zwar

1) der *Anforderungen* an den Bauteil (Funktion, Beanspruchung, Lebensdauer);

2) der *Fertigungsbedingungen* (Stückzahl, Formgebung, Fertigungsart und Gestehungskosten);

3) der *Werkstoffeigenschaften* und meistens noch anschließende *Versuche* mit den dann noch fraglichen Werkstoffen.

In derartigen Fällen wird sich der Konstrukteur in stärkstem Maße um die Sondererfahrungen der Werkstoff- und Fertigungs-Fachleute und der Konstruktions-Benutzer bemühen müssen, wenn er Fehlschläge vermeiden will.

Am einfachsten ist die Entscheidung, wenn nur wenige, bestimmte Eigenschaften des Baustoffs ausschlaggebend sind; am schwierigsten, wenn zahlreiche Anforderungen von zahlreichen Baustoffen mehr oder weniger gut erfüllt werden.

---

[1] oder entsprechende Stahlguß- und Graugußsorten.

So wird man z. B. die Frage nach dem günstigsten Baustoff für die *Karosserie eines Personen-Kraftwagens* (Holz, Schichtholz oder Preßstoff, Leichtmetall oder Stahlblech?) je nach den Umständen, also je nach den maßgebenden Gesichtspunkten verschieden beantworten müssen. Als Hilfsmittel für die Auswahl s. auch Punktwertung S. 6 und Kenngrößenvergleich S. 62.

Nachfolgend sollen die Werkstoffe des Maschinenbaus vom *Standpunkt des Konstrukteurs* aus besprochen werden. Im Vordergrund stehen hierbei *Eisen und Stahl*, da die sonstigen Werkstoffe im Maschinenbau, schon aus Preisgründen (s. kg-Preise S. 63) nur eine zusätzliche, wenn auch oft unentbehrliche Rolle spielen.

Dynamische Festigkeitswerte der Werkstoffe s. S. 54, Tafel 3/4 und S. 63, Tafel 4/1; *Verschleißfestigkeit* s. S. 27—32; *Korrosionsverhalten* s. S. 32, 95 u. 97.

Bezeichnungen

Stoffbezeichnungen		*Sonstige Bezeichnungen*		
Al	Aluminium	A_b	(cmkg/cm²)	Schlagbiegefestigkeit
Be	Beryllium	A_{bk}	(cmkg/cm²)	Kerbschlagbiegefestigkeit (Kerbzähigkeit)
Bz	Bronze			
C	Kohlenstoff	d	(mm)	Durchmesser
Co	Kobalt	E	(kg/mm²)	E-Modul
Cr	Chrom	F	(cm²)	Querschnitt
Cu	Kupfer	G	(kg/m)	Gewicht je lfd. Meter
Fe	Eisen	H_B	(kg/mm²)	Brinellhärte
GG	Grauguß[1]	H_V	(kg/mm²)	Vickershärte
Mg	Magnesium	H_R	(—)	Rockwellhärte
Mn	Mangan	J_b	(cm⁴)	Biege-Trägheitsmoment
Mo	Molybdän	J_t	(cm⁴)	Dreh-Trägheitsmoment
Ms	Messing	i	(cm)	$= \sqrt{J/F}$ Trägheitshalbmesser
Ni	Nickel	k	(—)	Profilwert, $= F^2/J = F/i^2$
P	Phosphor	W, W_b	(cm³)	Biege-Widerstandsmoment
Pb	Blei	W_t	(cm³)	Dreh-Widerstandsmoment
S	Schwefel	γ	(kg/dm³)	Wichte
Si	Silicium	δ_5, δ_{10}	(%)	Bruchdehnung
St	Stahl	σ_B	(kg/mm²)	Statische Zugfestigkeit
GS	Stahlguß[2]	σ_{-B}	(kg/mm²)	,, Druckfestigkeit
GT	Temperguß[3]	σ_{bB}	(kg/mm²)	,, Biegefestigkeit
Ti	Titan	σ_{DSt}	(kg/mm²)	Dauerstandfestigkeit
V	Vanadium	σ_F	(kg/mm²)	Fließgrenze
W	Wolfram			
Zn	Zink			

5.2. Gießbares Eisen.

1) Grauguß (GG) ist eine gegossene Eisenlegierung mit mehr als 1,7 % C-Gehalt (meist 2 bis 4 %) und wird im Maschinenbau für Gußstücke bevorzugt, sofern seine Eigenschaften ausreichen, denn Grauguß ist billig, leicht gießbar (geringes Schwindmaß, geringe Lunkerneigung) und gut zerspanbar.

Eigenschaften. Gewöhnlicher GG ist spröde (geringe Bruchehnung), also nicht für Schlagbeanspruchung geeignet und seine Zugfestigkeit ist durch die Graphitadern herabgesetzt. Dagegen besitzt er günstige Gleiteigenschaften (günstiger als Flußstahl und Stahlguß), hohe Druckfestigkeit (etwa $3 \cdot \sigma_B$ bis $5 \cdot \sigma_B$), große innere Dämpfung und ist nicht kerbempfindlich, so daß hochwertiger Grauguß die Dauerbiegefestigkeit von gekerbtem Stahl praktisch fast erreichen kann (Kurbelwellen aus GG s. [*5/28*]). Die Warmzugfestigkeit von GG fällt erst oberhalb 400° C (Druckfestigkeit oberhalb 200°). Der E-Modul nimmt mit zunehmender Beanspruchung ab (s. Tafel 5/2). GG mit Brinellhärte 120—180 ist ferritisch, mit 180—250 perlitisch und über 240 Brinell nur schwer zerspanbar.

[1] Siehe DIN 1691 (Nov. 1949*).
[2] Siehe DIN 1681 (März 1942*) und DIN 17245 (Okt. 1951 u. Mai 1952).
[3] Siehe DIN 1692 (Nov. 1950).

Tafel 5/1. *Grauguß.* Übersicht und Verwendung.

Bezeichnung	Verwendung
Bau- und Handelsguß . . .	Säulen, Fenster, Herde, Öfen, Rohre, Heizkörper.
Maschinenguß: GG—12 . .	ohne Gütevorschrift für gering beanspruchte Teile, wie Gehäuse, Grundplatten, Ständer.
GG—14 . . GG—18 . .	für höher beanspruchte oder gleitreibende Teile: Gehäuse, Gleitbahnen, Dampf-Zylinder, -Kolben, -Armaturen, Kolbenringe.
GG—22 . . GG—26 . .	für wärmebeständige (bis 420°), gleitreibende und festere Teile noch höherer Beanspruchung: Zylinder, Kolben, Kolbenringe.
Sondergrauguß GG 30 . (Perlitguß)	für Sonderfälle und höchstbeanspruchte Teile.
mit besonderen magnet. Eigenschaften, z. B.: GG —12.9 (nach DIN 17006)	für Elektro-Maschinen mit hoher magnetischer Induktion.
Hartguß:	für verschleißfeste Teile! (schwer bearbeitbar!), $H_B = 400$—600 kg/mm².
Vollhartguß	(Durchgehend hart) Seltener verwendet, da sehr spröde, z. B. Sandstrahldüsen.
Schalenguß	Kokillenguß (weicher Kern) für verschleißfeste Platten und Ringe von Kollergängen, Kugelmühlen u. Steinbrecher; für Stempel, Ziehringe und Laufräder (Griffinguß).
Mildhartguß	Walzenguß für Walzen mit feinem, dichtem Gefüge.
Säure- und alkalibeständiger Grauguß	für chemische Zwecke, Soda- u. Natron-Kessel, Rohre, Schalen, Töpfe, Säurepumpen.
Feuerbeständiger Grauguß	Roststäbe, Glühtöpfe, Schmelzkessel für NE-Metalle.

Tafel 5/2. *Mindest-Festigkeitswerte für Grauguß nach DIN 1691* (Nov. 1949*).
Schwindmaß etwa 1%; $\gamma = 7{,}25$ kg/dm³; Dynam. Festigkeitswerte s. S. 54.

Bezeichnung	Wanddicke und (Proben-∅) mm	Zugfestigkeit σ_B kg/mm²	Biegefestigkeit σ_{bB} kg/mm²	Durchbiegung[1] f mm	Brinell-Härte[2] H_B kg/mm²	Elast.-Modul[2] E kg/mm²
GG—12	8···50 (30)	12[3]			120···180	7000··· 4000
GG—14	4··· 8 (13)	18	32	2	140···200	9500··· 5500
	8···15 (20)	16	30	4		
	über 15···30 (30)	14	28	7		
	über 30···50 (45)	11	24	10		
GG—18	4··· 8 (13)	22	38	2	160···220	10500··· 8000
	8···15 (20)	20	36	4		
	über 15···30 (30)	18	34	7		
	über 30···50 (45)	15	30	10		
GG—22	4··· 8 (13)	26	44	3	180···240	12000··· 9500
	8···15 (20)	24	42	5		
	über 15···30 (30)	22	40	8		
	über 30···50 (45)	19	36	11		
GG—26	8···15 (20)	28	48	5	180···240	13000···11000
	über 15···30 (30)	26	46	8		
	über 30···50 (45)	23	42	11		
GG—30	über 15···30 (30)	30	48	8	180···220	
	über 30···50 (45)	25	45	11		

[1] Für Auflagelängen gemäß DIN 1691 (5. Ausg. Nov. 1949*).
[2] Von mir zugefügte mittlere Werte.
[3] In der Regel keine Abnahmeprüfung.

Anwendung der verschiedenen GG-Sorten s. Tafel 5/1.

Festigkeitswerte s. Tafel 5/2 und S. 54 Tafel 3/4, S. 63 Tafel 4/1.

Hochwertiger GG und legierter GG für Sonderzwecke [*5/20*]. Man erreicht

a) *Perlitguß höherer Festigkeit* durch Senkung des Graphitgehalts durch viel Schrottzusatz und höheren Si Zusatz (Beispiel Sternguß und Emmelguß) [*5/22*], [*5/21*];

b) einen *spannungsfreien, feinkörnigen* GG durch verlangsamte Abkühlung (vorgewärmte Form) von sonst weißerstarrendem GG;

c) *eine höhere Festigkeit* durch Schmelzüberhitzung;

d) ein *dichteres Gefüge* durch Schleuderguß;

e) *verschleißfesteren* und *dünnflüssigeren* GG durch Phosphor-Zusatz;

f) *verschleiß-, korrosions- und hitzebeständigeren* GG durch Ni-, Cr-, Mo-Zusatz (z. B. Fliegwerkstoff 1940);

g) *hitze- und zunderbeständigen* GG durch Ni–Cr–Si-Zusatz, oder Cr–Al-Zusatz (z. B. Silal, Nicrosilal);

h) *nichtrostend und hitzebeständigen* GG durch 20 bis 36 % Cr-Zusatz (Alferon);

i) *zunderbeständigen* GG für Feuerungen und Roststäbe durch hohen C-Gehalt bei niedrigem Phosphor- und Si-Gehalt;

k) *säurebeständigen* GG durch 14 bis 18 % Si-Zusatz oder noch besser durch Monelmetall-Zusatz.

2) Temperguß wird aus dem gut vergießbaren weißen Roheisen gegossen und durch „Tempern" (Glühbehandlung nach dem Gießen) ziemlich zäh, etwas verformbar und leicht bearbeitbar.

Handelsüblicher *weißer Temperguß* (ferritische Randzone, perlitische Kernzone) mit gleichmäßiger Wanddicke (3 bis 20 mm) ist für kleine Massenteile (bis 1 kg) wie Förderketten, Räder, Schlüssel und Beschläge geeignet.

Schwarzguß (durchgehend ferritisch) ist auch für Teile mit dickerer und ungleicher Wandstärke (3 bis 40 mm), wie Haushaltsmaschinen, Getriebegehäuse, Bremstrommeln, Kleineisenteile usw. geeignet, aber nicht schweiß- und lötbar, nicht schmiedbar und nicht für hohe Temperaturen geeignet. Schwarzguß ist durch Abschrecken bei 800° C und nachfolgendes Anlassen auch vergütbar [*5/30*].

Temperguß ist weniger verschleißfest als GG und magnetisch sehr „weich"; oberhalb 400° C nimmt σ_B ab. Durch besondere Verfahren [*5/30*] läßt sich auch Temperguß mit korrosionsbeständiger oder oxydationsbeständiger oder verschleißfester (einsatzgehärteter) Oberfläche herstellen.

Tafel 5/3. *Temperguß.* Festigkeitseigenschaften nach DIN 1692 (Nov. 1950). Schwindmaß etwa 1,5%; Fließgrenze $\sigma_F \approx 0{,}7 \cdot \sigma_B$; $\gamma = 7{,}2$ bis $7{,}6\ \text{kg/dm}^3$; dynamische Festigkeit s. S. 54.

Bezeichnung		Wanddicke mm	Zugfest. σ_B kg/mm²	Bruchdehn. δ [2] %	Brinell-Härt H_B [1] kg/mm²	Elast.-Modul E [1] kg/mm²
Weißer Temperguß	GTW—35	4···9	34	6	125	16000
		9···13	35	4	bis	bis
		18···40	36	3	220	17000
	GTW—40	4···9	38	10	125	16000
		9···13	40	15	bis	bis
		18···40	41	3	220	17000
Schwarzer Temperguß	GTS—35		35	10	110	
	GTS—38		38	12	140	

[1] Nicht genormt.
[2] Bruchdehnung auf $L = 3d$.

3) Stahlguß (GS) eignet sich für gegossene Teile hoher Festigkeit, Dehnung und Zähigkeit. Er ist schmiedbar, schweißbar und im Einsatz härtbar, aber schwieriger zu gießen (beachte 2% und mehr Schwindmaß, Lunkerbildung, Gußspannungen und

Warmrissigkeit) und daher teurer. Außerdem zeigt er eine rauhere Oberfläche und schlechtere Gleiteigenschaften als GG. Stahlblechteile, z. B. Turbinenschaufeln, sind eingießbar. Das Gefüge (grobstrahlig) wird meist durch Glühen verfeinert (Normalglühen s. S. 85). Übliche kleinste Wanddicke 3 bis 4 mm. Festigkeitswerte der Normal- und Sondergüten s. Tafel 5/4.

Hochwertiger dünnwandiger Stahlguß [*5/31*], erreicht unlegiert bis $\sigma_B = 75$, legiert $\sigma_B = 60$—110 kg/mm² bei 10—6 % Dehnung.

Legierter Stahlguß (DIN 17245 Mai 1952) dient für Sonderzwecke.

Niedrig legierten GS (bis 2 % Mn, bis 1,5 % Si, bis 2 % Cr) verwendet man, wenn die Durchvergütbarkeit, Verschleißfestigkeit, Schlagfestigkeit, Gleitfähigkeit oder Anlaßbeständigkeit erhöht werden soll (vergütet $\sigma_B = 60$ bis 130); z. B. für Zahnräder, Kreuzköpfe, Schiffskolben, Dampfturbinengehäuse.

Mangan-Hart-GS (über 12 % Mn, über 1 % C) ist besonders *gleitverschleißfest* (kalthärtend) und außerdem unmagnetisch und wird z. B. verwendet für Herzstücke von Weichen, Baggerzähne usw.

Chrom-GS (13—30 % Cr) ist besonders *säure-* und *rostfest* und mit über 1 % Si auch *hitzebeständig*, also für Ofenteile, Glühkästen und chemische Behälter geeignet.

Cr- und W-Zusatz wird gegen Schneidbrennen (Geldschrankplatten) und *Ni-Zusatz* gegen Seewasserangriff angewendet.

Tafel 5/4. *Stahlguß*[1]. Mindestfestigkeitswerte nach DIN 1681 (März 1942 x) und DIN 17245 (Okt. 1951 und Mai 1952). Schwindmaß etwa 2 %; $\gamma = 7{,}8$ kg/dm³ dynamische Festigkeitswerte s. S. 54.

	Bezeichnung	Brinell-Härte H_B kg/mm²	Zugfestigkeit σ_B kg/mm²	Bruchdehnung δ_5 %	Kerbzähigkeit Ab_K (DVM) cmkg/cm²	Warmstreckgrenze σ_{FW} kg/mm² bei 300°	350°	400°	Dauerstandfestigkeit σ_{DSt} kg/mm² 400°	450°	500°	C-Gehalt %
DIN 1681	GS—38	≈ 110	38	20	—	—	—	—	—	—	—	0,1
	GS—45	≈ 130	45	16	—	—	—	—	—	—	—	0,2
	GS—52	≈ 150	52	12	—	—	—	—	—	—	—	0,35
	GS—60	≈ 174	60	8	—	—	—	—	—	—	—	0,45
DIN 17245	GS—C 25		45	22	500	17	15	13	12	8	—	—
	GS—22 Mo 4		45	22	500	21	19	17	17	15	12	—
	GS—22 Cr Mo 5		50	20	400	25	23	21	20	15	10	—
	GS—22 Cr Mo 54		53	20	400	28	26	24	23	20	15	—

5.3. Flußstahl (Walzstahl, Schmiedestahl, Baustahl)[2].

Wichte $\gamma \approx 7{,}85$ kg/dm³, *E*-Modul ≈ 21 000 kg/mm².

Wir suchen so weit wie möglich mit den preiswerten Massenstählen, den *unlegierten C-Stählen* auszukommen, die als *Halbzeug* (vorgewalzt oder vorgeschmiedet als Blöcke, Knüppel oder flache Platinen) oder als *Fertigerzeugnisse* (Profilstähle, Rohre, Bleche, Bänder und Drähte) angeliefert werden. Erst, wenn deren Eigenschaften nicht ausreichen, greifen wir zu den erheblich teureren *legierten*[3] Stählen.

1. Einfluß der Legierungszusätze[3].

Kohlenstoff (C) *erhöht* die Festigkeitswerte σ_B, σ_F und H_B (s. Bild 5/1) und die Kerbempfindlichkeit, *vermindert* aber die Zähigkeit (Bruchdehnung δ) und die Zerspanbarkeit, ferner die Schmied- und Schweißbarkeit, die elektrische und die Wärme-Leitfähigkeit. Dagegen ist die Rostbildung unabhängig vom C-Gehalt. Vor allem ist es die mit größerem C-Gehalt und größerer Härte verbundene ungenügende Zähigkeit, der wir durch besondere Maßnahmen (Legierung und Wärmebehandlung) zu begegnen suchen.

[1] Werte für Sondergüten DIN 1681 (März 1942x)
Werte für warmfesten Stahlguß DIN 17245 (Okt. 1951 u. Mai 1952).

[2] *Flußstahl* ist der in *flüssigem* Zustand gewonnene Stahl, also Bessemer-, Thomas-, Siemens-Martin-, Elektro- und Tiegelstahl, aber nicht Schweißstahl, der im teigigen Zustand gewonnen wird. Als „*Stahl*" bezeichnen wir heute alles ohne Nachbehandlung *schmiedbare* Eisen.

[3] Unter „legiertem Stahl" versteht man Stahl, der außer C noch besondere Legierungszusätze enthält.

Schwefel (S) verbessert die Zerspanbarkeit und wird daher bis zu 0,3% den Automatenstählen (siehe Tafel 5/13) zugesetzt. Er vermindert aber die Dauerfestigkeit wegen seiner Neigung zur „Zeilenstruktur" und macht den Stahl „rotbrüchig", falls Mangan fehlt.

Phosphor (P) wird bis zu 0,2% in den Massenstählen zugelassen. Er erhöht die Fließgrenze und den Rostwiderstand. In größerer Menge macht er den Stahl „kaltbrüchig" und dauerbrüchig.

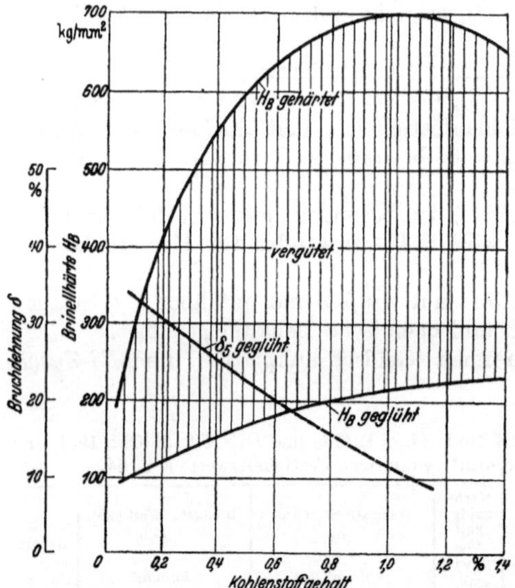

Bild 5/1. Brinellhärte H_B von Stahl geglüht bis gehärtet und Bruchdehnung δ_b bei verschiedenem C-Gehalt.

Silizium (Si) desoxydiert („beruhigt) den Stahl, fördert die Graphitbildung und Säurefestigkeit, erhöht die Einhärtetiefe und den elektrischen Widerstand und verringert die Kaltverformbarkeit. Daher für Tiefziehbleche höchstens 0,2%, für Feder- und Vergütungsstähle 0,5—2% und für Dynamobleche bis 4% Si-Gehalt.

Kupfer (Cu) erhöht die Festigkeitswerte σ_B und σ_F und vor allem den Rostwiderstand. Für „gekupferte" Stähle z. B. Hochbaustähle nimmt man 0,1 bis 0,8% Cu.

Mangan (Mn) desoxydiert und entschwefelt den Stahl, erhöht seine Festigkeit und begünstigt seine Durchhärtung. Nachteilig ist seine Überhitzungsempfindlichkeit und Anlaßsprödigkeit (Abhilfe s. Vanadin). Mit höherem Mn-Gehalt ist er sehr gleitverschleißfest (Manganhartstahl mit 12 bis 15% Mn).

Nickel (Ni) erhöht bei Baustählen mit 1,5 bis 4,5% Ni die Streckgrenze, die Dauer- und Kerbschlagfestigkeit. Ni-Stähle (Tafel 5/10 u. 5/12) werden in Deutschland, ebenso wie die C–Ni–Mo-Stähle vorwiegend nur noch für große hochbeanspruchte Stücke verwandt (gute Durchvergütung!) und im übrigen bei Einsatz- und Vergütungsstählen weitgehend durch Mn-, Si-, Mo-, Cr- und V-legierte Stähle ersetzt (s. Tafel 5/9 und 5/11). Ferner sind Stähle mit 10 bis 20% Ni und 15 bis 25% Cr als rost- und säurebeständige, als warmfeste und zunderbeständige und als unmagnetische Stähle von Bedeutung (s. Tafel 5/15).

Chrom (Cr) erhöht die Härte und Verschleißfestigkeit der Stähle durch Chromcarbidbildung, ferner die Kerbschlagfestigkeit und die Durchhärtung. Bei größerem Cr-Gehalt (12 bis 30%) besitzen die Cr-Stähle eine erhebliche Beständigkeit gegen Wärme und Feuerglut (Zunderbeständigkeit), gegen Rost und Säure (s. Tafel 5/15). Bild 5/5 zeigt den Cr- und C-Gehalt und die vielseitige Verwendung der verschiedenen Cr-Stähle.

Molybdän (Mo) ist das wirksamste Mittel gegen Anlaßsprödigkeit der Stähle und steigert die Durchvergütung, so daß bei Vergütungsstählen Cr–Mo-Stahl weitgehend an die Stelle von Cr–Ni-Stahl treten kann. Ferner steigert Mo die Warmfestigkeit, so daß es auch für Dampfkessel und Werkzeugstähle (s. Tafel 5/16) in Frage kommt.

Wolfram (W) beseitigt die Anlaßsprödigkeit von hochwertigen Cr-Ni-Stählen und bringt mit 4 bis 12% W den Warm- und Schnellarbeitsstählen eine hohe Warmfestigkeit (s. Tafel 5/16).

Vanadium (V) wirkt desoxydierend und karbidbildend und verbessert schon mit einigen Zehntel% die Überhitzungsempfindlichkeit und Warmfestigkeit der Bau- und Werkzeugstähle. Außerdem erhöht es die Zähigkeit, ferner die Schneidhaltigkeit bei Schnellarbeitsstählen und die Remanenz bei Magnetstählen.

Kobalt (Co) erhöht bei Schnellarbeitsstählen (bis 15% Co) wesentlich die Schnittleistung, indem es die Anlaßbeständigkeit und Überhitzungsempfindlichkeit verbessert.

Aluminium (Al) erhöht die Oberflächenhärte von Nitrierstahl durch Al–Nitrid-Bildung, ferner die Zunder- und Alterungsbeständigkeit[1] des Stahls. Es sollen aber keine Al_2O_3-Reste im Stahl verbleiben.

2. Wärme- und Härtebehandlung[2].

Wir können hierdurch die Eigenschaften der Stähle und Bauteile erheblich beeinflussen. Man unterscheidet nach Bild 5/2 und 5/3:

Glühen: Erwärmen auf Glühtemperatur mit nachfolgender, nicht zu rascher Erkaltung, um das Korngefüge oder die inneren Spannungen zu beeinflussen. Der Einfluß der Ofengase auf die Stahloberfläche (Zundern und Entkohlen!) kann durch Glühen in Schutzgasen oder in Packungen (GG-Spänen) vermieden werden.

[1] Alterung bedeutet „Versprödung" (Verringerung von δ und A_{bK}) nach längerer Lagerung von vorher kalt verformten Werkstoffen, z. B. von Stahlblechen. Sie wird durch Erwärmung beschleunigt. Sie bleibt aus bei vollständig desoxydierten (beruhigten) Stählen.

[2] Fachausdrücke siehe DIN 17014 (Febr. 1952).

a)[1] *Normalglühen*: Glühen im Austenitgebiet, d. h. bei etwa 30 bis 60° über der GSE-Linie nach Bild 5/2, um einem grobkörnigen (überhitzten) Stahl sein normales feines Gefüge wiederzugeben.

b) *Weichglühen*: Etwa 1 bis 3 Stunden Glühen kurz unterhalb der PK-Linie (etwa 600 bis 700°, s. Bild 5/2), um das weichste Gefüge mit körnigem statt streifigem Zementit zu erhalten.

c) *Spannungsfreiglühen*: Mehrstündiges Glühen bei etwa 450—550°, um alle inneren Spannungen ohne Festigkeitseinbuße auszugleichen, d. h. ohne den Zementit in die körnige Form umzuwandeln.

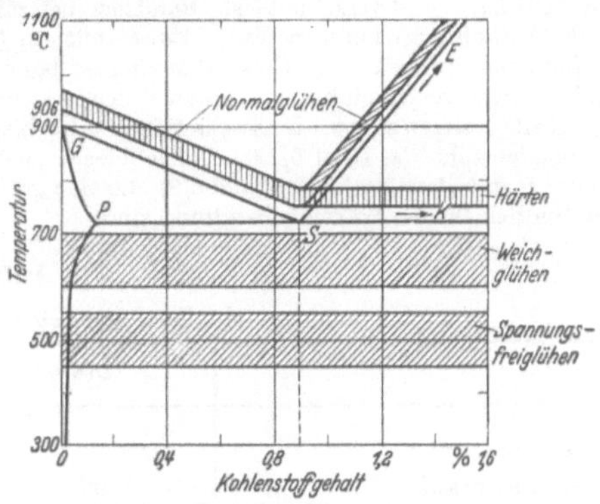

Bild 5/2. Temperaturbereiche für die Wärmebehandlung von Stahl bei verschiedenem C-Gehalt.

d) *Abschreckhärten*: Der Stahl wird auf etwa 30 bis 60° über der GSK-Linie (Bild 5/2) erwärmt und in diesem Zustand im Wasser-, Öl-, Salz- oder Luftbad „abgeschreckt", d. h. schnell abgekühlt[2], um das sehr harte und feinadrige Martensitgefüge zu erhalten. Die erreichbare Härte steigt nach Bild 5/1 erheblich mit dem C-Gehalt. Mit der Härte steigt aber auch die Sprödigkeit (ausgewiesen durch geringe Bruchdehnung und Kerbschlagfestigkeit) und mit der Härtegeschwindigkeit steigen Härteverzug und Härtespannungen[3]. Die Abschreckhärtung ist besonders bei Schneiden, Wälzlagern und elastischen Federn wichtig.

e) *Anlassen*: Die abgeschreckten Teile werden auf Anlaßtemperatur (100 bis 400°) gebracht und anschließend langsam abgekühlt, um die Härtespannungen zu beseitigen[3] und die Zähigkeit (Bruchdehnung und Kerbschlagfestigkeit) wieder zu erhöhen. Mit zunehmender Anlaßtemperatur verringert sich die Härte.

f) *Vergüten*: Hierbei folgt dem Härten ein Anlassen auf Vergütungstemperatur (bei Baustählen etwa 450 bis 650°) um eine wesentliche Steigerung der Zähigkeit (auf Kosten der Härte) zu erzielen.

g) *Gebrochene Härten.* Die auf Härtetemperatur erhitzten Teile werden nur 3 bis 5 Sek. in Wasser abgeschreckt und dann in ein Öl- oder Warmbad überführt, um den Härteverzug herabzusetzen.

h) *Zwischenstufen-Vergüten*: Die auf Härtetemperatur erhitzten Teile werden hierbei direkt in ein Warmbad (Salz- oder Metallschmelze) gebracht und dort solange belassen, bis eine völlige Gefügeumwandlung erfolgt ist. Das Verfahren ist besonders für kleinere Abmessungen und unlegierte Stähle geeignet, da es bei noch ausreichender Härte hohe Zähigkeit ergibt.

i) *Abschreck-Randhärten*: Durch schnelles Erhitzen der Randzone von C-reichen Stählen mittels Gasbrenner (Brennhärten) oder Metallbad (Tauchhärten) oder Hochfrequenzstrom (Induktionshärten) und anschließendem Abschrecken mit Wasserbrause oder Öl erhält man eine harte Randzone und einen

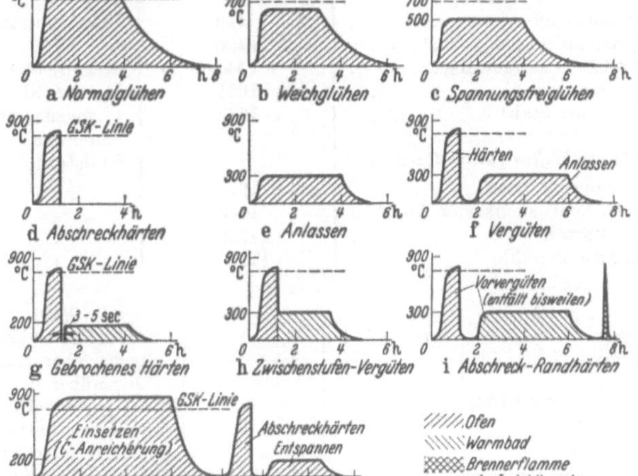

Bild 5/3. Härte- und Wärmebehandlungen des Stahls, Temperaturverlauf und Zeitbedarf.

---

[1] a) b) c) ... nach Bild 5/3.

[2] Zum „Härten" muß die „kritische Abkühlgeschwindigkeit" überschritten werden, die bei den einzelnen Stahllegierungen und Abschreckmitteln verschieden ist.

[3] Sie entstehen durch die Volumenvergrößerung beim Härten (Martensitbildung) und können an scharfen Kerben zu Härterissen führen. Die Härtespannungen können durch Anlassen auf 120—200° ohne besondere Härteeinbuße beseitigt werden.

weichen Kern. Bei diesem Härteverfahren ist der Kosten- und Zeitaufwand verhältnismäßig gering. Es wird daher zunehmend für Zahnräder, Gleitflächen, Lagerzapfen, Bolzen usw. angewendet.

k) *Einsatzhärten.* Durch C-Anreicherung der Randschicht von C-armen (weichen) Stählen mittels Glühen in C-abgebenden Einsatzmitteln bei 800—950° C und durch anschließendes Abschrecken und Vergüten wird eine sehr harte und verschleißfeste Randzone bei zäh bleibendem Kern erreicht (s. Bild 5/3). Die C-Anreicherung (Aufkohlung) kann in festen Einsatzmitteln (Härtepulver, Härtepasten), aber auch in flüssigen oder gasförmigen erfolgen. Die Einsatzhärtung ist besonders bei hoch belasteten Zahnrädern, bei Nockenwellen und sonstigen verschleißbeanspruchten Teilen in Gebrauch, die neben der Härte eine größere Zähigkeit (Schlagfestigkeit) besitzen sollen. Einsetzbar sind Stähle bis 0,25% C-Gehalt (s. Tafel 5/9), ferner beruhigt vergossene Automatenstähle (s. Tafel 5/13), Tiefziehbleche (siehe Tafel 5/7) und Stahlguß. Für höhere Kernfestigkeit nimmt man *legierte* Stähle (s. Tafel 5/9), die eine größere Kernzähigkeit erreichen und durchweg auch weniger empfindlich in der Wärmebehandlung sind.

3. DIN-Blätter.

Tafel 5/5. *DIN-Blätter zu Flußstahl.*

	DIN		DIN
Allgemein:		Federstahl für Blattfedern	17220···22
Eisen und Stahl	17006	Nickel- und Chromnickelstahl	17200 und
Kennfarben unlegierten Stahls	1599	Chrom- und Chrommolybdänstahl	17210
Gütevorschriften für Fertigerzeugnisse:		*Abmessungen:*	
Profilstähle	1612	Profilstähle	1013···1029
Rohre	1626···1629	Fenster-Stahlprofile	4440···4451
Bleche	1620···1623	Stahlrohre	2440···2442
Kesselbleche	17155		2450···2456
Dynamobleche	46400	Präzisionsstahlrohre	2385, 2391,
Bandstahl kaltgewalzt	1544		2393, 2394
Automatenstahl	1651	Stahlbleche	1541···1543
Gezogener Stahl	1652	Bandstahl	1544
Gütevorschriften für Halbzeug:		Gezogener Stahl	174···178
Maschinenbaustahl	1611	Rundstahl	175, 668, 671
Niet-, Schraubenketten-Stahl	1613	Keilstahl	6880
Einsatzstähle	17210		
Vergütungsstähle	17200		

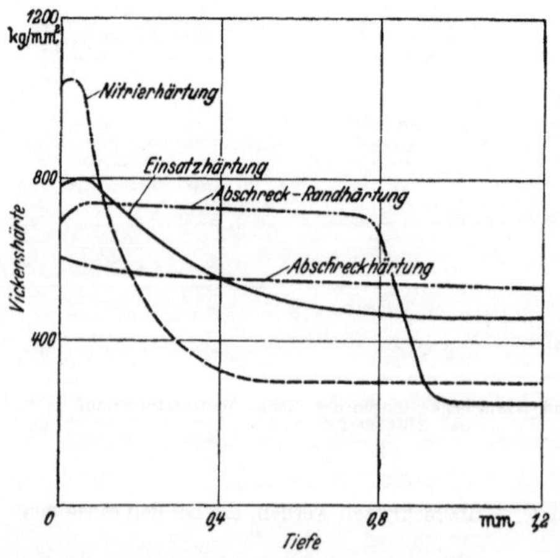

Bild 5/4. Härteverlauf in der Randschicht eines Stahlbolzens je nach Härteverfahren (nach GLAUBITZ). 1. Nitrier-, 2. Einsatz-, 3. Abschreck-, 4. Abschreck-Randhärtung.

l) *Nitrierhärten:* Durch Stickstoff-Anreicherung im Ammoniakstrom bei etwa 500° C wird eine hochharte, aber dünne Randschicht erzielt (s. Bild 5/3). Gegenüber der Einsatzhärtung ist die größere Härte, der geringe Härteverzug und die größere Korrosionsfestigkeit hervorzuheben. Dafür ist die Härteschicht aber dünner und man benötigt legierten Stahl (Cr-Al-St) und längere Härtezeiten. Die Einsatzdauer beträgt etwa 10 Stunden je $^1/_{10}$ mm Härtetiefe (maximal etwa 1 mm dick). Der Nitrierstahl kann vor dem Härten ölvergütet werden.

Einen *Vergleich* der verschiedenen Härteverfahren hinsichtlich Zeitbedarf und Härteverlauf bieten Bild 5/3 und 5/4 und hinsichtlich Verschleißwiderstand Bild 2/42 S. 31.

4. Stahlbleche (Tafel 5/7).

Man unterscheidet nach der Dicke Grobbleche (über 4,75 mm dick), Mittelbleche (3 bis 4,75 mm dick) und Feinbleche (unter 3 mm dick). Für die Auswahl sind außerdem Festigkeit und Oberflächengüte maßgebend und bei Ziehteilen auch die Verformbarkeit.

Für *kleine* Stanzteile bevorzugt man kaltgewalzten Bandstahl (DIN 1624); für *Biegeteile* Bleche mit vorgeschriebenem Faltversuch; für *Ziehteile* je nach dem Verformungsgrad pro Glühung Zieh-, Tiefzieh- oder Karosseriebleche. Für weitgehende Verformungen ist eine geringe Korngröße wesentlich, da die Bleche sonst an den Formstellen rauh werden (Glühbehandlung bei 650 bis 850° vermeiden!). Für *Dynamo*bleche (DIN 46400) sind die magnetischen Eigenschaften entscheidend.

5. Profilstähle (Tafel 5/8 u. 5/6).

Gewalzter *Formstahl, Stabstahl* und *Breitflachstahl* werden nach DIN 1612 in den Qualitäten St 00.12, St 37.12, St 42.12 geliefert und besitzen die *Festigkeitswerte* der entsprechenden Stähle nach Tafel 5/8. Sie werden vorwiegend als L, [, I, |-Profile (Abmessung s. S. 109 bis S. 118) für genietete oder geschweißte Fachwerk- und Vollwandträger, für Grundplatten und Rahmen, Masten und sonstige Tragkonstruktionen verwendet.

Stahlrohre werden gewalzt oder gezogen, nahtlos oder geschweißt mit den Festigkeitswerten nach Tafel 5/6 (einige Abmessungen s. S. 108) hergestellt. Sie dienen zur Fortleitung und Führung von Gasen und Flüssigkeiten (Gasrohre, Dampfrohre, Kesselrohre) und zunehmend auch für Tragkonstruktionen, Gestänge und Hebel (s. Leichtbau S. 68—75). Die geschweißten Rohre sind nicht zum Aufweiten und Bördeln geeignet. Für kleinere Durchmesser und höhere Belastung bevorzugt man die etwas teureren *nahtlosen* Rohre.

Tafel 5/6. *Stahlrohre, nach DIN 1629 (1628); Ausg. Sept. 1932.*

Bezeichnung	σ_B kg/mm²	δ_5 mindest %	Beachte
(St 34.28)	34···45	25	überlappt geschweißte Rohre
St 00.29	—	—	nahtlose Konstruktions- und Leitungsrohre (bis 25 atü)
St 35.29	35···45	25	höher beanspruchte nahtlose Rohre mit Gütevorschrift
St 55.29	55···65	17	

6. Maschinenbaustähle (Tafel 5/8).

Es handelt sich hier um die im Maschinenbau am meisten verwendeten *unlegierten* C-Stähle, die als Halbzeug gut durchgeschmiedet (Blöcke, Platinen, Knüppel) oder gut durchgewalzt (Rund-, Quadrat-, Sechskant- und Flachquerschnitte) geliefert werden. Je geringer ihr C-Gehalt ist um so leichter zerspanbar, verschweißbar und einsetzbar, um so zäher und weniger kerbempfindlich sind sie. Erst bei höheren Anforderungen an die Härte und Zugfestigkeit greifen wir zu den Stählen mit höherem C-Gehalt, die auch abschreckgehärtet und vergütet werden können. Nähere Angaben s. Tafel 5/8.

7. Einsatz- und Nitrierstähle (Tafel 5/9 u. 5/10).

Sie dienen für Teile, die eine harte, verschleißfeste Oberfläche oder bei harter Oberfläche einen zähen Kern besitzen, oder besonders dauerfest sein sollen, z. B. für Kurbel-, Nocken- und Schneckenwellen, für Gelenk-, Feder- und Kolbenbolzen, für hochbelastete Stirn- und Kegelräder. Hierfür genügen durchweg die unlegierten oder niedrig legierten Einsatzstähle nach Tafel 5/9, wobei die Stähle mit größerem C-Gehalt für eine größere Kernfestigkeit gewählt werden und die höher legierten Stähle, wenn gleichzeitig eine größere Zähigkeit erforderlich ist. Für verwickeltere Teile z. B. Zahnräder nimmt man die im Öl- oder Wasserbad abschreckbaren Stähle, die sich hierbei weniger verziehen, z. B. die Mn—Cr-Stähle nach Tafel 5/9.

Auch bei hohen Anforderungen an die Kernfestigkeit und Zähigkeit kann man ohne die höher legierten Chromnickel- und Chrommolybdän-Einsatzstähle (Tafel 5/10) auskommen, ist aber dann auf eine größere Sorgfalt bei der Auswahl, Wärmebehandlung und Bearbeitung angewiesen. Härteverfahren s. S. 84.

Tafel 5/7. *Stahlbleche.* Benennung, Festigkeitswerte und Verwendung (nach DIN 1621, 1622, 1623).

DIN	Bezeichnung	Benennung	Zugfestigkeit σ_B kg/mm²	Mindest-Dehnung δ_5 %	Falt-Versuche[1]	Bemerkungen
Grobbleche DIN 1 21 (Sept. 1934)	St 00.21	Handelsblech	—	— (für s > 10 mm)	o	Für gewöhnliche Behälter.
	St 37.21	Baublech I	37…45	20 (für s > 10 mm)	F	Für Behälter und Kessel.
	St 42.21	Baublech II	42…50	20 (für s > 10 mm)	F	
Mittelbleche (3—4,75 mm) DIN 1622 (Sept. 1933)	St 00.22	Handelsblech	≦50	—	o	
	St 00.22 S	Handelsblech S	≦50	—	o	Schmelz-Schweißbarkeit gewährleistet.
	St 34.22 P	Preßblech	34…42	25	F	
	St 34.22 R	Röhrenblech	34…45	20	F	
	St 37.22	Baublech I	37…45	20	F	
	St 37.22 S	Baublech I S	37…45	20	F	Schmelz-Schweißbarkeit gewährleistet.
	St 42.22	Baublech II	42…50	20	F	
	St 50.22	Stahlbleche höherer Festigkeit	50…60	16	o	
	St 60.22		60…70	12	o	
	St 70.22		70…80	10	o	
Feinbleche (unter 3 mm) DIN 1623 (Mai 1932)						*Handels-Feinbleche:*
	St I 23	Schwarzblech I	—	—	F	Walzwerksgeglüht! Für gewöhnliche Schwarzblechteile.
	St II 23	Schwarzblech II	—	—	F	Glühkistengeglüht. Für gesteigerte Oberflächen-Ansprüche.
	St III 23	Emaillier- u. Verzinkungsblech	—	—	F	Geeignet zum Emaillieren, Verzinken und Verbleien.
						Qualitäts-Feinbleche:
	St V 23	Ziehblech I	28…38	26 (für Blechdicke 2 bis 3 mm)	F	Für einfache, auch emaillierte Ziehteile, Oberfl. zunderfrei.
	St VI 23	Ziehblech II	28…38	26	F	„ normale Ziehteile; Oberfläche geglättet.
	St VII 23	Tiefziehblech	28…38	30	D	„ Tiefziehteile; Oberfläche geglättet.
	St VIII 23 t	Sondertiefziehblech t	32…42	30	D	„ „ Oberfläche einwandfrei matt oder blank und bestens spritzlackierfähig.
	St VIII 23 k	„ k	32…42	30	D	„ höchste Tiefziehbeanspruchung, Oberfläche geglättet und spritzlackierfähig.
	St IX 23	Bekleidungsblech	28…38	20	F	Glattes, porenfreies u. spritzlackierfähiges Bekleidungsblech für Wagen und Möbel.
	St X 23	Karosserieblech	32…42	30	D	Spezialtiefziehblech für Karosserieteile.
	St 34.23		34…42	25	F	Feinbleche mit vorgeschriebener Festigkeit, z. B. Stanzteile.
	St 37.23		37…45	20	F	
	St 42.23		42…50	20	F	
	St 50.23		50…60	18	o	
	St 60.23		60…70	14	o	
	St 70.23		70…85	10	o	

[1] F = Faltversuch vorgeschrieben, D = Doppelfaltversuch vorgeschrieben, o = ohne Faltversuch.

Tafel 5/8. *Maschinenbaustähle* nach DIN 1611 (Dez. 1935) (Unlegierte C-Stähle).

Bezeichnung	C-Gehalt (Mittelwert) %	Zugfestigkeit σ_B kg/mm²	Mindest-Fließgr. σ_F kg/mm²	Mindest-Bruchdehnung δ_5 %	Brinellhärte [1] H_B kg/mm²	Verwendungsangaben
St 00.11	0,1	<50	—	—	—	für Teile ohne besondere Beanspruchung,
St 34.11	0,12	34···42	19	30	95···120	Schmiedestahl, gut zerspanbar, gut einsetz- und feuerschweißbar, große Zähigkeit,
St 34.13 [2]	0,12	34···42	19	30	95···120	Nieten,
St 37.11	0,15	37···45	(21)	25	105···125	üblicher Schmiedestahl im Maschinenbau,
St 42.11	0,25	42···50	23	25	120···140	mäßig beanspruchte Wellen und Zahnräder, kleine Schubstangen, Preß- und Gesenkstücke,
St 50.11	0,35	50···60	27	22	140···170	für höher beanspruchte Wellen und Zahnräder, Schubstangen, Kolben noch gut zerspanbar, nur wenig härtbar, für Gleitbeanspruchung geeignet,
St 60.11	0,45	60···70	30	17	170···195	für noch festere u. gleitbeanspruchte Teile, wie Paßstifte, Keile, Zahnräder, Schnecken, Spindeln und Plunger: härtbar und vergütbar,
St 70.11	0,6	70···85	35	12	195···240	Werkzeugstahl für höchstbeanspruchte naturharte Teile wie Nockenscheiben und Rollen, Walzen u. Gesenke; ferner für gehärtete Teile wie Blatt- und Schraubenfedern, Stempel, Schneiden und Rollen. Hoch härtbar und vergütbar und noch zerspanbar.

[1] Von mir hinzugefügte Anhaltswerte. [2] Nach DIN 1613 (Sept. 1943).

Tafel 5/9. *Gebräuchliche Einsatzstähle* nach DIN 17210 (Dez. 1951) und *Nitrierstahl.*

Bezeichnung nach DIN 17006	Bezeichnung bisher	Gehalt in % (Mittelwerte) C	Mn	Cr	Festigkeitswerte geglüht H_B kg/mm²	im Kern nach Härtung σ_B kg/mm²	mindest σ_F kg/mm²	mindest δ_5 %	Härtebehandlung [1]
C 15	StC 16.61	0,15	0,3	—	bis 140	50···65	30	16	W
C 22	StC 25.61	0,22	0,3	—	bis 155	60···80	36	12	W
15 Cr 3	EC 60	0,15	0,5	0,6	bis 187	60···85	40	13	W
16 MnCr 5	EC 80	0,16	1,15	0,95	bis 207	80···110	60	10	O
20 MnCr 5	EC 100	0,20	1,25	1,15	bis 217	100···130	70	8	O
Cr–Al-Stahl (Nitrierstahl)		0,33	0,7	1,6 [3]	—235	80···100	—	12	[2]

[1] W = in Wasser, O = in Öl abgeschreckt. — [2] Ölvergütet vor der Nitrierung. — [3] Und 1,1% Al.

Tafel 5/10. *Chromnickel- und Chrommangan-Einsatzstähle* nach DIN 17210 (Dez. 1951).

DIN	Bezeichnung	Gehalt in % (Mittelwerte) C	Ni	Cr	Mo	Mn	Festigkeitswerte geglüht H_B kg/mm²	im Kern nach Härtung σ_B kg/mm²	σ_F kg/mm²	δ_5 %
17210	C 15	0,15	—	—	—	0,4	140	50···65	30	16
	15 Cr 3	0,15	—	0,65	—	0,5	187	60···85	40	13
	16 Mn Cr 5	0,16	—	0,95	—	1,2	207	80···110	60	10
	20 Mn Cr 5	0,20	—	1,2	—	1,3	217	100···130	70	8
	15 Cr Ni 6	0,15	1,5	1,6	—	0,5	217	90···120	65	9
	18 Cr Ni 8	0,18	2,0	2,0	—	0,5	235	120···145	80	7
	41 Cr 4	0,41	—	1,1	—	0,65	217	155···180	130	7

8. Vergütungsstähle (Tafel 5/11 u. 5/12).

Vergütungsstähle verwendet man nicht nur *vergütet*, d. h. abschreckgehärtet und auf Vergütungstemperatur angelassen (s. S. 85), sondern auch *randgehärtet* (brenn-, induktions- oder metallbadgehärtet) und in manchen Fällen auch *ungehärtet* (geglüht). Wir nehmen vorwiegend die Vergütungsstähle nach Tafel 5/11 und zwar die *unlegierten C-Stähle* durchweg bis zu einer Vergütungsfestigkeit $\sigma_B = 80$ kg/mm² (für geringere Zähigkeit auch erheblich höher); die *legierten* Stähle für σ_B über 70 kg/mm² (für geringere Zähigkeit bis $\sigma_B = 175$), besonders wenn der Härteverzug gering sein soll (Öl- oder Warmbadhärtung); die *chromhaltigen* Stähle (50 Cr V 4) für σ_B über 150 und bei dickeren Teilen (Vergütungstiefe!) auch schon für geringeres σ_B. Der noch hinzugefügte *Wälzlagerstahl* mit seinem hohen C- und Cr-Gehalt wird mit Vorteil auch für solche Zwecke verwendet, wo es auf große Oberflächenhärte ($H_B \approx 650$), Verschleißfestigkeit und trotzdem gute Zähigkeit ankommt.

Zu *Chromnickel* und *Chrom—Molybdän-Einsatzstählen* nach Tafel 5/12 greifen wir heute erst, wenn auch bei größeren Abmessungen die höchsten Ansprüche an Oberflächenhärte und vor allem an Durchvergütung und Zähigkeit (Kerbschlagfestigkeit und Kerbdauerfestigkeit) gestellt werden und ihre einfachere Wärmebehandlung genügend Vorteile bringt.

Tafel 5/11. *Gebräuchliche Vergütungsstähle* nach DIN 17200 (Dez. 1951).

Bezeichnung nach DIN 17006	Bezeichnung bisher	Gehalt in % (Mittelwerte) C	Si	Mn	Cr	Geglüht max H_B kg/mm²	Festigkeitswerte, Vergütet für 16—40 mm Dicke σ_B [1] kg/mm²	σ_F kg/mm²	δ_5 %
C 22	StC 25.61	0,22	0,25	0,45	—	155	50···60	30	22
C 35	StC 35.61	0,35	0,25	0,55	—	172	60···72	37	18
C 45	StC 45.61	0,45	0,25	0,65	—	206	65···80	40	16
C 60	StC 60.61	0,60	0,25	0,65	—	243	75···90	49	14
40 Mn 4	—	0,40	0,4	0,95	—	217	80···95	55	14
30 Mn 5	VM 125	0,31	0,25	1,35	—	217	80···95	55	14
37 Mn Si 5	VMS 135	0,37	1,25	1,25	—	217	90···105	65	12
42 Mn V 7	—	0,42	0,25	1,75	—	217	100···120	80	11
34 Cr 4	—	0,34	0,25	0,65	1,1	217	90···105	65	12
50 Cr V 4	50 Cr V 4	0,52	0,25	0,95	1,1	235	110···130	90	10
Wälzlagerstahl[3] . . .		1,0	bis 0,35	0,3	1,5	200	205	$H_B = 650$ [2]	

[1] Gilt für Stangen; für Fertigteile häufig erheblich höher vergütet (bis $\sigma_B = 175$).
[2] Ölgehärtet bei 820 bis 850°.
[3] Hinzugefügt!

Tafel 5/12. *Chromnickel- und Chrommolybdän-Vergütungsstähle* nach DIN 17200 (Dez. 1951).

DIN	Bezeichnung nach DIN 17006	Gehalt in % (Mittelwerte) C	Ni	Cr	Mn	Mo	geglüht max H_B kg/mm²	Festigkeitswerte, Vergütet für 16—40 mm Durchmesser σ_B kg/mm²	σ_F kg/mm²	δ_5 %
17200	25 Cr Mo 4	0,25	—	1,1	0,65	0,20	217	80···95	55	14
	34 Cr Mo 4	0,34	—	1,1	0,65	0,2	217	90···105	65	12
	42 Cr Mo 4	0,42	—	1,1	0,65	0,2	217	100···120	80	11
	50 Cr Mo 4	0,50	—	1,1	0,65	0,2	235	110···130	90	10
	30 Cr Mo V 9	0,30	—	2,5	0,55	0,2	248	125···145	105	9
	36 Cr Ni Mo 4	0,36	1,1	1,1	0,65	0 2	217	100···120	80	11
	34 Cr Ni Mo 6	0,34	1,6	1,6	0,55	0,2	235	110···130	90	10
	30 Cr Ni Mo 8	0,30	2,0	2,0	0,45	0,3	248	125···145	105	9

9. Gezogene und Automatenstähle (Tafel 5/13).

Für Drehteile großer Stückzahl, die meist auf Automaten bearbeitet werden, nimmt man die genauer kalibrierten *gezogenen* Stähle, die auch mit erhöhtem Phosphor- und Schwefelgehalt für gute Zerspanbarkeit als sogenannte *Automaten*stähle geliefert werden. Durch den Ziehvorgang tritt eine Kaltverfestigung ein (größeres σ_B und σ_F), die ein geringeres Dehnvermögen, also eine geringere Bruchdehnung und Kerbschlagfestigkeit mit sich bringt und bei kleineren Querschnitten besonders bemerkbar ist. Für größere Dehn-Anforderungen werden diese Stähle auch blank geglüht geliefert. Sie können auch je nach dem C-Gehalt eingesetzt oder vergütet werden wie Tafel 5/13 zeigt.

Tafel 5/13. *Gezogene Stähle* nach DIN 1652 und *Automatenstähle* nach DIN 1651 (August 1944).

DIN	Bezeichnung [1]		C-Gehalt Mittelwerte	Mindest-Festigkeitswerte geglüht		gezogen für 18—30 ∅		gezogen und vergütet für 16—40 ∅		Bemerkungen b = beruhigt vergossen ub = unberuhigt vergossen
				σ_B	δ	σ_B	δ	σ_B	δ_5	
			%	kg/mm²	%	kg/mm²	%	kg/mm²	%	
DIN 1652		St 00 K	0,1	ohne Gewähr		ohne Gewähr				einsetzbar
		St 34 K	0,12	34	30	47	8			
	C 15 K	St 37 K	0,15	37	25	50	8			
	C 22 K	St 42 K	0,22	42	25	56	7	55	18	vergütbar
	C 35 K	St 50 K	0,35	50	22	65	6	65	16	
	C 45 K	St 60 K	0,45	60	17	75	6	75	13	
	C 60 K	St 70 K	0,60	70	12	85	5	85	9	
	Silberstahl [2]		1,1	75	10	85	5	90	7	hochblank und fein kalibriert
DIN 1651	9 S 20		0,09	38	25	50	11	—	—	ub, Weichstahl
	10 S 20		0,10	38	25	50	11	—	—	b, einsetzbar
	15 S 20		0,15	38	25	50	11	—	—	
	22 S 20		0,22	42	25	50	10	50	18	
	35 S 20		0,35	50	20	60	8	60	16	b, vergütbar
	45 S 20		0,45	60	15	70	8	65	12	
	60 S 20		0,60	70	12	80	7	75	9	

[1] *Gezogene Stähle* (DIN 1652): ohne Zusatzzeichen = gezogen, mit Zusatz G = gezogen und geglüht, mit Zusatz N = gezogen und normalgeglüht, mit Zusatz V = gezogen und vergütet.
Automatenstähle (DIN 1651): ohne Zusatzzeichen = gewalzt, geschmiedet, geschält, normalgeglüht oder geglüht, mit Zusatz K = gezogen, mit Zusatz KV = gezogen und vergütet.

[2] Nicht genormt!

10. Federstähle (Tafel 5/14).

Für *Draht*federn genügen bei geringen Ansprüchen hartgezogene Drähte, bei höheren patentiert gezogene (im Bleibad abgeschreckte) mit hoher Elast.-Grenze. Die ölgehärteten und angelassenen Drahtfedern sind leichter zu wickeln (niedrigere Elast.-Grenze und größere Setzneigung!). Für *Blatt*federn wird meist unlegierter Stahl, für dickere legierter Stahl verwendet. Für alle Federstähle ist der E-Modul (und Gleitmodul) fast gleich, während die Elastizitätsgrenze (Setzneigung) und die Dauerfestigkeit von der Stahlzusammensetzung, Wärmebehandlung und Oberfläche (Risse und Randentkohlung) abhängen. Die Setzneigung (plastische Verformung) kann durch Anlassen auf etwa 250° *nach* der Formgebung vermindert, die Dauerfestigkeit kann durch Abschleifen oder Verdichten (Drücken) der Oberfläche erhöht werden.

11. Warmfeste und zunderbeständige Stähle (Tafel 5/15).

Derartige Stähle sind noch oberhalb 550° C korrosionsfest, indem sie Schutzschichten bilden und hierbei meist auch formbeständig und zugfest. Sie werden für Verbrennungsmotorenventile, bei Feuerungen und in der chemischen Industrie verwendet. Die Cr- und Cr-Al-Stähle nach Tafel 5/15 sind beständig bis 800 bzw. bis 1300° C, die Cr–Ni-Stähle außerdem noch warmfest und unmagnetisch.

Tafel 5/14. *Federstähle* nach DIN 17220···22 (April 1955) (Blatt- und Kegelfedern) und nach LÜPFERT [5/6]. E-Modul $E \approx 21000$ kg/mm², Gleitmodul $G \approx 8300$ kg/mm².

Angaben nach	Bezeichnung [1]	Gehalt in % (Mittelwerte) C	Si	Mn	Sonst.	Festigkeit der Feder σ_B mind. kg/mm²	δ_5 mind. %	H_B [2] kg/mm²	Behandlung [1]	Verwendet für
DIN 1669	50 M 7 H	0,5	bis 0,4	1,7	—	120	7	340···400	H	Blattfedern für Kraftfahrzeuge
	48 S 7 T	0,47	1,65	0,62	—	130	6	370···430	T	Blattfedern für Reichsbahnfahrzeuge
	55 S 7 H	0,55	1,65	0,7	—	130	6	370···430	H	Blattfedern (bis 10 mm Dicke) f. Kraftfahrz., Straßen- u. Feldbahnen
	65 S 7 H	0,65	1,65	0,7	—	135	6	385···445	H	Blattfedern (über 10 mm Dicke) f. Kraftfahrz., Straßen- u. Feldbahnen
	50 CV 4 H	0,5	bis 0,4	0,75	1,0 Cr 0,1 V	135	6	385···445	H	Blattfedern für höhere Anforderungen
		0,55	0,15	0,7	0,7	90···185	2	—	P	Schraubenfedern auf Zug
		0,7	0,15	0,7	—	140···210	2	—	—	Schraubenfed. auf Druck
		0,95	0,15	0,5	—	170···350	2	—	—	Schraubenfed. auf Zug od. Druck, hoch beanspr.
LÜPFERT		0,65	0,15	0,7	—	140···180	6	—	—	Schraubenfed. auf Druck, dauerbeansprucht
		0,62	3,0	0,9	—	160···180	—	—	H	Geschützfedern
		0,5	0,3	0,8	1,1 Cr 0,1 V	130···155	5	—	—	Torsionsstäbe u. Blattfedern für Kraftfahrzeuge
		0,6	0,9	0,4	1,1 Cr	130···160	—	—	—	Bei hoher Temperatur beanspruchte Federn
		0,65	0,15	0,3	—	100···130	5	—	—	Blattfedern, nachträglich verformt
		0,85	0,15	0,3	—	150···180	4	—	H	Grammophonfedern
		1,0	0,15	0,3	—	200···230	3	—	—	Uhrfedern

[1] H = Ölgehärtet und angelassen, T = Wassergehärtet und angelassen; P = patentiert gezogener Federdraht, wobei die höheren σ_B-Werte für dünneren Draht gelten.
[2] Bei Kegelfedern wird H_B bis 520 zugelassen.

Tafel 5/15. *Warmfeste und zunderbeständige Stähle* (nach LÜPFERT).

Stahl	Gehalt in % C	Si	Mn	Cr	Sonst.	Mittl. Festigkeitswerte bei 20° C σ_B kg/mm²	bei 20° C δ_5 %	bei 800° C σ_{DSt} kg/mm²	Zunderbest. bis °C
Cr-Stahl	0,15	0,4	0,5	25	—	60	20	0,2	1150
Cr-Al-Stahl	0,1	1,0	0,5	23	2 Al	60	12	0,2	1250
Cr-Ni-Stahl	0,15	2,5	1,0	25	20 Ni	65	45	1,5	1250
Cr-Ni-W-St.	0,5	1,5	1,0	15	13 Ni 2,5 W	90	18	2,0	800

12. Rost- und säurebeständige Stähle (Tafel 5/16, Bild 5/5).

Wir kennen hierfür nicht-härtbare Cr-Stähle mit 0,05—0,2% C und 14—18% Cr und härtbare mit 0,3—1% C und 12—18% Cr für Haushaltsgeräte, Messer und Werkzeuge, ferner Cr-Mn-Stähle mit 0,05—0,15 C und 9—16% Cr und Cr-Ni-Stähle mit 17—19% Cr und 8—11% Ni für die chemische, für die Zellstoff- und Textilindustrie.

13. Werkzeugstähle und Schneidmetalle (Tafel 5/16).

Je nach den Anforderungen verwenden wir unlegierte oder legierte Werkzeugstähle, Warm- oder Schnellarbeitsstähle und die sehr teuren Schneidmetalle. Für die Auswahl sind Schneidhaltigkeit und Zähigkeit, Verschleißwiderstand und Warmhärte (Bild 5/6) maßgebend. Einen Anhalt für ihren zweckmäßigen Einsatz bietet Tafel 5/16.

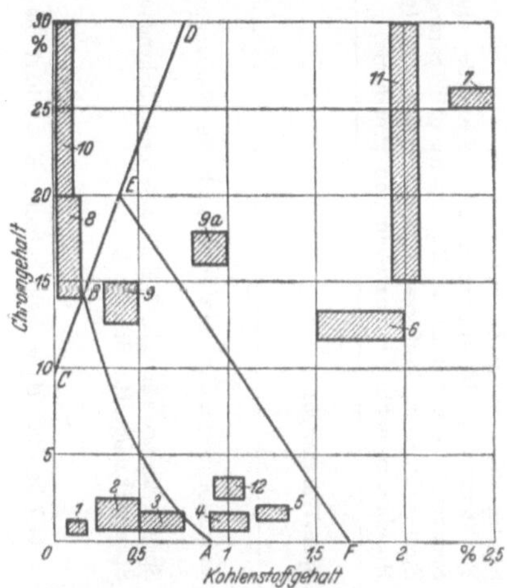

Bild 5/5. Einteilung und Verwendung der Chromstähle. (Nach LÜPFERT).

1. Einsatzstähle
2. Vergütungsstähle
3. Prägewerkzeuge
4. Wälzlager
5. Bohrer, Scherenmesser
6. Zieheisen, Schnitte
7. Ziehringe
8. Rost- u. säurebeständige Stähle, nicht härtbar
9. u. 9a wie 8, aber härtbar
10. Hitzebeständige Stähle
11. Hitzebeständiges Gußeisen
12. Magnetstähle

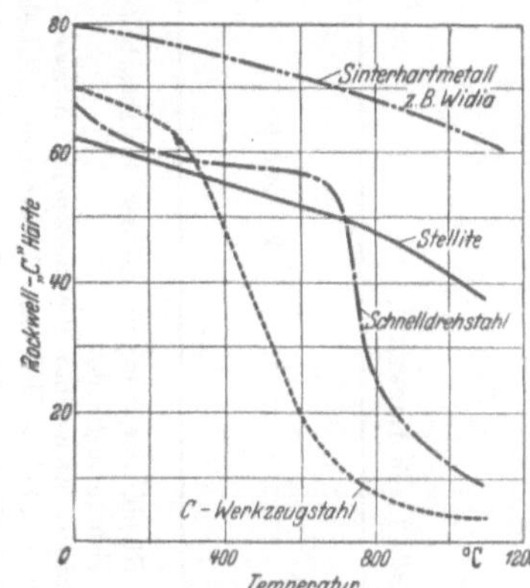

Bild 5/6. Wärmehärte von Schneidlegierungen.

5.4. Nichteisenmetalle.

1. Al und Al-Legierungen.

Die geringe Wichte ($\gamma = 2{,}7$ bis $2{,}85$) und relativ hohe Festigkeit der Al-Legierungen begünstigen ihre Verwendung bei ortsbeweglichen Maschinen (Fahrzeugen) und Geräten (Haushalt) und auch bei schnell bewegten Maschinenteilen (z. B. Kolben und Schubstangen), ferner bei festigkeitsmäßig nicht voll ausgenutzten Teilen, wie z. B. Gehäusen und Verschalungen, sofern die Gewichtsverminderung den höheren kg-Preis gegenüber Stahl und Gußeisen rechtfertigt (s. Leichtbau S. **63**, **66**, **76**). In anderen Fällen ist ihr hohes elektrisches und Wärmeleitvermögen von Vorteil.

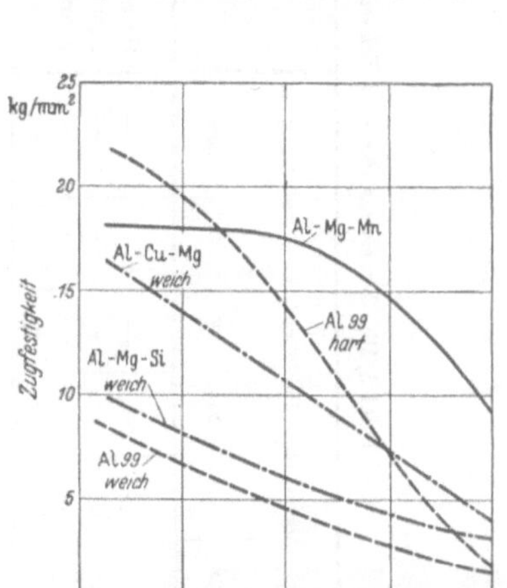

Bild 5/7. Warmfestigkeit von Al-Legierungen. (Nach LÜPFERT.)

Wir verwenden für Bauteile vorwiegend Al-Knetlegierungen und Al-Gußlegierungen, während Rein-Aluminium mehr für Sonderzwecke dient.

DIN-Blätter. Rein-Aluminium 1712, Al-Legierungen 1725; Preßteile aus Al und Al-Legierungen 1749; Profilstangen 1747, 1748, 1771, 1790, 1796—1799, 9711—9714; 46421, 6422; Rohre 1746, 1789, 1794, 1795; 6423; Bleche und Bänder 1745, 1753, 1783, 1784, 1788, 1793; Draht 46425, 46420.

Tafel 5/16. *Werkzeugstähle und Schneidmetalle* (nach LÜPFERT).

Werkstoff	Gehalt in % (Mittelwerte) C	Cr	Mn	Mo	W	V	Sonst.	Verwendet für
Unlegierte Stähle . . .	0,6	—	0,4	—	—	—	—	Hämmer, Sägeblätter, Schraubenzieher, Holzbearbeitungswerkzeuge,
	0,8	—	0,4	—	—	—	—	Hämmer, Schmiedegesenke,
	1,0	—	0,4	—	—	—	—	Span-, Präge-, Stanz- und Preßwerkzeuge, Messer,
	über 1,1	—	0,4	—	—	—	—	Gesteinsbohrer, Feilen, Zieheisen, Rasiermesser, „Riffelstähle", sehr verschleißfest;
Legierte Stähle . . .	1,4	0,5	0,3	—	3,2	0,3	—	Formstähle und Schaber, Biege- und Ziehwerkzeuge, zerspant auch Hartgußstahl,
	0,5	—	1,7	—	—	—	—	Spannzangen für Automaten,
	1,0	0,6	1,0	—	—	—	—	Gewindeschneider, Schnitte, Sägen, Feinmeßwerkzeuge,
	2,0	12,2	0,3	—	0,4	bis 0,25	—	Räumnadeln, Schnitt-, Stanz-, Zieh- und Drückwerkzeuge;
Warmarbeitsstähle . .	0,45	2,5	—	—	—	0,35	—	Spritzgußformen für Zn und Al,
	0,55	0,75	0,55	0,5	—	—	1,6 Ni	Preßstempel für Metallstrangpressen, Schmiede- und Preßgesenke,
	0,4	1,5	0,75	0,6	—	0,4	—	Spritzgußformen für Al- u. Mg, Büchsen für Strangpressen für Al u. Mg,
	0,35	2,5	—	—	4	0,2	—	Spritzgußformen, Preßgesenke und Strangpressen für Metalle,
	0,35	2,5	—	—	8,5	0,2	—	Hochbeanspruchte Preßmatrizen und Preßdorne;
Schnellarbeitsstähle . .	0,7	4,0	—	0,55	9,5	1,6	—	
	1,35	4,0	—	0,95	11,5	4,4	—	Span-Werkzeuge;
	0,95	3,7	—	2,3	1,35	2,8	—	
Schneidmetalle:								
Stellit	3,0	29	—	—	17	—	45 Cu 5 Fe	Korrosionsbeständige und verschleißfeste Werkzeuge,
G 1[1]	6	—	—	—	88	—	6 Co	Spanwerkzeuge für GG, NE-Metalle und Nichtmetalle,
S 1[1]	8	—	—	—	74,5	—	5,5 Co 12 Ti	Spanwerkzeuge für St und Stg.

[1] Gesinterte Hartmetalle, z. B. Widia, Böhlerit, Titanit. Werte für Widia: $\gamma = 14{,}7$ kg/dm³, $H_B = 1800$ kg/mm², $E = 50000$ bis 63000 kg/mm².

Rein-Al (DIN 1712) wird vor allem gewalzt, gepreßt oder gezogen in Form von Vollstangen, Rohren, Blechen (DIN 1788), Bändern, Drähten (für elektrische Leitungen) und Folien (für Verpackungen, Kondensatoren und Wärmeisolation) geliefert, während es gegossen (Preßguß) fast nur für Kurzschlußanker von Drehstrommotoren verwendet wird.

Eigenschaften. Al ist geglüht plastisch weich (tiefziehfähig), erhält aber durch Kaltverformung eine beachtliche Festigkeit (s. Tafel 5/17 und 5/18), die aber schon bei 100° C erheblich abfällt (s. Bild 5/7), bei Kälte dagegen höchstens zunimmt. Al ist unmagnetisch, vorzüglich elektrisch leitend (60% von Cu) und wärmeleitend (56% von Cu) sowie Wärme und Licht reflektierend (Alfol-Isolation), es ist schweißbar, aber schwieriger lötbar (Oxydhaut).

Korrosion. Al rostet nicht wie Eisen, da es sich mit einer Schutzschicht überzieht, ist *beständig* gegen reines Wasser, verdünnte Phosphorsäure, konzentrierte Salpetersäure, Schwefeldioxyd und viele Stickstoffverbindungen, aber *unbeständig* gegen Seewasser, anorganische Säuren, Soda, Mörtel und Beton. An Verbindungsstellen mit anderen Metallen ist Al gegen elektrolytisches Anfressen durch Schutzanstrich oder sonstige Isolation zu schützen. Al kann auch plattiert und eloxiert (elektrisch oxydiert) werden (s. Korrosionsschutz S. 32).

Einfluß von Legierungszusätzen. Eisen macht Al hart und spröde, Blei macht es blasig, aber auch besser zerspanbar; Kupfer erhöht die Härte, Magnesium die Festigkeit und Zerspanbarkeit, Antimon und Titan die Beständigkeit gegen Seewasser, Mangan die Festigkeit und Korrosionsbeständigkeit. Besonders bemerkenswert ist die „*Aushärtbarkeit*" (Verfestigung) durch Zusatz von Cu–Si oder Cu–Mg–Si, Cu–Mg–Ni oder Mg–Si.

Tafel 5/17. *Reinaluminium.* Festigkeitswerte. $\gamma \approx 2{,}7$ kg/dm³, $E = 7000$ kg/mm².

Zustand	σ_B kg/mm²	σ_F kg/mm²	δ_{10} %	H_B kg/mm²
Gegossen	9—12	3—4	18—25	24—32
Geglüht.	7—10	2—4	30—45	12—20
Gewalzt, mittelhart .	10—14	5—8	8—25	25—40
„ hart . . .	14—23	12—20	3—8	40—60

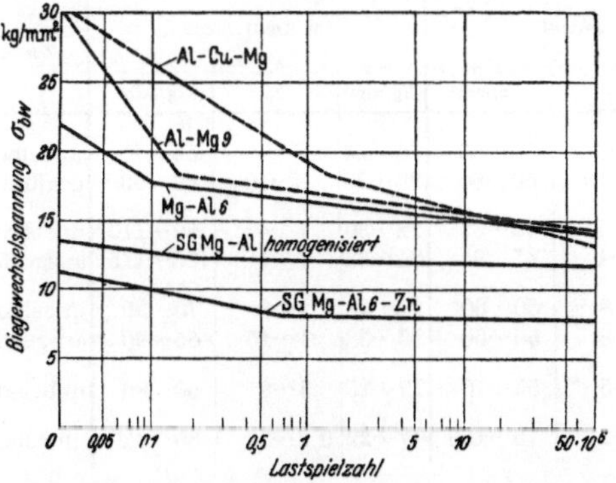

Bild 5/8. Biegewechselfestigkeit von Al- und Mg-Legierungen. (Nach LÜPFERT.)

Tafel 5/18. *Vollstangen*[1] *aus Reinaluminium* nach DIN 1790 (Sept. 1938). $\gamma = 2{,}7$ kg/dm³, $E = 7000$ kg/mm².

Bezeichnung [1]	Durchmesser mm	Festigkeitswerte Mindest σ_B kg/mm²	Mindest δ_{10} %	Mittel H_B kg/mm²
Al 99,7 F 7 . .	alle	7	22	18
Al 99,7 F 9 . .	bis 25	9	6	26
Al 99,7 F 11. .	bis 18	11	5	30
Al 99,7 F 13. .	bis 10	13	3	35
Al 99,7 F 17. .	bis 3	17	2	—
Al 99 F 8 . . .	alle	8	22	20
Al 99 F 10 . .	bis 30	10	5	28
Al 99 F 12 . .	bis 18	12	4	32
Al 99 F 14 . .	bis 10	14	3	37
Al 99 F 18 . .	bis 3	18	2	—

[1] Die gleichen Festigkeitswerte gelten für Stangen aus Al 99,5 statt 99,7 und aus Al 98/99 statt Al 99, ferner fast ebenso für Bleche und Bänder (DIN 1788), für Rohre (DIN 1789) und Preßteile (DIN 1749).

Al-Knetlegierungen. Sie können gewalzt, gezogen, gepreßt, gechmiedet und geschweißt werden. Die wichtigsten sind: *Al–Cu–Mg-Legierung* (z. B. Duralumin) mit besonders hoher Festigkeit, guter Zerspanbarkeit, aber geringem Korrosionswiderstand; dann *Al–Mg–Si-Legierung* mit hohem Korrosionswiderstand und vorzüglicher elektrischer

Leitfähigkeit; *Al–Mg-Legierung* mit hoher Festigkeit und erheblicher Korrosionsbeständigkeit auch gegen Seewasser und Alkalien; *Al–Mg–Mn-Legierung* ebenfalls seewasserbeständig, aber dabei warmfester (s. Bild 5/7) und tiefziehfähiger bei etwas geringerer Festigkeit; schließlich die *Al–Mn-Legierung*, die sehr korrosionsfest ist und besonders in der chemischen und Nahrungsmittel-Industrie Verwendung findet. Festigkeitswerte s. Tafel 5/19. Dauerfestigkeit s. Bild 5/8.

Tafel 5/19. *Al-Knetlegierungen* nach DIN 1725 (Jan. 1951) und Festigkeitswerte für Vollstangen nach DIN 1747 (Dez. 1951)[1].

$\gamma = 2{,}6$ bis $2{,}8$ kg/dm³; $E = 6900$ bis 7200 kg/mm².

Bezeichnung	Gehalt in % Mittelwerte				Mindest-Festigkeitswerte			Richtwerte	Zustand
	Cu	Mg	Mn	Sonst.	σ_B kg/mm²	$\sigma_{0,2}$ kg/mm²	δ_{10} %	H_B kg/mm²	
Al Cu Mg F 42 . . .	4,1	1,1	1,0	0,5 Si	42	25	6	100	ausgehärtet
Al Mg Si F 25 . . .	<0,1	0,85	0,8	0,9 Si	25	15	8	70	ausgehärtet
Al Mg 5 F 22	<0,05	4,7	0,4	—	22	9	15	50	weich
Al Mg 7 F 30	<0,05	6,5	0,4	—	30	14	13	65	weich
Al Mg Mn F 18 . . .	<0,05	2,2	1,0	—	18	8	12	50	weich

[1] Die Normangaben für Profilstangen (DIN 1748), für Bleche und Bänder (1745) und Rohre (1746) weichen hiervon nur wenig ab.

Al-Gußlegierungen. Auswahl nach Gießeigenschaften (Formfüllungsvermögen und Schwindmaß), besonders wenn es sich um Kokillenguß handelt, dann nach Festigkeit (s. Tafel 5/20) und sonstigen Eigenschaften. Am meisten wird UG Al–Cu–Si vergossen. Für besonders hohe mechanische Beanspruchungen nimmt man die Si-haltigen Legierungen, z. B. Silumin (hohe Zähigkeit) oder die eutektische G Al–Si–Mg-Legierung Silumin Gamma mit besonders geringer Lunkerneigung, während die schlechter gießbaren Al–Mg-Legierungen besonders korrosionsbeständig (auch gegen Seewasser) sind und die mit 5—7% Mg auch eine gute Warmfestigkeit (z. B. für Zylinderköpfe) besitzen.

Für *Al-Druckguß* (Spritzguß) siehe die Verwendungsangaben in Tafel 5/21.

Tafel 5/20. *Al-Gußlegierungen* nach DIN 1725 (Juni 1951).

$\gamma = 2{,}6$ bis $2{,}7$ kg/dm³; $E = 7650$ bis 8500 kg/mm²; Schwindmaß $\approx 1\%$.

Bezeichnung	Gehalt in % Mittelwerte				Für Sandguß			für Kokillenguß			Zustand
	Si	Mg	Mn	Sonst.	σ_B kg/mm²	δ_5 %	H_B kg/mm²	σ_B kg/mm²	δ_5 %	H_B kg/mm²	
G Al Si [1]. .	12,7	0,05	0,4	<0,6	17···22	4···8	50···60	20···26	3···7	55···70	unbehand.
					18···22	6···10	50···60	20···26	6···10	50···60	geglüht
G Al Si Mg[2]	9,5	0,3	0,4	<0,1 Zn	18···24	2···5	55···65	22···30	1···4	80···110	unbehand.
					20···26	1···4	65···85	24···32	1···4	85···115	ausgehärt.
G Al Mg 3 .	0,6	2,5	0,3	<0,1 Zn	14···19	3···8	50···60	21···28	2···8	70···90	unbehand.
					15···20	3···8	50···60	22···33	4···15	65···90	ausgehärt.
G Al Mg 5 .	0,6	5	0,3	<0,1 Zn	16···19	2···5	55···70	17···25	3···8	60···80	unbehand.
G Al Cu Si .	3	0,5	0,6	5,5 Cu	16···20	0,5···2	75···100	17···22	0,2···2	80···110	unbehand.

[1] Z. B. Silumin, besitzt hohe Zähigkeit. [2] Z. B. Silumin Gamma.

2. Mg und Mg-Legierungen.

Gegenüber den Al-Legierungen ist die noch geringere Wichte ($\gamma = 1{,}8$) der Mg-Legierungen beachtlich, so daß besonders Gußstücke aus Mg-Legierung trotz geringerer Festigkeit auch bei gleicher Belastung noch leichter werden (s. Tafel 4/2). Ihre Dauerfestig-

Tafel 5/21. *Al-Druckgußlegierungen* nach DIN 1725 (Juni 1951).

Bezeichnung	Gehalt in % Mittelwerte Si	Mg	Mn	Sonst.	Festigkeitswerte σ_B kg/mm²	δ_5 %	H_B kg/mm	Beachte
GD Al Si 13 .	12,0	0,25	0,45	<1,5 Fe	18···26	3···1	60···80	Verwickelte, chemisch
GD Al Si 7 . .	8,0	0,25	0,45	<0,4 Cu	17···24	3···1	55···75	beständige Gußstücke
GD Al Mg Si .	3,3	1,4	0,75		16···19	3···1	55···70	Polierbare, chemisch
GD Al Mg 9 .	<0,6	8,0	0,45	<1,5 Fe	19···27	3···1	65···85	beständige Gußstücke
GD Al Si Cu .	5,8	<0,5	0,4	2,5 Cu <1,5 Fe	19···23	2,5···1	55···75	Gußstücke aller Art

keit ist fast die gleiche, wie Bild 5/8 zeigt. Ferner sind sie besonders leicht zerspanbar, so daß z. B. fertig bearbeitete Gehäuse aus Mg-Legierung für kleine Zahnradpumpen nicht mehr kosten als aus Grauguß, obwohl das Roh-Gußstück aus Mg-Legierung etwa das doppelte kostet. Dagegen sind die Mg-Legierungen nicht lötbar, nur schwer schweißbar und nicht so gut kaltverformbar. Ihr niedriger E-Modul ($E = 4400$ kg/mm²) macht sie unempfindlich gegen Schlag und Stoß und wirkt bei Getriebekästen auch geräuschdämpfend; andererseits reicht ihre geringe Starrheit für viele Zwecke nicht aus. Ferner liegt ihre Entzündungstemperatur schon bei 400°, so daß Mg-Späne und Mg-Staub feuergefährlich sind [1]. Ihre Wärmeleitfähigkeit beträgt etwa 4,4% der von Cu und ihre elektrische Leitfähigkeit etwa 38% der von Cu.

Korrosion. Auch Mg überzieht sich mit einer schützenden Oxydhaut, ist korrosionsfest gegen Flußsäure und auch ziemlich gegen Alkalien (bis 120° C). Mg wird aber von Seewasser und Schwitzwasser stärker angegriffen als Al. Es wird deshalb meist durch Bichromatbeize und evtl. noch durch Lack oder durch Al–Mg-Spritzschicht gegen Korrosion geschützt und gegen elektrolytische Korrosion beim Zusammenbau mit anderen Metallen durch Isolierlack.

Verwendungsgebiete für Mg-Legierungen sind Gehäuse, Rahmen und Scheiben von ortsbeweglichen Geräten und schnell bewegte Teile.

Tafel 5/22. *Magnesiumlegierungen* nach DIN 1729 (Nov. 1943).
$\gamma = 1{,}8$ kg/dm³, $E = 4400$ kg/mm², Schwindmaß = 1,2% für Mg Al-Leg., = 1,9% für Mg Mn-Leg.

	Bezeichnung	Gehalt in % Mittelwerte Al	Zn	Mn	Festigkeitswerte σ_B kg/mm²	δ_5 %	H_B kg/mm²	Zustand
Sandguß	G Mg Al 3 Zn	3	1	0,3	16···20	10···6	40	unbehandelt
	G Mg Al 4 Zn	3,7	2,7	0,3	17···21	9···5	45	,,
	G Mg Al 6 Zn I	5,7	2,7	0,3	16···20	6···3	50	,,
	G Mg Al 6 Zn II	5,7	2,7	0,4	14···18	5···1,5	50	,,
	G Mg Al 9	8,3	0,5	0,3	24···28	15···8	55	warmbehandelt
Kokillenguß	G Mg Al 9 K	8,3	0,5	0,3	16···20	5···2	55	unbehandelt
	G Mg Al 9 g K	8,3	0,5	0,3	24···28	15···8	55	warmbehandelt
	G Mg Al 8 I	7,7	0,5	0,3	17···21	6···3	50	unbehandelt
	G Mg Al 8 II	7,7	0,5	0,4	15···20	5···1,5	50	,,
Druckguß .	D Mg Al 9 I	8,3	0,5	0,3	16···23	2···0,4	55	unbehandelt
	D Mg Al 9 II	8,8	0,6	0,3	15···22	1···0,2	55	,,
Knetleg[2]. .	Mg Mn	—	—	1,9	20···24	15···3,5	45	unbehandelt Vorzugsweise Blechleg. gut schweißbar
	Mg Al 6	6	1	0,2	27···33	16···6	60	unbehandelt
	Mg Al 7	7,3	1,3	0,2	28···37	12···6	65	,,

[1] Kompakte Mg-Stücke sind nicht feuergefährlich, da sie die Wärme schnell fortleiten. Mg-Brände durch Überschütten mit Graugußspänen löschen!

[2] Die angegebenen Festigkeitswerte sind in DIN 1729 nicht festgelegt.

Auswahl der Legierung (s. Tafel 5/22). Wir verwenden vorwiegend Mg-*Guß*legierungen, und zwar als *Sand*guß, vor allem G Mg Al 4 Zn, dann bei besonderen Anforderungen an die Dichtheit G Mg Al 3 Zn, für hochfeste Stücke G Mg Al 9 und für erhöhte Korrosionsbeständigkeit und Schweißbarkeit Mg Mn-Legierungen für *Kokillen*guß und *Spritz*guß s. Tafel 5/22.

Als *Mg-Knet*legierung wird vorwiegend Mg Al 6 verwendet und zwar in Form von Stangen, Rohren, Profilen, Preßteilen, Schmiedestücken und Blechen. Für Schmiedeteile hoher Festigkeit Mg Al 9, für korrosionsfeste und schweißbare Bleche (Verkleidungen und Behälter) meist Mg Mn.

DIN-Blätter. Mg-Legierungen 1729; Profilstangen 9715, 9701—9708, 9711—9714; Rohre 9709, 9710, Blech 9101.

3. Zink und Zn-Legierungen.

Reines Zink wird im Maschinen- und Apparatebau im wesentlichen nur als Blech (auch für Tiefzieh- und Kaltspritzteile) und als Korrosionsschutz (z. B. verzinktes Eisenblech) verwendet. Eine größere Bedeutung haben die Zn-*Legierungen* als günstige Austauschstoffe für Messing, Rotguß und Bronze für Armaturen und neuerdings auch für Gleitflächen (Gleitlager, Schneckenräder) und besonders für kleinere Spritzgußteile im Feingerätebau (Zähler, Schreibmaschinenteile usw.). Über ihre Zusammensetzung, Festigkeit und Verwendung unterrichtet Tafel 5/23. Weitere Angaben s. Lüpfert [*5/6*].

DIN-Blätter. Zn und Zn-Legierungen 1743; Blech 9721; Band 9722.

Tafel 5/23. *Feinzinklegierungen*
$E = 73000$ kg/mm², Schwindmaß 1,8%. (...)-Werte für gealterten Zustand.

Bezeichnung	Gehalt in % Mittelwerte			Festigkeitswerte Mindestwerte				Verwendung
	Al	Cu	Sonst.	σ_B kg/mm²	δ_5 %	H_B kg/mm²	γ kg/dm³	
Zn Al 4 Cu 1 . .	4,0	0,8	0,03 Mg	30	5	80	6,7	gezogene Stangen und Rohre Preßteile
				35	3	80	6,7	gewalzte Bleche und Bänder
Zn Cu 1	0,1	1,1	0,2 Mn	18	25	40	7,1	tiefziehfähige Bleche u. Bänder
				20	20	50	7,1	gezogene Stangen, Rohre und Drähte
Zn Cu 4 Pb 1 . .	0,12	4,0	1,2 Pb	27	5	70	7,2	gezogene Stangen, Automatenteile
G Zn Al 4 Cu 1 .	3,9	0,8	0,03 Mg	18	0,5	70	6,7	Sandguß } z. B. Lager und Schneckenräder
GK Zn Al 4 Cu 1				20	1	70	6,7	Kokillenguß } z. B. Lager und Schneckenräder
GD Zn Al 4 . .	3,9	0,3	0,03 Mg	25(20)	1,5	70	6,7	Druckguß, gut maßbeständig
G Zn Al 6 Cu 1 .	5,8	1,4	Zn Rest	18	1	80	6,5	Sandguß } Gießtechnisch schwierige Gußstücke
GK Zn Al 6 Cu 1				22	1,5	80	6,5	Kokillenguß } Gießtechnisch schwierige Gußstücke
GD Zn Al 4 Cu 1	3,9	0,8	0,03 Mg	27(21)	2(1)	80	6,7	Druckguß, Armaturen

4. Kupfer (Cu) und Cu-Legierungen.

Tafel 5/24 gibt einen Überblick der Cu-Legierungen. Sie besitzen besonders begehrte Eigenschaften, wie hohen Korrosionswiderstand (s. S. 33), gute Lötbarkeit, gute Gleit- und Festigkeitseigenschaften, hohe elektrische und Wärmeleitfähigkeit und vielseitige Möglichkeiten für die Formgebung, wie gießen, pressen, spritzen, ziehen, drücken, schmieden und walzen. Entsprechend werden sie in Form von Gußstücken, Platten, Blechen, Profilstangen, Rohren, Bändern und Drähten angeliefert.

Als *Sparstoffe* suchen wir sie jedoch so weit wie möglich durch andere zu ersetzen, oder wir suchen mit einer geringeren Menge auszukommen (Plattierung statt Vollstück [1]), oder

[1] Plattierung s. [*5/96*].

Tafel 5/24. *Kupfer und Kupfer-Legierungen.*

Schwindmaß bei Sandguß = 1,5% für GMs 60, = 0,8% für GBz 10; γ = 8,9 kg/dm³ für Cu, = 8,7 für Ms 85 und GBz 10, = 8,5 für Ms 60, = 8,2 für BeBz; E = 12500 kg/mm² für Cu, = 9000 für Ms, = 11600 für GBz 10, = 12500 für BeBz.

DIN	Werkstoff	Bezeichnung	Gehalt in % Mittelwerte					Festigkeitswerte Mindest		Mittel	
			Cu	Zn	Pb	Sn	Sonst.	σ_B kg/mm²	δ_{10} %	H_B kg/mm²	
1708 (Febr. 1941)	Hüttenkupfer A	A Cu	über 99,0	—	—	—	—	23	38	30	weich, Stangen
1774 (Jan. 1939)	Messing . . .	Ms 63 F 29	63	Rest	1	—	—	29	45	75	weich, Stangen u. Bleche, tiefziehfähig
1774 (Jan. 1939)	,, . . .	Ms 63 F 41	63	Rest	1	—	—	41	15	110	hart, Bleche
1774 (Jan, 1939)	,, . . .	Ms 63 F 52	63	Rest	1	—	—	52	5	150	federhart, Bleche
1726 (März 1948)	Tombak . . .	Ms 85	85	Rest	0,1	—	—	30	45	55	weich, Stangen und Bleche
1726 (März 1948)	Gußmessing .	G Ms 60	60	Rest	1,5	—	—	25	10	70	Sandguß
1705 (April 1939)	Rotguß . . .	Rg 5	85	7	3	5	—	15	10	60	Sandguß
1705 (April 1939)	Zinnbronze[1] .	G SnBz 10	90	—	—	10	—	20	15	60	Sandguß[1]
—	Ph-Bronze .	FW 2310	91	—	—	8,5	0,3 P	37	60	85	weich[1]
								70	10	170	hart
1726 (März 1948)	Bleizinnbronze	PbSnBz 22	Rest	—	20	5	—	15	5	50	Sandguß
1726 (März 1948)	Al-Bronze . .	AlBz 4	Rest	—	—	—	4 Al	30	50	50	weich, Stangen und Bleche
1726 (März 1948)	Beryllium-Bronze[2] . .	BeBz 2	97	—	—	—	2,5 Be	(62)	(2,2)	(105)	weich
								135	4,0	365	hart, vergütet
1726 (März 1948)	Neusilber . .	NS 65/12	65	Rest	—	—	12 Ni	35	40	120	weich, Stangen und Bleche
1727 (Jan. 1944)	Monel-Metall .		35	—	—	—	65 Ni	84	40	—	Halbzeug, korrosionsfest

[1] Als Schleuderguß etwa 1,8faches σ_B bei gleicher Dehnung.

[2] Ideal für hochfeste und korrosionsbeständige Federn und Membranen; außerdem unmagnetisch, schweißbar, löt- und härtbar und nicht funkend (für Hämmer u. Werkzeuge) s. [5/68].

zu Cu-Legierungen mit geringerem Cu- und Sn-Gehalt überzugehen. So verwenden wir *anstatt Cu*: Bei elektrischen Leitungen Al- oder Zn-Legierungen und Schienen aus Mg-Legierung; bei Lokomotiv-Feuerbüchsen Stahl; bei Heißwasserbehältern (Korrosionsangriff!) Cu–Si-Legierungen oder Cu-plattierte Al-Bleche (Cupal) oder keramische Stoffe; bei Leitungsrohren Cu-plattierte Rohre aus Stahl (Tebe- und Mb-Rohre), Cu-plattierte aus Al (Cupal) und aus Hartpapier (Kuprema) oder keramische Stoffe. Oft genügen auch galvanische Überzüge aus Cu;

anstatt Cu-Legierungen: Bei Turbinenschaufeln Cr-Stahl mit 14% Cr; bei Armaturen für Rohrleitungen und elektrische Leitungen korrosionsbeständige Al- und Zn-Legierungen, bei elektrischen Widerständen Cu–Mn- oder Eisenlegierungen; in der Feinmechanik Al- und Zn-Automatenlegierungen statt Messing; bei Schnecken- und Schraubenrädern Al–Bz statt Sn–Bz, ferner Al- und Zn-Legierungen, Gußeisen oder Preßstoff; bei Gleitflächen (Gleitlagern) Pb–Bz statt Sn–Bz und sonstige Lagermetalle und Preßstoffe (s. Kap. 15.7).

Es gibt jedoch Fälle, wo Cu und Cu-Legierungen nicht ganz zu entbehren sind, z. B. bei Hochleistungs-Schneckengetrieben die Bronze und bei elektrischen Spulen der dünne Cu-Draht, dessen hohe elektrische Leitfähigkeit verbunden mit mechanischer Festigkeit und Lötanschluß bisher von keinem anderen Werkstoff erreicht wird.

DIN-Blätter. a) *Kupfer*: 1708, Halbzeug 1787, 40500, Blech 1752, Band 1792, Rundstangen 1767, Vollprofil 1773, Flach 1768, Rohr 1754, 1786; Draht 1766, 46431; Draht isoliert 46435, 46436, 46450.

b) *Messing*: 1709, Blech 1751, 1774, 1778, Band 1791, Rundstangen 1756, 1758, 1782; Vollprofile 1759—1765, 1776, Rohr 1775, 1755, 1772, Draht 1757.

c) *Cu-Legierungen*: Cu-Legierungen 1726, Begriffe 1718, Bz und Rotguß 1705, Al–Bz 1714, Pb–Bz 1716.

5.5. Nichtmetalle.

1. Holz.

Holz besitzt gegenüber Metallen einige *Vorzüge*, wie: geringer Volumenpreis (s. S. 63), leichtere Bearbeitung und geringere Wichte, ferner geringe elektrische und Wärmeleitfähigkeit und bemerkenswerte Elastizität und Reibeigenschaften. Dem stehen als *Nachteile* seine ungleichmäßige Beschaffenheit, seine Brennbarkeit, seine geringere Festigkeit und Lebensdauer und nicht immer ausreichende Formbeständigkeit gegenüber.

Entsprechend verwendet man Holz auch im Maschinenbau, wenn seine Lebensdauer und sonstigen Eigenschaften ausreichen z. B. für Gießereimodelle, für Formschablonen in der Blechbearbeitung, für Riemenscheiben, für Blattfedern an Dreschmaschinen und Sägegattern, für Reibklötze in manchen Kupplungen und Bremsen, für wassergeschmierte Lager [1], für Griffe und Stiele, für Böden, Sitzbretter, Kasten und Aufbauten bei Fahrzeugen, für Ständer, Rahmen, Gehäuse und Verschalungen im Mühlenbau und allgemein zur Verschalung von Maschinen und Geräten für den Versand. Festigkeitswerte und Eigenschaften s. Tafel 5/25.

Besondere Verwendungsmöglichkeiten bietet *vergütetes* Holz, und zwar *Sperrholz* (schichtweise verleimtes Holz) für größere Platten, für dünnwandige Fässer [*5/75*] und dort, wo der Ausgleich der Wuchsrichtung des Holzes von Vorteil ist; dann *Panzerholz* (mit Blech plattiertes Holz), wenn es auf eine festere Oberfläche und größere Bruchsicherheit ankommt; *verdichtetes Schichtholz* (z. B. Lignofol) und *Preßholz* (z. B. Lignostone), wenn es auf höhere Festigkeit, Formbeständigkeit und gleichmäßige Beschaffenheit ankommt (z. B. für geräuscharme Zahnräder). Festigkeitswerte s. Tafel 5/26.

DIN-Blätter. Vergütete Hölzer und holzartige Werkstoffe 4076, Kunstharz-Preßholz 7707, Sperrholzplatten, Furniere und Tischlerplatten 4078, Prüfung von Holz 52180—52190.

---

[1] Neuerdings meist Preßstoffe statt Pockholz.

Tafel 5/25. *Holz.*

Holzart	Wichte (Mittel)	Festigkeit [1] (Mittelwerte)			E (Biegung)	Preisvergleich	Eigenschaften und Verwendung
		σ_{-B}	σ_B	σ_{bB}			
	kg/dm³	kg/mm²	kg/mm²	kg/mm²	kg/mm²	%	
Kiefer . . .	0,6	5,3	9,7	8,7	1080	65	weich, gut spaltbar, wetterbeständig, wenig schwindend. Bauholz, Sitz- und Bodenbretter. Für Fahrzeuge, Kasten
Fichte . . . Tanne . . .	0,55	4,3	9,0	6,6	1110	60	weich, leicht spaltbar, wenig wetterbeständig. Für Leitungsmasten, sonst wie bei Kiefer
Rotbuche .	0,75	5,3	13,5	10,5	1280	55	hart, druckfest, dicht, gut spaltbar, schwer nagelbar, wenig wetterbeständig, stark schwindend. Für Leisten
Weißbuche .	0,8					70	sehr hart, dicht, sehr zäh, schwer spalt- und nagelbar, wenig wetterbeständig, stark schwindend. Für Handgriffe, dichte und zähe Teile
Ulme . . .	0,72					80	hart, zäh, schwer spaltbar, gut biegeformbar. Für Bremsklötze
Eiche . . .	0,8	5,4	9,0	9,1	1000	100	hart, sehr druckfest, zäh, gut spaltbar, sehr wetterbeständig, stark schwindend (Reißneigung). Für hochwertige Kasten
Esche . . .	0,75	5,4	10,4	10,2		100	hart, dicht, zäh, elastisch, gut spaltbar, wetterbeständig, mäßig schwindend, gut biegeformbar. Für Radfelgen, Deichseln

[1] Festigkeitswerte gelten bei Beanspruchung *in* Faserrichtung; sie verringern sich erheblich mit größerem Feuchtigkeitsgehalt. Die Elastizitätsgrenze beträgt etwa bei Zug 0,6 σ_B, bei Druck 0,4 σ_{-B} und bei Biegung 0,5 σ_{-B}.

Tafel 5/26. *Schichtholz, verdichtetes Schichtholz (Lignofol) und Preßholz (Lignostone) aus Rotbuche.*

Anzahl der Furniere je cm Dicke	Wichte kg/dm²	Festigkeit σ_{-B} kg/mm²	σ_B kg/mm²	σ_{bB} kg/mm²	E kg/mm²
5	0,65···0,75	7 ··· 8,1	8 ···13,5	12 ···14,3	
20	0,75···0,85	8 ···10	13 ···18,7	14 ···18	
28	0,8 ···0,9	8,5···10	13,5···17,7	14,5···19	
40	0,85···0,95	9 ···11	14 ···17,4	15 ···20	
Lignofol	1,3	—	20	25	
Lignostone	1,4	bis 15	30	28	2960

2. Plastische Kunststoffe.

Man unterscheidet die wärmeplastischen *Eiweiß*-Kunststoffe (Kunsthorn, Galalith), die mehr oder weniger plastischen oder wärmeplastischen *Zellulose*-Kunststoffe (Vulkanfiber, Zelluloid, Cellon, Trolit), die wärmeplastischen und durchweg im Heißluftstrom schweißbaren *Polymerisate* (Vinidur, Mipolam, Plexiglas, Buna) und die härtbaren *Kondensate* (Kunstharz-Preßstoffe mit und ohne Füllstoffe) wie Bakelit, Hartpapier und Hartgewebe.

Von diesen finden besonders die Kondensate und Polymerisate auch im Maschinenbau zunehmend Verwendung, z. B. für kleine Gehäuse und Schutzkästen (Bakelit-Formstücke), für Abdeckungen und Schalttafeln (Preßstoff-Platten), für Gleitflächen (Preßstoffe, s. Gleitlager, für Griffe, Schalter und Isolierstücke, für Rohrleitungen (Vinidur, Mipolam), Schläuche und Dichtungen, für durchsichtige Lehrmodelle (Plexiglas)

Tafel 5/27. *Plastische Kunststoffe.*

Kunststoffe	Typ	Wichte γ kg/dm³	Festigkeitswerte (Mindestwerte) σ_{bB} kg/mm²	σ_{-B} kg/mm²	σ_B kg/mm²	A_b cmkg/cm²	E (im Mittel) kg/mm²	Warmfest bis °C	Lieferform[1]
Eiweiß-Kunststoffe: Kunsthorn, Galalith	—	1,4	10	7	—	20	—	60	P, S, R, F
Zellulose-Kunststoffe: z. B. Vulkanfiber .	—	1,2	8	—	8	120	—	80	T
Polymerisate: (wärmeplastische):									
Vinidur	—	1,34	11	7,8	6	250	—	60	Fo, R, P
Mipolam	—	1,38	—	—	6	175	—	70	Pr, Sp
Plexiglas	—	1,18	7	—	7,5	15	—	70	F, Fo, Sp
Kondensate (härtbar):									
Phenolharze: Gießharz, z. B. Bakelite .	—	1,3	5—12	13	6	12	—	55	B, P, S
mit anorgan. Gespinsten	*M*	1,8	7	12	2,5	15	1300	150	
mit Holzmehl	*S*	1,4	7	20	2,5	6	700	125	
mit Textilfaser	T_1	1,4	6	14	2,5	6	700	—	F
	T_2	1,4	6	14	2,5	12	850	125	P
	T_3	1,4	8	12	5	25	650	—	R
mit Zellstoff	Z_1	1,4	6	14	2,5	5	600	—	
	Z_2	1,4	8	10	2,5	8	800	125	
	Z_3	1,4	12	16	8	15	1050	—	
Hornstoffharze: mit organ. Füllstoff. .	*K*	1,5	6	18	2,5	5	750	100	
Geschichtete Preßstoffe: Hartpapier[2] .	*II*	1,4	15 (13)	15	12	25	950	—	
Hartgewebe (Baumwolle, grob)	*G*	1,4	10 (8)	20	5	25	700	—	
„ (Baumwolle, fein)	*F*	1,4	13 (10)	20	8	30	800	—	

[1] P Platten, S Stäbe, R Rohre, F Formstücke, T Tafeln, Fo Folien, Pr Preßmasse, Sp Spritzmasse, B Blöcke.
[2] Die eingeklammerten Werte gelten für den abgearbeiteten Zustand, die übrigen für den Lieferzustand.

Tafel 5/28. *Hartporzellan und keramische Sondermassen*[3].

	Wichte γ kg/dm³	Festigkeitswerte (Mindestwerte) σ_{bB} kg/mm²	σ_{-B} kg/mm²	σ_B kg/mm²	A_b cmkg/cm²	E Mittelwerte kg/mm²	feuerfest bis °C	Bemerkung	Wärmeleitfähigkeit kcal/(h m °C)	$10^6\,x$ Wärmedehnzahl für 1° C
Hartporzellan										
glasiert . .	2,4	9	45	3	—	7500	1670	dicht	1,35	4,0
unglasiert .	—	5	40	2,5	1,8					
Steatit, glasiert . .	2,7	12	85	6	—	10500	1350	dicht	2,05	6,2
unglasiert .	—	12	85	4,5	3,0					
Calit, glasiert . .	2,75	14	95	6,5	—	12000	1350	dicht	2,05	7,0
unglasiert .	—	14	90	4,5	4					
Pyrodur, unglasiert .	2,6	12	65	3	2,4	10000	>1750	dicht	2,4	4,6
Calodur unglasiert .	2,4	1,5	6,0	1	1	—	>1750	porös	1,5	4,2
Heschotherm, dicht .	2,35	3,0	3,5	1,5	1,5	—	—	dicht	5,6	3,0

[3] Nach Angaben der Hermsdorf-Schomburg-Isolatoren-Ges., Hermsdorf/Thür.

und spannungsoptische Modelle (Phenolharze). Sie besitzen geringe Wichte bei durchweg beachtlicher Festigkeit und Lebensdauer, chemische Beständigkeit und geringe elektrische und Wärmeleitfähigkeit, aber nur begrenzte Warmfestigkeit (60—150°). Tafel 5/27 unterrichtet über ihre mechanischen Eigenschaften[1].

[1] Kunstharz-Lacke als Korrosionsschutz s. S. 33, als Mittel zum Sichern und Dichten von Gewinden und Fugen s. Ztschr. Konstruktion Bd. 1 (1949) S. 28.

DIN-Blätter. Preßstoffe 7702 bis 7708, Toleranzen für Preßstoff-Preßteile 7710, Prüfung von Preßstoffen 53451—53453, Kunststoffrohre aus Polyvinylchlorid 8061, 8062, Tafeln, Rollen und Streifen aus Preßspan 40600, Hartpapier-Platten 40605, Hartgewebe-Platten 40606, Hartpapierrohr und Hartgeweberohr 40607, Preßholz 7707.

3. Keramische Stoffe.

Bekannt ist die Ausnutzung ihrer *Säure-* und *Laugen*festigkeit für Rohrleitungen, Behälter, Wannen und Walzen, für Filter, Siebe und Düsen, für Wärmetauscher und Auskleidungen aus Steinzeug oder Porzellan in der chemischen, sanitären und Nahrungsmittel-Industrie; ihrer *Feuer- und Wärmefestigkeit* für wärmetechnische Zwecke (feuerfestes Steinzeug und Sondermassen für Öfen), ihrer *elektrischen Festigkeit* für Isolatoren (Hartporzellan, Steatit, Calit), Spulenträger und Kondensatoren (Calit) in der Stark- und Schwachstromtechnik und ihrer leichten Formgebung (vor dem Brennen) für Teile, die nicht auf einen bestimmten Werkstoff angewiesen sind (Griffe).

Weniger bekannt ist, daß wir sie mit Hartmetall und Schleifscheibe *genau maßhaltig bearbeiten können,* daß wir Metallteile einpressen und Metallüberzüge aufbringen können, und daß wir auch verwickelte und mechanisch hoch beanspruchte Gebilde, wie Schleuder- und Zahnradpumpen, Stirnrad- und Schneckengetriebe, Gleit- und Wälzlager und sogar elastische Schraubenfedern aus ihnen herstellen können [*5/82*]; ferner, daß wir über keramische *Sondermassen* mit besonderen Eigenschaften verfügen (s. Tafel 5/28), z. B. mit hoher Schlagbiegefestigkeit (Steatit, Calit, Pyrodur), mit hoher Wärmeleitfähigkeit (Heschotherm für Wärmetauscher), mit elektrischer Halbleitereigenschaft (Heschotherm und Fesi für elektrische Erhitzung), mit geringer Wärmedehnung und hoher Temperaturwechselfestigkeit (Sinterkorund, Ardostan, Calodur), mit größter Härte (Borkarbid als Spanwerkzeug für Preßstoffe), und Sinterkorund für hochfeste Zündkerzen, für Schmelztiegel und chemische Laborgeräte.

DIN-Blätter. Keramische Werkstoffe 40686, Keramische Isolierstoffe 40685, Kanalisations-Steinzeugwaren 1230, Toleranzen und Richtlinien für keramische Isolierteile 40680.

5.6. Sonderstoffe.

1) Metallkeramische Stoffe. Durch Druck- und Wärmeeinwirkung kann man Metallpulver verschiedener Zusammensetzung zu maßhaltigen Körpern zusammensintern. Je nach Zusammensetzung und Gefüge (Porigkeit) besitzen sie besondere Eigenschaften. Bekannt sind z. B. *Sintereisen* (s. Tafel 5/29) und *Sinterbronze* für Gleitlager, Dichtungen und kleine Zahnräder, dann die gesinterten *Alnico-Magnete,* die gesinterten *Hartmetalle* (s. Tafel 5/16), die gesinterten *Kontaktstoffe* (z. B. Cu-Graphit) und neuerdings auch gesinterte *Metall-Reibbeläge.* Ihre Entwicklung ist noch nicht abgeschlossen und läßt noch weitere Erfolge erwarten.

Tafel 5/29. *Werte für Gleitlager-Sintereisen.*

Gehalt in %				Festigkeitswerte				γ	Porenraum
C	Mn	Si	Cu	σ_B kg/mm²	δ_{10} %	H_B kg/mm²	A_{bk} cmkg/cm²	kg/dm³	%
0 0,2	0,25	<0,1	0,2	7—10	>2	27	30	5,8—6	25%

2) Verbundstoffe. Durch innige Vereinigung von Stoffen mit verschiedenen Eigenschaften lassen sich Wirkungen erzielen, die dem Einzelstoff fehlen.

Es dreht sich bei den Verbundstoffen meist darum

1) *teure oder seltene Stoffe einzusparen,* indem man billigere Grundstoffe, z. B. Stahl oder Gußeisen mit wertvolleren, z. B. Kupfer, Bronze oder Hartmetall plattiert oder überzieht; oder

2) *dem Grundwerkstoff* (besonders seiner Oberfläche) *zusätzliche Eigenschaften zu verleihen* z. B. ihn zugfest (Beispiel Stahlbeton, Drahtglas und Gewebepreßstoffe) verschleißfest (Verbundschiene mit härterem Kopf), chemisch fest (Verbundrohre mit rostfester Oberfläche), elektrisch oder wärmeleitend (Verbund-Kontaktstoffe) oder nicht leitend, oder gut gleitend (Verbundgleitstoffe) oder spiegelnd oder verbindungsfähiger zu machen; oder

3) *neue Eigenschaften zu erzielen* (Beispiel Bimetall als Wärmeanzeiger und gesintertes Hartmetall).

Die Verbindung kann durch vergießen, verschweißen, verlöten oder verleimen, durch sintern, diffundieren (z. B. Inkromieren), aufspritzen, aufwalzen oder galvanisch erfolgen.

Als weitere Beispiele seien genannt: Panzerholz (Holz mit Blech verkleidet), Kupferpanzerdraht (mit Stahlseele und Kupfermantel), Gleitlagerschalen, Spindelmuttern und Schneckenräder in Verbundguß (Außenschicht aus Bronze bzw. Lagermetall), Schwingmetall (Gummi zwischen Metallplatten), Emailleblech usw.

Die Verbundstoffe entsprechen in besonderem Maße dem Streben des Ingenieurs nach optimaler Wirkung mit optimalem Aufwand.

3) Gleitwerkstoffe s. Kap. 15.7.

4) Lote s. Kap. 8.

5) Reibstoffe s. Reibkupplungen (Bd. 2).

6) Austauschstoffe s. S. 100 bis 104 u. Kap. 15.7.

7) Gummi s. Kap. 12.8.

5.7. Schrifttum zu 5.

Allgemein:

[5/1] HÜTTE: Taschenbuch der Stoffkunde. Berlin: Ernst & Sohn 1937.
[5/2] v. RENESSE, H.: Werkstoff-Ratgeber. Essen: Girardet 1943.
[5/3] BÖHNE, Cl.: Werkstoff, Taschenbuch. Stuttgart: Franck'scher Verlag 1948.
[5/4] — Din-Taschenbuch 4, Werkstoffnormen. Berlin: Beuthvertrieb.
[5/5] HAGEN, H.: Die Beurteilung der Werkstoffeignung für statische, dynamische und thermische Beanspruchung auf Grund des Ähnlichkeitsprinzips. Die Technik Bd. 3 (1948) S. 6.
[5/6] LÜPFERT, H.: Metallische Werkstoffe, 2. Aufl. Bad Wörishofen: Verlag Banaschewski 1946.
[5/7] — Werkstoffhandbuch Stahl und Eisen, 2. Aufl. Düsseldorf: Stahleisen 1937.
[5/8] OBERHOFFER, P., W. EILENDER u. H. ESSER: Das technische Eisen. Berlin: Springer 1936.
[5/9] GUERTLER, W.: Einführung in die Metallkunde. Leipzig: Barth 1943.
[5/10] MASING, G.: Grundlagen der Metallkunde. Berlin: Springer 1940.
[5/11] ZIMMERMANN, W.: Werkstoffkunde 1944.
[5/12] HOFMANN, W. u. O. SCHMITZ: Metallkunde. Wolfenbüttel: Verlagsanstalt 1948.
[5/13] SCHIMPKE, P.: Technologie der Maschinenbaustoffe, 9. Aufl. Leipzig: Verlag Hirzel 1945.
[5/14] WIEDERHOLT, W.: Metallschutz, AWF-Schriften Bd. 1 und 2. Leipzig 1938 und 1940.
[5/15] MACHU, W.: Metallische Überzüge. Leipzig: Verlagsanstalt 1941.

Werkstoffumstellung:

[5/16] — Konstruieren in neuen Werkstoffen. VDI-Sonderheft. Berlin: VDI-Verlag 1942.
[5/17] — Werkstoffumstellung im Maschinen- und Apparatebau. Berlin: VDI-Verlag 1940.
[5/18] SCHAFT, O.: Austauschwerkstoffe, Handbuch für den Braunkohlenbergbau. Halle: Wilhelm Knapp 1944.

Gießbares Eisen s. auch [5/1] bis [5/11]:

[5/19] PIWOWARSKY, E.: Der Eisen- und Stahlguß. Düsseldorf: Gießerei-Verlag 1937.
[5/20] PIWOWARSKY, E.: Hochwertige Gußeisen. Berlin: Springer 1942.
[5/21] EMMEL K.: (Emmelguß.) Stahl und Eisen 1925 S. 1466.
[5/22] KLEIBER, P.: (Sternguß). Krupp'sche Monatshefte 8 (1927) S. 109.
[5/23] — (Lanz-Perlitguß), Gießereizeitung 1928 S. 441.
[5/24] LEON, A.: Zugfestigkeit u. Brinellhärte von Gußeisen. Z. VDI Bd. 80 (1936) S. 281.
[5/25] HEMPEL, M.: Gußeisen und Temperguß unter Wechselbeanspruchung (σ_D-Schaubilder für Ge). Z. VDI Bd. 85 (1941) S. 290.
[5/26] BAUTZ, W.: Die neue Entwicklung des Gußeisens als Konstruktionsmaterial. Masch.-Bau-Betrieb Bd. 17 (1938) S. 389.

[5/27] GRÖNEGRESZ, H. W.: Die Oberflächenhärtung von Gußeisen im Werkzeugmaschinenbau. Werkstatttechnik Bd. 34 (1940) S. 232.
[5/28] THUM, A. u. K. BANDOW: Die Gußkurbelwelle. Z. VDI Bd. 80 (1936) S. 23.
[5/29] KOTHNY, E.: Stahl- und Temperguß (Werkstattbücher Heft 24). Berlin: Springer 1940.
[5/30] HERMANNS, H.: Der Temperguß von heute im Auslande. Die Technik Bd. 2 (1947) S. 483.
[5/31] RUDNIK, K. u. H. JURETZEK : Dünnwandiger Stahlguß im Maschinenbau. Masch.-Bau-Betrieb Bd. 20 (1941) S. 217.
[5/32] RYS, A.: Legierter Stahlguß in Theorie u. Praxis. Stahl u. Eisen (1930) S. 423.
[5/33] LIESTMANN, W. und C. SALZMANN: Über die Warmfestigkeit von Stahlguß mit geringen Zusätzen von Nickel und Molybdän. Stahl u. Eisen (1930) S. 442/46.

Flußstahl s. auch [5/1] bis [5/11]:

Härteverfahren:

[5/34] — AWF-Härtebuch (AWF-Schrift 261). Berlin 1936.
[5/35] STRAUSZ: (Nitrierhärtung), Kruppsche Monatshefte (1927) S. 208, (1928) S. 46 und 93.
[5/36] RUHFUS, H. und J. KLÄRDING: Tauchhärtung. Z. VDI Bd. 85 (1941) S. 486.
[5/37] HILLER, H.: Möglichkeiten und Grenzen des autogenen Oberflächenhärtens. Masch.-Bau-Betrieb Bd. 19 (1940) S. 115.
[5/38] VOSS, H.: Örtliche Oberflächenhärtung von Kurbelwellen. Z. VDI Bd. 79 (1935) S. 743.
[5/39] GRÖNEGREZ, H. W.: Brennhärten (Werkstattbücher Heft 89). Berlin: Springer 1942; ferner: Brennhärten im Zahnradbau. Werkstatt u. Betrieb Bd. 81 (1948) S. 145.
[5/40] RIEBENSAHM, P.: Härtereitechn. Mitt. Bd. I. II, III. Berlin: Union D.V. 1942, 1943, 1944.
[5/41] RAPATZ, F. und F. REISER: Das Härten des Stahles. Leipzig A. Felix: 1932.
[5/42] RIEBENSAHM, P.: Vergleich der Oberflächenhärtungsverfahren. Härtereitechn. Mitt. Bd. III (1944) S. 63/79.
[5/43] GLAUBITZ, H.: Oberflächenhärtung und Bauteilfestigkeit von Zahnrädern. Werkstatt und Betrieb Bd. 80 (1947) S. 249/59 und 277/82.
[5/44] SEULEN, G. und H. VOSZ: Oberflächenhärtung mit Induktionserhitzung. Stahl u. Eisen Bd. 63 (1943) S. 919/35 und 962/65.
[5/45] WIEGAND, H.: Nitrieren im Motorenbau. Härtereitechn. Mitt. Bd. I (1942) S. 166/85.

Baustähle:

[5/46] KREKELER, K.: Die Baustähle fürden Maschinen- und Fahrzeugbau. Werkstattbücher Heft 75. Berlin: Springer 1939.
[5/47] HOUDREMONT, E.: Sonderstahlkunde. Berlin: Springer 1943.
[5/48] RAPATZ, F.: Die Edelstähle. Berlin: Springer 1942.
[5/49] KIESSLER, H.: Nickel- und molybdänfreie Baustähle. Z. VDI Bd. 84 (1940) S. 385.
[5/50] SCHRADER, H.: Bleihaltige Automatenstähle. Z. VDI Bd. 84 (1940) S. 439.
[5/51] ULBRICHT, W.: Eigenschaften der Automatenstähle. Die Technik Bd. 2 (1947) S. 537.
[5/52] — Merkblatt über Automatenstähle. Hrsg. Verein deutscher Eisenhüttenleute.
[5/53] SCHMIDT, M.: Werkzeugstähle. Düsseldorf: Stahleisen 1943.
[5/54] DIERGARTEN, H.: Wälzlagerstähle. Z. VDI Bd. 86 (1942) S. 167.

Warmfeste Stähle:

[5/55] BOLLENRATH, F., H. CORNELIUS, u. W. BUNGARDT: Untersuchung über die Eignung warmfester Werkstoffe für Verbrennungs-Kraftmaschinen. Luftfahrtforschung Bd. 15 (1938) S. 468—480.
[5/56] — Warmfeste Stähle für Gasturbinen. Die Technik Bd. 3 (1948) S. 187.
[5/57] HESSENBRUCH, W.: Metalle und Legierungen für hohe Temperaturen. Berlin: Springer 1940.
[5/58] KRISCH, A.: Nickelfreie und nickelarme rost- und säurebeständige Stähle. Z. VDI Bd. 85 (1941) S. 701.

Nichteisenmetalle:

[5/59] — Werkstoffhandbuch Nichteisenmetalle. Berlin: VDI-Verlag 1938.
[5/60] — Aluminium-Taschenbuch. Berlin: Aluminiumzentrale 1942.
[5/61] v. ZEERLEDER, A.: Technologie des Aluminiums und seiner Leichtlegierungen. Leipzig: Verlag Becker u. Erler 1943.
[5/62] HALLER: Al–Zn-Legierung hoher Festigkeit ($\sigma_B = 60—70$ kg/mm², $\gamma = 2{,}8$, Zieral). Kurznotiz in Die Technik Bd. 2 (1947) S. 558.
[5/63] BAUERMEISTER, H.: Erfahrungen mit Al-Legierungen im Seewasser. Z. Metallkde. (1930) S. 119.
[5/64] BECK, A.: Magnesium und seine Legierungen. Berlin: Springer 1939.
[5/65] BURKHARDT, A.: Technologie der Zinklegierungen. Berlin: Springer 1940.
[5/66] — Zinktaschenbuch. Halle: Wilhelm Knapp 1942.

[5/67] DONICKE: Kupfer- und Zinnlegierungen. 1932.
[5/68] SARGENT, A. P.: The Marvels of Beryllium-Bronces, Monthly Engng. Articles. Vol. III Nr. 3, March 1946.
[5/69] — Nickelhandbuch. Hrsg. Nickel-Informationsbüro. Frankfurt a. Main 1939.

Nichtmetalle (Kunstharzpreßstoffe s. auch Gleitlager und Zahnräder):

[5/70] — Das Holz-ABC. Berlin: Verlag Archiv und Kartei (1947).
[5/71] KOLLMANN, F.: Technologie des Holzes. Berlin Springer 1936.
[5/72] KOLLMANN, F.: Holz im Maschinenbau. (Mitt. d. Fachaussch. f. Holzfragen Heft 16.) Berlin VDI-Verlag 1936. (Auszug Z. VDI Bd. 80 [1936] S. 1503.)
[5/73] RIECHERS, K.: Über Verwendung und Prüfung von hochverdichtetem Holz. Z. Holz als Roh- u. Werkstoff Bd. 2 (1939) S. 109.
[5/74] BITTNER, J. u. L. KLOTZ: Furniere–Sperrholz–Schichtholz T. 1 u. 2. Berlin: Springer 1939/40.
[5/75] RÜSCH, F. und P. SANDER: Ein bauchiges Faß aus Sperrholz. Z. VDI Bd. 85 (1941) S. 338.
[5/76] BENZ, H.: Buchenschichtholz als Werkstoff für Werkzeuge zur spanlosen Verformung von dünnen Blechen. Z. Holz als Roh- und Werkstoff Bd. 1 (1938) S. 469.
[5/77] — Kunst- und Preßstoffe 1 und 2. Berlin: VDI-Verlag 1937.
[5/78] PABST, F. und R. VIEWEG: Kunststoffe. Berlin: VDI-Verlag 1938.
VIEWEG, R.: Die heutige Lage auf dem Kunststoffgebiet. Z. VDI Bd. 90 (1948) S. 331.
[5/79] WEIGEL, W.: Kunstharzpreßstoffe im Maschinenbau. Berlin: Springer 1942.
[5/80] NITSCHE: Eigenschaften warmgepreßter Kunstharzpreßstoffe nach DIN 7701. Z. VDI Bd. 83 (1939) S. 161.
[5/81] — Fachkartei Kunststoffe (Fachschrifttum 1939—1943). München: Hanser-Verlag 1947.
[5/82] NAUMANN, O.: Porzellan und keramische Sondermassen als techn. Werkstoffe. Die Technik Bd. 2 (1947) S. 385/92.
[5/83] — Keramische Sondermassen für die Elektrotechnik. Z. VDI Bd. 90 (1948) S. 184.

Sonderstoffe und Verbundstoffe (Sintermetall und Verbundstoffe, s. auch Gleitlager), Gummi s. Federn, Reibstoffe s. Reibkuppl. Bd. 2, Lote s. Lötverbindungen).

[5/84] EISENKOLB, F.: Gegenwartsaufgaben der Metallkeramik. Die Technik Bd. 1 (1946) S. 173.
[5/85] — Sintermetalle und Pulvermetallurgie. Skaupy-Gedenkblatt. Archiv für Metallkunde 1 (1947) Heft 7/8.
[5/86] SKAUPY, F.: Mischkörper aus Metallen und Nichtleitern, insbesondere Oxyden. Die Technik Bd. 2 (1947) S. 157.
[5/87] RITZAU, G.: Zur neueren Entwicklung der Metallkeramik. Werkstattstechnik und Werksleiter Bd. 35 (1941) S. 145.
[5/88] — Widia-Handbuch der Fa. Krupp, Essen.
[5/89] BECKER, K.: Hochschmelzende Hartstoffe und ihre techn. Anwendung. Berlin: Verlag Chemie 1933.
[5/90] DAWIHL, W.: Grundlagen der Verwendung von Hartmetallegierungen. Masch.-Bau-Betrieb Bd. 19 (1940) S. 521.
[5/91] — Maschinen- und Vorrichtungsteile aus Hartmetall (Schleifspindel-Gleitlager aus Hartmetall). Werkstatt u. Betrieb Bd. 81 (1948) S. 50.
[5/92] CANZLER, H.: Bauweise mit Verbundstoffen. Metallwirtschaft Bd. 19 (1940) S. 828.
[5/93] KNIPP, E.: Metallersparnis durch Verbundguß. Gießerei Bd. 24 (1937) S. 485.
[5/94] ALTMANN, F. G.: Schneckenräder aus Verbundguß. Z. VDI Bd. 85 (1941) S. 399.
[5/95] AMMAN, F.: Die deutsche Hartmetallindustrie (Eigenschaften u. Werkstoffwerte der Hartmetalle). Stahl u. Eisen (1947) S. 124.
[5/96] ENGELHARDT, W.: Plattierung. Die Technik Bd. 3 (1948) S. 381.

Nachtrag:

[5/97] SIEBEL, E. und N. LUDWIG: Sonderstähle und Legierungen für hohe Temperatur. Konstruktion Bd. 1 (1949) S. 13.
[5/98] STRADTMANN, F. H.: Stahlrohr-Handbuch. Essen 1949.
[5/99] DOSOUDIL, A.: Dauerfestigkeit der verdichteten Hölzer. Z. VDI Bd. 91 (1949) S. 85.

Tafel 5/30. *Rundquerschnitte.*

Durchm. d, Querschnitt F, Biege-Trägheitsmoment J_b, Biege-Widerstandsmoment W_b. Gewicht G für Stahl ($\gamma = 7{,}85$ kg/dm³, Länge 1 m), Dreh-Widerstandsmoment $W_t = 2 \cdot W_b$. Dreh-Trägheitsmoment $J_t = 2 \cdot J_b$.

d	$F = \frac{\pi d^2}{4}$	$J_b = \frac{\pi d^4}{64}$	$W_b = \frac{\pi d^3}{32}$	G	d	$F = \frac{\pi d^2}{4}$	$J_b = \frac{\pi d^4}{64}$	$W_b = \frac{\pi d^3}{32}$	G
cm	cm²	cm⁴	cm³	kg/m	cm	cm²	cm⁴	cm³	kg/m
1,0	0,79	0,049	0,098	0,617	6,0	28,27	63,62	21,20	22,20
1,1	0,95	0,072	0,131	0,746	6,1	29,22	67,97	22 28	22,94
1,2	1,13	0,102	0,170	0,888	6,2	30,19	72,53	23,40	23,70
1,3	1,33	0,140	0,216	1,042	6,3	31,17	77,33	24,55	24,47
1,4	1,54	0,189	0,269	1,208	6,4	32,17	82,36	25,74	25,25
1,5	1,77	0,249	0,331	1,387	6,5	33,18	87,62	26,96	26,05
1,6	2,01	0,322	0,402	1,578	6,6	34,21	93,14	28,22	26,86
1,7	2,27	0,410	0,482	1,782	6,7	35,35	98,92	29,53	27,68
1,8	2,55	0,515	0,573	1,998	6,8	36,32	105,0	30,87	28,51
1,9	2,84	0,640	0,673	2,226	6,9	37,39	111,3	32,25	29,35
2,0	3,14	0,785	0,785	2,466	7,0	38,48	117,9	33,67	30,21
2,1	3,46	0,955	0,909	2,719	7,1	39,59	124,7	35,14	31,08
2,2	3,80	1,150	1,045	2,984	7,2	40,72	131,9	36,64	31,96
2,3	4,16	1,374	1,194	3,261	7,3	41,85	139,4	38,19	32,86
2,4	4,52	1,629	1,357	3,551	7,4	43,00	147,2	39,78	33,76
2,5	4,91	1,918	1,534	3,853	7,5	44,18	155,3	41,42	34,68
2,6	5,31	2,243	1,726	4,168	7,6	45,36	163,8	43,10	35,61
2,7	5,73	2,609	1,932	4,495	7,7	46,57	172,6	44,82	36,56
2,8	6,16	3,017	2,155	4,834	7,8	47,78	181,7	46,59	37,51
2,9	6,61	3,472	2,394	5,185	7,9	49,02	191,2	48,40	38,48
3,0	7,07	3,976	2,651	5,549	8,0	50,27	201,1	50,27	39,46
3,1	7,55	4,533	2,925	5,925	8,1	51,53	211,3	52,17	40,45
3,2	8,04	5,147	3,217	6,313	8,2	52,81	221,9	54,13	41,46
3,3	8,55	5,821	3,528	6,714	8,3	54,11	233,0	56,14	42,47
3,4	9,08	6,560	3,859	7,127	8,4	55,42	244,4	58,19	43,50
3,5	9,62	7,366	4,209	7,553	8,5	56,74	256,2	60,29	44,55
3,6	10,18	8,245	4,580	7,990	8,6	58,09	268,5	62,44	45,60
3,7	10,75	9,200	4,973	8,440	8,7	59,45	281,2	64,65	46,67
3,8	11,34	10,24	5,387	8,903	8,8	60,82	294,4	66,90	47,75
3,9	11,95	11,36	5,824	9,378	8,9	62,21	308,0	69,20	48,84
4,0	12,57	12,57	6,283	9,865	9,0	63,62	322,1	71,57	49,94
4,1	13,20	13,87	6,766	10,36	9,1	65,04	336,6	73,98	51,06
4,2	13,85	15,27	7,274	10,88	9,2	66,48	351,7	76,45	52,18
4,3	14,52	16,78	7,806	11,40	9,3	67,93	367,2	78,97	53,32
4,4	15,21	18,40	8,363	11,94	9,4	69,40	383,2	81,54	54,18
4,5	15,90	20,13	8,946	12,48	9,5	70,88	399,8	84,17	55,64
4,6	16,62	21,98	9,556	13,05	9,6	72,38	416,9	86,86	56,82
4,7	17,35	23,95	10,19	13,62	9,7	73,90	434,6	89,60	58,01
4,8	18,10	26,06	10,86	14,21	9,8	75,43	452,8	92,40	59,21
4,9	18,86	28,30	11,55	14,80	9,9	76,98	471,5	95,26	60,43
5,0	19,64	30,68	12,27	15,41	10	78,54	490,9	98,17	61,65
5,1	20,43	33,21	13,02	16,04	20	314,2	7 854	758,4	246,6
5,2	21,24	35,89	13,80	16,67	30	706,9	397 600	2 651	554,9
5,3	22,06	38,73	14,62	17,32	40	1257	125 700	6 283	986,5
5,4	22,90	41,74	15,46	17,98	50	1964	306 800	12 270	1541,4
5,5	23,76	44,92	16,33	18,65	60	2827	636 200	21 200	2219
5,6	24,63	48,28	17,24	19,34	70	3848	1 179 000	33 670	3021
5,7	25,52	51,82	18,18	20,03	80	5027	2 011 000	50 270	3945
5,8	26,42	55,55	19,16	20,74	90	6362	3 221 000	71 570	4994
5,9	27,34	59,48	20,16	21,46	100	7854	4 909 000	98 180	6165

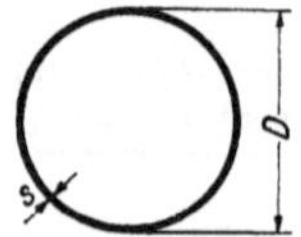

Tafel 5/31. *Stahlrohre.*

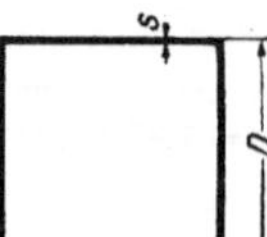

Abmessungen mm		F	G	J	W	i
D**	s***	cm^2	kg/m	cm^4	cm^3	cm
Nahtlose Flußstahlrohre (rund). Leitungs- und Konstruktionsrohre nach DIN 2448 (Jan. 1940)						
38	2,5	2,79	2,19	4,41	2,32	1,26
41,5*	2,5	3,06	2,40	5,85	2,82	1,38
44,5	2,5	3,30	2,59	7.30	3,28	1,49
47,5*	2,5	3,53	2,77	8,97	3,78	1,60
51	2,5	3,81	2,99	11,2	4,40	1,72
54	2,5	4,04	3,18	13,4	4,98	1,82
57	2,75	4,68	3,68	17,3	6,07	1,92
60	3	5,37	4,22	21,9	7,29	2,02
63,5	3	5,70	4,48	26,2	8,24	2,14
70	3	6,31	4,96	35,5	10,1	2,37
76	3	6,88	5,40	45,9	12,1	2,58
83	3,25	8,14	6,39	64,8	15,6	2,83
89	3,25	8,75	6,87	80,6	18,1	3,04
95	3,5	10,1	7,90	105	22,2	3,24
102	3,75	11,6	9,09	140	27,4	3,48
108	3,75	12,3	9,64	167	30,9	3,70
114*	3,75	13,0	10,2	198	34,7	3,90
121	4	14,7	11,5	252	41,6	4,14
127*	4	15,5	12,1	293	46,1	4,44
133	4	16,2	12,7	338	50,8	4,57
140*	4,5	19,2	15,0	440	62,9	4,79
146	4,5	20,3	15,7	501	68,7	4,96
152	4,5	20,8	16,4	567	74,8	5,22
159	4,5	21,8	17,2	652	82,0	5,47
165*	4,5	22,7	17,8	731	88,6	5,68
171	4,5	23,5	18,5	824	96,4	5,92
178*	5	27,2	21,3	1020	114	6,12
191	5,5	32,0	25,2	1380	145	6,56
203*	5,5	34,1	26,8	1670	179	6,99
216	6,5	42,8	33,6	2350	218	7,41
229*	6,5	45,4	35,7	2820	246	7,87
241	6,5	47,9	37,6	3300	273	8,30
254*	6,5	50,5	39,7	3870	305	8,75
267	7	57,2	44,9	4840	362	9,20
279*	7,5	63,9	50,2	5900	423	9,61
292	7,5	67,0	52,6	6800	466	10,08
305*	7,5	70,1	55,0	7760	509	10,52
318	8	77,9	61,2	9370	589	10,97
Vierkantrohre mit geschweißter Naht						
50·30	2	2,98	2,40	10,1 4,55	4,06 3,03	1,84 1,23
60·50	3	6,06	4,88	30,7 23,2	10,2 9,27	2,26 1,95
89	3,75	12,6	9,9	149	33,5	3,44
101,5	5	19,0	14,9	278	56,5	3,88

* Diese Größen sind möglichst zu vermeiden.

** Rohre mit $D < 38$ mm und $D > 318$ mm sind ebenfalls lieferbar.

*** Die Rohre sind auch mit kleinerer und größerer Wanddicke lieferbar.

Tafel 5/32.
Leichtprofile aus Bandstahl
aus warmgewalztem Bandstahl kalt gezogen.

Längen bis zu 15 m.

Profil Nr.	Abmessungen mm h	B	d	F cm²	G kg/m	Lage der Schwerachse y-y e cm	Für die Biegeachse x-x J_x cm⁴	W_x cm³	i_x cm	y-y J_y cm⁴	W_y cm³	i_y cm	Profil Nr.
						Einfaches Profil							
80	80	—	2,00	3,64	2,86	1,48	36,9	9,22	3,18	8,52	3,38	1,53	80
			2,25	4,07	3,20	1,48	41,0	10,3	3,17	9,38	3,72	1,52	
			2,50	4,50	3,53	1,48	45,0	11,3	3,16	10,2	4,06	1,51	
			3,00	5,34	4,19	1,48	52,7	13,2	3,14	11,8	4,68	1,49	
100	100	—	2,00	4,04	3,17	1,34	62,2	12,4	3,92	9,20	3,46	1,51	100
			2,25	4,52	3,55	1,34	69,2	13,9	3,91	10,1	3,81	1,50	
			2,50	5,00	3,92	1,34	76,1	15,2	3,90	11,1	4,16	1,49	
			3,00	5,94	4,66	1,34	89,4	17,9	3,88	12,8	4,81	1,47	
120	120	—	2,00	4,44	3,49	1,23	95,6	15,9	4,64	9,76	3,52	1,48	120
			2,25	4,97	3,90	1,23	107	17,8	4,63	10,8	3,89	1,47	
			2,50	5,50	4,32	1,23	117	19,5	4,62	11,8	4,25	1,46	
			3,00	6,54	5,13	1,24	138	23,0	4,59	13,5	4,90	1,44	
140	140	—	2,00	4,84	3,80	1,14	138	19,7	5,34	10,2	3,57	1,45	140
			2,25	5,42	4,26	1,14	154	22,0	5,32	11,3	3,94	1,44	
			2,50	6,00	4,71	1,14	169	24,2	5,31	12,3	4,30	1,43	
			3,00	7,14	5,60	1,14	200	28,5	5,29	14,2	4,97	1,41	
160	160	—	2,00	5,24	4,11	1,06	190	23,7	6,02	10,6	3,61	1,42	160
			2,25	5,87	4,61	1,06	212	26,5	6,00	11,7	3,98	1,41	
			2,50	6,50	5,10	1,06	233	29,2	5,99	12,8	4,35	1,40	
			3,00	7,74	6,08	1,07	276	34,5	5,97	14,8	5,03	1,38	
180	180	—	2,25	6,32	4,96	0,99	282	31,3	6,67	12,1	4,02	1,38	180
			2,50	7,00	5,50	0,99	311	34,5	6,66	13,2	4,39	1,37	
			3,00	8,34	6,55	1,00	367	40,8	6,63	15,2	5,08	1,35	
200	200	—	2,25	6,77	5,32	0,93	364	36,4	7,33	12,5	4,06	1,36	200
			2,50	7,50	5,89	0,94	402	40,2	7,32	13,6	4,43	1,34	
			3,00	8,94	7,02	0,94	475	47,5	7,29	15,7	5,13	1,32	
220	220	—	2,50	8,00	6,28	0,89	508	46,2	7,96	13,9	4,46	1,32	220
			2,75	8,77	6,88	0,89	555	50,4	7,95	15,0	4,82	1,31	
			3,00	9,54	7,49	0,89	601	54,6	7,94	16,0	5,16	1,30	
						Doppelprofil							
80	80	80	2,00	7,28	5,72	—	73,8	18 5	3,18	32,9	8,24	2,13	80
			2,25	8,15	6,37	—	82,0	20,5	3,17	36,6	9,14	2,12	
			2,50	9,00	7,07	—	90,0	22,5	3,16	40,1	10,0	2,11	
			3,00	10,70	8,38	—	105	26,4	3,14	47,0	11,8	2,10	
100	100	80	2,00	8,08	6,34	—	124	24,9	3,92	32,9	8,24	2,02	100
			2,25	9,06	7,10	—	138	27,7	3,91	36,6	9,15	2,01	
			2,50	10,00	7,85	—	152	30,5	3,90	40,2	10,0	2,00	
			3,00	11,90	9,33	—	179	35,8	3,88	47,0	11,8	1,99	
120	120	80	2,00	8,88	6,97	—	191	31,9	4,64	33,0	8,24	1,93	120
			2,25	9,97	7,81	—	213	35,5	4,63	36,6	9,15	1,92	
			2,50	11,00	8,64	—	234	39,1	4,62	40,2	10,0	1,91	
			3,00	13,10	10,30	—	276	46,0	4,59	47,1	11,8	1,90	
140	140	80	2,00	9,68	7,60	—	276	39,4	5,34	33,0	8,24	1,84	140
			2,25	10,90	8,51	—	307	43,9	5,32	36,6	9,15	1,83	
			2,50	12,00	9,42	—	339	48,4	5,31	40,2	10,1	1,83	
			3,00	14,30	11,20	—	399	57,0	5,29	47,1	11,8	1,82	
160	160	80	2,00	10,50	8,23	—	380	47,5	6,02	33,0	8,25	1,77	160
			2,25	11,80	9,22	—	424	53,0	6,00	36,6	9,16	1,76	
			2,50	13,00	10,20	—	467	58,4	5,99	40,2	10,1	1,76	
			3,00	15,50	12,20	—	551	68,9	5,97	47,2	11,8	1,75	
180	180	80	2,25	12,70	9,93	—	563	62,6	6,67	36,6	9,16	1,70	180
			2,50	14,00	11,00	—	621	69,0	6,66	40,2	10,1	1,70	
			3,00	16,70	13,10	—	734	81,6	6,63	47,2	11,8	1,68	
200	200	80	2,25	13,60	10,60	—	728	72,8	7,33	36,7	9,17	1,65	200
			2,50	15,00	11,80	—	803	80,3	7,32	40,3	10,1	1,64	
			3,00	17,90	14,00	—	950	95,0	7,29	47,3	11,8	1,63	
220	220	80	2,50	16,0	12,6	—	1020	92,3	7,96	40,3	10,1	1,59	220
			2,75	17,5	13,8	—	1110	101	7,95	43,9	11,0	1,58	
			3,00	19,1	15,0	—	1200	109	7,94	47,3	11,8	1,57	

Das Maß $b = 40$ mm bzw. $a = 15$ mm ist bei sämtlichen Profilen gleich.

Bei Bestellung größerer Mengen sind die Profile auch ohne die Umkantungen (Höhenmaß a) lieferbar.

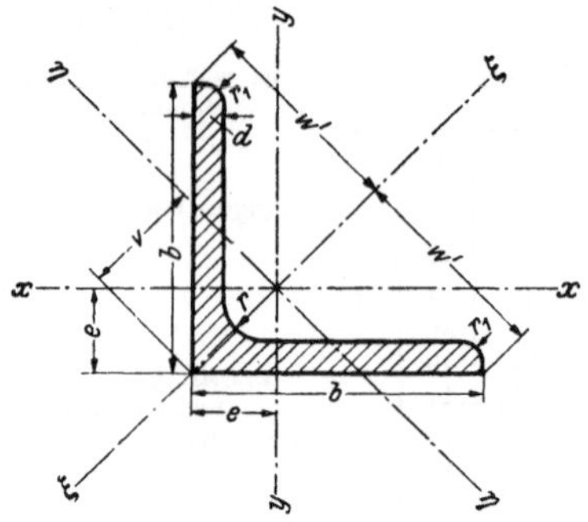

Tafel 5/33. *Gleichschenkliger* ∟*-Stahl*

Regellängen = 3 bis 15 m

Profilwert $k_i = \frac{F^2}{J} \approx 6$ (Mittelwert)

Die Achse $\xi - \xi$ ist Winkelhalbierende

Bezeichnung	Abmessungen mm				F	G	Abstände für die Achsen cm			Für die Biegeachse								Für die Schenkellöcher nach DIN 997 (April 1927)	
										$x-x=y-y$			$\xi-\xi$		$\eta-\eta$				
	b	d	r	r_1	cm²	kg/m	e	w'	v	$J_x=J_y$ cm⁴	$W_x=W_y$ cm³	$i_x=i_y$ cm	J_ξ cm⁴	i_ξ cm	J_η cm⁴	W_η cm³	i_η cm	d_1 mm	w mm
∟	Gleichschenkliger ∟-Stahl nach DIN 1028, Blatt 1 (Juli 1940)																		
20·20·3	20	3	3,5	2	1,12	0,88	0,60	1,41	0,85	0,39	0,28	0,59	0,62	0,74	0,15	0,18	0,37	—	—
4		4			1,45	1,14	0,64		0,90	0,48	0,35	0,58	0,77	0,73	0,19	0,21	0,36		
25·25·3		3			1,42	1,12	0,73		1,03	0,79	0,45	0,75	1,27	0,95	0,31	0,30	0,47		
(4)	25	4	3,5	2	1,85	1,45	0,76	1,77	1,08	1,01	0,58	0,74	1,61	0,93	0,40	0,37	0,47	—	—
5		5			2,26	1,77	0,80		1,13	1,18	0,69	0,72	1,87	0,91	0,50	0,44	0,47		
30·30·3		3			1,74	1,36	0,84		1,18	1,41	0,65	0,90	2,24	1,14	0,57	0,48	0,57		
4	30	4	5	2,5	2,27	1,78	0,89	2,12	1,24	1,81	0,86	0,89	2,85	1,12	0,76	0,61	0,58	8,5	17
5		5			2,78	2,18	0,92		1,30	2,16	1,04	0,88	3,41	1,11	0,91	0,70	0,57		
35·35·4		4			2,67	2,10	1,00		1,41	2,96	1,18	1,05	4,68	1,33	1,24	0,88	0,68		
5	35	5	5	2,5	3,28	2,57	1,04	2,47	1,47	3,56	1,45	1,04	5,63	1,31	1,49	1,01	0,67	11	20
6		6			3,87	3,04	1,08		1,53	4,14	1,71	1,04	6,50	1,30	1,77	1,16	0,68		
40·40·4		4			3,08	2,42	1,12		1,58	4,48	1,56	1,21	7,09	1,52	1,86	1,18	0,78		
5	40	5	6	3	3,79	2,97	1,16	2,83	1,64	5,43	1,91	1,20	8,64	1,51	2,22	1,35	0,77	11	22
6		6			4,48	3,52	1,20		1,70	6,33	2,26	1,19	9,98	1,49	2,67	1,57	0,77		
45·45·5	45	5	7	3,5	4,30	3,38	1,28	3,18	1,81	7,83	2,43	1,35	12,4	1,70	3,25	1,80	0,87	11	25
(7)		7			5,86	4,60	1,36		1,92	10,4	3,31	1,33	16,4	1,67	4,39	2,29	0,87		
50·50·5		5			4,80	3,77	1,40		1,98	11,0	3,05	1,51	17,4	1,90	4,59	2,32	0,98		
6		6			5,69	4,47	1,45		2,04	12,8	3,61	1,50	20,4	1,89	5,24	2,57	0,96		
7	50	7	7	3,5	6,56	5,15	1,49	3,54	2,11	14,6	4,15	1,49	23,1	1,88	6,02	2,85	0,96	14	30
9		9			8,24	6,47	1,56		2,21	17,9	5,20	1,47	28,1	1,85	7,67	3,47	0,97		
55·55·6		6			6,31	4,95	1,56		2,21	17,3	4,40	1,66	27,4	2,08	7,24	3,28	1,07		
8	55	8	8	4	8,23	6,46	1,64	3,89	2,32	22,1	5,72	1,64	34,8	2,06	9,35	4,03	1,07	17	30
(10)		10			10,1	7,90	1,72		2,43	26,3	6,97	1,62	41,4	2,02	11,3	4,65	1,06		
60·60·6		6			6,91	5,42	1,69		2,39	22,8	5,29	1,82	36,1	2,29	9,43	3,95	1,17		
8	60	8	8	4	9,03	7,09	1,77	4,24	2,50	29,1	6,88	1,80	46,1	2,26	12,1	4,84	1,16	17	35
10		10			11,1	8,69	1,85		2,62	34,9	8,41	1,78	55,1	2,23	14,6	5,57	1,15		
65·65·7		7			8,70	6,83	1,85		2,62	33,4	7,18	1,96	53,0	2,47	13,8	5,27	1,26		
9	65	9	9	4,5	11,0	8,62	1,93	4,60	2,73	41,3	9,04	1,94	65,4	2,44	17,2	6,30	1,25	20	35
11		11			13,2	10,3	2,00		2,83	48,8	10,8	1,91	76,8	2,42	20,7	7,31	1,25		
70·70·7		7			9,40	7,38	1,97		2,79	42,4	8,43	2,12	67,1	2,67	17,6	6,31	1,37		
9	70	9	9	4,5	11,9	9,34	2,05	4,95	2,90	52,6	10,6	2,10	83,1	2,64	22,0	7,59	1,36	20	40
11		11			14,3	11,2	2,13		3,01	61,8	12,7	2,08	97,6	2,61	26,0	8,64	1,35		
75·75·7		7			10,1	7,94	2,09		2,95	52,4	9,67	2,28	83,6	2,88	21,1	7,15	1,45		
8		8			11,5	9,03	2,13		3,01	58,9	11,0	2,26	93,3	2,85	24,4	8,11	1,46		
10	75	10	10	5	14,1	11,1	2,21	5,30	3,12	71,4	13,5	2,25	113	2,83	29,8	9,55	1,45	23	40
12		12			16,7	13,1	2,29		3,24	82,4	15,8	2,22	130	2,79	34,7	10,7	1,44		

Niet-Teilung für gleichschenkligen ∟-Stahl: DIN 999, Blatt 1 und 2 (Juli 1927)

Eingeklammert möglichst vermeiden.

Für jeden Abstand a wird das Hauptträgheitsmoment bezogen auf die Achse $y - y$ größer als das Hauptträgheitsmoment bezogen auf die Achse $x - x$.

Für b bis 100 mm 1 Nietreihe, für $b > 100$ mm 2 Nietreihen aber mit versetzten Nieten.

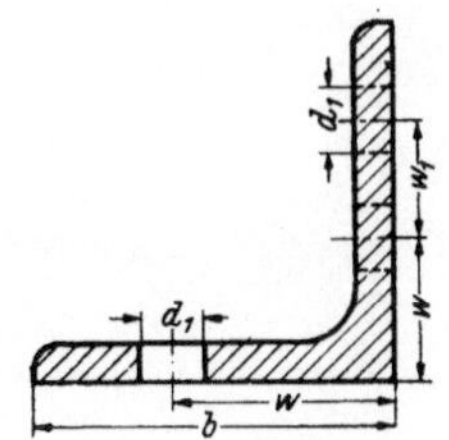

Bezeichnung	Abmessungen mm				F	G	Abstände für die Achsen cm			Für die Biegeachse								Für die Schenkellöcher nach DIN 997 (April 1927)		
										$x-x=y-y$			$\xi-\xi$		$\eta-\eta$					
	b	d	r	r_1	cm²	kg/m	e	w	v	$J_x=J_y$ cm⁴	$W_x=W_y$ cm³	$i_x=i_y$ cm	J_ξ cm⁴	i_ξ cm	J_η cm⁴	W_η cm³	i_η cm	d_1 mm	w mm	w_1 mm
L	Gleichschenklicher L-Stahl nach DIN 1028 Blatt 2 (Juli 1940)																			
80· 80· 8		8			12,3	9,66	2,26	5,66	3,20	72,3	12,6	2,42	115	3,06	29,6	9,25	1,55			
10	80	10	10	5	15,1	11,9	2,34		3,31	87,5	15,5	2,41	139	3,03	35,9	10,9	1,54	23	45	—
12		12			17,9	14,1	2,41		3,41	102	18,2	2,39	161	3,00	43,0	12,6	1,53			
14		14			20,6	16,1	2,48		3,51	115	20,8	2,36	181	2,96	48,6	13,9	1,54			
90· 90· 9		9			15,5	12,2	2,54	6,36	3,59	116	18,0	2,74	184	3,45	47,8	13,3	1,76			
11	90	11	11	5,5	18,7	14,7	2,62		3,70	138	21,6	2,72	218	3,41	57,1	15,4	1,75	26	50	—
13		13			21,8	17,1	2,70		3,81	158	25,1	2,69	250	3,39	65,9	17,3	1,74			
16		16			26,4	20,7	2,81		3,97	186	30,1	2,66	294	3,34	79,1	19,9	1,73			
100·100·10		10			19,2	15,1	2,82	7,07	3,99	177	24,7	3,04	280	3,82	73,3	18,4	1,95			
12	100	12	12	6	22,7	17,8	2,90		4,10	207	29,2	3,02	328	3,80	86,2	21,0	1,95	26	55	—
14		14			26,2	20,6	2,98		4,21	235	33,5	3,00	372	3,77	98,3	23,4	1,94			
16		16			29,6	23,2	3,06		4,32	262	37,7	2,97	413	3,74	111	25,6	1,93			
110·110·10		10			21,2	16,6	3,07		4,34	239	30,1	3,36	379	4,23	98,6	22,7	2,16			
12	110	12	12	6	25,1	19,7	3,15	7,78	4,45	280	35,7	3,34	444	4,21	116	26,1	2,15	26	45	25
14		14			29,0	22,8	3,21		4,54	319	41,0	3,32	505	4,18	133	29,3	2,14			
120·120·11		11			25,4	19,9	3,36		4,75	341	39,5	3,66	541	4,62	140	29,5	2,35			
13	120	13	13	6,5	29,7	23,3	3,44	8,49	4,86	394	46,0	3,64	625	4,59	162	33,3	2,34	26	50	30
15		15			33,9	26,6	3,51		4,96	446	52,5	3,63	705	4,56	186	37,5	2,34			
(17)		17			38,1	29,9	3,59		5,08	493	58,7	3,60	778	4,51	208	41,0	2,34			
130·130·12		12			30,0	23,6	3,64		5,15	472	50,4	3,97	750	5,00	194	37,7	2,54			
14	130	14	14	7	34,7	27,2	3,72	9,19	5,26	540	58,2	3,94	857	4,97	223	42,4	2,53	26	50	40
16		16			39,3	30,9	3,80		5,37	605	65,8	3,92	959	4,94	251	46,7	2,52			
140·140·13		13			35,0	27,5	3,92		5,54	638	63,3	4,27	1010	5,38	262	47,3	2,74			
15	140	15	15	7,5	40,0	31,4	4,00	9,90	5,66	723	72,3	4,25	1150	5,36	298	52,7	2,73	26	55	45
(17)		17			45,0	35,3	4,08		5,77	805	81,2	4,23	1280	5,33	334	57,9	2,72			
150·150·14		14			40,3	31,6	4,21		5,95	845	78,2	4,58	1340	5,77	347	58,3	2,94			
16	150	16	16	8	45,7	35,9	4,29	10,6	6,07	949	88,7	4,56	1510	5,74	391	64,4	2,93	26	55	55
18		18			51,0	40,1	4,36		6,17	1050	99,3	4,54	1670	5,70	438	71,0	2,93			
160·160·15		15			46,1	36,2	4,49		6,35	1100	95,6	4,88	1750	6,15	453	71,3	3,14			
17	160	17	17	8,5	51,8	40,7	4,57	11,3	6,46	1230	108	4,86	1950	6,13	506	78.3	3,13	29	60	55
19		19			57,5	45,1	4,65		6,58	1350	118	4,84	2140	6,10	558	84,8	3,12			
180·180·16		16			55,4	43,5	5,02		7,11	1680	130	5,51	2690	6,96	679	95,5	3,50			
18	180	18	18	9	61,9	48,6	5,10	12,7	7,22	1870	145	5,49	2970	6,93	757	105	3,49	29	60	75
20		20			68,4	53,7	5,18		7,33	2040	160	5,47	3260	6,90	830	113	3,49			
200·200·16		16			61,8	48,5	5,52		7,80	2340	162	6,15	3740	7,78	943	121	3,91			
18	200	18	18	9	69,1	54,3	5,60	14,1	7,92	2600	181	6,13	4150	7,75	1050	133	3,90	32	60	90
20		20			76,4	59,9	5,68		8,04	2850	199	6,11	4540	7,72	1160	144	3,89			

Niet-Teilung für gleichschenkligen L-Stahl: DIN 999, Blatt 1 und 2. (Juli 1927.)

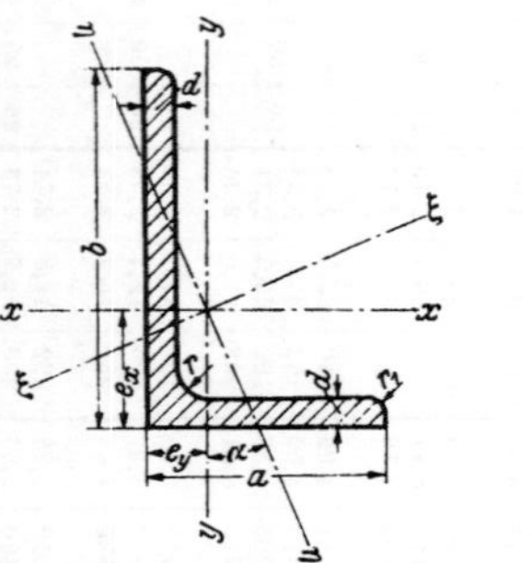

Tafel 5/34. *Ungleichschenkliger* L*-Stahl.*

Regellängen = 3 bis 15 m

Profilwert $k_i = F^2/J \approx 7$ für $b/a = 3/2$
≈ 11 für $b/a = 2/1$

Bezeichnung	Abmessungen mm					F	G	Lage der Achsen: Abstände		Achse η—η	Für die Biegeachse x—x			y—y			ξ—ξ		η—η		a_1	Für die Schenkellöcher nach DIN 997 (April 1927), Maße in mm				
	a	b	d	r	r_1	cm²	kg/m	e_x cm	e_y cm	tg α	J_x cm⁴	W_x cm³	i_x cm	J_y cm⁴	W_y cm³	i_y cm	J_ξ cm⁴	i_ξ cm	J_η cm⁴	i_η cm	mm	d_1	d_2	w_1	w_2	w_3
L	Ungleichschenkliger L-Stahl nach DIN 1029, Blatt 1 (Juli 1940)																									
20·30·3	20	30	3	3,5	2	1,42	1,11	0,99	0,50	0,431	1,25	0,62	0,94	0,44	0,29	0,56	1,43	1,00	0,25	0,42	5,2	—	—	—	—	—
4			4			1,85	1,45	1,03	0,54	0,423	1,59	0,81	0,93	0,55	0,38	0,55	1,81	0,99	0,33	0,42	4,2					
20·40·(3)	20	40	3	3,5	2	1,72	1,35	1,43	0,44	0,259	2,79	1,08	1,27	0,47	0,30	0,52	2,96	1,31	0,30	0,42	14,6	—	—	—	—	—
4			4			2,25	1,77	1,47	0,48	0,252	3,59	1,42	1,26	0,60	0,39	0,52	3,79	1,30	0,39	0,42	13,8					
30·45·4	30	45	4	4,5	2	2,87	2,25	1,48	0,74	0,436	5,78	1,91	1,42	2,05	0,91	0,85	6,65	1,52	1,18	0,64	8,0	8,5	11	17	25	—
5			5			3,53	2,77	1,52	0,78	0,430	6,99	2,35	1,41	2,47	1,11	0,84	8,02	1,51	1,44	0,64	7,2					
30·60·5	30	60	5	6	3	4,29	3,37	2,15	0,68	0,256	15,6	4,04	1,90	2,60	1,12	0,78	16,5	1,96	1,69	0,63	21,4	8,5	17	17	35	—
(7)			7			5,85	4,59	2,24	0,76	0,248	20,7	5,50	1,88	3,41	1,52	0,76	21,8	1,93	2,28	0,62	19,2					
40·50·(3)	40	50	3	4	2	2,63	2,06	1,48	0,99	0,632	6,58	1,87	1,58	3,76	1,25	1,20	8,46	1,79	1,89	0,85	1,0	11	14	22	30	—
(4)			4			3,46	2,71	1,52	1,03	0,629	8,54	2,47	1,57	4,86	1,64	1,19	10,9	1,78	2,46	0,84	—					
5			5			4,27	3,35	1,56	1,07	0,625	10,4	3,02	1,56	5,89	2,01	1,18	13,3	1,76	3,02	0,84	—					
40·60·5	40	60	5	6	3	4,79	3,76	1,96	0,97	0,437	17,2	4,25	1,89	6,11	2,02	1,13	19,8	2,03	3,50	0,86	11,2	11	17	22	35	—
6			6			5,68	4,46	2,00	1,01	0,433	20,1	5,03	1,88	7,12	2,38	1,12	23,1	2,02	4,12	0,85	10,2					
7			7			6,55	5,14	2,04	1,05	0,429	23,0	5,79	1,87	8,07	2,74	1,11	26,3	2,00	4,73	0,85	9,2					

40·80·6	40	80	6	7	3,5	6,89	5,41	2,85	0,88	0,259	44,9	8,73	2,55	7,59	2,44	1,05	47,6	2,63	4,90	0,84	29,0	11	23	22	45	—
8			8			9,01	7,07	2,94	0,95	0,253	57,6	11,4	2,53	9,68	3,18	1,04	60,9	2,60	6,41	0,84	27,2					
50·65·5			5			5,54	4,35	1,99	1,25	0,583	23,1	5,11	2,04	11,9	3,18	1,47	28,8	2,28	6,21	1,06	3,6					
7	50	65	7	6,5	3,5	7,60	5,97	2,07	1,33	0,574	31,0	6,99	2,02	15,8	4,31	1,44	38,4	2,25	8,37	1,05	1,8	14	20	30	35	—
9			9			9,58	7,52	2,15	1,41	0,567	38,2	8,77	2,00	19,4	5,39	1,42	47,0	2,22	10,5	1,05	—					
50·100·6			6			8,73	6,85	3,49	1,04	0,263	89,7	13,8	3,20	15,3	3,86	1,32	95,2	3,30	9,78	1,06	37,6					
8	50	100	8	9	4,5	11,5	8,99	3,59	1,13	0,258	116	18,0	3,18	19,5	5,04	1,31	123	3,28	12,6	1,05	35,4	14	26	30	55	—
(10)			10			14,1	11,1	3,67	1,20	0,252	141	22,2	3,16	23,4	6,17	1,29	149	3,25	15,5	1,04	33,8					
55·75·5			5			6,30	4,95	2,31	1,33	0,530	35,5	6,84	2,37	16,2	3,89	1,60	43,1	2,61	8,68	1,17	8,4					
7	55	75	7	7	3,5	8,66	6,80	2,40	1,41	0,525	47,9	9,39	2,35	21,8	5,32	1,59	57,9	2,59	11,8	1,17	6,6	17	23	30	40	—
9			9			10,9	8,50	2,47	1,48	0,518	59,4	11,8	2,33	26,8	6,66	1,57	71,3	2,55	14,8	1,16	5,0					
(60·90·6)			6			8,69	6,82	2,89	1,41	0,442	71,7	11,7	2,87	25,8	5,61	1,72	82,8	3,09	14,6	1,30	17,8					
(8)	60	90	8	7	3,5	11,4	8,96	2,97	1,49	0,437	92,5	15,4	2,85	33,0	7,31	1,70	107	3,06	19,0	1,29	16,0	17	26	35	50	—
(10)			10			14,1	11,0	3,05	1,56	0,431	112	18,8	2,82	39,6	8,92	1,68	129	3,02	23,1	1,28	14,2					
65·75·(6)			6			8,11	6,37	2,19	1,70	0,740	44,0	8,30	2,33	30,7	6,39	1,94	60,2	2,73	14,4	1,34	—					
(8)	65	75	8	8	4	10,6	6,34	2,28	1,78	0,736	56,7	10,9	2,31	39,4	8,34	1,92	77,3	2,70	18,8	1,33	—	20	23	35	40	—
10			10			13,1	10,3	2,35	1,86	0,732	68,4	13,3	2,29	47,3	10,2	1,90	92,7	2,66	23,0	1,33	—					
65·80·6			6			8,41	6,60	2,39	1,65	0,649	52,8	9,41	2,51	31,2	6,44	1,93	68,5	2,85	15,6	1,36	—					
8	65	80	8	8	4	11,0	8,66	2,47	1,73	0,645	68,1	12,3	2,49	40,1	8,41	1,91	88,0	2,82	20,3	1,36	—	20	23	35	45	—
10			10			13,6	10,7	2,55	1,81	0,640	82,2	15,1	2,46	48,3	10,3	1,89	106	2,79	24,8	1,35	—					
12			12			16,0	12,6	2,63	1,88	0,634	95,4	17,8	2,44	55,8	12,1	1,87	122	2,76	29,2	1,35	—					
65·100·7			7			11,2	8,77	3,23	1,51	0,419	113	16,6	3,17	37,6	7,54	1,84	128	3,39	21,6	1,39	21,8					
9	65	100	9	10	5	14,2	11,1	3,32	1,59	0,415	141	21,0	3,15	46,7	9,52	1,82	160	3,36	27,2	1,39	19,8	20	26	35	55	—
11			11			17,1	13,4	3,40	1,67	0,410	167	25,3	3,13	55,1	11,4	1,80	190	3,34	32,6	1,38	17,8					
(65·115·8)	65	115	8	8	4	13,8	10,9	3,94	1,46	0,324	188	24,8	3,69	44,2	8,78	1,79	205	3,85	27,4	1,41	35,4	20	26	35	50	25
(10)			10			17,1	13,4	4,02	1,54	0,321	229	30,6	3,66	53,3	10,8	1,77	249	3,82	33,2	1,40	33,4					

Niet-Teilung für ungleichschenkligen L-Stahl: DIN 998, Blatt 1 und 2. (April 1927).

Eingeklammerte Größen möglichst vermeiden.

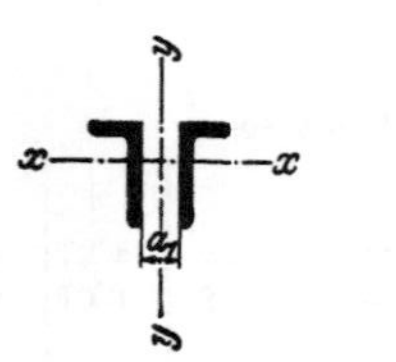

a_1 = Abstand zweier L-Profile, für den die beiden Hauptträgheitsmomente gleich groß und gleich $2\,J_x$ werden.

Für b bis 100 mm eine Nietreihe, für $b > 100$ mm zwei Nietreihen, aber mit versetzten Nieten.

Bezeichnung	Abmessungen mm a	b	d	r	r_1	F cm²	G kg/m	Lage der Achsen, Abstände e_x cm	e_y cm	Achse $\eta-\eta$ tg a	Für die Biegeachse $x-x$: J_x cm⁴	W_x cm³	i_x cm	$y-y$: J_y cm⁴	W_y cm³	i_y cm	$\xi-\xi$: J_ξ cm⁴	i_ξ cm	$\eta-\eta$: J_η cm⁴	i_η cm	a_1 mm	Für die Schenkellöcher nach DIN 997 (April 1927) Maße in mm d_1	d_2	w_1	w_2	W_3
L	Ungleichschenkliger L-Stahl nach DIN 1029, Blatt 2 (Juli 1940)																									
65·130· 8			8			15,1	11,9	4,56	1,37	0,263	263	31,1	4,17	44,8	8,72	1,72	280	4,31	28,6	1,38	48,6					
10	65	130	10	11	5,5	18,6	14,6	4,65	1,45	0,259	321	38,4	4,15	54,2	10,7	1,71	340	4,27	35,0	1,37	46,8	20	26	35	50	40
12			12			22,1	17,3	4,74	1,53	0,255	376	45,5	4,12	63,0	12,7	1,69	397	4,24	41,2	1,37	44,6					
(75·90· 7)			7			11,1	8,74	2,67	1,93	0,683	88,1	13,9	2,81	55,5	9,98	2,23	117	3,24	27,1	1,56	—					
(9)	75	90	9	8,5	4,5	14,1	11,1	2,76	2,01	0,679	110	17,6	2,79	69,1	12,6	2,21	145	3,21	34,1	1,56	—	23	26	40	50	—
(11)			11			17,0	13,4	2,83	2,09	0,675	130	21,1	2,77	81,7	18,5	2,19	171	3,17	40,9	1,55	—					
75·100· 7			7			11,9	9,32	3,06	1,83	0,553	118	17,0	3,15	56,9	10,0	2,19	145	3,49	30,1	1,59	8,8					
9	75	100	9	10	5	15,1	11,8	3,15	1,91	0,549	148	21,5	3,13	71,0	12,7	2,17	181	3,47	37,8	1,59	7,0	23	26	40	55	—
11			11			18,2	14,3	3,23	1,99	0,545	176	25,9	3,11	84,0	15,3	2,15	214	3,44	45,4	1,58	5,2					
(75·130· 8)			8			15,9	12,5	4,36	1,65	0,339	276	31,9	4,17	68,3	11,7	2,08	303	4,37	41,3	1,61	39,2					
(10)	75	130	10	10,5	5,5	19,6	15,4	4,45	1,73	0,336	337	39,4	4,14	82,9	14,4	2,06	369	4,34	50,6	1,61	37,4	23	26	40	50	40
(12)			12			23,3	18,3	4,53	1,81	0,332	395	46,6	4,12	96,5	17,0	2,04	432	4,31	59,6	1,60	35,4					
75·150· 9			9			19,5	15,3	5,28	1,57	0,265	455	46,8	4,83	78,3	13,2	2,00	484	4,98	50,0	1,60	56,4					
11	75	150	11	10,5	5,5	23,6	18,6	5,37	1,65	0,261	545	56,6	4,80	93,0	15,9	1,98	578	4,95	59,8	1,59	54,4	23	26	40	55	55
13			13			27,7	21,7	5,45	1,73	0,258	631	66,1	4,78	107	18,5	1,96	668	4,91	69,4	1,58	52,4					

80·120· 8			8			15,5	12,2	3,83	1,87	0,441	226	27,6	3,82	80,8	13,2	2,29	261	4,10	45,8	1,72	24,0					
10	80	120	10	11	5,5	19,1	15,0	3,92	1,95	0,438	276	34,1	3,80	98,1	16,2	2,27	318	4,07	56,1	1,71	22,2	23	26	45	50	30
12			12			22,7	17,8	4,00	2,03	0,433	323	40,4	3,77	114	19,1	2,25	371	4,04	66,1	1,71	20,2					
14			14			26,2	20,5	4,08	2,10	0,429	368	46,4	3,75	130	22,0	2,23	421	4,01	75,8	1,70	18,4					
80·160·10			10			23,2	18,2	5,63	1,69	0,263	611	58,9	5,14	104	16,5	2,12	648	5,29	67,0	1,70	59,7	21	21			
12	80	160	12	13	6,5	27,5	21,6	5,72	1,77	0,259	720	70,0	5,11	122	19,6	2,10	763	5,26	78,9	1,69	57,9	21	25	45	60	55
(14)			14			31,8	25,0	5,81	1,85	0,256	823	80,7	5,09	139	22,5	2,09	871	5,23	90,5	1,69	56	21	25			
90·130·10			10			21,2	16,6	4,15	2,18	0,472	358	40,5	4,11	141	20,6	2,58	420	4,46	78,5	1,93	20,4					
12	90	130	12	12	6	25,1	19,7	4,24	2,26	0,468	420	48,0	4,09	165	24,4	2,56	492	4,43	92,6	1,92	18,6	26	28	50	50	40
14			14			29,0	22,8	4,32	2,34	0,465	480	55,3	4,07	187	28,1	2,54	560	4,40	106	1,91	16,8					
90·150·10*			10			23,2	18,2	4,99	2,03	0,363	532	53,1	4,79	146	21,0	2,51	591	5,05	87,3	1,94	41,0					
12	90	150	12	12,5	6,5	27,5	21,6	5,08	2,11	0,350	626	63,1	4,77	170	24,7	2,49	694	5,02	102	1,93	39,2	26	26	50	55	55
14			14			31,8	25,0	5,16	2,19	0,357	716	72,8	4,75	194	28,4	2,47	792	4,99	118	1,92	37,2					
90·250·10*			10			33,2	26,0	9,49	1,57	0,156	2170	140	8,09	163	22,0	2,22	2220	8,18	113	1,84	126					
12	90	250	12	12,5	6,5	39,5	31,0	9,59	1,65	0,154	2570	167	8,06	191	26,0	2,20	2630	8,15	133	1,83	124	26	32	50	60	140
14			14			45,8	36,0	9,68	1,74	0,152	2960	193	8,03	218	30,0	2,18	3020	8,12	152	1,82	120					
16			16			52,0	40,8	9,77	1,82	0,150	3330	219	8,01	243	33,8	2,16	3400	8,09	172	1,82	118					
100·150·10			10			24,2	19,0	4,80	2,34	0,442	552	54,1	4,78	198	25,8	2,86	637	5,13	112	2,15	29,8					
12	100	150	12	13	6,5	28,7	22,6	4,89	2,42	0,439	650	64,2	4,76	232	30,6	2,84	749	5,10	132	2,15	28,0	26	26	55	55	55
14			14			33,2	26,1	4,97	2,50	0,435	744	74,1	4,73	264	35,2	2,82	856	5,07	152	2,14	26,2					
100·200·10			10			29,2	23,0	6,93	2,01	0,266	1220	93,2	6,46	210	26,3	2,68	1300	6,66	133	2,14	77,4					
12			12			34,8	27,3	7,03	2,10	0,264	1440	111	6,43	247	31,3	2,67	1530	6,63	158	2,13	75,2					
14	100	200	14	15	7,5	40,3	31,6	7,12	2,18	0,262	1650	128	6,41	282	36,1	2,65	1760	6,60	181	2,12	73,0	26	32	55	60	90
16			16			45,7	35,9	7,20	2,26	0,259	1860	145	6,38	316	40,8	2,63	1970	6,57	204	2,11	71,0					

Niet-Teilung für ungleichschenkligen L-Stahl: DIN 998, Blatt 1 und 2. (April 1927)

*) Für Wagenbau. Nicht genormt. Eingeklammerte Größen möglichst vermeiden.

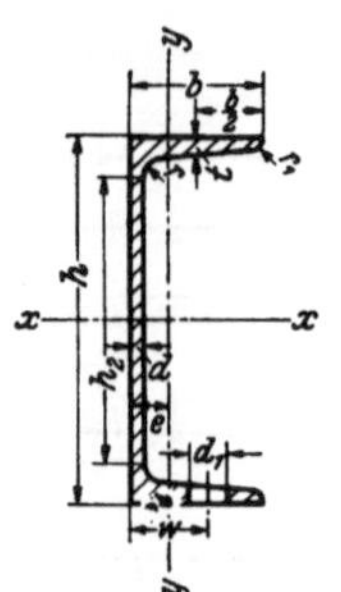

Tafel 5/35. [-*Stahl*

Regellängen = 4 bis 15 m
Neigung der inneren Flanschflächen
8% für [-Stahl ≤ [30
5% für [-Stahl > [30
mit Ausnahme für [38 (Neigung 2°)
a_1 = Stegabstand zweier [-Profile, für den die beiden Hauptträgheitsmomente gleich groß und gleich $2\,J_x$ werden.
e = Abstand der Schwerachse y—y
Profilwert $k_i = F^2/J \approx 7$

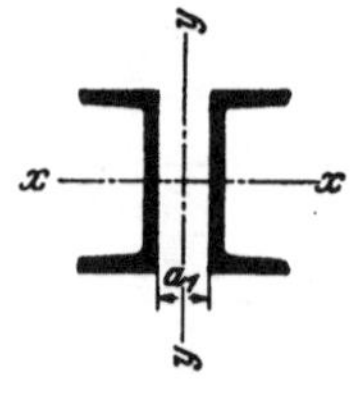

Bezeichnung	Abmessungen mm: h	b	d	t = r	r_1	h_2	F cm²	G kg/m	Für die Biegeachse x—x: J_x cm⁴	W_x cm³	i_x cm	Für die Biegeachse y—y: J_y cm⁴	W_y cm³	i_y cm	e cm	a_1 mm	Für die Flanschenlöcher n. DIN 997 (Apr. 1927): d_1 mm	w mm	Bezeichnung
[	[-Stahl nach DIN 1026, Blatt 1 (Juli 1940*)																		[
(3)	30	33	5	7	3,5	—	5,44	4,27	6,39	4,26	1,08	5,33	2,68	0,99	1,31	—	—	—	(3)
4	40	35	5	7	3,5	—	6,21	4,87	14,1	7,05	1,50	6,68	3,08	1,04	1,33	—	11	20	4
5	50	38	5	7	3,5	—	7,12	5,59	26,4	10,6	1,92	9,12	3,75	1,13	1,37	4	11	20	5
6½	65	42	5,5	7,5	4	—	9,03	7,09	57,5	17,7	2,52	14,1	5,07	1,25	1,42	16	11	25	6½
8	80	45	6	8	4	45	11,0	8,64	106	26,5	3,10	19,4	6,36	1,33	1,45	28	14	25	8
10	100	50	6	8,5	4,5	65	13,5	10,6	206	41,2	3,91	29,3	8,49	1,47	1,55	42	14	30	10
12	120	55	7	9	4,5	80	17,0	13,4	364	60,7	4,62	43,2	11,1	1,59	1,60	56	17	30	12
14	140	60	7	10	5	100	20,4	16,0	605	86,4	5,45	62,7	14,8	1,75	1,75	70	17	35	14
16	160	65	7,5	10,5	5,5	110	24,0	18,8	925	116	6,21	85,3	18,3	1,89	1,84	82	20	36	16
18	180	70	8,	11	5,5	130	28,0	22,0	1350	150	6,95	114	22,4	2,02	1,92	96	20	40	18
20	200	75	8,5	11,5	6	150	32,2	25,3	1910	191	7,70	148	27,0	2,14	2,01	108	23	40	20
22	220	80	9	12,5	6,5	160	37,4	29,4	2690	245	8,48	197	33,6	2,30	2,14	122	23	45	22
24	240	85	9,5	13	6,5	180	42,3	33,2	3600	300	9,22	248	39,6	2,42	2,23	134	26	45	24
26	260	90	10	14	7	200	48,3	37,9	4820	371	9,99	317	47,7	2,56	2,36	146	26	50	26
(28)	280	95	10	15	7,5	220	53,3	41,8	6280	448	10,9	399	57,2	2,74	2,53	160	26	50	(28)
30	300	100	10	16	8	230	58,8	46,2	8030	535	11,7	495	67,8	2,90	2,70	174	26	55	30
(32)	320	100	14	17,5	8,75	240	75,8	59,5	10870	679	12,1	597	80,6	2,81	2,60	182	26	55	(32)
35	350	100	14	16	8	280	77,3	60,6	12840	734	12,9	570	75,0	2,72	2,40	204	26	55	35
(38)	381	102	13,34	16	11,2	310	79,7	62,6	15730	826	14,1	613	78,4	2,78	2,35	230	26	55	(38)
40	400	110	14	18	9	320	91,5	71,8	20350	1020	14,9	846	102	3,04	2,65	240	26	60	40
[	[-Stahl für den Stahlfachwerkbau, nach DIN 1026, Blatt 1 (Juli 1940*)																		[
F 14	140	40	4	6	3	110	9,9	7,78	285	40,6	5,36	12,5	4,21	1,12	1,02	—	11	22	F 14
[W	[-Stahl für den Wagenbau, nach DIN 1026, Blatt 2 (Juli 1940*)																		[W
76/55	76	55	10	11,15	5,6	—	17,6	13,8	142	37,3	2,84	45,1	12,7	1,60	1,95	8	—	—	76/55
(80 30/50)	80	30/50	8	8/8	4/4	—	11,5	9,02	97	21,2	2,91	18,2	4,90	1,26	1,25	28	—	—	(80 30/50)
91,5/26,5	91,5	26,5	8,5	10,7	5,35	—	11,8	9,27	119	26,0	3,18	5,40	3,00	0,68	0,85	45	—	—	91,5/26,5
105/65	105	65	8	8	4	70	17,3	13,6	287	54,7	4,07	61,2	13,2	1,88	1,88	36	—	—	105/65
145/60	145	60	8	8	4	110	19,8	15,6	585	80,7	5,43	53,6	11,9	1,65	1,50	74	—	—	145/60
235/90	235	90	10	12	6	180	42,4	33,3	3430	292	9,00	272	40,5	2,53	2,28	128	—	—	235/90
300/75	300	75	10	10	5	240	42,8	33,6	4930	328	10,7	145	24,2	1,84	1,50	182	—	—	300/75
(300/78)	300	78	10	13	6,5	240	47,6	37,4	5860	393	11,1	209	34,7	2,10	1,80	182	—	—	(300/78)

Eingeklammerte Größen möglichst vermeiden.

Tafel 5/36. I-*Stahl*

Regellängen = 4 bis 15 m

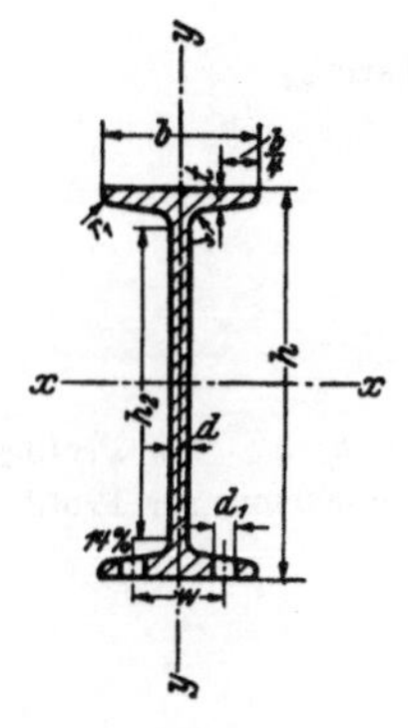

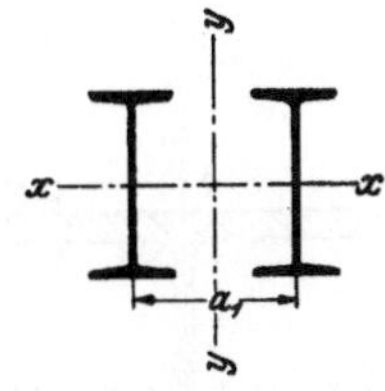

a_1 = Mittenabstand zweier I-Profile, für den die beiden Hauptträgheitsmomente gleich groß und gleich $2\,J_x$ werden.

Profilwert $k = F/i^2 \approx 10{,}0$.

Bezeichnung	Abmessungen mm						F	G	Für die Biegeachse						a_1	Für die Flanschenlöcher n. DIN 996 (April 1927)		Bezeichnung
									x—x			y—y						
	h	b	$d = r$	t	r_1	h_2	cm²	kg/m	J_x cm⁴	W_x cm³	i_x cm	J_y cm⁴	W_y cm³	i_y cm	mm	d_1 mm	w mm	
I	I-Stahl nach DIN 1025, Blatt 1 (Juli 1940*)																	I
(8)	80	42	3,9	5,9	2,3	60	7,58	5,95	77,8	19,5	3,20	6,29	3,00	0,91	62	—	22	(8)
(10)	100	50	4,5	6,8	2,7	75	10,6	8,32	171	34,2	4,01	12,2	4,88	1,07	78	—	26	10
12	120	58	5,1	7,7	3,1	90	14,2	11,2	328	54,7	4,81	21,5	7,41	1,23	94	—	30	12
14	140	66	5,7	8,6	3,4	100	18,3	14,4	573	81,9	5,61	35,2	10,7	1,40	108	11	34	14
16	160	74	6,3	9,5	3,8	120	22,8	17,9	935	117	6,40	54,7	14,8	1,55	124	14	38	16
18	180	82	6,9	10,4	4,1	140	27,9	21,9	1450	161	7,20	81,3	19,8	1,71	140	14	44	18
20	200	90	7,5	11,3	4,5	160	33,5	26,3	2140	214	8,00	117	26,0	1,87	156	17	46	20
22	220	98	8,1	12,2	4,9	170	39,6	31,1	3060	278	8,80	162	33,1	2,02	172	17	52	22
24	240	106	8,7	13,1	5,2	190	46,1	36,2	4250	354	9,59	221	41,7	2,20	188	17	56	24
26	260	113	9,4	14,1	5,6	200	53,4	41,9	5740	442	10,4	288	51,0	2,32	202	20	58	26
(28)	280	119	10,1	15,2	6,1	220	61,1	48,0	7590	542	11,1	364	61,2	2,45	218	20	62	(28)
30	300	125	10,8	16,2	6,5	240	69,1	54,2	9800	653	11,9	451	72,2	2,56	234	20	64	30
(32)	320	131	11,5	17,3	6,9	250	77,8	61,1	12510	782	12,7	555	84,7	2,67	248	20	70	(32)
34	340	137	12,2	18,3	7,3	270	86,8	68,1	15700	923	13,5	674	98,4	2,80	264	20	74	34
36	360	143	13,0	19,5	7,8	290	97,1	76,2	19610	1090	14,2	818	114	2,90	278	23	74	36
(38)	380	149	13,7	20,5	8,2	300	107	84,0	24010	1260	15,0	975	131	3,02	294	23	80	(38)
40	400	155	14,4	21,6	8,6	320	118	92,6	29210	1460	15,7	1160	149	3,13	308	23	84	40
42½	425	163	15,3	23,0	9,2	340	132	104	36970	1740	16,7	1440	176	3,30	328	26	86	42½
45	450	170	16,2	24,3	9,7	360	147	115	45850	2040	17,7	1730	203	3,43	348	26	92	45
47½	475	178	17,1	25,6	10,3	380	163	128	56480	2380	18,6	2090	235	3,60	366	26	96	47½
50	500	185	18,0	27,0	10,8	400	180	141	68740	2750	19,6	2480	268	3,72	384	26	100	50
55	550	200	19,0	30,0	11,9	440	213	167	99180	3610	21,6	3490	349	4,02	424	26	110	55
60	600	215	21,6	32,4	13,0	480	254	199	139000	4630	23,4	4670	434	4,30	460	26	120	60
I	I-Stahl für Stahlfachwerkbau nach DIN 1025, Blatt 1																	I
F 14	140	60	4	5,5	2,4	110	11,7	9,16	365	52,2	5,59	15,6	5,21	1,15	110	11	30	F 14

Eingeklammerte Größen möglichst vermeiden.

Tafel 5/37. *Breit- und parallelflanschiger* I*-Stahl* (P-*Träger*)

Regellängen = 4 bis 15 m
(lieferbar bis 25 m und mehr nach Vereinbarung)

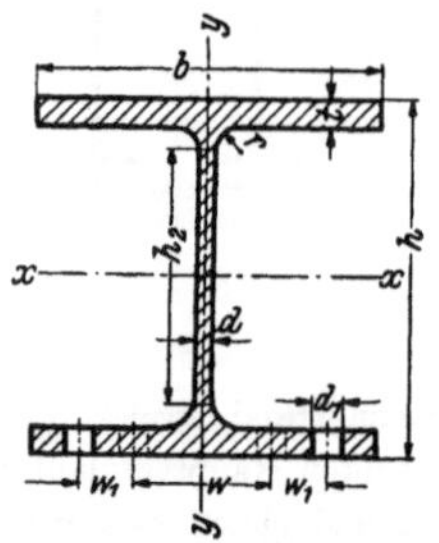

$b = h$ für Profil ≤ I P 30
$b = 300$ mm für Profil ≥ I P 30

Bezeichnung	Abmessungen mm h	b	d	t	r	h_2	F cm²	G kg/m	Für die Biegeachse x—x J_x cm⁴	W_x cm³	i_x cm	y—y J_y cm⁴	W_y cm³	i_y cm	Für die Flanschenlöcher nach DIN 996 (April 1927) d_1 mm	w mm	w_1 mm	Bezeichnung
I P	Breit- und parallelflanschiger I-Stahl nach DIN 1025, Blatt 2 (Juli 1940*)																	I P
(10)	100	100	6,5	10	10	60	26,1	20,5	447	89,3	4,14	167	33,4	2,53	17	54	—	(10)
12	120	120	8	11	11	76	34,6	27,2	852	142	4,96	276	46,0	2,82	17	64	—	12
14	140	140	8	12	12	85	44,1	34,6	1520	217	5,87	550	78,6	3,53	20	80	—	14
18	180	180	9	14	14	120	65,8	51,6	3830	426	7,63	1360	151	4,55	26	100	—	18
20	200	200	10	16	15	140	82,7	64,9	5950	595	8,48	2140	214	5,08	26	110	—	20
22	220	220	10	16	15	160	91,1	71,5	8050	732	9,37	2840	258	5,59	26	120	—	22
24	240	240	11	18	17	170	111	87,4	11690	974	10,3	4150	346	6,11	26	90	35	24
26	260	260	11	18	17	190	121	94,8	15050	1160	11,2	5280	406	6,61	26	100	40	26
28	280	280	12	20	18	200	144	113	20720	1480	12,0	7320	523	7,14	26	110	45	28
30	300	300	12	20	18	220	154	121	25760	1720	12,9	9010	600	7,65	26	120	50	30
32	320	300	13	22	20	230	171	135	32250	2020	13,7	9910	661	7,60	26	120	50	32
34	340	300	13	22	20	250	174	137	36940	2170	14,5	9910	661	7,55	26	120	50	34
36	360	300	14	24	21	270	192	150	45120	2510	15,3	10810	721	7,51	26	120	50	36
38	380	300	14	24	21	290	194	153	50950	2680	16,2	10810	721	7,46	26	120	50	38
40	400	300	14	26	21	300	209	164	60640	3030	17,0	11710	781	7,49	26	120	50	40
(42½)	425	300	14	26	21	330	212	166	69480	3270	18,1	11710	781	7,43	26	120	50	(42½)
45	450	300	15	28	23	350	232	182	84220	3740	19,0	12620	841	7,38	26	120	50	45
(47½)	475	300	15	28	23	370	235	185	95120	4010	20,1	12620	841	7,32	26	120	50	(47½)
50	500	300	16	30	24	390	255	200	113200	4530	21,0	13530	902	7,28	26	120	50	50
55	550	300	16	30	24	440	263	207	140300	5100	23,1	13530	902	7,17	26	120	50	55
60	600	300	17	32	26	480	289	227	180800	6030	25,0	14440	962	7,07	26	120	50	60
65	650	300	17	32	26	530	297	234	216800	6670	27,0	14440	962	6,97	26	120	50	65
70	700	300	18	34	27	580	324	254	270300	7720	28,9	15350	1020	6,88	26	120	50	70
(75)	750	300	18	34	27	630	333	261	316300	8430	30,8	15350	1020	6,79	26	120	50	(75)
80	800	300	18	34	27	680	342	268	366400	9160	32,7	15350	1020	6,70	26	120	50	80
90	900	300	19	36	30	770	381	299	506000	11250	36,4	16270	1080	6,53	26	120	50	90
(95)	950	300	19	36	30	820	391	307	573000	12060	38,3	16270	1080	6,45	26	120	50	(95)
100	1000	300	19	36	30	870	400	314	644700	12900	40,1	16280	1080	6,37	26	120	50	100

Eingeklammerte Größen möglichst vermeiden.

Tafel 5/38. *Sicherungsringe*[1] *für Wellen* nach DIN 471 (Jan. 1952), Maße (mm).

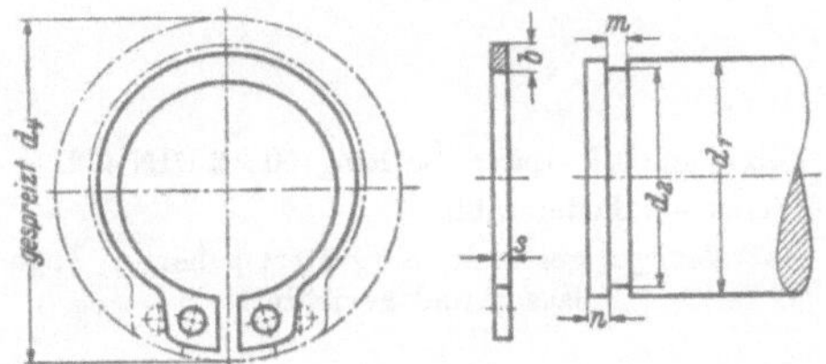

Bezeichnungsbeispiel: Sg-Ring 40×1,75 DIN 471.
Werkstoff: Federstahl.
Ausführung: gestanzt, entgratet, gehärtet, angelassen und gerichtet.

Wellen-durchmesser d_1	Dicke s h 11	b ≈	d_2	d_4 gespreizt	m H 13	n Kleinstmaß	Wellen-duschmesser d_1	Dicke s h 11	b ≈	d_2	d_4 gespreizt	m H 13	n Kleinstmaß
4	0,4	0,7	3,8	8	0,5	1	65	2,5	6,4	62	81	2,05	2,5
5	0,6	1,1	4,8	10	0,7		68			65	84		
6	0,7	1,3	5,7	12	0,8		70			67	86		
7	0,8	1,3	6,7	14	0,9		75		7	72	92		
8		1,5	7,6	15			80		7,4	76,5	97		
9	1	1,7	8,6	16	1,1	1,5	85	3	8	81,5	103	3,15	3
10		1,8	9,6	17			90			86,5	108		
11		1,9	10,5	18			95		8,6	91,5	114		
12		2,2	11,5	19			100		9	96,5	119		
13			12,4	20			105	4	9,5	101	125	4,15	4
14			13,4	22			110			106	131		
15			14,3	23			115			111	137		
16			15,2	24			120		10,3	116	143		
17			16,2	25			125			121	148		
18	1,2	2,7	17	26	1,3		130		11	126	154		
19			18	27			135			131	159		
20			19	28			140			136	164		
21			20	30			145		11,6	141	170		
22			21	31			150			145	175		
24		3,1	22,9	33			155		12,2	150	181		
25			23,9	34			160			155	186		
26			24,9	35			165		12,9	160	192		
28	1,5	3,5	26,6	38	1,6		170			165	197		
30			28,6	40			175			170	202		
32			30,3	43			180		13,5	175	208		
34		4	32,3	45			185			180	213		
35			33	46			190		14	185	219		
36	1,75		34	47	1,85	2	195			190	224		
38		4,5	36	50			200			195	229		
40			37,5	53			210	5		204	239	5,15	7
42			39,5	55			220			214	249		
45		4,8	42,5	58			230			224	259		
48			45,5	02			240			231	269		
50	2	5	47	64	2,15	2	250			244	279		
52			49	66			260		16	252	293		
55			52	70			270			262	303		
58		5,5	55	73			280			272	313		
60			57	75			290			282	323		
62			59	77			300			292	333		

[1] Nach Schutzrechten der Firma Seeger & Co., Frankfurt/Main.

Tafel 5/39. *Sicherungsringe*[1] *für Bohrungen* nach DIN 472 (Jan. 1952), Maße (mm).

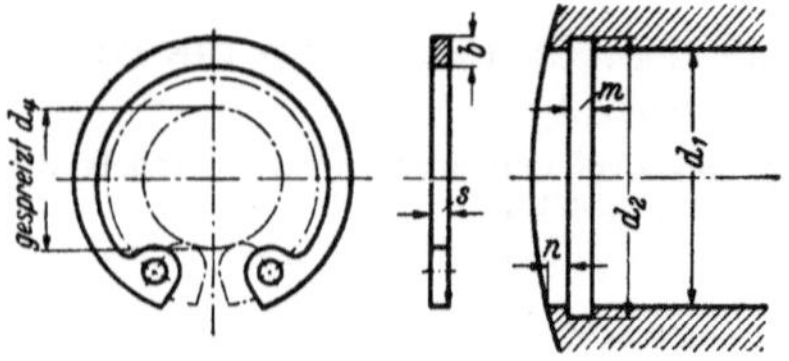

Bezeichnungsbeispiel: Sg-Ring 50×2 DIN 472.
Werkstoff: Federstahl.
Ausführung: gestanzt, entgratet, gehärtet, angelassen und gerichtet.

Bohrungs-durchmesser d_1	Dicke s h 11	b ≈	d_2	d_4 gespreizt	m H 13	n Kleinstmaß	Bohrungs-durchmesser d_1	Dicke s h 11	b ≈	d_2	d_4 gespreizt	m H 13	n Kleinstmaß
10	1	1,6	10,4	3	1,1	1,5	72	2,5	6,6	75	57	2,65	2,5
11			11,4	4			75			78	60		
12		2	12,5	5			78			81	62		
13			13,6	6			80		7	83,5	64		
14			14,6	7			85	3		88,5	69	3,15	3
15			15,7	8			90		7,6	93,5	73		
16			16,8	8			95		8	98,5	77		
17			17,8	9			100		8,3	103,5	82		
18		2,5	19	10			105	4	8,9	109	86	4,15	4
19			20	11			110			114	89		
20			21	12			115		9,5	119	94		
21			22	12			120			124	98		
22			23	13			125		10	129	103		
24	1,2		25,2	15	1,3		130			134	108		
25		3	26,2	16			135		10,8	139	113		
26			27,2	16			140			144	118		
28			29,4	18			145			149	123		
30			31,4	20			150		11,5	155	126		
32		3,5	33,7	21			155			160	130		
34	1,5		35,7	23	1,6	2	160		12	165	134		
35			37	24			165			170	139		
36			38	25			170			175	145		
37			39	26			175		12,5	180	149		
38		4	40	27			180		13	185	153		
40	1,75		42,5	28	1,85		185		13,5	190	157		
42			44,5	30			190			195	162		
45		4,5	47,5	33			195			200	167		
47			49,5	34			200		14	205	171		
48			50,5	35			210	5		216	181	5,15	7
50	2		53	37	2,15		220			226	191		
52		5,1	55	39			230			236	201		
55			58	41			240			246	211		
58			61	44			250			256	221		
60		5,5	63	46			260		16	268	227		
62			65	48			270			278	237		
65	2,5		68	50	2,65	2,5	280			288	247		
68		6	71	53			290			298	257		
70			73	55			300			308	267		

[1] Nach Schutzrechten der Firma Seeger & Co. Frankfurt/Main.

Leichte Reihe: Nach DIN 705 (Jan. 1949).

A. Befestigung durch Gewindestifte

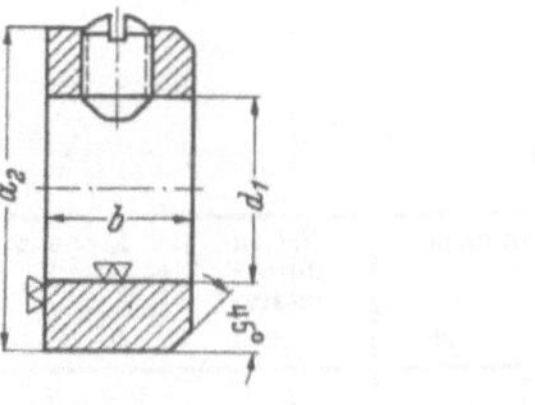

B. Befestigung durch Stifte

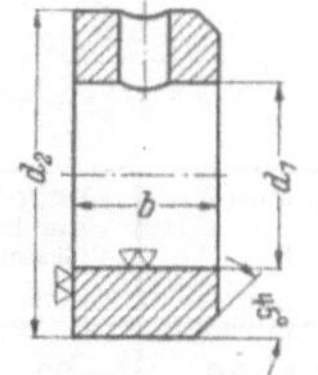

Schwere Reihe: Nach DIN 703 (Jan. 1952)

Befestigung durch Gewindestifte

Leichte Reihe

Bohrung d_1 H 9	b j 14	d_2 h 13	Für Form A Gewindestift DIN 553	Zu Form B passender Kegel-Kerbstift DIN 1471	Zu Form B passender Kegelstift DIN 1
2	3,5	6	M 2 × 3	—	0,6 × 8
2,5	4	7	M 2 × 3	—	0,8 × 10
3	5				
3,5	5	8	M 2,6 × 4	—	1 × 10
4					
4,5	6	10	M 3 × 4	1,5 × 10	1,5 × 12
5					
5,5	6	12	M 4 × 6	1,5 × 12	1,5 × 14
6	8				
7	8				
8	8	16	M 4 × 6	2 × 16	2 × 20
9	10	18	M 5 × 8	3 × 18	3 × 22
10	10	20	M 5 × 8	3 × 20	3 × 24
11					
12	12	22	M 6 × 8	4 × 22	4 × 26
14	12	25	M 6 × 8	4 × 25	4 × 30
15					
16	12	28	M 6 × 8	4 × 28	4 × 32
18	14	32	M 6 × 8	5 × 32	5 × 36
20					
22	14	36	M 6 × 10	5 × 36	5 × 40
24	16	40	M 8 × 10	6 × 40	6 × 45
25					
26					
28	16	45	M 8 × 12	6 × 45	6 × 50
30					
32	16	50	M 8 × 12	8 × 50	8 × 55
34					
35	16	56	M 8 × 12	8 × 56	8 × 60
36					
38					
40	18	63	M 10 × 15	8 × 63	8 × 70
42					

Bohrung d_1 H 9	b j 14	d_2 h 13	Für Form A Gewindestift DIN 553	Zu Form B passender Kegel-Kerbstift DIN 1471	Zu Form B passender Kegelstift DIN 1
45	18	70	M 10 × 15	8 × 70	8 × 80
48					
50					
52	18	80	M 10 × 15	10 × 80	10 × 90
55					
56					
58	20	90	M 10 × 18	10 × 90	10 × 100
60					
63					
65		100		10 × 100	10 × 110
68					
70					
72	22	110	M 12 × 20	10 × 110	10 × 120
75					
80					
85		125		13 × 125	13 × 140
90					
95	25	140	M 12 × 22	13 × 140	13 × 150
100					
110		160		13 × 160	13 × 180
120					
125	28	180	M 16 × 28	16 × 180	16 × 200
130					
140		200	M 16 × 30	16 × 200	16 × 230
150					
160	32	220	M 20 × 35	—	—
170		250	M 20 × 40	—	—
180					
190		280	M 20 × 45	—	—
200					

Schwere Reihe

Bohrung d_1 H 9	b j 14	d_2 h 13	Gewindestift DIN 914
24	22	56	M 10 × 15
25			
26			
28		63	
30			
32			
34			
35		70	
36			
38			
40	28	80	M 12 × 15
42			
45			
48			
50		90	M 12 × 20
52			
55			
56	28	100	M 12 × 20
58			
60			
63			
65	32	110	M 16 × 20
68			
70			
72			
75			
80		125	
85			
90			
95		140	M 16 × 25
100			
110		160	
120			
125	36	180	M 16 × 30
130			
140	38	200	M 20 × 2 × 30
150			

Fettgedruckte Größen bevorzugen.

Werkstoff: Flußstahl nach Wahl des Herstellers.

Leichte Reihe: $d_1 = 2$ bis 70 mm ein Gewindestift.
$d_1 = 72$ bis 200 mm zwei Gewindestifte um 135° versetzt.

Schwere Reihe: $d_1 = 24$ bis 65 mm ein Gewindestift.
$d_1 = 68$ bis 150 mm zwei Gewindestifte um 135° versetzt.

Tafel 5/41. *Dichtungsringe für Stangen und Wellen*[1].

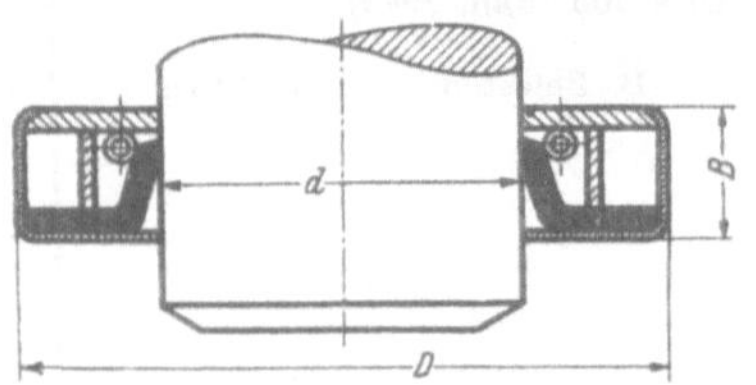

Wellen-durch-messer d	Einbaumaße Durch-messer D	B	Wellen-durch-messer d	Einbaumaße Durch-messer D	B	Wellen-durch-messer d	Einbaumaße Durch-messer D	B	Wellen-durch-messer d	Einbaumaße Durch-messer D	B
6	22	8	26	46,5	10	33	52	12	40	62	12
6	28	8	26	47	10	33	56	12	40	63,5	10
8	22	8	26	48	11	33,5	52	12	40	65	12
8	28	8	26	50	12	34	46	9,5	40	68	12
10	30	9,5	27	41	10	34	49	9,5	40	72	12
12	25	8	27	47	10	34	50	12	40	72	14
12	30	9	27	52	12	34	52	11	41	55,5	9
12	32	10	27,5	50	12	34	62	13	41	58	9
12	35	10	27,5	52	12	35	47	7,5	41	63,5	10
13	28	8	28	40	10	35	49,5	9,5	41,5	62	12
14	28	7,5	28	43	9,5	35	50	8	41,5	63,5	10
14	30	10	28	47	12	35	52	8	42	56	9,5
14	32	10	28	50	12	35	53	8	42	58	9
15	30	10	28	52	12	35	53	10	42	60	10
15	35	10	28,5	43	9,5	35	56	10	42	62	11
15	40	10	28,5	46,5	11	35	61	12	42	65	12
16	28,5	9,5	28,5	50	12	35	62	12	42	66	13
16	30	10	28,5	64	14	35	72	12	42	70	12
16	32	10	29	43	9	36	56	13	42	72	12
16	40	10	29	46	11	36	58	13	42	80	12
17	35	10	29	46,5	11	36	62	12	42	80	15
17	40	10	29	64,5	14	36	71	12,5	43	60	10
18	35	10	30	46	8,5	36,5	60,5	12	43	65	12
19	35	10	30	47	10	36,5	62	12	44	60	11
19	40	10	30	48	10	37	52	9	44	62	11
19	35	11	30	49	9,5	37	54	9	44	65	11
20	35	10	30	50	12	37	62	12	44	73	12
20	40	10	30	52	13	37	80	13	45	60	8
20	47	11	30	54	11	37,5	55,5	9	45	62	12
22	40	11	30	56	12	38	52	8,5	45	65	12
23	42	10	30	62	12	38	54	9	45	66	13
23	43,5	11	31	47	8,5	38	56	12	45	68	12,5
23	47	11	31,5	50,5	12	38	60,5	12,5	45	72	12
24	41	11	32	47	8,5	38	62	12	45	73	12
25	42	10	32	49	9	38	63,5	13	46	65	12
25	43	9,5	32	50	12	38	80	13	46	72	12
25	45	10	32	52	12	39	68	12	47	63,5	8,5
25	47	11	32	56	12	39	71	13	47	65	12
25	50	11	32,5	62	12	39	72	12	47	70	12
25	52	11	33	49	9	39,5	62	12	47	62	12
25,5	46,5	11	33	49	9,5	40	55,5	9	47,5	76	12,5
26	41	10	33	49	10	40	60	10	48	65	9

Anmerkung: Die Wellendichtung hat im Außendurchmesser eine Preßsitz-Zugabe.

Bearbeitung der Lauffläche: Bei geringer Umfangsgeschwindigkeit bis etwa 4 m/s genügt ein Feinschlichten der Lauffläche. Bei Umfangsgeschwindigkeiten über 4 m/s ist die Lauffläche zu schleifen oder zu polieren.

[1] Maße der Goetze-Wellendichtungen, Goetze-Werk, Burscheid.

6. Normen, Normzahlen und Passungen.

6.1. Normen.

Durch Festlegung einheitlicher Abmessungen, Größenabstufungen, Qualitäten, Vorschriften usw. kann man die Typenzahl von Erzeugnissen verringern und damit die Lagerhaltung und die Ersatzbeschaffung erheblich erleichtern, ferner aber auch die Herstellung verbilligen, die Güte heben, die Sicherheit und Kontrolle im technischen Verkehr erhöhen und Doppelarbeit vermeiden.

Gerade im Maschinenbau benutzen wir Normen im größten Ausmaß und zwar die deutschen Normen (DIN), die zum Teil auch internationale Empfehlungen (ISA) berücksichtigen und außerdem Werksnormen der einzelnen Firmen. Die DIN-Normen (s. Normblattverzeichnis [6/1]) umfassen jetzt neben den allgemeinen Normen auch die Fachnormen von technischen Sondergebieten[1]. Die jeweils maßgeblichen DIN-Blätter habe ich in jedem Kapitel besonders zusammengestellt.

6.2. Normzahlen.

Sie dienen uns zur günstigen Größen*stufung* der Typen, der Durchmesser, Drehzahlen, Tragkräfte, Leistungen usw. Man verwendet hierfür die gerundeten Werte dezimalgeometrischer Reihen nach Tafel 6/1.

Tafel 6/1. *Normzahlen* (DIN 323 Okt. 1939).

Reihe	Sprung	Normzahlen																					
R 5	$\sqrt[5]{10} \approx 1{,}6$	1								1,6								2,5					
R 10	$\sqrt[10]{10} \approx 1{,}25$	1				1,25				1,6				2				2,5					
R 20	$\sqrt[20]{10} \approx 1{,}12$	1		1,12		1,25		1,4		1,6		1,8		2		2,24		2,5		2,8			
R 40	$\sqrt[40]{10} \approx 1{,}06$	1	1,06	1,12	1,18	1,25	1,32	1,4	1,5	1,6	1,7	1,8	1,9	2	2,12	2,24	2,36	2,5	2,65	2,8			
R 5							4								6,3								10
R 10			3,15				4				5				6,3				8				10
R 20			3,15		3,55		4		4,5		5		5,6		6,3		7,1		8		9		10
R 40		3	3,15	3,35	3,55	1,75	4	4,25	4,5	4,75	5	5,3	5,6	6	6,3	6,7	7,1	7,5	8	8,5	9	9,5	10

Weitere Normzahlen gewinnt man durch Malnehmen der obigen mit 10, 100 oder 1000 usw. Im Maschinenbau bevorzugt man die Reihen R 10 und R 20.

6.3. Passungen.

Um bestimmte „Sitze“, wie Preßsitze, Übergangssitze (Fest-, Treib-, Haft-, Schiebesitze) oder Spielsitze (Gleit- und Laufsitze) *ohne Anpaßarbeit* zu erzielen, müssen die betreffenden Abmessungen der Bauteile mit einer gewissen „*Toleranz*“ eingehalten werden. Wir legen sie durch Angabe der zulässigen „*Abmaße*“ oder der entsprechenden „*Passungszeichen*“ zum „Nennmaß“ fest, wie Bild 6/1 zeigt[2].

---

[1] Die früheren Fachsymbole BERG usw. sind durch bestimmte Vorziffern ersetzt. Die Nummern hinter dem Symbol sind mit wenigen Ausnahmen die gleichen geblieben.

BERG-Normblätter jetzt DIN 20000 bis 24999, z. B. BERG 1 jetzt DIN 20001.
DVM- Normblätter jetzt DIN 50000 bis 54999, z. B. DVM 101 jetzt DIN 50101.
Kr- Normblätter jetzt DIN 70000 bis 78999, z. B. Kr 111 jetzt DIN 70111.
VDE- Normblätter jetzt DIN 40000 bis 49999, z. B. VDE 719 jetzt DIN 40719.
Weitere Angaben siehe [6/1.]

[2] Eine vollständige *Austauschbarkeit* der Teile können auch die Passungen nicht immer garantieren, z. B. ergeben die Übergangssitze im Extremfall „Spiel“ oder „Übermaß“, sodaß man sich notfalls durch „Aussortieren“ helfen muß. Eine noch kleinere Toleranz würde die Herstellung zu sehr verteuern.

Bei den jetzt eingeführten internationalen *ISA-Passungen* sind für jeden „Sitz" *zwei* Passungszeichen zum Nennmaß erforderlich, wobei das *eine* Zeichen das lichte Maß (Bohrung) toleriert und das *andere* Zeichen das entsprechende Maß des Gegenstücks (Welle)[1].

Erläuterung der ISA-Passungszeichen. Der *Buchstabe* gibt die *Lage* des Toleranzfeldes gegenüber der Null-Linie (Nennmaß) an; kleine Buchstaben für Wellen (Außenmaße) und große Buchstaben für Bohrungen (Innenmaße). Für „Einheitsbohrung" (Buchstabe H) ist das *untere* Abmaß Null; für „Einheitswelle" (Buchstabe h) ist das *obere* Abmaß Null[2].

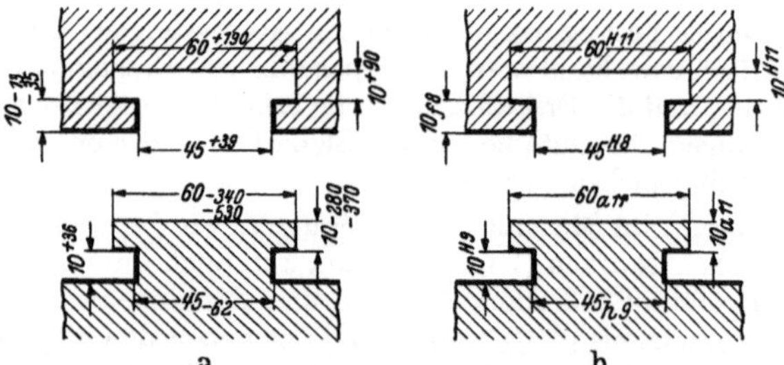

Bild 6/1. Tolerierung einer Führung. a durch Abmaße (das Abmaß Null wird fortgelassen!), b durch Passungszeichen (nach LEINWEBER). Waagerecht und senkrecht trägt nur je ein Flächenpaar.

Die *Zahl* (1 bis 16) gibt die *ISA-Qualität* an (Tafel 6/2). Sie ist eine Kenngröße für die Stufung der Toleranzfelder, deren Breite ein Vielfaches der *Toleranzeinheit i* ist.

$$i = 0{,}45 \sqrt[3]{D} + 0{,}001\, D$$

(i in 1/1000 mm Durchmesser D in mm!)

die Abstufung der ISA-Qualitäten und die sich hieraus ergebenden *Toleranzen* zeigt Tafel 6/2.

Tafel 6/2. *Grundtoleranzen der ISA-Qualitäten 5 bis 11* in $^1/_{1000}$ mm (nach DIN 7151, Okt. 1936).

	ISA-Qualität	5	6	7	8	9	10	11
	Stufung	7 · i	10 · i	16 · i	25 · i	40 · i	64 · i	100 · i
Nenn-Durchmesser	1 ··· 3 mm	5	7	9	14	25	40	60
	Über 3 ··· 6 „	5	8	12	18	30	48	75
	„ 6 ··· 10 „	6	9	15	22	36	58	90
	„ 10 ··· 18 „	8	11	18	27	43	70	110
	„ 18 ··· 30 „	9	13	21	33	52	84	130
	„ 30 ··· 50 „	11	16	25	39	62	100	160
	„ 50 ··· 80 „	13	19	30	46	74	120	190
	„ 80 ··· 120 „	15	22	35	54	87	140	220
	„ 120 ··· 180 „	18	25	40	63	100	160	250

Zur Erleichterung einer für bestimmte „Sitze" geeigneten *Paarung* der ISA-Toleranzen sind in Tafel 6/3 einige Beispiele zusammengestellt und ferner die von den DIN-Passungen her vertrauten Begriffe „Feinpassung" bis „Grobpassung" und „Preßsitz" bis „Weiter Laufsitz" hinzugefügt, da sie dem Konstrukteur eine bessere Vorstellung von der Funktion der erreichten Passung geben.

In Tafel 6/4 sind dann die mit obigen Passungen verbundenen *Abmaße A* und außerdem die sich bei obigen Paarungen ergebenden *Maßunterschiede U* angegeben. Sie sollen eine Vorstellung von der Größenordnung für *A* und *U* im *Zusammenhang* mit dem Passungszeichen, bzw. mit dem betreffenden „Sitz" ermöglichen. In Tafel 6/5 sind dann noch einige Toleranzangaben für nichttolerierte Maße gemacht. Weitere Normen- und Passungsangaben sind bei den einzelnen Maschinenelementen zu finden. Den Einfluß der Erwärmung auf die Meßlänge zeigt Tafel 6/5.

[1] Bei den DIN-Passungen legte *ein* Passungszeichen den „Sitz" fest, also gleichzeitig die Abmaße für die Bohrung *und* die Welle.

[2] Das System *Einheitsbohrung* (wenig Lehren für die *Bohrungen*!) wird angewendet im allgemeinen Maschinenbau, Fahrzeug- und Werkzeugmaschinenbau; das System der *Einheitswelle* (wenig Lehren für die *Wellen*) bei Transmissionen, Textilmaschinen und Landmaschinen. Beide Systeme nebeneinander sind bei Elektromaschinen, im Apparate- und Feinbau zu finden.

Tafel 6/3. *Beispiele für die Paarung von ISA-Toleranzen*, um bestimmte „Sitze" zu erreichen[1]. Links: bei Einheitsbohrung; rechts: bei Einheitswelle.

	Passung bei Einheitsbohrung		Passung bei Einheitswelle
		Preßsitze: Zur Übertragung großer Umfangs- oder Längskräfte durch Reibschluß. Nur mit Presse oder Wärmedifferenz fügbar (s. Abschn. 19.2).	
	H 7—z 8, z 9 H 7—x 7, x 8 H 7—u 6, u 7	1. *Für große Haftkraft je cm²*: Naben von Zahn-, Lauf- und Schwungrädern; Wellenflansche (z 9 für größere, u 6 für kleinere Durchm.).	Z 8, Z 9—h 6 X 7, X 8—h 6 U 6, U 7—h 6
	H 7—s 6 H 7—r 6	2. *Für mittl. Haftkraft je cm²*: Kupplungsnaben; Bz-Kränze auf GG-Naben; Lagerbuchsen in Gehäusen, Rädern u. Schubstangen (s 6 für größere, r 6 für kleinere Durchm.).	S 7—h 6 R 7—h 6
(Feinpassung)		*Übergangssitze*: Gegen Drehmoment zusätzlich sichern!	
	H 7—n 6	3. *Festsitz*: Mit Presse fügen! Für Anker auf Motorwellen u. Zahnkränze auf Rädern; aufgezogene Bunde auf Wellen; Lagerbüchsen in Lagern und Naben.	N 7—h 6
	H 7—m 6	4. *Treibsitz*: Nur schwer mit Handhammer fügbar! Für einmalig aufgebrachte Riemenscheiben, Kupplungen u. Zahnräder auf Maschinen- und Elektromotor-Wellen (d = 55···120 mm)	M 7—h 6
	H 7—k 6	5. *Haftsitz*: Gut mit Handhammer fügbar! Für Riemenscheiben, Kupplungen u. Zahnräder wie oben (d = 8···50 mm); Schwungräder mit Tangentkeil; Wälzlager-Innenringe; feste Handräder u. Handhebel.	K 7—h 6
	H 7—j 6	6. *Schiebesitz*: Mit Holzhammer oder von Hand fügbar! Für leichter auszubauende Riemenscheiben, Zahnräder, Handräder, Lagerbüchsen u. Wälzlager-Außenringe.	J 7—h 6
		Spielsitze:	
	H 7—h 6	7. *Gleitsitz*: Geschmiert, von Hand noch eben verschiebbar! Für Wechselräder, Pinole im Reitstock, Stellringe, lose Buchsen für Kolbenbolzen, Wälzlager-Außenringe; Zentrierflansche f. Kupplungen und Rohrleitungen.	H 7—h 6
	H 7—g 6	8. *Enger Laufsitz*: Ohne merkliches Spiel verschiebbar! Für Schubzahnräder und Schub-Kupplungen, Schubstangenlager und Indikatorkolben.	G 7—h 6
	H 7—f 7	9. *Laufsitz*: Merkliches Spiel! Hauptlager an Werkzeugmaschinen, Kurbelwellen- u. Schubstangenlager; sämtliche Lagerungen an Regulatoren; Gleitmuffen auf Wellen, Führungssteine.	F 7—h 6
	H 7—e 8	10. *Leichter Laufsitz*: Reichl. Spiel! Für mehrfach gelagerte Wellen in Werkzeugmaschinen.	E 8—h 6
	H 7—d 9	11. *Weiter Laufsitz*: Sehr reichl. Spiel! Für Transmissions- und Vorgelegewellen.	D 9—h 6
(Schlichtpassung)	H 8—h 8	12. *Gleitsitz*: Für kraftlos verschiebbare Paßteile! Stellringe für Transmissionen; einteilig feste Riemenscheiben; Handkurbeln, Zahnräder, Kupplungen usw., die über Wellen geschoben werden.	H 8—h 8
	H 8—f 8	13. *Laufsitz*: Merkl. Spiel! Hauptlager f. Kurbelwellen; Schubstangenlager, Kreuzkopf in Gleitbahn; Kolbenstangenführung, Schieberstangen, Wellen in dreifacher Lagerung; Kolben u. Kolbenschieber in Zylindern; Lager für Kreisel- u. Zahnradpumpen; verschiebbare Kupplungsmuffen.	F 8—h 8
	H 8—d 10	14. *Weiter Laufsitz*: Sehr reichl. Spiel! Lager f. lange Wellen von Kranen und Transmissionen; Leerlaufscheiben; Lager f. landwirtsch. Maschinen; Zentrierungen von Zylindern, Stopfbuchsenteile.	D 10—h 8
(Grobpassung)	H 11—h 11	15. *Grobsitz 1*: Für leicht zusammensteckbare Teile mit geringem Spiel bei großer Toleranz! Teile an landw. Maschinen, die auf Wellen verstiftet, festgeschraubt oder festgeklemmt werden; Distanzbuchsen; Scharnierbolzen für Feuertüren.	H 11—h 11
	H 11—d 11	16. *Grobsitz 2*: Für sicheres Bewegungsspiel von Teilen mit großer Toleranz! Abnehmbare Hebel, Hebelbolzen; Lager für Rollen u. Führungen.	D 11—h 11
	H 11—c 11 H 11—b 11	17. *Grobsitz 3*: Für großes Bewegungsspiel von Teilen mit großer Toleranz! Gabelbolzen an Bremsgestängen von Kraftfahrzeugen; Drehzapfen, Schnappstifte.	C 11—h 11 B 11—h 11
	H 11—a 11	18. *Grobsitz 4*: Für sehr großes Bewegungsspiel von Teilen mit großer Toleranz! Reglerwelle an Lokomotiven; Feder- und Bremsgehänge; Bremswellenlager, Kuppelbolzen für Lokomotiven.	A 11—h 11

[1] Die von den DIN-Passungen her gewohnten und hier aufgeführten Sitzbezeichnungen 3 bis 18 erleichtern die Vorstellung.

Tafel 6/4. *Abmaße A der ISA-Toleranzen und Maßunterschiede U der Paarungen nach Tafel 6/3 in $^1/_{1000}$ mm für Einheitsbohrung.*

Es bedeuten: A-Werte ohne Zusatzzeichen +Werte — U-Werte mit Minuszeichen Spiele
U-Werte ohne Zusatzzeichen Übermaße — Maßunterschied $U = A_{Welle} - A_{Bohrung}$.

	Passung	Wert	von	bis	von	bis	von	bis	von	bis	von	bis	von	bis	von	bis
	Nenn-Ø	mm	10	14	14	18	18	24	24	30	30	40	40	50	50	65
(Feinpassung bis Schlichtpassung) Preßsitze	H 7	A	0			18	0			21	0			25	0	30
	z8	A	50	77	60	87	73	106	88	121	112	151	136	175	172	218
	H 7—z8	U	32	77	42	87	52	106	67	121	87	151	111	175	142	218
	x7	A	40	58	45	63	54	75	64	85	80	105	97	122	122	152
	H 7—x7	U	22	58	27	63	33	75	43	85	55	105	72	122	92	152
	u6	A	33	44	33	44	41	54	48	61	60	76	70	86	87	106
	H 7—u6	U	15	44	15	44	20	54	27	61	35	76	45	86	57	106
	s6	A	28	39	28	39	35	48	35	48	43	59	43	59	53	72
	H 7—s6	U	10	39	10	39	14	48	14	48	18	59	18	59	23	72
	Nenn-Ø	mm	65	80	80	100	100	120	120	140	140	160	160	180	180	200
	H 7	A	0	30	0			35	0					40	0	46
	z8‖z9	A	210	256	258	312	310	364	365	465	415	515	465	565	520	635
	H 7—z8‖z9	U	190	256	223	312	275	364	325	465	375	515	425	565	474	635
	x8	A	146	192	178	232	210	264	248	311	280	343	310	373	350	422
	H7—x8	U	116	192	143	232	175	264	218	311	240	343	270	373	304	422
	u6‖u7	A	102	121	124	146	144	179	170	210	190	230	210	250	236	282
	H7—u6‖u7	U	72	121	89	146	109	179	130	210	150	230	170	250	190	282
	s6	A	59	78	71	93	79	101	92	117	100	125	108	133	122	151
	H7—s6	U	29	78	36	93	44	101	52	117	60	125	68	133	76	151
	Nenn-Ø	mm	10	18	18	30	30	50	50	80	80	120	120	180	180	250
(Schlichtpassung) Übergangssitze	H7	A	0	18	0	21	0	25	0	30	0	35	0	40	0	46
	n6	A	12	23	15	28	17	33	20	39	23	45	27	52	31	60
	H7—n6	U	−6	23	−6	28	−8	33	−10	39	−12	45	−13	52	−15	60
	m6	A	7	18	8	21	9	25	11	30	13	35	15	40	17	46
	H7—m6	U	−11	18	−13	21	−16	25	−19	30	−22	35	−25	40	−29	46
	k6	A	1	12	2	15	2	18	2	21	3	25	3	28	4	33
	H7—k6	U	−17	12	−19	15	−23	18	−28	21	−32	25	−37	28	−42	33
	j6	A	−3	8	−4	9	−5	11	−7	12	−9	13	−11	14	−13	16
	H7—j6	U	−21	8	−25	9	−30	11	−37	12	−44	13	−51	14	−59	16
(Schlichtpassung) Spielsitze	h6	A	−11	0	−13	0	−16	0	−19	0	−22	0	−25	0	−29	0
	H7—h6	U	−29	0	−34	0	−41	0	−49	0	−57	0	−65	0	−75	0
	g6	A	−17	−6	−20	−7	−25	−9	−29	−10	−34	−12	−39	−14	−44	−15
	H7—g6	U	−35	−6	−41	−7	−50	−9	−59	−10	−69	−12	−79	−14	−90	−15
	f7	A	−34	−16	−41	−20	−50	−25	−60	−30	−71	−36	−83	−43	−96	−50
	H7—f7	U	−52	−16	−62	−20	−75	−25	−90	−30	−106	−36	−123	−43	−142	−50
	e8	A	−59	−32	−73	−40	−89	−50	−106	−60	−126	−72	−148	−85	−172	−100
	H7—e8	U	−77	−32	−94	−40	−114	−50	−136	−60	−161	−72	−188	−85	−218	−100
	d9	A	−93	−50	−117	−65	−142	−80	−174	−100	−207	−120	−245	−145	−285	−170
	H7—d9	U	−111	−50	−138	−65	−167	−80	−204	−100	−242	−120	−285	−145	−331	−170
(Feinpassung) Spielsitze	H8	A	0	27	0	33	0	39	0	46	0	54	0	63	0	72
	h8	A	−27	0	−33	0	−39	0	−46	0	−54	0	−63	0	−72	0
	H8—h8	U	−54	0	−66	0	−78	0	−92	0	−108	0	−126	0	−144	0
	f8	A	−43	−16	−53	−20	−64	−25	−76	−30	−90	−36	−106	−43	−122	−50
	H 8—f8	U	−70	−16	−86	−20	−103	−25	−122	−30	−144	−36	−169	−43	−194	−50
	d10	A	−120	−50	−149	−65	−180	−80	−220	−100	−260	−120	−305	−145	−355	−170
	H8—d10	U	−147	−50	−182	−65	−219	−80	−266	−100	−314	−120	−368	−145	−427	−170

	Nenn-Ø	mm	10	18	18	30	30	50	50	80	80	120	120	180	180	250
(Grobpassung) Spielsitze	H11	A	0	110	0	130	0	160	0	190	0	220	0	250	0	290
	h11	A	—110	0	—130	0	—160	0	—190	0	—220	0	—250	0	—290	0
	H11—h11	U	—220	0	—260	0	—320	0	—380	0	—440	0	—500	0	—580	0
	d11	A	—160	—50	—195	—65	—240	—80	—290	—100	—340	—120	—395	—145	—460	—170
	H11—d11	U	—270	—50	—325	—65	—400	—80	—480	—100	—560	—120	—645	—145	—750	—170

	Nenn-Ø	mm	10	18	18	30	30	40	40	50	50	65	65	80	80	100
(Grobpassung) Spielsitze	H11	A	0	110	0	130	0			160	0			190	0	220
	c11	A	—205	—95	—240	—110	—280	—120	—290	—130	—330	—140	—340	—150	—390	—170
	H11—c11	U	—315	—95	—370	—110	—440	—120	—450	—130	—520	—140	—530	—150	—610	—170
	b11	A	—260	—150	—290	—160	—330	—170	—340	—180	—380	—190	—390	—200	—440	—220
	H11—b11	U	—370	—150	—420	—160	—490	—170	—500	—180	—570	—190	—580	—200	—660	—220
	a11	A	—400	—290	—430	—300	—470	—310	—480	—320	—530	—340	—550	—360	—600	—380
	H11—a11	U	—510	—290	—560	—300	—630	—310	—640	—320	—720	—340	—740	—360	—820	—380

	Nenn-Ø	mm	100	120	120	140	140	160	160	180	180	200	200	225	225	250
(Grobpassung) Spielsitze	H11	A	0	220	0					250	0		0			290
	c11	A	—400	—180	—450	—200	—460	—210	—480	—230	—530	—240	—550	—260	—570	—280
	H11—c11	U	—620	—180	—700	—200	—710	—210	—730	—230	—820	—240	—840	—260	—860	—280
	b11	A	—460	—240	—510	—260	—530	—280	—560	—310	—630	—340	—670	—380	—710	—420
	H11—b11	U	—680	—240	—760	—260	—780	—280	—810	—310	—920	—340	—960	—380	—1000	—420
	a11	A	—630	—410	—710	—460	—770	—520	—830	—580	—950	—660	—1030	—740	—1110	—820
	H11—a11	U	—850	—410	—960	—460	—1020	—520	—1080	—580	—1240	—360	—1320	—740	—1400	—820

Für eine Fertigung, die keine besondere Genauigkeit erfordert, stehen die Toleranzqualitäten IT 14 bis 18 zur Verfügung. Für Maße ohne Toleranzangabe ist die Festlegung sogenannter „Freimaßtoleranzen" in einem DIN-Normblatt vorgesehen.

Die zulässigen Maßabweichungen für Gesenkschmiedestücke aus Stahl siehe DIN 7524 u. 7526, für Preßstoff-Preßteile und Spritzgußteile DIN 7710.

Tafel 6/5. ***Lineare Wärmeausdehnung*** Δl **einiger Werkstoffe für 100 mm Länge und 1° C Temperaturzunahme in $^1/_{1000}$ mm nach LEINWEBER [6/7].**

Werkstoff	Δl	Werkstoff	Δl	Werkstoff	Δl
Stahl	**1,15**	**Mg-Al DIN 1729 .**	**2,4...2,7**	**Nickel . . . . . .**	**1,3**
Grauguß	**1,1**	**Bronze DIN 1705 .**	**1,8**	**Zink . . . .**	**3,0**
Aluminium	**2,3**	**Kupfer . . . . .**	**2,7**	**Zinn . . . .**	**2,3**
Al-Cu-Mg DIN 1725	**2,4...2,6**	**Messing DIN 1709 .**	**1,9**	**Kunstharz Typ O, S**	**3,7...6,0**
Al-Si-Cu DIN 1725	**1,9...2,2**	**Neusilber DIN 1780**	**1,8**	**Preßstoff Typ T .**	**3,0...4,0**
Al-Si-Mg DIN 1725				**Preßstoff Typ K .**	**4,0**
Blei	**2,9**				

6.4. Schrifttum zu 6.

[6/1] DIN-Normblattverzeichnis 1957. Berlin: Beuth-Vertrieb 1957; ferner Normenheft 1 bis 12, Berlin: Beuth-Vertrieb.

DIN-Taschenbuch 1, 4 und 10 (jedes enthält die Original-Normblätter im Format A 5 für ein Teilgebiet). Berlin: Beuth-Vertrieb.

[6/2] DIN-Blätter: ISA-Passungen 7150—7155, Abmaße der ISA-Passungen 7160, 7161; Begriffe 7182; Oberflächengeometrie 4760, 4761; Auslesepaarung 7185; Preßpassungen 7190; Abmaße für Gesenkschmiedestücke 7524···7529, für Preßstoff-Preßteile 7710.

[6/3] — Einführung in die DIN-Normen. Hrsg. Inst. für Berufsausbildung Berlin. Verlag für Wissenschaft und Fachbuch: Bielefeld 1949.

[6/4] HELLMICH, W.: Vom Sinn der Normung. Z. VDI Bd. 87 (1943), S. 65.

[6/5] KIENZLE, O.: Normung und Wissenschaft. Z. VDI Bd. 87 (1943), S. 68; Die Normungszahlen und ihre Anwendung. Z. VDI Bd. 83 (1939), S. 717; Die Preßsitze im ISA-Passungssystem. Werkst-Techn. Bd. 32 (1938), S. 421; Die Typnormen im Erzeugungsbild des deutschen Maschinenbaus. Z. VDI Bd. 90 (1948), S. 373.
— Normungszahlen. Wissenschaftliche Normung Heft 2. Berlin: Springer 1950.

[6/6] KOEHN, O.: Normung und Leistungssteigerung. Z. VDI Bd. 86 (1942), S. 665.

[6/7] LEINWEBER, P.: Passung und Gestaltung. Berlin: Springer 1941.
— Toleranzen und Lehren. Berlin: Springer 1943.

[6/8] BRANDENBERGER, H.: Toleranzen, Passung und Konstruktion. Zürich 1946.

[6/9] STREIFF, F.: Zweckmäßige Sitze für Riemenscheiben, Kupplungen und Zahnräder auf Wellenenden. Werkst.-Techn. Bd. 32 (1938), S. 25.

[6/10] BERG, S.: Die Normzahl, Wesen u. Anwendung, ZVDI 92 (1950) S. 135; ferner: Angewandte Normzahl. Beuth-Vertrieb Berlin u. Krefeld-Uerdingen 1949.

II. Verbindungselemente.

7. Schweißverbindung.

7.1. Anwendung.

Die Schweißverbindung ist sehr *vielseitig* anwendbar; nicht nur bei Werkstoffen wie Stahl, Stahlguß und Grauguß, sondern auch bei Kupfer-, Aluminium- und Magnesiumlegierungen, bei Nickel, Zink und Blei und neuerdings auch bei thermoplastischen Kunststoffen. Wir sehen geschweißte statt genieteter *Stahlträger, Behälter und Kessel, geschweißte Maschinenteile* statt gegossener oder geschmiedeter; ferner kennen wir die vielseitige *Flickschweißung* für Risse und Brüche, die *Auftragschweißung* für Verschleißstellen und Verstärkungen und schließlich das eng mit der Schweißtechnik verbundene „*Brennschneiden*" zum Abschneiden und Ausschneiden von Teilen und zum Abwracken.

Geschweißte Teile werden nicht immer billiger, aber — schweißgerecht gestaltet — erheblich *leichter* als gegossene und auch leichter als genietete, bei gleicher Steife und Festigkeit. Dagegen ist die Güte der Schweißverbindung schwieriger nachzuprüfen, und die Herstellung erfordert besondere Erfahrungen (Schweißverzug und Schrumpfspannungen).

Im *Stahlbau* (Stahlhochbau, Brückenbau, Kranbau) wird die Schweißkonstruktion bis 20% leichter als die Nietkonstruktion. Vollwandträger aus Blech und Fachwerk aus Rohr werden zunehmend geschweißt, aber Fachwerk aus Profilstahl durchweg genietet.

Im Kessel- und Behälterbau gestattet die Schweißverbindung die Bleche *stumpf* zu stoßen, also die lästigen Überlappungen an den Nahtkreuzungen zu vermeiden und etwas leichter zu bauen (Festigkeit der geschweißten Naht 70 bis 90%, der genieteten 60 bis 87% der Blechfestigkeit).

Im Maschinenbau wird zunehmend geschweißt, besonders wenn es auf Leichtbau oder kurze Lieferzeit ankommt. Geschweißte Maschinenteile werden bis zu 50% leichter (etwa halbe Wanddicke!) als gegossene, und besonders bei Einzelfertigung macht sich der Fortfall des Modells im Preis und in der Lieferzeit bemerkbar. Hingewiesen sei besonders auf geschweißte Getriebe- und Schutzkästen, Maschinenrahmen, Hebel, Zahnräder und Seilrollen. Bei *Serien*fertigung ist jedoch häufig die Gußkonstruktion billiger.

7.2. Herstellung.

Beim Schweißen müssen die zu verbindenden Flächen auf *Schweißtemperatur* und ferner in *innige Berührung* gebracht werden. Die metallische Vereinigung erfolgt entweder

1. durch Zusammen*pressen* (Preßschweißen), oder
2. durch Zusammen*schmelzen* (Schmelzschweißen).

Hierbei kann die Schweißgüte durch feste oder gasige Einhüllung oder durch Zugabe von desoxydierendem und schlackenbildendem Schweißpulver gesteigert werden.

1. Schweißverfahren.

Beim *Feuerschweißen* (Erwärmen auf Schweißtemperatur durch Schmiede- oder Koksfeuer, durch Wassergas oder Koksgasflamme erfolgt das Zusammenschweißen durch Hämmern oder Pressen. Anwendung z. B. beim Kettenschweißen und als Wassergasschweißen (oxydverhindernd) zur Herstellung von Rohren und Kesseln bis 100 mm Blechdicke.

Beim *Gasschmelzschweißen* (Autogenschweißen) werden mit einer Stichflamme aus Heizgas und Sauerstoff dünnwandige Teile (bis 4 mm) unmittelbar verschmolzen und dickere (abgeschrägte Kanten!) durch Einschmelzen von Schweißdraht verschweißt. Angewendet mit *Azetylen*flamme (3100° C) für alle Schweißarbeiten z. B. Behälter, Rohre, Kleineisenwaren und Reparaturen; mit *Wasserstoff*flamme (2000° C) für Blei, Aluminium- und Stahlbleche etwa bis 18 mm; mit *Leuchtgas*flamme (1800° C) für Blei- und Stahlblech etwa bis 15 mm; mit *Benzol*flamme (2700° C) besonders für Montagearbeiten und Stahlblech bis etwa 15 mm.

Obige Stichflammen können bei „oxydierender" Einstellung des Gemisches auch zum „*Brennschneiden*" dienen.

Beim *elektrischen Lichtbogenschweißen* wird die Schweißstelle durch den Lichtbogen (3500° C) zwischen Werkstück und Schweißdraht (Elektrode) auf Schmelztemperatur gebracht, wobei der Schweißdraht tropfenweise in die Schweißfuge einschmilzt. Anwendbar für alle, auch hochwertige Schweißarbeiten; z. B. mit Kohleelektroden für Benzinfässer, dünnwandige Behälter und Rohre; mit Mantel-Elektroden, mit Schutzgas und Wolframelektroden (Arcatom) und mit Gaszerlegung (atomares Schweißen) für besonders hochwertige Schweißungen.

Bei der *elektrischen Widerstandsschweißung* (Stumpf-, Punkt- und Rollnaht-Schweißung) werden die Teile an der Berührungsstelle durch den elektrischen Widerstand (bis 100 000 Amp. bei 10 Volt) auf Schweißtemperatur gebracht und durch anschließende Anpressung verschweißt. Verwendet zum *Stumpf*schweißen von Schienen, Profilstählen und Rohren bis 200 cm² Querschnitt; zum Kettenschweißen und zum Aufschweißen von Werkzeugstahl; zum *Punkt*schweißen bei Geschirr, Kleineisenwaren und überlappten Blechen von 0,2 bis 25 mm Gesamtdicke; ebenso zum Rollnahtschweißen bis 5 mm Gesamtdicke.

Genannt sei noch die *Thermit*schweißung mit gezündetem Pulvergemisch aus Al und Eisenoxyd (3000° C) für Schienenstöße und die *Grauguß-Aufguß*schweißung, die ein Angießen von Grauguß an beschädigte Gußstücke darstellt.

2. Schweißbarkeit.

Zu beachten ist:

C-arme Stähle lassen sich leicht schweißen;

C-reiche (härter als St 52) und *legierte* Stähle ergeben leicht Spannungsrisse[1]; *Grauguß* ist nur unter bestimmten Bedingungen befriedigend zu schweißen;

Thomasstahl ist wegen seines Phosphor- und Stickstoffgehaltes zum Schweißen ungeeignet[1];

Nichteisenmetalle (Cu-, Al- und Mg-Legierungen, Nickel, Zink und Blei) erfordern besondere Vorkehrungen beim Schweißen[1];

thermoplastische Kunststoffe (z. B. Vinidur) können mit Heißluftstrom geschweißt werden;

die Nähte müssen für den Schweißbrenner, bzw. für die Elektrode *gut zugänglich* sein.

3. Besondere Maßnahmen.

Um *Schrumpfspannungen* und *Verwerfungen* zu verringern, muß man die Wärmemenge (Nahtmenge) örtlich weniger häufen (dünne Nähte bevorzugen und grobtropfende Elektroden verwenden), in der richtigen Reihenfolge schweißen, Dehnmöglichkeiten schaffen und die Schweißkonstruktion gegebenenfalls noch hinterher im Ofen bei 600° spannungsfrei glühen. Hochbeanspruchte Konstruktionen, besonders aus St 52, wird man außerdem beim Schweißen auf 100—150° vorwärmen (Guß auf 200—300° C). Dickere Nähte kann man in dünneren Lagen abwechselnd von der einen und anderen Seite schweißen.

Durch *Vorrichtungen* zum Halten und Wenden der Schweißstücke, ferner durch *Führungen* und *Vorschubeinrichtungen* kann man die Schweißarbeit oft sehr erleichtern, Vorbearbeitungen einsparen und die Schweißgüte heben.

---

[1] Im Zweifelsfalle eine *Schweißprobe* machen! Häufig genügt die einfache *Aufschweiß-Biegeprobe*, bei der eine Schweißraupe auf ein Probestück (5×40×150 mm) aufgeschweißt und das Probestück (bei Thomas-Stahl erst nach 4 Tagen) über einen Dorn (Durchm. = 2 · Blechdicke) um 180° gebogen wird, um zu sehen, ob es spröde bricht.

Durch nachträgliches *Glätten* (Schleifen oder Abhobeln) und *Hämmern* der Naht kann außerdem die Kerbwirkung verringert und die Dauerfestigkeit erheblich erhöht werden (s. Tafel 7/1).

7.3. Gestaltung.

Der Erfolg der Schweißkonstruktion hängt besonders von der *schweißgerechten* Gestaltung ab. Tafel 7/9 bringt hierzu zahlreiche Beispiele, nach bestimmten Gesichtspunkten geordnet. Die verschiedenen Einzelerfahrungen lassen sich im wesentlichen auf folgende Leitlinien bringen:

1) *Geringe Nahtmenge anstreben*, da die Schweißkosten fast proportional hiermit anwachsen. Entsprechend sucht man die Schweißkonstruktion möglichst aus größeren Teilstücken aufzubauen; ferner bevorzugt man *dünne*, längere Nähte, da sie mit *geringerer Nahtmenge* den gleichen Querschnitt ergeben, wie dicke, kürzere Nähte. Umlaufende Nähte an Drehkörpern werden gefühlsmäßig meist viel zu dick ausgeführt (daher Festigkeit nachrechnen, s. Beispiel 2. S. 136).

2) *Als Bauelemente* bevorzugt man Flach- und Profil-Stähle, abgekantete und gebogene Bleche oder mit dem Brenner ausgeschnittene Stücke. Verwickelte Teile abtrennen und für sich schweißen, oder als Guß-, Schmiede-, Preß- oder Ziehteile einschweißen. Abfallstücke gering halten oder weiter verwerten (s. Tafel 7/9, Bild 7b)!

3) *Vorbearbeitungen*, wie gedrehte Absätze für die bequemere Zuordnung der Teile beim Schweißen möglichst einsparen (s. Bild *k*) und statt dessen entsprechende Vorrichtungen beim Schweißen verwenden.

4) *Schrumpf-Spannungen und Kerbwirkungen* auch durch konstruktive Maßnahmen verringern: Durch konstruktive Dehnmöglichkeiten, durch Herauslegen der Nähte aus den Zonen erhöhter Spannung (s. Bild *o, u, w*); durch dünnere Nahtlagen (s. oben); ferner Quernähte und Querrippen möglichst vermeiden und an den Kreuzungsstellen die Quernähte unterbrechen (Bild *m*); außerdem Querrippen nur mit leichten Kehlnähten (3 mm dick) anschließen.

5) *Starre und schwingungsfeste, biege- und drehsteife Schweißkonstruktionen* können mit geringer Wanddicke durch geschlossene Kasten- oder Rohr-Querschnitte (Bild 4/6, S. 70) durch „Zellenbau" (Bild 4/11, S. 75) und sonstige Maßnahmen (s. Leichtbau S. 61) erzielt werden.

6) *Bei Blech- und Kastenträgern* wegen der Ausbiege- und Rostgefahr *durchlaufende* Nähte nehmen und zwar 4 bis 10 mm dick bei Kraftnähten (3 mm bei Heftnähten). Die offenen Enden von Kastenträgern möglichst zuschweißen, um Festigkeit und Rostschutz zu erhöhen. Dynamisch beanspruchte Träger und Maschinenrahmen werden erheblich dauerfester, wenn sie mit Mantelelektroden geschweißt werden.

7) *Bei Biegeträgern* die Schweißstellen möglichst in die Nähe der Auflager legen, um sie vom Biegemoment zu entlasten.

8) *Bei Druckstäben* kann für die Schweißnaht $^1/_{10}$ der Druckkraft angenommen werden, wenn der Stab die Kraft im wesentlichen *unmittelbar* durch gute Auflage übertragen kann.

9) *Bei zugbeanspruchten* Querschnitten muß mit erhöhten Kräften, bzw. mit verringerten zulässigen Spannungen gerechnet werden, wenn die zusätzlichen Schrumpfspannungen sich nicht voll ausgleichen können (spannungsfrei glühen oder Dehnmöglichkeiten vorsehen!).

10) *Ausbildung der Nähte* s. Abschnitt 7.4, ferner Tafel 7/9 u. Berechnungsbeispiele.

7.4. Stoß- und Nahtformen.

Die verschiedenen Ausführungsformen lassen sich sämtlich auf die „*Stumpfnaht*" oder „*Kehlnaht*" zurückführen. Die wichtigsten sind in Tafel 7/1—7/4, getrennt nach der „Stoßform", d. h. nach der Lage der Teilstücke zueinander, zusammengestellt. Der hier angegebene *Beiwert* v_1 gibt ein Maß für die Wechselfestigkeit der Nähte bei verschiedener Belastung gegenüber der Zug-Druck-Wechselfestigkeit des Blechs aus St 37 auf Grund

Tafel 7/1. *Stumpfstoß.*

Bezeichnung		Volles Blech	V-Naht	V-Naht wurzelverschweißt	V-Naht bearbeitet	X-Naht	V-Schrägnaht
Schweißzeichen							
Nahtbild		a=s	1	2	3	4	5
Beiwert v_1	Zug-Druck . .	1	0,5	0,7	0,92	0,7	0,8
	Biegung . . .	1,2	0,6	0,84	1,1	0,84	0,98
	Schub	0,8	0,42	0,56	0,73	0,56	0,65

Tafel 7/2. *T-Stoß.*

Bezeichnung		Doppelseitige Voll-Kehlnaht	Doppelseitige Flach-Kehlnaht	Doppelseitige Hohl-Kehlnaht	Einseitige Flach-Kehlnaht	Eck-stumpf-naht	Doppelseitige Kehl-stumpf-naht	X-Naht
Schweißzeichen								
Nahtdicke		2a	2a	2a	a	s	s	s
Nahtbild		6	7	8	9	10	11	12
Beiwert v_1	Zug-Druck . .	0,32	0,35	0,41	0,22	0,63	0,56	0,7
	Biegung . . .	0,69	0,7	0,87	0,11	0,8	0,8	0,84
	Schub	0,32	0,35	0,41	0,22	0,5	0,45	0,56

Tafel 7/3. *Eckstoß.*

Bezeichnung		Einseitige Flachkehlnaht	Doppelseitige Flachkehlnaht	Eck-Stumpfnaht	Eck-Stumpfnaht	Eck-X-Naht
Schweißzeichen						
Nahtdicke		a	2a	e	s	2a
Nahtbild		13	14	15	16	17
Beiwert v_1	Zug-Druck . .	0,22	0,3	0,45	0,6	0,35
	Biegung . . .	0,11	0,6	0,55	0,75	0,7
	Schub	0,22	0,3	0,37	0,5	0,35

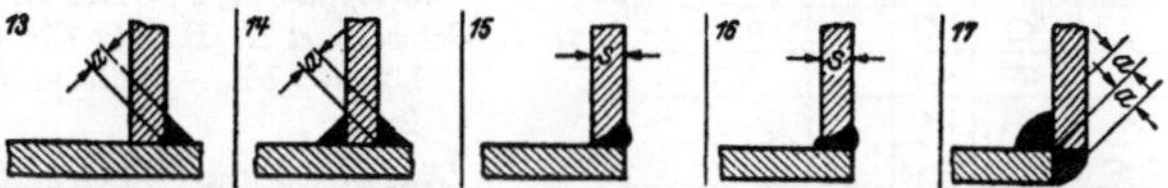

Tafel 7/4. *Laschenstoß.*

Laschenstoß mit:		Stirnkehlnaht	Stirnkehlnaht	Flankenkehlnaht	Flankenkehlnaht
Nahtdicke		2a	2a	2a	2a
Nahtbild		18	19	20	21
Beiwert v_1	Zug	0,22	0,25	0,25	0,48

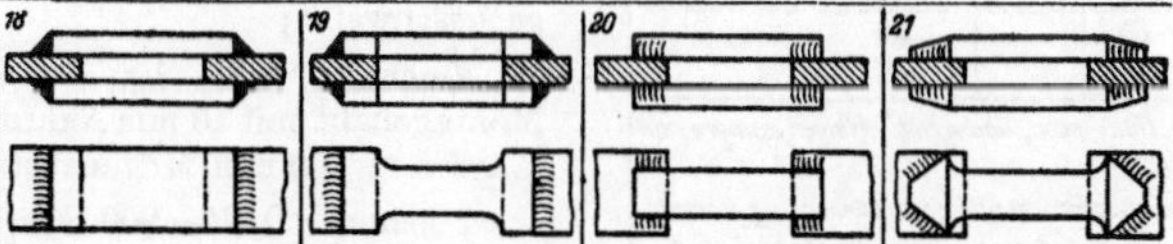

von Versuchen [7/3]. Außerdem sind die für die Berechnung geltenden Nahtdicken und die der Nahtform entsprechenden Schweißzeichen angegeben.

1) *Stumpfstoß* (*Tafel 7/1*): Verwendet für durchlaufende Bleche und Träger. Die Stumpfnaht ist statisch und dynamisch höher belastbar, als die Kehlnaht (Tafel 7/2), aber meist teurer. Ein Nachschweißen der Nahtwurzel und Nacharbeiten der Naht erhöht die dynamische Festigkeit erheblich (s. Nahtbild 2/3); eine Schrägnaht ist auch statisch höher belastbar (s. Nahtbild 5 gegenüber 1).

Man verschweißt durchweg Bleche bis 4 mm Dicke ohne Abschrägung, von 5 bis 15 mm Dicke mit V-Naht (Bleche vorher abgeschrägt, Nahtwinkel $\approx 60°$), von 10 bis 30 mm mit X-Naht, darüber mit kelchartiger V- bzw. X-Naht (als U-Naht, bzw. Doppel-U-Naht bezeichnet). Bei unterschiedlicher Blechdicke und hoher Beanspruchung soll man das dickere Blech zur Naht hin verjüngen. *Als Nahtdicke a* gilt die kleinste Blechdicke s an der Naht.

2) *T-Stoß* (*Tafel 7/2*): Durchweg mit Flachkehlnaht ausgeführt, also weniger belastbar als der Stumpfstoß. Bei dynamischer Last ist die Hohlkehlnaht (guter Übergang) der Flachkehlnaht und diese der Vollkehlnaht überlegen (s. Nahtbild 8 gegenüber 7 und 6); ferner ist die einseitige Kehlnaht nur gering belastbar (Nahtbild 9). Als Nahtdicke a gilt für Kehlnähte die Höhe des in den Nachtquerschnitt einbeschriebenen Dreiecks.

3) *Eckstoß* (*Tafel 7/3*): Weniger belastbar als T-Stoß.

4) *Laschenstoß* (*Tafel 7/4*): Am wenigsten belastbar von allen Stoßformen.

5) *Behälternaht* (*Tafel 7/9, Bild o*): Die Bördelnaht (gerissen bei 5 atü) und die Ecknaht (gerissen bei 12 atü) sind schlechter als die aus der Kante herausgelegte Stumpfnaht (gerissen bei 30 atü).

7.5. Zeichnungsangaben.

1. Darstellung der Naht: *Im Querschnitt* wird sie voll gezeichnet (s. Tafel 7/1 bis 7/4), *in der Längsansicht* als Linie mit oder ohne Schraffur (s. Tafel 7/9, Bild n) und mit dem betreffenden Schweißzeichen nach DIN 1912 (Tafel 7/1 bis 7/5) versehen.

Tafel 7/5. *Schweißzeichen.*

Benennung	Grundzeichen	Sinnbilder: überwölbt	flach	hohl	wurzelseitig nachgeschweißt 1)
Bördelnaht	≻	≻)	≻|		
I-Naht	=	=)	=|		
V-Naht	<	<)	<|		|<)
U-Naht	⊸	⊸)	⊸|		|⊸)
X-Naht	×	(×)	|×|		
Doppel U-Naht	⊃⊂	(⊃⊂)	|⊃⊂|		
Kehlnaht	∟	◺	◺	◺	
Ecknaht	∟	◺	◺		
Dreiblechnaht	⊔	⊔	⊔		
½V-Naht	∠	∠)	∠|	△	|∠|
K-Naht	K	(K)	|K|	|K| 2)	
Loch- u. Schlitznaht	±		±		
Wulststumpfnaht	I		I		
Abbrennstumpfnaht	‡		‡		
Punktnaht	O		O		
Buckelnaht	O		⊙		
Rollennaht	O		⊖		
Quetschnaht	O		⊖		

1) das Nachschweißen kann „flach" oder „überwölbt" erfolgen, man verwendet die entsprechenden Zeichen

2) bei der K-Naht können verschiedene Schweißformen in Anwendung gebracht werden, die dann im Sinnbild entsprechend darzustellen sind z. B. ⊳◁

2. Zusätze zum Schweißzeichen:

Nahtdicke a in mm (s. Tafel 7/1 bis 7/3);

Nahtlänge L in mm; ferner *Mittenabstand e* der Nahtstücke in mm bei unterbrochener Naht;

Schweißgüte N, F, ND, FD, S (s. unten!); *Schweißart G, E, R,* für Gas-, Lichtbogen- bzw. Widerstandsschweißung; } fällt fort, wenn anderweitig angegeben

Längsstrich durch Schweißzeichen bedeutet durchlaufende Naht;

„*Fahne*" am Schweißzeichen bedeutet Montagenaht;

Weitere Angaben sind mit Bezugspfeil außerhalb der Nahtlinie einzutragen oder in besonderer Darstellung anzubringen;

Gemeinsame Angaben für alle Nähte nur einmal auf der Zeichnung vermerken.

Beispiele: Zeichen ◺ 8 F G bedeutet durchlaufende Vollkehlnaht, mit 8 mm Nahtdicke als Festschweißung gasgeschweißt;

Zeichen ◺ 10—100/200 bedeutet unterbrochene Montagenaht mit 10 mm Nahtdicke mit je 100 mm Nahtlänge und 200 mm Mittenabstand der Nahtstücke;

Zeichen |<) 10—900 G bedeutet V-Naht mit flach nachgeschweißter Nahtwurzel, Blechdicke 10 mm, Nahtlänge 900 mm, gasgeschweißt.

3. Schweißgüte. Normalschweißung N wird angewendet, wenn keine besonderen Festigkeitsanforderungen vorliegen für Werkstoff St 00, St 37, St 42, GS-38. Ausführung mit allen Schweißdrähten durch alle Schweißer.

Festschweißung F wird angewendet bei hoher statischer und dynamischer Beanspruchung bis etwa 5 kg/mm², für Werkstoff St 00 bis St 60, GS-38, GS-58. Ausführung mit blankem Schweißdraht von 2 bis 5 mm, oder mit

Mantel- bzw. Seelenelektroden aller Durchmesser. Nahtoberfläche darf wellig, muß aber gleichmäßig sein (Fehler durch Abschleifen beseitigen!). Nachprüfung meist nur mit Auge.

Dichtschweißung D, als ND, bzw. FD in Schweißgüte N, bzw. F, für Behälter unter Flüssigkeits- oder Gasdruck bis 8 atü bei geringer Temperatur, sonst wie N, bzw. F. Probedruck angeben!

Sonderschweißung S für sehr hohe statische und dynamische Beanspruchungen, für Hochdruckbehälter bei hoher Temperatur usw., für Werkstoff St 37 bis St 60, GS 38, GS-58. Ausführung mit blanken Schweißdrähten von 3 bis 4 mm, oder mit Mantel- oder Seelenelektroden aller Durchmesser durch ausgesuchte und besonders angelernte Schweißer.

7.6. Festigkeitsrechnung.

Eine Nachrechnung der Festigkeit ist nur für kraftübertragende Nähte erforderlich.

1. *Bezeichnungen:*

- a (cm) Nahtdicke (s. Tafel 7/1 bis 7/4)
- d (cm) Durchmesser
- e (cm) Abstand
- F_n (cm^2) Nahtquerschnitt
- J_n (cm^4) Trägheitsmoment für die Naht
- l (cm) Nahtlänge
- l_n (cm) nutzbare Nahtlänge
- M (cmkg) Biegemoment
- P (kg) Kraft
- p (kg/cm^2) Überdruck
- S_N (—) Nutzsicherheit
- v, v_2 (—) Beiwerte für die zulässige Spannung (statisch)
- v_1, v_2 (—) Beiwerte für die zulässige Spannung (dynamisch)
- W_n (cm^3) Biege-Widerstandsmoment für die Naht
- δ_5 (—) Bruchdehnung
- ϱ, ϱ_a (kg/cm^2) Spannung, Ausschlagspannung in der Naht
- ϱ_m (kg/cm^2) Mittelspannung in der Naht
- σ (kg/cm^2) Spannung im Werkstoff (Blech)
- σ_A (kg/cm^2) Ausschlagfestigkeit im Werkstoff (Blech)

2) *Nahtspannung* ϱ (kg/cm^2).

Man berechnet die Spannung ϱ in der Naht entsprechend der Belastungsart wie folgt:

bei Zug, Druck oder Schub	$\varrho_1 = \frac{P}{a \cdot l_n} \leq \varrho_{zul}$
bei Biegung	$\varrho_2 = M_b/W_n \leq \varrho_{zul}$
bei Schub und Biegung	$\varrho = \sqrt{\varrho_1^2 + \varrho_2^2} \leq \varrho_{zul}$ für Schub
Spannungsausschlag	$\varrho_a = \varrho - \varrho_m \leq \varrho_{a\,zul}$

Als nutzbare Nahtlänge l_n wird nur bei geschlossenen, rundum laufenden Nähten $l_n = l$ gesetzt, während bei unterbrochenen Nähten an jedem Nahtende für den Endkrater ein Abzug (= Nahtdicke a) gemacht wird, so daß für eine durchlaufende Naht $l_n = l - 2a$ ist. Der Spannungsausschlag ϱ_a ist nur bei *dynamischer* Belastung nachzuprüfen. Berechnungsbeispiele s. S. 134 u. 136.

3) *Zulässige Nahtspannung* ϱ_{zul} (kg/cm^2). Die Festigkeit der Naht und der Randzone ist geringer als die Festigkeit des Werkstoffs, und zwar je nach den Umständen in verschiedenem Maße. So setzt besonders die Kerbwirkung der unbearbeiteten Naht die *dynamische* Festigkeit erheblich herab. Bei nicht spannungsfrei geglühten Teilen treten hierzu noch die oft erheblichen, aber rechnersich nicht erfaßten Schrumpfspannungen, die besonders für die *zug*belasteten Teile gefährlich werden können.

Man setzt ϱ_{zul}, bzw. $\varrho_{a\,zul}$ im Verhältnis zur zulässigen Spannung σ_{zul} bzw. $\sigma_{a\,zul}$ im sonstigen Werkstück an, und wählt die Verhältniswerte v_1 und v_2 auf Grund von Erfahrungen mit gleichartig ausgeführten und gleichartig belasteten Schweißkonstruktionen[1].

$\varrho_{zul} = v \cdot v_2 \cdot \sigma_{zul}$	(für *statische* Belastungen)
$\varrho_{a\,zul} = v_1 \cdot v_2 \cdot \sigma_{a\,zul} = v_1 \cdot v_2\, \sigma_A/S_N$	(für *dynamische* Belastungen)
Nutzsicherheit $S_N = 2$ bis 3	

[1] Je höher v_1 und v_2 festgelegt werden, um so mehr muß die Schweißgüte laufend durch *Schweißproben* überwacht werden.

Hierzu einige *Erfahrungsangaben*:

Tafel 7/6. *Statische Zugfestigkeit ausgeführter V- und X-Nähte* bei verschiedenem Werkstoff, nach [7/3].

Schweißgüte	Zugfestigkeit in kg/mm²							Dehnung der Schweiße δ^3 in %
	St 00	St37	St42	St 50	St 52	St 60	reine Schweiße	
N	25	28	30	—	—	—	37	5···10
F	27	30	33	40	40	44	45	10
S	—	37	40	50	52	55	50	15

Tafel 7/7. *Beiwerte v und v_1.*

Nahtform	Art der Beanspruchung	Beiwerte	
		v statisch [1]	v_1 dynamisch
Stumpfnähte	Zug	0,75	aus Tafel 7/1 bis 7/4 entnehmen
	Druck	0,85	
	Biegung . . .	0,8	
	Schub	0,65	
Kehlnähte	jede Beanspruchung . . .	0,65	

Beiwert $v_2 = 0{,}5$ für Schweißgüte N (Normalschweißung),
$= 1$ für Schweißgüte F (Festschweißung),
= Sonderwert Schweißgüte S (Sonderschweißung).

Ausschlagfestigkeit $\sigma_A \approx 1100$ kg/cm² für Stahl St 37.

Bei Stählen höherer Festigkeit werden vorläufig die gleichen Werte eingesetzt, da der höheren Festigkeit die größere Kerbempfindlichkeit gegenübersteht (Versuche fehlen!).

Berechnungsbeispiele s. S. 134 bis 136.

7.7. Schweißen im Stahlbau (s. auch Kap. 9.4).

Bauliche Durchbildung s. Bild 7/2, 7/3 und Bild *p*, *v* und *w* in Tafel 7/9. Bei Fachwerkträgern sollen nach DIN 4100 und 1050 die Netzlinien und die Schwerlinien der Stäbe und Schweißnähte zusammenfallen (s. Beispiel 2).

Nahtformen nach Tafel 7/1—7/4;

für *tragende* Kehlnähte soll $a \geq 4$ mm $\leq 0{,}7\,s$; $l_n \geq 40$ mm und bei *Flanken-Kehlnähten* $l_n \leq 40\,a$ sein. Bei *Rohr*anschlüssen rundum schweißen!

Berechnung: nach DIN 1050 und 4100 (Stahlhochbau) und DIN 120 (Kranbau) auf *statische* Beanspruchung (s. oben) mit σ_{zul} nach Tafel 9/4, S. 149.

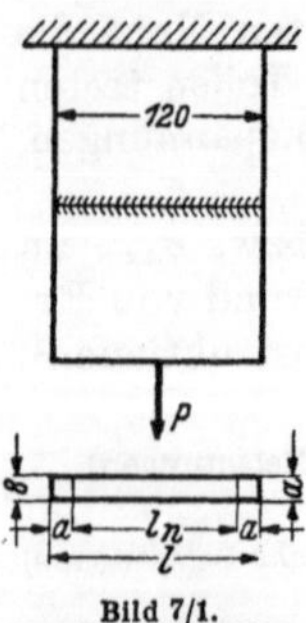

Bild 7/1. Stumpfgeschweißtes Flacheisen, auf Zug belastet.

Beispiel 1. *Stumpfgeschweißtes Flacheisen nach Bild 7/1 auf Zug belastet.*

Gegeben: Querschnitt $F = 120 \cdot 8$ mm²; $\sigma_{zul} = 1200$ kg/cm² (Stahl St 00); $a = s = 0{,}8$ cm.

Gesucht: Zulässige Kraft *P*.

Berechnet: $P = F_n\,\varrho_{zul} = 8{,}32 \cdot 900 =$ **7500** kg, denn es ist $F_n = a \cdot l_n = a\,(l - 2\,a) = 0{,}8 \cdot (12 - 2 \cdot 0{,}8) = 8{,}32$ cm², $\varrho_{zul} = 0{,}75 \cdot 1200 = 900$ kg/cm².

Beispiel 2. *Stabanschluß mit Flanken-Kehlnähten nach Bild 7/2.*

Gegeben: L-Profil 75 · 100 · 11 mm aus St 37.12; Stab-Zugkraft $P = 17\,800$ kg; $\sigma_{zul} = 1400$ kg/cm².

[1] Nach DIN 4100 (Stahlhochbau).

Das zusätzliche Biegemoment $P \cdot e$ infolge des einschenkeligen Stabanschlusses soll durch Einsatz der Kraft 1,2 P statt P berücksichtigt werden. Nahtdicke $a = 0{,}7 \cdot s = 0{,}7 \cdot 1{,}1 \approx 0{,}75$ cm.

Berechnet: $\varrho_{zul} = 0{,}65 \cdot \sigma_{zul} = 910$ kg/cm², Nahtquerschnitt $F_n = 1{,}2\,P/\varrho_{zul} = 23{,}5$ cm², Nahtlänge $l_n = F_n/a = 31{,}4$ cm.

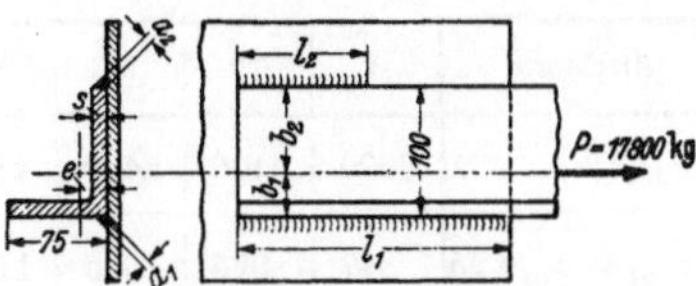

Bild 7/2. Stabanschluß mit Flanken-Kehlnähten an ein Knotenblech.

Außerdem soll in der Knotenblech-Ebene die resultierende Kraft der Schweißnähte mit der Schwerlinie des Stabes zusammenfallen, so daß $a_1 \cdot l_{n1} \cdot b_1 = a_2 \cdot l_{n2} \cdot b_2$ sein muß. Mit $a_1 = a_2$ und $l_n = l_{n1} + l_{n2}$ und $b_2/b_1 = 6{,}77/3{,}23 = 2{,}1$ (aus Profiltafel 5/34, S. 112) wird

$$l_{n2} = l_n \left(\frac{1}{1 + b_2/b_1}\right) = 10{,}1 \text{ cm und}$$

$l_{n1} = l_n - l_{n2} = 21{,}3$ cm, oder ausgeführte Nahtlängen

$$l_1 = l_{n1} + 2\,a = 22{,}8 \text{ cm und}$$

$$l_2 = l_{n2} + 2\,a = 11{,}6 \text{ cm.}$$

Beispiel 3. *Anschluß eines Krag-Trägers nach Bild 7/3.*

Gegeben: Trägerprofil IP 20 nach Tafel 5/37, S. 118, Belastung $P = 9200$ kg, Biegemoment $M_b = 22{,}5 \cdot P = 207000$ cmkg, $\sigma_{zul} = 1400$ kg/cm², Kehlnaht-Anschluß mit $a = 0{,}7$ cm, $\varrho_{zul} = 0{,}65 \cdot \sigma_{zul} = 910$ kg/cm².

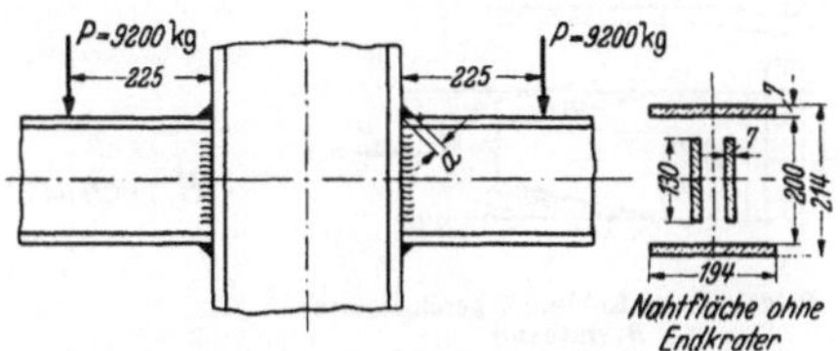

Bild 7/3. Anschluß eines Kragträgers an eine Stütze.

Berechnet: Trägheitsmoment J_n der Nahtfläche in der Nahtebene, berechnet nach der Beziehung für Rechtecke $J = \sum b \cdot h^3/12$ nach S. 39, mit den Nahtmaßen nach Bild 7/3.

$$J_n = 19{,}4\,(21{,}4^3 - 20^3)/12 + 2 \cdot 0{,}7 \cdot 13^3/12 = 3165 \text{ cm}^4.$$

Mit dem Abstand der äußeren Faser $e = 21{,}4/2 = 10{,}7$ cm wird das Widerstandsmoment der Nahtfläche $W_n = J_n/e = 3165/10{,}7 = 296$ cm³, und die Biegespannung der Naht $\varrho_2 = M_b/W_n = 207\,000/296 = 700$ kg/cm².

Die Aufnahme der Querkraft $Q = P$ erfolgt fast nur durch die Stegnähte mit dem Querschnitt $F_n = 2 \cdot 0{,}7 \cdot 13 = 18{,}2$ cm², so daß die zusätzliche Schubspannung der Naht $\varrho_1 = P/F_n = 9200/18{,}2 = 505$ kg/cm² ist. (Bestimmung der Spannungen gemäß DIN 4100. Aus Sicherheitsgründen wird ϱ_1 mit der größten auftretenden Biegespannung ϱ_2 zusammengesetzt!)

Die Gesamtspannung $\varrho = \sqrt{\varrho_1^2 + \varrho_2^2} = 864$ kg/cm², $\varrho_{zul} = 910$ kg/cm².

7.8. Schweißen im Kesselbau (s. auch Kap. 9.6).

Bauliche Durchbildung. Die Längs- und Quernähte werden hier durchweg als *Stumpfnähte* ausgeführt, und zwar als gute, wurzelverschweißte V- oder X-Nähte. Die Längsnähte werden am Stoß versetzt (s. Bild *n*, Tafel 7/9)! Die Quernähte werden erst später geschweißt und aus der Bodenkante herausgelegt (s. Bild *o*, Tafel 7/9). Bohrungen, Stutzen und Mannlöcher werden wegen der Kerbwirkung mit einer Randverstärkung ausgeführt.

Hochwertige Stücke werden nach dem Schweißen noch im Ofen „normalgeglüht“.

Berechnung: (Vorschriften siehe [7/5]).

$$\boxed{\text{Blechdicke } s = \frac{d \cdot p}{2 \cdot v \cdot \sigma_{zul}} + 0{,}1 \text{ cm}}$$

berechnet aus der Beanspruchung σ in der *Längs*naht (in Quernaht halb so hoch!) mit Innendurchmesser d des Kessels in cm, Betriebsdruck p in kg/cm².

Tafel 7/8.

σ^{zul} in kg/cm² für Bleche bei Stumpfstoß.

Blechsorte	I	II	III	IV
$\sigma_B \geqq$	3600	4100	4400	4700
$\sigma_{zul} = \sigma_b/4{,}25$	847	965	1035	1106

Güteverhältnis $v = 0{,}7$ bei einwandfrei ausgeführter Stumpfnaht; noch höhere Bewertung (bis 0,9) ist nach besonderer Verfahrensprüfung möglich.

Beispiel. Geschweißter Dampfkessel, $d = 90$ cm, $p = 7$ atü. Blechsorte II, $\sigma_{zul} = 965$ kg/cm², $v = 0{,}7$.

Berechnet: *notwendige Blechdicke* $s = \frac{90 \cdot 7}{2 \cdot 0{,}7 \cdot 965} + 0{,}1 = 0{,}566$ cm, ausgeführt $s = 6$ mm.

7.9. Schweißen im Maschinenbau (s. auch Kap. 4.4).

Bauliche Durchbildung: s. besonders Tafel 7/9 und S. 75.

Berechnung: nach S. 133, 134, wobei meistens die *dynamische* Beanspruchung ϱ_a maßgebend ist.

Beispiel 1. *Bremsband aus St 37.12 mit Kehlnaht geschweißt nach Bild 7/4.*

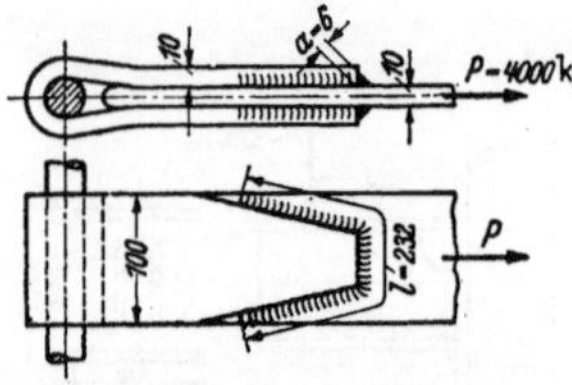

Bild 7/4. Mit Kehlnaht geschweißtes Bremsband.

Gegeben: Größte Zugkraft $P = 4000$ kg (schwellend), $\sigma_{zul} = \sigma_F/S_N = 730$ kg/cm² mit $S_N = 3$, $\sigma_{a\,zul} = \sigma_A/S_N = 380$ kg/cm², Nahtdicke $a = 0{,}6$ cm; Nahtlänge $l_n = 23{,}2 - 2a = 22$ cm je Bandseite.

Berechnet: $F_n = 2\,a\,l_n = 26{,}4$ cm²; $\varrho = P/F_n = 151$ kg/cm²; $\varrho_a = \varrho/2 = 75{,}5$ kg/cm²; $\varrho_{zul} = v\,v_2\,\sigma_{zul} = 0{,}65 \cdot 1 \cdot 730 = 475$ kg/cm²

$\varrho_{a\,zul} = v_1 \cdot v_2 \cdot \sigma_{a\,zul} = 0{,}35 \cdot 1 \cdot 380 = 133$ kg/cm² mit $v_1 = 0{,}35$ als Mittelwert aus Nahtbild 20 und 21 in Tafel 7/4, sowie $v_2 = 1$ (Festschweißung).

Beispiel 2. *Rotor mit angeschweißten Achszapfen nach Bild 7/5.*

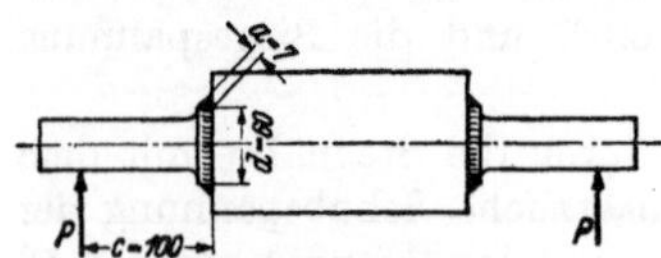

Bild 7/5. Rotor mit angeschweißten Achszapfen.

Gegeben: $P = 200$ kg, Biegemoment $M_b = P \cdot 10 = 2000$ cmkg, $a = 0{,}7$ cm; Achszapfen-Durchmesser $d = 6$ cm, $D = d + 2\,a = 7{,}4$ cm; $\sigma_{a\,zul} = \sigma_{zul} = 300$ kg/cm² (wechselnd beansprucht).

Berechnet: Widerstandsmoment der Naht

$$W_n = \frac{\pi\,(D^4 - d^4)}{32 \cdot D} = 22{,}6 \text{ cm}^3;$$

Nahtspannung bei Biegung $\varrho_{2a} = \varrho_2 = M_b/W_n = 88{,}5$ kg/cm²;

$\varrho_{2a\,zul} = v_1 \cdot v_2 \cdot \sigma_{a\,zul} = 0{,}4 \cdot 1 \cdot 300 = 120$ kg/cm²; mit $v_1 = 0{,}4$ geschätzt nach Nahtbild 7, Tafel 7/2 als Mittelwert zwischen Zug und Biegung.

Beispiel 3. *Rotor, wie vorher mit zusätzlichem Drehmoment M_t.*

Gegeben: $M_t = 2400$ cmkg (schwellend).

Berechnet: Naht-Umfangskraft $P_u = 2\,M_t/d = 800$ kg; $F_n = \pi \cdot d \cdot a = 13{,}2$ cm²;

$\varrho_1 = P_u/F_n = 60{,}5$ kg/cm², $\varrho_{1a} = \varrho_1/2 = 30{,}25$ kg/cm², ϱ_{2a} wie oben;

$\varrho_a = \sqrt{\varrho_{1a}^2 + \varrho_{2a}^2} \approx$ **94** kg/cm², $\varrho_{a\,zul} = 120$ kg/cm², wie oben.

7.10. Schrifttum zu 7.

[7/1] DIN-Blätter: 1910 Begriffe und Schweißarten, 1911 Preßschweißen Widerstandsschweißung, 1912 Schmelzschweißen, 4100 Vorschr. für geschweißte Stahlhochbauten, 4101 Vorschr. für geschweißte Straßenbrücken, 1050 Berechnungsgrundlagen für Stahl im Hochbau.

[7/2] Allgemein: SCHIMKE, P. u. H. A. HORN: Prakt. Handbuch der ges. Schweißtechnik. Bd. I. 4. Aufl. 1943, Bd. II, 5. Aufl. 1950. Berlin: Springer.

ZEYEN, K. L u. W. LOHMANN: Schweißen der Eisenwerkstoffe, 2. Aufl. Düsseldorf: Verlag Stahleisen 1948.

(Fortsetzung S. 140.)

Tafel 7/9. *Gestaltungsbeispiele.*

	Schlechter!	Besser!	Beachte
a	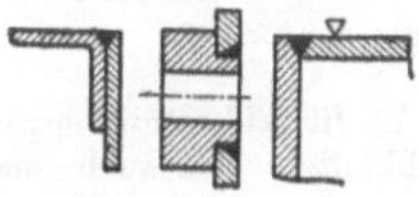	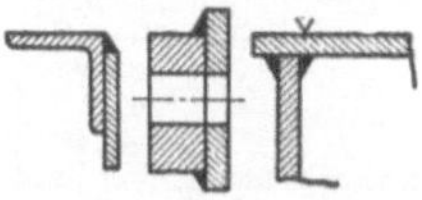	1. *Vorarbeiten*, wie Absätze und Abschrägungen, möglichst einsparen! Siehe auch Zahnrad unter 5.
Puffergehäuse *b*	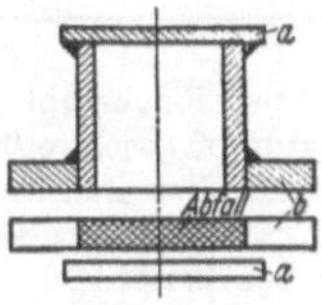 a Abfall b a	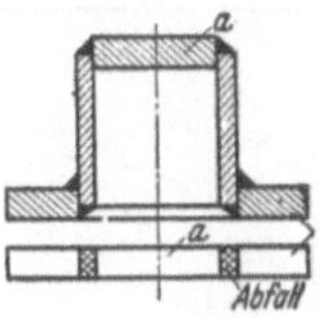 a a Abfall	2. *Abfallstücke* vermeiden! Dem Konstruktionsbüro zur Verwertung melden!
Seiltrommel *c*	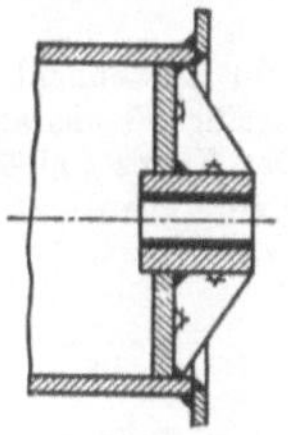	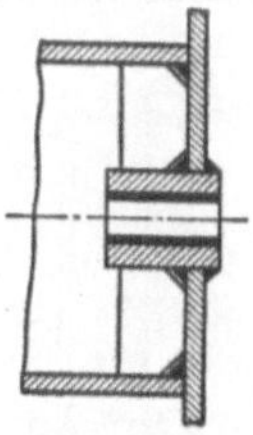	An Schnitten, an Nahtmenge und an Rippen sparen! Doppelnähte nur bei größeren Kräften.
Kastenstoß *d*	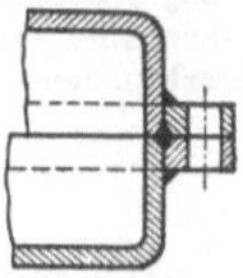	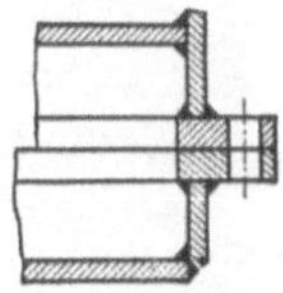	3. *Naht nicht in Paßflächen legen!* Innere Naht nur bei schweren Kästen. Maße des Flachstahls (Flansch) als Rohmaß angeben. *Bearbeitungszugabe* 2 mm (4 mm) bei Kastenlänge bis 1 m (über 1 m).
Zahnrad *e*	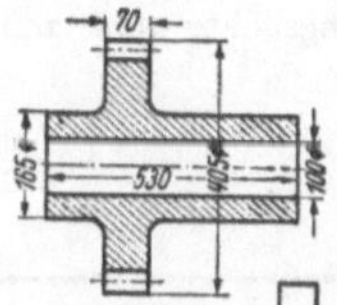 70 165 530 405 100	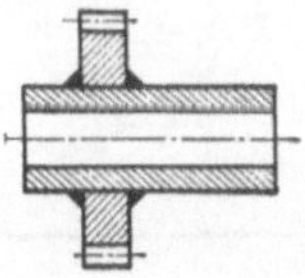	4. *Größere Bunde und Flansche* billiger geschweißt als geschmiedet oder aus dem Vollen gedreht.
Wellenflansch *f*	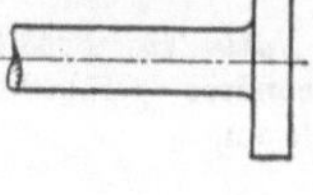	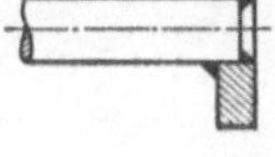	

Tafel 7/9. *Gestaltungsbeispiele* (Fortsetzung).

	Schlechter!	Besser!	Beachte
g h i	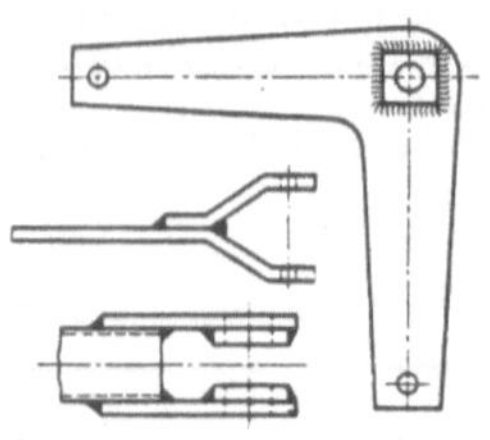	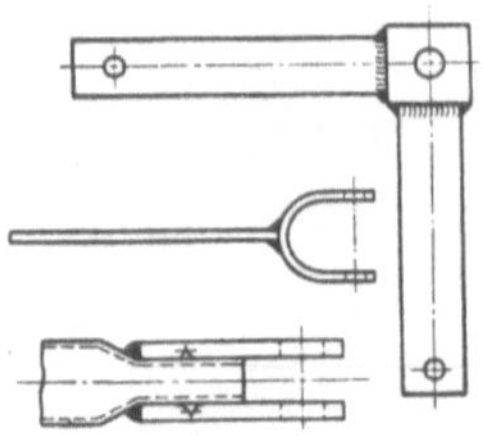	5. An *Brennschnitten*, an *Schweißnahtmenge* und an *Vorbearbeitung* sparen! Von Profilstahl, Rundbiegen und Abkanten Gebrauch machen.
Zahnrad k	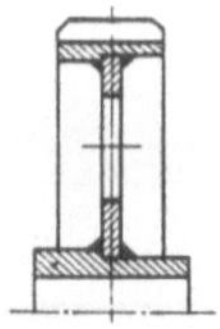	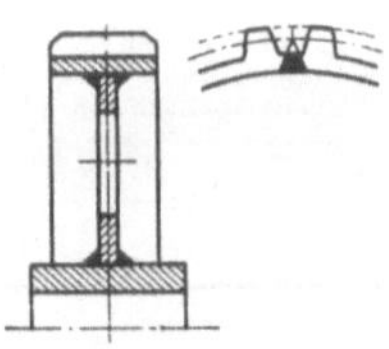	Kranz aus Flachstahl gebogen und stumpf geschweißt. Naht zwischen den Zähnen. Nabe und Kranz vor dem Schweißen nicht bearbeiten!
Bremsscheibe l	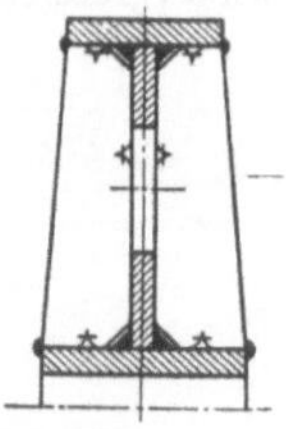 Rippen	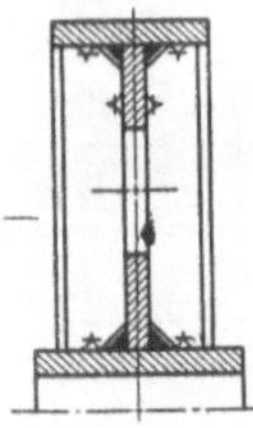 Rippen	Rippen nicht ausschneiden, sondern hierfür Flachstahl nehmen! Der Kranz soll über die Rippen vorstehen!
m	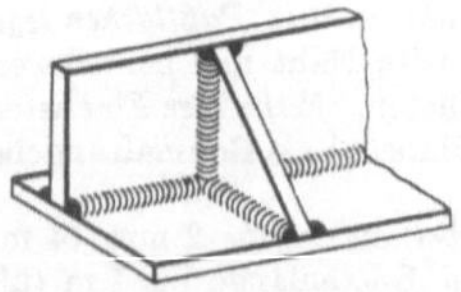	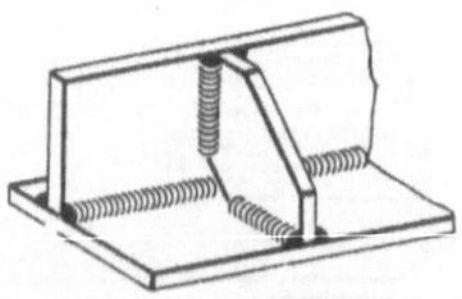	6. *Nahthäufung* (Schrumpfspannungen) vermeiden, also Quernähte unterbrechen.
Behälter n	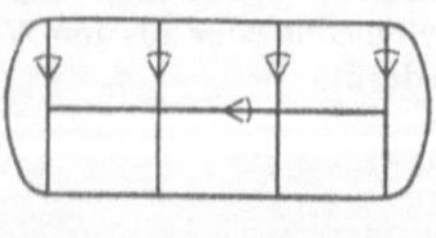	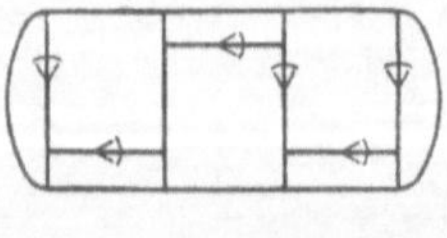	Längsnähte versetzen.
o	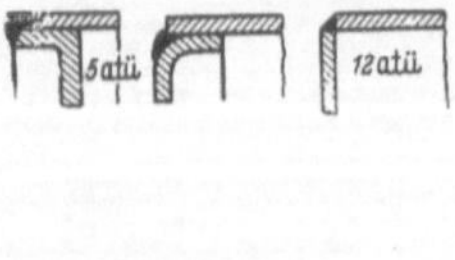 *Behälter* *Naht gerissen bei* 5 atü 12 atü	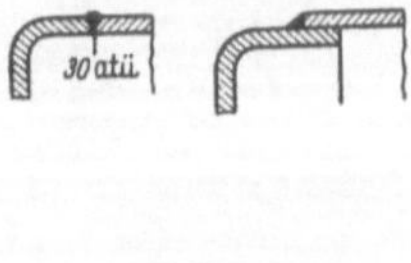 30 atü	7. *Nähte in Behälterkanten* besonders gefährdet, also verlegen.

Tafel 7/9. *Gestaltungsbeispiele* (Fortsetzung).

	Schlechter!	Besser!	Beachte
Zahnrad p	Einriß		8. *Anrißgefahr* verringern durch richtige Nahtanordnung.
q			Nahtwurzel nicht in Zugzone legen
r			9. *Rohrleitung* meist Stumpfstoß. Verstärkung durch Decklasche oder Lochnaht möglich
s			Dichtungsnaht innen!
t		am besten	Nahtwurzel nicht in Zugzone legen! Vorbearbeitung sparen.
u			Bei großen Geschwindigkeiten u. Beanspruchungen Rohransatz ausrunden u. Naht aus Kante herauslegen.
v w	Trägeranschlüsse	Wulstflachstahl s. Stahlbauprofile	10. *Trägeranschluß* besonders bei hoher Beanspruchung gut abrunden! Endpunkte bohren, Ausschnitte ausbrennen, warm aufbiegen, dann Füllstücke einschweißen.

[7/3] *Festigkeit*: Dauerversuche mit Schweißverbindungen. Berlin: VDI-Verlag 1935.
CORNELIUS, H.: Die Dauerfestigkeit von Schweißverbindungen. Z. VDI Bd. 81 (1937) S. 883.
GRAF, O.: Dauerfestigkeit von Schweißverbindungen. Z. VDI Bd. 78 (1934) S. 1423.
THUM, A. u. A. ERKER: Schweißen im Maschinenbau, Festigkeit und Berechnung. Berlin: VDI-Verlag 1943; ferner Z. VDI Bd. 82 (1938) S. 1101 u. Bd. 83 (1939) S. 1293.
[7/4] *Schweißen im Stahlbau*: Außer DIN 4100 und 1050.
KOMMERELL, O.: Erläuterungen zu DIN 4100. Berlin: Ernst u. Sohn 1942; ferner Stahl im Hochbau, Düsseldorf: Verlag Stahleisen 1947.
[7/5] *Schweißen im Kesselbau*: VIGENER, K.: Die neuen Vorschriften für geschweißte Dampfkessel. Z. VDI Bd. 80 (1936) S. 1215; ferner
Werkstoff- und Bauvorschriften für Dampfkessel. Minist.-Blatt d. Reichswirtschaftsmin. Bd. 39 (1939) Nr. 24.
[7/6] *Schweißen im Maschinenbau*: Außer [7/3],
HÄNCHEN, R.: Schweißkonstruktionen. Berlin: Springer 1939.
BOBEK, K., METZGER, W. u. Fr. SCHMIDT: Stahl-Leichtbau von Maschinen. Berlin: Springer 1939.
KIENZLE, O. u. H. KETTNER: Das Schwingungsverhalten eines gußeisernen und stählernen Drehbankbettes. Werkst.-Technik u. Werksleiter Bd. 33 (1939) S. 229.
s. auch Leichtbau.
[7/7] *Sonder-Schweißen*: CORNELIUS H.: Schweißen von Stahlguß, Gußeisen u. Temperguß. Z. VDI Bd. 82 (1938) S. 1079.
HOUGARDY, H.: Das Schweißen der nickelfreien, säurebeständigen Stähle. Masch.-Bau-Betrieb Bd. 17 (1938) S. 411.
TOFAUTE, W.: Das Schweißen von nichtrostenden, nickelfreien Chromstählen. Z. VDI Bd. 81 (1937) S. 1117.
BALL, M.: Schweißen mit pulverisiertem Metall. Werkstatt u. Betrieb Bd. 80 (1947) S. 215.
[7/8] ZEYEN, K. L.: Dauerfestigkeit von Schweißverbindungen (Tabelle u. Versuchswerte). Werkstatt u. Betrieb Bd. 82 (1949) S. 136.

8. Lötverbindung.

8.1. Überblick.

Durch Löten verbindet man häufig metallische Teile miteinander. Eisen, Stahl, Kupfer, Messing, Zink und Edelmetalle lassen sich leicht löten, dagegen Aluminium und Aluminiumlegierungen leichter schweißen.

Die Verbindung durch Löten erfolgt mit Hilfe eines zum Schmelzen gebrachten metallischen Bindegliedes — des „Lotes“, dessen Schmelzpunkt niedriger liegt als derjenige der zu verbindenden Teile.

Vor dem Löten müssen die Verbindungsflächen sorgfältig gereinigt werden und beim Lötvorgang u. U. noch durch ein Flußmittel (Borax, Lötfett, Salzsäure oder reduzierende Schutzgase) metallisch blank gehalten werden.

Die höchsten Gebrauchstemperaturen der Werkstücke im Betrieb müssen mit Sicherheit unterhalb der Schmelztemperatur des Lotes liegen (s. Tafel 8/1). Andererseits ist die geringere Temperatur beim Löten, gegenüber der beim Schweißen oft entscheidend für die Anwendung des Lötverfahrens.

Als Nachteil ist der erforderliche Aufwand an Lotmasse (meist zinn- oder kupferhaltige Legierungen, also Sparstoffe, s. Tafel 8/1) anzusehen und die Schwierigkeit, eine schlechte Lötstelle sofort zu erkennen[1].

Die *Weichlötung* (Schmelzpunkt des Lotes unter 300° C) genügt bei geringen Kräften je cm² Lötfläche und niedriger Gebrauchstemperatur z. B. für elektrische Anschlüsse, für Kühler und für mechanisch gering belastete aber dicht sein sollende Behälter, Dosen und Schalen aus Blech.

Die *Hartlötung* (Schmelzpunkt des Lotes über 500° C) ist dagegen, ähnlich wie die Schweißverbindung, auch zur Übertragung größerer Kräfte und auch für höhere Gebrauchstemperaturen (bis 200° unbedenklich!) geeignet, z. B. zur drehfesten Verbindung

[1] Gerade bei elektrischen Anschlüssen sind schlecht leitende Lötverbindungen (sogenannte „kalte“ Lötstellen) oft sehr nachteilig (Radioindustrie) und schwer zu finden. Elektrische Lötstellen sollen nur stromleitend aber nicht mechanisch beansprucht werden.

von Naben und Wellen[1], dann für Rohrrahmen von Fahr- und Krafträdern (Bild 8/1), zur Verbindung von Flanschen mit Rohren, von Stutzen mit Gefäßen usw. In vielen Fällen kann auch die Lötstelle von größeren Kräften entlastet werden, z. B. bei Blechverbindungen durch Falze, bei Rohrflanschen durch Umbördeln oder Einwalzen von Sicken usw. Hartgelötete Teile können auch im Einsatz *gehärtet* werden, da der Schmelzpunkt der Cu-Lote oberhalb der Einsatztemperatur liegt.

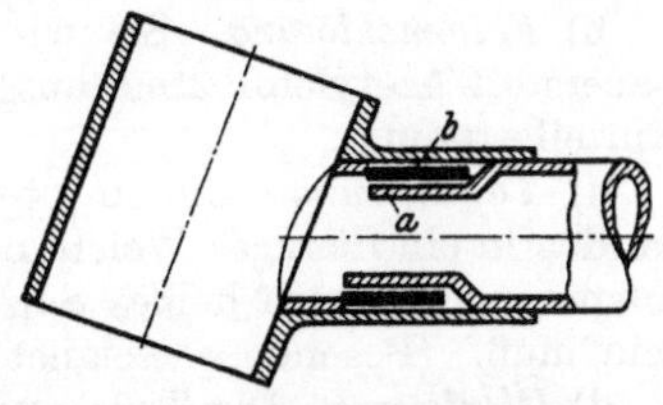

Bild 8/1. Hartlötstelle am Fahrrad-Rahmen mit vorher eingelegtem Lot *b* zur Tauchlötung im Salzbad, nach Nacken [8/9].

Die Lötverbindung soll möglichst nur auf *Schub* beansprucht werden (Bild 8/2), bei Hartlötung notfalls auch auf Zug.

8.2. Lötverfahren.

Die *Wahl des Lotes* richtet sich nach den zu verbindenden Metallen, nach der zulässigen Temperatur und nach der verlangten Festigkeit (s. Tafel 8/1 und DIN-Blätter).

Das *Lötverfahren* richtet sich nach den Fertigungsbedingungen und ist oft entscheidend für die wirtschaftliche Anwendung der Lötverbindung. Genannt seien:

Tafel 8/1. *Gebräuchliche Lote.*

Bezeichnung	DIN-Blatt	Zusammensetzung etwa %	Arbeitstemp. ≦ °C	Verwendung: Werkstoff der zu bindenden Teile	Verwendung: Beispiele
Weichlote:					
Zinnlot 8, LSn 8	1730	8 Sn, bis 0,6 Sb, Rest Pb	305	Stahl, Cu- und Zn-Legierungen	Lötungen allgemeiner Art
Zinnlot 25, LSn 25	1730	25 Sn, bis 1,7 Sb, Rest Pb	257		
Zinnlot 33, LSn 33	1730	33 Sn, bis 2,2 Sb, Rest Pb	~210		Vorverzinnung
Zinnlot 40, LSn 40	1730	40 Sn, bis 2,7 Sb, Rest Pb	223	Stahl und Cu-Legierungen	Feinlötungen
Zinnlot 60, LSn 60	1730	60 Sn, bis 3,2 Sb, Rest Pb	185		
Zinnlot 98, LSn 98	1730	98 Sn, Rest Pb	230		
Zinklot 98, LZn 98	1730	mind. 98 Zn, Rest Cu	410	Stahl und Cu-Legierungen	Flammenlötung
Bleilot 98,5, LPb 98,5	1730	mind. 98,5 Pb	320		Tauchlötung
Hartlote:					
Messinglot 42, LMs 42	1733	42 Cu, Rest Zn	845	Ni- u. Cu-Legierg.	Griffe
Messinglot 54, LMs 54	1733	54 Cu, Rest Zn	890	Cu-Legierg., Stahl u. Grauguß	Geräte
Messinglot 63, LMs 63	1733	63 Cu, Rest Zn	910		Rohrleitungen
Messinglot 85, LMs 85	1733	85 Cu, Rest Zn	1020		Geräte
Silberlot 8, LAg 8	1734	8 Ag, bis 55 Cu, Rest Zn	860	St, Cu u. Cu-Leg.	Lötung von dicken Teilen
Silberlot 12, LAg 12	1734	12 Ag, bis 52 Cu, Rest Zn	830		
Silberlot 25, LAg 25	1734	25 Ag, bis 43 Cu, Rest Zn	780		Optik, Feinmechanik
Silberlot 45, LAg 45	1734 u 1735	45 Ag, 20 Cd, bis 19 Cu, Rest Zn	620	St, Bz u. Cu-Leg. u. Edelmetalle	für spannungsempfindliche Werkstücke
Phosphorlot 8, LCuP 8	1733	8 P, Rest Cu	710	Cu-Legierungen	an Stelle von Silberlot
Aluminium-Zinklot, LZnCd	1732	56 Zn, 4 Al, Rest Cd	320	Leichtmetallguß	Gußstücke
Kupfer	1708 1726	Elektrolytkupfer	1110	Stahl	wo hohe Festigkeit erforderlich, Ofenl.

[1] Bei Ofenlötung zieht sich das Lot durch Kapillarwirkung selbsttätig in die Fuge, Näheres s. [8/13].

a) *Kolbenlötung.* Sie wird mit einem erhitzten Kupferkolben ausgeführt, ist nur für Weichlötungen geeignet und erfordert die Anwendung von Flußmitteln. (Zweckmäßig bei Einzelfertigung, ferner bei Massenfertigung elektrischer Kontakte.)

b) *Flammenlötung.* Sie wird als Weich- oder Hartlötung mit einer Lötlampe oder Sauerstoff-Azetylenflamme ausgeführt und erfordert ebenfalls Flußmittel (geeignet für Einzelfertigung).

c) *Tauchlötung.* Die zu lötenden und nur an der Lötstelle metallisch blanken Teile werden in ein flüssiges Weich- oder Hartlotbad getaucht; oder man taucht sie (erheblich lotsparender) in ein heißes Salzbad, wobei das Lot bereits an der Lötstelle angebracht sein muß. (Besonders geeignet für Massenfertigung.)

d) *Ofenlötung.* Die Teile werden ebenso wie bei der Salzbadlötung vorbereitet und durch einen Durchlaufofen mit reduzierendem Schutzgas ohne Flußmittel hindurchgeschickt.

e) *Induktionslötung.* Die mit dem Lot- und Flußmittel versehene Lötstelle wird mittels einer Induktionsspule elektrisch erhitzt. (Zeitsparend und sehr geeignet für Fließfertigung gleichartiger Lötstellen.)

DIN-Blätter. 1707 Lötzinn, 1710 ersetzt durch 1733—1735, 1711 ersetzt durch 1733, 1730 Weichlote für Schwermetalle zurückgezogen, 1732 Legierungen zum Schweißen und Löten der Leichtmetalle, 1733 Legierung zum Schweißen und Hartlöten der Schwermetalle und Eisenwerkstoffe, 1734 Silberlote für Schwermetalle und Eisenwerkstoffe, 1735 Silberlote zum Hartlöten von Edelmetallen.

8.3. Bemessung der Lötverbindung.

Die übertragbare Kraft P einer einwandfrei ausgeführten Lötverbindung beträgt bei Schubbeanspruchung τ nach Bild 8/2:

$$\boxed{P \leq b \cdot l \cdot \tau_{\text{zul}}} \quad \text{(kg)}.$$

Die statische Schubfestigkeit τ_B beträgt etwa

bei Zinnlot (Weichlot) $\tau_B = 200$ bis $860\ \text{kg/cm}^2$,
bei Zink-Kadmiumlot $\tau_B = 1200\ \text{kg/cm}^2$,
bei zähem Hartlot $\tau_B = 1400$ bis $2000\ \text{kg/cm}^2$.

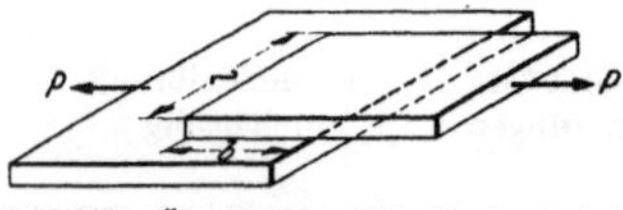

Bild 8/2. Übertragbare Schubkraft P bei einer Lötverbindung (Lötfläche $b \cdot l$): $P = b \cdot l \cdot \tau$.

Soll die Lötverbindung ebenso zerreißfest wie das Blech (Bruchfestigkeit σ_B, Dicke s) sein, so muß die Breite b der Lötfuge betragen:

$$\boxed{b = s \cdot \sigma_B / \tau_B} \quad \text{(cm)}.$$

Meist wählt man etwas reichlicher $b = 4 \cdot s$ bis $6 \cdot s$.

8.4 Schrifttum zu 8.

[8/1] DIEGEL, C.: Schweißen und Löten. Berlin 1909. Auszug Stahl u. Eisen Bd. 29 (1909) S. 776.
[8/2] RUDELOFF, M.: Lötnähte an kupfernen Rohren. Mitt. Mat.-Prüf.-Amt Berlin Bd. 27 (1909) S. 317.
[8/3] BURSTYN, W.: Das Löten. Werkstattbücher, Heft 28. Berlin: Springer 1927.
[8/4] AWF: Löten und Lote. Berlin: Beuth-Verlag 1927.
[8/5] WENZ, J.: Verlöten von Massenartikeln. Masch.-Bau-Betr. Bd. 13 (1934) S. 241.
[8/6] HANEL, R.: Schweißen und Löten von austenit. Chromnickelstählen. Masch.-Bau Bd. 15 (1936) S. 427.
[8/7] LÜDER, E.: Einsparung von Lötzinn durch neue Legierungen. Z. VDI Bd. 79 (1935) S. 101.
[8/8] FISCHER, O.: Vorgänge und Festigkeiten beim Löten. Berlin: VDI-Verlag 1939.
[8/9] NACKEN, M.: Einsparen von Messing beim Verlöten von Rohren. Z. VDI Bd. 85 (1941) S. 706.
[8/10] — Der Zusammenbau von Al-Teilen durch Hartlöten. Werkstatt u. Betrieb Bd. 81 (1948) S. 333.
[8/11] LÜPFERT, H.: Metallische Werkstoffe, Bad Wörishofen 1946 (Lote, S. 259).
[8/12] GÖNNER, O.: Hartlöten von Rohrleitungsteilen im Fahrzeug- u. Motorenbau. Werkstatt u. Betrieb Bd. 79 (1946) Heft 2, S. 45.
[8/13] LOHAUSEN, K. A.: Hartlöten unter Schutzgas (gute Konstruktionsbeispiele). Z. VDI Bd. 91 (1949) S. 89.
[8/14] SCHÖNING, W.: Hartlöten. Die Technik Bd. 3 (1948) S. 533.

9, Nietverbindung.

9.1. Anwendung und Herstellung.

Anwendung. Die Nietverbindung dient ebenso wie die Schweißverbindung

1) als *Kraft*verbindung im Stahlbau (Hochbau, Brücken- und Kranbau);

2) als *dichte Kraft*verbindung im Kesselbau (Kessel, Behälter und Rohre mit großem Überdruck);

3) als *dichte* Verbindung für Behälter (flache Behälter, Schornsteine, Fall- und Laufrohre ohne Überdruck);

4) als *Haft*verbindung für Blechverkleidungen (z. B. im Flugzeugbau).

Gegenüber der Schweißverbindung ist die Nietverbindung oft einfacher oder billiger herzustellen (z. B. für Fachwerkträger), auch leichter auf Güte kontrollierbar (Klang beim Anklopfen) und notfalls durch Abschlagen der Nietköpfe lösbar, dafür aber etwas schwerer und nicht so allseitig anwendbar. Der Festigkeitsverlust beträgt bei der Nietverbindung (Nietlöcher) 13 bis 42% gegenüber 10 bis 40% bei der Schweißverbindung.

Herstellung (Bild 9/1). Beim Nieten werden die zu verbindenden Teile durch das quer durchgesteckte und dann mit dem Döpper geschlagene Niet fest aufeinandergepreßt. Insbesondere wird beim warm geschlagenen Niet der Nietschaft durch das Schrumpfen beim Erkalten bis zur Fließgrenze angespannt (Spannungsverbindung).

Beim Warmnieten wird der Nietschaft auf Hellrotglut erwärmt. Nur kleinere Eisenniete (etwa bis 8 oder 10 mm Durchmesser), ferner Messing-, Kupfer- und Leichtmetallniete werden kalt geschlagen. Die Löcher in den Blechen sollen genau übereinander liegen (notfalls aufreiben!).

Die Vernietung (Bildung des Schließkopfes) kann mit dem Handhammer (bis 26 mm Nietdurchmesser) oder besser, billiger und schneller mit dem Preßlufthammer, noch besser aber mit der Nietmaschine[1] vorgenommen werden. Bei der Maschinennietung werden die Bleche während des Nietens durch den Blechschließer (Bild 9/1) zusammengehalten.

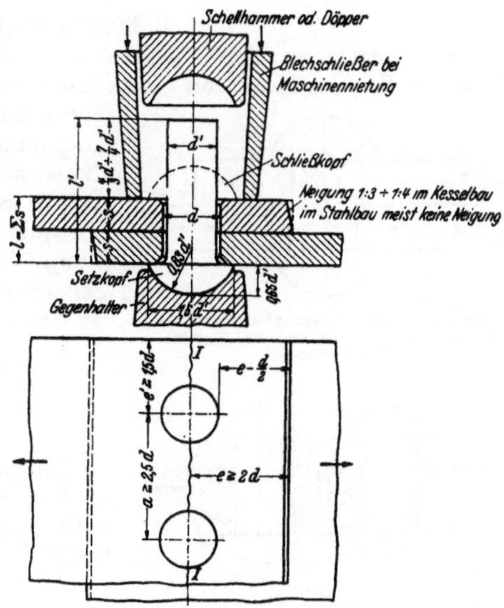

Bild 9.1. Herstellung und Verhältnismaße einer Nietverbindung.

9.2. Beanspruchung und Bemessung.

1. Verwendete Bezeichnungen.

a	(cm)	Nietabstand	F	(cm²)	voller Blech-(Stab) Querschnitt
b_L	(cm)	Breite der Lasche	F_n	(cm²)	Nutzquerschnitt von F
D	(cm)	innerer Kesseldurchmesser	f	(cm²)	Nietquerschnitt
d	(cm)	Nietdurchmesser-Lochdurchmesser	h	(cm)	Kopfhöhe des Rohniets
d'	(cm)	Schaftdurchmesser des Rohniets	i	(cm)	Trägheitshalbmesser $= \sqrt{J/F}$
d_2	(cm)	Kopfdurchmesser des Rohniets	J	(cm⁴)	Biege-Trägheitsmoment
e	(cm)	Randabstand in Kraftrichtung	l'	(cm)	Schaftlänge des Rohniets
e'	(cm)	,, seitlich	L_K	(cm)	Knicklänge des Druckstabes
e_1, e_2, e_3		weitere Abstände (Tafel 9/8)			

[1] Notwendige Preßkraft in kg etwa $5000 \cdot f$ bis $9000 \cdot f$ bei Warmnietung und $20000 \cdot f$ und darüber bei Kaltnietung; Nietquerschnitt f in cm².

λ	(—)	Schlankheitsgrad, $= L_k/i$
M	(cmkg)	Biegemoment
N	(kg)	Kraft je Niet
N_M	(kg)	größte Kraft je Niet durch M
N_Q	(kg)	größte Kraft je Niet durch Q
n	(—)	Schnittzahl je Niet
ω	(—)	Knickzahl
P	(kg)	gesamte Kraft
P_s	(kg)	größte Stabkraft
P_t	(kg)	Kraft je Nietteilung t
p	(kg/cm²)	Kesselüberdruck
s	(cm)	Blechdicke
s'	(cm)	rechnerische Blechdicke
s_L	(cm)	Laschendicke
σ	(kg/cm²)	Zug-(Druck-)spannung im Blech
σ_N	(kg/cm²)	Zugspannung im Niet
σ_B	(kg/cm²)	Zugfestigkeit des Bleches
σ_{NB}	(kg/cm²)	Zugfestigkeit des Nietwerkstoffes
σ_l	(kg/cm²)	Leibungsdruck am Niet
t	(cm)	Nietteilung (Außenteilung)
τ	(kg/cm²)	Scherspannung im Blech
τ_{N_1}	(kg/cm²)	Scher- u. Gleitwiderstand im Niet
τ_N	(kg/cm²)	reine Scherspannung im Niet
u_1, u_2	(cm)	Achsabstände im Biegungsträger (Bild 9/9)
v	(—)	Güteverhältnis, $= F_n/F$
w	(cm)	Wurzelmaß
W	(cm³)	Biegewiderstandsmoment des Trägers
W_n	(cm³)	Nutzbares Widerstandsmoment d. Trägers
z	(—)	gesamte Nietzahl für P
z_g	(—)	Nietzahl im meist gefährdeten Blechquerschnitt
z_{tg}	(—)	Nietzahl je Teilung im gefährdeten Blechquerschnitt
z_t	(—)	Nietzahl je Teilung t
z_1	(—)	Nietzahl im Schnitt der 1. Nietreihe
z_2	(—)	Nietzahl im Schnitt der 2. Nietreihe
γ	(—)	Ausgleichzahl

2. Einschnittige Nietverbindung.

Niet. Greift an den vernieteten Blechen (Bild 9/2) eine Zugkraft an, so wird diese als *Reibungs*kraft von einem Blech auf das andere übertragen. Erst, wenn diese überschritten ist (s. Gleitgrenze Bild 9/3), legt sich die Lochwandung gegen den Nietschaft und beansprucht diesen auf Leibungsdruck und Abscheren. Betrachten wir die Kräfte je Niet: Durch die Zugspannung σ_N im Nietquerschnitt f ergibt sich eine Blech-Reibungskraft $\mu \cdot \sigma_N \cdot f$ und durch die Scherspannung τ'_N im Niet eine Scherkraft $\tau'_N \cdot f$. Die ganze je Niet übertragene Kraft ist dann

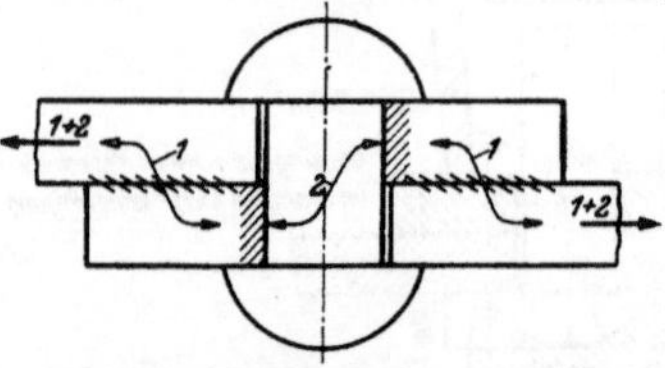

Bild 9/2. Kraftübertragung bei einer Nietverbindung; 1 durch Reibung, 2 durch Leibungsdruck.

$$N = \mu \cdot \sigma_N \cdot f + \tau'_N \cdot f = (\mu \cdot \sigma_N + \tau'_N) f,$$

oder einfacher $\boxed{N = \tau_N f}$ (kg) (1)

Im Stahlbau wird τ_N als „Scherwiderstand" und im Kesselbau als „Gleitwiderstand" aufgefaßt [1]. Die notwendige Nietzahl zur Übertragung der Gesamtkraft P ist dann

$$\boxed{z = \frac{P}{N} = \frac{P}{\tau_N \cdot f}} \text{ (—)}. \qquad (2)$$

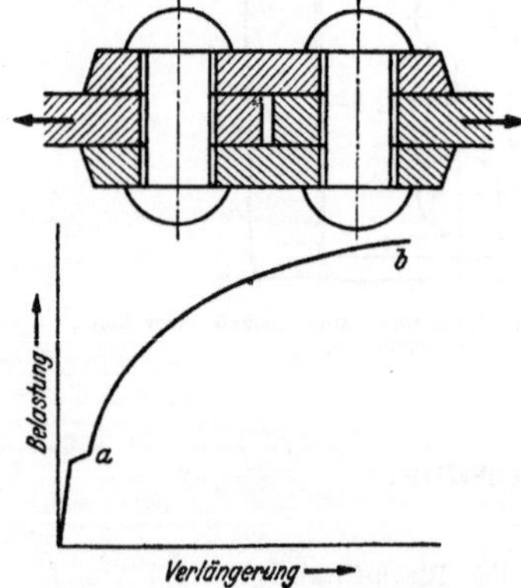

Bild 9/3. Zugversuch an einer Nietverbindung (nach RÖTSCHER). Bei *a* Überschreitung der Gleitgrenze und Beginn der Scherbeanspruchung, bei *b* Abscheren.

Im *Stahlbau* wird auch noch der „*Leibungsdruck*", d. h. die mittlere Flächenpressung σ_l zwischen Niet- und Lochwandung nachgeprüft. Man setzt mit s als Blechdicke

$$\boxed{N = \sigma_l \cdot d \cdot s} \text{ (kg)}. \qquad (3)$$

Mit Einsatz von N nach Gl. (1) und $f = \pi d^2/4$ ergibt sich für die einschnittige Nietverbindung $d = \frac{4\,\sigma_l \cdot s}{\pi \cdot \tau_N}$, und mit dem Erfahrungswert $\sigma_l \leq 2{,}5\,\tau_N$ wird $d \leq 3{,}2\,s$, so daß sich hierfür die Nachrechnung von σ_l erübrigt.

Blech. Die Nietlöcher schwächen den Blech- oder Stabquerschnitt F. Der verbleibende Nutzquerschnitt F_n muß die Gesamtkraft P übertragen können:

[1] Im Kesselbau wird statt τ_N auch k geschrieben.

$$\boxed{P = z \cdot N = \sigma \cdot F_n} \text{ (kg)}; \tag{4}$$

$$\boxed{F_n = F - z_g \cdot d \cdot s} \text{ (cm}^2\text{)}; \tag{5}$$

wenn z_g die Nietzahl und σ die Blechbeanspruchung im gefährdeten Blech-Querschnitt (Schnitt I—I in Bild 9/6) sind. Bei durchlaufender Nietnaht (Kesselbau) ist entsprechend je Nietteilung t

$$\boxed{N = \sigma\,(t - d)\,s'} \text{ (kg)}. \tag{6}$$

Der *Randabstand* e der Nieten (Bild 9/1) muß genügend groß sein, damit die Löcher nicht *ausreißen*. Man setzt:

$$N = 2\left(e - \frac{d}{2}\right) s \cdot \tau;$$

mit Einsatz von Gl. 3 wird der notwendige Randabstand $e = \frac{\sigma_l \cdot d}{2\tau} + \frac{d}{2}$, und mit dem Erfahrungswert $\tau \leqq \sigma_l/2{,}5$ als Scherspannung im Blech wird $e \geqq 1{,}75\,d$.

3. Mehrschnittige Nietverbindungen.

Bei Doppellaschennietung (Bild 9/6) verdoppeln sich die Abscherquerschnitte (n) und die Reibkräfte je Niet, während die Leibungsfläche im Blech (und damit σ_l) und der Blechquerschnitt (und damit σ) unverändert bleiben. Entsprechend wird hier:

Nietkraft: $$\boxed{N = 2 \cdot \tau_N \cdot f} \text{ (kg)}. \tag{7}$$

Leibungsdruck: wie bisher nach Gl. 3, Durchmesser: $d \leqq 1{,}6 \cdot s$ für $\sigma_l \leqq 2{,}5 \cdot \tau_N$;
Blech: wie bisher nach Gl. 4, 5, 6; Randabstand: $e \geqq 1{,}75 \cdot d$ für $\sigma_l \leqq 2{,}5\,\tau_N$.

9.3. Erfahrungsangaben.

1) *Werkstoff.* Die Anforderungen an den *Niet*werkstoff sind in DIN 1613 festgelegt. Im gesamten Stahl-, Kessel- und Behälterbau wird hierfür zäher Flußstahl, gewöhnlich St 34.13, verwendet; bei hochwertigem Blechwerkstoff, wie St 52, meist St 44 als Nietwerkstoff. Für Niet und Blech soll der Grundwerkstoff *gleichartig* sein, um verschiedene Wärmeausdehnung (Lockerwerden) und galvanische Ströme (Korrodieren) zu vermeiden; also Al-Niete für Al-Bleche nehmen usw.

*Blech*werkstoffe für Stahlbau s. Tafel 9/4, für Kesselbau s. Tafel 9/6.

2) *Im Stahlbau* sollen keine größeren Blechverschiebungen, kein „Fließen" der Nietverbindung eintreten. Erfahrungswerte für σ, σ_l und τ_N s. Tafel 9/4.

3) *Im Kesselbau* soll der Gleitwiderstand zwischen den Blechen nicht überschritten werden. Erfahrungswerte für σ und τ_N s. Tafel 9/6 und 9/7.

4) Bei *dynamischer* Belastung darf weder die Gleitgrenze der Nietverbindung (Bild 9/3) noch die Dauerfestigkeit $\sigma_D = \sigma_m \pm \sigma_A$ des Bleches überschritten werden. Die Versuchsergebnisse Tafel 9/1 und Bild 9/4 zeigen, daß hierbei ein festerer Blechwerkstoff St 52 gegenüber St 37 keinen Vorteil bringt, da die Gleitgrenze fast gleich bleibt[1].

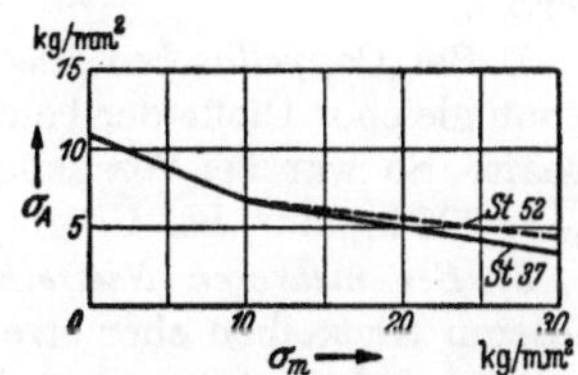

Bild 9/4. Dauerfestigkeit $\sigma_D = \sigma_m \pm \sigma_A$ einer Doppellaschen-Nietverbindung. Nieten aus St 44, Blech aus St 37 bzw. St 52 (nach GRAF).

5) *Blechoberfläche.* Je rauher die Blechoberfläche, desto größer der Gleitwiderstand und die Dauerfestigkeit σ_D.

[1] Hier sei die Anregung gegeben, für hochwertige Nietverbindungen die Reibung zwischen den Flächen durch besondere Reibstoffe, z. B. durch Beimischung von Carborundpulver zu einer streichbaren Lösung zu erhöhen. S. Preßsitz mit Carborundpulver Kap. 18.2.

Tafel 9/1. *Erreichte Spannungen σ und τ_N(kg/mm²) bei statischer und schwellender Belastung von Doppellaschen-Nietverbindungen nach Versuchen von* GRAF [9/7].

Blech			Nietwerkstoff	Nietreihen	Statische Belastung			Schwellende Belastung		
Werkstoff	σ_F kg/mm²	σ_B kg/mm²			Blech-Gleiten bei σ	τ_N	Blech-Bruch bei σ	Blech-Gleiten bei σ	τ_N	Blech-Bruch bei σ
St 37	28,5	39	St 34	1	23,0	9,3	35,1	21,3	8,8	23,7
				3	27,2	4,8	45,7	24,3	5,6	25,9
St 48	37,1	55	St 34	1	—	—	—	—	—	—
				3	—	—	—	27,0	3,8	28,9
St-Si	43,7	59,8	St-Si	1	30,7	4,9	47,2	28,0	4,9	32,3
				3	41,1	5,5	60,0	23,9	2,9	25,5
St 52	40,5	58,3	St 34	1	34,0	5,45	55,0	27,1	5,0	26,1
			St 52	3	39,2	2,7	63,7	25,6	2,6	27,0

So war nach Versuchen von GRAF [9/7] bei Menniganstrich zwischen den Blechen $\sigma_D = (7{,}5 \pm 5{,}5)$ kg/mm², bei Entfettung durch Benzin $\sigma_D = 15{,}5 \pm 8{,}5$.

6) *Bei Überlappungs-Nietung* (Bild 9/1) wird das Blech zusätzlich auf Biegung beansprucht. Theoretisch wird das Biegemoment $M_b = P \cdot s$ und die Biegespannung $\sigma_b = M_b / W_b = 6 \cdot \sigma$. Praktisch wird σ_b infolge der Reibungsübertragung geringer; nach DAIBER [9/7] wird bei einreihiger, (zweireihiger), [dreireihiger] Überlappungsnietung

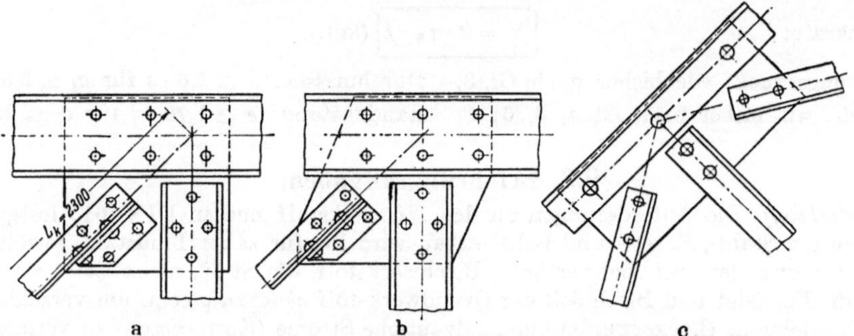

Bild 9/5. Ausbildung von Knotenpunkten (nach RÖTSCHER). Volltragende Winkel (Zugstäbe) mit Beiwinkel abschließen! Knotenblech bei a einfacher (oft ausgeführt!), bei b theoretisch besser.

$\sigma_b = 0{,}6 \cdot \sigma$, $(= 1\,\sigma)$, $[= 1{,}4\,\sigma]$. Die zusätzliche Biegespannung kann unter Beibehaltung der einfachen Rechnung nach σ durch entsprechende Herabsetzung von σ_{zul} berücksichtigt werden.

7) Bei *Doppellaschen-Nietung* (Bild 9/3) ist der Gleitwiderstand geringer, da bei nicht genau gleicher Dicke der beiden zu verbindenden Bleche das dünnere weniger Anpressung erhält. So war bei Versuchen von BACH [9/7] bei Doppellaschen-Nietung das erreichte $\tau_N = 906$ kg/cm², bei Überlappungs-Nietung $\tau_N = 1186$.

8) *Bei mehreren Nietreihen hintereinander* (Bild 9/6) wird die Gleitgrenze bei den äußeren Nietreihen eher erreicht, als bei den inneren, so daß τ_N bei 3 Nietreihen zweckmäßig herabgesetzt und mehr als 3 Nietreihen möglichst vermieden werden. Beachte, daß im Blechquerschnitt *I—I* (Bild 9/6) die volle Kraft und im Querschnitt *II—II* nur die Kraft dieser Nietreihe übertragen werden muß (bei der Lasche umgekehrt!).

9) *Nietlänge.* Bei größerer Gesamt-Blechdicke und somit längerem Nietschaft ergibt dessen größere Schrumpfung beim Abkühlen mehr Gleitwiderstand. Nach Versuchen von BACH [9/7] war bei einer Nietlänge $= 40$ $(= 80)$ mm das erreichte $\tau_N = 2370$ $(= 3260)$ kg/cm² bei einem Nietdurchmesser $d = 28$ mm. Daher übertragen auch Senkniete

(kurzer Schaft!) weniger Kraft. Wird bei dickeren Blechen $\Sigma s > 4\,d$, so ersetzt man die Nieten besser durch *Paßschrauben*, da längere Niete leicht abplatzen, oder beim Schlagen ausknicken.

10) *Herstellung*. Bei Maschinennietung ist der erreichte Gleitwiderstand zwischen den Blechen größer und gleichmäßiger, als bei Handnietung. Die Nietung mit Preßlufthammer liegt dazwischen.

9.4. Im Stahlbau.

1) Gestaltung. Die Schwerlinien der Stäbe (hilfsweise die Nietlinien) sollen sich mit den *Netz*linien des statischen Systems decken (Bild 9/5), um zusätzliche Biegemomente zu vermeiden. Keine Winkel unter 45 · 45 · 5 mm und keine Flachstähle als Kraftstäbe verwenden! Mindestens zwei Nieten für jeden Kraftstab-Anschluß vorsehen! Möglichst gleiche Nietdurchmesser an einem Knotenpunkt verwenden! Bei großen Kräften (Zugstäben) den Stab auch *seitlich* mit Beiwinkel anschließen (Bild 9/5). Bei wechselnder Kraftrichtung sind Paßniete (mit Übermaß kalt eingetrieben) vorteilhaft. Die Dicke des Knotenblechs ist als mittlere Dicke zwischen den anzuschießenden Stabdicken zu wählen. Die Ausbildung der Knotenpunkte s. Bild 9/5. Günstige Nietbilder für Zugkräfte ohne Überlastung einzelner Blechquerschnitte ergeben sich nach Bild 9/6. Anschlüsse von Winkeleisen und Ausbildung von Blechträgern s. Bild 9/8.

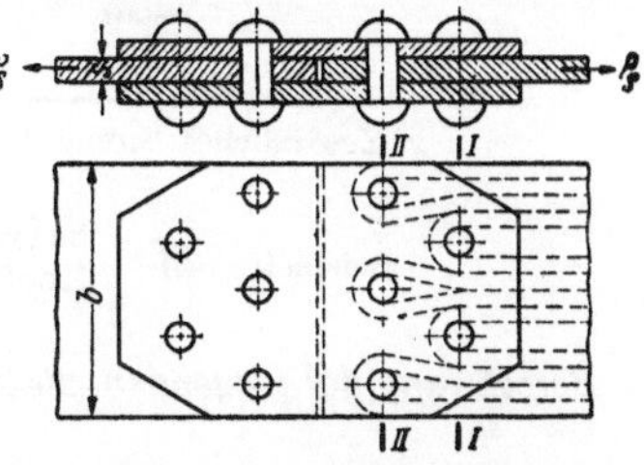

Bild 9/6. Nietbild bei Doppel-Laschennietung: Die gestrichelten „Kraftbänder" (für Blech gezeichnet! für Lasche umgekehrt) geben eine Vorstellung der zu übertragenden Kräfte im Blechquerschnitt I—I (Kraft von 5 Nieten) und II—II (Kraft von 3 Nieten).

Schwere Stäbe, besonders Druckstäbe werden günstiger aus mehreren Profilen, z. B. aus gekreuzten Winkeln (Bild 9/7) zusammengesetzt. Je aufgelöster die Bauweise, desto geringer das Gewicht, aber auch desto größer die Lohnkosten (mehr Nietarbeit). Vollwandträger bauen niedriger, aber schwerer als Fachwerkträger.

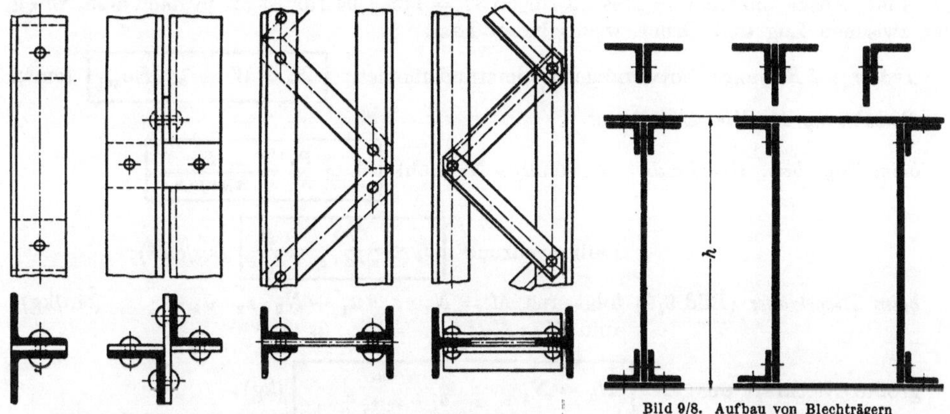

Bild 9/7. Vergitterung zusammengesetzter Stäbe (nach RÖTSCHER).

Bild 9/8. Aufbau von Blechträgern (nach RÖTSCHER).

Darstellung der Niete auf Zeichnungen von Stahlkonstruktionen s. Tafel 9/2.

2) Berechnung. Im Stahlbau reicht der Gleitwiderstand zur Kraftübertragung oft nicht aus, so daß die Nieten zusätzlich auf Leibungsdruck und Abscheren beansprucht werden. Bei wechselnder, besonders bei richtungswechselnder Beanspruchung, kann hierdurch die Nietverbindung locker werden.

Um dies zu vermeiden, werden die statisch errechneten Stabkräfte entsprechend den jeweiligen Vorschriften mit *Ausgleichzahlen* malgenommen, und dann wie ruhende Kräfte in die Rechnung eingeführt; die zulässigen Spannungswerte bleiben hierbei unverändert.

Tafel 9/2. *Sinnbilder a) für Lochdurchmesser und Zusatz-Sinnbild b) für Nietart* nach DIN 407 (Okt. 1951).

a)

Lochdurchmesser d (mm	8,4	11	13	15	17	19	21	23	25	28 bis 37
Sinnbild	8,4			15		19				Kreis mit Maßangabe, z. B. 31

b)

Nietart	mit Halbrund-kopf beiderseits	mit versenktem Kopf oben	un-ten	bei-der-seits	Mon-tage-niet z. B.	Bei Montage zu bohrende Nietlöcher z. B.
Zusätzliches Sinnbild zu a	ohne					

Beispiel: bedeutet Montageniet, Lochdurchmesser 23 mm, oberer Kopf versenkt, unterer halbrund

Berechnung der tragenden Stäbe bzw. Bleche (nach DIN 120 v. Nov. 1936 xxxx):

Zugstab: notwendiger Querschnitt $\boxed{F_n = F - d \cdot s \cdot z_g = F \cdot v \geq P_s/\sigma_{zul}}$ (cm²),

Druckstab: „ „ $\boxed{F \geq P_s \cdot \omega/\sigma_{zul}}$ (cm²),

Wechselstab: [1] „ „ $\boxed{F_n = F \cdot v \geq P_s \cdot \gamma/\sigma_{zul}}$ (cm²).

σ_{zul} nach Tafel 9/4, Güteverhältnis $v = F_n/F$ zunächst schätzen, Knickzahl ω nach Tafel 9/5, Ausgleichzahl $\gamma = 1$ bis 1,3 für St 37, $= 1$ bis 1,94 für St 52, je nach dem Anteil der zwischen Zug und Druck wechselnden Last.

Träger auf Biegung: Notwendiges Widerstandsmoment $\boxed{W_n = W \cdot v \geq M/\sigma_{zul}}$ (cm³).

Berechnung der Nietverbindung:

beim Zug- bzw. Druckstab: notwendige Nietzahl $\boxed{z \geq \frac{P_s}{N} = \frac{P_s}{\tau_N \cdot f \cdot n}}$;

Leibungsdruck $\boxed{\sigma_l \leq \frac{P_s}{z \cdot d \cdot s} = \frac{N}{d \cdot s}}$ (kg/cm²);

beim Biegeträger (Bild 9/9) folgt aus $M = N_1 \cdot z_1 \cdot u_1 + N_2 \cdot z_2 \cdot u_2 + \cdots$ (cm/kg); und $N_1 : N_2 : \cdots = u_1 : u_2 : \cdots$

größte Nietkraft aus M: $\boxed{N_b = N_1 = \frac{M \cdot u_1}{z_1 \cdot u_1^2 + z_2 u_2^2 + \ldots}}$ (kg);

Nietkraft aus Querkraft Q: $\boxed{N_Q = Q/z}$ (kg);

Gesamt-Nietkraft: $\boxed{N = \sqrt{N_1^2 + N_Q^2}}$ (kg);

[1] Stab mit Zug- und Druckkraft wechselnd.

Tafel 9/3. *Blechdicke und Nietmaße im Stahlbau in mm, Nietquerschnitt f in cm².*

Blechdicke s (mm)	3…4	5…6		7…8	9…10		11…13	14…16	17…20	21…24	25…29	30…35
Nietdurchmesser[1]) d $d \approx s + 10$ mm	11	13	15	17	19	21	23	25	28	31	34	37
Nietquerschnitt f (cm²)	0,95	1,33	1,77	2,26	2,83	3,46	4,15	4,91	6,15	7,54	9,08	10,75
Nietabstand a $a \geqq 2{,}5\,d < 6\,d$	27 bis 66	32 bis 78	38 bis 90	38 bis 100	44 bis 114	46 bis 120	50 bis 140	56 bis 156	62 bis 174	78 bis 192	85 bis 210	92 bis 228
Randabstand e in Kraftrichtung $e \geqq 2\,d < 6\,d$	22 bis 66	26 bis 78	30 bis 90	34 bis 100	38 bis 114	42 bis 120	46 bis 140	50 bis 156	56 bis 174	62 bis 192	64 bis 210	74 bis 228
Randabstand e' seitlich $e' \geqq 1{,}5\,d < 4\,d$	16 bis 44	19 bis 52	22 bis 60	25 bis 68	28 bis 76	31 bis 84	34 bis 92	37 bis 100	42 bis 112	46 bis 124	51 bis 136	55 bis 148
Rohnietdurchm.[1]) d'	10	12	14	16	18	20	22	24	27	30	33	36
Rohschaftlänge l' mm	Bei Maschinennietung: $l' = \Sigma s + \frac{4}{3} \cdot d'$; bei Handnietung: $l' = \Sigma s + \frac{7}{4} \cdot d'$											
Nietkopfdurchm. d_2	16	19	22	25	28	32	36	40	43	48	53	58
Nietkopfhöhe h für Halbrundniete .	6,5	7,5	9	10	11,5	13	14	16	17	19	21	23

Nietbeanspruchung: $\boxed{\tau_N = \frac{N}{f \cdot n}}$; $\boxed{\sigma_l = \frac{N}{d \cdot s}}$ (kg/cm²);

zulässiges τ_N nach Tafel 9/4.

Stahlprofile, Abmessungen, Wurzelmaße (geringster Nietabstand von der Profilkante) und größter Nietdurchmesser s. Profiltafeln, S. 108 bis S. 118.

Nietmaße und Abstände s. Tafel 9/3; *DIN-Blätter* s. [*9/1*] bis [*9/3*].

Tafel 9/4. *Zulässige Spannungen (kg/cm²) im Stahlbau für Belastungsfall I (ständige Last + Verkehrslast + Wärmekräfte); für Belastungsfall II (Belastungsfall I + Windlast + Bremskräfte + Treppenlasten) sind die angegebenen Werte I mit 1,14 malzunehmen.*

	Bauteile	Nieten	Schrauben	Bauteile	Nieten	Schrauben	Bauteile	Nieten	Schrauben	Bauteile	Nieten	Schrauben
Werkstoff	St 00.12	St 34.13	St 38.13	H-B-St	St 34.13	St 38.13	St 37.12	St 34.13	St 38.13	St 52	St 44	St 52
zul. Spannungen	$\frac{\sigma}{\tau}$	$\frac{\tau_N}{\sigma_l}$	$\frac{\tau_N}{\sigma_l}$	$\frac{\sigma}{\tau}$	$\frac{\tau_N}{\sigma_l}$	$\frac{\tau_N}{\sigma_l}$	$\frac{\sigma}{\tau}$	$\frac{\tau_N}{\sigma_l}$	$\frac{\tau_N}{\sigma_l}$	$\frac{\sigma}{\tau}$	$\frac{\tau_N}{\sigma_l}$	$\frac{\tau_N}{\sigma_l}$
Nach DIN 120 (Ausg. Nov. 36) Kranbau	$\frac{1000}{800}$	$\frac{800}{2000}$	$\frac{800}{2000}$	$\frac{1200}{960}$	$\frac{960}{2400}$	$\frac{960}{2400}$	$\frac{1400}{1120}$	$\frac{1120}{2800}$	$\frac{1120}{2800}$	$\frac{2100}{1680}$	$\frac{1680}{4200}$	$\frac{1680}{4200}$
Nach DIN 1050 (Ausg. Okt. 46) Hochbau	$\frac{1200}{960}$	$\frac{1200}{2400}$	$\frac{960}{2400}$	$\frac{1400}{1120}$	$\frac{1400}{2800}$	$\frac{1120}{2800}$	$\frac{1400}{1120}$	$\frac{1400}{2800}$	$\frac{1120}{2800}$	$\frac{2100}{1680}$	$\frac{2100}{4200}$	$\frac{1680}{4200}$

3) Berechnungsbeispiele (zulässige Werte nach Tafel 9/4).

Beispiel 1. *Stoß eines Flachstahls* (Bild 9/6).

Gegeben: Größte Stabkraft $P_s = 30\,000$ kg Zug; Werkstoff St 00.12.

[1]) Nach Din 123 u. 124, Ausgabe Juli 1948.

Berechnet: *Blech:* $F_n = \frac{P_s}{\sigma} = \frac{30000}{1000} = 30\ \text{cm}^2$; $v = 0{,}75$ geschätzt; $F = F_n/v = 30/0{,}75 = 40\ \text{cm}^2$. Danach $F = b \cdot s = 20 \cdot 2\ \text{cm}^2$ gewählt.

Niet: Mit $z = 5$ angenommen, wird $f = \frac{P_s}{\tau_N \cdot n \cdot z} = \frac{30000}{800 \cdot 2 \cdot 5} = 3{,}75\ \text{cm}^2$.

Nach Tafel 9/3, gewählt Niet-$d = 2{,}3$ cm mit $f = 4{,}15\ \text{cm}^2$.

Kontrolle: *Niet:* $\sigma_l = \frac{P_s}{z \cdot d \cdot s} = \frac{30\,000}{5 \cdot 2{,}3 \cdot 2} = 1300\ \text{kg/cm}^2$ (zulässig 2000).

Blech: Gefährlicher Querschnitt I—I: Vorhandenes $F_n = (b - 2d) \cdot s = (20 - 2 \cdot 2{,}3) \cdot 2 = 30{,}8\ \text{cm}^2$ (notwendig $F_n = 30\ \text{cm}^2$, s. oben).

Lasche: Gefährlicher Querschnitt II—II.

$F_n = (b - 3d) \cdot 2 \cdot s_L = (20 - 3 \cdot 2{,}3) \cdot 2 \cdot s_L = 26{,}2 \cdot s_L$ oder $s_L = F_n/26{,}2 = 30/26{,}2 = 1{,}2$ cm.

Die gewählten Nietabstände und Randabstände in Bild 9/6 sind nach Tafel 9/3 zulässig. Falls die Rechnung mit 5 Nieten zu hohe Werte ergeben hätte, würde die Rechnung mit anderen Zahlen wiederholt werden.

Beispiel 2. *Zugstab-Anschluß* (Diagonalstab, Bild 9/5*a*).

Gegeben: Stabkraft $P_s = 10\,000$ kg; Werkstoff St 37.12.

Berechnet: *Stab:* Erforderlicher Nutzquerschnitt $F_n = P_s/\sigma = 10\,000/1400 = 7{,}16\ \text{cm}^2$; mit $v = 0{,}8$ geschätzt, $F = F_n/v = 7{,}16/0{,}8 = 9\ \text{cm}^2$.

Hiernach L-Stahl $70 \cdot 70 \cdot 7$ mit $F = 9{,}4\ \text{cm}^2$ nach S. 110 gewählt.

Nietanschluß: Nach Tafel 9/3 Niet-$d = 1{,}7$ cm mit $f = 2{,}26\ \text{cm}^2$ gewählt.

Nietzahl $z = \frac{P_s}{\tau_N \cdot n \cdot f} = \frac{10\,000}{1120 \cdot 1 \cdot 2{,}26} = 3{,}9$; gewählt $z = 4$.

Tafel 9/5. *Knickzahl* ω *für Schlankheitsgrad* λ (neue ω-Werte siehe DIN 4114).

λ	0	10	20	30	40	50	60	70	80	90	100
St 00, H-B-St. St 37. . .	1,0	1,01	1,02	1,06	1,10	1,17	1,26	1,39	1,59	1,88	2,36
St 52	1,0	1,01	1,03	1,07	1,13	1,22	1,35	1,54	1,85	2,39	3,55
Grauguß[1]	1,0	1,01	1,05	1,11	1,22	1,39	1,67	2,21	3,50	4,43	5,45

Tafel 9/5 (Fortsetzung).

λ	110	120	130	140	160	180	200	220	240	250
St 00, H-B-St. St 37 . .	2,86	3,41	4,00	4,64	6,05	7,66	9,46	11,44	13,62	14,78
St 52.	4,29	5,11	6,00	6,95	9,90	11,50	14,18	17,16	20,43	22,16
Grauguß[1]	—	—	—	—	—	—	—	—	—	—

[1] Für $\sigma_{zul} = 900\ \text{kg/cm}^2$ für Belastungsfall I.

Nietanordnung nach Bild 9/5. In jedem Schenkel 2 Niete hintereinander, wobei der freie Schenkel mit Beiwinkel angeschlossen wird; die Nieten des einen Schenkels sind zu den Nieten des anderen Schenkels versetzt.

Nietabstände: gewählt $a = 40$; $e = 35$; $e' = 30$ nach Tafel 9/3 für $d = 17$ mm, und $w = 40$ mm nach Tafel 5/33 (S. 110).

Kontrolle: $\sigma_l = \frac{P_s}{z \cdot d \cdot s} = \frac{10\,000}{4 \cdot 1{,}7 \cdot 0{,}7} = 2100\ \text{kg/cm}^2$ (zulässig).

Vorhanden: $F_n = F - d \cdot s = 9{,}4 - 1{,}7 \cdot 0{,}7 = 8{,}21\ \text{cm}^2$ (gefordert $F_n = 7{,}16\ \text{cm}^2$, s. oben)

Beispiel 3. *Druckstab-Anschluß* (Diagonalstab Bild 9/5). Kräfte und Werkstoff wie oben.

Knicklänge $L_K = 230$ cm; Gewähltes Profil $100 \cdot 100 \cdot 12$ mit $F = 22{,}7$ cm², $i_{\min} = 1{,}95$ cm und $G = 17{,}8$ kg/m nach S. 111.

$$\lambda = \frac{L_K}{i_{\min}} = \frac{230}{1{,}95} = 118; \text{ nach Tafel 9/5} \quad \omega = 3{,}30$$

$$\sigma = \frac{P_s \cdot \omega}{F} = \frac{10000 \cdot 3{,}30}{22{,}7} = 1455 \text{ kg/cm}^2 \text{ (zulässig 1400).}$$

Bei Verwendung eines Doppelwinkels von $2 \times 60 \cdot 60 \cdot 8$ im Kreuzquerschnitt angeordnet nach Bild 9/7, mit $F = 2 \times 9{,}03$ cm², $i_{\max} = 2{,}26$ (von einem Winkel), $G = 2 \times 7{,}09 = 14{,}18$ kg/m ergibt sich:

$$\lambda = \frac{L_K}{i_{\max}} = \frac{230}{2{,}26} = 101 \text{ und nach Tafel 9/5} \quad \omega = 2{,}41$$

$$\sigma = 10\,000 \cdot 2{,}41/18{,}06 = 1335 \text{ kg/cm}^2 \; \sigma_{zul} = 1400 \text{ kg/cm}^2.$$

Also trotz geringerer Spannung Gewichtsersparnis von rd. 20%! Niete wie oben, aber Beiwinkel bei Druckstab nicht unbedingt notwendig.

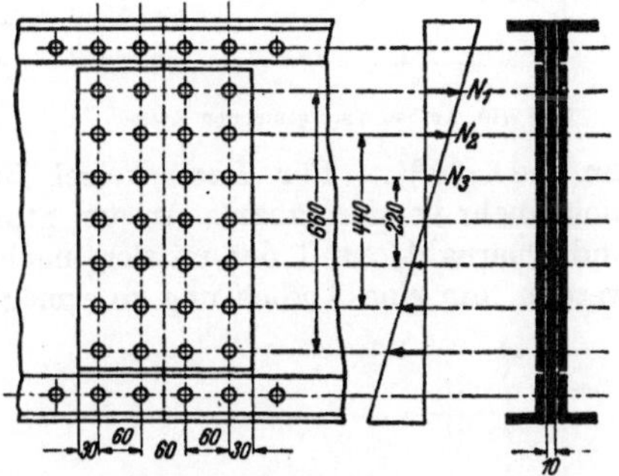

Bild 9/9. Stegblechstoß eines Blechträgers (zum Beispiel 4). Im Bild ist Abstand $u_1 = 660$, $u_2 = 440$, $u_3 = 220$ mm. Nietzahl $z_1 = z_2 = z_3 = 2$.

Beispiel 4. *Stegblechstoß* eines Blechträgers (Bild 9/9).

Bekannt: Für Gesamtträger: $J_{Tr} = 124\,000$ cm⁴, Biegemoment $M_{Tr} = 2\,000\,000$ cmkg, Querkraft $Q = 9000$ kg.

Für Stegblech: Werkstoff St 37, $s = 1$ cm, $h = 94$ cm, $J = s \cdot h^3/12 = 69\,000$ cm⁴. Das anteilige Biegemoment des Stegblechs ist $M = M_{Tr} \cdot J/J_{Tr} = 1\,110\,000$ cmkg.

Gewählt: zweireihige Doppellaschennietung mit 14 Nieten je Seite.

$$\textit{Berechnet:} \quad N_b = \frac{M \cdot u_1}{z_1 \cdot u_1^2 + z_2 \cdot u_2^2 + \ldots} = \frac{1\,110\,000 \cdot 66}{2\,(66^2 + 44^2 + 22^2)} = 5400 \text{ kg}$$

$$N_Q = Q/z = 9000/14 = 643 \text{ kg}$$

$$N = \sqrt{N_b^2 + N_Q^2} = 5440 \text{ kg}$$

Notwendiger Nietquerschnitt $f = \frac{N}{n \cdot \tau_N} = \frac{5440}{2 \cdot 1120} = 2{,}4$ cm².

Gewählt $d = 2{,}1$ cm mit $f = 3{,}46$ cm² nach Tafel 9/3.

Kontrolle: $\sigma_l = \frac{N}{d \cdot s} = \frac{5440}{2{,}1 \cdot 1} = 2600$ kg/cm² (zulässig!).

Die Niet- und Randabstände in Bild 9/9 sind nach Tafel 9/3 zulässig.

9.5. Im Leichtmetallbau.

Die Nieten werden ausgeglüht und *kalt* geschlagen, so daß mit Kraftübertragung durch Reibung kaum zu rechnen ist und die Nieten erheblich mehr auf Abscheren beansprucht werden, als im Stahlbau. Beachte die Korrosionsgefahr beim Vernieten verschiedenartiger Leichtmetalle. Berechnung wie oben unter 9.4.

Zulässige Spannungen etwa 0,4 bis 0,5fache der betr. Fließgrenze (Zeiger F) (im Flugzeugbau bis 1). Fließgrenze für Duralumin etwa: $\sigma_F = 2700$ (Blech), $\tau_F = 1800$ (Niet), $\sigma_{lF} = 4100$ kg/cm².

Abmessungen: Nietdurchmesser $d = 1{,}5\,s + 2$ mm; Nietabstand $a = 2{,}5\,d$ bis $6\,d$; Randabstand $e = 2d$; Reihenabstand $e_1 = 2{,}5\,d$ bis $3\,d$ (Niete auf Lücke); Rohnietdurchmesser $d' = d - 0{,}1$ mm bei $d \leq 10$ mm, $= d - 0{,}2$ mm bei $d \geq 10$ mm; für Blechbeplankung $s = 0{,}5$ bis 1 mm, $d = 3$ bis 5 mm.

Für Heinkel-Sprengniete: $d =$	2,5	3	4	5	6	mm
$s =$	2···4	2···6	2···8	3···8	4···10	mm

9.6. Im Kesselbau.

1) Gestaltung. Aufbau eines genieteten Kessels s. Bild 9/10: Der *Mantel* besteht aus rundgebogenen Blechen, die bei geringeren Kräften überlappt, bei größeren stumpf gegeneinander liegend (mit Decklasche) vernietet werden; die *Böden*, meist gewölbt und gekümbelt, werden als Ganzes eingenietet. Die Bleche müssen sauber zugerichtet und angepaßt, die Nietlöcher sauber gebohrt und gut deckend sein.

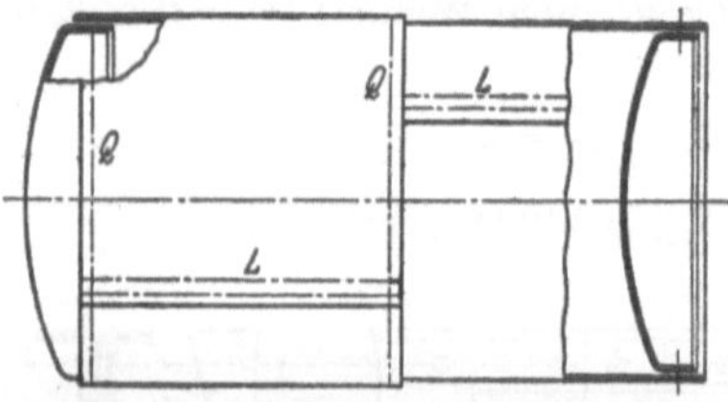

Bild 9/10. Aufbau eines genieteten Kessels.

Zum Dichthalten werden die mit Neigung 1 : 3 abgeschrägten Blechkanten und notfalls auch die Nietköpfe *verstemmt* und der Abstand der Randnietmitte von der Stemmkante $< 2\,d$ gehalten. Doppeltes Verstemmen erhöht den Gleitwiderstand um etwa 30%. Für *Dampf*kessel Blechdicke $s \geq 0{,}7$ cm (unter 0,5 cm Blechdicke nicht mehr verstemmbar). An den Stoßstellen von 3 Blechen (Schnittpunkt von Längs- und Quernaht) muß das mittlere nach Bild 9/11 schlank ausgeschmiedet (zugeschäftet) werden, um eine Abdichtung zu ermöglichen. Einreihige Vernietung ist nur schwer abzudichten.

Auswahl des *Nahtbildes* nach Tafel 9/8 entsprechend dem Belastungswert $D \cdot p$ mit D (cm) als innerer Kesseldurchmesser und p (kg/cm²) als Kessel-Überdruck. Je mehr Nietreihen, um so günstiger wird das Güteverhältnis v, um so kleiner die erforderliche Blechdicke, aber desto größer die Nietarbeit (Lohnkosten). Die wellenförmige Randbegrenzung bei größerer Nietteilung am Rande (Nahtbild 5 Tafel 9/8) ist teuer. Laschen ergeben gleichzeitig eine Versteifung.

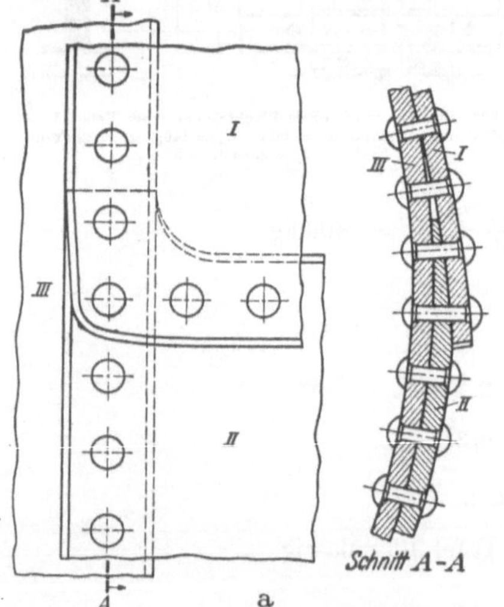

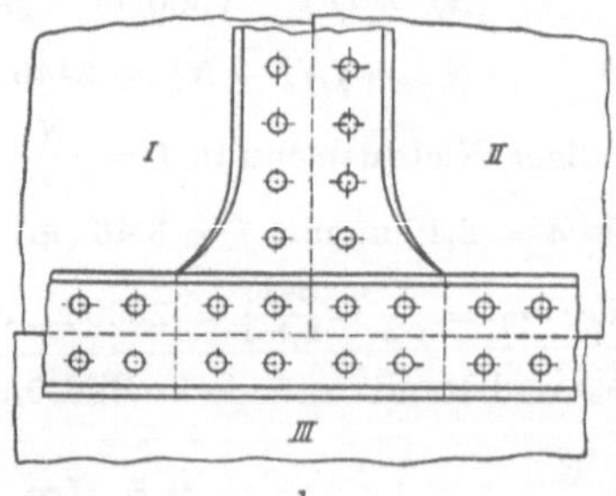

Bild 9/11. Ausbildung der Stoßstellen an Kesseln. a bei überlappter Naht, b bei Laschennaht.

Nietdurchmesser (*Lochdurchmesser*) $d = 11, 13, 15, 17, 19, 21, 23, 25, 28, 31, 34, 37$ mm.
Rohnietdurchmesser $d' = d - 1$ mm (genormt!).
Nietwerkstoff und τ_N nach Tafel 9/7.
Blechwerkstoff und σ nach Tafel 9/6.
Vorschriften für Dampfkessel s. [9/5].

Tafel 9/6. *Werkstoff und zulässige Spannung* σ (kg/cm²) *für Kesselbleche.*

	Nahtform	Blechsorte: Flußstahl I	II	III	IV
	Zugfestigkeit in kg/cm²	3500 bis 4400	4100 bis 5000	4400 bis 5300	4700 bis 5600
	Berechnungs-Zugfestigkeit σ_B in kg/cm²	3600	4100	4400	4700
1	Überlappte oder einseitig gelaschte Nähte ($\sigma_B/\sigma = 4{,}75$)	758	863	926	989
2	Doppelt gelaschte 1- oder 2reihige Nähte, eine Lasche mit nur einer Nietreihe ($\sigma_B/\sigma = 4{,}25$)	847	965	1035	1106
3	Doppelt gelaschte, mehrreihige Nähte oder nahtlose Schüsse: ($\sigma_B/\sigma = 4{,}0$)	900	1025	1100	1175

Tafel 9/7a und b. *Zulässige Nietbeanspruchung* τ_N in kg/cm² für Nietwerkstoff St 34.13 bei Dampfkesseln

a) nach BACH:

Nr.	Nahtform	τ_N kg/cm²
1	Überlappte Naht, einreihig; einschnittige Nieten von Doppellaschen	600···700
2	Überlappte Naht, zweireihig	550···650
3	Überlappte Naht, dreireihig: doppelgelaschte Naht, einreihig	500···600
4	Doppelgelaschte Naht, zweireihig (zweischnittig)	475···575
5	„ „ dreireihig „	450···550
6	„ „ vierreihig „	425···525

Für zugbeanspruchte Niete (Dampfdom) ersatzweise $\tau_N = 150$ bis 200

b) nach „Bauvorschrift" [9/5].

Nahtform	σ_{BN} kg/cm²	τ_N kg/cm²
Für alle Nähte	3400···3800	700
	3800···4200	$700 \cdot \frac{\sigma_{BN}}{3800}$

2) Berechnung. *Für Längsnaht*: Aus Kraft je Nietteilung $P_t = D \cdot p \cdot t/2 = \sigma \cdot v \cdot s' \cdot t = \tau_N \cdot z_t \cdot n \cdot f$ folgt

Blechdicke $\boxed{s \geq s' + 0{,}1\text{ cm} = \frac{D \cdot p}{2\, v \cdot \sigma} + 0{,}1\text{ cm}}$

Der Zuschlag 0,1 cm soll das Abrosten berücksichtigen.
v nach Tafel 9/8, σ nach Tafel 9/6.

Kontrolle: Güteverhältnis $\boxed{v = \frac{t - z_{tg} \cdot d}{t}\ ; \quad \sigma = \frac{D \cdot p}{2 \cdot s' \cdot v}\ ; \quad \tau_N = \frac{D \cdot p \cdot t}{2\, f \cdot z_t \cdot n}}$

t und $n \cdot z_t$ nach Tafel 9/8, τ_N nach Tafel 9/7.
Für Quernaht: Aus $P = p \cdot \pi D^2/4 = \sigma \cdot v \cdot s' \cdot D \cdot \pi = \tau_N \cdot z \cdot n \cdot f$.

Nietzahl $\boxed{z = \frac{P}{\tau_N \cdot n \cdot f}\ ; \quad z_1 = \frac{\pi D}{t}}$

Kontrolle: $\boxed{v = \frac{t - z_{tg} \cdot d}{t}\ ; \quad \sigma = \frac{D \cdot p}{4 \cdot s' \cdot v}\ ; \quad \tau_N = \frac{P}{f \cdot z \cdot n}}$

3) Berechnungsbeispiel. *Dampfkessel* mit Innendurchmesser $D = 200$ cm, Überdruck $p = 11$ atü.

a) *Längsnaht:* $D \cdot p = 200 \cdot 11 = 2200$ kg/cm.

Nach Tafel 9/8 hierfür geeignete Nahtform 3, 5, 6, 7 oder 9.
Gewählte Nahtform 5 mit $v = 0{,}82$.

Tafel 9/8. *Nahtformen und Abmessungen von Kesselnietungen nach* BACH, RÖTSCHER u. a.

Nahtbild	Nr.	$D \cdot p$ Längsnaht kg/cm	$D \cdot p$ Quernaht kg/cm	Blech: σ nach Tafel 9/6 Lfd. Nr.	Blech: v mittel —	Lasche: s_L cm	Niet: $n \cdot z_i$	Niet: τ_N nach Tafel 9/7 Lfd. Nr.	Niet: d cm	Niet: t cm	Abstände: e / e_1 cm	Abstände: e_2 / e_3 cm
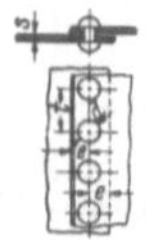	1	bis 1000	bis 2000	1	0,58	—	1	1	$\sqrt{5s}-0{,}4$	$2d+0{,}8$	$1{,}5d$ / —	— / —
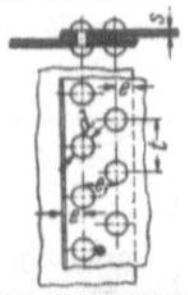	2	800 bis 1900	1600 bis 3800	1	0,69	—	2	2	$\sqrt{5s}-0{,}4$	$2{,}6d+1{,}5$	$1{,}5d$ / $0{,}6t$	— / —
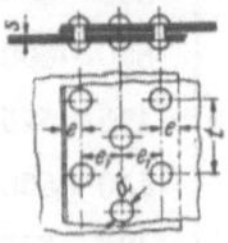	3	1400 bis 2700	2800 bis 5400	1	0,74	—	3	3	$\sqrt{5s}-0{,}4$	$3d+2{,}2$	$1{,}5d$ / $0{,}5t$	— / —
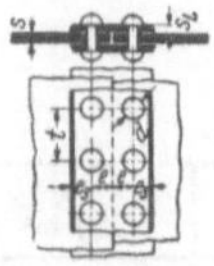	4	700 bis 1700	1400 bis 3400	2	0,68	$0{,}6s$ bis $0{,}7s$	2	3	$\sqrt{5s}-0{,}5$	$2{,}6d+1$	$1{,}5d$ / —	— / $1{,}35d$
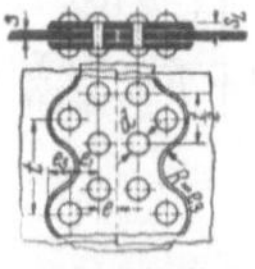	5	1700 bis 3200	3400 bis 6400	3	0,82	$0{,}8s$	6	4	$\sqrt{5s}-0{,}6$	$5d+1{,}5$	$1{,}5d$ / $0{,}4t$	— / $1{,}5d$
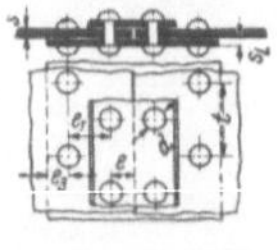	6	1700 bis 3200	3400 bis 6400	2	0,82	$0{,}8s$	3	4 1	$\sqrt{5s}-0{,}6$	$5d+1{,}5$	$1{,}5d$ / $0{,}4t$	— / $1{,}5d$
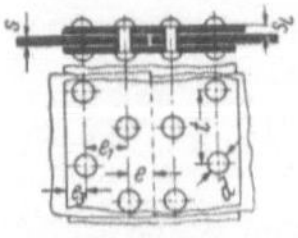	7	1300 bis 2700	2600 bis 5400	3	0,76	$0{,}6s$ bis $0{,}7s$	4	4	$\sqrt{5s}-0{,}6$	$3{,}5d+1{,}5$	$1{,}5d$ / $0{,}5t$	— / $1{,}35d$
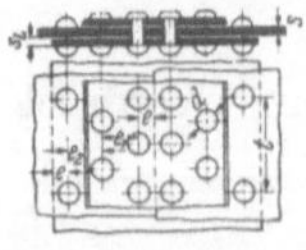	8[1]	2600 bis 4600	5200 bis 9200	3	0,85	$0{,}8s$	9	5 1	$\sqrt{5s}-0{,}7$	$6d+2$	$1{,}5d$ / $0{,}38t$	$0{,}3t$ / $1{,}5d$

[1] Für 2. Nietreihe: $s = \frac{0{,}445\, D \cdot p \cdot t}{(t-2a)\,\sigma} + 0{,}1$ cm;

Nahtbild	Nr.	$D\cdot p$ Längsnaht kg/cm	$D\cdot p$ Quernaht kg/cm	Blech σ nach Tafel 9/6 Lfd. Nr.	Blech v mittel —	Lasche s_L cm	$n\cdot z_t$	Niet τ_N nach Tafel 9/7 Lfd. Nr.	Niet d cm	Niet t cm	Abstände e / e_1 cm	Abstände e_2 / e_3 cm
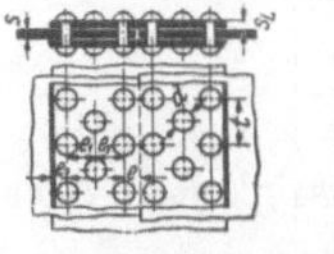	9	2200 bis 4800	4400 bis 9600	3	0,72	$0{,}8\,s$	6	5	$\sqrt{50,}\,s-7$	$3\,d+1$	$1{,}5\,d$ / $0{,}6\,t$	— / $1{,}5\,d$
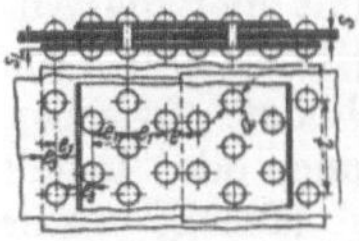	10 [1]	3800 bis 6200	—	3	0,86	$0{,}8\,s$	13	6 / 1	$\sqrt{5\,s}-0{,}8$	$6\,d+2$	$1{,}5\,d$ / $0{,}38\,t$	— / $1{,}5\,d$
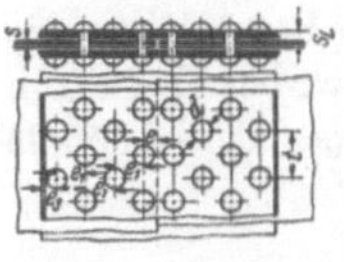	11	3600 bis 6400	—	3	0,72	$0{,}8\,s$	8	6	$\sqrt{5\,s}-0{,}8$	$3\,d+1$	$1{,}5\,d$ / $0{,}6\,t$	— / $1{,}5\,d$

[1] Für 2. Nietreihe: $s = \dfrac{0{,}462\,D\cdot p\cdot t}{(t-2\,a)\,\sigma} + 0{,}1$ cm.

Zulässige Spannungen: für Blechsorte II nach Tafel 9/6: $\sigma = 1025$ kg/cm²
für Niet nach Tafel 9/7: $\tau_N = 700$ kg/cm²

$$s' = \frac{D\cdot p}{2\cdot v\cdot\sigma} = \frac{2200}{2\cdot 0{,}82\cdot 1025} = 1{,}3;\quad s = s' + 0{,}1 = \mathbf{1{,}4\ cm},$$

nach Tafel 9/8 wird $d = \sqrt{5\cdot s} - 0{,}6 \approx 2{,}1$ cm; $t = 5\,d + 1{,}5 = 12$ cm,
$e = 1{,}5\cdot d = 3{,}1$ cm; $e_1 = 0{,}4\cdot t = 4{,}8$; $z_t = 3$; $n = 2$; $n\cdot z_t = 6$; $e_3 = 1{,}5\,d = 3{,}1$ cm.

Laschenstärke $s_L = 0{,}8\,s = 1{,}12 \approx \mathbf{1{,}2}$ **cm.**

Kontrolle: Blech: $\sigma = \dfrac{D\cdot p}{2\cdot s'\cdot v} = \dfrac{2200}{2\cdot 1{,}3\cdot 0{,}83} = 1023$ kg/cm² (< 1025)

$$v = \frac{t-d}{t} = \frac{12-2{,}1}{12} = 0{,}83\ (> 0{,}82)$$

Niet: $\tau_N = \dfrac{D\cdot p\cdot t}{2\cdot n\cdot z_t\cdot f} = \dfrac{2200\cdot 12}{2\cdot 2\cdot 3\cdot 3{,}46} = 635$ kg/cm² (< 700)

Lasche: $v = \dfrac{t-2\,d}{t} = \dfrac{12-2\cdot 2{,}1}{12} = 0{,}65$

$$\sigma = \frac{D\cdot p}{2\cdot 2\cdot s_L\cdot v} = \frac{2200}{2\cdot 2\cdot 1{,}2\cdot 0{,}65} = 700\ \text{kg/cm}^2.$$

b) *Quernaht:* Für $D\cdot p = 2200$ genügt nach Tafel 9/8 Nahtform 2; nach Tafel 0/6 ist $\sigma = 863$ kg/cm² und nach Tafel 9/7 $\tau_N = 700$ kg/cm²;
$v = 0{,}69 \approx 0{,}7$; $d = 2{,}1$ cm; $t = 2{,}6\cdot d + 1{,}5 \approx 7$ cm; $n = 1$;
Nietzahl einer Reihe auf dem Umfang $z_1 = \dfrac{D\cdot\pi}{t} = \dfrac{200\cdot\pi}{7} = 89{,}7$.
Mit Rücksicht auf die bessere Teilbarkeit ist gewählt $z_1 = \mathbf{96}$; $t = 6{,}55$ cm.
Gesamtzahl der Niete einer Quernaht $z = 2\cdot z_1 = \mathbf{192}$.

Kontrolle: Blech: $v = \frac{t-d}{t} = \frac{6{,}55-2{,}1}{6{,}55} = 0{,}68$

$$\sigma = \frac{D \cdot p}{4 \cdot s' \cdot v} = \frac{2200}{4 \cdot 1{,}3 \cdot 0{,}68} = 622\ \text{kg/cm}^2\ (< 863\ \text{kg/cm}^2)$$

Niet: $\tau_N = \frac{P}{f \cdot z \cdot n} = \frac{D^2 \cdot p}{d^2 \cdot z \cdot n} = \frac{200^2 \cdot 11}{2{,}1^2 \cdot 192 \cdot 1} = 520\ \text{kg/cm}^2\ (< 700)$.

9.7. Im Behälterbau.

Flache Behälter, Schornsteine, Fall- und Laufrohre für Gase, Flüssigkeiten oder Schüttgüter ohne Überdruck.

Die Kräfte sind hier gering; die Forderung des *Dichthaltens* bestimmt hier die Abmessungen der Nietverbindung. Nähte meist einreihig oder zweireihig überlappt. Die Behälterkanten werden aus Winkeleisen oder gebogenen Blechstreifen gebildet. Zwischen die Nähte werden Leinwand- oder Papierstreifen eingelegt, die mit Mennige oder Leinöl getränkt sind. Leichtere Behälter werden zweckmäßiger *geschweißt*. (Bleche unter 0,5 cm Stärke sind nicht mehr verstemmbar.)

Bei senkrechten *Rund*behältern und Rohren für *Flüssigkeiten* wird die Blechdicke wie im Kesselbau bestimmt; ebenso bei Bunkern und Silos für *Schüttgüter*, wobei der nach unten zunehmende Druck aus dem Schüttgewicht und Schüttwinkel (s. DIN 1055/1) einzusetzen ist.

Maße in mm für runde Behälter nach RÖTSCHER.

Blechdicke s	2	3	4	5···6	6···8	8···12	11···15
Rohnietdurchmesser d'	8	9	10	12	14	16	20
Lochdurchmesser d	8,4	9,5	11	13	15	17	21
Nietteilung $t = 3d + 5$ mm[1]	29	32	35	38	47	56	65
Seitlicher Randabstand e'	16	17	17	18	21	25	30
Verstärkung: Winkeleisen	40 · 45 · 5			45 · 45 · 7	50 · 50 · 9	75 · 75 · 12	80 · 80 · 12

[1] Bei Schornsteinen, Auspuffleitungen usw. $t = 5d$.

9.8. Schrifttum zu 9.

[9/1] *DIN-Blätter über Niete:*

DIN 123, 124, 302, 660—662, 674, 675, 7331, 7339, 7340 u. 7341 Ausführungsformen.
DIN 407 Sinnbilder der Niete.
DIN 996—99 Wurzelmaße und Nietabstände bei Formstahl.

[9/2] *DIN-Blätter über Form- und Stabeisen:*

DIN 1020 Wulststahl.
DIN 1024 T-Stahl.
DIN 1025 I-Stahl.
1026 [-Stahl.
1027 Z-Stahl.
1028 gleichschenkliger L-Stahl.
1029 ungleichschenkliger L-Stahl.

[9/3] *Vorschriften Stahlbau:*

DIN 1034 Darstellung von Einzelheiten bei Stahlkonstruktionen.
DIN 120 Berechnungsgrundl. f. Stahlbauteile v. Kranen u. Kranbahnen (Nov. 1936).
DIN 1050 Berechnungsgrundlagen für Stahl im Hochbau (Okt. 1946).
DIN 1055 Lastannahmen für Bauten (Aug. 1934—1941).
DIN 1073 Berechnungsgrundlagen für stählerne Straßenbrücken (Jan. 1941 u. April 1942).
BE, D. V. 804 Berechnungsgrundlagen für stählerne Eisenbahnbrücken (Jan. 1934).
D. V. 827 Techn. Vorschr. der Deutschen Reichsbahn für Stahlbauwerke [Mai 1935).
DIN 4114 Stabilitätsfälle, Berechnungsgrundlagen, Vorschriften (Juli 1952*).

[9/4] *Im Leichtmetallbau:*

PLEINES, W.: Die Nietung im Leichtmetall-Flugzeugbau. Werkstattstechn. und Werksleiter (1937) S. 377 u. 401; ferner Luftfahrtforsch. Bd. 7 (1930), S. 1—72.
— (Glatthautnietung). Z. VDI 83 (1939), S. 1037 u. 1057.
BUTTER, K.: (Sprengnietung). Luftfahrt-Forsch. 15 (1938), S. 91/93.

MÜLLER, W.: (Verbesserung von Al-Knotenpunkt-Nietungen). Schweiz. Arch. angew. Wiss. Techn. 5 (1939), S. 294—297.
GUBER, K.: Leichtmetallnieten. Z. Metallkde. (1933), S. 214 und (1934), S. 65 u. 90.

[9/5] *Vorschriften Kesselbau*:
M.-Bl. d. RWM. vom 6. 11. 1939, Werkstoff- u. Bauvorschr. f. Landdampfkessel (Vfg. v. 21. 6. 1939, Ersatz f. DIN 1851, 1852).
APB = Allg. polizeil. Best. ü. d. Anlegung von Landdampfkesseln (Berlin 12. 2. 1908).
— desgl. v. Schiffsdampfkesseln (Berlin 17. 12. 1908).
JÄGER, H.: Bestimmungen über Anlage und Betrieb der Dampfkessel, mit Erläuterungen. Berlin 1926.
AUSSUM, P.: Vorschriften u. Regeln der Technik für Druckgefäße. Halle. Verlag W. Knapp (1948).

[9/6] *Hilfsbücher*:
DIN-Taschenbuch 9, Normalprofile.
Stahlbauprofile, H. 3, 1936, von „Stahl überall", Beratungsstelle für Stahlverwendung, Düsseldorf.
Deutsches Normalprofilbuch. Verlag Stahleisen, Düsseldorf.
Stahl im Hochbau. Düsseldorf. Verlag Stahleisen (1947).

[9/7] *Untersuchungen an Nietverbindungen*:
BACH, BAUMANN, PREUSS u. a.: Grundlegende Versuche über Festigkeit der Nietverbindungen. Z. VDI 36 (1892) S. 1141 u. 1305; 38 (1894) S. 1231; 39 (1895) S. 301; 41 (1897) S. 739 u. 768; 51 (1907) S. 1152; 53 (1909) S. 1019; 56 (1912) S. 404 u. 1890 u. 1104.
DAIBER, E.: Die Biegespannung in überlappten Kesselnietnähten. Z. VDI Bd. 57 (1913) S. 401.
GRAF, O.: (Dynamische Festigkeit von Nietverbindungen.) Z. VDI Bd. 76 (1932) S. 438.
— Dauerversuche mit Nietverbindungen. Berlin: Springer 1935; s. auch Bericht Lehr. in Z. VDI 80 (1936) S. 920.
HÖFFGEN, H.: Gleitgrenze u. Fließgrenze von Nietverbindungen. Diss. T. H. Karlsruhe 1934.
ZIEM, H.: Einfluß der Nietlänge ... Forschg. u. Fortschr. 7 (1936) S. 44/48.

[9/8] *Neuerungen* (s. auch [9/4]).
GABER, E.: Versuche u. Betrachtungen über die Sicherheit von Stahlbrücken. Die Technik Bd. 1 (1946) S. 57. (Versuche an Nietverbindungen)
BALL, M.: (Neue Nietverbindung mit Bolzen aus leg. Stahl [σ_B = 88—150 kg/mm²] u. als Schließkopf Al-Ring.) Werkstatt u. Betrieb Bd. 80 (1947) S. 272.
KUNZ, M.: Niete u. Nietmaschinen für Sonderzwecke, Werkstatt u. Betr. Bd. 82 (1949) S. 51 (Hohlniete)

10. Schraubenverbindung.

10.1. Verwendung und Herstellung.

Die Schraube ist das am häufigsten verwendete Maschinenelement.

Wir verwenden sie

1) als *Befestigungs*schraube für *lösbare* Verbindungen;
2) als *Spann*schraube zur Erzeugung von Vorspannung (Spannschloß);
3) als *Verschluß*schraube zum Verschließen von Löchern, z. B. Flaschen;
4) als *Stell*schraube zum Einstellen oder zum Nachstellen von Spiel oder Verschleiß;
5) als *Meß*schraube für kleinste Wege (Mikrometer);
6) als *Kraft*übersetzung zur Erzeugung großer Längskräfte durch kleine Umfangskräfte (Spindelpresse, Schraubstock);
7) als *Bewegungs*schraube zur Umsetzung von Drehbewegung in Längsbewegung (Schraubstock, Leitspindel), oder von Längsbewegung in Drehbewegung (Drillbohrer);
8) als *Differenz*schraube zur Erzielung von kleinsten Wegen mit grobem Gewinde (Bild 10/7).

Nachdem wir die vielseitige Eignung der Schraube hervorgehoben haben, wollen wir auch einige *nachteilige* Eigenschaften nennen, die in manchen Fällen besondere Maßnahmen erfordern und zwar bei *Befestigungsschrauben* das ungewisse Anzugsmoment und die ungewisse Erhaltung der aufgebrachten Vorspannung im Betrieb, dann die oft erforderliche Sicherung gegen Losdrehen [1] und vor allem die Kerbwirkung des Gewindes;

[1] Es gibt wohl über kein Element mehr Patentanmeldungen, als über Schraubensicherungen, s. [10/25].

bei *Bewegungs*schrauben der schlechte Wirkungsgrad, der Verschleiß der Gewindeflanken und in gewissen Fällen das Gewindespiel und die mangelnde Zentrierung durch das Gewinde.

Die *Herstellung* der Gewindegänge erfolgt entweder im *spanlosen* Verfahren (kein Zerschneiden der Werkstoffaser) durch „Eindrücken" oder „Einrollen" der Gewindegänge und Anstauchen des Schraubenkopfes, oder im *Schneid*verfahren durch Drehen oder Fräsen und neuerdings durch Schneiden mit einem profilierten Schlagzahn sehr hoher Drehzahl („wirbeln"), oder im Schleifverfahren mit profilierten Schleifscheiben.

10.2. Gestaltung und Bedienung.

Zur Schraubenverbindung gehört außer der eigentlichen Schraube, dem Schrauben*bolzen* (bei Bewegungsschrauben auch -*Spindel* genannt), noch die *Mutter* mit dem entsprechenden Innengewinde, wozu noch *Unterlegscheiben* und *Sicherungen* kommen können (s. Bild 10/4). Ferner benötigt man zum Anziehen und Lösen der Schrauben bzw. Muttern noch besondere *Bedienungswerkzeuge* (Schraubenschlüssel, Schraubenzieher), wenn man sie nicht für Handbedienung mit Rändel, Ring, Flügel oder Griff versieht (Bild 10/2).

Übliche Maschinenschrauben (Maße s. S. 172). Im Maschinenbau herrscht die Schraube mit *Sechskant*-Kopf und -Mutter vor und zwar als *Durchsteck*schraube (auch Mutterschraube genannt), als *Kopf*schraube (ohne Mutter) und als *Stift*schraube (ohne Kopf und Mutter); für *versenkte* Anordnung nimmt man die *Inbus*-Schraube (Innensechskant), die *Zylinderkopf*- oder die *Senk*schraube (mit Schlitz).

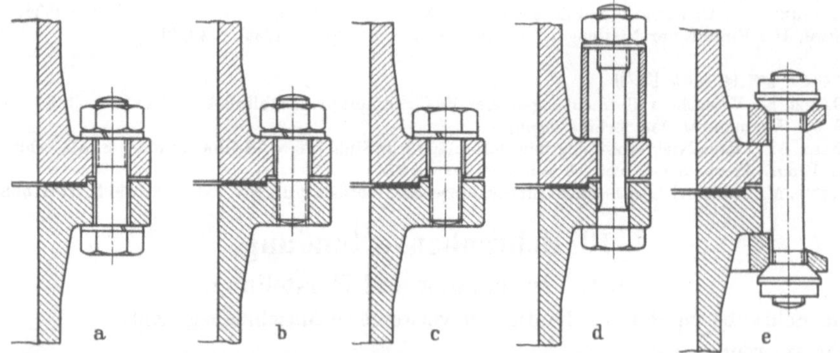

Bild 10/1. Flanschverbindungen, a mit Durchsteckschraube, b mit Stiftschraube, c mit Kopfschraube, d mit Durchsteck-Dehnschraube und Distanzstück, e mit Doppelmutter-Dehnschraube.

Sonderschrauben[1]. Bei *dynamischer* Belastung ist die *Dehn*schraube Bild 10/1, 10/15 und 10/19 besonders geeignet; für andere Zwecke die Spannschraube, Ankerschraube und Steinschraube, die Ringschraube, Flügel- und Augenschraube (Bild 10/2). In manchen

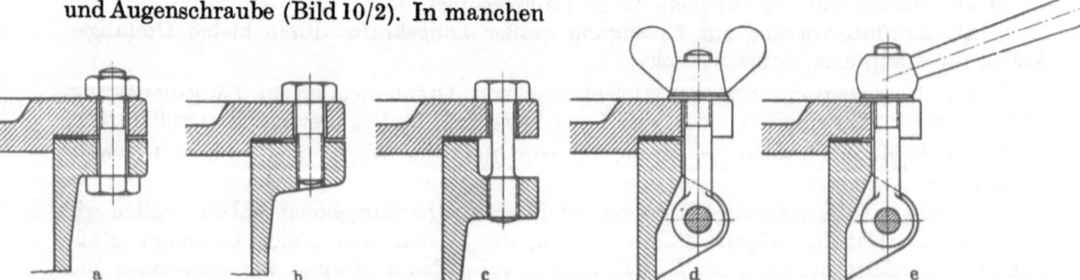

Bild 10/2. Deckelbefestigungen, a Zylinderdeckel mit Durchsteckschraube, b Deckel mit Kopschraube, c mit unverlierbarer Hals-Kopfschraube, d mit Klappschraube und Flügelmutter, e mit Klappschraube und Griffmutter.

[1] DIN-Blätter s. S. 175.

Fällen werden auch *zylindrische* Muttern- und Schraubenköpfe verwendet, die für den Schlüsselangriff seitlich abgeflacht oder mit radialen Löchern oder Längsnuten oder Kerbzähnen versehen werden (Kreuzlochmutter, Nutmutter usw., Bild 10/3). Für den Zusammenbau mit Holz dienen *Schloß*- und *Band*schrauben (Vierkantkopf und Flachkopf). Für weichere Stoffe (NE-Metalle und Preßstoffe) verwendet man auch „Schneidschrauben“[1], die sich selbst ihr Gewinde in die Bohrung schneiden.

Muttern. Die gebräuchlichen Formen zeigt Bild 10/3, ferner 10/2 und 10/4; die „Zugmutter“ erhöht die dynamische Festigkeit der Schraube (s. S. 167).

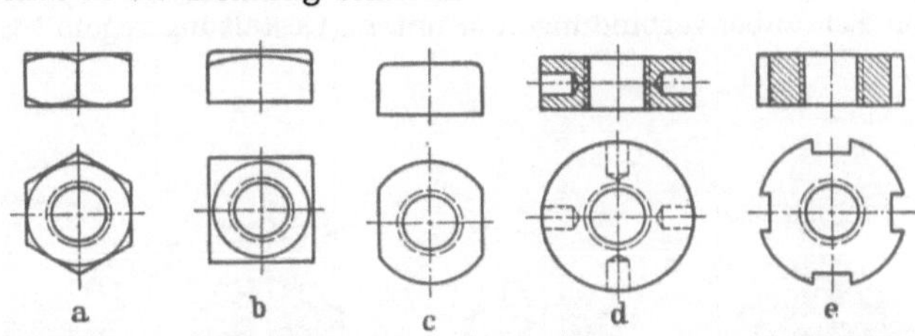

Bild 10/3. Muttern, a Sechskantmutter, b Vierkantmutter, c abgeflachte Rundmutter, d Kreuzlochmutter, e Nutmutter (Zugmutter s. Bild 10/15, Kronenmutter Bild 10/4).

Sicherungen gegen Losdrehen der Muttern *und* Schrauben sind durchweg bei allen dynamisch belasteten oder der Erschütterung ausgesetzten Schrauben notwendig. Sie können durch *Form*schluß Nase am Schraubenkopf, Quersplint, Querstift, Querschraube, Nasenblech, Legeschlüssel) oder durch *Kraft*schluß, wie radiale oder axiale *Verspannung* im Gewinde (Federring, Zahnscheibe, Federmutter, Palmutter, Stopmutter oder Schlitzmutter) erreicht werden (s. Bild 10/4). Eine zweite Mutter („Gegenmutter“) ist nicht unbedingt rüttelsicher.

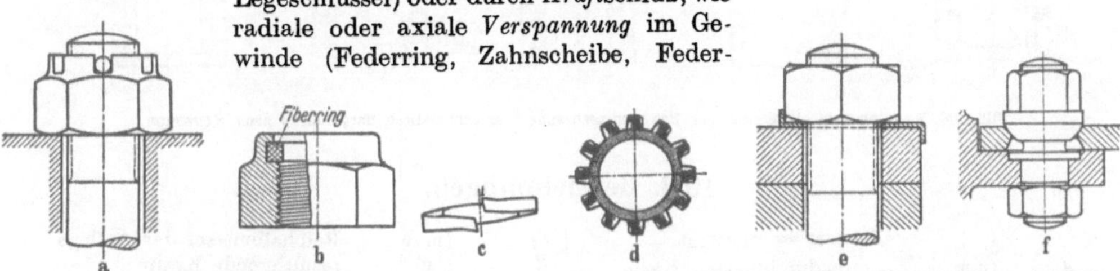

Bild 10/4. Sicherungen, a Kronenmutter mit Quersplint, b Elastic-Stop mit Fiberring, c Federring, d Zahnscheibe (verschränkte Zähne), e Nasenblech, f durch erhöhte Reibung (Kegel!) an der Mutter (Radbefestigung an Kraftwagen).

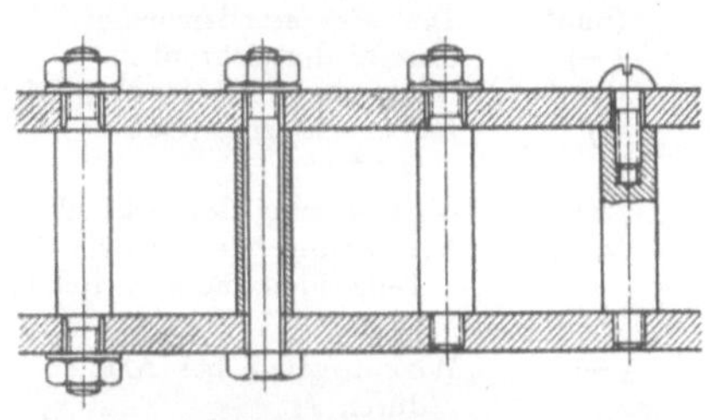

Bild 10/5. Stehbolzen.

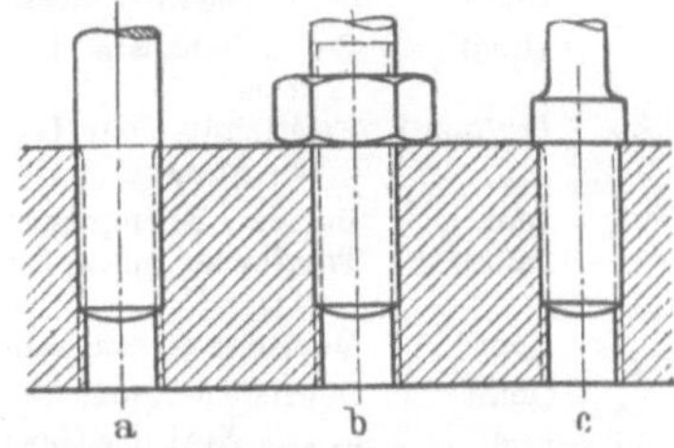

Bild 10/6. Stiftschrauben, a durch Gewindeauslauf querverspannt, b einstellbar und durch Mutter längsverspannt, c hochbeanspruchte Stiftschraube.

Schraubenverbindungen. Siehe hierzu die verschiedenen Ausführungsformen der Flanschverbindungen Bild 10/1, der Deckelbefestigung Bild 10/2, der Stehbolzen Bild 10/5, der Stiftschrauben Bild 10/6, der Pleuelschraube Bild 10/15, der Differenzschraube Bild 10/7, der querbelasteten Schraubenverbindung Bild 10/20, der Bewegungsschrauben Bild 10/8 und 10/22. Wichtig ist bei Befestigungsschrauben die richtige *Vorspannung* (bis 60% der Streckgrenze)[2], die ebene Auflage von Schraubenkopf und

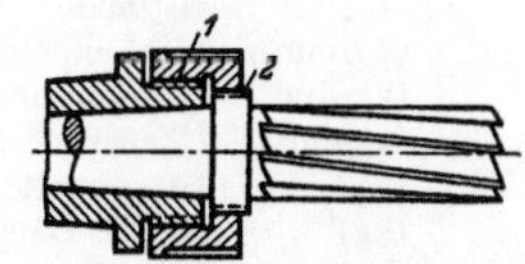

Bild 10/7. Differentialgewinde 1 und 2, angewendet zum Befestigen und Lösen eines Fräsers.

[1] Schneidschrauben der Fa. Nürnberger Schraubenfabrik, Nürnberg.
[2] Z. B. durch Anziehen mit Kraftmeßschlüssel; Schutzwirkung der Vorspannung s. S. 168.

Mutter und bei Lastverteilung auf mehrere Schrauben die Verwendung von Schrauben gleicher Dicke, gleicher Länge und gleicher Vorspannung, wenn man ungleiche Beanspruchung und „Verziehen" der Teile vermeiden will. Die Aufteilung in mehrere kleinere Schrauben ermöglicht schmalere Flansche und bessere Dichtung (geringerer Abstand), bedingt aber mehr Bedienungsarbeit. Hochfeste Schrauben ermöglichen hohe Vorspannung und schmalere Flansche. Weitere Angaben und Beispiele für die Ausführung von Schraubenverbindungen s. unter „Gestaltungsregeln" S. 24.

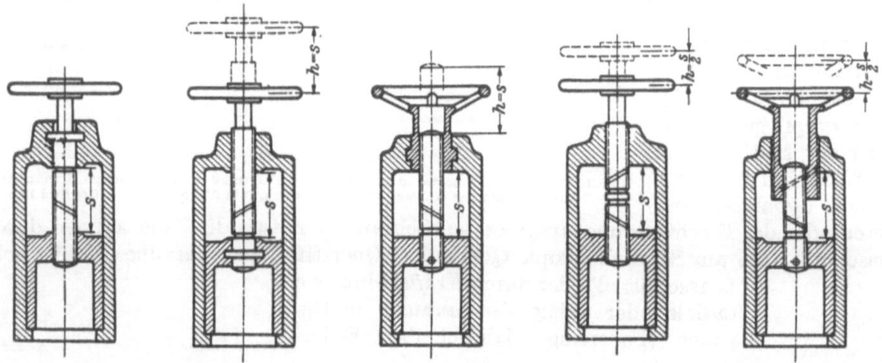

Bild 10/8. Anordnungsmöglichkeiten für Bewegungsschraube (nur schematisch dargestellt!) nach KUTZBACH.

10.3. Bezeichnungen.

a	(—)	Beiwert $= \sigma_{zul}/\tau_{zul}$
d, d_1	(mm)	Bolzendurchmesser, Kerndurchmesser
d_2	(mm)	mittlerer Gewindedurchmesser
D_i, D_a	(cm)	innerer, äußerer Rohrdurchmesser
D_s	(mm)	Lochkreisdurchmesser
e	(mm)	Schraubenabstand auf Lochkreis
E_s, E_F	(kg/mm²)	Elastizitätsmodul für Schraube, für Flansch
F, F_1	(mm²)	Bolzen-, Kernquerschnitt
F_g	(mm²)	Tragfläche eines Gewindeganges
F_b	(mm²)	Querschnitt der Scherbüchse
h	(mm)	Gewindesteigung
i	(—)	$= m/h$ Zahl der Gewindegänge
m	(mm)	Mutterhöhe
M, M_g	(mmkg)	Drehmoment, Gesamtdrehmoment
M_A	(mmkg)	Auflage-Reibmoment
N	(—)	Normale
p	(kg/mm²)	Flächenpressung im Gewinde
p_l	(kg/mm²)	Leibungsdruck
$p_ü$	(kg/cm²)	Überdruck im Rohr (Kessel)
P	(kg)	Längskraft, Betriebskraft
P_{max}	(kg)	größte Längskraft
P_V, P_{Diff}	(kg)	Vorspann-, Differenzkraft
$P_{Stoß}$	(kg)	Stoßkraft
q	(—)	$= P_{max}/P$
Q	(kg)	Querkraft
r	(mm)	$= d_2/2$
r_A	(mm)	Reibhalbmesser der Auflage
R	(kg)	resultierende Kraft
s	(mm)	Flanschdicke
t	(mm)	Dreieckhöhe des Gewindeprofils
t_1, t_2	(mm)	Gewinde-, Tragtiefe
U	(kg)	Umfangskraft am Halbmesser r
W_t	(mm³)	Drehwiderstandsmoment
z	(—)	Anzahl der Schrauben
α	(°)	Steigungswinkel des Gewindes
β	(°)	halber Flankenwinkel des Gewindes
δ_s	(mm)	Verlängerung der Schraube
δ_F	(mm)	Verkürzung der gedrückten Teile (Flansche + Zwischenlage)
η	(—)	Wirkungsgrad bei Antrieb durch M
η'	(—)	Wirkungsgrad b. Antrieb durch P
ϑ	(°C)	Temperatur
μ	(—)	Reibwert am Gewinde $= \operatorname{tg} \varrho$
μ'	(—)	$= \mu/\cos \beta = \operatorname{tg} \varrho'$
μ_A	(—)	Reibwert an der Auflage
ϱ, ϱ'	(°)	Reibwinkel
σ, σ_a	(kg/mm²)	Zugspannung, Ausschlagspannung
σ_B, σ_A	(kg/mm²)	Zugfestigkeit, Ausschlagfestigkeit
σ_F, σ_{FW}	(kg/mm²)	Fließgrenze, Warmfließgrenze
τ	(kg/mm²)	Drehspannung, Scherspannung

10.4. Gewinde.

Die Grundform des Gewindes ist die *Schraubenlinie* (Bild 10/9). Sie entsteht durch Aufwickeln einer Geraden mit dem Neigungswinkel α auf einen Zylinder mit dem Halbmesser r. Sie kann punktweise aus ihrer Abwicklung konstruiert werden, da $\frac{y}{x} = \operatorname{tg}\alpha = \frac{h}{2\pi\cdot r}$ ist, wobei h *Steigung* oder *Ganghöhe* und α *Steigungswinkel* genannt werden.

Die Schraubenlinie kann *rechts*gängig, wie gezeichnet und durchweg im Maschinenbau verwendet[1], oder *links*gängig sein. Es können auch *mehrere* parallel verlaufende Schraubenlinien (mehrgängige Gewinde bei Bewegungsschrauben) angeordnet werden.

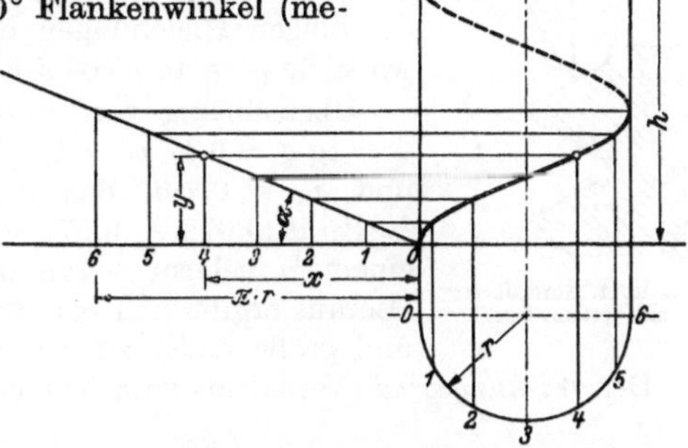

Bild 10/9. Rechtsgängige Schraubenlinie und ihre Abwicklung mit Ganghöhe h und Steigungswinkel α.

Beim *Gewinde* tritt an Stelle des Punktquerschnittes der Schraubenlinie ein „*Profil*" (Dreieck, Trapez, Rechteck, Halbrund). Von den *genormten* Gewinden des Maschinenbaues (s. Tafel 10/1) werden die eingängigen *Spitz*gewinde mit 60° Flankenwinkel (metrisches Gewinde) oder 55° Flankenwinkel (Whitworth-Gewinde) für *Befestigungs*schrauben (größere Reibung!) und die übrigen für *Bewegungs*schrauben verwendet. Als *Nenn*-Durchmesser d gilt der Außendurchmesser des Gewindebolzens; nur das Whitworth-Rohrgewinde wird nach dem *lichten* Rohrdurchmesser bezeichnet. Feingewinde werden bei Rohren und Wellen verwendet, um die Gewindetiefe t oder die Ganghöhe h oder den Steigungswinkel α klein zu halten. *Mehr*gängige Gewinde verwendet man bei Bewegungsschrauben, wenn der Wirkungsgrad η oder die Steigung h groß sein soll. Bei Befestigungsschrauben bevorzugt man in Deutschland im fortschreitenden Maße die metrischen Gewinde gegenüber den älteren Zoll-(Whitworth)-Gewinden.

Gewinde-Bezeichnungen und Gewindeform s. Tafel 10/1.

10.5. Kraftübersetzung und Wirkungsgrad.

Beim *Flach*gewinde nach Bild 10/10 greift am Gewinde am mittleren Gewindedurchmesser d_2 die Längskraft P und die Umfangskraft U an. Sieht man von der Reibung ab, so muß bei Kräftegleichgewicht die Resultierende R in die Richtung der Normalen N fallen. Dann ist $U = P\cdot\operatorname{tg}\alpha$, mit $\operatorname{tg}\alpha = \frac{h}{\pi d_2}$.

Bild 10/10. Kräfte an der Schraube mit Flachgewinde. (Bewegung nach oben) (Bewegung nach unten)

Bei Berücksichtigung der *Reibung* mit dem Reibwert $\mu = \operatorname{tg}\varrho$ wird erst Bewegung eintreten, wenn die Resultierende R um den Reibungswinkel ϱ zur Normalen N geneigt ist. Dann ist:

[1] Man kann das Gefühl für die richtige Anzieh- und Lösebewegung bei *rechts*gängigen Schrauben schnell entwickeln, wenn man mit der *rechten* Hand eine *rechts*drehende *Vorwärts*bewegung (und sinngemäß zurück) einübt.

$$\boxed{U = P \operatorname{tg} (\alpha \pm \varrho)} \text{ (kg); und mit } r = d_2/2 \qquad (1)$$

das Drehmoment $\boxed{M = U \cdot r = P \cdot r \cdot \operatorname{tg} (\alpha \pm \varrho)}$ (kgmm). (2)

Die Reibungskraft ist stets der Bewegung entgegengerichtet, also gilt das +-Zeichen beim Lastheben (und beim „Anziehen" einer Mutter) und das —-Zeichen beim Lastsenken (und beim „Lösen" einer Mutter). Hierzu kommt gegebenenfalls noch die Reibung der Mutter bzw. des Bolzens an der *Auflage* mit der Reibungskraft $P \cdot \mu_A$ am Hebelarm r_A (Bild 10/14), so daß das Gesamtdrehmoment:

$$\boxed{M_g = M + M_A = P\,[r \cdot \operatorname{tg} (\alpha \pm \varrho) + r_A \cdot \mu_A]} \text{ (kgmm).} \qquad (3)$$

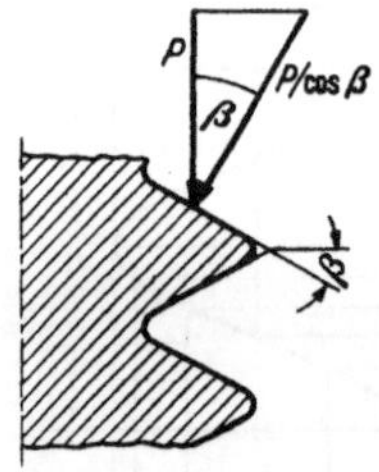

Bild 10/11. Normalkraft am Spitzgewinde.

Beim *Spitz*gewinde (Bild 10/11) tritt an Stelle von P die Kraft $P/\cos\beta$ für die Ermittlung der Reibkraft. Man kann auch hierfür die obigen Gleichungen beibehalten, wenn man ϱ' statt ϱ einsetzt, wobei $\operatorname{tg}\varrho' \approx \operatorname{tg}\varrho/\cos\beta$ ist.

Überschlägig wird dann für metrische Schrauben mit $\beta = 30°$, $\mu = \operatorname{tg}\varrho = 0{,}1$, $\mu' = \operatorname{tg}\varrho' = 0{,}115$, $\varrho' = 6{,}6°$, $\alpha \approx 2{,}5°$, $r \approx 0{,}45\,d$ und $r_A \approx 0{,}7\,d$, das erforderliche Anzugsmoment $M_g = M + M_A = P \cdot d\,(0{,}072 + 0{,}07) \approx 0{,}14\,P \cdot d$. Greift die Handkraft H an einem Hebelarm $\approx 14d$ an, so wird die Schraubenkraft $\boldsymbol{P \approx 100\,H}$. Hieraus ergibt sich bereits, daß kleine Schrauben leicht „abgewürgt" und große meist zu wenig angezogen werden.

Der *Wirkungsgrad* (Verhältnis vom Nutzen zum Aufwand) beträgt:

beim Umsetzen von Drehmoment in Längskraft $\boxed{\eta = \dfrac{\operatorname{tg}\alpha}{\operatorname{tg}(\alpha + \varrho)}}$, (4)

beim Umsetzen von Längskraft in Drehmoment

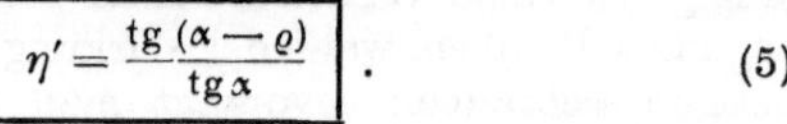

$\boxed{\eta' = \dfrac{\operatorname{tg}(\alpha - \varrho)}{\operatorname{tg}\alpha}}$. (5)

Bild 10/12. Wirkungsgrad der Schraube, abhängig vom Steigungswinkel α, bei Reibwert $\mu = \operatorname{tg}\varrho = 0{,}1$, $\varrho = 5°\,40'$.

Nach Bild 10/12 steigt η mit α zuerst steil an und dann immer weniger bis zum Größtwert bei $\alpha = 45° - \varrho$.

„*Selbsthemmung*" ist bei Befestigungsschrauben erwünscht und liegt vor, wenn die Längskraft P kein Drehmoment erzeugen kann, also wenn $U = P \cdot \operatorname{tg}(\alpha - \varrho) \leq 0$ ist, d. h. $\alpha \leq \varrho$, $\eta' \leq 0$ oder $\eta \leq 0{,}5$ ist. Bei metrischen Schrauben mit $\alpha \approx 2{,}5°$ liegt also Selbsthemmung vor, solange der Reibwert $\mu' = \operatorname{tg}\varrho' \geq 0{,}044$, ein Wert, der mit Sicherheit bei ruhender Belastung, aber nicht unbedingt bei Erschütterungen gegeben ist, so daß Schrauben bei umlaufenden Maschinen besonders „gesichert" werden müssen (Sicherungen s. S. 159).

10.6. Gefahrenquellen.

Bevor auf die Beanspruchung und Bemessung der Schrauben eingegangen wird, sei auf einige Umstände hingewiesen, welche die Schraubenverbindungen besonders gefährden:

Tafel 10/1. *Genormte Gewinde* (Maße s. Tafel 10/2 bis 10/4).

Art	Profil	Vergleichsmaße	DIN	Nenndurchmesser d gemessen in	Steigung in	Bezeichnungsbeispiel für eingängiges Rechtsgewinde[1]
Metrisches Gewinde		$t = 0{,}8660\,h$ $t_1 = 0{,}6495\,h$ $d_2 = d - t_1$ $d_1 = d - 2\,t_1$ $r = 0{,}1082 \cdot h = t/8$	13 14	mm	mm	M 10
Metrisches Feingewinde			244···247 516···521 13			M 60 × 4
Whitworth-Gewinde	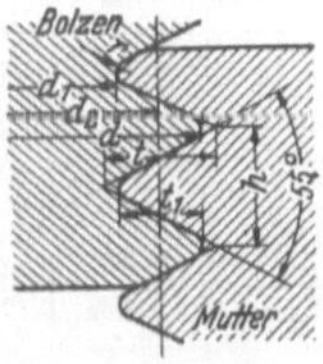	$t = 0{,}96049 \cdot h$ $t_1 = 0{,}64033 \cdot h$ $r = 0{,}13733 \cdot h$	11			2″
Whitworth-Rohrgewinde[2]			259 260 2999	Zoll	Zoll	R 3″ R 3/8″
Whitworth-Feingewinde			239 240	mm	Zoll	W 99 × 1/4″ W 60 × 1/6″
Rundgewinde	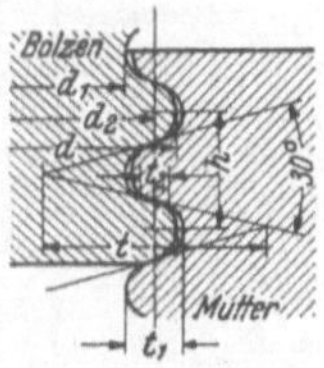	$t = 1{,}86603 \cdot h$ $t_1 = 0{,}5 \cdot h$ $t_2 = 0{,}08350 \cdot h$ $a = 0{,}05 \cdot h$ $b = 0{,}68301 \cdot h$ $r = 0{,}23851 \cdot h$ $R = 0{,}25597 \cdot h$ $R_1 = 0{,}22105 \cdot h$	405	mm	Zoll	Rd 40 × 1/6″
Trapezgewinde	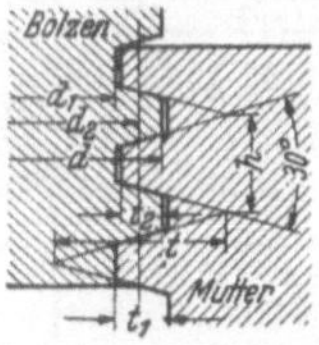	$t = 1{,}866 \cdot h$ $t_1 = 0{,}5\,h + a$ $t_2 = 0{,}5\,h + a - b$ $T = 0{,}5\,h + 2\,a - b$ $C = 0{,}25 \cdot h$	103	mm	mm	Tr 48 × 8
fein			378			Tr 48 × 3
grob			379			Tr 48 × 12
Sägengewinde	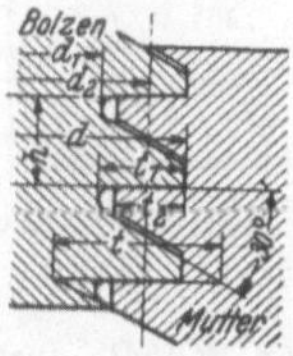	$t = 1{,}73205 \cdot h$ $t_1 = t_2 + b = 0{,}86777 \cdot h$ $t_2 = 0{,}75 \cdot h$ $e = 0{,}26384 \cdot h$ $i = 0{,}52507 \cdot h$ $i_1 = 0{,}45698 \cdot h$ $b = 0{,}11777 \cdot h$ $r = 0{,}12427 \cdot h$	513	mm	mm	S 48 × 8
fein			514			S 48 × 3
grob			515			S 48 × 12

[1] Für Sondergewinde (Gewinde mit anderen Profilen), z. B. Flachgewinde sind alle Maßangaben einzeln erforderlich. Linksgewinde und mehrgängige Gewinde erhalten einen Zusatz, z. B. Tr 48 × 12 links (2gäng). Dichte Gewinde erhalten den Zusatz „dicht" z. B. W 23 × 1/10″ dicht.

[2] Beim Rohrgewinde bedeutet die Angabe in Zoll die lichte Rohrweite, oder in zwei Millimeterzahlen den Innen- und Außendurchmesser des Rohres (Frankreich), s. Tafel 10/3.

Tafel 10/2. *Gewinde mit metrischem Profil DIN 13 (Jan. 1952).*

Reihe 1				Reihe 2			Reihe 3			Reihe 4		
Bezeichnung	Steigung	Kerndurchmesser	Kernquerschnitt mm²	Bezeichnung	Kerndurchmesser	Kernquerschnitt mm²	Bezeichnung	Kerndurchmesser	Kernquerschnitt mm²	Bezeichnung	Kerndurchmesser	Kernquerschnitt mm²
M 0,3	0,075	0,202	0,03									
M 0,4	0,1	0,270	0,06									
M 0,5	0,125	0,338	0,09									
M 0,6	0,15	0,406	0,13									
M 0,8	0,2	0,540	0,23									
M 1	0,25	0,676	0,36									
M 1,2	0,25	0,876	0,60									
M 1,4	0,3	1,010	0,80									
M 1,7	0,35	1,246	1,22									
M 2	0,4	1,480	1,72							M2 ×0,25	1,676	2,21
M 2,3	0,4	1,780	2,49							M2,3×0,25	1,976	3,07
M 2,6	0,45	2,016	3,19							M2,6×0,35	2,146	3,62
M 3	0,5	2,350	4,34							M3 ×0,35	2,546	5,09
M 3,5	0,6	2,720	5,81									
M 4	0,7	3,090	7,50							M 4 ×0,5	3,350	8,81
M 5	0,8	3,960	12,3							M 5 ×0,5	4,350	14,9
M 6	1	4,700	17,3							M 6 ×0,5	5,350	22,5
M 8	1,25	6,376	31,9							M 8 ×1	6,700	35,3
M 10	1,5	8,052	50,9							M10 ×1	8,700	59,4
M 12	1,75	9,726	74,3				M 12×1	10,700	89,9	M12 ×1,5	10,052	79,4
M 14	2	11,402	102							M14 ×1,5	12,052	114
M 16	2	13,402	141							M16 ×1,5	14,052	155
M 18	2,5	14,752	171	M 18×2	15,402	186				M18 ×1,5	16,052	202
M 20	2,5	16,752	220	**M 20×2**	17,402	238				M20 ×1,5	18,052	256
M 22	2,5	18,752	276	M 22×2	19,402	296				M22 ×1,5	20,052	316
M 24	3	20,102	317	**M 24×2**	21,402	360				M24 ×1,5	22,052	382
										M26 ×1,5	24,052	454
M 27	3	23,102	419	M 27×2	24,402	468				M 27 × 1,5	25,052	493
										M28 ×1,5	26,052	533
M 30	3,5	25,454	509	**M 30×2**	27,402	590				M30 ×1,5	28,052	618
										M32 ×1,5	30,052	709
M 33	3,5	28,454	636	M 33×2	30,402	726				M 33 × 1,5	31,052	757
	1									M35 ×1,5	33,052	858
M 36	4	30,804	745	**M 36×3**	32,102	809,4	M 36×2	33,402	876	M 36 × 1,5	34,052	911
										M38 ×1,5	36,052	1021
M 39	4	33,804	897	M 39×3	35,102	967,7	M 39×2	36,402	1041	M 39 × 1,5	37,052	1078
										M40 ×1,5	38,052	1137
M 42	4,5	36,154	1027	**M 42×3**	38,102	1140	M 42×2	39,402	1219	M42 ×1,5	40,052	1260
M 45	4,5	39,154	1204	M 45×3	41,102	1327	M 45×2	42,402	1412	M45 ×1,5	43,052	1456
M 48	5	41,504	1353	**M 48×3**	44,102	1528	M 48×2	45,402	1619	M48 ×1,5	46,052	1666
										M50 ×1,5	48,052	1813
				M 52×3	48,102	1817	M 52×2	49,402	1917	M52 ×1,5	50,052	1968
										M55 ×1,5	53,052	2211
				M 56×4	50,804	2027	M 56×2	53,402	2240			
							M 58×2	55,402	2411	M58 ×1,5	56,052	2468
				M 60×4	54,804	2359	M 60×2	57,402	2588	M60 ×1,5	58,052	2647
										M62 ×1,5	60,052	2832
				M 64×4	58,804	2716	M 64×2	61,402	2961			
										M65 ×1,5	63,052	3122
				M 68×4	62,804	3098	M 68×2	65,402	3359	M68 ×1,5	66,052	3427
										M70 ×1,5	68,052	3637
				M 72×4	66,804	3505	M 72×2	69,402	3783	M72 ×1,5	70,052	3854
										M75 ×1,5	73,052	4191
				M 76×4	70,804	3937	M 76×2	73,402	4232			
				M 80×4	74,804	4395	M 80×2	77,402	4705			
				M 85×4	79,804	5002	M 85×2	82,402	5333			
				M 90×4	84,804	5648	M 90×2	87,402	6000			
				M 95×4	89,804	6334	M 95×2	92,402	6706			
				M100×4	94,804	7059	M 100×2	97,402	7451			
				M 105×4	99,804	7823	M 105×2	102,402	8236			
				M110×4	104,804	8627	M 110×2	107,402	9060			
				M 115×4	109,804	9469	M 115×2	112,402	9923			
				M120×4	114,804	10352	M 120×2	117,402	10825			
				M 125×4	119,804	11273	M 125×2	122,402	11767			
				M130×6	122,206	11729	M 130×3	126,102	12489			
				M140×6	132,206	13728	M 140×3	136,102	14549			
				bis			bis					
				M300×6	292,206	67061	M 300×3	296,102	68861			

Reihe 1:

Steigung h	Gewindetiefe t
0,075	0,049
0,1	0,065
0,125	0,081
0,15	0,097
0,2	0,130
0,25	0,162
0,3	0,195
0,35	0,227
0,4	0,260
0,45	0,292
0,5	0,325
0,6	0,390
0,7	0,455
0,8	0,520
1	0,650
1,25	0,812
1,5	0,974
1,75	1,137
2	1,299
2,5	1,624
3	1,949
3,5	2,273
4	2,598
4,5	2,923
5	3,248

Reihe 2:

Steigung h	Gewindetiefe t_1
2	1,299
3	1,949
4	2,598
6	3,897

Reihe 3:

Steigung h	Gewindetiefe t_1
1	0,650
2	1,299
3	1,949

Reihe 4:

Steigung h	Gewindetiefe t_1
0,25	0,162
0,35	0,227
0,5	0,325
1	0,650
1,5	0,974

Fettgedruckte Durchmesser gegenüber den magergedruckten bevorzugen.

1) Unsicherheit über die wirklich auftretenden äußeren *Kräfte* (zulässige Spannung herabsetzen!).

2) Unsachgemäßes „*Anziehen*" der Schrauben. Besonders *kleine* Schrauben werden leicht „abgewürgt" (hierfür hochfesten Werkstoff nehmen oder σ_{zul} herabsetzen, s. Bild 10/18), während große Schrauben meist zu wenig Vorspannung erhalten (Schlüssel zu kurz). Besonders bei mehreren Schrauben bringt ungleichmäßiges Anziehen eine

Tafel 10/3. *Whitworth-Rohrgewinde* (*DIN 259* Nov. 1942, *2999* Nov. 1912x). Bezeichnung *R''* in Zoll; Maße von Rohrdurchmesser D_i/D_a, Gewindedurchmesser *d* und Kerndurchmesser d_1 in mm, Gänge *z* je Zoll (s. Bild Tafel 10/1).

R''	1/8	1/4	3/8	1/2	(5/8)	3/4	(7/8)	1	1 1/4	1 1/2	(1 3/4)	2	2 1/4	2 1/2	2 3/4	3	3 1/2
D_i/D_a	5/10	8/13	12/17	15/21	16/23	20/27	24/31	26/34	33/42	40/49	45/45	50/60	60/70	66/76	72/82	80/90	90/102
d	9,73	13,16	16,66	20,96	22,91	26,44	30,2	33,25	41,9	47,8	53,7	59,6	65,7	75,2	81,5	87,9	100,3
d_1	8,57	11,45	14,95	18,63	20,59	24,1	27,9	30,29	38,9	44,8	50,8	56,7	62,7	72,2	78,6	84,9	97,4
Gänge auf 1''	28	19	19	14	14	14	14	11	11	11	11	11	11	11	11	11	11

Tafel 10/4. *Trapezgewinde* (*DIN 103* Aug. 1924). Maße von Bolzendurchmesser *d*, Kerndurchmesser d_1, mittlerer Gewindedurchmesser d_2 und Ganghöhe *h* in mm (s. Bild Tafel 10/1).

d	10	12	14	16	18	20	22	24	26	28	30	32	(34)	36	(38)	40	(42)
d_1	6,5	8,5	9,5	11,5	13,5	15,5	16,5	18,5	20,5	22,5	23,5	25,5	27,5	29,5	30,5	32,5	34,5
d_2	8,5	10,5	12	14	16	18	19,5	21,5	23,5	25,5	27	29	31	33	34,5	36,5	38,5
h	3	3	4	4	4	4	5	5	5	5	6	6	6	6	7	7	7
d	44	(46)	48	50	52	55	(58)	60	(62)	66	(68)	70	(72)	75	(78)	80	(82)
d_1	36,5	37,5	39,5	41,5	43,5	45,5	48,5	50,5	52,5	54,5	57,5	59,5	61,5	64,5	67,5	69,5	71,5
d_2	40,5	42	44	46	48	50,5	53,5	55,5	57,5	60	63	65	67	70	73	75	77
h	7	8	8	8	8	9	9	9	9	10	10	10	10	10	10	10	10

ungleichmäßige Lastverteilung und Verziehen der Teile mit sich (z. B. bei Leichtmetall-Kurbelwannen von Motoren). Am besten ist in solchen Fällen ein Anziehen der Schrauben auf 60% der Streckgrenze mit Kraftmeßschlüssel oder auf eine vorzuschreibende Dehnlänge der Schrauben (Kontrolle mit Mikrometer).

3) *Einseitige* Auflage und dadurch zusätzliche Biegespannung der Schraube.

4) *Verlust der Vorspannung* durch Wärmedehnung, oder durch plastische Verformung der Schraube, der Auflagen oder Zwischenlagen (sicherer Schutz dagegen fehlt noch!)[1].

5) *Zusätzliche Stoßarbeit* bei Wechsel der Kraftrichtung z. B. durch Lagerspiel bei Pleuelschrauben („Dehnschrauben" mit „Zugmutter" verwenden!) Bild 10/15.

6) Selbsttätiges Lösen bei Erschütterungen (Sicherung vorsehen!).

7) Chemischer oder elektrolytischer[2] Angriff (Rosten und Festfressen[3]! Werkstoffwahl und Oberflächenschutz!).

8) Gewindeverschleiß bei Bewegungsschrauben (Werkstoffwahl, Schmierung und Flächenpressung!).

Bild 10/13. Bruchstellen bei dynamisch beanspruchten Schrauben, nach MPA Darmstadt, bei 1: 15% aller Brüche; bei 2: 20%; bei 3: 65%. Bruchstellen 1 und 2 durch besseren Übergang vermeidbar.

9) *Bruchstellen.* Dynamisch beanspruchte Schrauben brechen nach Bild 10/13 durchweg im *ersten belasteten Gang* (bessere Kraftverteilung z. B. durch Zugmutter (Bild 10/15) erstreben!). Die weiteren Bruchstellen 1 und 2 an den Übergängen können durch besseres Ausrunden (0,1 *d*) vermieden werden.

[1] Vorschlag: Tellerfeder als Mutter oder Unterlage, die bei 60% der Schrauben-Streckgrenze gerade plattgedrückt wird. Die üblichen Unterlegscheiben, Federringe usw. wirken hierbei nur ungünstig.

[2] Für Leichtmetallbauten sind Messingschrauben am günstigsten, ferner Schrauben aus eloxiertem Leichtmetall, phosphatierte Stahlschrauben und Stahlschrauben mit Zink-Unterlegscheiben [10/7].

[3] Mittel gegen Festfressen: Nitrieren von Mutter *oder* Bolzen; s. auch [10/9].

10.7. Beanspruchung und Berechnung[1].

1) Ohne Vorspannung längsbelastete Schraube, z. B. Kranhakengewinde: Der Kernquerschnitt F_1 der Schraube wird durch die Längskraft P auf Zug beansprucht (Bild 10/14).

Die Nennspannung $$\boxed{\sigma = \frac{P}{F_1} = \frac{P \cdot 4}{\pi \cdot d_1^2} \leq \sigma_{1\,\mathrm{zul}\,2}} \quad (\mathrm{kg/mm^2}), \tag{6}$$

$\sigma_{1\,\mathrm{zul}} \approx 0{,}6\,\sigma_F$ ruhend belastet, $\approx 1{,}4\,\sigma_A$ schwellend belastet. σ_F und σ_A s. Tafel 10/7 bis 10/12.

Das *Gewinde* (Bild 10/14) wird auf Flächenpressung und auf „Ausreißen" (Biegen und Abscheren) beansprucht. Bei Annahme gleichmäßiger Belastung der Gewindegänge i in der Mutter ist die Flächenpressung im Gewinde

$$\boxed{p = \frac{P}{i \cdot F_g} \leq p_{\mathrm{zul}}} \quad (\mathrm{kg/mm^2}). \tag{7}$$

Mit Einsatz von $i = m/h$, $F_g = \pi \cdot d_2 \cdot t_2$, $P = \sigma \cdot \pi \cdot d_1^2/4$ ist die *erforderliche Mutterhöhe*

$$\boxed{m = d_1 \cdot \frac{1}{4} \cdot \frac{\sigma}{p} \cdot \frac{h}{t_2} \cdot \frac{d_1}{d_2}} \quad (\mathrm{mm}). \tag{8}$$

Für genormte *Befestigungsschrauben* ist im Regelfall die Mutterhöhe $m = 0{,}8\,d$; mit Einsatz von $m/d_1 \approx 1$, $h/t_2 = 1{,}54$, $d_1/d_2 \approx 0{,}88$ (metr. Gewinde) ist hierbei die Flächenpressung im Gewinde $p \approx 0{,}34\,\sigma$. Entsprechend läßt sich für andere Fälle, z. B. für ungleiche Werkstoffe von Schraube und Mutter, für Rohrgewinde usw. die erforderliche Mutterhöhe m nach Tafel 10/6 angeben.

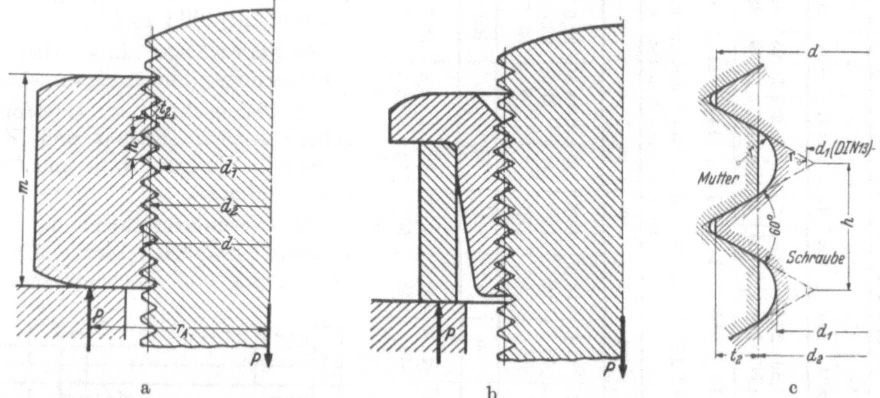

Bild 10/14. Skizze zur Gewindebeanspruchung, a Befestigungsschraube mit üblicher Mutter, b Befestigungsschraube mit Zugmutter, c Vorschlag für ein dauerfestes Gewinde: Das metrische Gewinde (DIN 13) wird hierzu am Bolzen mit $r = 0{,}285\,h$ ausgerundet und die Mutter bis auf den bisher mittleren Durchmesser d_2 ausgebohrt, Mutterhöhe $= 1 \cdot d$.

Bei dynamischer Belastung, wobei die Zugspannung in der Schraube zwischen $\sigma_{\max}$ und $\sigma_{\min}$ schwankt, muß die Ausschlagspannung

$$\boxed{\sigma_a = \frac{\sigma_{\max} - \sigma_{\min}}{2} \leq \sigma_{a\,\mathrm{zul}}} \tag{9}$$

sein, um Dauerbruch zu verhüten. $\sigma_{a\,\mathrm{zul}} \approx 0{,}7\,\sigma_A$.

[1] Die für die praktische Bemessung der Schrauben erforderlichen Angaben sind in Tafel 10/5 griffbereit zusammengestellt und durch Vorschläge für die zulässige Spannung ergänzt. Außerdem sind in der Schraubentafel 10/13 die zulässigen Schraubenkräfte nach den Rohrnormen DIN 2507 angegeben.

[2] Die für den Anwendungsfall 1) „Ohne Vorspannung längs belastete Schraube" zulässige Spannung wird mit $\sigma_{1\,\mathrm{zul}}$ bezeichnet und weiter unten für die Anwendungsfälle 2), 3), ... zum Vergleich herangezogen.

Leider ist die *Ausschlagfestigkeit* σ_A der gewöhnlichen Schraube sehr gering (s. Tafel 10/11) und wächst nur wenig mit der statischen Bruchfestigkeit [1].

Erklärung. Zu der ungünstigen Spannungshäufung im Gewindegrund infolge *Kerbwirkung* des Gewindes tritt noch die *weitere* Spannungshäufung durch die Konzentration der Kraftübertragung auf den ersten belasteten Gewindegang (s. Bruchstelle 3 im Bild 10/13). Wir stellen uns das so vor: Die Schraube und ihr Gewinde wird nach Bild 10/14 durch die Längskraft *gedehnt*, aber die Mutter und ihr Gewinde *zusammengedrückt*, so daß die Gewindesteigung nicht mehr übereinstimmt.

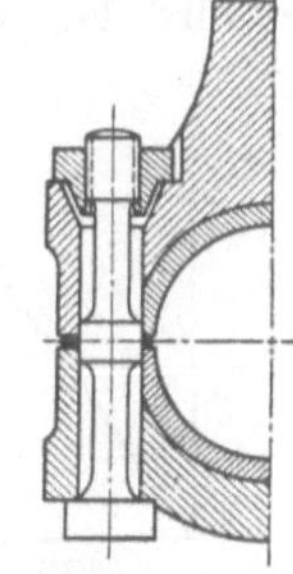

Bild 10/15. Pleuelschraube als Dehnschraube mit Zugmutter.

Abhilfe bringt eine entsprechende Gestaltung: Einerseits Verteilung der Kraftübertragung auf *mehrere* Gewindegänge durch Verwendung einer ebenfalls auf Zug beanspruchten Mutter, der „*Zugmutter*" nach Bild 10/15, oder einer Mutter mit federnden Gewindegängen (Soltgewinde) oder einer Mutter aus weicherem Werkstoff; andererseits Herabsetzung der Kerbwirkung durch *Verfestigen* des Gewindegrundes (Härten oder „Oberflächendrücken") und vor allem durch *Ausrunden* des Gewindes. Ein entsprechend genormtes Gewinde fehlt noch, trotz dringenden Bedarfs. Vorschlag hierzu s. Bild 10/14c.

Die günstige Wirkung der *Vorspannung* s. unter 3).

2) Unter Last *P* drehend angezogen, z. B. Spannschloß nach Bild 10/16. Durch das Drehmoment M tritt im Kernquerschnitt der Schraube die zusätzliche Drehspannung $\tau = M/W_t$ auf. Mit Einsatz von $M = P \cdot r \cdot \operatorname{tg}(\alpha + \varrho)$, $P = \sigma \cdot \pi \cdot d_1^2/4$, $r = d_2/2$ und $W_t = \pi\, d_1^3/16$ wird

Bild 10/16. Spannschloß.

$$\boxed{\tau = 2\,\sigma \cdot \operatorname{tg}(\alpha + \varrho)\, d_2/d_1} \quad (\text{kg/mm}^2). \tag{10}$$

Die maßgebende Vergleichsspannung

$$\boxed{\sigma_v = \sqrt{\sigma^2 + (a \cdot \tau)^2} \leq \sigma_{\text{zul}}} \quad (\text{kg/mm}^2) \tag{11}$$

mit σ nach Gl. 6, τ nach Gl. 10 und $a = \sigma_{\text{zul}}/\tau_{\text{zul}} = 1/0{,}7$ für Stahl, falls σ und τ beide schwellend oder ruhend auftreten.

Für *genormte Befestigungsschrauben* mit $\alpha \approx 2{,}5°$, $d_2/d_1 \approx 1{,}12$, $\varrho' = 6{,}6°$ wird dann $\sigma_v = \sigma/0{,}75$, so daß man auch einfach nach Gl. 6 mit $\sigma \leq \sigma_{\text{zul}} \leq 0{,}75\ \sigma_{1\,\text{zul}}$ rechnen kann (s. Tafel 10/5).

3) Mit P_V vorgespannt und mit *P* längs belastet. Als Beispiel nehmen wir die Flanschverbindung Bild 10/1a und erläutern die Kräfteverhältnisse durch das „*Verspannungs-Bild*".

Entstehung des Verspannungsbildes (Bild 10/17): Zieht man die Schrauben bis zur Vorspannkraft P_V an, so längen sich hierbei die Schrauben um δ_s, während die von den Schrauben zusammengespannten Teile (Flansche und Zwischenlage) gleichzeitig um δ_F zusammengedrückt werden [2]. Wir zeichnen nun die *Kraft-Dehnungs-Kennlinie* und zwar einmal für die Schrauben über δ_s (Bild 10/17a) und einmal für die zusammengedrückten Teile über δ_F (Kürzung nach links, Bild b). Dann tragen wir in beiden Kennlinien in Höhe der Vorspannkraft P_V den Punkt V ein und schieben nun beide Kennlinien zusammen, bis die Punkte V zusammenfallen (Bild c).

Tritt jetzt eine Betriebskraft (Druckkraft im Rohr) $P = p_{\ddot{u}} \cdot \pi \cdot D_i^2/4$ hinzu, so werden (Bild d) die Schrauben noch mehr belastet (bis $P_{\max}$) und die Flansche entlastet (bis P_F). Das Kräftegleichgewicht ist jetzt gegeben durch $P_{\max} = P + P_F$. Bei Fortfall der

[1] So erreichen auch Leichtmetallschrauben die σ_A-Werte von gewöhnlichen Stahlschrauben [10/18], [10/19].

[2] Eine sinnfällige Vorstellung der eintretenden Verformungen erhält man, wenn man sich die Verbindungsteile (Schrauben und Flansche) aus *Gummi* denkt.

Betriebskraft P ergibt sich wieder der erste Zustand mit P_V als gemeinsamer Belastungskraft für Schrauben und Flansche.

Das Verspannungsbild zeigt uns: Bei Änderung der Betriebskraft von Null bis P (schraffiert in Bild d) ändert sich die Schraubenkraft nur um $P_{Diff} = P_{max} - P_V$, *wenn die Verbindung mit P_V vorgespannt* ist. Fehlt dagegen die Vorspannkraft (Bild 10/18a), so wird P_{Diff} erheblich größer, nämlich gleich P. Ferner zeigt Bild 10/18b gegenüber

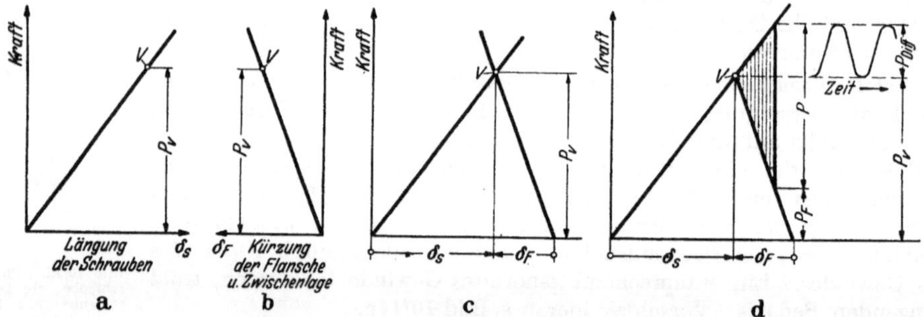

Bild 10/17. Entstehung des Verspannungsbildes für die Flanschverbindung Bild 10/1 *a*.
a Kraft-Dehnungs-Kennlinie der Schrauben, b Kraft-Dehnungs-Kennlinie der Flansche und Zwischenlage, c Verspannungsbild der Flanschverbindung unter Vorspannkraft P_V, d Verspannungsbild der vorgespannten Flanschverbindung unter Betriebskraft P.

Bild 10/18c, daß bei kleinerem δ_s/δ_F, d. h. bei wenig elastischen (dicken) Schrauben, bzw. bei sehr elastischen Flanschen (oder Dichtungen) P_{Diff} größer ausfällt. Von der Kraftänderung P_{Diff} hängt aber die *Dauerbruchgefahr* der Schrauben ab. Eine ausreichende Vorspannung P_V und ein großes δ_s/δ_F ist daher ein guter Schutz gegen Dauerbruch.

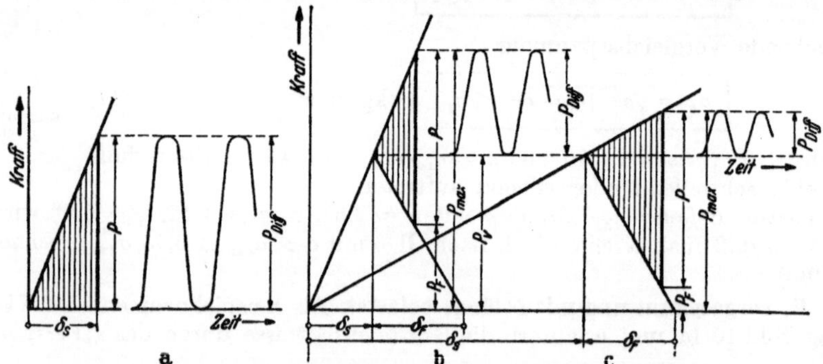

Bild 10/18. Verspannungsbilder bei gleicher von Null bis P ansteigender Betriebskraft.
a ohne Vorspannung, b mit Vorspannung P_V, c mit Vorspannung und Dehnschrauben.

Ermittlung der Spannungen: Bei z Schrauben ist die für *Gewaltbruch* maßgebende Gesamtspannung:

$$\sigma = \frac{P_{max}}{z \cdot F_1} = \frac{P_V + P_{Diff}}{z \cdot F_1} \leq \sigma_{zul} \quad (\text{kg/mm}^2); \tag{12}$$

die für *Dauerbruch* maßgebende Ausschlagspannung:

$$\sigma_a = \frac{P_{Diff}}{2 \cdot z \cdot F_1} \leq \sigma_{a\,zul} \quad (\text{kg/mm}^2). \tag{13}$$

Wir können hiernach σ und σ_a berechnen, wenn P_{Diff} und P_V bekannt sind. Aus der Ähnlichkeit der Dreiecke im Verspannungsbild (Bild 10/17d) folgt:

$$\frac{P_{\text{Diff}}}{P} = \frac{\delta_F}{\delta_F + \delta_s} \quad \text{und somit} \quad \boxed{P_{\text{Diff}} = P \frac{1}{1 + \delta_s/\delta_F}} \tag{14}$$

Gewöhnlich sind jedoch δ_s/δ_F und P_V nicht genau bekannt [1] und man bemißt dann die Schrauben nach der Betriebskraft P.

$$\boxed{P = \frac{p_ü \cdot \pi \cdot D_i^2}{4 \cdot z} \leq \sigma_{zul} \cdot F_1} \quad \text{(kg)}, \tag{15}$$

wobei man $\sigma_{zul} = \sigma_{1\,zul}/q$ mit $q = P_{max}/P$ nach Erfahrung ansetzt (s. Tafel 10/5).

4) Stoßhaft längsbelastete Schrauben, z. B. Pleuelschrauben. Die Stoßkraft $P_{Stoß} = 2 \cdot$ Stoßarbeit/Dehnweg. Es kommt also darauf an, einerseits die Stoßarbeit klein zu halten (durch Vorspannung, geringes Lagerspiel und reichliche Lagerschmierung) und andererseits den Dehnweg der Schrauben groß zu machen. Er wird am größten, wenn die Zugspannung im ganzen Volumen der Schraube gleich groß ist. Nach diesem Gesichtspunkt ist die „*Dehnschraube*" (Bild 10/19) gestaltet, deren Schaft soviel ausgebohrt oder abgedreht ist [2], daß die Zugspannung dort bis zur Höhe der Kerbspannung im Gewinde ansteigt [3]. Ein weiteres Mittel ist die Verlängerung der Schraube mit Anordnung einer Verlängerungsbüchse unter der Mutter (Bild 10/1) [3].

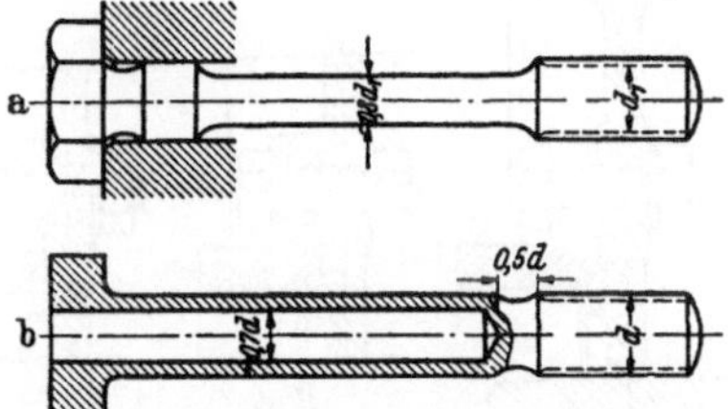

Bild 10/19. Dehnschrauben, a als „Taillen"schraube, b als hohlgebohrte Schraube.

Berechnung nach Gl. (12) und 13, sofern $P_{Stoß}$, P_V und P_{Diff} erfaßt werden können; andernfalls nach Gl. (6) mit Ansatz von $\sigma_{zul} = \sigma_{1\,zul}/q$ und $q = P_{max}/P$ nach Erfahrung (s. Tafel 10/5).

5) Querbelastete Schrauben, Bild 10/20. Die Kraftübertragung kann verschieden erfolgen:

Paßschrauben (kein Spiel am Schaft; teuer) werden durch die Querkraft Q auf Scherspannung τ im vollen Schaftquerschnitt $F = \pi\, d^2/4$ und auf Leibungsdruck p_l beansprucht:

$$\boxed{\tau = \frac{Q}{F \cdot z} \leq \tau_{zul}} \quad \text{(kg/mm}^2\text{)}, \tag{16}$$

$$\boxed{p_l = \frac{Q}{d \cdot s \cdot z} \leq p_{l\,zul}} \quad \text{(kg/mm}^2\text{)}. \tag{17}$$

Durchsteckschrauben (mit Spiel am Schaft; billig!) übertragen die Querkraft Q durch die Reibkraft $P \cdot \mu$, die durch die Längskraft P der Schraube erzeugt wird. Mit $\mu \approx 0{,}1$ für Stahl auf Stahl ist

$$\boxed{\sigma = \frac{P}{F_1 \cdot z} = \frac{Q}{\mu \cdot F_1 \cdot z} \approx \frac{10\, Q}{F_1 \cdot z} \approx \sigma_{zul}} \quad \text{(kg/mm}^2\text{)}. \tag{18}$$

Noch besser wird die Querkraft Q durch zusätzliche Paßstifte (s. S. 176), besonders bei Wechsellast, oder durch gehärtete „*Scherbüchsen*" (Bild 10/20) mit dem Querschnitt F_b

[1] Das Verhältnis δ_s/δ_F schwankt je nach Ausführung (Federung der Schrauben, der Flansche und Zwischenlagen) etwa zwischen 1—16 und wird am besten durch Versuch ermittelt. Für den vereinfachten Fall, daß der *gezogene* Körper (Schraube) den konstanten wirksamen Querschnitt F_s, die wirksame Länge l_s und den E-Modul E_s besitzt, und ebenso der *gedrückte* Körper die entsprechenden konstanten Größen F_F, l_F, E_F wird

$$\frac{\delta_s}{\delta_F} = \frac{F_F}{F_s} \cdot \frac{E_F}{E_s} \cdot \frac{l_s}{l_F}.$$

Bei *massiv* aufliegenden Flanschen (Gesamtdicke $2\,s$) kann man sich als „tragende" Druckkörper ersatzweise zylindrische Flanschausschnitte mit Außendurchmesser $D_a = D_m + s$, Innendurchmesser D_i = Lochdurchmesser, Länge $l_F = 2\,s$ denken, wobei D_m der Durchmesser des drückenden Schraubenkopfes (bzw. der Schraubenauflage) ist. Bei Schrauben mit *verschiedenen* Querschnitten F_s', F_s'', ... auf den Längen l_s', l_s'', ... ist ersatzweise $l_s/F_s = (l_s'/F_s' + l_s''/F_s'' + \ldots)$.

[2] Begrenzt durch Anzugsdrehmoment; daher Dehnschrauben aus hochfestem Werkstoff nehmen.

[3] Auch für Heißdampfflanschen günstig, um trotz Wärmedehnung die Vorspannung aufrecht zu erhalten.

übertragen, so daß die Durchsteckschrauben nur den Zusammenhalt sichern und sehr leicht sein können.

Für die Scherbüchse ist $$\boxed{\tau = \frac{Q}{F_b \cdot z} \leq \tau_{\text{zul}}}\quad (\text{kg/mm}^2). \qquad (19)$$

6) **Bewegungsschrauben,** z. B. für Schraubenwinden. Sie werden durch Längskraft P und Drehmoment M beansprucht. Man bestimmt zunächst überschlägig den erforderlichen Kernquerschnitt F_1 nach Gl. (6) und prüft gegebenenfalls die Knicksicherheit (s. S. 47) nach. Dann wählt man das Gewinde, rechnet τ und σ_v nach Gl. (10) und (11) nach und bestimmt die Mutterhöhe m nach Gl. (7) oder (8) aus der zulässigen Flächenpressung p. Außerdem kann das erforderliche Gesamtdrehmoment M_g und der Wirkungsgrad η nach Gl. (3) und (4) bestimmt werden.

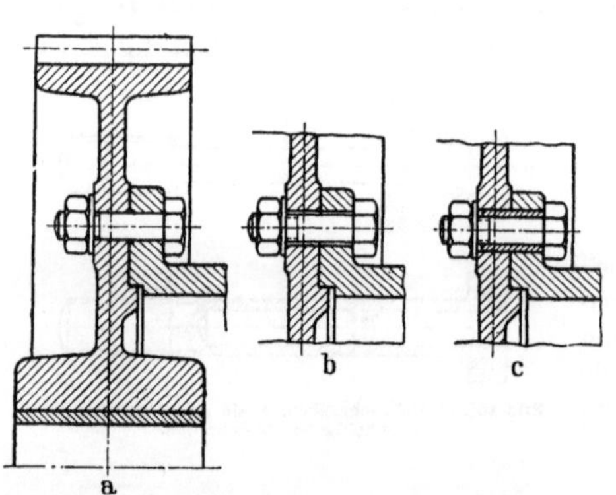

Bild 10/20. Querbelastete Schraubenverbindung, a mit Paßschraube. b mit Durchsteckschraube und Aufnahme der Querkraft durch Reibung, c mit Durchsteckschraube und Scherbüchse (Abmessungen s. S. 178).

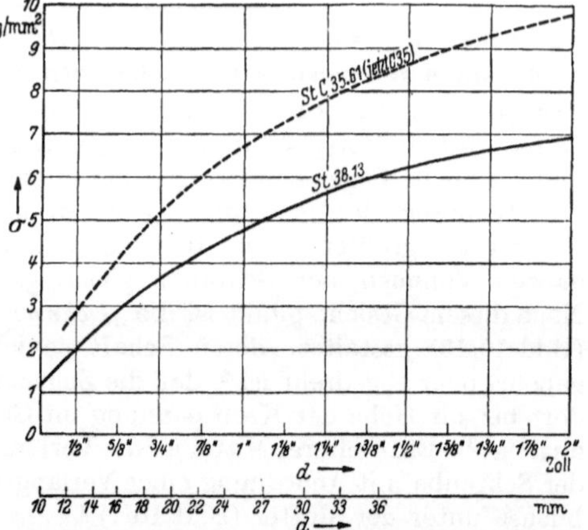

Bild 10/21. Zulässige Schraubenbeanspruchung σ für Gl. (15) nach den Rohr-Normen DIN 2507 (Juli 1927). Für Wasser mal 1, für Gas und Dämpfe bis 300° mal 0,8, bis 400° mal 0,64 nehmen! Entsprechende Tragkraft P s. Schraubentafel 10/13.

Ausführung: Das Muttergewinde wird nach Bild 10/22a und b entweder unmittelbar in den Gehäusekörper geschnitten, oder die Mutter wird aus Rotguß oder Bronze hergestellt und in den Gehäusekörper eingesetzt.

7) **Berechnungsbeispiele** (Gl. und zulässige Werte s. Tafel 10/5).

Beispiel 1. *Spannschloß* nach Bild 10/16, unbelastet angezogen und dann schwellend belastet. $P = 6000$ kg, Schraube aus St 38.13, $\sigma_{\text{zul}} = 1{,}4 \cdot \sigma_A = 1{,}4 \cdot 7{,}5 = 10{,}5$ kg/mm², mit $\sigma_A = 7{,}5$ für Zugmutter nach Tafel 10/11.

Berechnet (Gl. (6)): $F_1 = P/\sigma_{\text{zul}} = 6000/10{,}5 = 570$ mm².
Gewählt nach Tafel 10/13: Schraube M 33 mit $F_1 = 636$ mm².

Beispiel 2. *Schrauben für Zylinderdeckel* nach Bild 10/2*a*, $D_i = 515$ mm, Teilkreisdurchmesser $D_s = 570$ mm, Dampfdruck $p_a = 15$ kg/cm².

Berechnet: Schraubenzahl $z \geq D_s \cdot \pi / e = 570\,\pi/120 = 14{,}9$.
Gewählt: $z = 16$.

Nach Gl. (15): $P = p_a \cdot \pi \cdot D_i^2/(4 \cdot z) = 1960$ kg $\leq \sigma_{\text{zul}} \cdot F_1$; σ_{zul} nach Bild 10/21, mal 0,8 für Dampf, oder entsprechend nach Tafel 10/13 $P_{\text{Tafel}} = P/0{,}8 = 2450$ kg; hiernach gewählt M 27 aus C 35.

Beispiel 3. *Schraubenwinde* nach Bild 10/22b. Tragkraft 7000 kg, Schraube aus St 38.13, eingängig und selbsthemmend; Zugmutter aus Bronze, $p = 1{,}00$ kg/mm².

Berechnet: Nach Gl. (6) mit $\sigma_{zul} = 1 \cdot \sigma_A = 6$ kg/mm² wird $d_1 = 39$ mm.

Gewählt: Gewinde nach Tafel 10/4: Tr 52 × 8 mit $d_1 = 43{,}5$ mm, $d_2 = 48$ mm, $F_1 = 1488$ mm², $h/t_2 = 8/3{,}5$.

Nachprüfung von σ_v: $\sigma = P/F_1 = 4{,}7$ kg/mm², $\operatorname{tg} \alpha = h/(\pi d_2) = 0{,}053$, mit $\alpha = 3°5'$, $\varrho = 6°$ (für $\mu = 0{,}1$) wird $\operatorname{tg}(\alpha + \varrho) \approx 0{,}16$, $\tau = 2\sigma \cdot \operatorname{tg}(\alpha + \varrho)\, d_2/d_1 = 1{,}66$ kg/mm², $\sigma_v = \sqrt{\sigma^2 + (a \cdot \tau)^2} = 5{,}25$ kg/mm² mit $a = \sigma_{zul}/\tau_{zul} = 1/0{,}7$. Demgegenüber $\sigma_{v\,zul} = 1{,}33 \cdot \sigma_{zul} = 8$ kg/mm² (reicht!).

Mutterhöhe $m \geq d_1 \cdot \frac{1}{4} \cdot \frac{\sigma}{p} \cdot \frac{h}{t_2} \cdot \frac{d_1}{d_2} \geq 106$ mm.

Wirkungsgrad $\eta = 0{,}33$ nach Gl. (4).

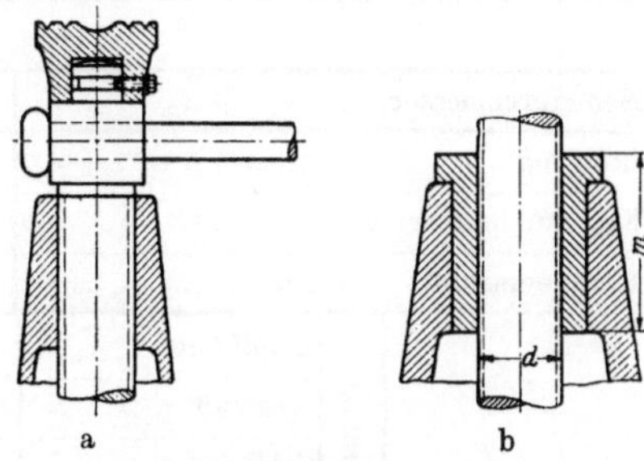

Bild 10/22. Schraubenwinde (zum 3. Berechnungsbeispiel).

10.8. Erfahrungswerte und Schraubenmaße.

Tafel 10/5. *Bemessung der Schrauben.* (σ_F und σ_A nach Tafel 10/7 bis 10/12.) Bezeichnungen s. S. 160.

	Berechnung nach Gl.	zulässige Werte
Längsbelastet:		
Kranhaken, ohne Vorspannung	6	$\sigma = 0{,}6 \cdot \sigma_F$ (ruhend belastet); $= 1{,}4 \cdot \sigma_A$ (schwellend belastet)
Spannschloß, unter Last angezogen	6	$\sigma = 0{,}45 \cdot \sigma_F$ (ruhend)
Spannschloß, vorher angezogen und dann belastet	6	$\sigma = 0{,}6 \cdot \sigma_F$ (ruhend); $= 1{,}4 \cdot \sigma_A$ (schwellend), $\sigma_a = 0{,}7\,\sigma_A$
Flanschschrauben, mit Vorspannung	12, 15	$\sigma_a = 0{,}7 \cdot \sigma_A$ und $\sigma = 0{,}7\,\sigma_F$ wenn P_{Diff} und P_V bekannt sonst
	15	$\sigma = 0{,}45 \cdot \sigma_F/q$; $q = 1{,}5$ bis $3{,}0$
„ nach Rohrnormen	15	σ nach Bild 10/21 oder P nach Tafel 10/13, Schraubenabstand $e \leq 120$ mm
Pleuelschraube, stoßbelastet	12	$\sigma_a = 0{,}7\,\sigma_A$ und $\sigma = 0{,}7\,\sigma_F$, wenn P_{Diff} bekannt, sonst
	6	$\sigma = 0{,}5\,\sigma_A$ bis $1 \cdot \sigma_A$, je nach P_{max}/P
Querbelastet:		
Paßschraube	16	$\tau = 0{,}42\,\sigma_F$ (ruhend); $= 0{,}3\,\sigma_F$ (schwellend); $= 0{,}16\,\sigma_F$ (wechselnd)
	17	$p_l = 2{,}2 \cdot \tau$
Paßschraube, als Nietersatz	16	$\tau = 0{,}8\,\tau_{Niet}$
Durchsteckschraube	18	$\sigma = 0{,}45\,\sigma_F$ (ruhend, schwellend, wechselnd belastet)
Durchsteckschraube, Scherbüchse	19	$\tau = 0{,}42\,\sigma_F$ (ruhend); $= 0{,}3\,\sigma_F$ (schwellend); $= 0{,}16\,\sigma_F$ (wechselnd)
Bewegungsschraube		
(Kontrolle auf Knicksicherheit nach S. 47)	6	$\sigma = 0{,}45\,\sigma_F$ (ruhend); $= 1 \cdot \sigma_A$ (schwellend)
τ nach	10	
σ_v nach	11	$\sigma_v = 0{,}6\,\sigma_F$ (ruhend); $= 1{,}4\,\sigma_A$ (schwellend)
m nach	8	$p = 0{,}2$ bis $0{,}7$ kg/mm² für GG-Mutter $= 0{,}5$ bis $1{,}5$ kg/mm² für Bz-Mutter
η nach	4	
M_g nach	3	

Tafel 10/6. *Mutterhöhe m für Befestigungsgewinde.*

	m
Schraube und Mutter aus etwa gleichem Werkstoff	$0{,}8\,d$
St-Schraube und GG-Mutter, z. B. Stiftschraube in GG	$1{,}3\,d$
Rohr und Mutter aus gleichem Werkstoff (Wanddicke s) . . .	$3\,s$
Welle und Mutter aus gleichem Werkstoff	$P/(d \cdot \sigma_{zul})$
Schraube aus Werkstoff 1, Mutter aus Werkstoff 2	$0{,}8\,d \cdot \sigma_{F_1}/\sigma_{F_2}$

Tafel 10/7 bis 10/13 s. S. 174

Tafel 10/13. *Schraubenmaße* *Metrische*

				M 2	M 4	M 6	M 8	M 10	M 12	M 14	M 16
Nenndurchmesser		d		M 2	M 4	M 6	M 8	M 10	M 12	M 14	M 16
Steigung		h	mm	0,4	0,7	1	1,25	1,5	1,75	2	2
Kerndurchmesser		d_1	mm	1,48	3,09	4,70	6,38	8,05	9,73	11,40	13,40
Kernquerschnitt		F_1	mm²	1,7	7,5	17,3	31,9	50,9	74,3	102	141
Sechskant-Schraube	Kopfhöhe	k	mm	1,4	2,8	4,5	5,5	7	8	9	10,5
	Eckmaß	$e \approx$	mm	4,6	8,1	11,5	16,2	19,6	21,9	25,4	27,7
	Schlüsselweite	s	mm	4,0	7	10	14	17	19	22	24
	Gewindelänge	b	mm	6	10	15	18	20	22	25	28
	Mutterhöhe	m	mm	1,6	3,2	5	6,5	8	9,5	11	13
	Kronenmutterhöhe	m'	mm		5	7,5	9,5	11	14	16	19
	Splintdurchmesser	d_s	mm		1	1,5	2	2	3	3	4
Zylind.-Schr.	Kopfhöhe	k	mm	1,5	2,8	4	5	6	7	8	9
	Kopfdurchmesser	D	mm	4	7	10	13	16	18	22	24
	Gewindelänge	b	mm	6	12	18	20	22	22	25	28
Innensechskant-Schr.	Kopfhöhe	k	mm		4	6	8	10	12		16
	Kopfdurchmesser	D	mm		7	10	13	16	18		24
	Gewindelänge	b	mm		13	18	22	25	32		38
Senk-Schr.	Kopfhöhe	k	mm	1,2	2,3	3,3	4,4	5,5	6,5	7	7,5
	Kopfdurchmesser	D	mm	4	8	12	16	20	24	27	30
	Gewindelänge	b	mm	7	13	18	22	25	32	32	38
Rand-Abstand		g	mm		6	8	10	13	16	18	20
Schraubenlochdurchmesser	gebohrt	a	mm	2,4	4,8	7	9,5	11,5	14	16	18
	gegossen	a	mm				10,5	13	15	18	20
U-Scheibendurchmesser		D	mm	5,5	9	12	17	21	24	28	30
U-Scheibendicke		S	mm	0,5	0,8	1,5	2	2,5	3	3	3
Schraubenkraft P[1] Werkstoff St 38.13			kg					53	126	238	405
Schraubenkraft P[1] Werkstoff C 35			kg					75	180	337	582

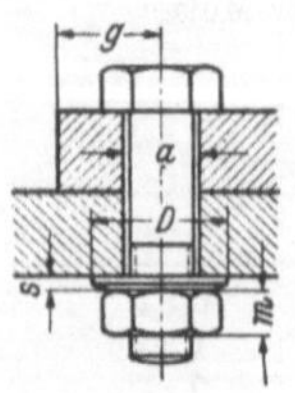

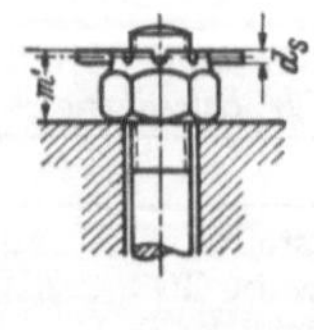

Abstufungen der Schraubenlängen : l in mm
Bis M 6: 10, 11, 12, 13, 14, 16, 18, 20, 22, darüber Sprung je 5 mm bis $l = 150$, über M 6: 15, 20, 22, 25, 28, 30 darüber
Einschraublängen: für Stahl $b_1 \approx 1 \cdot d$; für $b_1 \approx 2\,d$ bis 2,5 d.

[1] Nach Rohrnormen DIN 2507 entsprechend σ_{zul} nach Bild 10/21, geltend bei Wasserdruck; bei

Schrauben									*Zoll-Schrauben*									
								nach DIN										nach DIN
M 18	M 20	M 22	M 24	M 27	M 30	M 33	M 36		½″	⅝″	¾″	⅞″	1″	1¼″	1½″	1¾″	2″	
2,5	2,5	2,5	3	3	3,5	3,5	4	13 (2. 49x)	2,12	2,31	2,54	2,80	3,17	3,63	4,23	5,08	5,64	11 (6. 23x)
14,75	16,75	18,75	20,10	23,10	25,45	28,45	30,80		10,0	12,9	15,8	18,6	21,3	27,1	32,7	37,9	43,6	
171	220	276	317	419	509	636	745		78	131	196	272	358	577	839	1131	1491	
12	13	14	15	17	19	21	23	931 (12. 52)	9	11	13	16	18	22	27	32	36	931 (4. 42)
31,2	34,6	36,9	41,6	47,3	53,1	57,7	63,5		25,4	31,2	36,9	41,6	47,3	57,7	69,3	80,8	92,4	
27	30	32	36	41	46	50	55	475 (1. 43)	22	27	32	36	41	50	60	70	80	475 (1. 43)
30	32	35	38	40	45	50	55	931 (12. 52)	25	30	35	38	42	50	62	70	75	931 (4. 42)
15	16	17	18	20	22	25	28	934 (4. 42)	11	13	16	18	20	25	30	35	40	934 (4. 42)
21	22	25	26	28	31	34	37	935 (4. 42)	16	19	22	26	28	34	42	47	52	935 (4. 42)
4	4	5	5	5	6	6	6	94 (8. 39)	3	4	4	5	5	6	8	8	8	94 (6. 80)
10	11	12	13	15	16	18	20	84 (12. 52)	8	9	11	12	14	17	21			64 (1. 26x)
27	30	33	36	39	45	48	52		19	24	30	33	38	45	56			
30	32	35	38	40	45	50	55		30	36	42	48	55	68	80			
	20		24		30		36	912 (4. 46)	12,5	16	19	22	25					
	30		36		45		54		19	24	30	33	38					
	45		55		65		75		30	36	42	48	55					
8	8,5	13,1	14	16,6	16,6	18,3	20	87 (10. 42)	6,8	8	9,5	13	15,5					68 (1. 26x)
33	36	36	39	45	48	53	58		24	30	36	36	42					
45	45	50	50	55	60	65	75		30	36	42	48	55					
23	23	25	26	29	32	35	38											
20	23	25	27	30	33	36	39	69 (5. 43)	15	18	22	25	28	35	42	48	55	69 (5. 43)
22	25	27	30	33	36	40	42		16	20	24	27	31	38	45	52	60	
34	36	40	44	50	56	60	68	125 (5. 43)	24	30	36	40	50	60	72	85	98	125 (5. 43)
4	4	4	4	5	5	5	6		3	3	4	4	5	5	6	7	8	
564	817	1163	1408	2400	2710	3580	4440		156	394	733	1165	1725	3269	5225	7491	10362	
796	1172	1606	1992	2860	3720	4980	6150		219	551	1026	1632	2415	4577	7316	10488	14507	

(Durchschnittswerte)
24, 26, 28, 30, 35, 40, 45, 50

Sprung je 10 mm.
GG $b_1 \approx 1,3\,d$; für Weichmetall

Anfräsung für Auflage ≈ U-Scheibendurchmesser *D*.
Schrauben Qualität: Normal 4 D mit $\sigma_F > 19$ kg/mm² (etwa St 38); darüber 5 D mit $\sigma_F > 28$ kg/mm² (etwa St 50); für Leichtbau 8 G mit $\sigma_F > 64$ kg/mm²; für Sonderfälle und Inbus-Schrauben 10 K mit $\sigma_F > 90$ kg/mm².

Gas und Dampfdruck bis 300° C mit 0,8 malnehmen, bis 400° C mit 0,64.

Tafel 10/7. *Mindest-Festigkeitswerte (kg/mm²) einiger Schraubenwerkstoffe für 60 mm ⌀* (für kleinere Durchm. sind höhere σ_B-Werte erreichbar; für Durchm. über 25 mm ist legierter Stahl günstiger, da Vergütung gleichmäßiger).

Werkstoff	St 38.13	C 35	C 45	25 CrMo 4	42 CrMo 4	50 CrMo 4	42 CrV 6
σ_B . . .	38···45	55···65	60···72	70···85	90···105	100···120	90···105
σ_F . . .	21	33	36	45	70	80	70
δ_5(%) . .	25	20	18	15	12	11	12

Tafel 10/8. *Mindestfließgrenze σ_F (kg/mm²) der Schraubenwerkstoffe bei verschiedener Bruchfestigkeit σ_B (kg/mm²) und Temperatur ϑ nach Kesselvorschrift* [10/23].

Stahl mit σ_B =	bis 40	40···45	45···50	50···55	55···60	60···70	70···85
σ_F (ϑ bis 200° C)	22	23	26	28	31	34	40
σ_{FW} (ϑ über 200°)	$= \sigma_F\,[1 - (\vartheta - 200)/500]$						

Tafel 10/9. *Bezeichnung und Mindestfestigkeitswerte (kg/mm²) fertiger Schrauben nach DIN 267* (Jan. 1943). Die Bezeichnung (z. B. „10 K") ist bei Markenschrauben auf dem Schraubenkopf erhaben angebracht; die Zahl weist auf die Bruchfestigkeit hin, der Buchstabe auf die Bruchdehnung.

Bezeichnung	4 A	4 D	4 P	4 S	5 D	5 R	5 S	6 E	6 S	8 G	10 K	12 K
σ_B	34	37	37	37	50	50	50	60	60	80	100	120
σ_F	20	21	21	32	28	45	40	36	48	64	90	108
δ_5(%)	30	25	—	14	22	14	10	18	8	12	8	8

Tafel 10/10. *Festigkeitswerte (kg/mm²) verschieden hergestellter Schrauben* [10/12].

Werkstoff	St 38.13		C 35	
	σ_B	σ_F	σ_B	σ_F
Glatter Stab (zum Vergleich)	43	29	51	—
Gewinde geschnitten	45,4	30,4	59,2	—
Gewinde gewalzt	59,7	44,5	83,2	—
Gewinde geschnitten und nachgewalzt	57,5	48	—	—

Tafel 10/11. *Ausschlagfestigkeit σ_A (kg/mm²) der Schraube unter Zugspannung*[1] *bei verschiedener Paarung* [10/12], [10/20].

Schraube aus	St 38.13			Cr—Mo-St 100	Nitriert
Mutter	St-Mutter	GG-Mutter	St-Zugmutter	St-Zugmutter	St-Mutter
Gewinde	normal	normal	normal	ausgerundet	normal
$\sigma_m \pm \sigma_A$	15 ± 4,5	15 ± 6	15 ± 7,5	20 ± 9	25 ± 20

[1] Unter Druckspannung (z. B. bei Schraubenwinden) liegt σ_A erheblich höher.

Tafel 10/12. *Ausschlagfestigkeit σ_A (kg/mm²) bei verschiedenem Schraubendurchmesser für St-Schraube mit σ_B = 80...90 kg/mm² und St-Mutter* [10/12], [10/18].

Schraube	M 10	M 14	M 18	M 22	M 26
σ_A	7	5,8	4,9	4,2	3,8

10.9. Normen. (Nr.-DIN-Blatt-Nr.)

Allgemeines	Gewinde: DIN Buch 2, Berlin 1926 Schrauben: DIN Buch 3, Berlin 1927 Schrauben-Muttern und Zubehör: DIN Taschenbuch 10, Berlin 1948 Schrauben, Muttern; techn. Lieferbedingungen: 267 Schrauben, Muttern; Benennungen: 918 Sinnbilder für Schrauben: 27 Sinnbilder für Schrauben bei Stahlkonstruktionen: 407 Blechdurchzüge mit Gewinde: 7952
Gewinde	Allg. über Gewinde (Bezeichnung, Toleranzen): 30, 202, 2244, 769 Gewindelehren: 2285, 2290···2298 Metrisches Gewinde: 13, 14, 244···247, 516···521, Kr 151 Whitworth-Gewinde: 11, 239, 240, 308 Whitworth-Rohrgewinde: 2999, 259, 260 Trapez-Gewinde: 103, 378, 379 Sägen-Gewinde: 513, 514, 515 Rundgewinde: 405, 70156 Holzschrauben-Gewinde: 95
Zusatzmaße	Schlüsselweiten: 475, Kr 506 Schraubenenden: 78 Gewinde-Auslauf: 76 Durchgangslöcher für Schrauben: 69
Rohe Schrauben	Rohe Sechskantschrauben: 558, 601 Rohe Flachrundschrauben: 603 Rohe Halbrundschrauben: 607 Rohe Senkschrauben: 604, 605, 608, 792 Rohe Kegelsenkschrauben: 606
Blanke Schrauben	Halbblanke Sechskantschrauben: 600 Blanke Vierkantschrauben: 478···480 Blanke Sechskantschrauben: 532, 560, 561, 563, 564, 931···933, 960, 609 und 610 Blanke Innensechskantschrauben: 912 Blanke Schlitzschrauben: 63, 64, 67, 68, 84···88, 91, 404, 920···927 Rändelschrauben: 464, 465, 653, 82 Blanke Stiftschrauben: 833···836, 938···940, 942···945, 948
Flansch	Berechnung der Flanschschrauben: 2507 Hochwertige Bolzenschrauben: 2509, 2510 Lochmaße für Flansche: 2511, 2508
Sonstige	Gewindestifte: 416, 417, 426, 427, 438, 550···553, 913···915 Augenschrauben: 444 Flügelschrauben: 314, 316 Ringschrauben: 580, 581, 70612 Verschlußschrauben: 906···910 Ankerschrauben: 186, 188, 261, 529, 797 Holzschrauben: 95···97, 571, 7514 und 7515 Gewindeschneidende Schrauben: 7513, 7971···7976 Anschweißenden: 525 Schlitzstopfen: Kr 1022 Spannschlösser: 1478···1480
Zubehör	Scheiben: 125, 126, 433···436, 440, 470, 522, 1440 und 1441 Schrauben-Sicherungen: 93, 432, 462, 463, 127, 137, 522, 526, Kr 951, Kr 952
Muttern	Rohe Muttern: 555, 533, 582, 798, 557, 534, 313, 315, 431 Halbblanke und preßblanke Muttern: 554, 562, 439 Blanke Muttern: 466, 467, 546···548, 917, 934···937, 1587, 1804, 1816, Kr 808, Kr 851, Kr 852, 7709.

10.10. Schrifttum zu 10.

Allgemein:

[*10/1*] Bethge, K.: Die Durchmesserauswahl der metrischen Feingewinde. Werkstatt u. Betrieb Bd. 82 (1949), S. 14.

[*10/2*] *DIN-Taschenbuch 10*, Schrauben, Muttern und Zubehör für metrisches Gewinde. 6. Aufl. 1948.

[*10/3*] Berndt, G.: Die Gewinde usw. Berlin: Springer 1925 u. 1926. Masch.-Bau-Betrieb Bd. 10 (1931) S. 610 u. Z. VDI Bd. 78 (1934) S. 661.

[*10/4*] Schaurte, W. T.: Anforderungen an Schrauben- und Muttereisen. Werkstofftagung Berlin 1927, Verlag Stahleisen.

[*10/5*] Schimz, K.: Die Bruchfestigkeit von Schrauben unter reiner Zugbeanspruchung. Masch.-Bau 11 (1932), S. 75 und Z. VDI (1940), S. 151.

[*10/6*] Hercigonja, J.: Höhe der Muttern bei Gewinden verschiedener Feinheit. Masch.-Bau 11 (1932), S. 139.

[*10/7*] Bauermeister H. u. R. Kersten: Korrosionsversuche mit Schrauben in Leichtmetall-Bauteilen. Z. VDI Bd. 79 (1935) S. 753.

[*10/8*] Maduschka, L.: Beanspruchung von Schraubenverbindungen usw. Forsch. Ing. Wes. 7 (1936), S. 300.

[*10/9*] Vollbrecht, H.: Das Festfressen von Schraubenverbindungen usw. Diss. Stuttgart 1935 und Z. VDI Bd. 80 (1936), S. 1558.

[*10/10*] Staudinger, H.: Das Verhalten von Schraubenverbindungen bei wiederholtem Anziehen und Lösen. Z. VDI Bd. 81 (1937), S. 607.

[*10/11*] Lippert, E.: Gewinde in Leichtmetall. Dtsch. Kraftfahrtforsch. H. 28. Berlin 1939.

[*10/12*] Wiegand, H. u. B. Haas: Berechnung und Gestaltung von Schraubenverbindungen. Berlin: Springer 1940.

Dauerfestigkeit von Schraubenverbindungen:

[*10/13*] THUM A. u. W. STAEDEL: Über die Dauerhaltbarkeit von Schrauben usw. Masch.-Bau 1932, S. 231.

[*10/14*] WIEGAND, H.: Über die Dauerfestigkeit von Schraubenwerkstoffen und Schraubenverbindungen. Diss. Darmstadt 1933.

[*10/15*] THUM A. u. F. DEBUS: Vorspannung und Dauerhaltbarkeit von Schraubenverbindungen. Berlin: VDI-Verlag 1936.

[*10/16*] WÜRGES, M.: Die zweckmäßige Vorspannung in Schraubenverbindungen. Dr.-Diss. Darmstadt 1937.

[*10/17*] FÖPPL, O. und E. WEDEMEYER: Die Steigerung der Dauerhaltbarkeit von Schrauben durch Gewindedrücken usw. Mitt. Wöhler-Inst. Braunschweig Heft 33 (1938); Die Werkzeugmasch. 1938, S. 459.

[*10/18*] HAAS, B.: Einfluß der Mutterngröße auf die Festigkeit usw. Z. VDI Bd. 82 (1938), S. 1269.

[*10/19*] BOLLENRATH, F., H. CORNELIUS, u. W. SIEDENBURG: Festigkeitseigenschaften von Leichtmetallschrauben. Z. VDI Bd. 83 (1939), S. 1169.

[*10/20*] LEHR, E. in KLINGELNBERG: Techn. Hilfsbuch, S. 146. Berlin: Springer 1939.

Berechnung von Flansch-Schrauben (s. auch Rohrnormen DIN 2507)*:*

[*10/21*] DEUTSCHER DAMPFKESSELAUSSCHUSS, Richtlinien für Schrauben und Verschraubungen. Berlin 1934.

[*10/22*] VEREIN DER GROSSDAMPFKESSELBESITZER: Richtlinien für den Bau der Heißdampfrohrleitungen. Ausg. Jan 1936. Berlin: Julius Springer.

[*10/23*] Werkstoff- und Bauvorschriften für Landdampfkessel. Min.-Bl. R.-Wi-Minist., 39. Jahrg., Nr 24, v. 6. Nov. 1939, S. 497.

[*10/24*] BESTEHORN R.: Die zulässige Belastung von Schrauben. Die Technik Bd. 1 (1946) S. 183.

Schraubensicherungen:

[*10/25*] SCHOENEICH, H.: Schraubensicherungen. Berlin 1933.

[*10/26*] DITTRICH, W.: Stat. und dynamische Untersuchung von Schraubensicherungen. Diss. Dresden 1938.

[*10/27*] FÖPPL, O. u. W. WAGENBLAST: Rüttelprüfung von Schraubenverbindungen. Mitt. Wöhler-Inst. Braunschweig H. 27 (1936).

Jüngstes Schrifttum:

[*10/28*] ZUR NEDDEN: Kunstharz zum Sichern von Gewinden u. Abdichten von Fugen. Konstr. Bd. 1 (1949) S. 28.

[*10/29*] MUTH, O.: Der Kraftmeßschlüssel als modernes Werkzeug u. Kontrollgerät. Werkstatt u. Betrieb Bd. 82 (1949) S. 282.

[*10/30*] BOLLENRATH, F. u. H. CORNELIUS: Einfluß der Gewindeherstellung auf die Dauerhaltbarkeit von Schrauben. Werkzeug u. Betrieb Bd. 80 (1947) S. 217.

[*10/31*] LÄTZIG, W.: Kegelige Gewinde u. ihre Prüfung. Werkstatt u. Betr. Bd. 82 (1949) S. 386.

11. Bolzen- und Stiftverbindung.

Sie ist wohl die einfachste und älteste Form der Verbindung im Maschinenbau: Ein Querstift oder Bolzen (= dickerer Stift) wird in eine Bohrung gesteckt, die durch die zu verbindenden Teile geht. Einige Beispiele zeigt Tafel 11/3.

11.1. Verwendung.

Zur *Lagen*sicherung von zwei Teilen, z. B. von Ober- und Unterteil eines Getriebekastens durch 2 Paßstifte, die in möglichst großem Abstand voneinander angeordnet werden; zur *dreh*festen oder *schiebe*festen Anordnung von Naben und Stellringen auf Wellen, zur Festlegung von Stangen, Achsen usw. durch Querstifte oder Längsstifte; zur *gelenkigen* Verbindung oder Lagerung von Laschen, Stangen, Scheiben und Rollen, wobei der Bolzen durchweg in dem einen Teil Festsitz und im andern Gleitsitz erhält (Gelenkbolzen, Kolbenbolzen, Kreuzbolzen, Achsbolzen, Kupplungsbolzen); zur *Halterung* von Federn, Riegeln u. dgl. (Steckstifte); zur *Kraftbegrenzung* (Brechbolzen); zur *Sicherung* von Schrauben, Muttern und Bolzen (Steckstift, Querstift, Splint).

11.2. Ausführung.

Die Festigkeit der Bolzen, bzw. Stifte, soll höher als die der *Werkstücke* sein; üblich ist St 60.11. Hochbelastete Gelenkbolzen (z. B. Kolbenbolzen) werden gehärtet und geschliffen. Bei *Hohlbolzen* (Rohr) soll der Innendurchmesser $d_i \leq d/1{,}5$ sein, um ein

Ovaldrücken und Verklemmen zu vermeiden. Eine rüttelsichere Befestigung erreicht man bei Stiften durch Preßsitz und bei wichtigen Gelenkbolzen durch eine zusätzliche Seitensicherung, z. B. durch Endscheiben oder Sprengringe, durch Querstifte oder Madenschrauben, durch Paßschrauben mit Kopf und Mutter, durch Vernieten des Kopfes bei Gelenkketten.

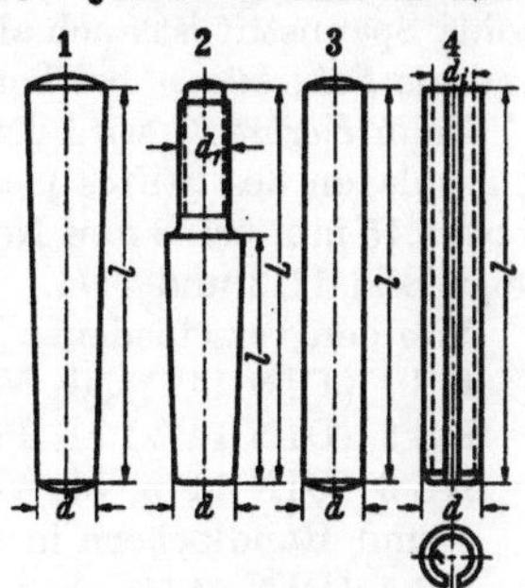

Bild 11/1. Kegelstift 1, Kegelstift mit Gewindezapfen 2, Zylinderstift 3 und Spannstift 4.

Die verschiedenen *Bauformen* der Bolzen und Stifte (Kegel-, Zylinder-, Spann- und Kerbstifte) s. Bild 11/1 und 11/2 und ihre *Maße* s. Tafel 11/1 und 11/2.

Der *Kegelstift* (Kegel 1 : 50) wirkt zentrierend, erfordert aber ein Aufreiben des Loches (teuer!). Der Kegelstift mit Gewindezapfen (DIN 258) kann durch Aufziehen einer Mutter auch aus Sacklöchern entfernt werden.

Der *Zylinderstift* verlangt für den Festsitz (Querverspannung) die Einhaltung einer engen Lochtoleranz (teuer!).

Der geschlitzte *Spannstift* (Bild 11/1) [1] aus Federstahl ($\sigma_B \approx 140$ kg/mm²) kommt dank seiner Querfederung ohne enge Lochtoleranz aus. So darf z. B. der Lochdurchmesser

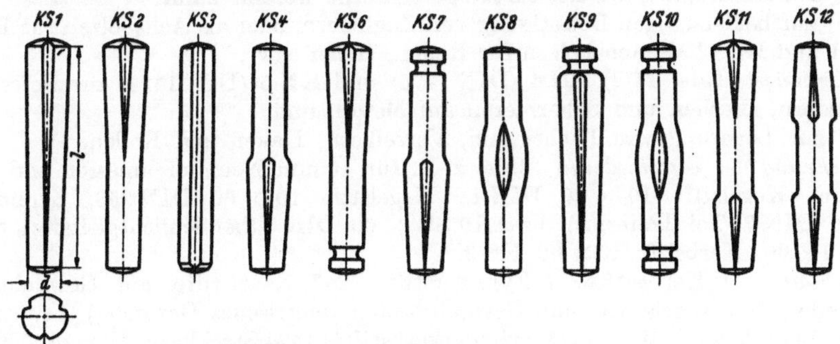

Bild 11/2. Kerbstifte (Verwendung siehe Text).

7,95 bis 8,3 mm bei 8 mm Nenndurchmesser betragen, ohne den Festsitz zu gefährden. Der Verlauf der Haltekräfte ist in Bild 11/3 und 11/4 dargestellt. Die Abmessungen der verschiedenen Spannstifte (Leicht- und Schwerspannstifte) zeigt Tafel 11/1.

Auch die Abscherkraft ist bei den verschiedenen Spannstiften recht erheblich. Sie

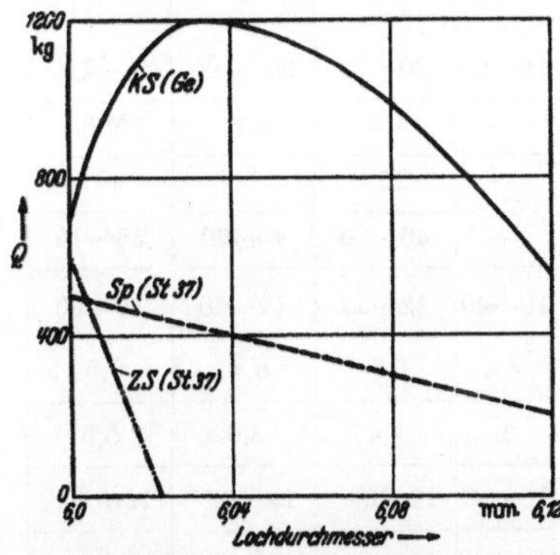

Bild 11/3. Einfluß des Lochdurchmessers auf die notwendige Druchdrückkraft Q verschiedener Stifte mit Nenndurchmesser 6 mm und 40 mm Lochlänge. ZS = Zylinderstift, Sp = Spannstift, KS = Kerbstift, in Klammern Werkstoff des Werkstückes.

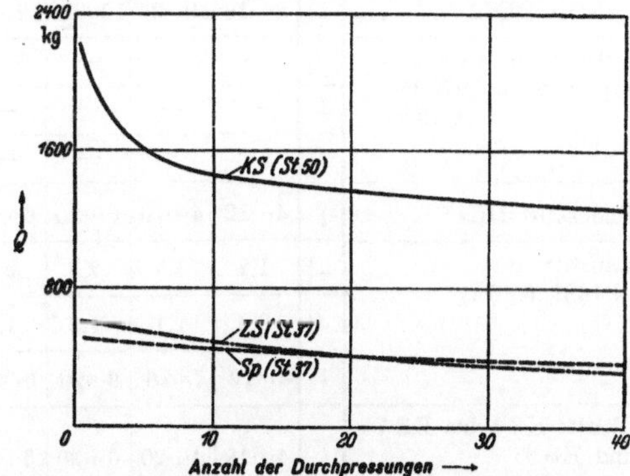

Bild 11/4. Einfluß der Anzahl der Durchpressungen auf die notwendige Durchdrückkraft Q verschiedener Stifte. Bezeichnungen s. Bild 11/3.

[1] Siehe Schriften der Fa. Hedtmann, Hagen-Kabel.

beträgt z. B. gegenüber dem üblichen Vollstift ($\sigma_B = 60$ kg/cm²) = 100%, beim Leichtspannstift *L* etwa 62%, beim Schwerspannstift *S* etwa 112% und beim Verbundspannstift[1] etwa 155%. Die aufnehmbare *Stoßarbeit* beträgt ein Vielfaches der des Vollstiftes. Der hohle Spannstift ist auch als *Einsatzbüchse* in Gelenken (ein zweiter Spannstift als Bolzen) und als *Scherbüchse* bei Schraubenverbindungen verwendbar.

Beim *Kerbstift*[2] wird der Festsitz durch 3 Wulstkerben am Stift erreicht, die sich beim Einschlagen des Stiftes plastisch-elastisch verformen, so daß der Lochdurchmesser z. B. 8 bis 8,15 mm bei 8 mm Nenndurchmesser betragen darf. Den Verlauf der Haltekräfte zeigt Bild 11/3 und 11/4.

Von den verschiedenen Ausführungsformen (Bild 11/2) wird

KS 1 (DIN 1471) als Verbindungs- und Befestigungsstift verwendet,

KS 2 (DIN 1472) als Paßstift und Drehbolzen,

KS 3 (DIN 1473) als Verbindungs- und Befestigungsstift, ferner bei Wechselkräften und Randlöchern in Grauguß;

KS 4 (DIN 1474) als Anschlag- und Paßstift;

KS 6 und KS 7 zur Befestigung von Zugfedern und Ketten und als Paßstift;

KS 8 (DIN 1475) als Handknebel, Gelenkbolzen oder Scharnierstift;

KS 9 als Ziehkerbstift, der mittels Zange entfernt werden kann;

KS 10 zur beiderseitigen Befestigung von Zugfedern, oder als Achsbolzen für Rollen;

KS 11 und KS 12 als Achsbolzen für Rollen, Hebel usw.;

die *Kerbnägel* (Tafel 11/2) KN 4 (DIN 1476) und KN 5 (DIN 1477) zur Befestigung von Schildern, Blechen und Scharnieren auf Metall, und

KN 7 zur Lagerung von Drehriegeln, Vorreibern, Haken und Rollen.

Bezeichnung der verschiedenen Stifte, z. B. für 10 mm Nenndurchmesser und Länge $l = 60$ mm: Kegelstift 10 × 60 DIN 1; Kegelstift 10 × 60 DIN 258, Zylinderstift 10 T × 60 DIN 7 (bei Treibsitz), bzw. 10 SW × 60 DIN 7 (bei Schlichtgleitsitz), Spannstift S 10 × 60, Kerbstift 10 × 60 KS 3.

DIN-Blätter: 1 Kegelstifte, 7 Zylinderstifte, 257 Kegelstifte mit Gewindezapfen (Zollgewinde), 258 Kegelstifte mit Gewindezapfen (metrisches Gewinde,) 1471 Kegelkerbstifte, 1472 Paßkerbstifte, 1473 Zylinderkerbstifte, 1474 Steckkerbstifte, 1475 Knebelkerbstifte, 1476 Halbrundkerbnägel, 1477 Senkkerbnägel, 1481 Spannstifte, 94 Splinte,

[1] Besteht aus 2 ineinander geschobenen Schwerspannstiften.

[2] s. Schriften der Kerb-Konus-Ges. Dr. Carl Eibes u. Co., Schnaittenbach/Oberpfalz.

Tafel 11/1. ***Maße der Stifte*** nach

Durchmesser d		1	1,5	2	2,5	3	4	5	6	8
Kegelstift DIN 1	l	8⋯18	10⋯26	12⋯36	12⋯40	14⋯50	16⋯60	20⋯70	24⋯100	28⋯120
Kegelstift mit Gewindezapfen nach DIN 258 (1.43 x)	d_1	—	—	—	—	—	—	M 5	M 6	M 8
	l	—	—	—	—	—	—	25	30	40
	L	—	—	—	—	—	—	40⋯50	45⋯60	55⋯75
Zylinderstift DIN 7	l	4⋯12	4⋯16	6⋯20	6⋯24	8⋯32	10⋯40	12⋯50	14⋯60	16⋯80
Spannstift DIN 1481 (6.46 x)	d_1^1	1,2	1,7	2,3	2,8	3,3	4,4	5,4	6,4	8,5
	d_2^1	0,8	1,1	1,5	1,8	2,1	2,8	3,4	3,9	5,5
	l	4⋯12	4⋯16	6⋯20	6⋯24	8⋯32	10⋯40	12⋯50	14⋯60	16⋯80
Kerbstift KS 1 bis KS 7 und KS 9	l	4⋯18	4⋯20	6⋯30	6⋯30	6⋯40	8⋯60	8⋯60	10⋯80	12⋯100
Kerbstift KS 8, KS 10, KS 11, KS 12	l	—	8⋯20	12⋯30	12⋯30	12⋯40	18⋯60	18⋯60	24⋯80	30⋯100

[1] Abmessungen vor dem Einbau; d_1 Außendurchmesser, d_2 Innendurchmesser.

1433 und 1435 Bolzen ohne Kopf, 1434 und 1436 Bolzen mit Kopf, 1438 Bolzen mit Gewindezapfen, 1439 Senkbolzen mit Nase, 1442 Schmierlöcher für Bolzen, 1440 Scheiben für Bolzen.

Tafel 11/2. *Kerbnägel.* Maße in mm.

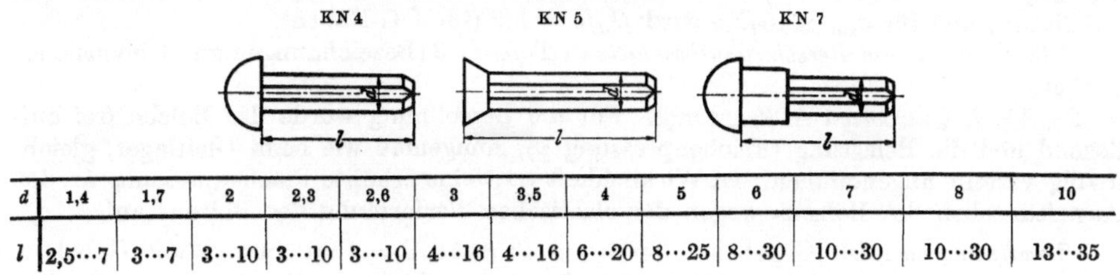

d	1,4	1,7	2	2,3	2,6	3	3,5	4	5	6	7	8	10
l	2,5···7	3···7	3···10	3···10	3···10	4···16	4···16	6···20	8···25	8···30	10···30	10···30	13···35

11.3. Beanspruchung und Bemessung.

Bezeichnungen für die Berechnung.

b	(cm)	Dicke
d	(cm)	Nenndurchmesser von Bolzen bzw. Stift
d_i	(cm)	Innendurchmesser von Hohlbolzen
D	(cm)	Wellendurchmesser
D_N	(cm)	Nabendurchmesser
h	(cm)	Hebelarm
l	(cm)	Länge
M_b	(cmkg)	Biegemoment
M_t	(cmkg)	Drehmoment
P	(kg)	Betriebskraft
P_S	(kg)	Sprengkraft
p	(kg/cm²)	Flächenpressung
p_d	(kg/cm²)	Flächenpressung aus Kraft P
p_b	(kg/cm²)	,, ,, M_b
q	(—)	Verhältniswert, $= d/D$
s	(cm)	Wandstärke
W_b	(cm³)	Biege-Widerstandsmoment
W_t	(cm³)	Dreh-Widerstandsmoment
σ_b	(kg/cm²)	Biegespannung
σ_F	(kg/cm²)	Fließgrenze
τ	(kg/cm²)	Scherspannung
τ_t	(kg/cm²)	Drehspannung

Tafel 11/3 zeigt für die häufigsten Verwendungsfälle die Anordnung, sowie die angenommene Verteilung der Flächenpressung und die hiernach aufgestellten Beziehungen für die Bemessung, wenn man nur Betriebskraft P berücksichtigt. Die *zusätzliche* Beanspruchung durch Preßsitz im Loch ist nach Bild 11/3 für verschiedene Stiftarten verschieden groß und außerdem von der Passung (Übermaß), bzw. beim Kegelstift von der Einschlagkraft abhängig. Äußerstenfalls wird hierbei der Leibungsdruck

Bild 11/1 und 11/2 in mm.

10	13	16	20	25	30	35	40	45	50
32···140	36···165	40···200	50···230	55···260	60···260	—	70···260	—	80···260
M 10	M 12	M 16	M 16	M 20	M 24	—	M 30		M 36
45	60	72	85	100	110	—	130		150
65···100	85···140	100···160	120···190	140···250	160···280	—	190···320	—	220···360
20···100	28···140	32···180	40···200	50···200	60···200	—	80···200	—	100···200
10,5	13,5	16,5	20,5	25,5	30,5	—	40,5	—	50,5
6,5	8,5	10,5	12,5	15,5	18,5	—	24,5	—	30,5
20···100	28···140	32···180	40···200	50···200	60···200	—	80···200	—	100···200
14···160	20···160	26···200	30···200	30···200	—	—	—	—	—
36···160	45···160	45···200	45···200	45···200	—	—	—	—	—

die Fließgrenze *einmalig* überschreiten (Entlastung durch „Fließen"!). Hieraus ergibt sich eine zusätzliche Sprengkraft, die bei Bemessung der unter Sprengkraft stehenden Teile zu beachten ist. So ist bei Nr. 1 (Tafel 11/3) die Sprengkraft im Auge der Gabel $P_S \leq \sigma_F \cdot b \cdot d = \sigma (D_N - d)\, b$. Für $\sigma_{zul} \leq \sigma_F/1{,}5$ wird dann $D_N/d \geq 2{,}5$ (für St- und GS-Naben) und für $\sigma_{zul} \leq \sigma_F/2{,}5$ wird $D_N/d = 3{,}5$ (für GG-Naben).

Erläuterungen und Berechnungsbeispiele zu Tafel 11/3 (Bezeichnungen und Dimensionen s. oben).

Zu Nr. 1, Querbolzen in Zugstange: Für die Berechnung wurde der Bolzen frei aufliegend und die Belastung (Flächenpressung p), sinngemäß wie beim Gleitlager, gleichmäßig verteilt angenommen. In Wirklichkeit tritt eine erhöhte Flächenpressung an den Austrittsstellen des Bolzens wegen der elastischen Verformung des Bolzens auf.

Berechnungsbeispiel: Gegeben: Bolzen aus St 60.11, $d = 2$ cm; Stange und Gabel aus St 37, $b = 1{,}2$ cm; $l = 3{,}2$ cm, $D_N = 2{,}5 \cdot d = 5$ cm; Zugkraft $P = 650$ kg, wechselnd.

Berechnet nach Tafel 11/3: Für Bolzen $\sigma_b = \frac{M_b}{W_b} = \frac{P\,(l + 2b) \cdot 32}{8 \cdot \pi \cdot d^3} = 579$ kg/cm²; Stange $p = 102$ kg/cm²; Gabel $p = 136$ kg/cm² (Werte nach Tafel 11/4 zulässig!).

Tafel 11/3. *Bemessungen der Stiftverbindungen.* Bezeichnungen u. Dimensionen s. ob.; zulässige Werte s. Tafel 11/4.

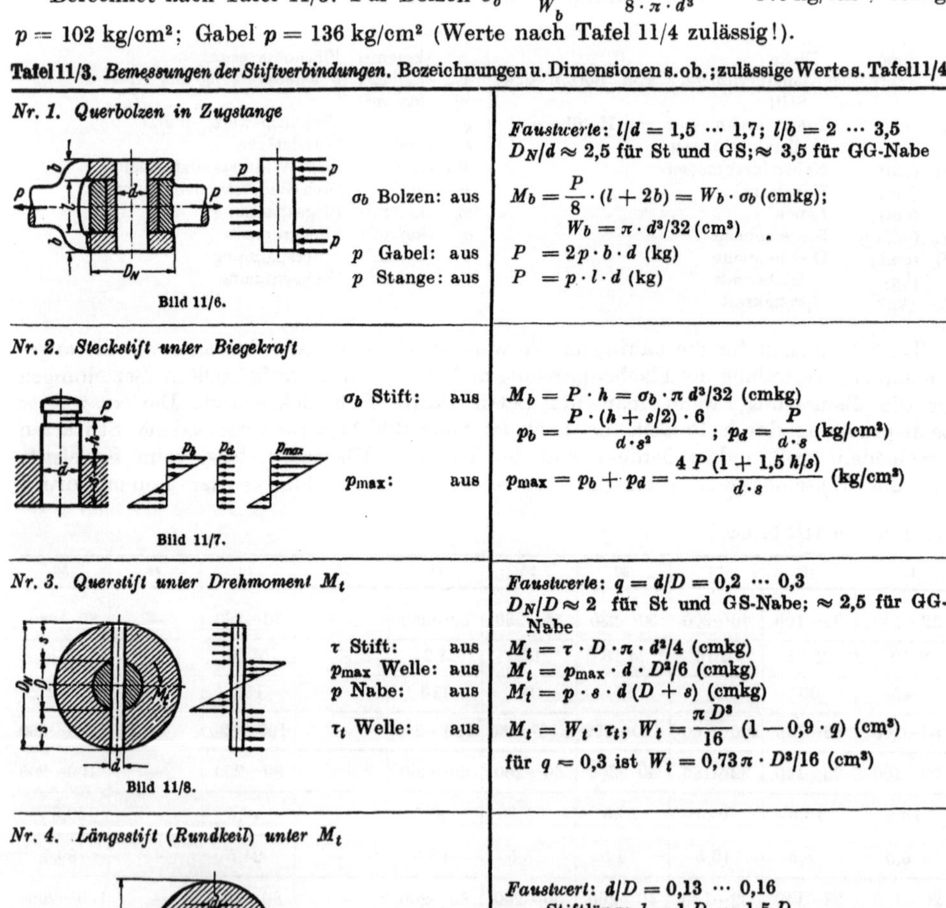

Nr. 1. Querbolzen in Zugstange (Bild 11/6.)	σ_b Bolzen: aus	*Faustwerte*: $l/d = 1{,}5 \cdots 1{,}7$; $l/b = 2 \cdots 3{,}5$; $D_N/d \approx 2{,}5$ für St und GS; $\approx 3{,}5$ für GG-Nabe $M_b = \frac{P}{8} \cdot (l + 2b) = W_b \cdot \sigma_b$ (cmkg); $W_b = \pi \cdot d^3/32$ (cm³)
	p Gabel: aus	$P = 2p \cdot b \cdot d$ (kg)
	p Stange: aus	$P = p \cdot l \cdot d$ (kg)
Nr. 2. Steckstift unter Biegekraft (Bild 11/7.)	σ_b Stift: aus	$M_b = P \cdot h = \sigma_b \cdot \pi\, d^3/32$ (cmkg) $p_b = \frac{P \cdot (h + s/2) \cdot 6}{d \cdot s^2}$; $p_d = \frac{P}{d \cdot s}$ (kg/cm²)
	p_{max}: aus	$p_{max} = p_b + p_d = \frac{4\,P\,(1 + 1{,}5\,h/s)}{d \cdot s}$ (kg/cm²)
Nr. 3. Querstift unter Drehmoment M_t (Bild 11/8.)		*Faustwerte*: $q = d/D = 0{,}2 \cdots 0{,}3$; $D_N/D \approx 2$ für St und GS-Nabe; $\approx 2{,}5$ für GG-Nabe
	τ Stift: aus	$M_t = \tau \cdot D \cdot \pi \cdot d^2/4$ (cmkg)
	p_{max} Welle: aus	$M_t = p_{max} \cdot d \cdot D^2/6$ (cmkg)
	p Nabe: aus	$M_t = p \cdot s \cdot d\,(D + s)$ (cmkg)
	τ_t Welle: aus	$M_t = W_t \cdot \tau_t$; $W_t = \frac{\pi\, D^3}{16}\,(1 - 0{,}9 \cdot q)$ (cm³) für $q = 0{,}3$ ist $W_t = 0{,}73\pi \cdot D^3/16$ (cm³)
Nr. 4. Längsstift (Rundkeil) unter M_t (Bild 11/9.)		*Faustwert*: $d/D = 0{,}13 \cdots 0{,}16$; Stiftlänge $l = 1\,D \cdots 1{,}5\,D$
	p, τ Stift: aus	$M_t = p \cdot l \cdot d \cdot D/4 = \tau \cdot l \cdot d \cdot D/2$ (cmkg)
	τ_t Welle: aus	$M_t = \tau_t \cdot W_t$; $W_t = \pi \cdot D^3/16$ (cm³)

Zu Nr. 2, Steckstift unter Biegekraft: Die maximale Flächenpressung setzt sich zusammen aus dem Anteil p_b aus dem Biegemoment $P \cdot (h + s/2)$ und aus dem Anteil p_d aus der freien Kraft P.

Beispiel: Kerbstift aus St 50.11, $d = 1{,}3$ cm, $h = 1{,}2$ cm; Platte aus GG mit $s = 1{,}5$ cm; Kraft $P = 100$ kg schwellend. *Berechnet:* Für Stift $\sigma_b = 555$ kg/cm²; $p_{max} = 450$ kg/cm².

Zu Nr. 3, Querstift unter Drehmoment M_t: Angenommen ist feste Einspannung des Stiftes als Paßstift, so daß der Stift auf Abscheren berechnet werden kann. Die Flächenpressung p in der Welle nimmt nach den Austrittsstellen des Stiftes hin erheblich zu (elastische Verformung des Stiftes durch M_t); die angenommene lineare Zunahme von p ist nur eine Annäherung. Die Kerbwirkung des Querlochs an der Welle (Herabsetzung von τ_{tW}) entspricht etwa der Kurve 9 in Bild 3/27, S. 56.

Beispiel: Welle aus St 37.11, $M_t = 500$ cmkg, $D = 3$ cm; Nabe aus GG mit $D_N = 7{,}5$ cm, $s = 2{,}25$ cm; Stift aus St 50.11, $d = 0{,}8$ cm, $q = 0{,}266$. Berechnet: Für Stift $\tau = 330$ kg/cm²; Welle $\tau_t = 125$ kg/cm²; $p_{max} = 415$ kg/cm²; Nabe $p = 53$ kg/cm².

Zu Nr. 4, Längsstift unter M_t: Übertragung des Drehmoments durch Flächenpressung am Stift, die gleichmäßig verteilt angenommen wurde. Die Nachrechnung des Stiftes auf Scherspannung τ erübrigt sich, wenn $\tau_{zul} \geq 0{,}5\, p_{zul}$ ist.

Beispiel: Welle, Nabe und M_t wie bei Nr. 3; Stift $d = 0{,}4$ cm; $l = 4$ cm. Berechnet: Für Stift $p = 416$ kg/cm²; Welle $\tau_t = 95$ kg/cm².

Tafel 11/4. *Zulässige Werte p, σ_b und τ (kg/cm²) für Stiftverbindungen nach Tafel 11/3 bei „Schwellast“.* Bei „Wechsellast“ mal 0,7 nehmen, bei „ruhender“ mal 1,5! Bei Gleitbewegung p nach S. 252. Bei Kerbstift außerdem p-Werte mal 0,7 nehmen (Erhöhte Wulstpressung).

Werkstoff	St 37	St 50	St 60	St 70	GS	GG
p	650	880	1050	1200	550	450
σ_b	550	700	850	1000	—	—
τ	360	480	580	680	—	—

11.4. Schrifttum zu 11.

[11/1] DIN-Taschenbuch 10, Schrauben-Muttern und Zubehör. 6. Aufl. 1948. Beuth-Vertrieb GmbH.
[11/2] —, Konstruiere mit Kerbstift. Kerb GmbH 1926.
[11/3] —, Spannstifte, Schriften der Fa. Hedtmann, Hagen-Kabel.
[11/4] Richtlinien für Konstrukteure u. Normen, Kerb-Konus-Gesellschaft, Dr. Carl Eibes u. Co., Schnaittenbach.
[11/5] Lochleibungsspannungen bei Bolzen und Runddübeln. Z. VDI Bd. 88 (1944) S. 207.

12. Elastische Federn.

12.1. Verwendung.

Alle Körper aus elastischem Werkstoff „federn“, d. h. sie verformen sich bei Belastung, wobei Arbeit gespeichert wird (potentielle Energie), während sie sich bei Entlastung rückverformen und hierbei die gespeicherte Arbeit wieder abgeben. Bei den „Federn“ wird diese Wirkung durch eine hierfür besonders geeignete Gestaltung und Werkstoffwahl in erhöhtem Maße erreicht.

Derartige Federn dienen uns für zahlreiche Aufgaben, und zwar:

als Arbeitsspeicher, z. B. als Antrieb von Uhren, Wickeltrommeln und Spielzeugen, als Rückführer von Ventilen und Steuergestängen;

zur Milderung von Stößen, z. B. als Stoßschutz für empfindliche Geräte, als Rad-, Achs-, Puffer- und Stoßfedern bei Fahrzeugen, ferner bei drehelastischen Wellenkupplungen;

zur Kraftverteilung, z. B. bei der Radbelastung von Fahrzeugen, bei der Polsterung von Sesseln und Betten usw.;

zur Kraftbegrenzung, z. B. bei Pressen;

zur Kraftmessung auf Grund des festen Zusammenhangs zwischen Kraft und Verformung;

zur Regelung, z. B. beim Regelventil;

zur Aufrechterhaltung einer Kraftverbindung bei Bewegung oder Verschleiß (Federgelenk, Kontaktfinger, Dichtungen);

als Schwingungselement, z. B. bei Schwingsieben und Wuchtförderern und auch umgekehrt zur Unterbindung von Resonanzschwingungen, indem ihre Zwischenschaltung die Eigenfrequenz verlagert.

12.2. Federarten, Auswahl, besondere Eigenschaften.

Je nach dem vorherrschenden Gesichtspunkt wird die gleiche Feder verschieden bezeichnet, z. B. die Feder nach Bild 12/22 der *Gestalt* nach als Kegelfeder, der *Beanspruchung* nach als Drehfeder, dem *Krafteingriff* nach als Druckfeder, der *Verwendung* nach als Pufferfeder, und dem *Werkstoff* nach als Stahlfeder.

Am häufigsten finden wir die Benennung nach der *Gestalt,* bzw. nach *Gestalt und Beanspruchung.* So zeigt Bild 12/4 eine Ringfeder, Bild 12/6 Biegestabfeder, Bild 12/8 Biegeblattfeder, Bild 12/14 gewundene Biegefeder, Bild 12/15 ebene Spiralfeder (Uhrfeder), Bild 12/16 Tellerfeder, Bild 12/17 Drehstabfeder, Bild 12/18 Schraubenfeder, und Bild 12/20 Litzen-Schraubenfeder; eine weitere Gruppe bilden die *Gummifedern* (Bild 12/23 und 12/24).

Für die *Berechnung* ist die Art der *Beanspruchung* maßgebend. Entsprechend behandeln wir weiter unten die verschiedenen Federarten geordnet nach ihrer *vorwiegenden Beanspruchung,* und zwar *Zug*federn S. 186, *Biege*federn S. 188, *Dreh*federn S. 193 und als Sondergruppe *Gummi*federn S. 198.

Im *Maschinenbau* wird vorwiegend die *Schrauben*feder aus Stahldraht (Bild 12/18) verwendet, die billig herstellbar, einfach zu bemessen und einzubauen ist und sowohl für Zugkräfte, als auch Druckkräfte verwendet wird. Sie kann ferner zur Ausführung von Drehbewegungen benutzt werden (s. gewundene Biegefeder, Bild 12/14) und schließlich noch als Schraubenband-Wellenkupplung.

Im übrigen ist für die Wahl der Federart wesentlich, welche besonderen Gesichtspunkte jeweils im Vordergrund stehen, wie z. B. Platzbedarf, Gewicht und Lebensdauer; in andern Fällen gleichbleibendes elastisches Verhalten, geringe Massenwirkung, zusätzliche innere oder äußere Reibung (Dämpfung), besonderes Verhältnis zwischen Kraft und Federung (s. Kennlinie S. 184) oder sonstige Anforderungen. Hierzu einige Hinweise:

Geringes Gewicht und geringes Volumen bei gegebener Federarbeit ermöglichen nach Tafel 12/1 Gummifedern, hochwertige Ringfedern aus Stahl (Bild 12/4) und dünner Stahldraht auf Zug.

Niedrige Bauhöhe ermöglichen Blattfedern und Drehstabfedern (Fahrzeuge!).

Schmalflächige Anordnung ermöglichen ebene Spiralfedern (z. B. bei Uhren) und Federteller.

Große Federwege im Vergleich zur Baulänge ermöglichen Gummifedern, dünndrähtige Schraubenfedern mit großem Windungsdurchmesser und dünne Tellerfedern, sowie im Vergleich zur Bauhöhe die Biegestabfedern.

Zusätzliche Reibungsarbeit ermöglichen in erheblichem Maße Ringfedern (Bild 12/4), in geringerem Maße geschichtete Blatt- und Tellerfedern, Litzenschraubenfedern und Gummifedern. Sie sind also zur Stoßaufnahme, bzw. zur Schwingungsdämpfung besonders geeignet.

Sonderkennlinien (abweichend von der Geraden) zeigen Kegelfedern (Bild 12/22), Tellerfedern (Bild 12/16) und Gummifedern. Außerdem kann die Kennlinie durch Änderung der Kraftrichtung zur Federachse oder des wirksamen Hebelarmes (Wälzfeder) oder der wirksamen Federlänge in Abhängigkeit vom Federweg beeinflußt werden[1].

Litzen-Schraubenfedern (Bild 12/20) erlahmen weniger als sonstige Schraubenfedern bei schlagartiger Beanspruchung.

Gummifedern werden als Trag-, Fahrzeug- und Fundamentfedern, insbesondere zur Schwingungs- und Geräuschdämpfung, ferner für besonders leichte oder besonders weiche Federungen verwendet.

[1] Siehe negative Kennlinie der Tellerfedern S. 192 Bild 12/16 und: Der Negator, Feder mit negat. Charakteristik in VDI-Nachr. Nr. 3 vom 7. 2. 1950 (Auszug aus Engineers Digest 1949, Nr. 10, S. 359).

Holzfedern (auch aus Preßholz) findet man bei Schwingsieben, Federhämmern, landwirtschaftlichen und Müllereimaschinen.

Luftfedern (eingeschlossene Luft) sind für Federbeine von Flugzeugen, für Wassersäulen (Windkessel) und Sitzkissen bekannt.

Besondere Anforderungen hinsichtlich gleichbleibender Elastizität (berylliumlegierte Federn bei Uhren), hinsichtlich magnetischen Verhaltens, Hitze und Korrosion können durch besondere Stahllegierungen bzw. Sonderbronzen und Schutzüberzüge befriedigt werden.

12.3. Bezeichnungen, Kennlinien und Kennwerte.

1) Bezeichnungen:

A	(cmkg)	Federarbeit, aufgenommene
A'	(cmkg)	,, abgegebene
A_s, A_B	(cmkg)	Stoßarbeit, Bremsarbeit
a	(cm)	Hebelarm
b	(cm)	Querschnitt-Breite an der Einspannstelle
b_0	(cm)	Querschnitt-Breite an der Laststelle (Bild 12/8)
b_v	(cm/s^2)	Verzögerung
c	(kg/cm)	Federhärte, $= dP/df$
D	(cm)	mittl. Windungsdurchm.
d, d_i	(cm)	Durchmesser, Innendurchmesser
E	(kg/cm^2)	E-Modul
e	(cm)	größter Randabstand von Nullinie
F	(cm^2)	Querschnitt
F_e, F_i	(cm^2)	Querschnitt des Außen-, des Innenrings (Bild 12/4)
f	(cm)	Federweg
f_0	(cm)	Federweg je Federpaarung $= f/z$
f_u	(cm)	Federweg zu P_u
f_p	(cm)	Pfeilhöhe
f_r	(1/s)	Sekunden-Frequenz
G	(kg/cm^2)	Gleitmodul
g	(cm/s^2)	Erdbeschleunigung $=$ 981 cm/s^2
h	(cm)	Querschnitthöhe an der Einspannstelle
h_0	(cm)	Querschnitthöhe an der Lastangriffsstelle (Bild 12/9)
J	(cm^4)	Biege-Trägheitsmoment
J_t	(cm^4)	Dreh-Trägheitsmoment
J_m	($cmkgsec^2$)	Massen-Trägheitsmoment
L	(cm)	Federlänge, ungespannt
L_P	(cm)	,, unter Last P
M_b, M_t	(cmkg)	Biege-, Drehmoment
m	(kgs^2/cm)	Masse
n	(1/min)	Minuten-Frequenz
P	(kg)	Tragkraft, Belastung, Kraft
P'	(kg)	Rücklaufkraft
P_u	(kg)	Kleinstwert d. Belastung
p	(kg/cm^2)	Flächenpressung
Q	(kg)	genutztes Federgewicht, $= V \cdot \gamma$
q, q_1, q_2, q_3	(—)	Beiwerte
R	(cm)	Hebelarm für P (s. Bild 12/14)
r, r_m	(cm)	mittl. Halbmesser
r_e, r_i	(cm)	mittl. Halbmesser des Außen-, des Innenrings
s_e, s_i	(cm)	Dicke des Außen-, des Innenrings
T	(s)	Schwingungszeit (1 Periode)
T_f	(s)	Stoßfangzeit
T_s	(s)	Stoßdauer
V	(cm^3)	genutztes Federvolumen
v	(cm/s)	Geschwindigkeit
W_b, W_t	(cm^3)	Biege-, Drehwiderstandsmoment
y	(—)	Beiwert, s. S. 195
z	(—)	Anzahl der wirksamen Windungen bzw. der Kegelpaarungen
α, $\alpha°$	(—, °)	Steigungs-, Neigungs-Schubwinkel im Bogenmaß, in Grad
β	(°)	Neigungswinkel bei Biegefeder
γ	(kg/cm^3)	Wichte
δ	(—)	Dämpfungswert
η_A	(—)	Art-Nutzwert, s. Tafel 12/1
η_V	(kg/cm^2)	Volumen-Nutzwert, s. Tafel 12/1
η_Q	(cm)	Gewichts-Nutzwert, s. Tafel 12/1
η_W	(—)	Wirkungsgrad, $= A'/A$
η_2, η_3	(—)	Beiwerte, s. S. 193
σ	(kg/cm^2)	Normalspannung (oberer Wert)
σ_A, σ_a	(kg/cm^2)	Ausschlagfestigkeit, Ausschlagspannung
σ_e, σ_i	(kg/cm^2)	Normalspannung im Außen-, im Innenring
σ_m, σ_F	(kg/cm^2)	Mittelspannung, Fließgrenze
σ_B, σ_P	(kg/cm^2)	Stat. Bruchfestigkeit, Proportionalitäts-Grenze
τ	(kg/cm^2)	Schub-, Drehspannung
τ_F	(kg/cm^2)	Drehfließgrenze
φ, $\varphi°$	(1), (°)	Drehwinkel im Bogenmaß, in Grad
ϱ	(°)	Reibwinkel in Grad
ω	(1/s)	Winkelgeschwindigkeit oder Kreisfrequenz

2) Feder-Kennlinien. Trägt man über dem Federweg f die Belastungskraft P auf, so erhält man die Feder-Kennlinie, z. B. Linie a, b oder c in Bild 12/1. Je steiler die Kennlinie, desto „härter" ist die Feder. Bei der geraden Kennlinie a (Normalfall) ist $c = dP/df$ = konst.; bei der „progressiven" Kennlinie b wird die Feder mit zunehmendem f härter (dP/df nimmt zu!) und bei der abfallenden Kennlinie wird c „weicher" (dP/df nimmt ab!). So ist z. B. für Tragfedern von Fahrzeugen ein Verlauf nach b erwünscht, um die Eigenschwingungszahl (s. S. 200) des vollen und leeren Oberwagens etwa gleich zu halten; bei Pufferfedern ist dagegen ein Verlauf nach c günstiger, um bei gegebener Stoßarbeit eine kleine Stoßkraft zu erhalten.

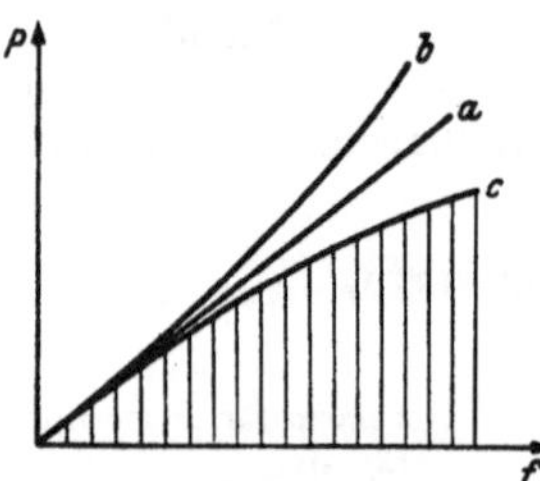

Bild 12/1. Verschiedene Feder-Kennlinien a, b, c. Federarbeit A für Kennlinie c schraffiert.

3) Die Federhärte $\boxed{c = dP/df}$ kg/cm, auch Federkonstante oder Federsteife genannt, ist nur im Normalfall (Kennlinie a) konstant. Sie wird zur Berechnung von Schwingungs- und Stoßvorgängen benötigt (s. S. 200 u. 201).

4) Die Federarbeit $A = \int P \cdot df$, auch Arbeitsaufnahme oder Arbeitsvermögen genannt, ist gleich der Fläche unter der Kennlinie (schraffiert in Bild 12/1). Im Normalfall (Kennlinie a) ist $\boxed{A = P \cdot f/2 = c \cdot f^2/2}$ cmkg.

5) Art-Nutzwert η_A. Die Federarbeit A ist (s. Gl. unten!) proportional dem wirksamen Federvolumen V, dem Quadrat der maximalen Spannung σ bzw. τ, der Dehnzahl $1/E$ bzw. Schubzahl $1/G$ und einem Zahlenwert η_A, der von der Federart abhängt und daher mit „Art-Nutzwert" bezeichnet werden soll:

$$\boxed{A = \eta_A \cdot V \cdot \sigma^2/2\,E}\,, \text{ bzw. } \boxed{A = \eta_A \cdot V \cdot \tau^2/2\,G} \text{ cmkg}.$$

Der Beiwert η_A ist abhängig von der Spannungsverteilung, also von der Gestalt und Belastungsart der Feder und erreicht nur bei gleich großer Spannung im ganzen Volumen den Idealwert 1, wenn A die *elastische* Federarbeit ist. Bei zusätzlicher Arbeitsaufnahme durch innere oder äußere *Reibung* wird η_A, bezogen auf die Gesamtarbeit, entsprechend größer (s. Ringfeder Tafel 12/1). Der Einfluß von σ und E, bzw. τ und G auf die erreichbare Federarbeit wird durch η_A nicht erfaßt.

6) Volumen- und Gewichts-Nutzwert. Bei manchen konstruktiven Aufgaben ist es von Vorteil, das Verhältnis der Federarbeit zum erforderlichen Federvolumen V oder zum Federgewicht Q zum Vergleich heranzuziehen. Wir bilden den

$$\textit{Volumen-Nutzwert} \quad \boxed{\eta_V = A/V = \eta_A \cdot \sigma^2/2\,E} \text{ (kg/cm}^2\text{) und den}$$

$$\textit{Gewichts-Nutzwert} \quad \boxed{\eta_Q = A/Q = \eta_V/\gamma} \text{ (cm).}$$

Tafel 12/1 zeigt die erreichbaren Nutzwerte für verschiedene Federarten.

7) Wirkungsgrad und Dämpfungswert. Bei zusätzlicher äußerer oder innerer Reibung ist der Wirkungsgrad η_W der Feder das Verhältnis der abgegebenen Federarbeit A' zur aufgenommenen Federarbeit A (s. Bild 12/5 und 12/25):

$$\textit{Wirkungsgrad} \quad \boxed{\eta_W = A'/A}\,.$$

Bei Schwingungs- und Dämpfungsvorgängen rechnet man meist mit dem

$$\textit{Dämpfungswert} \quad \boxed{\delta = \frac{A - A'}{A + A'} = \frac{1 - \eta_W}{1 + \eta_W}}\,.$$

Er stellt das Verhältnis der gesamten Reibungsarbeit $(A - A')$ zur gesamten bei der Be- und Entlastung durchlaufenden Federarbeit $(A + A')$ dar.

Tafel 12/1. *Nutz-Kennwerte einiger Federn* (Bestwerte unterstrichen).

Bild	Federart	Nutzwerte: Gestalt-Nutzwert η_A (—) aus $A = \eta_A \cdot V \cdot \sigma^2/2E$	Volumen-Nutzwert η_V (kg/cm²) aus $A = \eta_V \cdot V$	Gewichts-Nutzwerte η_Q (cm) aus $A = \eta_Q \cdot Q$	Zur Berechnung benutzte Werte
12/3	Dünner Stahldraht auf Zug	1,0	<u>53,6</u>	6870	σ = 15 000 kg/cm² E = 2,1 · 10⁶ kg/cm² γ = 7,8 kg/dm³
12/25	Umsponnenes Gummikabel auf Zug	0,9	37,4	<u>37 000</u>	σ = 83 kg/cm² F = 1,3 cm²; f = L γ = 1 kg/dm³
12/4	Stahl-Ringfeder	<u>1,62*</u>	49,0	6280	σ = 11 500 kg/cm² E = 2,1 · 10⁶ kg/cm² γ = 7,8 kg/dm³; α = 14°; ϱ = 8°
12/8	Stahl-Dreieckbiegefeder oder geschichtete Blattfeder	0,334	7,95	1020	σ = 10 000 kg/cm² E = 2,1 · 10⁶ kg/cm² γ = 7,8 kg/dm³
12/8	Eichene Dreieckbiegefeder	0,334	0,85	1210	σ = 800 kg/cm² E = 125 000 kg/cm² γ = 0,7 kg/dm³
12/17 12/18	Stahl-Drehstabfeder oder Schraubenfeder m. Kreisquerschnitt	0,5	19,3	2480	τ = 8000 kg/cm² G = 830 000 kg/cm² γ = 7,8 kg/dm³
12/17	Stahl-Drehstabfeder mit Rohrquerschnitt	0,626	24,2	3110	wie vorher; d_i/d = 0,5

* Größer als 1, da A auch die zusätzliche Reibungsarbeit enthält.

Beispielsweise ist bei der Schwingungs- und Stoßdämpfung ein erheblicher Dämpfungswert erwünscht, während er bei Fahrzeugreifen möglichst klein sein soll, um die Erwärmung gering zu halten.

12.4. Festigkeit und zulässige Beanspruchung.

1) Festigkeit. Da die aufnehmbare Federarbeit im Quadrat der zulässigen Spannung ansteigt, ist eine hohe Festigkeit der Federn erwünscht. Daher erstrebt man eine *hohe Fließgrenze* (bzw. Elastizitätsgrenze) gegen die Gefahr des Erlahmens („Setzgefahr") und eine hohe Schwingungsfestigkeit gegen die Dauerbruchgefahr.

Bei *Stahl*federn verwendet man hierzu besondere *Federstähle* [1], deren Festigkeit, neben dem Härten, durch besondere Maßnahmen [2] erheblich gesteigert werden kann. So erzielt man eine *hohe Fließgrenze* durch hohen Ausziehgrad (dünnere Drähte) und niedrige Anlaßtemperatur (250—350°); sie kann außerdem durch einmaliges Überlasten (Setzen) noch weiter erhöht werden[3]. Dagegen ist eine höhere *Schwingungsfestigkeit* durch höhere Anlaßtemperatur (350—500°), durch nochmaliges Abschrecken nach dem Anlassen, durch Verwendung von hochwertigerem Elektrostahl statt SM-Stahl, von Gußstahldraht statt gewöhnlichem Zugfeder-Stahldraht erreichbar; ferner durch Vermeiden oder Entfernen (Abschleifen) der Randentkohlung, bzw. durch Aufkohlen nach dem Härten; dann weiter durch eine glattgeschliffene oder noch besser polierte Oberfläche oder durch Verdichtung und Verfestigung der Oberfläche (durch Drücken oder Kugelstrahlen bis 100% höher) [2]. Nähere Angaben hierzu s. [*12/4*], [*12/6*], [*12/8*] und [*12/9*].

[1] Werkstoffwerte für Federstähle s. S. 92, Tafel 5/14.

[2] Die Fließgrenze wird hierdurch etwas verringert. Näheres s. [*12/9*].

[3] Nach Versuchen von O. Föppl an Drehstabfedern um 20 bis 100% erhöhbar. Siehe Mitt. Wöhler-Inst. T. H. Braunschweig (1948) H. 40 S. 64.

Umgekehrt verringern Zieh- und Walzriefen, Schlacken und Zunderstellen, stark randentkohlte oder überzementierte Stellen (Härterisse) und ferner „Scheuerstellen“[1] die Schwingungsfestigkeit der Federn [12/4].

2) Zulässige Beanspruchung. Entsprechend der jeweils maßgeblichen Festigkeitsgrenze und Lebensdauer muß die zulässige Spannung bei *seltener oder ruhender (statischer) Belastung* (z. B. bei Pufferfedern) unter der statischen Fließgrenze σ_F, bzw. unter der Elastizitätsgrenze liegen;

bei schnell wechselnder (dynamischer Belastung). (z. B. bei Ventilfedern) muß σ_{zul} unterhalb der dynamischen Fließgrenze σ_{FD} (etwa $= 0{,}75\ \sigma_F$) und außerdem unter der dynamischen Dauerfestigkeit $\sigma_D = \sigma_m \pm \sigma_A$ liegen, die zulässige Ausschlagspannung $\sigma_{a\,zul}$ also unter der Ausschlagfestigkeit σ_A (bei begrenzter Lebensdauer unter der entsprechenden Zeitfestigkeit).

Bei τ-Spannung gelten die entsprechenden τ-Festigkeitswerte.

Festlegung der zulässigen Beanspruchung. Man wird die zulässige Spannung im Vergleich zum maßgebenden Festigkeitswert um so *niedriger* ansetzen

a) je gefährlicher ein Federbruch ist,

b) je unsicherer die Festigkeitswerte der Federn sind (wenig überwachte Herstellung),

c) je weniger man die zusätzlichen Spannungen erfaßt hat.

Im Vergleich zu anderen Bauteilen läßt man jedoch bei Federn *erheblich höhere* Spannungen zu (z. B. 75% des maßgeblichen Festigkeitswertes), um eine ausreichende Federung (bei entsprechend geringerer Lebensdauer) zu erreichen. Die jeweiligen Erfahrungswerte sind bei den einzelnen Federarten angegeben.

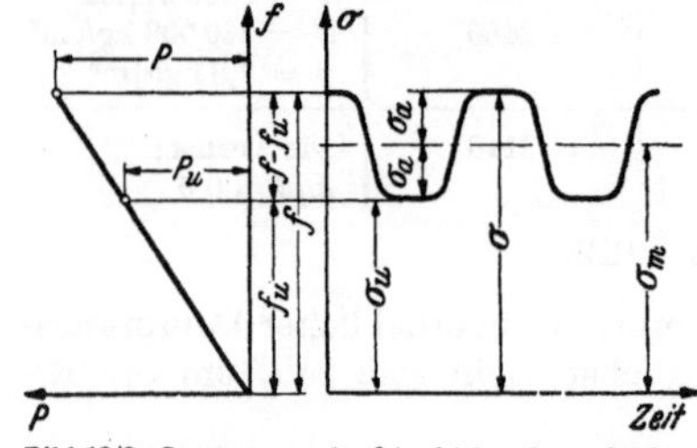

Bild 12/2. Spannungsverlauf (rechts) und zugehörige Feder-Kennlinie (links) bei einer Ventilfeder.

3) Bei dynamisch beanspruchten Federn, z. B. Ventilfedern sind häufig für den Entwurf der Federn nach Bild 12/2 nur die untere Belastung P_u (Vorspannkraft), der Betriebsfederweg $f - f_u$ (z. B. Ventilhub) und die zulässigen Spannungen σ_{zul} und $\sigma_{a\,zul}$ bekannt, aus denen für die Auslegung der Federn erst P und f zu bestimmen sind. Nach Bild 12/2 entspricht nun

der Vorspannkraft P_u der Federweg f_u und die Spannung σ_u,

der Größtkraft P der Federweg f und die Größtspannung σ,

der Kraftdifferenz $P - P_u$ die Wegdifferenz $f - f_u$ und die Spannungsdifferenz $\sigma - \sigma_u = 2\,\sigma_a$.

Bei gerader Kennlinie ($c =$ konst.) ist dann

$$\frac{P - P_u}{P} = \frac{f - f_u}{f} = \frac{\sigma - \sigma_u}{\sigma} = \frac{2\,\sigma_a}{\sigma}.$$

Hieraus ergibt sich: $\boxed{P = P_u \dfrac{\sigma}{\sigma - 2\,\sigma_a}}$ und $\boxed{f = (f - f_u)\dfrac{\sigma}{2\,\sigma_a}}$

für die Auslegung der Federn. Berechnungsbeispiel s. S. 196.

12.5. Zug- oder druckbeanspruchte Federn[2].

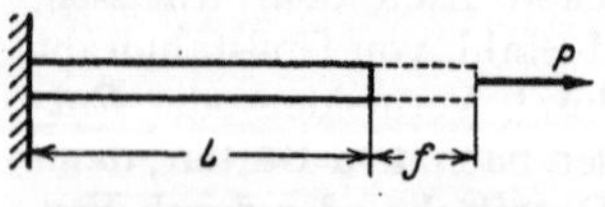

Bild 12/3. Stahldraht als Zugfeder.

1) Zugfeder aus Draht nach Bild 12/3. Unter der Zugkraft P längt sich der Draht um den Federweg f. Die Kennlinie verläuft als Gerade a nach Bild 12/1. Die

[1] Die Kerbwirkung von Scheuerstellen (z. B. Einspannstellen von Drehstabfedern) kann nach O. Föppl (s. Fußnote 3 auf S. 185 durch Oberflächendrücken, durch Nitrieren oder durch Verkupfern stark herabgedrückt werden.

[2] Die nachfolgend zu jeder Federart gebrachten Gleichungen und Erfahrungsangaben sind auf den Bedarf des *Konstrukteurs* zugeschnitten. Für die *Ableitung* der Gleichungen wird auf das Schrifttum, z. B. [12/2] verwiesen.

Beanspruchung ist im ganzen Drahtvolumen gleich groß, so daß der Art-Nutzwert den Idealwert $\eta_A = 1$ erreicht. Außerdem ist die Festigkeit von dünnem Stahldraht besonders hoch, so daß hierfür auch die Nutzwerte η_V und η_Q besonders groß werden (s. Tafel 12/1). Trotzdem wird diese Federart nur selten verwendet, da für größere Federwege eine erhebliche Federlänge benötigt wird (s. Berechnungsbeispiel).

Aus der Festigkeits- und Elastizitätslehre ergeben sich folgende Beziehungen für die *Berechnung*:

Tragkraft $P = F \cdot \sigma$ (kg)	Federarbeit $A = \frac{P \cdot f}{2} = \eta_A \frac{V \cdot \sigma^2}{2E}$ (cmkg)
Federweg $f = \frac{L \cdot \sigma}{E} = \frac{L \cdot P}{E \cdot F}$ (cm)	Art-Nutzwert $\eta_A = 1$

Erfahrungswerte für Tiegelstahldraht: $E = 2{,}1 \cdot 10^6$ (kg/cm²); $\gamma = 7{,}8/1000$ kg/cm³; $\sigma_B = 10\,000$—$25\,000$ kg/cm²; $\sigma_P = 8000$—$15\,000$ kg/cm²; s. auch σ_B in Tafel 12/9. Die größeren Werte gelten für dünnen Klaviersaitendraht.

Beispiel: Gegeben $L = 100$ cm; $d = 0{,}05$ cm; $\sigma = 15\,000$ kg/cm². Berechnet: $P = 29{,}4$ kg; $f = 0{,}71$ cm, also 0,71% von L; $A = 10{,}4$ cmkg; $V = 0{,}196$ cm³.

2) Ringfeder nach Bild 12/4. Die Feder besteht aus Innen- und Außenringen, die sich in Kegelflächen berühren, so daß hier die Axialkraft P in Radialkräfte umgesetzt wird. Diese dehnen den Außenring (tangentiale Zugspannung im Ringquerschnitt) und drücken den Innenring (tangentiale Druckspannung), wobei sich die Ringe unter Reibung ineinander schieben. Die Kennlinie der Ringfeder zeigt Bild 12/5. Die beim Zusammendrücken aufgenommene Arbeit A setzt sich aus der elastischen und der Reibungsarbeit zusammen, während die beim Entlasten (Rücklauf) abgegebene Arbeit A' um die Reibungsarbeit kleiner, als die elastische ist. Im gleichen Maße unterscheiden sich die Tragkraft P und die Rücklaufkraft P' von der elastisch aufgenommenen Kraft P_{El}, wie Bild 12/5 zeigt.

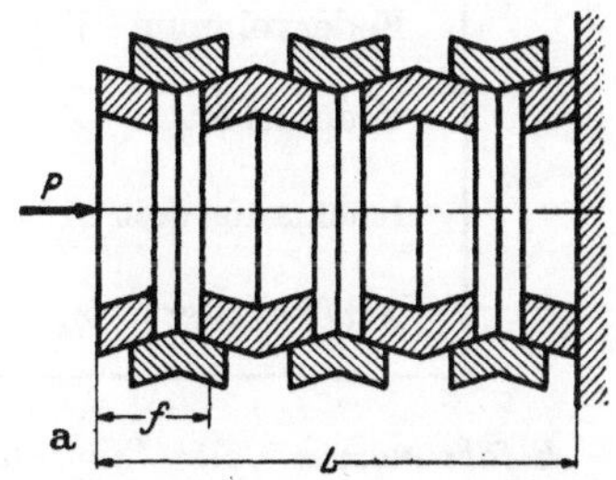

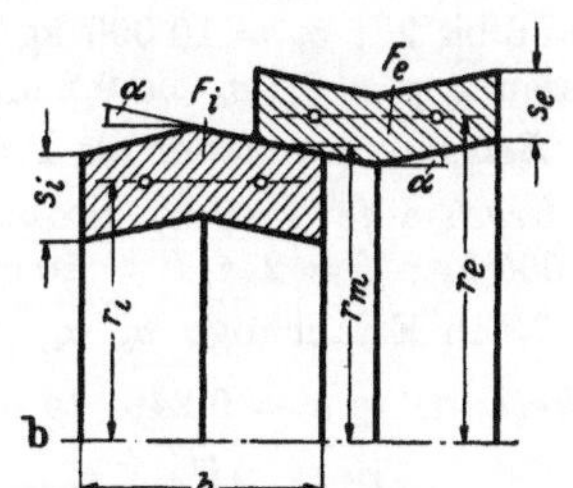

Bild 12/4. Ringfeder. a Gesamtaufbau mit $z = 6$ Kegelpaarungen; b Maße der Ringe.

Je kleiner die Kegelneigung tg α, desto größer die entstehenden Radialkräfte, desto größer auch die Reibungskräfte und der Federweg. Um Selbsthemmung zu vermeiden, d. h. um überhaupt eine Rücklaufkraft P' zu erreichen, muß tg α größer als der Reibwert μ sein.

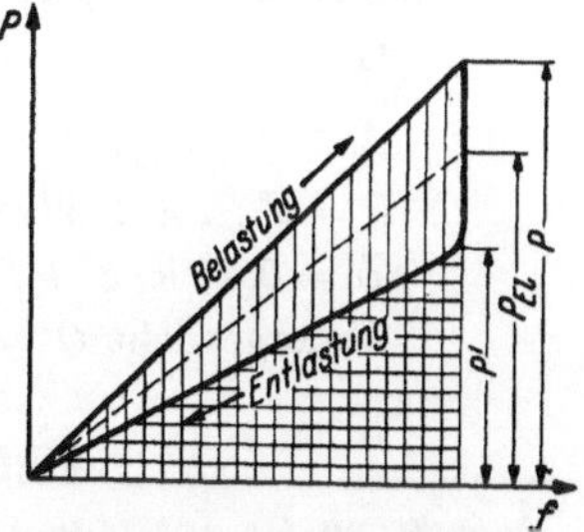

Bild 12/5. Kennlinie der Ringfeder mit Tragkraft P, Rücklaufkraft P' elastisch aufgenommener Kraft P_{El}, aufgenommener Federarbeit A (senkrecht schraffiert), abgegebener Federarbeit A' (waagerecht schraffiert) und Reibungsarbeit A—A' (eingeschlossene Differenz-Fläche).

Der Nutzwert η_A beträgt, gleichmäßige Spannungsverteilung in den Ringen vorausgesetzt, bereits 1 für die *elastische* Federarbeit und ist, bezogen auf die *gesamte* Federarbeit, wegen der zusätzlichen Reibung noch größer.

Führt man einige Innenringe *geschlitzt* aus, so erhält man bis zum Schließen des Schlitzes eine flache Kennlinie (weiche Anfangsfederung), die dann mit einem Knick in die steilere übergeht.

Mit den Bezeichnungen nach Bild 12/4, Zeiger e für Außen-, i für Innenring-Werte $y = \sigma_i/\sigma_e = F_e/F_i \approx s_e/s_i$ und z Kegelpaarungen erhält man für die *Berechnung:*

Tragkraft $P = \sigma_e \cdot F_e \cdot \pi \cdot \mathrm{tg}\,(\alpha + \varrho) = \sigma_i \cdot F_i \cdot \pi \cdot \mathrm{tg}\,(\alpha + \varrho)$ (kg)

Rücklaufkraft $P' = P \frac{\mathrm{tg}\,(\alpha - \varrho)}{\mathrm{tg}\,(\alpha + \varrho)}$ (kg)

Federweg $f = f_0 \cdot z$ (cm)

Federweg je Paarung $f_0 = \frac{r_e \cdot \sigma_e + r_i \cdot \sigma_i}{E \cdot \mathrm{tg}\,\alpha} = \frac{\sigma_e (r_e + r_i \cdot y)}{E \cdot \mathrm{tg}\,\alpha}$ (cm)

Halbmesser $r_e = r_m + s_e/2$; $r_i = r_m - s_i/2$ (cm)

Ringdicke $s_e = s_i \cdot y = r_m \cdot p/\sigma_e$ (cm); Ringhöhe $h = F_e/s_e$ (cm)

Entspannte Federlänge $L \geq 0{,}5\, h \cdot z + f$ (cm)

Federvolumen $V = (F_e \cdot r_e + F_i \cdot r_i)\, \pi \cdot z$ (cm³)

Federarbeit $A = P \cdot f/2 = \eta_A \frac{(\sigma_e^2 \cdot V_e + \sigma_i^2 \cdot V_i)}{2 \cdot E}$ (cmkg)

Rücklaufarbeit $A' = A \frac{\mathrm{tg}\,(\alpha - \varrho)}{\mathrm{tg}\,(\alpha + \varrho)}$ (cmkg)

Art-Nutzwert $\eta_A = \frac{\mathrm{tg}\,(\alpha + \varrho)}{\mathrm{tg}\,\alpha}$ (bei gleichmäßig verteilter Spannung)

Erfahrungswerte für Ringfedern aus gehärtetem Stahl:
$E = 2{,}1 \cdot 10^6$ kg/cm²; $h = 4{,}6 f_0$ bis $9 f_0$; $L = 3{,}3 f$ bis $10 f$; $y = 1{,}3$; $\alpha = 14$ bis 17°; $\varrho = 6$ bis 9°; $\sigma_e = 10\,000$ kg/cm²; $\sigma_i = 13\,000$ kg/cm²; $\gamma = 7{,}8/1000$ kg/cm³; Flächenpressung $p = 0{,}1\, \sigma_e$ bis $0{,}2\, \sigma_e$.

Beispiel: Ringfeder als Pufferfeder.

Gegeben je Puffer: Stoßarbeit $A = 150\,000$ cmkg; maximal zulässige Kraft $P = 30\,000$ kg; $f = 2\,A/P = 10$ cm; $r_m = 10$ cm.

Nach Erfahrung: $\sigma_e, \sigma_i, p, y, E$, wie oben; $\alpha = 14°$; $\varrho = 8°$.

Berechnet: $\mathrm{tg}\,\alpha = 0{,}249$; $\mathrm{tg}\,(\alpha + \varrho) = 0{,}404$; $\mathrm{tg}\,(\alpha - \varrho) = 0{,}105$;

$P' = P \frac{tg\,(\alpha - \varrho)}{tg\,(\alpha + \varrho)} = 0{,}26\, P$;

$Fe = \frac{P}{\pi \cdot \sigma_e \cdot tg\,(\alpha + \varrho)} = 2{,}36$ cm²; $F_i = F_e/y = 1{,}82$ cm²;

mit $s_e = r_m \cdot p/\sigma_e = 10 \cdot 0{,}1 = 1$ cm und $s_i = s_e/y = 0{,}77$ cm wird

$r_e = r_m + s_e/2 = 10{,}5$ cm; $r_i = r_m - s_i/2 = 9{,}615$ cm;

$f_0 = \frac{\sigma_e (r_e + r_i) \cdot y}{E \cdot tg\alpha} = 0{,}431$ cm; $z = f/f_0 = 10/0{,}431 = 23{,}2$, gewählt $z = 24$;

$h = F_e/s_e = 2{,}36$ cm; Kontrolle $h/f_0 \approx 5{,}5$ (zulässig);

$L = 0{,}5 \cdot h \cdot z + f = 35{,}18$ cm; $V = (F_e \cdot r_e + F_i \cdot r_i)\, \pi \cdot z = 3200$ cm³;

Federgewicht $Q = V \cdot 7{,}8/1000 = 25{,}3$ kg.

12.6. Biegebeanspruchte Federn.

Nach S. 39 ist bei jedem auf Biegung beanspruchten Körper die Spannung im *Querschnitt* ungleich groß, so daß η_A den Idealwert 1 nicht erreichen kann. Kommt noch hinzu, daß die Biegespannung auch *längs* der Biegefeder ungleich groß ist (s. Stabfeder mit konstantem Querschnitt), so wird η_A noch weiter herabgesetzt. Die Berechnung der Biegefedern läßt sich für sämtliche Bauformen auf die einseitig eingespannte Biege-Stabfeder zurückführen.

1) Einseitige Biege-Stabfeder mit konstantem Querschnitt nach Bild 12/6. Sie wird nach ihrer Form im Grundriß auch „Rechteck“-Biegefeder genannt. Die einseitige Biegekraft P ruft in einem beliebigen Querschnitt im Abstand x vom Kraftangriff das Biegemoment $M_b = P \cdot x$ hervor. M_b wächst also linear mit x von null bis zum Größtwert $P \cdot L$ an der Einspannstelle, ebenso die Biegespannung σ, da der Querschnitt und somit das Widerstandsmoment gleich bleiben. Ihre Kennlinie ist eine Gerade (a in Bild 12/1). Für die *Berechnung* der Feder ergeben sich folgende Beziehungen, vorausgesetzt, daß f/L klein ist (bis $f/L \leq 0{,}2$ bleibt Fehler unter 4%)[1]:

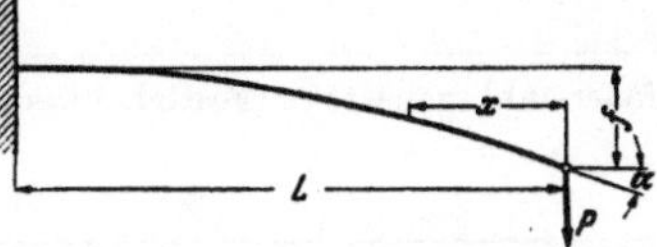

Bild 12/6. Einseitig eingespannte Biege-Stabfeder (schematisch).

Tragkraft $P = W_b \cdot \sigma / L$ (kg) Federweg $f = \frac{P \cdot L^3}{3 \cdot E \cdot J} = \frac{\sigma \cdot L^2}{3 \cdot E \cdot e}$ (cm)	Endneigung $\operatorname{tg} \alpha = \frac{P \cdot L^2}{2 \cdot E \cdot J}$ Federarbeit $A = P \cdot f/2 = \eta_A \cdot \frac{V \cdot \sigma^2}{2 \cdot E}$ (cmkg) $\eta_A = \frac{J}{3 \cdot e^2 \cdot F}$

Für nachfolgende Querschnitte ist:

Querschnitt	J	W_b	e	η_A
Rechteck . .	$b \cdot h^3/12$	$b \cdot h^2/6$	$h/2$	$1/9$
Kreis . . .	$\pi \cdot d^4/64$	$\pi \cdot d^3/32$	$d/2$	$1/12$
Kreisring . .	$\pi \cdot \frac{d^4 - d_i^4}{64}$	$\pi \cdot \frac{d^4 - d_i^4}{32 \cdot d}$	$d/2$	$\frac{1 + d_i^2/d^2}{12}$

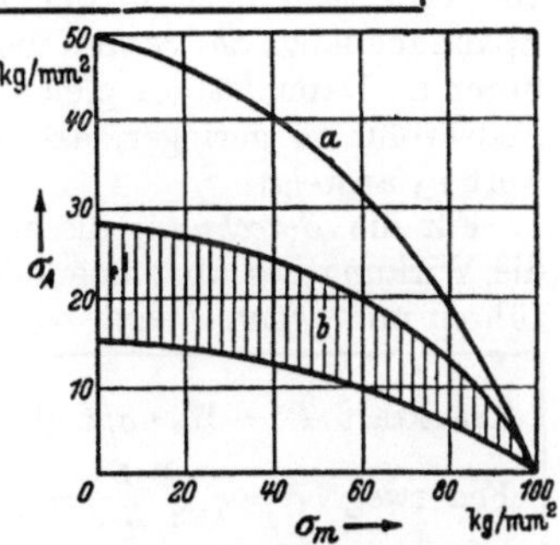

Bild 12/7. Ausschlag-Festigkeit σ_A einer Blattfeder aus gehärtetem Stahl ($\sigma_B = 130$ kg/mm², a geschliffen, b mit Walzhaut).

2) Einseitige Biegestabfeder mit abnehmendem Querschnitt[2] nach Bild 12/8 und 12/9. Der Biegestab nehme von der Einspannstelle bis zum Kraftangriff nach Bild 12/8a in der *Breite* linear ab von b bis b_0 (Trapezfeder), oder nach

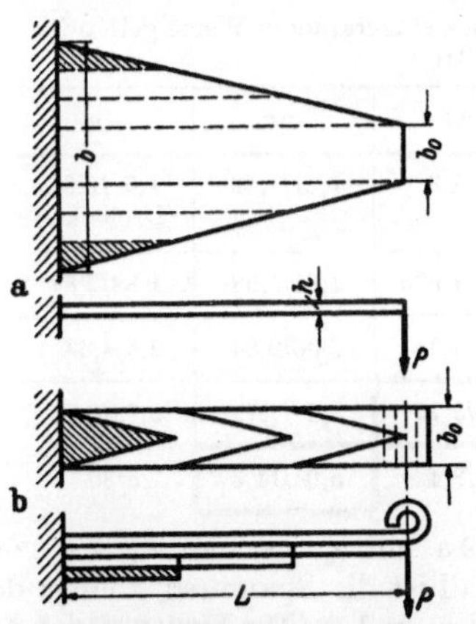

Bild 12/8. Trapez-Blattfeder a und geschichtete Blattfeder b als Abart der in Streifen geschnitten gedachten Trapezfeder a.

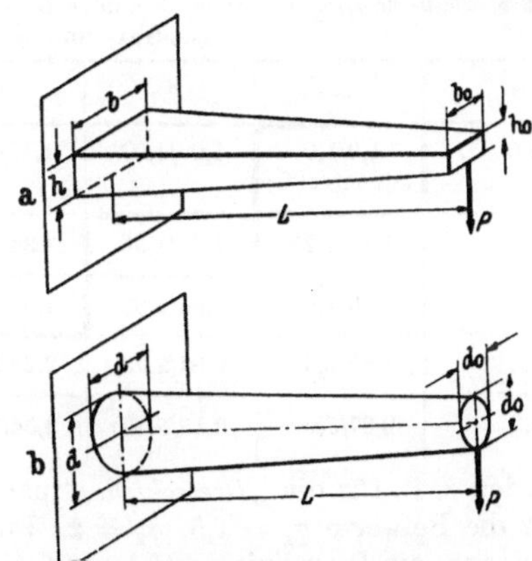

Bild 12/9. Biege-Stabfeder mit abnehmendem Querschnitt. a Pyramidenstab, b Kegelstab.

[1] Entspr. den Gl. der elast. Linie

$$f_x = \frac{P \cdot L^3}{6 E \cdot J}\left(2 - 3\frac{x}{L} + \frac{x^3}{L^3}\right) \text{ und } \operatorname{tg} \alpha_x = \frac{P \cdot L^3}{2 E \cdot J}\left(\frac{1}{L} - \frac{x^2}{L^3}\right).$$

Bei *schrägem* Kraftangriff und ferner bei stark *gebogener* Feder ist der wirksame Hebelarm a von der wahren Federlänge L zu unterscheiden und entsprechend an Stelle der Kraft P der Ausdruck $P' = P \cdot a/L$ in obige Gl. einzuführen. Näheres s. [12/2].

[2] Berechnung für abgesetzte Biegestabfedern, z. B. abgesetzte Wellen, s. Kap. 17.3.

Erfahrungswerte für Blattfedern aus Stahl (kg/cm²). Siehe auch Bild 12/7:

Zulässige Spannung	statisch $\sigma_{zul} \leqq 0{,}68\,\sigma_B$ dynamisch $\sigma_{zul} \leqq \sigma_m + 0{,}75\,\sigma_A$
Blattfederstahl, gehärtet (Festigkeitswerte)	$\sigma_B = 12\,000$ bis $16\,000$ $\sigma_F = 10\,500$ bis $13\,500$ $E = 2{,}1 \cdot 10^6$
Legierter Blattfederstahl, gehärtet mit $\sigma_B \geqq 14\,000$ und $\sigma_m = 5000$ kg/cm²	$\sigma_A = 1200$ bis 2000 mit Walzhaut $\sigma_A = 3000$ bis 3300 kugelgestrahlt $\sigma_A = 4000$ bis 4500 geschliffen noch höher: oberflächengedrückt
Kraftfahrzeug-Blattfedern, σ auf statische Belastung bezogen	$\sigma_{zul} \leqq 4000$ bis 5000 für Vorderfedern $\leqq 5500$ bis 6500 für Hinterfedern $\leqq 7000$ für Schienenfahrzeuge

Bild 12/9 auch noch in der *Dicke* linear ab von h bis h_0, bzw. von d bis d_0, so daß die Spannung längs des Stabes nicht mehr so sehr unterschiedlich ist, wie beim Zylinderstab unter 1. Dann ist bei gleichem P und L und gleichem σ im Einspannquerschnitt das Federvolumen geringer, als bei 1, aber f und A werden größer, so daß auch der Nutzwert η_A ansteigt.

Für die *Berechnung* dieser Federn genügen die Gleichungen unter 1., wenn wir für die Wirkung des abnehmenden Querschnitts die Beiwerte q_1 und q_2 (s. Tafel 12/2) einführen und, wenn J und W_b für den Einspannquerschnitt gelten. Es ist dann:

Tragkraft $P = W_b \cdot \sigma / L$ (kg)	Neigung $\operatorname{tg}\alpha = q_2 \dfrac{P \cdot L^2}{2 \cdot E \cdot J}$
Federweg $f = q_1 \dfrac{P \cdot L^3}{3 \cdot E \cdot J} = q_1 \dfrac{\sigma \cdot L^2}{3 \cdot E \cdot e}$ (cm)	Federarbeit $A = P \cdot f/2 = \eta_A \dfrac{V \cdot \sigma^2}{2 \cdot E}$ (cmkg)
$V = L\,(h + h_0) \cdot (b + b_0)/4$ (cm³)	$\eta_A = \dfrac{4}{9}\,\dfrac{q_1}{(1 + b_0/b)\,(1 + h_0/h)}$

Tafel 12/2. *Beiwerte q_1/q_2 für Stabfedern nach Bild 12/9.* (Die dick eingerahmten Werte gelten für Quadrat- und Kreis-Querschnitte.)

↓ für →	$\frac{b_0}{b} = 1{,}0$	0,8	0,6	0,4	0,2	0
$h_0/h = 1{,}0$ . . .	1,0/1,0 (Rechteckf.)	1,05/1,07	1,12/1,17	1,20/1,3	1,31/1,49	1,5 /2,0 (Dreieckf.)
0,8 . .	1,18/1,25	1,25/1,35	1,34/1,46	1,45/1,675	1,61/1,98	1,88/2,81
0,6 . .	1,46/1,67	1,55/1,83	1,67/2,04	1,82/2,34	2,06/2,84	2,5/4,44
0,4 . .	1,89/2,5	2,04/2,78	2,24/3,14	2,50/3,75	2,9 /4,79	3,75/8,75
0,2 . .	2,87/5,0	3,16/5,72	3,54/6,75	4,09/8,4	5,0 /11,67	7,5/30

So werden z. B. für die „*Dreieckfeder*“ nach Bild 12/9 a mit $b_0 = 0$ und $h_0 = h$ nach Tafel 12/2 die Beiwerte $q_1 = 1{,}5$, $q_2 = 2$. Für diesen Fall ist die Spannung σ längs der Feder konstant, die Biegelinie wird zum Kreisbogen und $\eta_A = 1/3$. Die Dreieckfeder benötigt also für die gleiche Federarbeit nur 1/3 des Volumens der Rechteckfeder unter 1.

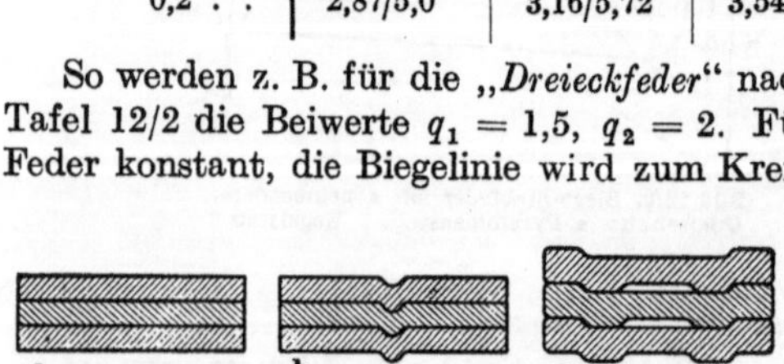

a b c

Bild 12/10. Querschnitt geschichteter Blattfedern. a glatt, b mit Mittelrippe, c mit Krupp-Profil.

Die geschichtete Blattfeder (Bild 12/8 b) können wir als konstruktive Abart der „Trapezfeder“ auffassen, wobei $b = z \cdot b_0$ ist, mit z als Blattzahl und b_0 als Breite der Blätter. Die zusätzliche Reibung zwischen den Blättern erhöht die Tragkraft P je nach Blattzahl und Schmierzustand um 2—12%. Konstruktiver Aufbau der Blattfeder s. Bild 12/10 und 12/11. Berechnungsbeispiel s. unter 3.

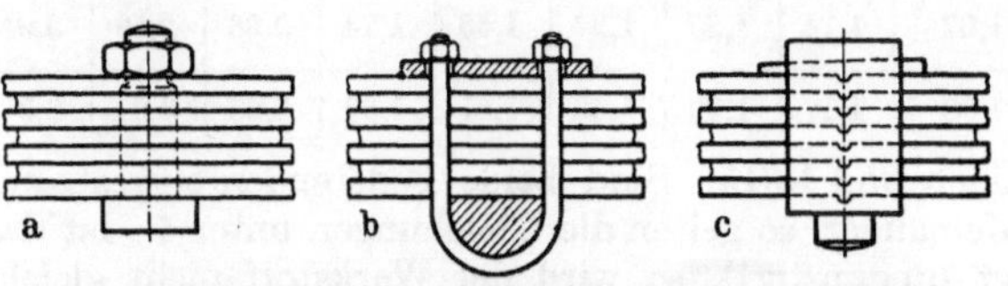

Bild 12/11. Ausbildung des Federbandes bei Blattfedern. a mit Mittelstift, b mit Bügel, c mit Bund und Keil und Mittelwarze der Federblätter.

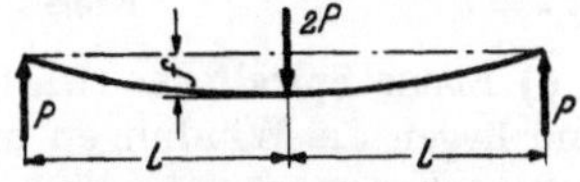

Bild 12/12. Doppelseitige Biegefeder (schematisch).

3) Doppelseitige Biegefeder nach Bild 12/12. Die halbe Feder kann als einseitige Biegestabfeder nach 1. aufgefaßt und berechnet werden, wobei die Länge L und die Kraft P auf die halbe Feder bezogen werden, die Mittelkraft ist $2\,P$.

Beispiel: Tragfeder für Schienenfahrzeuge als doppelseitige, geschichtete Blattfeder.

Gegeben: Statische Last $2\,P = 4600$ kg, $2\,L = 105$ cm, $b_0 = 12$ cm, $z = 7$. $b = 7 \cdot 12 = 84$ cm, $h = 1{,}6$ cm.

Gesucht: σ und f und ferner die für eine zusätzliche Ausschlagspannung $\sigma_a = 900$ kg/cm² (s. Bild 12/2) sich ergebende zusätzliche Federung f_a und Ausschlagkraft (Stoßkraft) $2\,P_a$ in Federmitte.

Berechnet: $W_b = b \cdot h^2/6 = 35{,}8$ cm³, $\sigma = P \cdot L/W_b = 6750$ kg/cm², $q_1 \approx 1{,}35$ nach Tafel 12/2 für $b_0/b = 1/z = 0{,}143$, $f = 19{,}8$ cm; $f_a = f \cdot \sigma_a/\sigma = 2{,}64$ cm; $2\,P_a = 2\,P \cdot \sigma_a/\sigma = 612$ kg. Die zusätzliche Tragkraft aus der Blattreibung (2 bis 12%) wurde vernachlässigt.

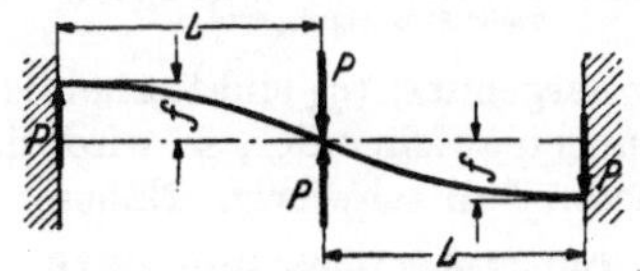

Bild 12/13. Beiderseitig eingespannte Lenkerfeder (schematisch).

4) Beiderseitig eingespannte Lenkerfeder nach Bild 12/13 mit Parallelbewegung der Federenden. Die halbe Feder mit der Länge L und Kraft P kann wiederum als einseitige Biegestabfeder nach 1. aufgefaßt und berechnet werden.

5) Gewundene Biegefeder nach Bild 12/14 mit konstantem Querschnitt und eingespannten Federenden. Das belastende Moment $P \cdot R$ wirkt als Biegemoment und ist längs der Feder konstant und somit auch die Biegespannung $\sigma = P \cdot R/W_b$. Entsprechend wird, wie bei der „Dreieckfeder" unter 2) der Nutzwert $\eta_A = 1/3$, wenn der Federquerschnitt ein Rechteck ist und $= 1/4$, wenn der Querschnitt ein Kreis ist. In Wirklichkeit ist die Randspannung an der Innenseite der Feder $\sigma_{\max} = q_3 \cdot \sigma$ etwas größer als außen (s. gekrümmte Träger, S. 69), so daß η_A etwas kleiner wird (q_3 s. Tafel 12/3). Die Kennlinie ist eine Gerade. Diese Federart wird als Scharnierfeder bevorzugt.

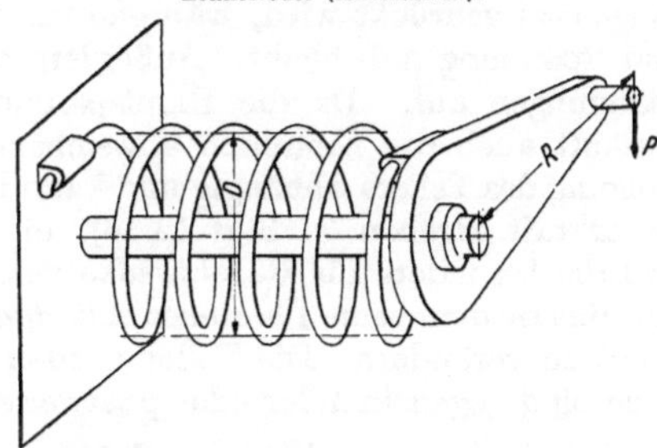

Bild 12/14. Gewundene Biegefeder beiderseitig eingespannt.

Für die Berechnung gilt:

Tragkraft $P = \frac{W_b \cdot \sigma}{R}$ (kg) Randspannung Innenseite $\sigma_{\max} = q_3 \cdot \sigma$ Drehwinkel $\varphi = \frac{P \cdot R \cdot L}{E \cdot J} = \frac{L \cdot \sigma}{E \cdot e}$	$\varphi^\circ = \varphi \cdot 180/\pi$ (°) Gestreckte Federlänge $L = \pi \cdot D \cdot z$ (cm) Federarbeit $A = P \cdot R \cdot \varphi/2 = \eta_A \cdot V \frac{\sigma^2}{E}$ (cmkg) $\eta_A = \frac{J}{e^2 \cdot F}$ e, W_b und J s. S. 189

Tafel 12/3. *Beiwert* q_3 *für gekrümmte Träger* mit Krümmungsdurchmesser *D*, abhängig von h/D. Für Kreisquerschnitt ist $h = d$.

Querschnitt ↓	$h/D = 0{,}1$	0,2	0,3	0,4	0,5	0,6	0,7	0,8	0,9
Rechteck	1,07	1,14	1,25	1,37	1,53	1,74	2,26	2,59	3,94
Kreis	1,08	1,17	1,29	1,43	1,61	1,89	2,28	3,0	5,0

6) Ebene Spiralfeder (Uhrfeder) nach Bild 12/15. Sind beide Federenden eingespannt und liegen die Windungen nicht aufeinander, so gelten die Gleichungen unter 5. Ist das äußere Federende gelenkig befestigt (ungünstig!), so wird der Werkstoff nicht gleich-

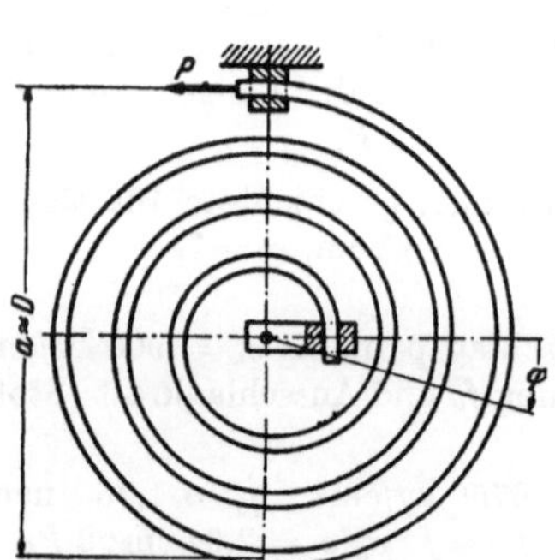

Bild 12/15. Ebene Spiralfeder (Uhrfeder), beiderseitig eingespannt.

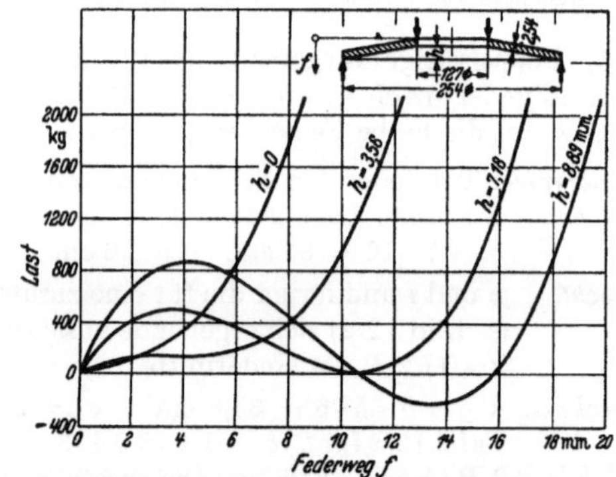

Bild 12/16. Kennlinien eines Federtellers bei verschiedenem *h*.

mäßig ausgenutzt (η_A sinkt erheblich!). Legen sich beim Spannen der Feder immer mehr Windungen aufeinander, so wird die Feder um so „härter". Eine genaue Berechnung ist für diesen Fall schwierig. Näheres s. [*12/2*].

7) Tellerfeder nach Bild 12/16. Die belastende Kraft *P* wirkt als Stülpkraft auf den Ringteller, wobei die äußere Ringfaser tangential gedehnt und die innere Ringfaser tangential gedrückt wird, während für eine mittlere (neutrale) Ringfaser die Verformung und Spannung null bleibt. Außerdem treten noch Biegespannungen und radiale Druckspannungen auf. Da die Randspannungen nicht linear mit dem Federweg wachsen, verläuft auch die Kennlinie abweichend von der Geraden. Sie ist besonders von der Neigung des Tellers abhängig und kann bei durchgedrücktem Teller sogar eine *abnehmende* Federkraft ergeben (s. Bild 12/16), eine Eigenschaft, die keine andere Feder aufweist, und die besonders für Regelzwecke von Vorteil sein kann. Der Nutzwert η_A wird noch am günstigsten beim Planteller mit $d_i/d = 0{,}65$ [1]. Der Federweg ist mit der Tellerzahl leicht zu verändern. Die Teller werden meist auf einem Dorn aufgereiht, wobei sie abwechselnd gegeneinander oder paarweise ineinander liegen (hierbei zusätzliche Reibung).

Berechnung nach Almen und Laszlo [2]:

Tragkraft $$P = \frac{4 \cdot E \cdot f \cdot s}{(1 - m^2) \cdot q_1 \cdot d^2} \left[(h - f)(h - f/2) + s^2\right] \text{ (kg)}$$

Querzahl $m = 0{,}3$ für Stahl

Beanspruchung $$\sigma = \frac{4 \cdot E \cdot f}{(1 - m^2)\, q_1 \cdot d^2} \left[q_2 (h - f/2) + q_3 \cdot s\right] \text{ (kg/cm}^2\text{)}$$

Federhärte $$c = \frac{dP}{df} = \frac{4 \cdot E \cdot s}{(1 - m^2) \cdot q_1 \cdot d^2} (s^2 + h^2 - 3hf + 1{,}5 f^2) \text{ (kg/cm)}$$

[1] Er würde noch günstiger für einen Teller mit verdicktem Außen- und Innenrand.

[2] Siehe [*12/25*] und [*12/2*].

[3] Jüngste Angaben zu Tellerfedern s. K. Walz (Entwurf u. Fertigung) Werkstatt u. Betr. 82 (1949) S. 453; G. Oehler (Berechnung) Werkstatt u. Betr. 82 (1949) S. 132; Tabellen zu Tellerfedern s. Druckschriften von Adolf Schnorr, Stuttgart-Botnang.

Tafel 12/4. *Beiwerte* q_1, q_2, q_3, abhängig von d/d_i.

für d/d_i =	1,4	1,8	2,2	2,6	3,0	3,4	3,8	4,2	4,6	5,0
q_1	0,45	0,64	0,72	0,77	0,78	0,8	0,8	0,8	0,8	0,79
q_2	1,06	1,17	1,26	1,35	1,42	1,50	1,57	1,64	1,7	1,77
q_3	1,13	1,3	1,45	1,6	1,74	1,88	2,0	2,13	2,25	2,37

Erfahrungswerte: $\sigma = 15\,000$ kg/cm², $E = 2{,}1 \cdot 10^6$ kg/cm², $m = 0{,}3$ für Tellerfedern aus gehärtetem Federstahl.

12.7. Drehbeanspruchte Federn.

1) Drehstabfeder nach Bild 12/17. Das belastende Drehmoment $M_t = P \cdot R$ ist längs des Stabes konstant, so daß bei gleichbleibendem Querschnitt auch die maximale Drehspannung τ längs des Stabes konstant ist. Im Querschnitt nimmt jedoch die Drehspannung von der Randfaser bis zum Schwerpunkt hin ab, so daß der Nutzwert η_A den Idealwert 1 nicht erreichen kann (s. Tafel 12/5 und 12/6). Die Verteilung der Drehspannung bei verschiedener Querschnittform s. S. 44. Besonders gefährdet sind die Einspannstellen, so daß man diese zweckmäßig verstärkt. Erprobt sind kerbverzahnte Stabköpfe mit 1,5 d als Kopfdurchmesser und 2 d als Ausrundungshalbmesser an der geschliffenen, oder noch besser oberflächengedrückten Übergangsstelle. Die Kennlinie der Drehstabfeder ist eine Gerade (s. Bild 12/1).

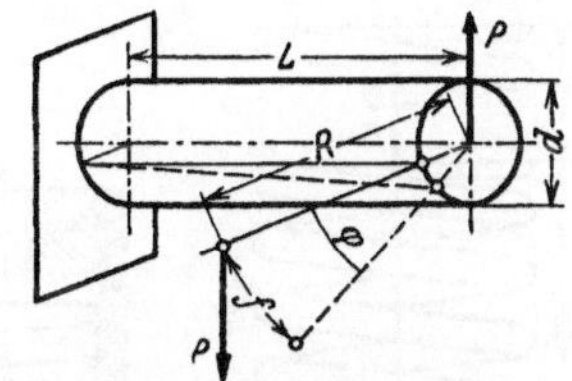

Bild 12/17. Drehstabfeder (schematisch), belastet durch das freie Drehmoment $P \cdot R$.

Für die Berechnung gilt:

Drehmoment $M_t = P \cdot R = W_t \cdot \tau$	Federarbeit $A = M_t \cdot \frac{\varphi}{2} = \eta_A \cdot \frac{\tau^2 \cdot V}{2G}$
Drehwinkel $\varphi = \frac{M_t \cdot L}{G \cdot J_t} = \frac{W_t \cdot \tau \cdot L}{J_t \cdot G}$	$\eta_A = \frac{W_t^2}{J_t \cdot F}$
Federweg $f = \varphi \cdot R$	

Tafel 12/5. W_t, J_t *und* η_A *für einige Querschnitte* (s. Festigkeitsrechnung S. 43 bis 45).

Für Querschnitt ↓	W_t	J_t	W_t/J_t	η_A
Kreis	$\pi \cdot \frac{d^3}{16}$	$\pi \cdot \frac{d^4}{32}$	$\frac{2}{d}$	$\frac{1}{2}$
Kreisring	$\pi \cdot \frac{d^4 - d_i^4}{d \cdot 16}$	$\pi \cdot \frac{d^4 - d_i^4}{32}$	$\frac{2}{d}$	$\frac{1 + d_i^2/d^2}{2}$
Rechteck	$\eta_2 \cdot h \cdot b^2$	$\eta_3 \cdot h \cdot b^3$	$\frac{\eta_2}{b \cdot \eta_3}$	s. Tafel 12/6

Tafel 12/6. *Beiwerte* η_2, η_3, η_A *für Rechteckquerschnitte, abhängig von* h/b. *h ist die größere, b die kleinere Rechteckseite.*

Für h/b =	1	1,5	2	3	4	5	6	8	10	∞
η_2	0,208	0,231	0,246	0,267	0,282	0,290	0,299	0,307	0,313	0,333
η_3	0,14	0,196	0,229	0,263	0,281	0,290	0,299	0,307	0,313	0,333
η_A	0,308	0,272	0,264	0,272	0,282	0,290	0,298	0,308	0,312	0,333

Erfahrungswerte für Drehstabfedern (kg/cm^2):

für gehärteten Federstahl mit $\sigma_B = 12\,000$ bis $16\,000$, $\sigma_F = 10\,000$ bis $13\,500$	$G = 830\,000$, $\tau_F = 8000$ bis $10\,000$; fast ruhend oder selten belastet $\tau_{zul} = 0{,}5\,\sigma_B = 6000$ bis 9000; dynamisch belastet $\tau_{zul} = \tau_m + 0{,}75\,\tau_A$
für gehärteten Cr–Si-St oder Cr–Va-St und $d = 2$ bis $3{,}5$ cm	$\tau_A = 1400$ bis 2800

Beispiel: Drehstabfeder bei dynamisch schwellender Beanspruchung.
Gegeben: $d = 2$ cm; $L = 100$ cm; $\tau = 2\,\tau_a = 4000$ kg/cm²; gesucht: M_t, φ, A.
Berechnet: $W_t = \pi \cdot \frac{d^3}{16} = 1{,}57\ \text{cm}^3$; $J_t = \pi \frac{d^4}{32} = 1{,}57\ \text{cm}^4$; $M_t = W_t \cdot \tau = 6280$ cmkg;

$$\varphi = \frac{W_t}{J_t} \cdot \frac{\tau \cdot L}{G} = 0{,}482; \quad \varphi^\circ = \varphi \cdot \frac{180}{\pi} = 27°36'; \quad A = M_t \cdot \frac{\varphi}{2} = 1515\ \text{cmkg}.$$

2) Zylindrische Schraubenfeder mit konstantem Querschnitt nach Bild 12/18. Sie ist die im Maschinenbau am häufigsten verwendete Federart und stellt eine in Form einer Schraubenlinie gewundene Drehstabfeder dar, die durch eine Druck- oder Zugkraft P in der Federachse belastet wird.

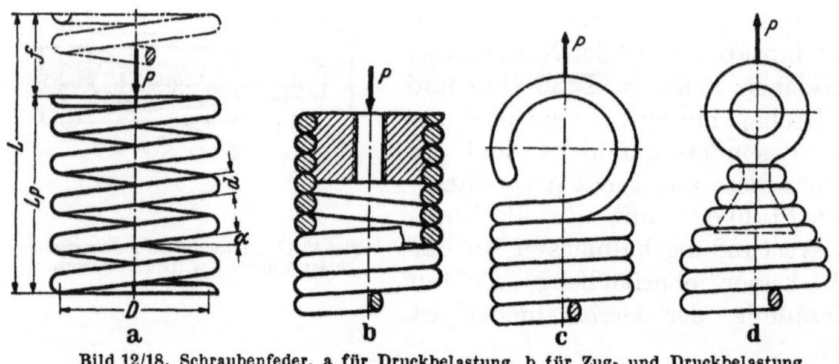

Bild 12/18. Schraubenfeder, a für Druckbelastung, b für Zug- und Druckbelastung, c und d für Zugbelastung.

Ausführung: Ausführung der Federenden nach Bild 12/18. Für die zentrische Kraftwirkung ist es günstig, wenn die Federenden um 180° versetzt liegen (Gesamtwindungszahl mit 1/2 endigend), und wenn bei Druckfedern an jedem Federende 3/4 Windungen beigedrückt (nicht mehr federnd!) und plangeschliffen werden. Hierbei wird die Druckfeder „härter" werden (Kurve b Bild 12/1), sobald sich die beigedrückten Windungen gegen die nächsten legen. Günstige Abmessungen und Federkräfte s. Tafel 12/10.

Beanspruchung: Durch die Kraft P und den Hebelarm $r = D/2$ erhält ein Drahtquerschnitt, rechtwinklig zur Schraubenlinie (Steigungswinkel α) liegend

ein Drehmoment $= P \cdot r \cdot \cos\alpha$	ein Biegemoment $P \cdot r \cdot \sin\alpha$
eine Querkraft $= P \cdot \cos\alpha$	eine Zug- oder Druckkraft $P \cdot \sin\alpha$

Gegenüber der Drehbeanspruchung aus dem Drehmoment treten, zumal bei kleinem α und kleinem d/D die übrigen Beanspruchungen zurück. Man rechnet zweckmäßig nur mit dem Drehmoment $P \cdot R$, da $\cos\alpha \approx 1$, und berücksichtigt gegebenenfalls (bei großem d/D) die zusätzliche *Schubspannung* an der *Innenseite* der Feder mit Hilfe eines Beiwertes y. Der Federweg f wird durch die zusätzlichen Beanspruchungen kaum beeinflußt, solange die Federwindungen sich nicht berühren.

Für die Berechnung gilt [1]:

Allgemein:	Federlänge ungespannt, für Druckfeder mit zwei toten Gängen:
Tragkraft $P = 2 \cdot W_t \cdot \frac{\tau}{D}$ (kg)	$L \geq (z+2)\,d + f + 0{,}1 \cdot d \cdot z$ (cm)
Federweg $f = \frac{\pi \cdot z \cdot D^3 \cdot P}{4 \cdot J_t \cdot G} = \frac{\pi \cdot z \cdot D^2 \cdot W_t \cdot \tau}{2 \cdot G \cdot J_t}$ (cm)	Für Zugfeder:
Federarbeit $A = \pi \cdot z \cdot \frac{D \cdot W_t^2}{2 \cdot J_t} \cdot \frac{\tau^2}{G} = \eta_A \cdot \frac{V \cdot \tau^2}{2\,G}$ (cmkg)	$L \geq d \cdot z +$ Ösenhöhe (cm)
W_t, J_t und η_A s. Tafel 12/5	

[1] Berechnung der Knicksicherheit von Druckfedern und *Quer*federung s. [*12/2*], [*12/30*], [*12/34*] u. [*12/35*].

Für eine Feder mit Kreisquerschnitt des Drahtes:

Drahtdurchmesser $d = \sqrt[3]{(2{,}55\ P \cdot D/\tau)}$ (cm)

Wirksame Windungszahl $z = \frac{f \cdot G \cdot d}{\pi \cdot D^2 \cdot \tau}$

$= 264\,000 \frac{f \cdot d}{\tau \cdot D^2}$ für Stahl mit $G = 830\,000$ kg/cm²

Maximale Schubspannung (Innenseite) $\tau' = \tau \cdot \cos\alpha \cdot y$ (nach GÖHNER [*12/29*])

Beispiel s. S. 196. Günstige Abmessungen und Federkräfte s. Tafel 12/10.

Tafel 12/7. *Beiwert y für Kreisquerschnitte, abhängig von D/d.*

Für $D/d =$ →	2	3	4	5	6	7	8	9	10	12
y . . .	2,05	1,55	1,38	1,29	1,23	1,20	1,17	1,15	1,14	1,13

Für eine Feder mit Rechteck-Querschnitt[1] *des Drahtes:*

Größere Rechteckseite h, kleinere b; η_2 und η_3 s. Tafel 12/6

Abmessung $h \cdot b^2 = P \frac{D}{\eta_2 \cdot 2\tau}$ (cm³)

Wirksame Windungszahl $z = \frac{2 \cdot f \cdot G \cdot b}{\pi \cdot D^2 \cdot \tau} \cdot \frac{\eta_3}{\eta_2}$; $= 528\,000 \frac{f \cdot b}{D^2 \cdot \tau} \cdot \frac{\eta_3}{\eta_2}$ für Stahl

$\max \tau' = \tau \cdot \cos\alpha \cdot y$ (nach GÖHNER [*12/29*])

Tafel 12/8. *Beiwert y für Rechteckquerschnitt, abhängig von h/b und D/b bzw. D/h.*

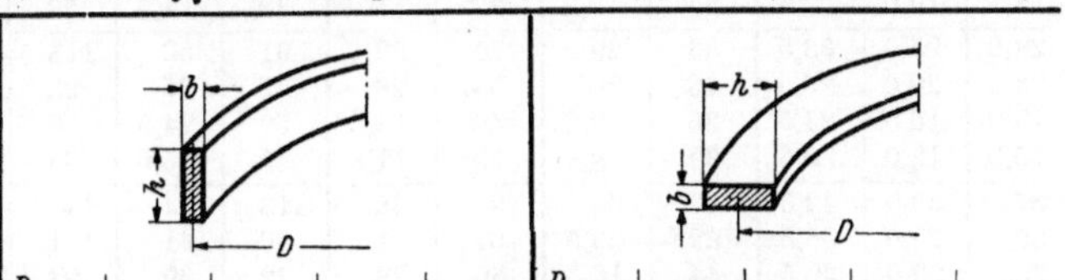

h/b ↓	$\frac{D}{b} = 3$	4	5	6	10	$\frac{D}{h} = 3$	4	5	6	10
1	1,46	1,33	1,26	1,21	1,12	1,46	1,33	1,26	1,21	1,12
1,5	1,41	1,30	1,235	1,19	1,11	1,32	1,18	1,11	1,07	1
2	1,39	1,28	1,22	1,18	1,11	1,26	1,13	1,06	1,03	1
3	—	—	1,215	1,18	1,10	1,24	1,10	1,07	1,06	1,03
4	—	—	—	1,18	1,10	1,25	1,16	1,12	1,10	1,05
5	—	—	—	—	1,085	1,27	1,19	1,16	1,12	1,07

Erfahrungswerte für Schraubenfedern (kg/cm²):

für gehärteten Federstahl $G = 830\,000$, σ_B siehe Tafel 12/9	fast ruhend oder selten belastet $\tau_{zul} = 0{,}5\,\sigma_B$ dynamisch belastet $\tau_{zul} = \tau_m + 0{,}75\,\tau_A$
für gehärteten C-Stahl, oder Cr–Si-St und d =0,5 cm blank gezogen, kalt gewickelt und angelassen geschliffen, kalt gewickelt und angelassen wie vorher, aber besonders gehärtet und vergütet	 $\tau_A = 1500$ bis 1700 $\tau_A = 2000$ bis 2500 $\tau_A = 2800$ bis 3200
für *dickdräht.* Walzdraht, warm gewickelt, gehärtet und angelassen wie vorher, aber Draht geschliffen, ohne Randentkohlung gehärtet und angelassen	$\tau_A = 400$ bis 600 $\tau_A = 1000$ bis 1600
für *Ventil*federn	τ_A s. Bild 12/19
für *Fahrzeug-Tragfedern*, bezogen auf die statische Belastung	$\tau_{zul} = 4000$ bis 5000

[1] Vereinfachte Formeln s. W. A. WOLF in Z. VDI 91 (1949) S. 259.

Tafel 12/9. *Statische Zugfestigkeit σ_B (kg/mm²) von patentgehärtetem Federstahl nach DIN 2076 (Febr. 1944), abhängig vom Drahtdurchmesser d.*

d (mm) →	1	2	4	6	8	10	12	14	16
Qualität I	280	240	200	170	155	—	—	—	—
II	250	215	180	155	145	—	—	—	—
III	225	195	165	145	135	120	110	105	—
IV	205	175	145	130	125	110	105	100	90
V	175	150	125	115	110	100	95	90	80

Tafel 12/10. *Abmessungen für kaltgeformte druckbelastete Schraubenfedern aus Stahldraht nach Bild 12/18 a* (Gesamtwindungen $z_g = z + 2$). Der Belastung P und der zugehörigen Länge $L_P = L - f$ entspricht $\tau = 0{,}425\,\sigma_B$. Der Blockbelastung (Windungen gegen Windung liegend!) $P_{Bl} = 1{,}18\,P$ und der zugehörigen Länge $L_{Bl} = L - 1{,}18\,f$ entspricht $\tau_{Bl} = 0{,}5\,\sigma_B$. Federhärte $C = P/f$. Angenommen wurde $G = 830000$ kg/cm².

P	d	D	passend auf Dorn	passend in Hülse	$z_g = 6{,}5$ L	$z_g = 6{,}5$ f	$z_g = 8$ L	$z_g = 8$ f	$z_g = 10$ L	$z_g = 10$ f	$z_g = 12{,}5$ L	$z_g = 12{,}5$ f	$z_g = 16$ L	$z_g = 16$ f
kg	mm	mm	mm	mm	mm	mm	mm	mm	mm	mm	mm	mm	mm	mm
12,5		18,7	16,0	22,0	38	22	56	30	65	39	85	52	113	70
15,9		14,7	12,0	18,0	28	13,7	36	18,3	47	24	62	32	81	43
18,4	2	12,7	10,0	16,0	24	10,2	31	13,6	41	18,4	52	24	69	32
21,8		10,7	8,0	14,0	21	7,3	27	9,7	35	12,8	44	17	58	22,5
18		23,2	20,0	27,0	44	25	59	34	76	44	98	58	131	78
22	2,5	19,2	16,0	23,0	35	17,4	46	23	60	31	77	40	102	54
28		15,2	12,0	19,0	28	11	36	14,6	47	19,5	60	25,5	79	34
32		13,2	10,0	17,0	25	8,2	32	11	42	14,5	53	19	68	25
29		28,9	25,0	33,5	53	29	70	39	91	52	118	68	157	91
35	3,2	23,9	20,0	28,5	43	20	55	26	72	35	93	46	121	61
42		19,9	16,0	24,5	36	13,8	46	18,3	59	24,5	76	32	100	43
53		15,9	12,0	20,5	30	8,9	39	11,8	49	15,6	63	20,5	82	27
42		37	32,0	42,5	67	36	86	48	113	64	147	84	195	113
51	4,0	30	25,0	35,5	52	23,5	67	31	86	41	111	54	148	73
62		25	20,0	30,5	44	16,5	56	22	72	29	93	38	122	51
74		21	16,0	26,5	39	11,8	49	15,5	63	20,5	80	27	104	36
61		46	40,0	52,5	78	41	102	55	133	73	172	95	227	127
74	5,0	38	32,0	44,5	63	28	82	38	106	50	138	66	180	87
91		31	25,0	37,5	53	19	67	25	86	33	112	44	147	59
108		26	20,0	32,5	47	13,2	59	17,7	76	23,5	97	31	126	41
94		57,8	50,0	66,0	97	50	126	67	164	89	213	117	281	156
113	6,3	47,8	40,0	56,0	78	34	101	46	130	60	168	79	221	105
136		39,8	32,0	48,0	67	24	85	32	109	42	140	55	183	73
165		32,8	25,0	41,0	58	16	73	21,5	94	28,5	120	37	157	50
147		72,5	63,0	82,5	118	60	153	79	200	105	258	138	340	184
179	8,0	59,5	50,0	69,5	95	40	122	53	159	71	205	93	270	124
216		49,5	40,0	59,5	81	28	103	37	134	49	172	65	225	86
258		41,5	32,0	51,5	72	19,5	91	26	118	35	150	45	196	61
200		92	80,0	104,5	140	68	181	90	236	120	305	157	402	210
245	10,0	75	63,0	87,5	113	45	145	60	188	79	242	104	318	139
296		62	50,0	74,5	97	31	123	41	158	54	203	71	267	95
353		52	40,0	64,5	87	21,5	110	29	140	38	180	50	234	67

Beispiel: Ventilfeder als Schraubenfeder aus gehärtetem Rund-Stahldraht.

Gegeben: Bei geschlossenem Ventil Federkraft $P_u = 130$ kg, Federweg f_u; bei geöffnetem Ventil Federkraft P, Federweg f, Ventilhub $= f - f_u = 1{,}4$ cm.
$\tau_{zul} = 3000$ kg/cm², $\tau_{a\,zul} = 700$ kg/cm²; $D = 6$ cm.

Berechnet: (nach S. 186) $P = P_u \cdot \frac{\tau}{\tau - 2\,\tau_a} = 244$ kg; $f = (f - f_u)\frac{\tau}{2 \cdot \tau_a} = 3$ cm;

ferner (nach S. 195) $d = (2{,}55 \cdot P \cdot D/\tau)^{1/3} = 1{,}08$ cm, gewählt 1,1 cm;
$z = 264\,000 \cdot \frac{f \cdot d}{\tau \cdot D^2} = 8{,}07$, gewählt 8,5 Windungen;
Federlänge $L \geq (z + 2)\, d + f + 0{,}1 \cdot d \cdot z = 15{,}48$ cm;
$\max \tau' = \tau \cdot \cos\alpha \cdot y = 3000 \cdot 1{,}26 = 3780$ kg/cm für $D/d = 5{,}46$ und $y = 1{,}26$ nach Tafel 12/7 und $\cos\alpha \approx 1$,
ebenso $\max \tau_a' = \tau_a \cdot y_3 = 880$ kg/cm².
Nimmt man weniger Windungen, so wird τ_a größer.

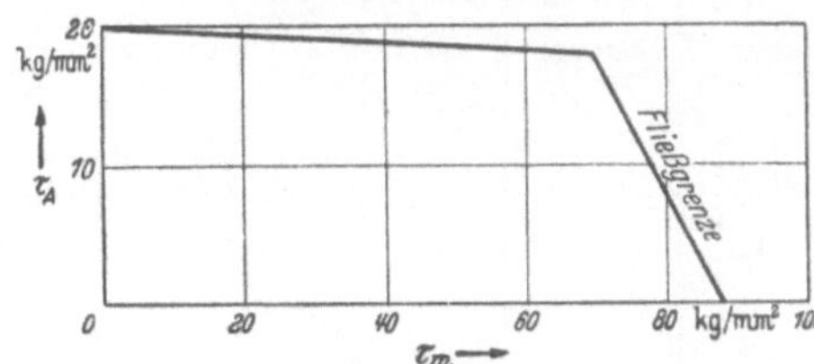

Bild 12/19. Ausschlagfestigkeit τ_A einer Ventil-Schraubenfeder aus Stahldraht mittlerer Güte.

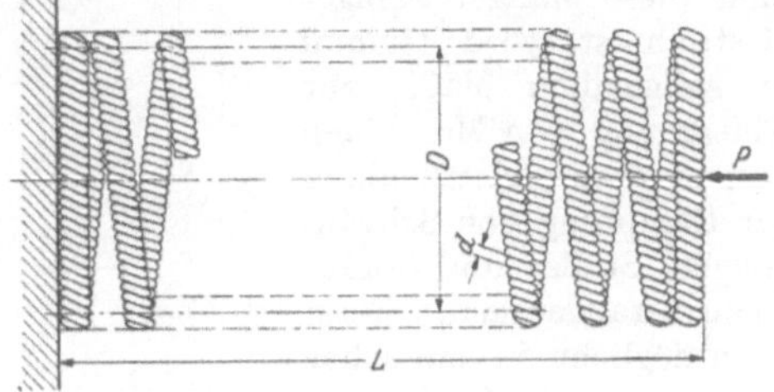

Bild 12/20. Litzen-Schraubenfeder für Druckbelastung.

3) Litzen-Schraubenfeder nach Bild 12/20. Diese Feder ist aus einer Litze gewickelt, die wiederum aus mehreren um einen Kerndraht gewundenen Drähten besteht. Sie erlahmt bei *schlagartiger* Belastung erfahrungsgemäß weniger als andere Schraubenfedern. Ihre Kraftaufnahme wird größer, wenn die Drähte sich bei der Belastung auf dem Kerndraht festziehen. Die Drähte müssen hierzu bei *Druck*belastung *entgegen*gesetzt zur Schraubenrichtung der Feder gewunden sein und bei *Zug*belastung *gleich*gerichtet. Die Litzenfeder berechnet man bisher näherungsweise als Parallelschaltung von Schraubenfedern aus den Einzeldrähten mit Windungsdurchmesser D nach 2).

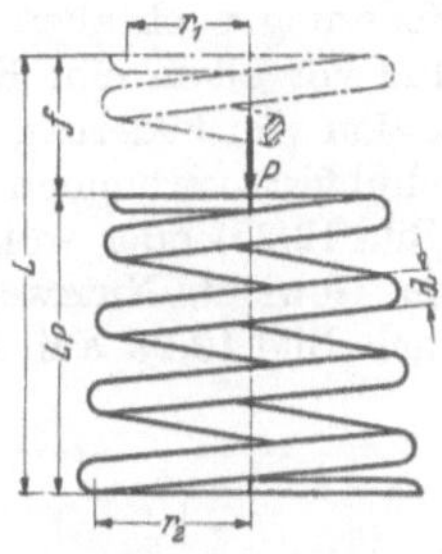

Bild 12/21. Kegelfeder mit konstantem Kreisquerschnitt.

4) Kegelfeder mit konstantem Querschnitt nach Bild 12/21. Die Drehspannung wächst mit dem Windungshalbmesser r bis zum Größtwert $\tau = P \cdot r_2/W_t$. Entsprechend fällt der Nutzwert η_A gegenüber der zylindrischen Schraubenfeder.

Für die *Berechnung* gilt mit guter Annäherung für Kreis- und Rechteckquerschnitt, solange die Windungen sich nicht zunehmend auflegen:

Tragkraft $P = W_t \cdot \tau/r_2$ (kg); $\max \tau' = \tau \cdot \cos\alpha \cdot y$ (kg/cm²)

Federweg $f = \frac{\pi \cdot z \cdot P}{2 \cdot J_t \cdot G}\,(r_1 + r_2)\,(r_1^2 + r_2^2) = \frac{\pi \cdot z \cdot W_t \cdot \tau}{2G \cdot J_t \cdot r_2}\,(r_1 + r_2)\,(r_1^2 + r_2^2)$ (cm)

Federarbeit $A = P \cdot f/2 = \eta_A \cdot \frac{\tau^2 \cdot V}{2G}$ (cmkg); $\eta_A = \frac{W^2 \cdot (r_1^2 + r_2^2)}{J_t \cdot F \cdot 2 \cdot r_2^2}$

W_t und J_t nach Tafel 12/5, y nach Tafel 12/7 bzw. 12/8.

5) Kegelfeder mit abnehmendem Rechteck-Querschnitt (Pufferfeder) nach Bild 12/22. Sie nimmt bei geringem Raumbedarf ziemlich große Federkräfte bei progressiv ansteigender Kennlinie auf (s. Bild 12/22b), wenn die Windungen sich, wie üblich, auf die Unterlage aufsetzen. Bei reibender Berührung der Windungen (enge Wicklung) kommt noch die Reibungskraft hinzu. Die Beanspruchung der Feder in den einzelnen Querschnitten kann angenähert nach 4) berechnet werden, während eine zutreffende Berechnung des Federwegs schwieriger ist. Näheres s. [*12/36*] und [*12/37*].

12.8. Gummifedern.

1) Obwohl Naturgummi durch Licht, Wärme und Sauerstoff brüchig wird („altert“), gegen Öl und Benzin empfindlich ist (quillt) und Kunstgummi ohne diese Mängel weniger elastisch ist, wird Gummi in steigendem Maße zur Abfederung von Maschinen und Geräten und vor allem zur Dämpfung von Schwingungen, Stößen und Geräuschen herangezogen. Denn er ermöglicht in einfacher Weise je nach Anordnung eine weiche oder härtere Federung, eine gleichzeitige Federung nach allen Seiten und vor allem eine Kombination von Federung und Dämpfung. Ferner kann Gummi mit Metallzug-, druck- und schubfest verbunden werden (Schwingmetall), indem es z. B. zwischen Metallplatten (Bild 12/23) oder -röhren (Bild 12/24) oder -ringen einvulkanisiert wird. Außerdem ist der Gewichts-Nutzwert von Gummifedern besonders hoch. Gewöhnlich wird Gummi nach Bild 12/23 auf *Druck* oder auf *Schub* (größerer Federweg!) beansprucht und nur für untergeordnete Zwecke auf *Zug* (umsponnene Gummischnüre). Bei der Schubbeanspruchung kann man *Parallelschub* (Bild 12/23 und Bild 12/24 durch Kraft P_2), *Dreh*schub (Bild 12/24 durch Kraft P_4) und Beanspruchung auf *Drehung* (Gummiwelle oder Gummiring zwischen zwei Endscheiben unter Drehmoment) unterscheiden.

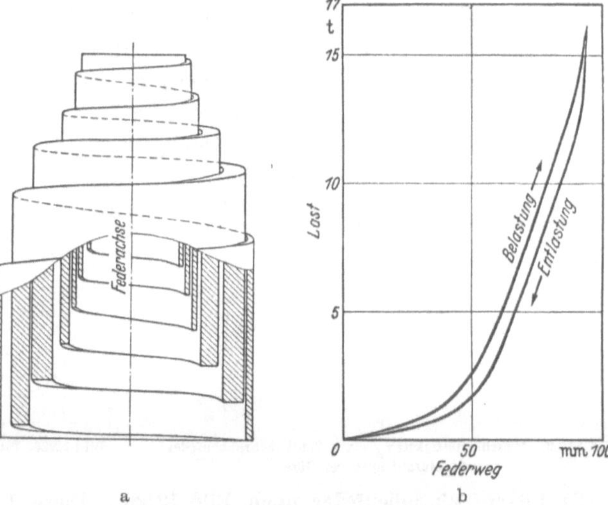

Bild 12/22. a Kegelfeder mit abnehmendem Rechteck-Querschnitt (Pufferfeder), b Kennlinie hierzu.

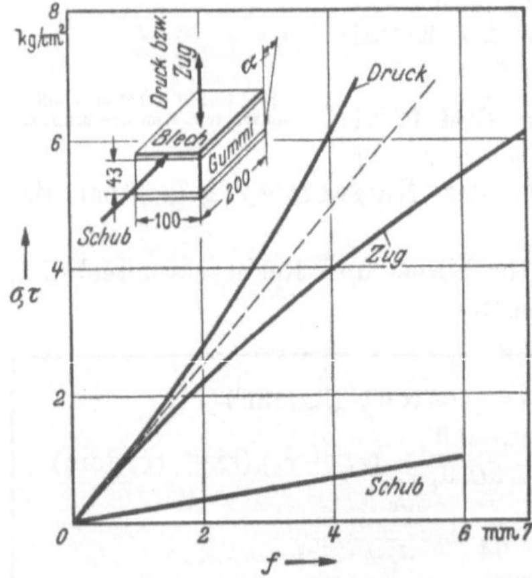

Bild 12/23. Kennlinien für einen Gummiklotz (Schwingmetall), Gummisorte mittelhart (DVM 63), G=8 kg/cm², bei verschiedener Belastung.

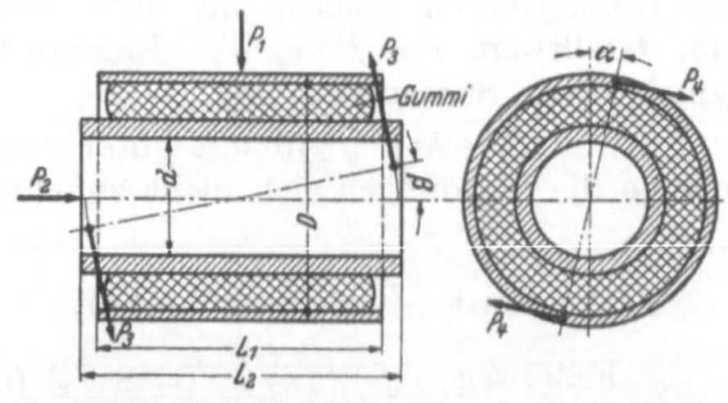

Bild 12/24. Boge-Silentblock (Gummi zwischen Rohrstücken einvulkanisiert) bei verschiedenartiger Belastung P_1 bis P_4 *.

* Abmessungen und Belastungsangaben s. Druckschrift der Firma Boge u. Sohn, G. m. b. H., Eitorf (Sieg). Zulässige Verformungen je nach Ausführung: $\alpha = \pm 15°$ bis $\pm 30°$; $\beta = \pm 1°$ bis $\pm 7°$, radialer Federweg 0,5 bis 1,5 mm, achsialer Federweg $0{,}5 \cdot (L_2 - L_1)$.

2) **Belastungsart und Kennlinie.** Der Gummiklotz nach Bild 12/23 kann auf Zug, Druck oder Schub beansprucht werden, wobei sich Kennlinien ergeben, die grundsätzlich verschieden verlaufen, und zwar entsprechend der Zu- oder Abnahme der Querschnitte bei der Belastung und entsprechend der mehr oder weniger vorhandenen Dehnbehinderung

durch Reibung oder Festhaftung (Vulkanisation) an den Endplatten. Bei der Entlastung verlaufen die Kennlinien entsprechend der inneren und gegebenenfalls auch äußeren Reibung niedriger (Bild 12/25).

Federhärte: Sie hängt, außer vom E-Modul (Gummisorte), erheblich von der *Dehnbehinderung* ab, die wir durch das Verhältnis der belasteten zur freien Oberfläche (Formfaktor) erfassen können. Der E-Modul und die innere Reibung können durch den Rußanteil der Gummimischung beeinflußt werden, der Formfaktor durch eine mehr oder weniger enge Unterteilung der Gummifeder mittels Zwischenplatten, oder durch sonstige äußere Begrenzungen. *Allseitig eingeschlossener Gummi* (Formfaktor ∞) *ergibt keine Federwirkung,* da Gummi sein Volumen unter Druck kaum ändert.

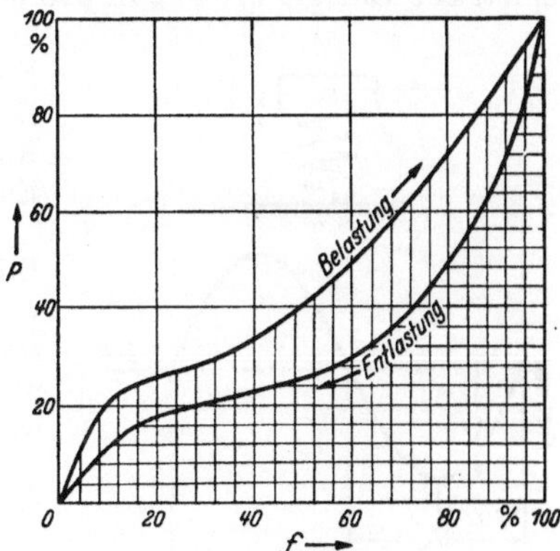

Bild 12/25. Kennlinien für ein umsponnenes Gummikabel (nach KAMPSCHULTE).

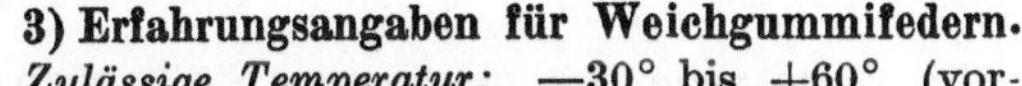

3) Erfahrungsangaben für Weichgummifedern.

Zulässige Temperatur: —30° bis +60° (vorübergehend —65° bis +100°)[1].

Statische Zugfestigkeit: $\sigma_B =$ 175—270 kg/cm² bei 400 bis 800 % Dehnung; Schwingmetall Haftfestigkeit $\sigma_B \approx 30$ kg/cm² (dynamisch ± 4 kg/cm²); Druckmodul $E = 18$ bis 100 kg/cm²; Schubmodul $G = 3$ bis 12 kg/cm².

Weitere Angaben siehe [*12/38*] bis [*12/51*].

Tafel 12/11. *Anhaltswerte für die zulässige Spannung bei Gummifedern nach* STEINBORN [*12/42*].

Belastung	Zug kg/cm²	Druck kg/cm²	Parallelschub Drehschub Drehung kg/cm²
Statisch	10···20	30···50	10···20
Zeitweiser Stoß	10···15	25···40	10···20
Dynamisch dauerbelastet	5···10	10···15	3···5
Sonderfälle mit Ausschlagbegrenzung	10···20	30···50	5···10*

* Bei Drehschub notfalls noch 5 kg/cm² höher.

4) Druckfedern (Zugfedern) aus Gummi. Man verwendet hierzu meist Gummiklötze oder Schwingmetall-Gummiplatten nach Bild 12/23 und in Sonderfällen für sehr weiche Zugfedern umsponnene Gummikabel mit Kennlinie nach Bild 12/25.

Berechnung: (Erfahrungswerte s. Tafel 12/11)

Tragkraft $P = F \cdot \sigma$ (kg)

Federweg $f = \frac{P \cdot L}{F \cdot E_m} = \frac{\sigma \cdot L}{E_m}$ (cm)

Federarbeit $A = \int P \cdot df$ (cmkg), = schraffierte Fläche Bild 12/25

E_m = mittlerer E-Modul

5) Schubfedern aus Gummi nach Bild 12/23.

Berechnung: (Erfahrungswerte s. Tafel 12/11)

Tragkraft $P = F \cdot \tau$ (kg)

Verschiebeweg $f = h \cdot \alpha = \frac{h \cdot P}{F \cdot G} = \frac{h \cdot \tau}{G}$ (cm)

Federarbeit $A = P \cdot \frac{f}{2} = \frac{F \cdot \tau^2 \cdot h}{2 \cdot G} = \frac{V \cdot \tau^2}{2 \cdot G}$ (cmkg)

[1] Perbunan, zulässige Temperatur —25 bis +85° C (vorübergehend —50 bis +150° C).

12.9. Stoßvorgang.

Beim elastischen Stoß handelt es sich um einen *Schwingungs*vorgang, bei dem die kinetische Energie $m \cdot v^2/2$ in potentielle Energie (Federarbeit) umgesetzt und unter Umkehr der Bewegungsrichtung auch wieder als kinetische Energie abgegeben wird (Beispiel: aufspringender Ball). Bei zusätzlicher Energieaufnahme (Dämpfung) durch Reibung oder plastische Verformung ist die abgegebene Energie geringer als die aufgenommene.

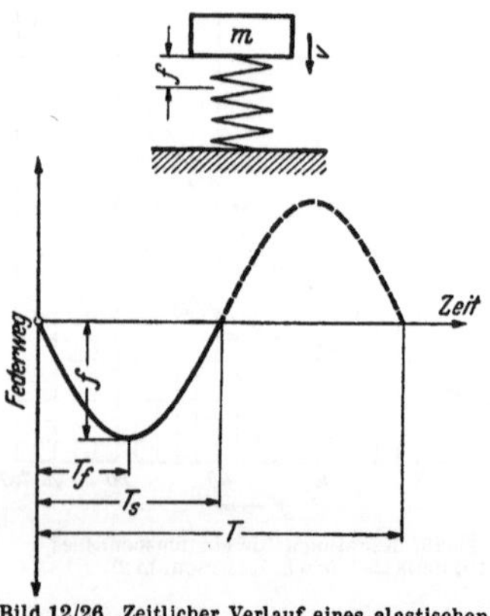

Bild 12/26. Zeitlicher Verlauf eines elastischen Stoßvorganges (Stoßfangzeit $T_f = T/4$).

Der zeitliche Verlauf eines Stoßvorgangs geht aus Bild 12/26 hervor. Die Stoßfangzeit T_f bis zur Bewegungsumkehr kann als Teilbetrag der Schwingungszeit T für eine volle Schwingungsperiode ausgedrückt werden: $T_f = T/4$. Die Stoßdauer, bis sich die Körper wieder trennen, beträgt $T_s = T/2$.

Bei gegebener Stoßarbeit wird nach Bild 3/15, Seite 49 die größte Stoßkraft P um so größer, je größer $c = dP/df$, d. h. je „härter" die Feder ist.

Für die *Berechnung* des elastischen Stoßvorgangs gilt bei *gerader* Federkennlinie und mit den Bezeichnungen der Erdbeschleunigung $g = 981$ cm/s², Masse m (kgs²/cm) und Geschwindigkeit v (cm/s) der Masse:

Stoßarbeit $A_s = mv^2/2 = A = P \cdot f/2 = c \cdot f^2/2$ (cmkg); $c = P/f$ (kg/cm)
größte Stoßkraft $P = f \cdot c = m \cdot v^2/f = v \cdot \sqrt{m \cdot c}$ (kg)
größte Verzögerung $b_v = P/m = v^2/f$ (cm/s²)
größter Federweg $f = m \cdot v^2/P_{\max} = v \cdot \sqrt{m/c}$ (cm)
Stoßzeit $T_f = T/4 = \frac{\pi}{2}\sqrt{m/c}$ (s)
Schwingungszeit $T = 2\pi\sqrt{m/c}$

Beispiel: Eine Laufkatze mit dem Gewicht $Q = 10\,000$ kg und der Geschwindigkeit $v = 100$ cm/s soll von zwei Schraubenfedern als Puffer auf dem Federweg $f = 50$ cm abgefangen werden.

Berechnet:

$$A_s = m\frac{v^2}{2} = \frac{10\,000 \cdot 100^2}{981 \cdot 2} = 51\,000 \text{ cmkg}; \quad P = m\frac{v^2}{f} = 2040 \text{ kg};$$

$$b_v = \frac{v^2}{f} = 200 \text{ cm/s}^2; \quad c = P/f = 2040/50 = 40{,}8 \text{ kg/cm};$$

$$T_f = \frac{\pi}{2}\sqrt{m/c} = \frac{\pi}{2}\sqrt{\frac{10\,000}{981 \cdot 40{,}8}} = 0{,}785 \text{ s.}$$

Vergleichsweise würde beim Abfangen der Laufkatze mit einer konstanten Bremskraft die gleiche Stoßarbeit auf gleichem Wege mit einer halb so großen Kraft in 1 s aufgenommen werden, da in diesem Falle $A = P \cdot f$ ist (s. Reibbremsen Band 2).

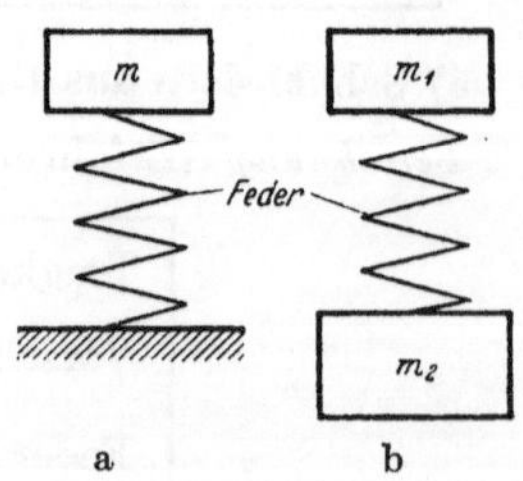

Bild 12/27. Schwingungssysteme Feder + Masse mit Ein-Massensystem a, Zwei-Massensystem b.

12.10. Eigenschwingungen.

Jede Paarung einer Feder mit einer Masse (Bild 12/27) ergibt ein schwingungsfähiges Gebilde, das eine *Eigenfrequenz* besitzt, d. h., eine bestimmte Anzahl Schwingungen je Zeiteinheit macht, wenn es erregt wird. Erfolgt die Erregung im

Takt der Eigenfrequenz, so liegt *Resonanz* vor, die zu großen Schwingungsausschlägen führt, wenn die Schwingung nicht gedämpft wird.

Die Gefahr der Resonanzschwingung besteht besonders bei Maschinen und Maschinenteilen hoher Drehzahl, bzw. Taktzahl, so daß für diese die Eigenfrequenz nachzuprüfen und gegebenenfalls zu ändern ist, wenn sie nicht mit Sicherheit weit unter oder weit über der Betriebsdrehzahl (Betriebsfrequenz) liegt.

Bei umlaufenden Wellen nennt man die minutliche Eigenfrequenz auch „kritische Drehzahl" (s. Kap. 17). Die Eigenfrequenz ist bestimmt durch die Federhärte c und die Masse m. Je kleiner c, d. h., je „weicher" die Feder, und je größer m, desto niedriger ist die Eigenfrequenz. Ferner verringert eine zusätzliche Dämpfung außer dem Schwingungsausschlag auch die Frequenz. Näheres s. [*12/55*] und [*12/56*].

Unter der Voraussetzung, daß die Federmasse im Verhältnis zur Schwingungsmasse m gering ist[1], gilt für das Einmassensystem (Bild 12/27a):

Kreisfrequenz[2] $\omega = \sqrt{c/m}$ (1/s),
$= \sqrt{g/f} = 31{,}3/\sqrt{f}$
für $c =$ konst. und Federweg f erzeugt durch $m \cdot g$ als Belastung

Sekunden-Frequenz (Hertz) oder Schwingungszahl $f_r = \omega/2\,\pi$ (1/s)
Minuten-Frequenz $n = 60\,f_r = 30 \cdot \omega/\pi = 9{,}55\,\sqrt{c/m}$ (1/min)
Schwingungszeit $T = 1/f_r = 60/n = 2\,\pi/\omega = 2\,\pi\,\sqrt{m/c}$ (s)
Bei Drehschwingungen ist c/m durch den Ausdruck $\frac{M_t}{\varphi \cdot J_m}$ zu ersetzen.

Beispiel: Werkzeugmaschine auf mehreren Gummiklötzen gelagert.

Gegeben: Belastung $P = 4500$ kg, Betriebsdrehzahl $= 1000$ bis 3000 (1/min), Gesamtquerschnitt der Gummiklötze $F = 200\ \text{cm}^2$, Klotzhöhe $h = 10$ cm, $E = 65\ \text{kg/cm}^2$.

Berechnet: nach S. 199 $\sigma = P/F = 22{,}5\ \text{kg/cm}^2$ (zulässig!), $f = \sigma\,h/E = 3{,}47$ cm, $c = P/F = 1300$ kg/cm.

Minuten-Frequenz $n = 9{,}55\,\sqrt{g/f} = 161$ (1/min). Es ist also keine Resonanz zu befürchten, da die Betriebsdrehzahl bedeutend höher liegt.

12.11. Schrifttum zu 12.

Allgemein (weiteres Schrifttum s. in [*12/2*]):

[*12/1*] DIN-Blätter: Sinnbilder für Federn 29; Federstähle für Blatt- und Kegelfedern (s. S. 92), gerippter Federstahl 1570; glatter Federstahl 74151; Federstahldraht, rund 2076; Federblech aus Cu-Legierung 1777 bis 1781; Eisenbahnblattfedern 1571, 1573, 5541···5543, 5610, 34010, 34016; Schraubenfedern, 2075, 2088, 2089, 2090; Drehstabfedern 2091; Blattfedern 4621, 4626.

[*12/2*] Gross, S. und E. Lehr: Die Federn. Berlin: VDI-Verlag 1938;
ferner: Gross, S.: Berechnung und Gestaltung der Federn. Berlin: Springer 1939.

[*12/3*] Lehr E. u. A. Weigand: Spannungsverteilung in Federn. Forschg. Ing.-Wes. Bd. 8 (1937) S. 161.

Dauerfestigkeit (weiteres Schrifttum in [*12/2*] und [*12/4*]):

[*12/4*] Zöge von Manteuffel: — von Kraftfahrzeugfedern. Dtsch. Kraftfahrtforsch. H. 49. Berlin VDI-Verlag 1941.

[*12/5*] Hellwig, W.: — von Federdrähten. Z. VDI Bd. 83 (1939) S. 639.

[*12/6*] Pomp A. u. M. Hempel: — von Ventilfedern. Mitt. Kais.-Wilh.-Inst. Eisenforschg. Bd. 22 (1940).

[*12/7*] Zimmerli, F. P.: — von Schraubenfedern. Z. VDI Bd. 80 (1936) S. 787.

[*12/8*] Walz, K.: Federfragen. Oberndorf: Fa. Mauser 1944.

[*12/9*] Föppl, O.: Die Setzgrenze. Mitt. Wöhler-Inst. Braunschweig (1948) H. 40.
—: Statische Eichung und Setzgefahr von Verdrehstäben. Werkstatt u. Betrieb 79 (1946) S. 205.
—: Drehstabfedern für verschiedene Verwendungszwecke bei Kraftfahrzeugen. A. T. Z. 49 (1947) S. 54.

[1] Berücksichtigung einer größeren Federmasse s. [*12/2*].

[2] Sie stimmt bei Kreisschwingungen mit der Winkelgeschwindigkeit überein.

Fahrzeugfedern (siehe [*12/17*], [*12/2*], [*12/4*] u. [*12/9*]), ferner:

[*12/10*] KREISSIG, E.: Die Berechnung des Eisenbahnwagens. Köln: Ernst Stauf 1937.
[*12/11*] VON MEIER: — Technik in der Landwirtschaft. Bd. 18 (1937) S. 71.
[*12/12*] WEIGAND, A.: Progressive —. Forsch. Ing.-Wes. Bd. 11 (1940) S. 309.
[*12/13*] WEIGAND, A. u. E. LEHR: Progressive —. Dtsch. Kraftfahrtforsch. H. 58 (1941).
[*12/14*] IRMER, H.: Luftfederung bei Flug- und Kraftfahrzeugen. Z. VDI Bd. 81 (1937) S. 1182.
[*12/15*] —: Flugzeugfederbeine. Schrift. Fa. Elektron u. Co. Bad Cannstadt.
[*12/16*] RICHTER, E.: Ringfederbeine. Z. VDI Bd. 83 (1939) S. 652.
[*12/17*] LEHR, E.: Flüssigkeitsdämpfung bei —. Z. VDI Bd. 78 (1934) S. 721.

Federlagerung:

[*12/18*] STABE, H.: Federgelenke im Meßgerätebau. Z. VDI Bd. 83 (1939) S. 1189.
[*12/19*] RIEDIGER, B.: — von V- und Stern-Motoren. Z. VDI Bd. 82 (1938) S. 315.
[*12/20*] RIEDIGER, B.: — des Antriebsmotors. Z. VDI Bd. 81 (1937) S. 713.
[*12/21*] WAAS, H.: — von Kolbenmaschinen. Z. VDI Bd. 81 (1937) S. 763.

Ringfedern (s. [*12/2*] und [*12/16*]), ferner:

[*12/22*] — Schriften der Fa. „Ringfeder" GmbH, Uerdingen a. Rhein.

Biegefedern (s. [*12/1*], [*12/2*] bis [*12/4*] und [*12/8*]), ferner:

[*12/23*] STARK, H.: Hütte. Bd. 1, 27. Aufl. S. 722. Berlin 1941.
[*12/24*] —: Schriften von F. Krupp AG, Essen; Bochumer Verein, Bochum. J. P. Grueber: Hagen.

Tellerfedern (s. [*12/2*]) u. Fußnote S. 192, ferner:

[*12/25*] ALMEN, J. O. u. A. LASZLO: Untersuchungen an —. Z VDI Bd. 81 (1937) S. 1390.
[*12/26*] —: Schrift Fr. Krupp AG, Essen.

Schraubenfedern (s. [*12/1*], [*12/2*] bis [*12/8*] und [*12/23*]), ferner:

[*12/27*] WEBER, C.: Die Lehre von der Dehungsfestigkeit. Forsch.-Arb. Ing.-Wes. H. 249. Berlin 1921.
[*12/28*] RÖVER, A.: Beanspruchung von —. Z. VDI Bd. 57 (1913) S. 1906 u. Bd. 58 (1914) S. 342.
[*12/29*] GÖHNER, O.: Spannungsverteilung in —. Ing.-Arch. Bd. 1 (1930) S. 619 u. Bd. 2 (1931) S. 1 u. 381 u. Z. VDI Bd. 76 (1932) S. 269 u. 735.
[*12/30*] BIECENO, C. B. u. J. J. KOCH: Knickung von —. ZAMM Bd. 5 (1925) S. 279.
[*12/31*] LIESECKE, G.: — mit Rechteckquerschnitt. Z. VDI Bd. 77 (1933) S. 425 u. 892.
[*12/32*] GROSS, S.: Elastische Linie von —. Z. VDI Bd. 85 (1941) S. 52.
[*12/33*] THIERSCH, F.: Spannungsmessungen an —. Forschg. Ing.-Wes. Bd. 5 (1934) S. 53.
[*12/34*] DE GRUBEN, K.: Knicksicherheit und Querfederung von —. Z. VDI Bd. 86 (1942) S. 316.
[*12/35*] RAUSCH, E.: Steifigkeit von —, senkrecht zur Achse. Z. VDI Bd. 78 (1934) S. 388 u. 964.

Kegelfedern ([*12/1*] und [*12/2*]), ferner:

[*12/36*] STARK, H.: Formänderung und Spannungszustand der —. Z. VDI Bd. 79 (1935) S. 727.
[*12/37*] GROSS, S.: Berechnung der —. Z. VDI Bd. 79 (1935) S. 865.

Gummifedern:

[*12/38*] —: Stoffhütte. S. 691. Berlin 1937.
[*12/39*] —: VDI-Richtlinien. Gestaltung von Gummiteilen. VDI 2005 (1942).
[*12/40*] THUM, A. u. K. OESER: Gummigefederte Mschinen. Z. VDI Bd. 78 (1934) S. 587.
[*12/41*] FÖPPL, O.: —. Mitt. Wöhler-Inst. Braunschweig (1937) H. 31 (1940) H. 39 und Z. VDI Bd. 85 (1941) S. 184.
[*12/42*] STEINBORN, B.: Die Dämpfung als Qualitätsmaß für Gummi Mitt. Wöhler-Inst. Braunschweig (1937) H. 31.
—: Werkstoff Gummi. A. T. Z. Bd. 42 (1939) S. 323.
[*12/43*] BRAUDORN, K. H.: Gummi als Konstruktionswerkstoff. Z. VDI Bd. 86 (1942) S. 303.
[*12/44*] KOSTEN, C. W.: Berechnung von Federungselementen aus Gummi. Z. VDI Bd. 86 (1942) S. 535.
[*12/45*] ROELIG, H.: Die techn. Eigenschaften von Weichgummi bei Druckbeanspruchung. Z. VDI Bd. 86 (1942) S. 251.
[*12/46*] ROELIG, H.: Technischen Eigenschaften von synthetischem Kautschuk. Z. VDI Bd. 82 (1938) S. 139.
[*12/47*] GÖBEL, F.: Hülsen-— bei zügiger und wechselnder Beanspruchung. Z. VDI Bd. 85 (1941) S. 631.
—: Gummifedern. Berlin: Springer 1945.
[*12/48*] —: Gummikabel, Flugzeugtypenbuch. Leipzig 1936, S. 201 u. Schrift Fa. Dr. W. Kampschulte, Solingen.
[*12/49*] KREMER, PH.: Gummi in Rädern für —. Z. VDI Bd. 77 (1933) S. 955.
[*12/50*] —: Schrift Gummigefederte Radsätze. Bochumer Verein Bochum u. Gummifedern, Fa. Continental, Hannover.
[*12/51*] PROSKE: Gummi-Metallbindung-. Metalloberfläche. Bd. 2 (1948) S. 79.

Sonstige Federn:
[12/52] WUEST, W.: Hundert Jahre Röhrenfedermanometer. Die Technik Bd. 3 (1948) S. 23.
[12/53] — Federrohre. Schrift Berlin-Karlsruher Industrie-Werke Karlsruhe.
[12/54] KOLLMANN, F.: Holz im Maschinenbau. Holzfedern. Mitt. Fachausschuß für Holzfragen, H. 16. Berlin 1936.
Federschwingungen (s. auch [12/2], [12/15] bis [12/19] und Kap. 17 kritische Drehzahl):
[12/55] FÖPPL, O.: Grundzüge der technischen Schwingungslehre. Berlin: Springer 1931.
[12/56] LEHR, E.: Schwingungstechnik. Bd. 1 und 2. Berlin: Springer 1930 und 1934.
[12/57] RAUSCH: Maschinenfundamente. Bd. 1. Berlin 1936.
[12/58] LEHR: Schwingungen in Ventilfedern. Z. VDI Bd. 77 (1933) S. 457.
[12/59] LEHR: Schwingungstechnische Eigenschaften des Kraftwagens. Z. VDI Bd. 78 (1934) S. 329.
[12/60] KARRAS, K.: Die kritischen Drehzahlen wichtiger Rotorformen. Wien: Springer 1935.
Nachtrag:
[12/61] WOLF, W. A.: Vereinfachte Formeln zur Berechnung zylindrischer Schrauben, — Druck- und Zugfedern mit Rechteckquerschnitt. Z. VDI Bd. 91 (1949) S. 259.
[12/62] OEHLER, G.: Die Berechnung der Tellerfedern, Werkstatt und Betrieb Bd. 82 (1949] S. 132.
[12/63] RICHARDS, J. T.: Beryllium-Kupfer als Werkstoff für Feden. USA Maschinery, April 1949.

13. Wälzpaarungen.

13.1. Überblick.

Die wichtigsten Wälzpaarungen zeigt Bild 13/1, wie *Laufrad* auf Schiene, *Wälzbogen* zur Lagerung des Werkstückträgers bei einer Kegelrad-Hobelmaschine, *Wälzhebel* zur Übertragung von Winkelbewegungen oder Längsbewegungen mit stetig veränderlicher Übersetzung, *Schneidenlagerungen* von Waagebalken auf Pfannen, *Wälzschlitten* mit

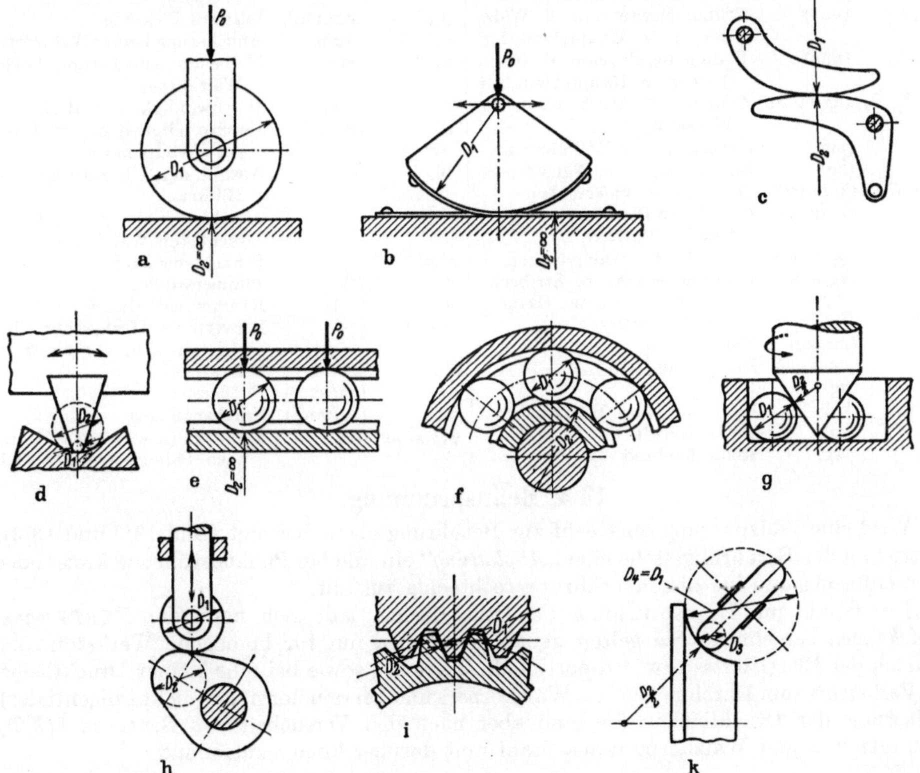

Bild 13/1. Wälzpaarungen, Übersicht. a Laufrad, b Wälzbogen, c Wälzhebel, d Schneide und Pfanne, e Wälzschlitten, f Rinnlager, g Spitzenlager, h Nocken mit Stößel, i Zahnräder, k Reibräder.

Kugeln oder Rollen als Zwischenwälzkörpern, *Ring-* und *Scheibenlager* mit Kugeln oder Rollen als Zwischenwälzkörpern, *Spitzenlager* mit Abstützung auf 3 Kugeln, *Nocken* und Rolle zur Stößelbewegung, *Wälzgelenke* (nicht gezeichnet), *Zahnräder* und *Reibrad*getriebe.

Gemeinsam ist allen Wälzpaarungen die Berührung an *gewölbten* Flächen verschiedener Krümmung und die geringe Wälzreibung gegenüber der Gleitreibung [1]. Unterschiedlich ist aber

1) *die Art der Berührung*, z. B. *Punkt*berührung bei einer Kugel gegen Ebene oder *Linien*berührung bei einer Rolle gegen Ebene;

2) *die Art der Bewegung*, entweder *rein wälzend* wie beim Laufrad ohne Antrieb, oder *zusätzlich gleitend* wie beim Zahnrad, oder „*bohrend*" wie bei einer nur um ihre eigene Achse drehenden Kugel oder abgerundeten Spitze, oder im Grenzfall *ohne Bewegung*. Ferner kann die Bewegung *hin- und hergehend* oder *umlaufend* sein;

3) *die Art der Belastung*, entweder nur *normal* zur Berührungsebene, wie beim Wälzlager oder auch noch *tangential* wie beim angetriebenen Laufrad oder beim Reibgetriebe; ferner, ob die Belastung *ruhend, anschwellend* oder *stoßhaft* auftritt;

4) *die Lagensicherung und Führung der Wälzkörper*, entweder nur *kraft*schlüssig, oder *form*schlüssig durch Käfige und Rinnen oder Borde, oder durch verspannende Wälzbänder (s. Wälzbogen Bild 13/1).

Entsprechend unterschiedlich ist ihre zulässige Belastung und ihr Reibverlust.

13.2. Bezeichnungen.

a, b	(mm)	große, kleine Halbachse der Druckfläche	p	(kg/mm²)	Hertzsche Pressung
B	(mm)	tragende Rollenbreite	p_D	(kg/mm²)	dauernd ertragbare Hertzsche Pressung
D_1, D_2	(mm)	Krümmungsdurchm. d. Wälzkörper in Hauptebene 1 2	p_m	(kg/mm²)	mittlere Pressung
D_3, D_4	(mm)	Krümmungsdurchm. d. Wälzkörper in Hauptebene 3 4	u	(mm)	Annäherung beider Wälzkörper
E, E_1, E_2	(kg/mm²)	E-Modul, für Werkstoff 1, für Werkstoff 2	u_V	(mm)	bleibende Annäherung beider Wälzkörper
f, f'	(mm)	Hebelarme der Rollreibung	v	(mm/s)	Geschwindigkeit, s. Bild 13/7
G	(kg)	Eigengewicht des Wälzkörpers	v_w	(mm/s)	Geschwindigkeit des Wälzkörper-Mittelpunktes
H_B, H_V	(kg/mm²)	Brinellhärte, Vickershärte	W	(—)	Anzahl der Überrollungen in Millionen
k_0	(kg/mm²)	Spezifische Belastung, $=P_0/D_1^2$ bzw. $=P_0/(D_1 B)$	z	(—)	Anzahl der als „tragend" gerechneten Wälzkörper
K	(kg/mm²)	Stribeck'sche Wälzpressung	α, α'	(°)	Schneidenwinkel
K_D	(kg/mm²)	Dauernd ertragbare Stribeck-sche Wälzpressung (Dauer-Wälzfestigkeit)	β	(°)	Pfannenwinkel
			δ	(—)	Krümmungsbeiwert
			ξ, η, ψ	(—)	Beiwerte der Hertz'schen Gleichungen abh. von cos ϑ
M_r	(mmkg)	Reibmoment			
N_r	(mmkg/s)	Reibleistung	ϑ	(°)	Hilfswinkel
P	(kg)	Belastung	σ_F	(kg/mm²)	Fließgrenze
P_0	(kg)	Belastung eines Wälzkörpers	τ	(kg/mm²)	Schubspannung
P_u	(kg)	Umfangskraft	$\varphi, \varphi_P, \varphi_V$	(—)	Schmiegungswert nach Hertz, nach Palmgren, nach VKF
P_w	(kg)	Rollwiderstand			

13.3. Beanspruchung.

Wird eine Wälzpaarung senkrecht zur Berührungsebene belastet (Bild 13/2 und 13/3), so tritt an der Berührungsstelle eine „*Abplattung*" ein, die bei Punktberührung kreis- oder ellipsenförmig und bei Linienberührung rechteckig ausfällt.

Die Größe und Beanspruchung der Druckflächen läßt sich nach den *HERTZschen Gleichungen* berechnen. Sie gelten genau genommen nur für homogene Werkstoffe im Bereich der Elastizitäts- bzw. Proportionalitätsgrenze, sowie bei sehr kleiner Druckfläche im Verhältnis zum Durchmesser des Wälzkörpers und bei rein normaler (nicht tangentialer) Belastung der Druckfläche. Sie sind aber nach den Versuchen von STRIBECK [*13/2*], WEIBULL u. a. mit Wälzkörpern aus Stahl weit darüber hinaus zutreffend.

[1] Die Stieber-Rollkupplung (Bild 19/6, Kap. 19) zeigt, wie man aus dem Unterschied im Wälz- und Gleitreibwert besondere Wirkungen erzielen kann.

Es folgt eine kurze Zusammenfassung der HERTZschen Gleichungen, 1. für *Linien*berührung und 2. für *Punkt*berührung. Die Querzahl wurde hierbei mit 0,3 eingesetzt. Die Krümmungsdurchmesser D_1 bis D_4 sind nach Bild 13/2 und 13/3 (bei Hohlkrümmung negativ!) einzusetzen. Wenn die beiden Wälzkörper verschiedene E-Module E_1 und E_2 aufweisen, ist für E der Wert $E = \frac{2\,E_1 \cdot E_2}{E_1 + E_2}$ einzusetzen.

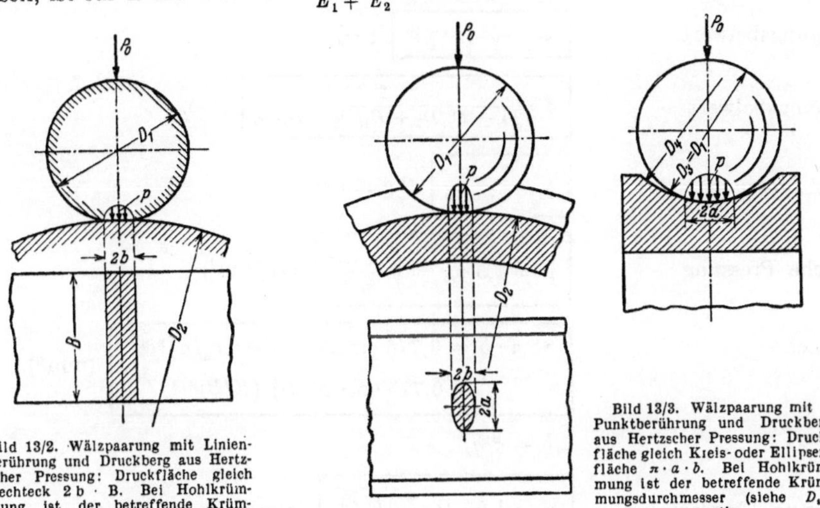

Bild 13/2. Wälzpaarung mit Linienberührung und Druckberg aus Hertzscher Pressung: Druckfläche gleich Rechteck 2 b · B. Bei Hohlkrümmung ist der betreffende Krümmungsdurchmesser negativ.

Bild 13/3. Wälzpaarung mit Punktberührung und Druckberg aus Hertzscher Pressung: Druckfläche gleich Kreis- oder Ellipsenfläche $\pi \cdot a \cdot b$. Bei Hohlkrümmung ist der betreffende Krümmungsdurchmesser (siehe D_4) negativ.

1) *Bei Linienberührung* (z. B. Walze gegen Walze nach Bild 13/2):
Druckfläche = Rechteck $2\,b \cdot B$

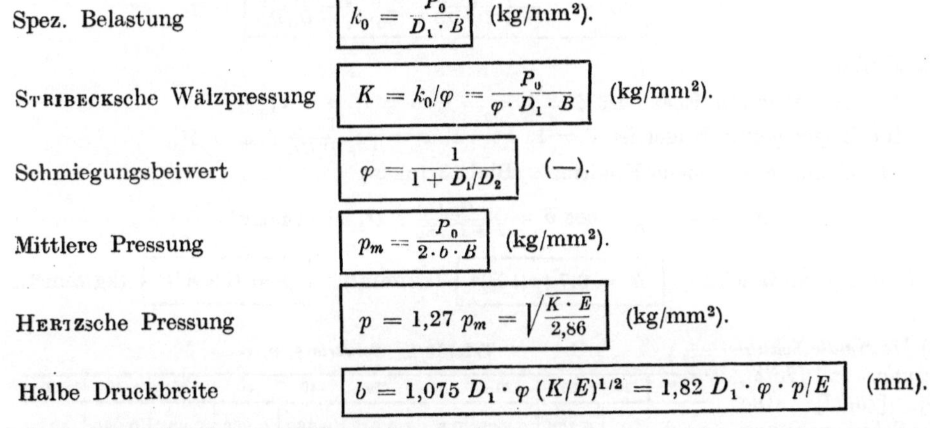

Spez. Belastung $\boxed{k_0 = \frac{P_0}{D_1 \cdot B}}$ (kg/mm²).

STRIBECKsche Wälzpressung $\boxed{K = k_0/\varphi = \frac{P_0}{\varphi \cdot D_1 \cdot B}}$ (kg/mm²).

Schmiegungsbeiwert $\boxed{\varphi = \frac{1}{1 + D_1/D_2}}$ (—).

Mittlere Pressung $\boxed{p_m = \frac{P_0}{2 \cdot b \cdot B}}$ (kg/mm²).

HERTZsche Pressung $\boxed{p = 1{,}27\ p_m = \sqrt{\frac{K \cdot E}{2{,}86}}}$ (kg/mm²).

Halbe Druckbreite $\boxed{b = 1{,}075\ D_1 \cdot \varphi\ (K/E)^{1/2} = 1{,}82\ D_1 \cdot \varphi \cdot p/E}$ (mm).

Sonderfälle: Für $D_2 = \infty$ (Ebene) ist $\varphi = 1$.
Für *Stahl auf Stahl* mit $E = 2{,}1 \cdot 10^4$ kg/mm² wird

$\boxed{K = 1{,}36\ (p/10^2)^2}$ (kg/mm²), $\boxed{p = 85{,}7 \cdot K^{1/2}}$ (kg/mm²).

2) *Bei Punktberührung* [1] (z. B. Kugel gegen gewölbte Fläche) nach Bild 13/3:
Druckfläche $= \pi \cdot a \cdot b$ (Kreis- oder Ellipsenfläche)

[1] Unter der Voraussetzung, daß die Ebenen der kleinsten und größten Krümmung (die Hauptkrümmungsebenen) für beide Wälzkörper die gleichen sind, was für technische Wälzpaarungen fast immer zutrifft.

Spez. Belastung $\boxed{k_0 = \frac{P_0}{D_1^2}}$ (kg/mm²).

STRIBECKsche Wälzpressung $\boxed{K = k_0/\varphi = \frac{P_0}{\varphi \cdot D_1^2}}$ (kg/mm²).

Schmiegungsbeiwert $\boxed{\varphi = \delta^2 (\xi \cdot \eta)^3}$ (—).

Krümmungsbeiwert $\boxed{\delta = \frac{2}{1 + D_1/D_2 + D_1/D_3 + D_1/D_4}}$ (—).

Mittlere Pressung $\boxed{p_m = \frac{P_0}{\pi \cdot a \cdot b}}$ (kg/mm²).

HERTZsche Pressung $\boxed{p = 1{,}5\, p_m = \sqrt[3]{\frac{K \cdot E^2}{4{,}28}}}$ (kg/mm²).

Druckfläche
$$\boxed{\begin{aligned}\pi \cdot a \cdot b &= 0{,}775 \cdot \pi\, (D_1 \cdot \varphi^{1/2} \cdot P_0/E)^{2/3} \\ &= 0{,}775 \cdot \pi \cdot \varphi \cdot D_1^2\, (K/E)^{2/3}\end{aligned}} \quad (\text{mm}^2).$$

$a/b = \xi/\eta$

Annäherung (Abplattung) $\boxed{u = 1{,}55\, D_1 \frac{\psi}{\xi} \sqrt[3]{\frac{k_0^2}{E^2 \cdot \delta}}}$ (mm).

η, ξ und ψ nach Tafel 13/1

$$\boxed{\cos \vartheta = \frac{(1 + D_1/D_2) - (D_1/D_3 + D_1/D_4)}{(1 + D_1/D_2) + (D_1/D_3 + D_1/D_4)}} \quad (—).$$

Sonderfälle:

Für Kugel gegen Ebene ist $\xi = 1,\ \eta = 1,\ \delta = 1,\ \varphi = 1$;
für Kugel gegen Kugel ist $\xi = 1,\ \eta = 1,\ \delta = \frac{1}{1 + D_1/D_2},\ \varphi = \delta^2$;
für Kugel gegen ebene Hohlrinne (Bild 13/1e) ist

$$\delta = \frac{2}{2 + D_1/D_4}, \quad \cos \vartheta = \frac{-D_1/D_4}{2 + D_1/D_4}, \quad D_4 \text{ ist negativ!}$$

Für *Stahl auf Stahl* wird $\boxed{K = 9{,}7\, (p/10^3)^3}$ (kg/mm²), $\boxed{p = 468\, K^{1/3}}$ (kg/mm²).

3) *Maximale Schubspannung*, s. [*13/8*], [*13/9*], [*13/11*]. Die größte Schubspannung τ_{max} tritt etwas unterhalb der Druckfläche *im Innern* auf. Bei *Linien*berührung wird $\tau_{max} = 0{,}304\, p$ im Abstand $0{,}78 \cdot b$ von der Oberfläche; bei *Punkt*berührung wird $\tau_{max} = 0{,}31\, p$ im Abstand $0{,}47 \cdot b$ von der Oberfläche (gilt für Druckfläche = Keilfläche). Entsprechende Fließlinien durch den τ_{max}-Punkt

Tafel 13/1. *Beiwerte* ξ, η, ψ.

$\vartheta°$	90	80	70	60	50	40	30	20	10	0
$\cos \vartheta$	0	0,174	0,342	0,5	0,643	0,766	0,866	0,94	0,985	1
ξ	1	1,128	1,284	1,486	1,754	2,136	2,731	3,778	6,612	∞
η	1	0,893	0,802	0,717	0,641	0,567	0,493	0,408	0,319	0
ψ	1	1,12	1,25	1,39	1,55	1,74	1,98	2,3	2,8	∞

bogenförmig zur Oberfläche hin durchreißend, konnte L. FÖPPL [*13/9*] bei Druckflächen aus St 37 nachweisen. Sie bieten eine gute Begründung für die *„grübchenartigen" Ausbröcklungen* (s. unten!) von überlasteten Wälzflächen bei dauernd wiederholter Überrollung, wobei man die Schubschwellfestigkeit in der Fließlinie als dynamische Belastungsgrenze betrachten kann. Da aber τ_{max} proportional p bleibt, genügt die übliche Berechnung von p, bzw. K für die Beurteilung der Spannung bei reiner Normalbelastung.

4) *Beanspruchung durch Schmierdruck:* Bei geschmierten Wälzflächen mit großer Wälzgeschwindigkeit, bzw. großer Ölzähigkeit entsteht nach der hydrodynamischen Schmiertheorie (s. Kap. 15) ein beachtlicher Schmierdruck, wodurch der symmetrische Druckberg aus der HERTZschen Pressung (s. Bild 13/2 und 13/3) unsymmetrisch verändert wird. Die mathematische Erfassung des resultierenden Druckberges aus HERTZscher Pressung und Schmierdruck und der sich hieraus ergebenden maximalen Schubspannung ist noch nicht abgeschlossen [*13/27*]. Sie ist dadurch erschwert, daß der Verlauf der für den Druck maßgebenden Flankenkrümmung und Ölzähigkeit sich wiederum mit dem Schmierdruck und mit der Öltemperatur ändern. Von der Neigung des Druckbergs hängt wiederum die maximale Schubspannung unter der Oberfläche ab.

5) *Beanspruchung durch Tangentialkräfte:* Bei Wälzpaarungen können außer den Normalkräften auch *tangentiale* Umfangskräfte bis zur Größe der Reibkräfte aufgenommen werden. Hierdurch entstehen an der Oberfläche Tangentialspannungen, die sich den Normalspannungen (HERTZsche Pressung, Schmierdruck) überlagern und auch die maximale Schubspannung unter der Oberfläche beeinflussen. Die mathematische Erfassung der hieraus resultierenden Spannungen ist noch nicht abgeschlossen [*13/33*] bis [*13/35*]. Über den Einfluß der Tangentialkräfte auf die dynamische Wälzfestigkeit s. S. 211.

13.4. Zulässige Belastung.

1) Zulässige statische Belastung. Man kann in einer Prüfmaschine Wälzkörper gegeneinander pressen und die entstehende Berührungsfläche, die elastische und bleibende Annäherung der Wälzkörper messen und in Beziehung zur Belastung setzen; ferner kann man bei steigender Belastung die nacheinander eintretenden Zustandsänderungen beobachten.

Derartige Versuche sind vor allem mit gehärteten Stahlkugeln, aber nur in geringem Maße mit anderen Wälzkörpern und anderen Werkstoffen bekannt geworden. Tafel 13/2 zeigt eine Gegenüberstellung derartig ermittelter Grenzwerte (Kugel gegen Kugel und Kugel gegen Platte), die den grundlegenden Versuchen von STRIBECK [*13/2*] entnommen sind.

Tafel 13/2. *Mittlere Grenzwerte beim statischen Druckversuch mit gehärteten Kugeln aus Wälzlagerstahl* (*nach* STRIBECK [*13/2*]).

Grenzmerkmal	Kugel gegen Kugel $\varphi = 0{,}25$		Kugel gegen Ebene
	k_0 kg/mm²	K kg/mm²	$k_0 = K$ kg/mm²
Bleibende Verformung gleich $^1/_{50}$ der elastischen	0,3	1,2	0,4
Grenze der HERTZschen Gl. (Proportionalitätsgrenze)	0,5	2	2
Grenze für gleiches p_m bei gleichem K bei Kugel gegen Kugel und Kugel/Platte	5	20	20
1. Kreisriß (am Umfang der Druckfläche)	10	40	35
Bruchlast der Kugel	52	208	80

Die Versuche zeigen vor allem, daß die HERTZschen Gleichungen für Wälzkörper aus gehärtetem Stahl die entstehende Verformung und mittlere Flächenpressung bis weit in das Gebiet der plastischen Verformung richtig wiedergeben.

Eine andere Frage ist jedoch, welches Merkmal als Belastungsgrenze maßgebend ist und in welchem Zusammenhang es mit der Belastung, bzw. mit K, mit der Schmiegung und mit der Werkstoffestigkeit steht. Es kommt im Einzelfall darauf an, welche *plastische Verformung* als noch zulässig anzusehen ist. Eine genauere Bestimmung der Tragkraft an der *Elastizitätsgrenze* selbst (plastische Verformung = 0) bei verschiedener Berührung und Schmiegung ist bisher nicht gelungen, da der Übergang schleichend ist[1].

Palmgren [*13/12*] setzt als Grenzmaß die Belastung, bei der *mit bloßem Auge* die erste plastische Verformung erkennbar ist und erhält aus Versuchen für Punkt- und Linienberührung:

$$\boxed{k_0 \leq 1{,}8 \left(\frac{H_V}{750}\right)^3 \varphi_P} \quad (\text{kg/mm}^2)$$

mit Vickershärte H_V (kg/mm²),

und Schmiegungswert $\boxed{\varphi_P = (\xi/\psi)^{3/2}\,\delta^{1/2}}$ (—), ξ und ψ nach Tafel 13/1.

Dieser Ansatz entspricht nach Mundt [*13/13*] einem konstanten Verhältnis u/D_1. Hieraus ergeben sich für einige ausgewählte Anordnungen die φ_P-Werte nach Tafel 13/3 und die Belastungswerte k_0 nach Tafel 13/4.

Die VKF [*13/14*] veröffentlicht neuere Messungen an statisch belasteten Wälzkörpern aus gehärtetem Stahl bei Punkt- und Linienberührung und verschiedener Schmiegung. Sie setzt $u_V/D_1 = 10^{-4}$ als Grenzwert, wobei u_V die bleibende Annäherung der Wälzkörper ist. Man erhält hiermit bei *Linienberührung* und $H_V = 780$:

$$\boxed{k_0 = 12\,\varphi_V} \ (\text{kg/mm}^2), \quad \boxed{\varphi_V = \left(\frac{1}{1 + D_1/D_2}\right)^{1/2}} \ ; \quad \varphi_V = 1 \text{ für Rolle/Ebene;}$$

bei *Punktberührung* und $H_V = 840$:

$$\boxed{k_0 = 1{,}4\,\varphi_V} \ (\text{kg/mm}^2); \quad \boxed{\varphi_V = \left[\frac{1}{(1 + D_1/D_2)\,(D_1/D_3 + D_1/D_4)}\right]^{1/2}} \ ; \quad \varphi_V = 1 \text{ für Kugel/Ebene.}$$

Hieraus ergeben sich für verschiedene Schmiegung die φ_V-Werte nach Tafel 13/3 und k_0-Werte nach Tafel 13/4. Sie werden neuerdings für den Ansatz der statischen Tragfähigkeit der Wälzlager benutzt. Bei umlaufender Wälzbewegung werden sie u. U. bis 100% überschritten. Eine derartige Überschreitung erscheint besonders bei *Punktberührung* tragbar, da hier eine plastische Verformung die Schmiegung vergrößert und somit die örtliche Beanspruchung wieder verringert.

Tafel 13/3. *Beispiele für Schmiegungswerte bekannter Wälzpaarungen.*
Schmiegungswert φ nach Hertz für konstantes p; Schmiegungswert φ_P nach Palmgren für konstantes u/D_1; φ_V nach VKF für konstantes u_V/D_1.

Anordnung	Maße	δ	$\cos\vartheta$	φ	φ_P	φ_V
Kugel gegen Kugel	$D_2 = D_1$	0,5	0	0,25	0,706	0,5
Kugel gegen Ebene	$D_2 = \infty$	1	0	1	1	1
Kugel gegen Hohlkugel	$D_2 = -2\,D_1$	2	0	4	1,41	2,0
Kugel gegen Hohlrinne	$D_4 = -D_1 \cdot 4/3$	1,6	0,6	3,42	1,5	2,0
Kugel gegen Hohlrinne	$D_4 = -D_1 \cdot 9/8$	1,8	0,803	7,0	1,9	3,0
Scheiben-Rillenlager	$D_4 = -1{,}08 \cdot D_1$	1,86	0,862	8,57	2,2	3,68
Ringpendellager, am Außenring	$D_2 = D_4 = -7\,D_1$	1,166	0	1,36	1,08	1,16
Ringrillenlager, am Innenring	$D_2 = 5 \cdot D_1$ $D_4 = -1{,}04 \cdot D_1$	1,615	0,938	9,5	2,67	4,6
Rolle gegen Ebene	$D_2 = \infty$	1	—	1	4,5	1,0
Ringrollenlager	$D_2 = 7 \cdot D_1$	0,875	—	0,875	4,5	0,935

[1] Neuere Versuchsergebnisse s. Niemann-Kraupner: Das plastische Verhalten umlaufender Stahlrollen bei Punktberührung, VDI-Forschungsheft 434. Düsseldorf 1952.

Tafel 13/4. *Erfahrungswerte für k_0 bei statischer Belastung* (für Wälzlager s. Kap. 14).

Angegeben von	Anwendungsgebiet Anordnung	Grenzmerkmal	Werkstoff	k_0 kg/mm²
Palmgren [*13/12*]	Kugel gegen Ebene	u/D_1 = konstant	geh. St, $H_V = 750$	1,8
Mundt [*13/13*]	Kugel gegen Hohlrinne, $D_4 = -1{,}08\, D_1$	u/D_1 = konstant	geh. St, $H_V = 750$	4,0
	Rolle gegen Ebene	u/D_1 = konstant	geh. St, $H_V = 750$	8,0
VKF [*13/14*]	Kugel gegen Ebene	$u_V/D_1 = 10^{-4}$	geh. St, $H_V = 840$	1,4
	Kugel gegen Hohlrinne, $D_4 = -1{,}08\, D_1$	$u_V/D_1 = 10^{-4}$	geh. St, $H_V = 840$	4,2
	Rolle gegen Ebene	$u_V/D_1 = 10^{-4}$	geh. St, $H_V = 780$	12
Hütte II	Kranhaken-Scheibenrillenlager $D_4 = -D_1\ 4/3$	betriebssicher	geh. St, $H_V = 750$	1,5 ··· 3
Schönhöfer [*13/15*]	*Brückenauflager:* Kugel gegen Ebene	plast. Verform.	geh. St, $H_V = 750$	1
Hütte III	Rolle gegen Ebene	betriebssicher	GG 14	0,6 ··· 0,85
	Rolle gegen Ebene	betriebssicher	GS 52	1 ··· 1,36
	Rolle gegen Ebene	betriebssicher	C 35	1,2 ··· 2

Für die Belastung von glasharten *Waagenschneiden* und Pfannen werden je mm tragender Länge bis 0,2 kg für Feinwaagen, bis 10 kg für mittlere Waagen, bis 100 kg für schwere Waagen und bis 200 kg für Schneiden von Festigkeitsprüfmaschinen angegeben. In Wirklichkeit ist die zulässige Belastung auch hier eine Frage der Wälzpressung, also der Ausrundung von Schneide und Pfanne, wobei eine Überlastung eine plastische Verformung und somit eine selbsttätige Anpassung der Ausrundung zur Folge haben wird. Anhaltswerte für die Winkel und Ausrundungen von Schneiden und Pfannen nach Bild 13/4 zeigt Tafel 13/5. Äußere Maße für Schneiden und Pfannen siehe DIN 1921, 1922.

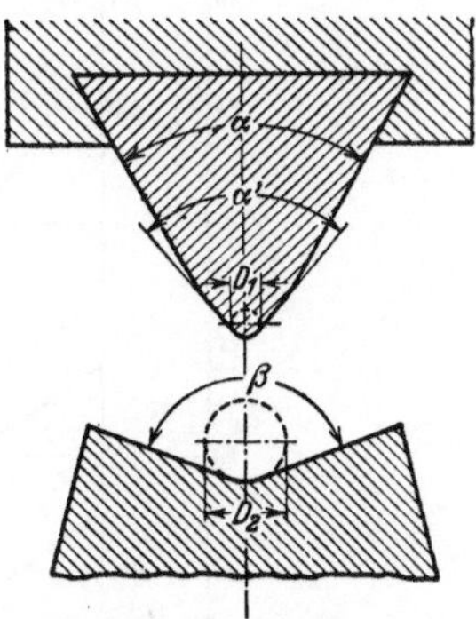

Bild 13/4. Winkel und Ausrundungen an Schneiden und Pfannen.

Tafel 13/5. *Anhaltswerte für Winkel und Ausrundungen von glasharten Schneiden und Pfannen nach Bild 13/4.*

Verwendung	Belastung P/B kg/mm	Schneide ∢ α	Schneide ∢ α'	Schneide D_1 mm	Pfanne ∢ β	Pfanne D_2 mm	K kg/mm²
Feinwaagen	bis 0,2	45°	75°	0,03	120°	0,15	5
mittlere Waagen	10	60°	80°	0,2	140°	0,5	15
schwere Waagen	100	90°	90°	1,5	140°	3,0	33
Festigkeits-Prüfmaschinen	200	90°	110°	2,35	160°	4,0	35

2) Zulässige dynamische Belastung. Bei ständig wiederholter umlaufender oder hin und her gehender Wälzbewegung kann mit der Zeit ein *Abblättern* („Schälen"), bei gleichzeitiger Schmierung ein *Ausbröckeln* („Grübchenbildung") an der Laufbahn auftreten. Je höher die Wälzpressung, desto eher treten derartige Schäden auf. So können wir in Laufversuchen die ertragbare Wälzpressung in Abhängigkeit von der Lebensdauer, d. h. von der Anzahl der Überrollungen *bis zur Grübchenbildung* ermitteln. Bild 13/5 zeigt derartige Lebensdauerkurven für verschiedene Werkstoffpaarungen bei *Linien*berührung und *reiner Wälzbewegung*. Den unteren Grenzwert der Wälzpressung, bei dem keine Grübchenbildung mehr erzielt wurde (Abknicken der Kurven in die Waagerechte), können wir als *Dauer-Wälzfestigkeit* K_D, bzw. p_D bezeichnen.

Nach obigen Versuchsergebnissen ist für Wälzkörper aus Stahl bei *Linien*berührung unter den angegebenen Versuchsbedingungen

$$\boxed{p_D \approx 0{,}3\ H_B \text{ oder } K_D \approx 0{,}125\ (H_B/100)^2} \quad (\text{kg/mm}^2).$$

Mit geringerer Schmierung, größerer Ölzähigkeit und besserer Oberflächengüte steigt die dynamische Wälzfestigkeit etwas an.

Ausreichende entsprechende Versuche bei *Punkt*berührung fehlen noch [1], so daß es noch offen steht, ob es auch hierbei einen *Endwert* der Wälzfestigkeit (p_D) gibt oder ob

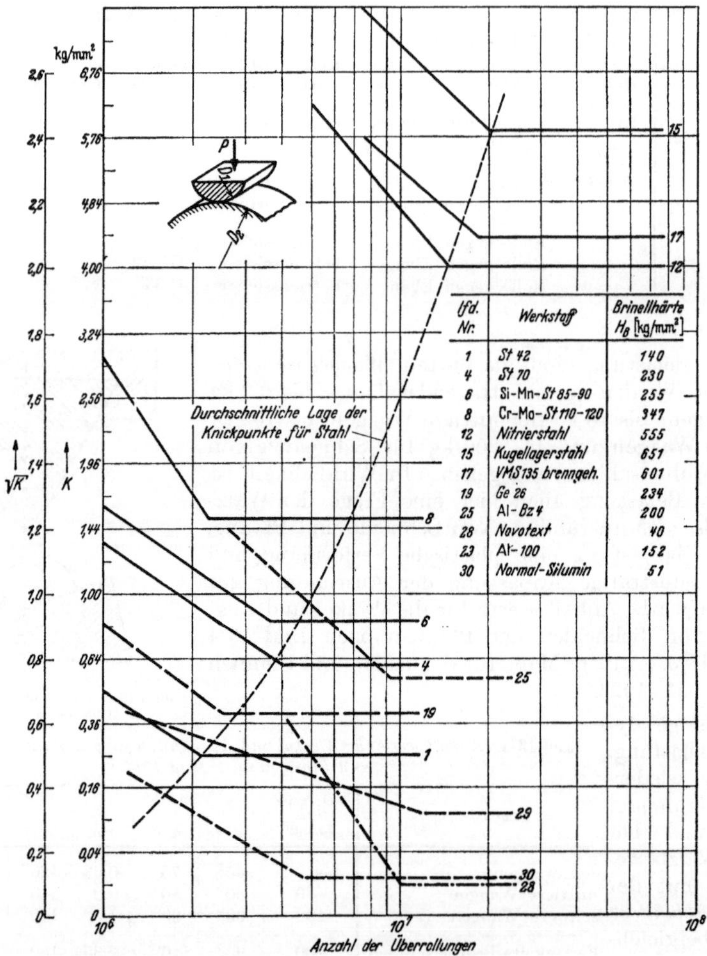

Bild 13/5. Wälzfestigkeit $K = \frac{P}{D_1 \cdot B \cdot \varphi} = 2{,}86\ p^2/E$ in Abhängigkeit von der Anzahl der Überrollungen bis zur Grübchenbildung für verschiedene Werkstoffe, nach NIEMANN [*13/24*] und HELBIG [*13/25*]. Unterhalb der Waagerechten, d. h. unterhalb der Dauerwälzfestigkeit K_D, tritt keine Grübchenbildung auf. Versuchsumstände: Wälzbewegung ohne Schlupf, $D_1 = 40$ mm (Prüfling), $D_2 = 90$ mm (Druckrolle aus gehärtetem Stahl), $\varphi = 0{,}692$, Tropfschmierung mit Öl von 11 Englergrad, Oberflächen fein geschliffen.

---

[1] Inzwischen wurde im Institut für Maschinenelemente, T. H. Braunschweig eine entsprechende Lebensdauerkurve bei *Punkt*berührung an Prüflingen aus gehärtetem Wälzlagerstahl ($H_B = 710$) aufgenommen. Sie ergab ebenfalls einen unteren Grenzwert der HERTZschen Pressung, bei dem keine Grübchenbildung mehr eintrat. Er wurde bei 33 Millionen Überrollungen erreicht und betrug $p_D = 0{,}525\ H_B$ (kg/mm²), wenn man der Berechnung die *vor* dem Versuch gemessenen Krümmungshalbmesser zugrunde legt, bzw. $p_D = 0{,}44\ H_B$, wenn man die *nach* dem Versuch ausgemessenen größeren Krümmungshalbmesser einsetzt. Bei *Linien*berührung betrug vergleichsweise $p_D = 0{,}31\ H_B$. Die Versuche werden fortgesetzt.

sie mit der Lebensdauer ständig weiter abnimmt, wie man es auf Grund von Laufversuchen mit ganzen Wälzlagern bisher annimmt (s. Tafel 14/4, Kap. 14).

Bei *Wälz-Gleitbewegung* (z. B. bei Zahnrädern) ist die Wälzfestigkeit an der Flanke mit „negativem" Schlupf (z. B. am Zahnfuß) geringer [1] und an der Flanke mit „positivem" Schlupf (z. B. am Zahnkopf) erheblich größer [2] als bei reiner Wälzbewegung. Bild 13/6 erläutert die obigen Schlupfzustände. Zur besseren Vorstellung der hierbei auftretenden Spannungen sei hinzugefügt, daß die Flanke bei *negativem* Schlupf mit zusätzlicher tangentialer *Zug*spannung in das Gebiet der Wälzenpressung hineinläuft und bei *positivem* Schlupf mit tangentialer *Druck*spannung.

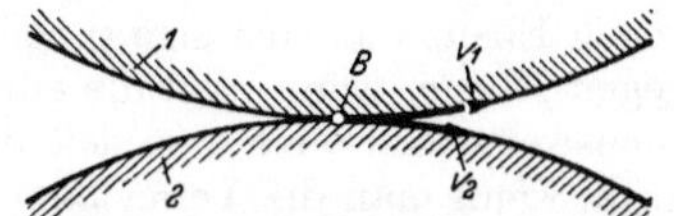

Bild 13/6. Positiver und negativer Schlupf. Bei positivem Schlupf (Flanke *1*) ist die Gleitgeschwindigkeit $v_1 - v_2$ positiv. Bei negativem Schlupf (Flanke *2*) ist die Gleitgeschwindigkeit $v_2 - v_1$ negativ! v_1 und v_2 sind die Umfangsgeschwindigkeiten der Flanken *1* und *2* relativ zur Berührungslinie *B* (senkrecht zur Bildebene).

Ferner sind bei Wälz-Gleitbewegung als *weitere* Belastungsgrenzen der zulässige Gleitverschleiß und die zulässige Erwärmung zu beachten.

3) Einfluß von Durchmesser und Schmiegung. Bei gleicher Wälzpressung trägt eine Rolle mit dem Durchmesser D_1 ebenso viel, wie z-Rollen gleicher Breite B, aber mit dem Durchmesser D_1/z, und sie beanspruchen die gleiche Gesamtgrundfläche $D_1 \cdot B$. Entsprechend trägt auch eine Kugel mit dem Durchmesser D_1 die gleiche Last, wie z Kugeln mit dem Durchmesser $D_1/\sqrt{z}$, bei ebenfalls gleichem Rechteck-Flächenbedarf D_1^2. In Wirklichkeit tragen die kleinen Kugeln sogar etwas mehr, da hierfür die Wälzfestigkeit nach Erfahrung etwas ansteigt.

Wählt man die *Anschmiegung* günstiger, so kann die gleiche Kugel eine vielfache Last tragen. So trägt nach Tafel 13/3 eine Kugel gegen Hohlrinne mit $D_4 = -D_1 \cdot 9/8$

das 7fache ($\varphi = 7$) bei gleicher Wälzpressung,
das 3fache ($\varphi_V = 3$) bei gleicher plastischer Verformung u_V/D_1,
das 1,9fache ($\varphi_P = 1,9$) bei gleichem u/D_1.
} gegenüber der Paarung Kugel/Ebene

Tafel 13/6. *Erfahrungswerte für K* (kg/mm²) bei Linienberührung und dynamischer Belastung (für Punktberührung und Wälzlager s. Kap. 14).

Angegeben von	Verwendung Anordnung	Grenzmerkmal	Werkstoffe	K kg/mm²	Schmierung
Niemann [*13/24*]	Rollenpaarung ohne Schlupf nach Bild 13/5	Dauerbetrieb ($p_D = 0,3\ H_B$)	Stahl/Stahl	$0,125\ (H_B/100)^2$	
Niemann [3]		($p_D = 0,27\ H_B$)		$0,1\ (H_B/100)^2$	
Fachgruppe Triebwerke (1940)	Zahnflanken	Dauerbetrieb ($p = 1 \cdot \sigma_F$)	Stahl/Stahl	$1,36\ (\sigma_F/100)^2$	ölgeschmiert
Niemann Hütte II	Reibscheibengetriebe	ausreichende Lebensdauer	gehärt. Stahl GG/GG	bis 3,0 0,03···0,05	
			Novotext/GG	0,02···0,04	
Hütte II	*Laufrad/Schiene* a) bei Kranen	ausreichende Lebensdauer	GG 21/St 70 GS 52/St 70 GS 60/St 70 leg St 80/St 80	0,2···0,3 0,4···0,6 0,4···0,7 0,5···0,8	trocken laufend
Hütte III	b) bei Reichsbahn	(wenn $B = 40$ mm)	St 80/St 70	bis 0,25	

[1] Versuchswerte s. Tafel 13/6 Zahnflanken gegenüber Rollenpaarung ohne Schlupf, ferner [*13/21*] bis [*13/23*], [*13/27*] und [*13/28*].

[2] Bei positivem Schlupf soll, nach verschiedenen Forschungsberichten [*13/21*], [*13/27*], [*13/29*] bis [*13/31*], auch bei größter Belastung keine Grübchenbildung erreichbar sein. Im Institut für Maschinenelemente, T. H. Braunschweig wurde aber neuerdings bei Versuchen mit gehärteten Zahnrädern auch an den Zahnköpfen eine starke Grübchenbildung erzielt und in wiederholten Versuchen bestätigt.

[3] Nach Versuchen an Zahnrädern im Institut für Maschinenelemente, T. H. Braunschweig.

4) Einfluß der Berührungsart. Auffallend ist, daß bei *Punkt*berührung die ertragbare Hertzsche Pressung p erheblich größer ist, als bei *Linien*berührung, und zwar sowohl bei statischer, als auch bei dynamischer Belastung. So ist bei gehärtetem Stahl für Kugel gegen Ebene das zulässige p bei statischer Belastung etwa 1,75 mal so groß, als für Rolle gegen Ebene, wenn man die entsprechenden Erfahrungswerte für k_0 aus Tafel 13/4 (Versuchswerte von VKF) vergleicht, und bei dynamischer Belastung etwa 1,4 bis 1,7 mal so groß, wenn man die Versuchswerte der Fußnote [1] vergleicht.

Der Grund ist wohl darin zu suchen, daß bei Punktberührung die Spannungen dreidimensional, und bei Linienberührung zweidimensional auftreten. Entsprechend wird bei *gehärtetem Stahl* eine leicht tonnenförmige Rolle mit langgestreckter Ellipse als Berührungsfläche u. U. genau so viel, oder noch mehr tragen können, als eine gleich dicke und breite zylindrische Rolle mit rechteckiger Druckfläche.

13.5. Rollreibung.

Beim Rollen eines Wälzkörpers, z. B. eines Rades vom Durchmesser D_1 (mm) auf einer geraden Laufbahn (Bild 13/7a) ist ein Verformungswiderstand zu überwinden, der proportional der Belastung P_0 (kg) ist. Das hierfür am Wälzkörper aufzubringende Drehmoment, genannt „Moment der Rollreibung" ist

$$\boxed{M_r = f \cdot P_0 = P_w \cdot D_1/2} \quad \text{(mmkg)}$$

und die entsprechende Reibleistung ist

$$\boxed{N_r = M_r \cdot \omega = P_w \cdot v_w} \quad \text{(mmkg/s)},$$

wobei f (mm) der „Hebelarm der Rollreibung", P_w (kg) der „Rollwiderstand", ω (1/s) die Winkelgeschwindigkeit des Wälzkörpers und v_w (mm/s) die Bewegungsgeschwindigkeit des Wälzkörper-Mittelpunktes ist.

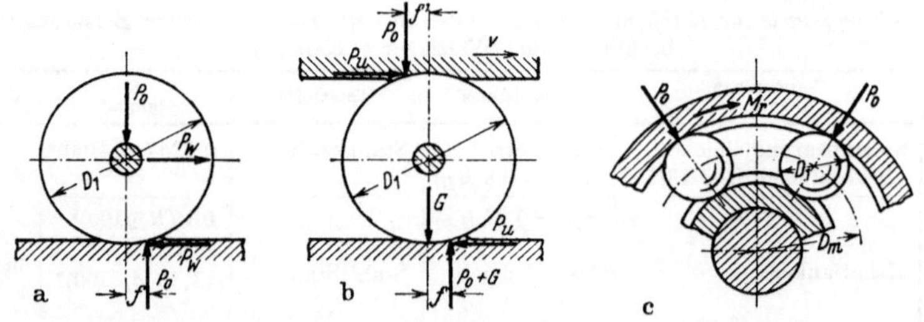

Bild 13/7. Rollreibung. a für Rolle auf Laufbahn, b für Rolle zwischen zwei Laufbahnen, c für Ringlager.

Bei Verteilung der Last P auf mehrere gleiche Wälzkörper ist das Gesamtmoment der Rollreibung $M_r = f \cdot P$.

Für Wälzkörper zwischen *zwei* Laufbahnen (Bild 13/7b) ist entsprechend

$$\boxed{M_r = (P_0 + G)\, f + P_0 \cdot f' = P_u \cdot D_1} \quad \text{(mmkg)},$$

wobei G (kg) das Eigengewicht der Rolle, f' (mm) der Hebelarm der Rollreibung an der oberen Berührungsstelle und P_u (kg) die aufzubringende Umfangskraft ist. Ist G im Verhältnis zu P_0 klein und $f' = f$, so wird

$$\boxed{M_r = 2\, P_0 \cdot f = P_u \cdot D_1} \quad \text{(mmkg)} \quad \text{und} \quad \boxed{N_r = P_u \cdot v} \quad \text{(mmkg/s)},$$

wobei v (mm/s) die Geschwindigkeit der oberen Laufbahn relativ zur unteren ist.

[1] Siehe Fußnote Seite 210.

Entsprechend ist bei *Wälzlagern* das aufzubringende Drehmoment am Innen- oder Außenring (Bild 13/7 c)

$$\boxed{M_r = \sum P_0 \cdot f \cdot D_m/D_1} \text{ (mmkg)} \quad \text{und} \quad \boxed{N_r = M_r \cdot \omega} \text{ (mmkg/s)},$$

wobei ω (1/s) die Winkelgeschwindigkeit des Innenrings relativ zum Außenring und D_m (mm) der Teilkreisdurchmesser ist.

Hebelarm f. Im allgemeinen setzt man $f = 0{,}5$ mm für Wälzpaarungen aus Stahl, Stahlguß und Grauguß. Bei Wälzlagern aus gehärtetem und geschliffenem Stahl ist günstigenfalls $f = 0{,}005$ bis 0,01 mm. Nach Versuchen an Eisenbahn-Laufrädern auf Schienen [*13/30*] ist f vom Raddurchmesser D_1 (mm) abhängig: $f \approx 0{,}013\sqrt{D_1}$ (mm).

Zusätzliche Gleitreibung. Bei Berührung der Wälzkörper außerhalb der Wälzlinie, z. B. bei Spurkranzreibung der Laufräder, bei Bord-, Stirn- und Käfigreibung der Wälzlager, bei zusätzlicher Gleitreibung von Dichtungen und Lagerzapfen ist ein zusätzliches Reibmoment zu überwinden, das häufig erheblich größer ist, als das Rollreibmoment. Über die zusätzliche Reibung bei Wälzlagern s. Kap. 14.

13.6. Berechnungsbeispiele.

Beispiel 1. *Kranlaufrad aus Stahlguß* (Bild 13/1a). $D_1 = 800$ mm, tragende Schienenbreite $B = 65$ mm. Mit $K = 0{,}4$ kg/mm² nach Tafel 13/6 wird die zulässige Belastung des Rades $P_0 = K \cdot D_1 \cdot B = 0{,}4 \cdot 800 \cdot 65 = 20\,800$ kg, und das Roll-Reibmoment $M_r = f \cdot P_0 = 0{,}5 \cdot 20\,800 = 10\,400$ mmkg, oder der Rollwiderstand $P_w = 2\,M_r/D_1 = 2 \cdot 10\,400/800 = 26$ kg. Hierzu kommt der Gleitreibungswiderstand P_z (kg) der Laufradlagerung, der ein Vielfaches des Rollwiderstandes beträgt; z. B. $P_z = P_0 \cdot \mu \cdot d/D_1 = 20\,800 \cdot 0{,}1 \cdot 80/800 = 208$ kg, wenn der Zapfendurchmesser $d = 80$ mm und der Reibwert des Zapfens $\mu = 0{,}1$ beträgt.

Beispiel 2. *Nocken und Nockenrolle* (Bild 13/1 h) aus gehärtetem Stahl, $H_B = 600$ kg/mm², $D_1 = 5$ mm, $D_2 = 20$ mm, $B = 10$ mm. Für Dauerbetrieb mit $K = 0{,}125\,(H_B/10^2)^2 = 4{,}5$ kg/mm² (s. Tafel 13/6) und $\varphi = \frac{1}{1 + D_1/D_2} = \frac{1}{1 + 0{,}25} = 0{,}8$ wird die größte zulässige Stoßbelastung $P_0 = K \cdot \varphi \cdot D_1 \cdot B = 4{,}5 \cdot 0{,}8 \cdot 5 \cdot 10 = 180$ kg.

Beispiel 3. *Wälzschlitten mit Kugeln in Hohlrinnen* (Bild 13/1 e), aus gehärtetem Stahl. Belastung $P = 5000$ kg, Kugeldurchmesser $D_1 = 15$ mm, Profil der Hohlrinne $D_4 = -D_1 \cdot 4/3$. Hierfür ist nach Tafel 13/3 $\varphi = 3{,}42$, $\varphi_V = 2$, $\cos\vartheta = 0{,}6$ und nach Tafel 13/1 $\xi = 1{,}66$, $\psi = 1{,}48$. Wählt man nach S. 209 $k_0 = \varphi_V \cdot 1 = 2 \cdot 1 = 2$ kg/mm², so ist $P_0 = k_0 \cdot D_1^2 = 2 \cdot 15^2 = 450$ kg, oder die Anzahl der benötigten Kugeln $z = P/P_0 = 5000/450 \approx 11$.

Die Annäherung des Schlittens an die Auflage beträgt $2 \cdot u = 2 \cdot 1{,}55\,D_1 \frac{\psi}{\xi}\sqrt[3]{\frac{k_0^2}{E^2 \cdot \delta}}$. Mit $E = 2{,}1 \cdot 10^4$ kg/mm² und $\delta = \frac{2}{2 + D_1/D_4} = \frac{2}{2 - 3/4} = 1{,}6$ wird $2 \cdot u = 2 \cdot 1{,}55 \cdot 15 \cdot \frac{1{,}48}{1{,}66}\sqrt[3]{\frac{2^2}{2{,}1^2 \cdot 10^8 \cdot 1{,}6}} = \frac{31{,}3}{103} = 0{,}0313$ mm. Die am Schlitten aufzubringende Kraft zur Überwindung der Rollreibung beträgt $P_u = \frac{M_r}{D_1} = \frac{2 \cdot P \cdot f}{D_1} = \frac{2 \cdot 5000 \cdot 0{,}007}{15} = 4{,}67$ kg, wenn $f = 0{,}007$.

Beispiel 4. *Reibradgetriebe* (Bild 13/1 k), aus gehärtetem Stahl, $H_B = 650$ kg/mm², ölgeschmiert. $D_1 = 100$ mm, $D_2 = 100$ mm, $B = 10$ mm.

Bei Linienberührung: Das Profil von Reibrolle und Gegenscheibe stimmen überein. Mit $K = 2{,}5$ kg/mm² (s. Tafel 13/6) und $\varphi = \frac{1}{1 + D_1/D_2} = 0{,}5$ wird die zulässige Anpreßkraft $P_0 = K \cdot \varphi \cdot D_1 \cdot B = 2{,}5 \cdot 0{,}5 \cdot 100 \cdot 10 = 1250$ kg. Bei einem Mindest-Gleitreibwert $\mu = 0{,}065$ wird die übertragbare Umfangskraft $P_u = P_0 \cdot \mu = 1250 \cdot 0{,}065 = 81$ kg. Die Hertzsche Pressung $p = 85{,}7 \cdot K^{1/2} = 85{,}7 \cdot 2{,}5^{1/2} = 135{,}5$ kg/mm².

Bei Punktberührung: Das Profil der Reibrolle ist etwas stärker gekrümmt, als das Profil der Gegenscheibe, $D_3 = 80$ mm, $D_4 = -100$ mm. Es wird:

$$\delta = \frac{2}{1 + D_1/D_2 + D_1/D_3 + D_1/D_4} = \frac{2}{1 + 1 + 100/80 - 1} = 0{,}888 \text{ und}$$

$$\cos\delta = \frac{1 + 1 - (1{,}25 - 1)}{1 + 1 + (1{,}25 - 1)} = 0{,}778 \text{ und hiermit nach Tafel 13/1 } \xi = 2{,}20,\ \eta = 0{,}56.$$

Hieraus $\varphi = \delta^2 (\xi \cdot \eta)^3 = 0{,}88^2 (2{,}2 \cdot 0{,}56)^3 = 1{,}44$; $K = \frac{P_0}{\varphi \cdot D_1^2} = \frac{1250}{1{,}44 \cdot 100^2} = 0{,}0868\,\text{kg/mm}^2$, oder $p = 468\ K^{1/3} = 207\,\text{kg/mm}^2$. Da nach S. 212 p bei Punktberührung etwa 1,7mal so groß als bei Linienberührung werden dürfte ($= 1{,}7 \cdot 135{,}5 = 230\,\text{kg/mm}^2$), wäre die Punktberührung hier vorzuziehen (geringere Reibverluste).

Weitere Berechnungsbeispiele s. Wälzlager (Kap. 14), Zahnräder und Reibgetriebe (Bd. 2).

13.7. Schrifttum zu 13 (s. auch Wälzlager S. 226).

Spannungen:

[13/1] HERTZ, H.: Über die Berührung fester elastischer Körper .... Leipzig: Ges. Werke, Bd. I. Barth 1895 und J. reine angew. Math. 92 (1881) S. 156 — Auszug s. Hütte I, 27. Aufl. 1942, S. 736.

[13/2] STRIBECK, R: Kugellager für beliebige Belastungen. Mitt. Forsch.-Arb. VDI 2. Berlin 1901 und Z. VDI 45 (1901) S. 73 und 118 und Glasers Ann. Nr. 577, 1. Juli 1901 und Z. VDI 51 (1907) S. 1495.

[13/3] COKER, E. C., CHAKKE, K. C. und M. S. AHMED: Contact pressures and Stresses. Proc. Instn. mech. Engr. 1921, S. 365.

[13/4] MESMER, G.: Vergleichende spannungsoptische Untersuchungen und Fließversuche unter konzentriertem Druck. Z. f. Techn. Mech. u. Thermodynamik Bd. 1 (1930) S. 85 u. 106.

[13/5] COKER, E. G.: The optical analysis of stress in rollers, cams and wheels. Proc. Instn. mech. Engr. 1931; Engineering Bd. 131 (1931) S. 116.

[13/6] FISCHER, O. F.: Näherungslösung zur Ermittlung der wirklichen Spannungsverteilung an konzentriert belasteten Zylinderenden. Ing.-Arch. II (1931) S. 178.

[13/7] LUNDBERG, G. und ODQUIST, F. K. G.: Studien über die Spannungsverteilung in der Umgebung der Berührungsstellen von elastischen Körpern, mit Anwendungen. Ing. Vet. Akad. Handl. 1932, Nr. 116.

[13/8] WEBER, C.: Beitrag zur Berührung gewölbter Oberflächen beim ebenen Formänderungszustand. ZAMM. Bd. 13 (1933) S. 11.

[13/9] FÖPPL, L.: Der Spannungszustand und die Anstrengung des Werksstoffs bei Berührung zweier Körper. Forschg. Ing.-Wes. 7 (1936) S. 209.

[13/10] LÖFFLER, J.: Die Spannungsverteilung in der Berührungsfläche gedrückter Zylinder auf Grund spannungsoptischer Messungen. Diss. T. H. Dresden 1938.

[13/11] KARAS, FR.: Der Ort größter Beanspruchung in Wälzverbindungen mit verschiedenen Druckfiguren. Forschg. Ing.-Wes. 12 (1941) S. 237; ferner Bd. 11 (1940) S. 334.

Statische Tragkraft:

[13/12] PALMGREN A.: Untersuchung über die statische Tragfähigkeit von Kugellagern. Diss. Stockholm 1930.

[13/13] MUNDT, R.: Höchstbelastbarkeit von Wälzlagern. Forschg. Ing.-Wes. Bd. 7 (1936) S. 292 und Hütte Bd. II 27. Aufl. S. 192. Berlin 1944.
— Zur Berechnung der Tragfähigkeit .... Z. VDI 85 (1941) S. 801.

[13/14] VKF: Statische Tragfähigkeit von Wälzlagern. Das Kugellager — Hausmitt. der VKF Schweinfurt Bd. 18 (1943) S. 33.

[13/15] SCHÖNHÖFER, R.: Neuartige Ausführungen von Brückenauflagern. Z. VDI 85 (1941) S. 215.

Pfannen und Schneiden:

[13/16] SCHLEE: Gleicharmige Hebelwaagen. Arch. techn. Mess. J 131—4; T 80, Juli 1940.

[13/17] GÖTZ, E.: Waagen- und Wiegeeinrichtungen. Leipzig: M. Jänecke 1931.

Dynamische Tragkraft (Lebensdauer und Grübchen):

[13/18] BACON, F.: Fatigue Stresses with Special reference to the breakage of rolls. Engineering Bd. 131 (1931) S. 280 u. S. 341.

[13/19] KÜHNEL, R.: Abblätterungen am Radreifen. Stahl u. Eisen 57 (1937) S. 553.

[13/20] ULRICH, M.: Zur Frage der Grübchenbildung bei Zahnrädern. Z. VDI 78 (1934) S. 53; ferner Versuchsbericht Nr. 4 (1932) Reichsverb. der Automobilind. Berlin.

[13/21] NISHIHARA und KOBAYASHA: Pittings of Steel under lubricated Rolling Contact .... Trans. Soc. mechan. Engr. Japan Bd. III (1937) S. 292 und Bd. V (1939) S. 90.

[13/22] NIEMANN, G.: Walzenpressung und Grübchenbildung bei Zahnrädern. Maschinenelemente-Tagung Düsseldorf 1938, Berlin: VDI-Verlag 1940.
[13/23] KARAS, FR.: Dauerfestigkeit von Laufflächen gegenüber Grübchenbildung. Z. VDI 85 (1941) S. 341.
[13/24] NIEMANN, G.: Walzenfestigkeit und Grübchenbildung von Zahnrad- und Wälzlagerwerkstoffen. Z. VDI 87 (1943) S. 521.
[13/25] HELBIG FR.: Walzenfestigkeit und Grübchenbildung von Zahnrad- und Wälzlagerwerkstoffen. Diss. T. H. Braunschweig 1943.
[13/26] TUSCHY, H.: Gleit-Wälzversuche an Stahlrollen. Diss. TH. Danzig 1937.
[13/27] MELDAHL, A.: Prüfung von Zahnradmaterial mit dem Brown-Boverie-Apparat. Schweiz. Arch. angew. Wiss. Techn. Bd. 6 (1940) S. 285; ferner: Automob. Engr. (1941) S. 97; ferner: Brown-Bovery-Review Okt. 1939.
[13/28] GLAUBITZ, H.: Zahnradversuchsergebnisse zum Schlupfeinfluß auf die Walzenfestigkeit von Zahnflanken. Forschg. Ing.-Wes. Bd. 14 (1943) S. 24.
[13/29] WAY, ST.: Pitting Due to Rolling contact. J. appl. Mechan. Bd. 2 (1935) S. A 49 a. A 110. — Westinghouse Roller a. Gear Pitting Tests, A. G. M. A. 24. Ann. Meeting Report. Mai 1941.
[13/30] BUCKINGHAM, E.: Surface Fatigue of Plastic Materials. Progr. Report Nr. 16 of the ASME (1944).
[13/31] BEECHING, NICHOLLS: A Theoretical Discussion of Pitting Failures in Gears. Instn. mech. Engrn., J. Proc. Dez. 1948. S. 317/326.

Rollreibung:

[13/32] REYNOLDS, OSBORN: On rolling friction. Philos. Trans. Roy. Soc. London 1885.
[13/33] FROMM, H.: Berechnung des Schlupfes beim Rollen deformierbarer Scheiben. Z. angew. Math. Mech. Bd. 7 (1927) S. 27.
[13/34] FROMM, H.: Arbeitsverlust, Formänderungen und Schlupf beim Rollen von treibenden und gebremsten Rädern oder Scheiben. Z. techn. Physik 9. Jg. (1928) S. 299.
[13/35] FÖPPL, L.: Die strenge Lösung für die rollende Reibung. München: Leibnitz-Verlag 1947.
[13/36] ENGEL, J.: Die Fahrwiderstände des Rollmaterials im Baubetrieb. Mitt. d. Forsch.-Inst. f. Masch.-Wes. beim Baubetrieb H. 3. Berlin: VDI-Verlag 1932.
[13/37] KARAS, F.: Die äußere Reibung bei Walzendruck. Forschg. Ing.-Wes. Bd. 12 (1941) S. 266.
[13/38] K. KARDE, Die Grundlagen der Berechnung und Bemessung des Klemmrollen-Freilaufs. ATZ 51 (1949) S. 49.

III. Lager.

14. Wälzlager.

14.1. Überblick.

1) Eigenschaften. Gegenüber Gleitlagern ist hervorzuheben

a) die viel geringere *Anlaufreibung* (Anlaufreibwert etwa 0,02 statt 0,12) und der geringere Einfluß der Drehzahl auf die Reibung;

b) die einfache und *fast wartungsfreie* Dauerschmierung bei erheblich geringerem *Schmierstoffverbrauch*;

c) die geringere *Wärmeentwicklung* bei gleicher Belastung;

d) die durchweg größere *Tragkraft* je cm Lagerbreite;

e) der Fortfall der *Einlaufzeit* und des Einflusses des Wellenwerkstoffs;

f) die weitgehende *Normung* der Abmessungen, der Qualität, der zulässigen Belastung und Lebensdauer, verbunden mit der hochwertigen Herstellung in Spezialfabriken und die sich hieraus ergebenden Vorteile für die Anwendung und Ersatzbeschaffung.

2) Verwendungsgrenzen. Trotz obiger Vorzüge der Wälzlager zieht man Gleitlager in gewissen Fällen vor; z. B. dort, wo das Lagergeräusch stört, ferner bei starken *Erschütterungen* im Stillstand, z. B. bei Reservemaschinen, dann bei *geteilten* Lagern, bei *großen Querlagern* geringer Drehzahl (relativ hoher Preis und großer Außendurchmesser der Wälzlager) und bei *hochbelasteten Spurlagern* von Generatoren und Turbinen (über 200 t). Bei hohen Anforderungen an die *Spielfreiheit* (Werkzeugmaschinen) steht die letzte Entscheidung noch aus. Zulässige Drehzahlen s. Tafel 14/1.

Tafel 14/1. *Zulässige Drehzahl* n_{zul} *bei stationärer Schmierung nach DIN 622 (Aug. 1942).* Durchmesser d, D, d_w, D_g, D_w und Höhe H (mm) s. Tafel 14/5 bis 14/15.

Nr.	Lagerart	n_{zul}	Nr.	Lagerart	n_{zul}
1	Ring-Kugellager bis $d = 10$ mm	$\frac{650\,000}{0{,}5\,(d + D) + 7}$	5	Scheiben-Rillenlager	$\frac{150\,000}{0{,}5\,(d_w + D_g)}$
2	Ring-Kugellager außer Nr. 1 Ring-Zylinderlager	$\frac{500\,000}{0{,}5\,(d + D)}$	6	Scheiben-Tonnenlager	$\frac{130\,000}{\sqrt{D_g \cdot H}}$
3	Ring-Schräglager, zweireihig Ring-Kegellager Ring-Tonnenlager Reihe 222 u. 223	$\frac{350\,000}{0{,}5\,(d + D)}$	7	Nadellager	$\frac{100\,000}{d}$
4	Ring-Tonnenlager Reihe 230, 231, 232, 213	$\frac{250\,000}{0{,}5\,(d_w + D_g)}$	8	Walzenkränze	$\frac{250\,000}{D_w}$

3) Bauweise. Ein vollständiges Wälzlager besteht nach Bild 14/2 bis 14/4 aus 2 Ringen und den dazwischen angeordneten Wälzkörpern, die durch einen Käfig aus weicherem Werkstoff voneinander getrennt und auch zusammen gehalten werden. Als Wälzkörper dienen Kugeln, Rollen, Tonnen oder Nadeln nach Bild 14/1. Den Aufbau der verschiedenen Wälzlagerarten s. Bild 14/2 bis 14/4. Die Konstruktionsbedingungen für reine Wälzbewegung zeigt Bild 14/7.

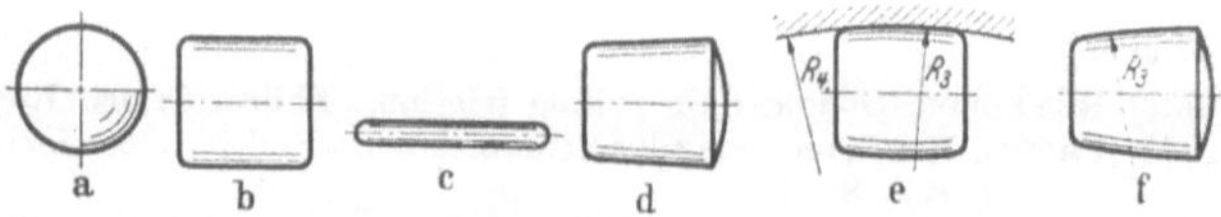

Bild 14/1. Wälzkörper. a Kugel, b Zylinderrolle, c Nadel, d Kegelrolle, e symmetrische Tonnenrolle, f unsymmetrische Tonnenrolle.

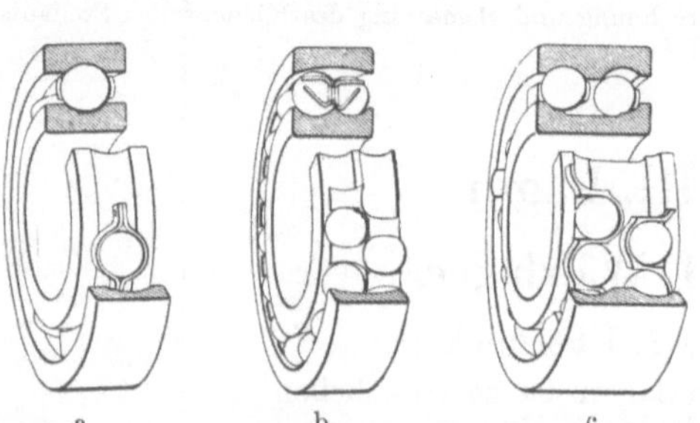

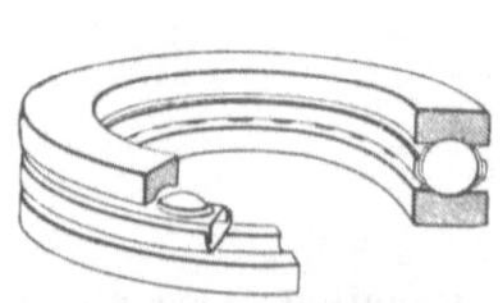

Bild 14/2. Kugellager, a Ring-Rillenlager, b Ring-Pendellager, c Ring-Schräglager, d Scheiben-Rillenlager.

Die *seitliche Führung* erfolgt bei Kugeln durch die Laufrillen selbst, bei symmetrischen Rollen und Tonnen durch „Spielführung" zwischen den seitlichen Borden und bei unsymmetrischen Tonnen und Kegelrollen durch „Spannführung", wobei die Kraftkomponente P_B (Bild 14/3 e) die Tonne gegen den Bord drückt.

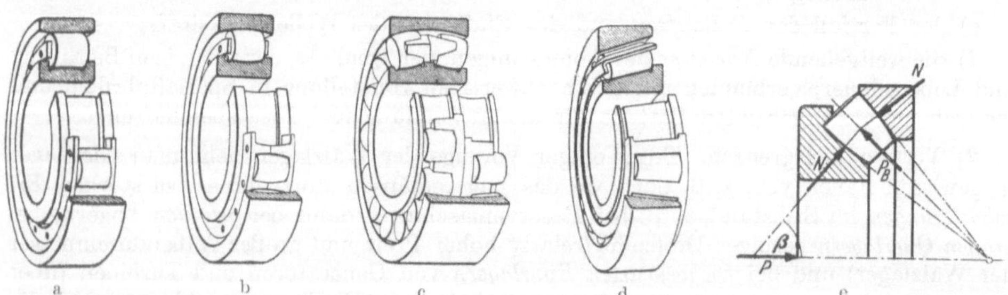

Bild 14/3. Rollenlager. a Ring-Zylinderlager, b Ring-Tonnenlager, einreihig, c Ring-Tonnenlager, zweireihig, d Ring-Kegellager, e Scheiben-Tonnenlager, P_B = Bordkraftkomponente, β = Winkel zwischen Lagerbelastung P und Normalkraft N des Wälzkörpers.

4) Baumaße der genormten Wälzlager.

Äußere Baumaße d, D und b s. Tafel 14/5 bis 14/15.

Passungen s. Tafel 14/3.

Innere Baumaße betragen etwa:

Wälzkörperdurchmesser

$$D_1 = q_1 (D - d) .$$

Anzahl der Wälzkörper in einer Reihe

$$z_1 = q_2 (D + d)/D_1$$

Krümmungshalbmesser des Profils der Laufrinne 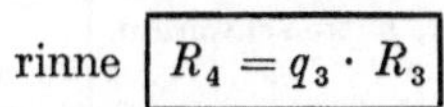 $R_4 = q_3 \cdot R_3$.

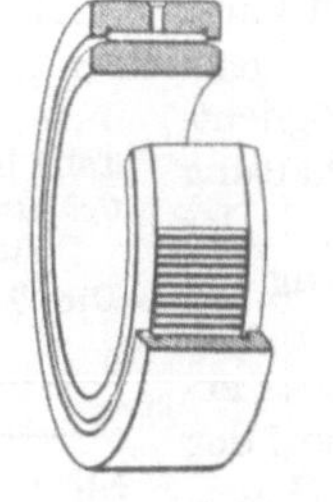

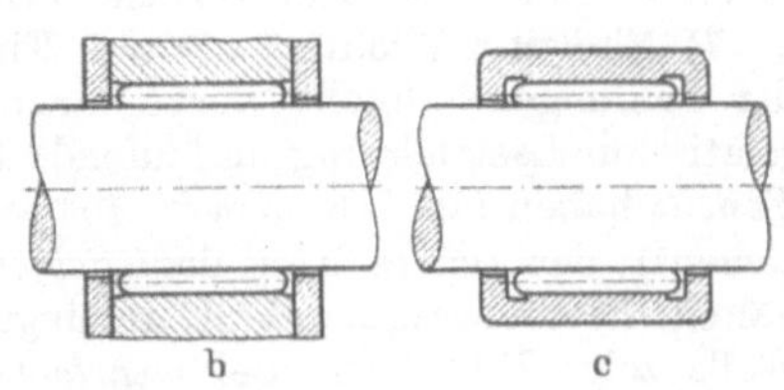

Bild 14/4. Nadellager. a komplettes Nadellager, b unmittelbare Nadellagerung, c halbmittelbare Nadellagerung.

Krümmungshalbmesser des Wälzkörpers R_3 nach Bild 14/1.

Durchmesser d und D s. Tafel 14/5 bis 14/15.

Tafel 14/2. *Beiwerte* q_1, q_2, q_3.

Lagerart	q_1 von	q_1 bis	q_2 von	q_2 bis	q_3 von	q_3 bis	Rollenlänge
Ring-Rillenlager	0,258	0,33	0,99	0,89	1,04	1,06	—
,, -Schräglager, einreihig	0,25	0,32	1,4	1,24	1,04	1,06	—
,, -Schräglager, zweireihig	0,241	0,29	1,48	1,25	1,04	1,06	—
,, -Pendellager	0,217	0,238	1,33	1,07	1,04	1,06	—
Ring-Zylinderlager	0,205	0,257	1,24	0,97	—		$1\,D_1$
,, Kegellager	0,247	0,281	1,3	1,2	—		$1{,}05\,D_1 \cdots 1{,}5\,D_1$ *
Ring-Tonnenlager, einreihig	0,259	0,289	1,36	1,15	1,02 innen	1,04 außen	$1\,D_1 \cdots 1{,}15\,D_1$
,, -Tonnenlager, zweireihig	0,233	0,278	1,4	1,15	1,02 innen	1,04 außen	$0{,}82\,D_1 \cdots 0{,}88\,D_1$
Scheiben-Rillenlager	0,318	0,386	1,42	1,19	0,544		—
,, -Tonnenlager	0,237	0,253	1,12	1,07	0,51		$1\,D_1$

* Beim Kegellager ist D_1 der größere Durchmesser der Kegelrollen.

Berechnungsbeispiele s. S. 222.

5) Werkstoff. Für die Wälzkörper und Laufringe verwendet man gewöhnlich einen durchhärtenden Wälzlagerstahl nach S. 90 (0,9 ··· 1,2 % C; 0,4 ··· 1,8 % Cr, evtl. noch 0,2 ··· 0,4 % Mn), bei außergewöhnlich großen Lagern auch naturharten Si-Mn-Stahl mit $\sigma_B = 120$ kg/mm² und in Sonderfällen auch rostfreie Stähle und unmagnetische Bronze. Die Käfige bestehen vorwiegend aus Stahlblech, Bronze oder Kunststoff. Für chemische Zwecke werden auch Wälzlager aus *keramischen* Stoffen hergestellt [1].

6) Auswahl. Für *Quer*belastung sind alle Ringlager geeignet, für *Längs*belastung die Scheibenlager und Ringrillenlager, für gleichzeitige *Längs- und Quer*belastung die Ringrillen-, Ringschräg- und Ringkegellager, die außerdem auch eine Längsverspannung und mit dieser eine Quer-Nachstellung des Lagerspiels ermöglichen. Bei merkbaren *Wellendurchbiegungen* oder Abweichungen in der Achsrichtung sind Pendellager das Gegebene.

[1] Gebaut von Hermsdorf-Schomburg-Isolatoren-Ges., Hermsdorf. Erreichte Bruchlast einer 20-mm-Keramik-Kugel etwa 3000 kg. Siehe Naumann, Die Technik Bd. 2 (1947) S. 385.

*Ringzylinder*lager können zusätzlich geringe Längskräfte (Führungskräfte) am seitlichen Bord aufnehmen, während sie bei Weglassung eines Bordes eine entsprechende Längsverschiebung der Welle zulassen. *Nadellager* benötigen den geringsten Außendurchmesser und sind besonders für Stoßbelastungen bei geringer Drehzahl z. B. bei Kolbenbolzen geeignet; sie besitzen aber größere Reibung (Bild 14/13) und sind nicht längsbelastbar (wohl längsverschiebbar). Einen Anhalt zum Vergleich der Tragkräfte der verschiedenen Lager bieten die in Tafel 14/5 ··· 14/15 angegebenen „Tragzahlen C", während Bild 14/12 einen Vergleich der Reibverluste ermöglicht.

7) Einbau. Wichtig ist die Einhaltung der Passungen[1] (nicht verklemmen!). Der relativ zur Lastrichtung umlaufende Ring soll *Festsitz* haben (am besten etwa 70° warm aufziehen!); der andere Ring darf *Schiebesitz* erhalten. Die Befestigung der Lagerringe auf der Welle zeigt Bild 14/5. Bei *mehrfacher* Lagerung (Bild 14/6) ist genau zu überlegen, welches Lager „führen" und welches sich frei einstellen soll (Wärmeausdehnung!). Seitlich vom Lager soll man Platz für Schmierstoff lassen; bei

Tafel 14/3. *Empfohlene Toleranzen für Welle und Gehäuse*, wenn der Innenring relativ zur Lastrichtung umläuft (nach TEN BOSCH).
Die Toleranzen der Wälzlagerdurchmesser d und D sind h 6 und H 6.

Tragfähigkeit	Welle	Gehäuse
Nicht voll ausgenutzt	j 6	J 7
Normal ausgenutzt.	k 5	H 7
Voll ausgenutzt, mittelschwere u. schwere Reihe	m 5	H 7
Sehr große Stoßbelastung . . .	n 5	H 7
Spannhülsenlager	h 9	H 8

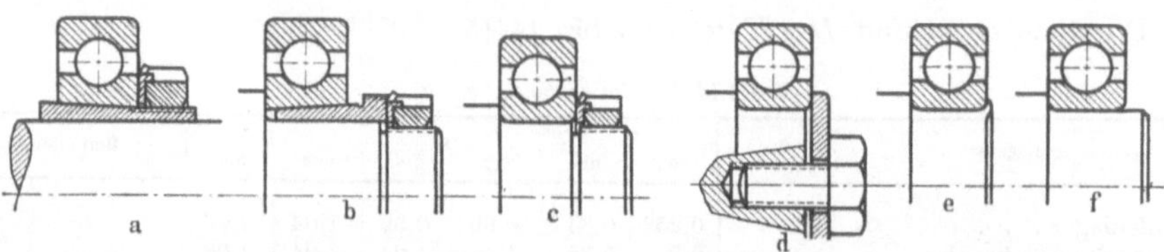

Bild 14/5. Befestigung an der Welle, a mit Spannhülse, b mit Abzugshülse, c mit Mutter, d mit Endscheibe, e mit Bördelrand, f nur 70° — warm aufgezogen; axiale Sicherung nur bei Axialkräften erforderlich. Der äußere Wellendurchmesser soll kleiner als der äußere Innenringdurchmesser sein, um das Abziehen des Lagers zu erleichtern.

Ölstandschmierung soll nur der unterste Wälzkörper bis zur Mitte eintauchen (sonst erhöhte Erwärmung durch Walkarbeit). *Abdichtung* gegen Staub vorsehen! (s. Bild 14/6 u. 15/19, S. 249)[2]. Beim Aufbringen oder Abziehen der Wälzlager, oder sonstiger Teile auf der Welle, ist darauf zu achten, daß hierbei die Wälzkörper keine Stoßkräfte erhalten.

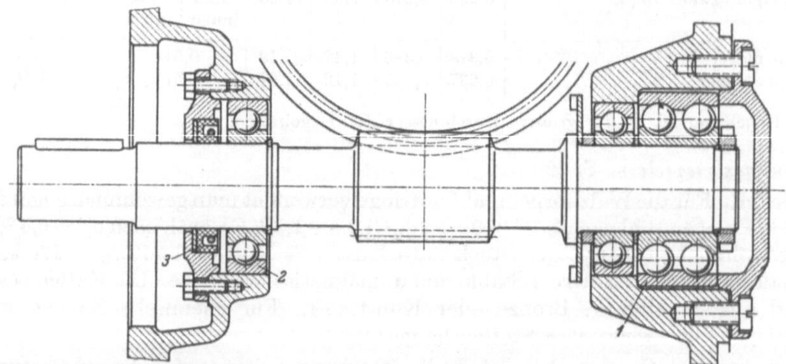

Bild 14/6. Einbaubeispiel. Lagerung einer Schneckenwelle, *1* Festlager, *2* Loslager, *3* Abdichtung. Innenring mit Festsitz auf der Welle, Außenring mit Schiebesitz.

[1] Die Passung bei Wälzlagern ist wegen der elastischen Verformung eine *vierfache* Passung (2 innere, 2 äußere). Sie wirkt entscheidend mit auf die Lebensdauer, auf Reibmoment und Erwärmung des Lagers. Ein nachgiebiges Lagergehäuse, z. B. aus Leichtmetall, verringert die Gefahr des Verklemmens.

[2] Sehr günstig und platzsparend sind auch die einfachen radialen Abdichtscheiben, die mit schmaler Abdichtkante federnd gegen den Wälzlagerring gleiten (Nilos-Dichtung). Gegen starke Ölspritzer von Zahnritzeln genügen meist einfache Scheiben als Spritzringe vor den Lagern.

8) DIN-Blätter für Wälzlager.

Betrifft	DIN	Betrifft	DIN
Übersicht	611	*Rollenlager.*	
Bauarten, Benennungen	612	Nadellager	617
Außenmaße	616	Ring-Tonnenlager	635
Maß-, Form- u. Laufgenauigkeit	620	Ring-Kegellager	720
Gewichte	621	Scheiben-Tonnenlager	728
Tragfähigkeit	622	Ring-Zylinderlager	5412
Zusammensetzung, Anbringung, Kurzzeichen	623	*Teile und Sonstiges.*	
		Zylinderrollen, Walzen	5402
Kugellager.		Walzenkränze	5407
Ring-Schulterlager	615	Unterlegscheiben	5414
Ring-Rillenlager	625	Spannhülsen	5415
Ring-Schräglager	628	Sprengringe	5417
Ring-Pendellager	630	Anschlußmaße	5418
Scheiben-Rillenlager	711, 715	Filzringe	5419

9) Anstände. 1) Gefürchtet ist ein *Heißlaufen*, oder sogar *Blockieren* der Lager, hervorgerufen durch Verklemmungen im Lager (zu enge Passung oder Wärmedehnungen), durch Fremdkörper (z. B. Abrieb), durch zuviel oder zu wenig Schmierung.

2) *Zunehmende Geräuschbildung* oder Erschütterungen durch Fremdkörper im Lager, durch zu enge Passung, oder zuviel Lagerluft oder Mangel-Schmierung, besonders aber durch *Laufbahnfehler*, wie plastische Eindrücke oder „Riffelung" der Laufbahn, wie sie vorwiegend durch Stoßbelastung und Erschütterungen im *Stillstand* der Lager entstehen, ferner durch „Kraterbildung" infolge von elektrischen Stromübergängen, durch „Korrosion" der Laufbahn und schließlich am häufigsten durch die üblichen Alterungserscheinungen, wie „Grübchenbildung" (Ausbröcklungen) oder „Schälen" der Laufbahn. *Vorzeitige* Grübchenbildung deutet auf Überlastung hin, *einseitige* auf Einbaufehler (einseitiges Verklemmen) oder einseitige Belastung, z. B. infolge von Wellendurchbiegungen oder Wärmedehnungen.

3) *Verschleißerscheinungen*, z. B. an den Stirnflächen der Rollen, an den Borden und Käfigen.

4) *Werkstoff- und Herstellungsfehler*, z. B. Härte- oder Schleifrisse, Lagerluft- und Passungsfehler.

14.2. Tragkraft.

1) Bezeichnungen.

B	(mm)	tragende Rollenbreite	P, P_0	(kg)	größte Nennbelastung des Lagers, des Wälzkörpers
C	(kg)	Tragzahl	q_1, q_2, q_3	(—)	Beiwerte s. Tafel 14/2
D_1	(mm)	Wälzkörperdurchmesser	P_r, P_a	(kg)	radiale, axiale Lagerbelastung
d, D	(mm)	Innen-, Außendurchmesser des Lagers	R_4, R_3	(mm)	Halbmesser des Profils der Laufrinne, des Wälzkörpers nach Bild 14/1
f	(mm)	Hebelarm der rollenden Reibung			
f_L, f_n, f_t	(—)	Beiwerte für Lebensdauer, Drehzahl, Temperatur	t	(°C)	Temperatur
H_V	(kg/mm²)	Vickershärte	x, y	(—)	Beiwert für P_r, P_a (Tafel 14/5 bis 14/8)
k_0	(kg/mm²)	spez. Belastung, $= P_0/D_1^2$ bzw. $P_0/(D_1 \cdot B)$	z, z_t, z_1	(—)	Anzahl der gesamten, der „tragenden", der einreihigen Wälzkörper
L	(—)	Lebensdauer in Millionen Umdrehungen, $= L_h \cdot n \cdot 60/10^6$	β		Lastwinkel zwischen Lagerbelastung P und Normalkraft N des Wälzkörpers (Bild 14/3)
L_h	(h)	Lebensdauer in Betriebsstunden			
M_r	(mmkg)	Reibmoment			
m	(—)	spez. Reibmoment (Bild 14/13)			
n	(Uml/min)	Drehzahl	μ_i	(—)	Ideeller Reibwert, $= \dfrac{2\,M_R}{P \cdot d}$

2) Dynamische Tragfähigkeit. Verringert man die Belastung P eines Wälzlagers mit umlaufendem Innen- oder Außenring, so wird seine Lebensdauer L zunehmen. Die dynamische Tragfähigkeit ist daher eine Funktion der Lebensdauer. Nach Versuchen der Wälzlagerindustrie ist $L \sim (1/P)^3$, d. h. einer 0,5fachen Belastung entspricht eine 8fache Lebensdauer.

Läßt man 100 gleiche Lager bei gleicher Belastung und Drehzahl laufen, so variiert die erreichte Lebensdauer noch wie 1: 30, d. h. das erste Lager wird nach 1 Million Umdrehungen und das letzte erst nach 30 Millionen ausfallen. Man hat festgelegt (DIN 622), daß die anzugebende „Lebensdauer" von 90% der Lager erreicht werden soll, während 10% vorher ausfallen können. Besonders gefährdet ist die Laufbahn mit der ungünstigeren Anschmiegung an die Wälzkörper, also beim Ringpendellager die *Außen*laufbahn und bei den übrigen Ringlagern die *Innen*laufbahn.

Bei „*Umfangslast*" läuft der Innenring eines Querlagers relativ zur Lastrichtung um, so daß die Stelle der Höchstbelastung am Innenring ständig wechselt; bei „*Punktlast*" steht dagegen der Innenring zur Lastrichtung still, so daß die Höchstbelastung stets auf die gleiche Stelle des Innenrings trifft (ungünstiger!).

Die „*Tragzahl* C" (kg), die in den Wälzlagerlisten angegeben wird, ist nach DIN 622 die dynamische Tragfähigkeit eines Lagers für eine Lebensdauer von 1 Million Umdrehungen ($L = 1$).

3) Statische Tragfähigkeit. Man versteht hierunter die statische Belastung, die eine bestimmte plastische Verformung hervorruft. Näheres s. S. 208, Erfahrungswerte s. Tafel 14/4. Bei *umlaufenden* Lagern wird dieser Wert häufig bis zu 100% überschritten.

4) Spezifische Belastung k_0. Aus der Belastung P des Lagers ergibt sich die Belastung P_0 des am höchsten belasteten Wälzkörpers und die spezifische Belastung k_0 dieses Wälzkörpers, wie folgt[1]:

$$P_0 = \frac{P}{z_t \cdot \cos\beta} \text{ (kg)}; \qquad k_0 = \frac{P_0}{D_1 \cdot B} = \frac{P}{D_1 \cdot B \cdot z_t \cdot \cos\beta} \text{ (kg/mm}^2\text{)}.$$

Hierbei ist D_1 (mm) der Wälzkörperdurchmesser; B (mm) die tragende Rollenbreite, für die bei Kugellagern der Kugeldurchmesser D_1 (mm) einzusetzen ist; z_t die Anzahl der als „tragend" zu rechnenden Wälzkörper, $= z/5$ bei Ringlagern unter Querlast [2], $= z_1$ bei Ringlagern unter Längslast, $= z$ bei Scheibenlagern unter Längslast; β ist der „Lastwinkel" zwischen der Lagerbelastung P und der Normalkraft N des Wälzkörpers (s. Bild 14/3).

Die *zulässige* spezifische Belastung k_0 kann für jede Lagerart und zwar sowohl für statische, als auch für dynamische Belastung durch Versuch ermittelt werden. *Erfahrungswerte* für k_0 für genormte Wälzlager s. Tafel 14/4. Für die Tragzahl $C = k_0 \cdot D_1 \cdot B \cdot z_t \cdot \cos\beta$ gilt k_0 für $L = 1$.

Hertzsche Pressung, Wälzpressung und maximale Schubspannung s. S. 204 bis 207.

Tafel 14/4. *Spezif. Belastung* k_0 (kg/mm²) *für genormte Wälzlager*[3] aus Wälzlagerstahl ($H_V = 750$). Für weichere Stähle sind die k_0-Werte mit $(H_V/750)^3$ malzunehmen (n. R. Mundt).

Lagerart	k_0 statisch	k_0 dynamisch	
Ring-Rillenlager	6,2	22,5	$\cdot \dfrac{1}{(1 + 0{,}02\, D_1)(L \cdot z_1)^{1/3}}$
Ring-Pendellager	1,7	11,25	
Scheiben-Rillenlager	5,0	6,0	
Ring-Rollenlager	11,0	25,0	$\cdot \dfrac{1}{(L \cdot z_1)^{1/3}}$
Scheiben-Rollenlager	11,0	12,5	
Scheibenrillenlager für Kranhaken	1,5 ··· 3[4]		

[1] Die von der Wälzlagerindustrie zur Berechnung der Tragfähigkeit der verschiedenen Lager benutzten Gleichungen (DIN 622) zeigen für jede Lagerart und Belastungsart einen anderen Aufbau; sie werden durch obige Gleichungen auf eine gemeinsame Grundform gebracht.

[2] In Wirklichkeit ist $z/5$ nur für eine bestimmte Lagerluft zutreffend. Siehe hierzu Abschnitt 7, Sonstige Einflüsse.

[3] Die statischen k_0-Werte entsprechen der statischen Tragkraft nach VKF [*14/8*], die auf S. 208 näher besprochen ist.

[4] Nach Erfahrungen im Kranbau.

Berechnungsbeispiel s. S. 222.

5) Belastung und Lebensdauer. In Tafel 14/5 bis 14/15 sind die Wälzlager so zusammengestellt, daß man für gleiche Lagerdurchmesser d und D die verschiedenen Wälzlager und ihre Tragzahl C vereinigt findet.

Zur Nachprüfung der Lebensdauer ermittelt man dann nach DIN 622:

a) *Ideelle Last* $\boxed{P = x \cdot P_r + y \cdot P_a}$ bei Ringlagern

bzw. $\boxed{P = P_a + x \cdot P_r}$ bei Scheibenlagern,

wobei die wirkliche auftretende Radiallast P_r und Achsiallast P_a einzusetzen und die Beiwerte x und y den Lagerlisten zu entnehmen sind [1].

b) *Lebensdauerfaktor* $\boxed{f_L = f_n \cdot f_t \cdot C/P}$ mit Tragzahl C aus den Lagerlisten, Drehzahlfaktor f_n und Temperaturfaktor f_t aus Bild 14/7;

c) *Lebensdauer* L_h in Betriebsstunden entsprechend f_L nach Bild 14/7.

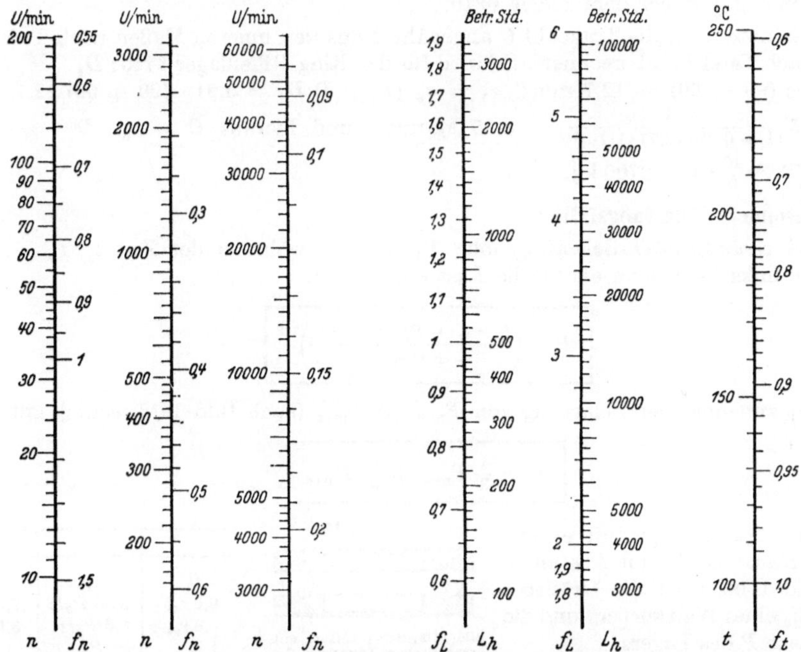

Bild 14/7. Wertleitern für die Beiwerte f_n, f_L, f_t in Abhängigkeit von der Drehzahl n (Uml./min), der Lebensdauer L_h in Betriebsstunden und von der Lagertemperatur t (° C). Für $t \leqq 100°$ C ist $f_t = 1$.

Erfahrungswerte für die erforderliche Lebensdauer L_h in Betriebsstunden (nach Mundt), wenn P_r und P_a entsprechend der maximalen Betriebslast angesetzt werden.

Personen-Kraftwagen	250 ··· 1 000	Eisenbahn-Achslager	10 000 ··· 15 000
Lastkraftwagen	1 500 ··· 4 000	Elektro-Maschinen	10 000 ··· 15 000
Kranbau, Landmaschinen	3 000 ··· 7 000	Kraftmaschinen	20 000 ··· 30 000
Holzbearbeitungsmaschinen	4 000 ··· 8 000	Papiermaschinen	80 000 ··· 100 000
Werkzeugmaschinen	10 000 ··· 15 000		

[1] Beachte, daß für „Punktlast" des Innenrings andere x-Werte gelten, als für „Umfangslast", da dann bei gleicher Drehzahl die Anzahl der Überrollungen der gefährdeten Laufbahnstelle eine andere ist.

Beispiel: Gegeben $P_r = 100$ kg, $P_a = 300$ kg bei Umfangslast für Innenring; $n = 750$, also $f_n = 0{,}355$ nach Bild 14/7. Für $d/D = 50/90$ mm stehen nach Tafel 14/6 6 Lager zur Verfügung, von denen aber nur 3 (Rillen- und Schräglager) nennenswerte Axialkräfte aufnehmen können.

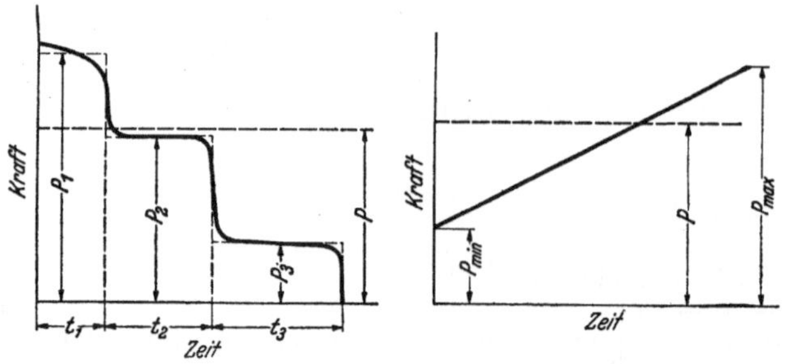

Bild 14/8. Ideelle Last P bei veränderlicher Belastungshöhe P_1, P_2 ... (Bild links), bzw. bei linear zunehmender Belastung von P_{min} bis P_{max} (Bild rechts).

Für Lager 6210 mit $C = 2700$ kg, $C/P_a = 9$. $y \approx 1{,}6$ ergibt sich $P = x \cdot P_r + y \cdot P_a = 1 \cdot 100 + 1{,}6 \cdot 300 = 580$ kg, $f_L = 0{,}355 \cdot 1 \cdot 2700/580 = 1{,}65$ oder Lebensdauer $L_h = 2200$ Std. nach Bild 14/7. Für Lager QA 50 mit $C = 2450$ ergibt sich $P = 0{,}5 \cdot 100 + 0{,}7 \cdot 300 = 260$ kg, $f_L = 0{,}355 \cdot 1 \cdot 2450/260 = 3{,}36$ oder $L_h = 19\,000$ Std., also etwa die 8,5fache Lebensdauer gegenüber dem Lager 6210.

Man könnte auch die Tragzahl C angenähert aus den inneren Maßen nach Tafel 14/2 und k_0 nach Tafel 14/4 berechnen. So wird für das Ring-Rillenlager 6210: $D_1 = q_1 (D - d) = 0{,}317 \cdot (90 - 50) = 12{,}7$ mm; $z_1 = q_2 (D + d)/D_1 = 0{,}91 \cdot (90 + 50)/12{,}7 = 10$; $k_0 = 22{,}5 \frac{1}{(1 + 0{,}02 \cdot 12{,}7)(1 \cdot 10)^{1/3}} = 8{,}35$ kg/mm² und hieraus $C = k_0 \cdot D_1^2 \cdot z_i \cdot \cos\beta = 8{,}35 \cdot 12{,}7^2 \cdot \frac{10}{5} \cdot 1 = 2700$ kg.

6) Besondere Belastungsfälle [1].

a) Bei *veränderlicher* Belastungshöhe P_1, P_2 ... während der Zeit t_1, t_2 ... nach Bild 14/8 links kann man als ideelle Last einsetzen [2]:

$$P = \left(\frac{P_1^3 \cdot t_1 + P_2^3 \cdot t_2 + \cdots}{t_1 + t_2 + \cdots}\right)^{1/3}$$

Bei linear zunehmender Belastung von $P_{\min}$ bis $P_{\max}$ (nach Bild 14/8 rechts) gilt etwa:

$$P = \frac{1}{3} P_{\min} + \frac{2}{3} P_{\max}$$

b) *Für Scheibenlager* mit exzentrischer *Belastung* P_a im Abstand a nach Bild 14/9 wird die Größtbelastung P_0 eines Wälzkörpers und die ideelle Last P des Lagers:

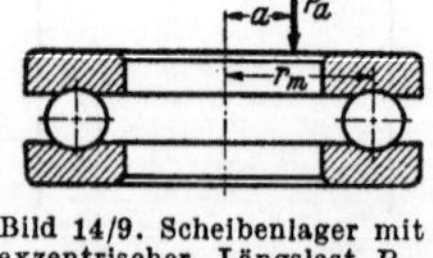

Bild 14/9. Scheibenlager mit exzentrischer Längslast P_a.

a	P_0	P
0	P_a/z	P_a
0,6 r_m	2,36 P_a/z	2,36 P_a
0,8 r_m	3,6 P_a/z	3,6 P_a
1 r_m	P_a	$z \cdot P_a$

c) *Für umlaufende Ringzylinderlager* ist die zusätzlich von den Stirnflächen der Zylinderrollen aufnehmbare Axialkraft

$$P_a \approx f_a \cdot z \cdot D_1^2 \,(3{,}5 - f_v \cdot n \cdot D_1) \quad \text{(kg)}.$$

Hierbei ist etwa $f_v = 0{,}000085$ für Lagerreihe NUPL; $= 0{,}00007$ für NUPM; $= 0{,}00006$ für NUPS und andererseits

[1] Angaben nach DIN 622 und Palmgren [14/5].

[2] Vielfach setzt man auch für P die maximale Nennlast ein, und wählt die anzusetzende Lebensdauer nach Erfahrung entsprechend niedriger (s. L_h-Werte S. 221).

$f_a \leq 0{,}02$ bei unterbrochener oder veränderlicher Axiallast und Fettschmierung bei mäßiger Temperatur;

$\leq 0{,}06$ bei obigen Bedingungen und guter Ölschmierung;

$\leq 0{,}1$ bei Axiallast von kurzer Dauer und guter Ölschmierung bei niedriger Temperatur;

$\leq 0{,}2$ bei nur gelegentlicher Axiallast und guter Ölschmierung bei niedriger Temperatur.

d) Für *nicht umlaufende Lager* ist die ideelle Last

$$\boxed{P = x_s \cdot P_r + y_s \cdot P_a},$$

wobei x_s und y_s: (mit y nach Tafel 14/5 bis 14/15)

		x_s	y_s
zweireihig	Ringpendellager	1	$0{,}8\,y$
	Ringschräglager Ringtonnenlager	1	$0{,}5\,y$
einreihig	Ringschräglager Ringkegellager	0,5	$0{,}5\,y$
	Ringrillenlager	1	$0{,}7\,y$

7) Sonstige Einflüsse. Die übliche einfache Lebensdauerrechnung berücksichtigt nicht den erheblichen Einfluß der *Lagerluft*[1] auf die Kraftverteilung im Lager und somit auf die Lebensdauer. Hierzu einige Erfahrungsangaben:

a) *Bei reiner Querlast* von Querlagern wird der Höchstdruck für die Wälzkörper geringer, wenn die Lagerluft kleiner ist, da dann die Belastung auf die Wälzkörper weniger ungleich verteilt ist. Die Anzahl der als „tragend" zu rechnenden Wälzkörper z_t wird also hierdurch größer als für die Lebensdauerrechnung der Querlager angesetzt ($z_t = z/5$). Bei großer Radiallast ist daher eine möglichst kleine Lagerluft evtl. sogar Vorspannung oder eine axiale „Anstellung" des Lagers für die Lebensdauer günstig.

b) *Bei reiner Längslast* eines *Ringrillen*lagers wird der Höchstdruck der Wälzkörper kleiner, wenn die Lagerluft *größer* als üblich ist, da dann die Wälzkörper unter einem kleineren Lastwinkel β an die Laufbahn drücken. Bei größeren Längskräften ist daher eine größere Lagerluft für die Lebensdauer günstig.

c) *Bei kombinierter Quer- und Längslast* eines Ringrillenlagers überlagern sich die unter a) und b) angegebenen Tendenzen. Bei bestimmter Lagerluft und bestimmter Querlast gibt es eine bestimmte Längslast, bis zu der die Lebensdauer höher liegt, als ohne Längslast. Ferner ist bei geringer zusätzlicher Längslast eine geringe Lagerluft, bei großer eine größere Lagerluft empfehlenswert für eine größere Lebensdauer.

d) *Bei geringer Belastung* ist der Einfluß der Lagerluft auf die Lebensdauer erheblich, bei großer Belastung weniger. Entsprechend werden schnell laufende, gering quer belastete und mit der hierfür üblichen größeren Lagerluft ausgeführte Querlager eine erheblich geringere Lebensdauer erreichen, als die einfache Lebensdauerrechnung erwarten läßt.

Ferner berücksichtigt die einfache Lebensdauerrechnung nicht die *weiteren* Einflüsse auf die Lebensdauer, wie z. B. den Einfluß des „Hochtrainierens" durch Wechsel der Belastungshöhe, den Einfluß des Schmierstoffs (Zähigkeit und Schmierstoffmenge) usw. (s. S. 210).

---

[1] Eingehende Untersuchungen hierüber wurden besonders von Dr. PERRET, Schweinfurt angestellt. Eine abschließende Veröffentlichung der bisher vorliegenden Ergebnisse steht noch aus. Näheres s. [14/20] bis [14/22].

14.3. Reibung, Schmierung und Lagertemperatur.

Die Reibungs- oder Verlustarbeit bei Wälzlagern setzt sich zusammen aus:

1) der „*Rollreibung*", die im wesentlichen aus der inneren Reibung (Werkstoffdämpfung), also dem Energieverlust bei der elastischen Verformung der Wälzkörper besteht;

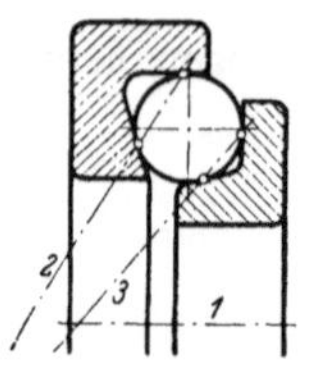

Bild 14/10 Momentanachsen der Wälzbewegung. Bei reinem Wälzen müssen sich *1*, *2* und *3* in *einem* Punkte oder im Unendlichen schneiden.

2) der zusätzlichen *Gleitreibung* an den Wälzflächen infolge der Abweichung der Berührungsflächen von den idealen Momentanachsen der Wälzbewegung (s. Bild 14/10);

3) der Gleitreibung der Wälzkörper am *Käfig* und an den *Borden*;

4) der Verdrängungsarbeit beim Verdrängen des Schmierstoffs;

5) der Gleitreibung von zusätzlichen Dichtungen (s. Bild 14/6);

6) dem Widerstand von *Fremdkörpern* (Staub, Abrieb).

Entsprechend diesen Anteilen läßt sich die Reibarbeit verringern

1) durch größere Lagerluft (Fortfall von Vorspannkräften), durch kleineren Lastwinkel β (geringere Normalkraft N, s. Bild 14/3) und dämpfungsfreien Werkstoff;

2) durch bessere Annäherung der Berührungsflächen an die idealen Momentanachsen, z. B. bei Kugellagern und Tonnenlagern durch größere Rillenhalbmesser R_4 (s. Bild 14/1);

3) durch Herabsetzung der Führungskräfte und des Gleitreibwerts;

4) durch hauchartige, eben ausreichende Schmierung;

5) durch Herabsetzung der Dichtungsreibung;

6) durch Fernhalten von Fremdkörpern.

Gewöhnlich setzt man in Anlehnung an die Reibverhältnisse beim Gleitlager auch beim Wälzlager das Reibmoment $\boxed{M_r = P \cdot \mu_i \cdot d/2}$ (mmkg), wobei der ideelle Reibwert μ_i auf den Halbmesser $d/2$ der Lager*bohrung* bezogen wird [1]. Hierbei ergeben sich nach Bild 14/11 Reibwertkurven, die bei Belastung P = Null (Leerlauf) im Unendlichen liegen und mit zunehmender Belastung sich einem Kleinstwert nähern. Dieser Verlauf von μ_i ergibt sich aus dem Verlauf der Reibmomente (Bild 14/12), die bei $P = 0$ mit dem Leerlauf-Reibmoment beginnen und dann mit P fast linear bzw. mehr als linear ansteigen. Unbefriedigend bleibt, daß man nicht nur für jede Lager*art*, sondern auch für jede Lager*größe* eine besondere μ_i-Kurve (s. Bild 14/11), bzw. M_r-Kurve benötigt.

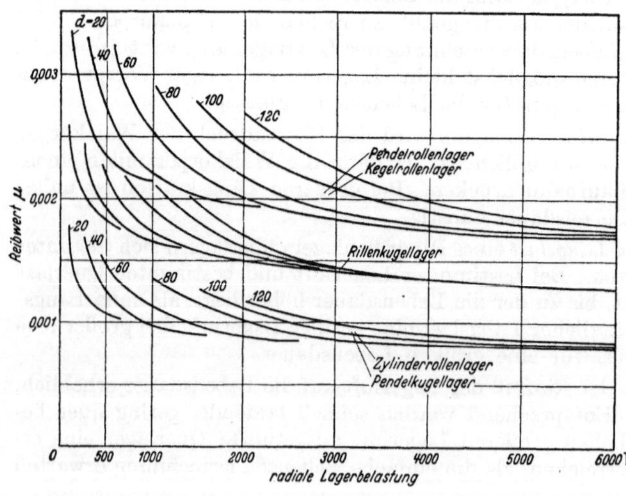

Bild 14/11. Reibwert μ_i für genormte Wälzlager (mittlere Reihe) bei mittlerer Lagerluft und sparsamer Schmierung nach JÜRGENS-MEYER [*14/1*].

Ich bevorzuge daher einen anderen Ansatz für M_r:

$$\text{Reibmoment} \quad \boxed{M_r = m \cdot d^e \, C/1000} \quad \text{(mmkg)}.$$

[1] Beim Scheibenlager auf den Teilkreishalbmesser $(D + d)/4$ des Lagers.

Der Exponent e ist für geometrisch ähnliche Lager eine Konstante, z. B. ist $e = 3/4$, wenn man die Reibwertkurven nach Bild 14/11 als maßgebend ansieht. Tragzahl C s. Lagerlisten (Tafel 14/5 ff.). Das spezifische Reibmoment m (s. Bild 14/13) ist eine Funktion von P/C, von den Betriebsbedingungen und von der Konstruktion des Lagers, aber unabhängig von der Lagergröße, sofern es sich um geometrisch ähnliche Lager unter gleichen Betriebsbedingungen handelt.

Beispiel: Für das Ringrillenlager 6316 (s. Tafel 14/7) mit $d = 80$ mm, $C = 9300$ kg, ergibt sich für $P = 1860$ kg und $m = 0{,}455$ aus Bild 14/13, Kurve 4 für $P/C = 0{,}2$, das Reibmoment $M_r = 0{,}455 \cdot 80^{3/4} \cdot 9300/1000 = 114$ mmkg.

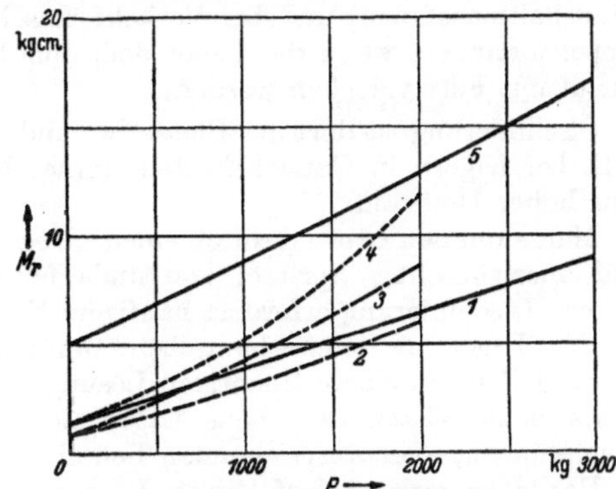

Bild 14/12. Reibmomente M_r für verschiedene Wälzlager mit $d = 70$ mm, bei mittlerer Drehzahl und Ölschmierung (untere Wälzkörper bis Mitte eintauchend), in Abhängigkeit von der Belastung, nach SKF. 1 Ring-Zylinderlager NM 70; 2 Ring-Pendellager 1314; 3 Scheiben-Rillenlager 51 314; 4 Ring-Rillenlager 6314; 5 Ring-Tonnenlager 22 314.

Einfluß von Längsbelastung. Bei Längsbelastung von *Ringrillenlagern* ist die Größe der entstehenden Normalkräfte vom Lastwinkel β (s. Bild 14/3) abhängig, der wiederum vom Lagerspiel abhängt. Außerdem verschieben sich mit der Belastung die Berührungspunkte und mit ihnen der Schnittpunkt der Momentanachsen, so daß erhöhte Reibung entsteht. Zur Ermittlung der Reibmomente kann man bei üblichem Lagerspiel und größeren Längskräften[1] etwa $P \approx P_r + P_a \cdot 2{,}75$ in die obige Gleichung einführen.

Einfluß von Schmierung, Temperatur und Drehzahl. Die geringste Leerlaufreibung ergibt sich bei einem Ölhauch als Schmierung. Bei *Fett*schmierung (größere Zähigkeit) ist die Leerlaufreibung (m_0) größer als bei Ölschmierung (bis 2,5fache), dafür wird aber mit zunehmender Belastung und Erwärmung der Anteil der Gleitreibung geringer, so daß M_r bzw. m flacher ansteigt. Die *Drehzahl* beeinflußt bei sparsamer Schmierung das Reibmoment im wesentlichen nur, soweit hierdurch die Öltemperatur d. h. die Ölzähigkeit geändert wird (s. vorher). Ebenso beruht eine erhöhte Anlaufreibung vor allem auf einem erhöhten Widerstand des Schmierstoffs[2]. Bei Ölschmierung soll nur der unterste Wälzkörper bis zur Mitte eintauchen, da andernfalls die Reibarbeit erheblich mit der Drehzahl ansteigt.

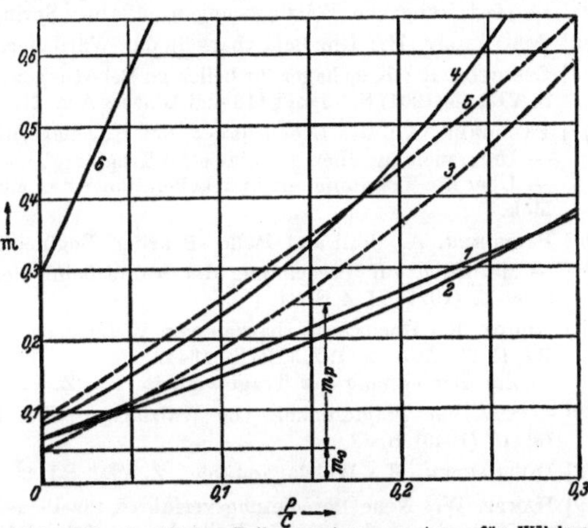

Bild 14/13. Spezifisches Reibmoment $m = m_0 + m_p$ für Wälzlager der mittleren Baureihe unter Betriebsbedingungen nach Bild 14/11. $m_0 = m$ für $P/C = 0$. 1 Ring-Zylinderlager, 2 Ring-Pendellager, 3 Scheiben-Rillenlager, 4 Ring-Rillenlager, 5 Ring-Tonnenlager und Ring-Kegellager, 6 Nadellager.

Sonstige Einflüsse. Im praktischen Betrieb kann durch unsachgemäßen Einbau (Zwängen und Verachsen),

[1] Bei kleinen Längskräften ist der Einfluß von P_a gering.

[2] Nach H. CRAMER: „Über die Reibung u. Schmierung von feinmechanischen Geräten", Diss. T. H. Braunschweig 1949, ergab sich für eine 8-mm-Welle in 2 Kugellagern nach DIN 615 gelagert für $n = 200$ bis 500 bei Ölschmierung bzw. Fettschmierung ein Reibmoment = 6 bzw. 20 cmgr bei Schrägkugellager E 8, = 10 bzw. 25 bei E 13, = 15 bzw. 30 bei E 19; in der Kälte und ferner bei zu enger Passung oder zu reichlicher Schmierung oder beim Anlauf bis 10fache Werte.

durch zu reichliche Schmierung, durch Schmutz im Lager und durch unnötig starke Anpressung der Dichtung das Leerlaufreibmoment unverhältnismäßig groß werden. Man prüfe deswegen die Lagertemperatur beim Leerlauf einer Maschine.

Zweckmäßige Schmierung. Schon wegen der leichteren Abdichtung gegen Staub und wegen der geringeren Wartung wird *Fett*schmierung, besonders bei *kleineren* Maschinen (Haushaltmaschinen) und bei Verkehrsmaschinen bevorzugt: Hierbei können Schmiernippel fortfallen, wenn die Lager doch nur bei Überholung der Maschine gereinigt und erneut mit Fett versehen werden.

*Öl*schmierung ist dort am Platze, wo andere Teile ebenfalls mit Öl geschmiert werden, z. B. bei Lagern in Getriebekästen; ferner bei Betriebstemperaturen über 70° und bei sehr hoher Drehzahl.

Man kann den Ölstand durch einen „*Überlauf*" begrenzen (zulässiger Ölstand s. oben!) und unerwünschtes Spritzöl von umlaufenden Nachbarteilen durch *Spritzbleche* fernhalten. Ölschmierung erfordert häufigere Kontrolle und sorgfältigere Abdichtung.

Für Lager in feinmechanischen Geräten empfiehlt CRAMER [1], das Schmiermittel (Invarol B 10) in einem flüchtigen Lösungsmittel (Tetrachlorkohlenstoff) aufzulösen und dieses einzuspritzen bzw. neue Lager hierin vor dem Einbau einzutauchen, um einen hauchdünnen, aber ausreichenden Schmierfilm-Überzug zu erreichen.

Das *Schmiermittel* darf keinen Rost erzeugen, keine schmirgelnde Bestandteile enthalten, die Wälzkörper chemisch nicht angreifen (säurefrei!) und soll möglichst alterungsbeständig (Mineralöl) sein.

Die *Abdichtung* (s. Bild **14/6 u.** 15/19, S. 256) soll einerseits vor Verlust des Schmiermittels und andererseits vor Eindringen von Staub und Wasser schützen [2].

14.4. Schrifttum (s. auch Schrifttum zu 13 S. 214).

[*14/1*] JÜRGENSMEYER: Die Wälzlager. Berlin: Springer 1937.
— Gestaltung von Wälzlagerungen. Berlin: Springer 1939.

[*14/2*] STELLRECHT, H.: Die Belastbarkeit der Wälzlager. Berlin: Springer 1928.

[*14/3*] STRIBECK, R.: Kugellager für beliebige Belastungen. Mitt. Forschg.-Arb. VDI 2. Berlin 1901 und Z. VDI 45 (1901) S. 73 und 118 und Glasers Ann. Nr. 577, 1. Juli 1901 und Z. VDI 51 (1907) S. 1495.

[*14/4*] PALMGREN, A.: Die Lebensdauer von Kugellagern. Z. VDI 68 (1924) S. 339.
— Untersuchung über die statische Tragfähigkeit von Kugellagern. Diss. Stockholm 1930.
— Über die Tragfähigkeit und Lebensdauer der Kugellager. Tekn. T. Stockholm 66 (1936) H. 42 Mek.

[*14/5*] PALMGREN, A.: Ball and Roller Bearing, Engineering. Philadelphia 1946.

[*14/6*] — Methoden zur Berechnung der wahrscheinlichen Lebensdauer der SKF-Kugellager. Kugellager-Z. (1927) H. 4 S. 84.

[*14/7*] MUNDT, R.: Höchstbelastbarkeit von Wälzlagern. Forschg. Ing.-Wes. 7 (1936) S. 292 und Hütte Bd. II 27. Aufl. S. 192. Berlin 1944.
— Zur Berechnung der Tragfähigkeit .... Z. VDI 85 (1941) S. 801.

[*14/8*] — Statische Tragfähigkeit von Wälzlagern. Das Kugellager, Hausmitt. der VKF Schweinfurt Bd. 18 (1943) S. 33.

[*14/9*] DIERGARTEN, H.: Wälzlagerstähle. Z. VDI Bd. 86 (1942) S. 167.

[*14/10*] HAMPP, W.: Neue Berechnungsverfahren für Pleuelrollenlager. Luftf.-Forschg. 20, LfJ 4 S. 116.
— Bewegungsverhältnisse in Rollenlagern. Diss. TH. Stuttgart 1941 und Ing.-Arch. Bd. 12 (1941) S. 6.

[*14/11*] ALLAN: Rolling Bearing, Applications. J. Inst. Product. Engr. Aug. 1948 S. 401 bis 432.

[*14/12*] GETZLAFF: Untersuchungen an Wälzlagern. Jb. Luftf.-Forschg. (1938) Teil II S. 110.

[*14/13*] VOGEL, A.: Reibungsvorgänge in längsbeweglichen Querlagern. Forschg. Ing.-Wes. Bd. 7 S. 221.

[*14/14*] SCHNEIDER, E.: Versuche über die Reibung in Gleit- und Rollenlagern. Petroleum Bd. 26 (1930) S. 221.

[*14/15*] BÜCHE, W.: Eine hydrodynamische Theorie der Flüssigkeitsreibung in Rollenlagern. Forschg. Ing.-Wes. Bd. 5 (1934) S. 237. Fortsetzung s. S. 232.

[1] Siehe Fußnote 2 auf S. 225. — [2] Siehe auch Fußnote 2 S 218.

Alle Maße in mm; C = Tragzahl			Rillenlager DIN 625 (Aug. 1942)			Zylinderlager DIN 5412 (Aug. 1942)			
			$P = x \cdot P_r + y \cdot P_a$; $x = 1$ $x = 1{,}4$[1]; $C : P_a$ = 5, 10, 20, 40; y = 1,4, 1,6, 1,8, 2,0			$P = x \cdot P_r$; $x = 1$[1]; $x = 1{,}4$; $y = 0$			
d	D	r	Kurzzeichen	b	C kg	Kurzzeichen	b	r_1	C kg
3	10	0,5	EL 3[2]	4	40	—	—	—	—
4	13		4[2]	5	80	—	—	—	—
5	16		5[2]	5	140	—	—	—	—
6	19		6[2]	6	216	—	—	—	—
7	19		7	6	156	—	—	—	—
8	22		8	7	240	—	—	—	—
9	24		9	7	260	—	—	—	—
10	26		6000x	8	340	—	—	—	—
12	28		01x	8	375	—	—	—	—
15	32		02x	9	405	—	—	—	—
17	35		03x	10	430	—	—	—	—
20	42	1	04x	12	695	—	—	—	—
25	47		05x	12	750	NUE 25	12	0,5	830
30	55	1,5	06x	13	1 000	30	13	0,8	1 100
35	62		07x	14	1 200	35	14		1 340
40	68		08x	15	1 270	40	15	1	1 560
45	75		09x	16	1 630	45	16		1 860
50	80		10x	16	1 700	50	16		2 000
55	90	2	11x	18	2 200	55	18	1,5	2 280
60	95		12x	18	2 280	60	18		2 360
65	100	2	13x	18	2 400	65	18	1,5	2 450
70	110		14x	20	3 000	70	20		3 550
75	115		15x	20	3 150	75	20		3 650
80	125		16x	22	3 750	80	22		4 500
85	130		17x	22	3 900	85	22		4 900
90	140	2,5	18x	24	4 550	90	24	2	5 500
95	145		19x	24	4 800	95	24		5 600
100	150		20x	24	4 800	100	24		5 850
105	160	3	21x	26	5 700	105	26		6 800
110	170		22x	28	6 400	110	28		8 500
120	180		24x	28	6 700	120	28		9 150
130	200		26x	33	8 300	130	33		11 200
140	210		28x	33	8 650	140	33		12 000
150	225	3,5	30x	35	9 800	150	35	2,5	13 400
160	240		32x	38	11 000	160	38		16 300
170	260		34x	42	12 900	170	42	3,5	19 600
180	280		36x	46	14 600	180	46		24 500
190	290		38x	46	15 600	190	46		25 500
200	310		40x	51	17 600	200	51		28 000
220	340	4	44x	56	20 000	220	56	4	36 500
240	360		48x	56	21 200	240	56		39 000
260	400	5	52x	65	24 500	260	65	5	48 000
280	420		56x	65	25 500	280	65		51 000
300	460		60x	74	30 500	300	74		67 000
320	480		64x	74	32 000	320	74		68 000
340	520	6	68x	82	38 000	340	82	6	83 000
360	540		72x	82	40 000	360	82		86 500
380	560		76x	82	40 000	380	82		88 000
400	600		80x	90	45 000	400	90		110 000

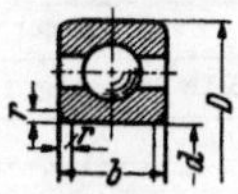

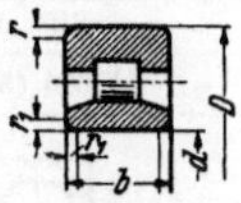

[1] Die kleinen Werte von x gelten für Umfangslast, die großen für Punktlast für den Innenring.
[2] Gehört zu Maßgruppe 2 (leichte Reihe).

Tafel 14/6. *Ringlager, Maßgruppe 2*

Alle Maße in mm

C = Tragzahl

	Rillenlager	Schräglager	Pendellager
Norm	DIN 625 (Aug. 1942)	DIN 628 (Aug. 1942)	DIN 630 (Aug. 1942)
	$P = x \cdot P_r + y \cdot P_a$	$P = x \cdot P_r + y \cdot P_a$	$P = P_r + y \cdot P_a$
	$x = 1$ $x = 1{,}4$ [1]	$x = 0{,}5$ [1] $x = 0{,}7$ $y = 0{,}7$	siehe unten

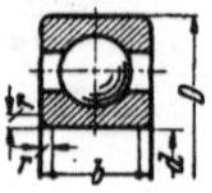

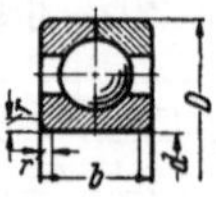

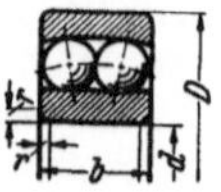

Rillenlager:

$C : P_a$	5	10	20	40
y	1,4	1,6	1,8	2,0

Pendellager:

Lag.-Nr.	y	Lag.-Nr.	y
13300/04	2,25	1206/07	3,25
1200/03	2,5	1208/09	3,5
1204/05	2,75	1210/12	4,0
		1213/22	4,5

d	D	r	Rillenlager Kurzzeichen	Rillenlager b	Rillenlager C kg	Schräglager Kurzzeichen	Schräglager b	Schräglager C kg	Pendellager Kurzzeichen	Pendellager b	Pendellager C kg
4	16	0,5	R 4 [2]	5	140	—	—	—	—	—	—
5	19		R 5 [2]	6	216	—	—	—	133 00	6	166
7	22		R 7	7	240	—	—	—	02	7	193
9	26	1	R 9	8	340	—	—	—	04	8	275
10	30		6200	9	340	QA 10	9	430	1200	9	390
12	32		01	10	530	12	10	465	01	10	415
15	35		02	11	585	15	11	540	02	11	570
17	40	1,5	03	12	720	17	12	735	03	12	640
20	47		04	14	980	20	14	1 120	04 (1 b)	14	830
25	52		05	15	1 040	25	15	1 270	05 (1 b)	15	1020
30	62		06	16	1 460	30	16	1 560	06 (1 b)	16	1400
35	72	2	07	17	1 960	35	17	1 900	07 (1 b)	17	1530
40	80		08	18	2 240	40	18	2 280	08 (1 b)	18	1930
45	85		09	19	2 500	45	19	2 360	09 (1 b)	19	2160
50	90		6210	20	2 700	50	20	2 450	1210 (1 b)	20	2320
55	100	2,5	11	21	3 250	55	21	3 150	11 (1 b)	21	2800
60	110		12	22	4 000	60	22	4 000	12 (1 b)	22	3200
65	120		13	23	4 400	65	23	4 550	13 (1 b)	23	3450
70	125		14	24	4 650	70	24	4 750	14 (1 b)	24	3800
75	130		15	25	5 000	75	25	5 000	15 (1 b)	25	4250
80	140	3	6216	26	5 500	QA 80	26	5 850	1216 (1 c)	26	4500
85	150		17	28	6 300	85	28	6 550	17 (1 c)	28	5400
90	160		18	30	7 100	90	30	7 350	18 (1 c)	30	6000
95	170	3,5	19	32	8 000	95	32	8 500	19 (1 c)	32	6800
100	180		20	34	9 000	100	34	9 500	20 (1 c)	34	7350
105	190		21	36	9 800	105	36	10 600	21 (1 c)	36	8000
110	200		22	38	10 800	110	38	11 800	22 (1 c)	38	9300
120	215		24	40	11 000	120	40	12 500	—	—	—
130	230	4	26	40	12 000	130	40	12 900	—	—	—
140	250		28	42	12 900	140	42	14 000	—	—	—
150	270		30	45	13 700	150	45	16 600	—	—	—
160	290		32	48	14 600	160	48	18 600	—	—	—
170	310	5	34	52	17 000	170	52	21 200	—	—	—
180	320		36	52	18 300	180	52	22 000	—	—	—
190	340		38	55	20 800	190	55	23 600	—	—	—
200	360		40	58	22 000	200	58	26 500	—	—	—
220	400		44	65	24 500	—	—	—	—	—	—
240	440		48	72	30 000	—	—	—	—	—	—
260	480	6	52	80	34 000	—	—	—	—	—	—
280	500		56	80	36 000	—	—	—	—	—	—

[1] Die kleinen Werte von x gelten für Umfangslast, die großen für Punktlast für den Innenring.
[2] Gehört zu Maßgruppe 3 (mittelschwere Reihen).

(leichte Reihen).

Zylinderlager					Tonnenlager			Schräglager			Tonnenlager		
DIN 5412 (Aug. 1942)					DIN 635 (Aug. 1942)			DIN 628 (Aug. 1942)			DIN 635 (Aug. 1942)		
$P = x \cdot P_r$					$P = x \cdot P_r + y \cdot P_a$			$P = x \cdot P_r + y \cdot P_a$			$P = x \cdot P_r + y \cdot P_a$		
$x = 1$ [1] $x = 1{,}4$					$x = 1$ [1] $x = 1{,}4$ $y = 9{,}5$			$x = 1$ [1] $x = 1{,}4$ $y = 1{,}3$			$x = 1$ $x = 1{,}4$	Lager Nr.: 22216/17 22218/20 22222/56	y: 4,6 4,4 4,2
Kurzzeichen	Kurzzeichen	b	r_1	C kg	Kurzzeichen	b	C kg	Kurzzeichen	b	C kg	Kurzzeichen	b	C kg
—	—	—	—	—	—	—	—	—	—	—	—	—	—
—	—	—	—	—	—	—	—	—	—	—	—	—	—
—	—	—	—	—	—	—	—	—	—	—	—	—	—
—	—	—	—	—	—	—	—	—	—	—	—	—	—
—	—	—	—	—	—	—	—	3200x	14,0	695	—	—	—
—	—	—	—	—	—	—	—	01x	15,9	780	—	—	—
—	—	—	—	—	—	—	—	02x	15,9	780	—	—	—
—	—	—	—	—	—	—	—	03x	17,5	1 100	—	—	—
NUL 20	NIL 20	14	1	980	—	—	—	04x	20,6	1 530	—	—	—
25	25	15		1 100	20205	15	1 500	05x	20,6	1 730	—	—	—
30	30	16		1 460	06	16	1 730	06x	23,8	2 500	—	—	—
35	35	17		2 120	07	17	2 500	07x	27,0	3 350	—	—	—
40	40	18	2	2 750	08	18	3 000	08x	30,2	3 800	—	—	—
45	45	19		2 900	09	19	3 200	09x	30,2	4 250	—	—	—
50	50	20		3 050	20210	20	3 750	10x	30,2	4 750	—	—	—
55	55	21		3 650	11	21	4 750	11x	33,3	5 400	—	—	—
60	60	22	2,5	4 400	12	22	5 500	12x	36,5	6 550	—	—	—
65	65	23		5 100	13	23	6 200	13x	38,1	7 100	—	—	—
70	70	24		5 300	14	24	7 100	14x	39,7	7 100	—	—	—
75	75	25		6 200	15	25	7 500	15x	41,3	7 800	—	—	—
NUL 80	NIL 80	26	3	7 100	20216	26	8 500	3216x	44,4	9 500	22216 (k)	33	9 500
85	85	28		8 150	17	28	10 000	17x	49,2	10 200	17 (k)	36	12 200
90	90	30		9 800	18	30	12 000	18x	52,4	11 800	18 (k)	40	15 600
95	95	32	3,5	11 400	19	32	14 000	19x	55,6	13 700	19 (k)	43	18 300
100	100	34		12 700	20	34	15 600	20x	60,3	14 600	20 (k)	46	21 200
105	105	36		14 000	21	36	16 600	21x	65,1	15 300	—	—	—
110	110	38		16 300	22	38	19 600	22x	69,8	17 300	22 (k)	53	27 500
120	120	40		18 300	24	40	21 600	—	—	—	24 (k)	58	34 000
130	130	40	4	19 000	26	40	23 200	—	—	—	26 (k)	64	42 500
140	140	42		22 400	28	42	27 500	—	—	—	28 (k)	68	48 000
150	150	45		27 000	30	45	31 000	—	—	—	30 (k)	73	54 000
160	160	48		31 000	32	48	35 500	—	—	—	32 (k)	80	65 500
170	170	52	5	35 500	34	52	42 500	—	—	—	34 (k)	86	73 500
180	180	52		36 500	36	52	47 500	—	—	—	36 (k)	86	75 000
190	190	55		41 500	38	55	51 000	—	—	—	38 (k)	92	83 000
200	200	58		45 500	40	58	55 000	—	—	—	40 (k)	98	93 000
220	220	65		57 000	44	65	67 000	—	—	—	44 (k)	108	118 000
240	240	72		72 000	48	72	81 500	—	—	—	48 (k)	120	146 000
260	260	80	6	88 000	52	80	98 000	—	—	—	52 (k)	130	170 000
280	280	80		88 000	56	80	100 000	—	—	—	56 (k)	130	180 000

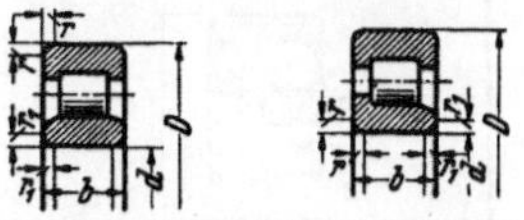

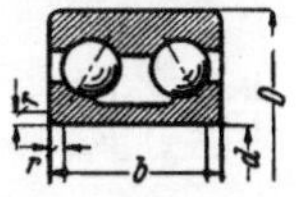

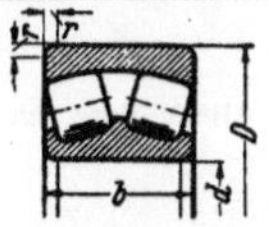

Tafel 14/7. *Ringlager,*

Alle Maße in mm			Rillenlager DIN 625 (Aug. 1942)			Schräglager DIN 628 (Aug. 1942)			Pendellager DIN 630 (Aug. 1942)		
C = Tragzahl			$P = x \cdot P_r + y \cdot P_a$			$P = x\,P_r + y \cdot P_a$			$P = P_r + y \cdot P_a$		
			$x = 1{,}0$ $x = 1{,}4$[1]			$x = 0{,}5$[1]			Lager Nr.	y	1306/09: 3,0
			$C : P_a$	5 / 10	20 / 40	$x = 0{,}7$			1300/03	2,25	1310/13: 3,25
			y	1,4 / 1,6	1,8 / 2,0	$y = 0{,}7$			1304/05	2,75	1314/22: 3,5
d	D	r	Kurzzeichen	b	C kg	Kurzzeichen	b	C kg	Kurzzeichen	b	C kg
10	35	1	6300	11	655	QB 10	11	695	1300	11	520
12	37	1,5	01	12	800	12	12	850	01	12	680
15	42		02	13	880	15	13	915	02	13	735
17	47		03	14	1 060	17	14	1 080	03	14	965
20	52	2	04	15	1 250	20	15	1 270	04 (k)	15	1 020
25	62		05	17	1 660	25	17	1 560	05 (k)	17	1 500
30	72		06	19	2 200	30	19	2 200	06 (k)	19	1 860
35	80	2,5	07	21	2 600	35	21	2 750	07 (k)	21	2 280
40	90		08	23	3 150	40	23	3 200	08 (k)	23	2 750
45	100		09	25	4 050	45	25	3 900	09 (k)	25	3 450
50	110	3	10	27	4 750	50	27	4 500	10 (k)	27	3 900
55	120		11	29	5 400	55	29	5 300	11 (k)	29	4 750
60	130	3,5	12	31	6 100	60	31	6 100	12 (k)	31	5 500
65	140		13	33	6 950	65	33	6 800	13 (k)	33	5 850
70	150		14	35	7 800	70	35	7 800	14 (k)	35	6 950
75	160		15	37	8 500	75	37	8 300	15 (k)	37	7 350
80	170		16	39	9 300	80	39	9 000	16 (k)	39	8 150
85	180	4	17	41	10 200	85	41	10 000	17 (k)	41	9 150
90	190		18	43	11 000	90	43	11 000	18 (k)	43	10 400
95	200		19	45	12 000	95	45	12 200	19 (k)	45	11 600
100	215	4	6320	47	13 700	QB 100	47	13 700	1320 (k)	47	12 500
105	225		21	49	14 600	105	49	15 300	21 (k)	49	14 000
110	240		22	50	16 600	110	50	16 300	22 (k)	50	15 300
120	260		24	55	16 600	120	55	18 600	—	—	—
130	280	5	26	58	18 600	130	58	20 000	—	—	—
140	300		28	62	20 800	140	62	22 400	—	—	—
150	320		30	65	22 400	150	65	25 000	—	—	—
160	340		32	68	22 800	—	—	—	—	—	—
170	360		34	72	26 500	—	—	—	—	—	—
180	380		36	75	30 000	—	—	—	—	—	—
190	400	6	38	78	31 000	—	—	—	—	—	—
200	420		40	80	32 000	—	—	—	—	—	—
220	460		44	88	34 500	—	—	—	—	—	—
240	500		48	95	37 500	—	—	—	—	—	—
260	540	8	52	102	42 500	—	—	—	—	—	—
280	580		56	108	48 000	—	—	—	—	—	—
			—	—	—	—	—	—	—	—	—
			—	—	—	—	—	—	—	—	—
			—	—	—	—	—	—	—	—	—
			—	—	—	—	—	—	—	—	—

[1] Die kleinen Werte von x gelten für Umfangslast, die großen für Punktlast für den Innenring.

Maßgruppe 3 (mittelschwere Reihen).

Zylinderlager DIN 5412 (Aug. 1942) $P = x \cdot P_r$ $x = 1$[1] $x = 1{,}4$					Tonnenlager DIN 635 (Aug. 1942) $P = x \cdot P_r + y \cdot P_a$ $x = 1$[1] $x = 1{,}4$ $y = 9{,}5$			Schräglager DIN 628 (Aug. 1942) $P = x \cdot P_r + y \cdot P_a$ $x = 1$[1] $x = 1{,}4$ $y = 1{,}3$			Tonnenlager DIN 635 (Aug. 1942) $P = x \cdot P_r + y \cdot P_a$ $x = 1$[1] $x = 1{,}4$ Lager Nr. / y: 22308/12 – 2,9; 22313/40 – 3,2; 22344/56 – 3,4		
Kurzzeichen	Kurzzeichen	b	r_1	C kg	Kurzzeichen	b	C kg	Kurzzeichen	b	C kg	Kurzzeichen	b	C kg
—	—	—	—	—	—	—	—	—	—	—	—	—	—
—	—	—	—	—	—	—	—	—	—	—	—	—	—
—	—	—	—	—	—	—	—	3302x	19,0	1 370	—	—	—
—	—	—	—	—	—	—	—	03x	22,2	1 860	—	—	—
NUM 20	NIM 20	15	1	1 370	20304	15	1 600	04x	22,2	1 860	—	—	—
25	25	17	2	1 860	05	17	2 160	05x	25,4	2 600	—	—	—
30	30	19		2 450	06	19	3 000	06x	30,2	3 450	—	—	—
35	35	21		3 000	07	21	3 650	07x	34,9	4 300	—	—	—
40	40	23	2,5	3 750	08	23	5 000	08x	36,5	5 500	22308 (k)	33	6 300
45	45	25		4 800	09	25	5 600	09x	39,7	6 550	09 (k)	36	8 000
50	50	27	3	5 850	10	27	7 100	10x	44,4	8 000	10 (k)	40	11 000
55	55	29		7 100	11	29	8 150	11x	49,2	8 650	11 (k)	43	12 900
60	60	31	3,5	8 500	12	31	10 000	12x	54,0	10 000	12 (k)	46	15 600
65	65	33		9 500	13	33	11 600	13x	58,7	11 400	13 (k)	48	17 000
70	70	35		10 400	14	35	12 900	14x	63,5	13 200	14 (k)	51	22 400
75	75	37		12 700	15	37	14 600	15x	68,3	13 700	15 (k)	55	23 200
80	80	39		13 400	16	39	16 600	16x	68,3	15 600	16 (k)	58	27 500
85	85	41	4	15 000	17	41	18 600	17x	73,0	17 300	17 (k)	60	30 000
90	90	43		17 300	18	43	21 200	18x	73,0	19 600	18 (k)	64	35 500
95	95	45		18 600	19	45	23 200	19x	77,8	21 600	19 (k)	67	38 000
100	100	47	4	21 600	20320	47	25 000	3320x	82,6	23 600	22320 (k)	73	45 500
105	105	49		25 000	21	49	27 000	21x	87,3	25 500	—	—	—
110	110	50		30 000	22	50	30 000	22x	92,1	27 500	22 (k)	80	56 000
120	120	55		34 000	24	55	35 500	—	—	—	24 (k)	86	68 000
130	130	58	5	41 500	26	58	40 000	—	—	—	26 (k)	93	78 000
140	140	62		46 500	28	62	47 500	—	—	—	28 (k)	102	86 500
150	150	65		51 000	30	65	54 000	—	—	—	30 (k)	108	96 500
160	160	68		54 000	32	68	58 500	—	—	—	32 (k)	114	106 000
170	170	72		62 000	34	72	65 500	—	—	—	34 (k)	120	122 000
180	180	75		69 500	36	75	72 000	—	—	—	36 (k)	126	132 000
190	190	78	6	76 500	38	78	80 000	—	—	—	38 (k)	132	146 000
200	200	80		76 500	40	80	81 500	—	—	—	40 (k)	138	156 000
220	220	88		95 000	44	88	106 000	—	—	—	44 (k)	145	183 000
240	240	95		114 000	48	95	120 000	—	—	—	48 (k)	155	216 000
260	260	102	8	129 000	—	—	—	—	—	—	52 (k)	165	245 000
280	280	108		146 000	—	—	—	—	—	—	56 (k)	175	280 000
—	—	—	—	—	—	—	—	—	—	—	—	—	—
—	—	—	—	—	—	—	—	—	—	—	—	—	—
—	—	—	—	—	—	—	—	—	—	—	—	—	—
—	—	—	—	—	—	—	—	—	—	—	—	—	—

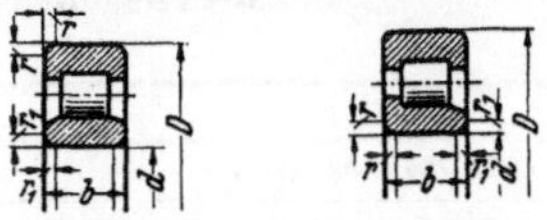

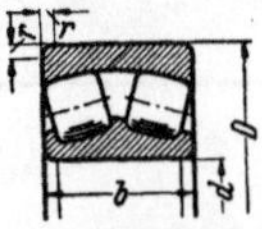

Tafel 14/8. *Ring-*

Maßgruppe 2 (leichte Reihen)

Alle Maße in mm

C = Tragzahl

	Kegellager DIN 720 (Aug. 1942)				Kegellager DIN 720 (Aug. 1942)		
	$P = x \cdot P_r + y \cdot P_a$				$P = x \cdot P_r + y \cdot P_a$		
	$P > P_r$	$x = 0{,}5$ [1]	Lager-Nr.	y	$P > P_r$	$x = 0{,}5$ [1]	
	$P \leqq P_r$	$x = 1$ [1]	30203/04	1,8	$P \leqq P_r$	$x = 1$ [1]	$y = 1{,}6$
	$P > 1{,}4\,P_r$	$x = 0{,}7$ [2]	30205/22	1,6	$P > 1{,}4\,P_r$	$x = 0{,}7$ [2]	
	$P \leqq 1{,}4\,P_r$	$x = 1{,}4$ [2]	30224/30	1,4	$P \leqq 1{,}4\,P_r$	$x = 1{,}4$ [2]	

d	D	r	r_1	Kurz-zeichen	b_i	b_a	B max	B min	C kg	Kurz-zeichen	b_i	b_a	B max	B min	C kg
15	—	—	—	—	—	—	—	—	—	—	—	—	—	—	—
17	40	1,5	0,5	30203	12	11	13,5	13	1 040	—	—	—	—	—	—
20	47			04	14	12	15,5	15	1 600	—	—	—	—	—	—
25	52			05	15	13	16,5	16	1 760	—	—	—	—	—	—
30	62			06	16	14	17,5	17	2 400	32206	20	17	21,5	21	3 250
35	72	2	0,8	07	17	15	18,5	18	3 100	07	23	19	24,5	24	4 300
40	80			08	18	16	20	19,5	3 600	08	23	19	25	24,5	4 800
45	85			09	19	16	21	20,5	4 150	09	23	19	25	24,5	5 200
50	90			10	20	17	22	21,5	4 550	10	23	19	25	24,5	5 300
55	100	2,5		11	21	18	23	22,5	5 600	11	25	21	27	26,5	6 950
60	110			12	22	19	24	23,5	6 100	12	28	24	30	29,5	8 300
65	120			13	23	20	25	24,5	7 200	13	31	27	33	32,5	10 000
70	125			14	24	21	26,5	26	7 800	14	31	27	33,5	33	10 200
75	130			15	25	22	27,5	27	8 650	15	31	27	33,5	33	10 800
80	140	3	1	16	26	22	28,5	28	9 650	16	33	28	35,5	35	12 500
85	150			17	28	24	31	30	11 400	17	36	30	39	38	14 300
90	160			18	30	26	33	32	12 700	18	40	34	43	42	17 300
95	170	3,5	1,2	19	32	27	35	34	14 000	19	43	37	46	45	19 600
100	180			20	34	29	37,5	36,5	16 300	20	46	39	49,5	48,5	22 000
105	190			21	36	30	39,5	38,5	18 300	21	50	43	53,5	52,5	25 500
110	200			22	38	32	41,5	40,5	20 400	22	53	46	56,5	55,5	28 500
120	215			24	40	34	44	43	22 800	24	58	50	62	61	34 000
130	230	4	1,5	26	40	34	44,5	43	24 500	—	—	—	—	—	—
140	250			28	42	36	46,5	45	28 500	—	—	—	—	—	—
150	270			30	45	38	50	48	32 500	—	—	—	—	—	—

[1] Gilt bei Umfangslast für den Innenring. Wird hierbei mit Einsatz von $x = 0{,}5$ $P < P_r$, so ist statt $x = 0{,}5$ der Wert $x = 1$ und $y = 0$ einzusetzen.

[2] Gilt bei Punktlast für den Innenring. Wird hierbei mit Einsatz von $x = 0{,}7$ $P < 1{,}4\,P_r$, so ist statt $x = 0{,}7$ der Wert $x = 1{,}4$ und $y = 0$ einzusetzen.

[*14/16*] Styri: Friction Torque in Ball and Roller Bearings. Mech. Engng. Dez. 1940 S. 886.

[*14/17*] Goodman, J.: Roller and Ball Bearings. Minut. Proc. Instn. civ. Engr. Bd. Vol. 189 (1912) S. 82.

[*14/18*] Rosenfeld, L.: Friction of Ball and Roller Bearings. Inst. Autom. Eng. Motorindustrie Res. Assoc. 1942/6 S. 1 bis 13.

[*14/19*] Schatz, A.: Verfahren zur Schmierung schnell umlaufender Kugellager. Werkstatt u. Betrieb 82 (1949) S. 301 (Auszug aus Machinery Okt. 1948, S. 1723).

Kegellager.

Maßgruppe 3 (mittelschwere Reihen)

Kegellager DIN 720 (Aug. 1942)				Kegellager DIN 720 (Aug. 1942)				Kegellager DIN 720 (Aug. 1942)		
$P = x \cdot P_r + y \cdot P_a$				$P = x \cdot P_r + y \cdot P_a$				$P = x \cdot P_r + y \cdot P_a$		
$P > P_r$	$x = 0{,}5$[1]	Lager-Nr.	y	$P > P_r$	$x = 0{,}5$[1]	Lager-Nr.	y	$P > P_r$	$x = 0{,}5$[1]	$y = 0{,}75$
$P \leqq P_r$	$x = 1$[1]	30302/03	2,2	$P \leqq P_r$	$x = 1$[1]	32302/07	2	$P \leqq P_r$	$x = 1$[1]	
$P > 1{,}4\ P_r$	$x = 0{,}7$[2]	30304/07	2,0	$P > 1{,}4\ P_r$	$x = 0{,}7$[2]			$P > 1{,}4\ P_r$	$x = 0{,}7$[2]	
$P \leqq 1.4\ P_r$	$x = 1{,}4$[2]	30308/24	1,8	$P \leqq 1{,}4\ P_r$	$x = 1{,}4$[2]	32308/24	1,8	$P \leqq 1{,}4\ P_r$	$x = 1{,}4$[2]	

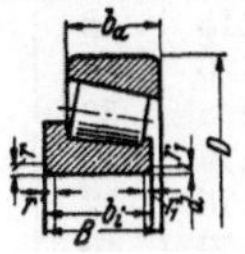

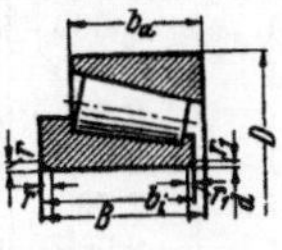

d	D	r	r_1	Kurzzeichen	b_i	b_a	B max	B min	C kg	Kurzzeichen	b_i	b_a	B max	B min	C kg	Kurzzeichen	b_i	b_a	B max	B min	C kg
15	42	1,5	0,5	30302	13	11	14,5	14	1 290	32302	17	14	18,5	18	1 900	—	—	—	—	—	—
17	47			03	14	12	15,5	15	1 630	03	19	16	20,5	20	2 320	—	—	—	—	—	—
20	52	2	0,8	04	15	13	16,5	16	2 550	04	21	18	22,5	22	3 000	—	—	—	—	—	—
25	62			05	17	15	18,5	18	3 050	05	24	20	25,5	25	4 150	31305	17	13	18,5	18	2 500
30	72			06	19	16	21	20,5	3 550	06	27	23	29	28,5	5 400	06	19	14	21	20,5	3 150
35	80	2,5		07	21	18	23	22,5	4 750	07	31	25	33	32,5	6 700	07	21	15	23	22,5	3 800
40	90			08	23	20	25,5	25	5 400	08	33	27	35,5	35	7 800	08	23	17	25,5	25	5 000
45	100			09	25	22	27,5	27	6 800	09	36	30	38,5	38	9 500	09	25	18	27,5	27	6 400
50	110	3	1	10	27	23	29,5	29	8 000	10	40	33	42,5	42	11 800	10	27	19	29,5	29	7 350
55	120			11	29	25	32	31	9 150	11	43	35	46	45	13 700	11	29	21	32	31	8 300
60	130	3,5	1,2	12	31	26	34	33	10 800	12	46	37	49	48	16 000	12	31	22	34	33	10 000
65	140			13	33	28	36,5	35,5	12 500	13	48	39	51,5	50,5	18 300	13	33	23	36,5	35,5	11 600
70	150			14	35	30	38,5	37,5	14 300	14	51	42	54,5	53,5	20 800	14	35	25	38,5	37,5	13 700
75	160			15	37	31	40,5	39,5	16 000	15	55	45	58,5	57,5	24 000	—	—	—	—	—	—
80	170			16	39	33	43	42	17 600	16	58	48	62	61	27 000	—	—	—	—	—	—
85	180	4	1,5	17	41	34	45	44	20 000	17	60	49	64	63	30 500	—	—	—	—	—	—
90	190			18	43	36	47	46	21 600	18	64	53	68	67	34 500	—	—	—	—	—	—
95	200			19	45	38	50	49	25 500	19	67	55	72	71	38 000	—	—	—	—	—	—
100	215			20	47	39	52	51	28 000	20	73	60	78	77	44 000	—	—	—	—	—	—
105	225			21	49	41	54	53	30 500	21	77	63	82	81	49 000	—	—	—	—	—	—
110	240			22	50	42	55	54	33 500	22	80	65	85	84	54 000	—	—	—	—	—	—
120	260			24	55	46	60	59	40 000	24	86	69	91	90	62 000	—	—	—	—	—	—
130	—	—	—	—	—	—	—	—	—	—	—	—	—	—	—	—	—	—	—	—	—
140	—	—	—	—	—	—	—	—	—	—	—	—	—	—	—	—	—	—	—	—	—
150	—	—	—	—	—	—	—	—	—	—	—	—	—	—	—	—	—	—	—	—	—

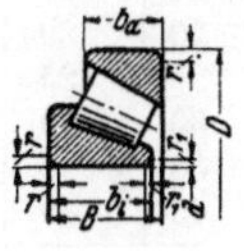

[*14/20*] PERRET, H.: Die Lebensdauerrechnung von Wälzlagern und ihre Anwendung auf die Belastungsverhältnisse bei Kurbelwellenlagern. Jb. 1939 dtsch. Versuchsanst. Luftf., Ausgabe Triebwerk.

[*14/21*] PERRET, H.: Die Problematik der Berechnung von Rillenkugellagern mit gleichzeitig auftretender Radial- und Axiallast. Konstruktion Bd. 1 (1949) S. 145.

[*14/22*] PERRET, H.: Neue Erkenntnisse zur Verwendung von Wälzlagern. Werkstatt u. Betrieb 82 (1949). S. 280.

Tafel 14/9. *Nadellager nach DIN 617* (Reihe Na).

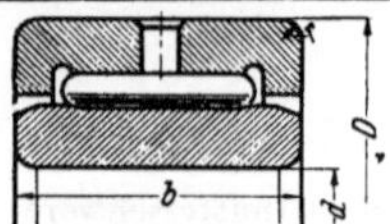

Kurzzeichen	d mm	D mm	b mm	r mm	C kg	Kurzzeichen	d mm	D mm	b mm	r mm	C kg
Na 17	17	37	20	1	1 460	75	75	110	32	2	6 100
20	20	42	20	1	1 600	80	80	115	32	2	6 300
25	25	47	22	1	2 160	85	85	120	32	2	6 550
30	30	52	22	1	2 320	90	90	125	32	2	6 700
35	35	58	22	1	2 550	95	95	130	32	2	6 950
40	40	65	22	1,5	2 750	100	100	135	32	2	7 100
45	45	72	22	1,5	2 900	110	110	150	40	3	10 000
50	50	80	28	2	4 000	120	120	160	40	3	10 600
55	55	85	28	2	4 250	130	130	180	52	3	15 600
60	60	90	28	2	4 400	140	140	190	52	3	16 300
65	65	95	28	2	4 550	150	150	200	52	3	17 000
70	70	100	28	2	4 750						

Tafel 14/10. *Walzenkränze nach DIN 5407* (Aug. 1942).

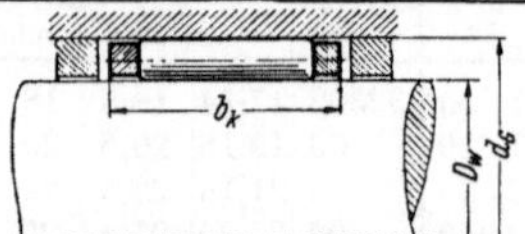

Reihe 1					Reihe 2				
Kurzzeichen	D_W mm	d_G mm	b_K mm	C[1] kg	Kurzzeichen	D_W mm	d_G mm	b_K mm	C[1] kg
8 × 14 × 20	8	14	20	520	—	—	—	—	—
10 × 16 × 20	10	16	20	630	—	—	—	—	—
12 × 18 × 20	12	18	20	680	—	—	—	—	—
14 × 22 × 20	14	22	20	965	—	—	—	—	—
16 × 24 × 20	16	24	20	965	—	—	—	—	—
18 × 26 × 20	18	26	20	1 180	—	—	—	—	—
20 × 28 × 20	20	28	20	1 180	20 × 30 × 30	20	30	30	2 040
22 × 30 × 20	22	30	20	1 180	22 × 32 × 30	22	32	30	2 160
25 × 33 × 20	25	33	20	1 320	25 × 35 × 30	25	35	30	2 280
28 × 36 × 20	28	36	20	1 370	28 × 40 × 30	28	40	30	2 600
30 × 38 × 20	30	38	20	1 370	30 × 42 × 30	30	42	30	2 600
32 × 40 × 20	32	40	20	1 530	32 × 44 × 30	32	44	30	2 600
35 × 45 × 20	35	45	20	1 660	35 × 50 × 40	35	50	40	4 150
38 × 48 × 20	38	48	20	1 660	— — —	—	—	—	—
40 × 50 × 20	40	50	20	1 660	40 × 55 × 40	40	55	40	4 150
42 × 52 × 20	42	52	20	1 830	— — —	—	—	—	—
45 × 55 × 20	45	55	20	1 830	45 × 60 × 40	45	60	40	4 650
50 × 60 × 32	50	60	32	3 200	50 × 68 × 45	50	68	45	6 000
55 × 65 × 32	55	65	32	3 650	55 × 73 × 45	55	73	45	6 550
60 × 72 × 32	60	72	32	3 900	60 × 80 × 50	60	80	50	8 150
65 × 77 × 32	65	77	32	4 150	65 × 85 × 50	65	85	50	9 000
70 × 85 × 40	70	85	40	5 850	70 × 90 × 50	70	90	50	9 650
75 × 90 × 40	75	90	40	6 200	75 × 99 × 60	75	99	60	12 700
80 × 95 × 50	80	95	50	8 500	80 × 104 × 60	80	104	60	14 000
85 × 100 × 50	85	100	50	8 500	85 × 109 × 60	85	109	60	15 000
90 × 105 × 50	90	105	50	9 150	90 × 120 × 75	90	120	75	20 400
95 × 110 × 50	95	110	50	10 000	95 × 125 × 75	95	125	75	21 600
100 × 120 × 65	100	120	65	15 000	100 × 130 × 75	100	130	75	21 600
110 × 130 × 65	110	130	65	15 300	—	—	—	—	—
120 × 140 × 65	120	140	65	16 300	—	—	—	—	—

[1] Gilt nur, wenn die Rockwellhärte der Rollen und Laufbahnen $H_{RC} = 60$ kg/mm² erreicht! Andernfalls C mit $\left(\frac{H_R}{60}\right)^2$ malnehmen, wobei H_R die geringere Rockwellhärte der Rollen bzw. Laufbahnen ist.

Tafel 14/11. *Filzringe.*

DIN 5419 (Aug. 1942)

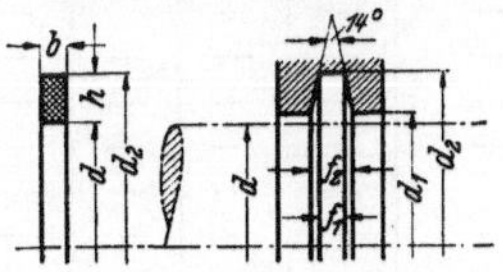

d	d_1[1]	d_2	f_1	f_2	b	h
20	21	31	3	4,2	3,5	5
25	26	38	4	5,5	5	6
30	31	43	4	5,5	5	6
35	36	48	4	5,5	5	6
40	41	53	4	5,5	5	6
45	46	58	4	5,5	5	6
50	51	67	5	7	6	8
55	56	72	5	7	6	8
60	61,5	77	5	7	6	8
65	66,5	82	5	7	6	8
70	71,5	89	6	8,2	7	9
75	76,5	94	6	8,2	7	9
80	81,5	99	6	8,2	7	9
85	86,5	104	6	8,2	7	9
90	92	111	7	9,5	8,5	10
95	97	116	7	9,5	8,5	10
100	102	125	8	11	9,5	12
110	112	135	8	11	9,5	12
115	117	140	8	11	9,5	12
125	127	154	9	12,4	10,5	14
135	137	164	9	12,4	10,5	14
140	142	173	10	13,9	12	16
150	152	183	10	13,9	12	16
160	162	193	10	13,9	12	16
170	172	203	10	13,9	12	16
180	182	213	10	13,9	12	16

[1] Das Maß d_1 muß bei Ring-Pendellagern und Ring-Tonnenlagern vergrößert werden.

Tafel 14/12. *Scheibenlager, Maßgruppe 1* (ganz leichte Reihen).

DIN 711 (Aug. 1942)

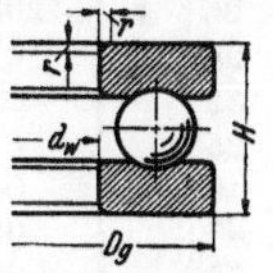

d_w	D_g	H	r	Kurzzeichen	C kg
10	24	9	0,5	51100	570
12	26	9		01	610
15	28	9		02	655
17	30	9		03	720
20	35	10		04	965
25	42	11	1	05	1 220
30	47	11		06	1 320
35	53	12		07	1 460
40	60	13		08	1 960
45	65	14		09	2 080
50	70	14		10	2 240
55	78	16		11	2 700
60	85	17	1,5	12	3 200
65	90	18		13	3 350
70	95	18		14	3 450
75	100	19		15	3 650
80	105	19		16	3 750
85	110	19		17	3 900
90	120	22		18	5 000
100	135	25		20	6 950
110	145	25		22	7 350
120	155	25		24	7 650
130	170	30		26	8 800
140	180	31		28	9 150
150	190	31		30	9 650
160	200	31		32	10 000
170	215	34	2	34	11 800
180	225	34		36	12 000
190	240	37		38	14 600
200	250	37		40	15 000
220	270	37		44	16 000
240	300	45	2,5	48	20 800

Tafel 14/13. *Scheibenlager, Maßgruppe 2* (leichte Reihen).

			Rillenlager DIN 711 (Aug. 1942)			Rillenlager DIN 715 (Aug. 1942)						Tonnenlager DIN 728 (Aug. 1942)					
$d_w = D$	D_g	r	Kurz-zeichen	H	C kg	Kurz-zeichen	d_w	H	s_w	r_1	C kg	Kurz-zeichen	D_{w_1}	d_{g_1}	H	h	C kg
10	26	1	51200	11	720	—	—	—	—	—	—	—	—	—	—	—	—
12	28		01	11	780	—	—	—	—	—	—	—	—	—	—	—	—
15	32		02	12	950	52202	10	22	5	0,5	950	—	—	—	—	—	—
17	35		03	12	1 000	—	—	—	—	—	—	—	—	—	—	—	—
20	40		04	14	1 400	04	15	26	6	0,5	1 400	—	—	—	—	—	—
25	47		05	15	1 800	05	20	28	7		1 800	—	—	—	—	—	—
30	53		06	16	1 960	06	25	29	7		1 960	—	—	—	—	—	—
35	62	1,5	07	18	2 650	07	30	34	8		2 650	—	—	—	—	—	—
40	68		08	19	3 050	08	30	36	9	1	3 050	—	—	—	—	—	—
45	73		09	20	3 250	09	35	37	9		3 250	—	—	—	—	—	—
50	78		10	22	3 450	10	40	39	9		3 450	—	—	—	—	—	—
55	90		11	25	4 900	11	45	45	10		4 900	—	—	—	—	—	—
60	95		12	26	5 300	12	50	46	10		5 300	—	—	—	—	—	—
65	100		13	27	5 500	13	55	47	10		5 500	—	—	—	—	—	—
70	105		14	27	5 700	14	55	47	10	1,5	5 700	—	—	—	—	—	—
75	110		15	27	5 850	15	60	47	10		5 850	—	—	—	—	—	—
80	115		16	28	6 100	16	65	48	12		6 100	—	—	—	—	—	—
85	125		17	31	7 200	17	70	55	14		7 200	—	—	—	—	—	—
90	135	2	18	35	8 650	18	75	62	15		8 650	—	—	—	—	—	—
100	150		20	38	10 800	20	85	67	15		10 800	—	—	—	—	—	—
110	160		22	38	11 400	22	95	67	15		11 400	—	—	—	—	—	—
120	170		24	39	11 800	24	100	68	18	2	11 800	—	—	—	—	—	—
130	190	2,5	51226	45	15 000	26	110	80	18		15 000	—	—	—	—	—	—
140	200		28	46	15 600	28	120	81	20		15 600	—	—	—	—	—	—
150	215	2,5	30	50	17 000	52230	130	89	20	2	17 000	—	—	—	—	—	—
160	225		32	51	17 600	32	140	90	20		17 600	—	—	—	—	—	—
170	240		34	55	20 000	34	150	97	21		20 000	—	—	—	—	—	—
180	250		36	56	20 800	36	150	98	21	3	20 800	—	—	—	—	—	—
190	270	3	38	62	24 500	38	160	109	24		24 500	—	—	—	—	—	—
200	280		40	62	25 000	40	170	109	24		25 000	—	—	—	—	—	—
220	300		44	63	26 500	44	190	110	24		26 500	—	—	—	—	—	—
240	340	3,5	48	78	34 500	—	—	—	—	—	—	29248	285	305	60	57	68 000
260	360		52	79	36 500	—	—	—	—	—	—	52	305	325	60	57	72 000
280	380		56	80	38 000	—	—	—	—	—	—	56	325	345	60	57	75 000
300	420	4	60	95	49 000	—	—	—	—	—	—	50	355	380	73	69	95 000
320	440		64	95	51 000	—	—	—	—	—	—	64	375	400	73	69	98 000
340	460		68	96	52 000	—	—	—	—	—	—	68	395	420	73	69	102 000
360	500	5	72	110	64 000	—	—	—	—	—	—	72	420	455	85	81	129 000
380	520		—	—	—	—	—	—	—	—	—	76	440	475	85	81	134 000
400	540		—	—	—	—	—	—	—	—	—	80	460	490	85	81	140 000
420	580	6	—	—	—	—	—	—	—	—	—	84	490	525	95	91	186 000
440	600		—	—	—	—	—	—	—	—	—	88	510	545	95	91	193 000
460	620		—	—	—	—	—	—	—	—	—	92	530	570	95	91	200 000
480	650		—	—	—	—	—	—	—	—	—	96	555	595	103	99	220 000
500	670		—	—	—	—	—	—	—	—	—	292/500	575	615	103	99	228 000
530	710		—	—	—	—	—	—	—	—	—	/530	610	650	109	105	250 000
560	750		—	—	—	—	—	—	—	—	—	/560	645	690	115	111	290 000
600	800		—	—	—	—	—	—	—	—	—	/600	690	735	122	117	315 000
630	850	8	—	—	—	—	—	—	—	—	—	/630	730	780	132	127	375 000
670	900		—	—	—	—	—	—	—	—	—	/670	775	825	140	135	415 000
710	950		—	—	—	—	—	—	—	—	—	/710	820	870	145	140	455 000
750	1000		—	—	—	—	—	—	—	—	—	/750	860	915	150	144	500 000
800	1060	10	—	—	—	—	—	—	—	—	—	/800	915	975	155	149	540 000
850	1120		—	—	—	—	—	—	—	—	—	/850	970	1030	160	154	600 000

			Rillenlager DIN 711 (Aug. 1942)			Rillenlager DIN 715 (Aug. 1942)						Tonnenlager DIN 728 (Aug. 1942)					
			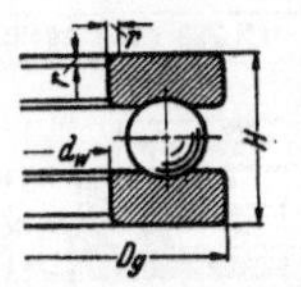			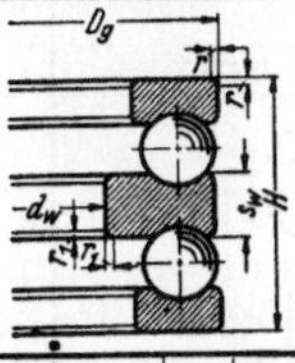						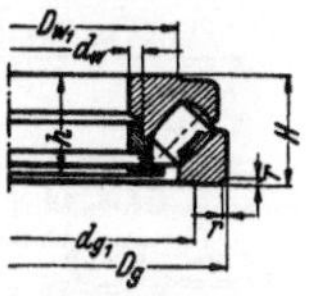					
$d_m = D$	D_g	r	Kurzzeichen	H	C kg	Kurzzeichen	d_w	H	s_w	r_1	C kg	Kurzzeichen	D_{w_1}	d_{g_1}	H	h	C kg
15	—	—	—	—	—	—	—	—	—	—	—	—	—	—	—	—	—
20	—	—	—	—	—	—	—	—	—	—	—	—	—	—	—	—	—
25	52	1,5	51305	18	2 280	52305	20	34	8	0,5	2 280	—	—	—	—	—	—
30	60		06	21	2 800	06	25	38	9		2 800	—	—	—	—	—	—
35	68		07	24	3 600	07	30	44	10		3 600	—	—	—	—	—	—
40	78		08	26	4 500	08	30	49	12	1	4 500	—	—	—	—	—	—
45	85		09	28	5 300	09	35	52	12		5 300	—	—	—	—	—	—
50	95	2	10	31	6 300	10	40	58	14		6 300	—	—	—	—	—	—
55	105		11	35	7 650	11	45	64	15		7 650	—	—	—	—	—	—
60	110		12	35	8 150	12	50	64	15		8 150	—	—	—	—	—	—
65	115		13	36	8 500	13	55	65	15		8 500	—	—	—	—	—	—
70	125		14	40	9 800	14	55	72	16	1,5	9 800	—	—	—	—	—	—
75	135	2,5	15	44	11 200	15	60	79	18		11 200	—	—	—	—	—	—
80	140		16	44	11 600	16	65	79	18		11 600	—	—	—	—	—	—
85	150		17	49	13 200	17	70	87	19		13 200	—	—	—	—	—	—
90	155		18	50	13 200	18	75	88	19		13 200	—	—	—	—	—	—
100	170		20	55	15 600	20	85	97	21		15 600	—	—	—	—	—	—
110	190	3	22	63	18 000	22	95	110	24		18 000	—	—	—	—	—	—
120	210	3,5	24	70	21 600	24	100	123	27	2	21 600	29324	160	180	54	51	44 000
130	225		26	75	23 200	26	110	130	30		23 200	26	170	195	58	55	50 000
140	240		28	80	26 000	28	120	140	31		26 000	28	185	205	60	57	56 000
150	250		30	80	27 500	30	130	140	31		27 500	30	195	215	60	57	58 500
160	270	4	32	87	32 000	32	140	153	33		32 000	32	210	235	67	64	68 000
170	280		34	87	33 500	34	150	153	33		33 500	34	220	245	67	64	69 500
180	300	4	36	95	36 000	36	150	165	37	3	36 000	36	235	260	73	69	83 000
190	320	5	38	105	42 500	38	160	183	40	3	42 500	38	250	275	78	74	96 500
200	340		40	110	46 500	40	170	192	42	3	46 500	40	265	295	85	81	114 000
220	360		—	—	—	—	—	—	—	—	—	44	285	315	85	81	118 000
240	380		—	—	—	—	—	—	—	—	—	48	300	330	85	81	122 000
260	420	6	—	—	—	—	—	—	—	—	—	52	330	365	95	91	156 000
280	440		—	—	—	—	—	—	—	—	—	56	350	390	95	91	160 000
300	480		—	—	—	—	—	—	—	—	—	60	380	420	109	105	196 000
320	500		—	—	—	—	—	—	—	—	—	64	400	440	109	105	200 000
340	540		—	—	—	—	—	—	—	—	—	68	430	470	122	117	245 000
360	560		—	—	—	—	—	—	—	—	—	72	450	495	122	117	250 000
380	600	8	—	—	—	—	—	—	—	—	—	76	480	525	132	127	305 000
400	620		—	—	—	—	—	—	—	—	—	80	500	550	132	127	310 000
420	650		—	—	—	—	—	—	—	—	—	84	525	575	140	135	335 000
440	680		—	—	—	—	—	—	—	—	—	88	550	600	145	140	375 000
460	710		—	—	—	—	—	—	—	—	—	92	575	630	150	144	400 000
480	730		—	—	—	—	—	—	—	—	—	96	595	650	150	144	405 000
500	750		—	—	—	—	—	—	—	—	—	293/500	615	670	150	144	415 000
530	800	10	—	—	—	—	—	—	—	—	—	/530	650	710	160	154	490 000
560	850		—	—	—	—	—	—	—	—	—	/560	690	755	175	168	520 000
600	900		—	—	—	—	—	—	—	—	—	/600	735	800	180	173	600 000
630	950	12	—	—	—	—	—	—	—	—	—	/630	775	845	190	183	680 000
670	1000		—	—	—	—	—	—	—	—	—	/670	820	890	200	193	720 000
710	1060		—	—	—	—	—	—	—	—	—	/710	870	945	212	204	830 000
750	1120		—	—	—	—	—	—	—	—	—	/750	915	1000	224	216	915 000
800	1180		—	—	—	—	—	—	—	—	—	/800	970	1055	230	222	1 000 000
850	1250	15	—	—	—	—	—	—	—	—	—	/850	1030	1120	243	235	1 080 000
900	1320		—	—	—	—	—	—	—	—	—	/900	1090	1180	250	242	1 180 000
950	1400		—	—	—	—	—	—	—	—	—	/950	1150	1250	272	263	1 340 000

Tafel 14/15. *Scheibenlager, Maßgruppe 4* (schwere Reihen).

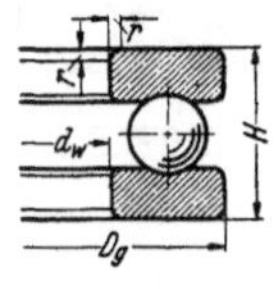

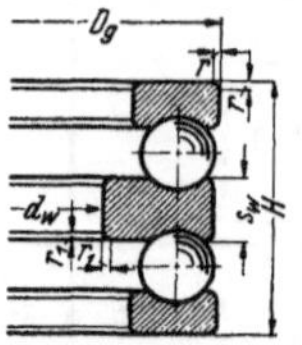

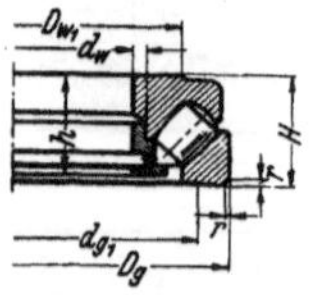

			Rillenlager DIN 711 (Aug. 1942)			Rillenlager DIN 715 (Aug. 1942)						Tonnenlager DIN 728 (Aug. 1942)					
$d_w = D$	D_g	r	Kurzzeichen	H	C kg	Kurzzeichen	d_w	H	s_w	r_1	C kg	Kurzzeichen	D_{w_1}	d_{g_1}	H	h	C kg
15	—	—	—	—	—	—	—	—	—	—	—	—	—	—	—	—	—
20	—	—	—	—	—	—	—	—	—	—	—	—	—	—	—	—	—
25	60	1,5	51405	24	3 350	52405	15	45	11	1	3 350	—	—	—	—	—	—
30	70		06	28	4 400	06	20	52	12		4 400	—	—	—	—	—	—
35	80	2	07	32	5 300	07	25	59	14		5 300	—	—	—	—	—	—
40	90		08	36	6 800	08	30	65	15		6 800	—	—	—	—	—	—
45	100		09	39	7 800	09	35	72	17		7 800	—	—	—	—	—	—
50	110	2,5	10	43	9 500	10	40	78	18		9 500	—	—	—	—	—	—
55	120		11	48	10 800	11	45	87	20		10 800	—	—	—	—	—	—
60	130		12	51	12 700	12	50	93	21		12 700	29412	91	108	42	39,5	22 000
65	140	3	13	56	14 000	13	50	101	23	1,5	14 000	13	99	115	45	42,5	26 000
70	150		14	60	15 300	14	55	107	24		15 300	14	106	125	48	45,5	28 500
75	160		15	65	17 000	15	60	115	26		17 000	15	113	132	51	48	33 500
80	170	3,5	16	68	18 300	16	65	120	27		18 300	16	120	140	54	51	36 000
85	180		17	72	19 600	17	65	128	29	2	19 600	17	128	150	58	55	41 500
90	190		18	77	21 200	18	70	135	30		21 200	18	135	137	60	57	46 500
100	210	4	20	85	26 000	20	80	150	33		26 000	20	150	175	67	64	56 000
110	230		22	95	29 000	22	90	166	37		29 000	22	165	190	73	69	67 000
120	250	5	24	102	31 000	24	95	177	40	2,5	31 000	24	180	205	78	74	78 000
130	270		26	110	38 000	26	100	192	42	3	38 000	26	195	225	85	81	91 500
140	280		28	112	38 000	28	110	196	44		38 000	28	205	235	85	81	96 500
150	300		30	120	41 500	30	120	209	46		41 500	30	220	250	90	86	110 000
160	320	6	32	130	48 000	52432	130	226	50		48 000	32	230	265	95	91	125 000
170	340		34	135	53 000	34	135	236	50	3,5	53 000	34	245	285	103	99	140 000
180	360	6	36	140	57 000	36	140	245	52	4	57 000	36	260	300	109	105	160 000
190	380		38	150	61 000	—	—	—	—	—	—	38	275	320	115	111	173 000
200	400		40	155	65 500	—	—	—	—	—	—	40	290	335	122	117	193 000
220	420	8	44	160	69 500	—	—	—	—	—	—	44	310	355	122	117	200 000
240	440		48	160	72 000	—	—	—	—	—	—	48	330	375	122	117	208 000
260	480		52	175	81 500	—	—	—	—	—	—	52	360	405	132	127	255 000
280	520		56	190	90 000	—	—	—	—	—	—	56	390	440	145	140	290 000
300	540		60	190	93 000	—	—	—	—	—	—	60	410	460	145	140	300 000
320	580	10	64	205	100 000	—	—	—	—	—	—	64	435	495	155	149	360 000
340	620		68	220	112 000	—	—	—	—	—	—	68	465	530	170	164	405 000
360	640		72	220	116 000	—	—	—	—	—	—	72	485	550	170	164	415 000
380	670		—	—	—	—	—	—	—	—	—	76	510	575	175	168	450 000
400	710		—	—	—	—	—	—	—	—	—	80	540	610	185	178	510 000
420	730		—	—	—	—	—	—	—	—	—	84	560	630	185	178	530 000
440	780	12	—	—	—	—	—	—	—	—	—	88	595	670	206	199	620 000
460	800		—	—	—	—	—	—	—	—	—	92	615	690	206	199	640 000
480	850		—	—	—	—	—	—	—	—	—	96	645	730	224	216	735 000
500	870		—	—	—	—	—	—	—	—	—	294/500	670	750	224	216	750 000
530	920		—	—	—	—	—	—	—	—	—	/530	710	800	236	228	850 000
560	980	15	—	—	—	—	—	—	—	—	—	/560	750	850	250	242	965 000
600	1030		—	—	—	—	—	—	—	—	—	/600	800	900	258	249	1 020 600
630	1090		—	—	—	—	—	—	—	—	—	/630	850	950	280	270	1 180 000
670	1150	18	—	—	—	—	—	—	—	—	—	/670	900	1000	290	280	1 290 000
710	1220		—	—	—	—	—	—	—	—	—	/710	950	1060	308	298	1 430 000
750	1280		—	—	—	—	—	—	—	—	—	/750	1000	1120	315	304	1 530 000
800	1360		—	—	—	—	—	—	—	—	—	/800	1060	1180	335	324	1 730 000

15. Gleitlager.

15.1 Überblick.

1) Eigenschaften und Verwendung. Die alte Frage, ob Gleit- oder Wälzlager besser sind, kann man heute dahin beantworten, daß beide ihre besonderen Eigenschaften besitzen und keines von beiden sämtliche Wünsche befriedigt.

Es gibt Fälle, wo nur Gleitlager und andere, wo nur Wälzlager in Frage kommen, und wieder andere, wo beide geeignet sind. Es kommt eben darauf an, auf welche Eigenschaften im jeweiligen Anwendungsfall besonderer Wert gelegt wird.

Bei *Gleitlagern* wirkt die große Schmierfläche schwingungs-, stoß- und geräuschdämpfend. Sie ist auch weniger empfindlich gegen Erschütterungen, gegen Staubzutritt (Fettschmierung als Staubdichtung!) und erlaubt ein geringeres Lagerspiel [1] und andererseits relativ große Passungstoleranzen. Ferner sind Gleitlager einfach im Aufbau, einfach herzustellen, und zwar ebensogut geteilt wie ungeteilt und besonders bei großen Durchmessern erheblich billiger als Wälzlager. Sie erfordern außerdem einen geringeren Einbaudurchmesser und sind konstruktiv sehr anpassungsfähig.

Anderseits wird aber der Schmierfilm erst durch die Gleitbewegung gebildet, so daß besonders der *Anlauf-Reibwert* erheblich höher liegt (s. Tafel 15/1 u. Bild 15/7). Vor allem verbraucht aber die Gleitreibung erheblich *mehr Schmierstoff* und erfordert daher auch mehr zusätzlichen Aufwand für die Schmierstoffzuführung (besonders bei senkrechten Wellen) und für die Wartung. Ferner sind die erforderliche Einlaufzeit[2], die durchweg größere Baulänge und der Einfluß der Wellenoberfläche auf das Gleitverhalten zu beachten.

Entsprechend wird man *Gleitlager* vorziehen [3]

a) wenn die Geräuscharmut ausschlaggebend ist,

b) bei starken Erschütterungen und Vibrationen (bei Reserve-Maschinen, die neben den laufenden stehen),

c) wenn geteilte Lager oder geringe Durchmesser erwünscht sind

d) wenn Gleitlager genügen und ihre Nachteile nicht entscheidend sind.

2) Neuere Tendenzen. Weitgehende Anwendung von neueren Erkenntnissen der Schmiertheorie auf die Bemessung und Gestaltung der Lager.

Kürzere Gleitlager mit $b/d = 0{,}4$ bis 1.

Listenmäßig bestellbare Gleitlager in den Abmessungen der Wälzlager (Tafel 15/5).

Lagerschalen aus Stahl mit dünner Metallauflage, aus ölspeicherndem Sintermetall (Bild 15/17) und aus Preßstoff.

Dünnere Lagerbüchsen und dünnere Metallauflagen [4] (s. S. 255).

Wellenzapfen gehärtet, poliert, oberflächengedrückt oder feinstgeschliffen [5], oder besondere Laufbüchsen auf den Wellen (s. Tafel 15/5).

Schmierstoffzuführung durch Schmiertaschen statt durch Schmiernuten (Bild 15/14).

Kegelförmige (durch „Rändeln“ hergestellte) feine Grübchen als „Öltaschen“ in hartverchromten Laufflächen [*15/10*].

Preßluftschmierung statt Ölschmierung bei hohen Drehzahlen und geringen Belastungen (noch in der Entwicklung begriffen).

---

[1] Das Lagerspiel kann bei Gleitlagern gegenüber handelsüblichen Wälzlagern, besonders bei Wechselkräften, auf etwa $^1/_3$ herabgedrückt werden.

[2] Die Einlaufzeit kann durch Zusatz von chemisch aktiven Stoffen (z. B. Schwefel) zum Schmierstoff, durch Zusatz von kolloidalem Graphit (z. B. Kollag) und besonders durch Vorgraphitieren oder Phosphatieren der Gleitflächen erheblich abgekürzt werden.

[3] Siehe auch Wälzlager S. 215.

[4] Neuerdings auch elektrolytisch auf die Tragschale aufgebrachte dünne Schichten, z. B. Stahlschale mit 1 bis 10 μ dicker Kupfer- oder Nickelschicht, darauf 0,4 mm dicke Silberschicht, darauf 20 bis 40 μ dicke Blei- und Zinn-Indiumschicht, die durch Diffusion miteinander legiert werden [15/27].

[5] Neuere Versuche [15/9] mit feinstgeschliffenen Wellen und Lagern haben gezeigt, daß die Tragkraft um so mehr ansteigt, je kleiner die Oberflächenrauhigkeit ist.

3) Einteilung der Lager

nach Kraftrichtung: *Quer*lager (Traglager) für *Radial*kräfte; *Längs*lager (Spurlager) für *Längs*kräfte;
nach Verwendung: Getriebe-, Transmissions-, Motor-, Turbinen-, Walzwerkslager usw.;
nach Ausführung: Augen-, Deckel-, Steh-, Hänge-, Pendel-, Block-, Scheiben-, Einbaulager usw.;
nach Werkstoff: Weißmetall-, Bronze-, Rotguß-, Leichtmetall-, Sintermetall-, Preßstoff- und Mehrstofflager;
nach Schmierung: Fett-, Ringschmier-, Durchfluß- und Druckschmierlager.

4) Belastungswerte ausgeführter Lager s. S. 244.

5) Normen s. S. 250.

15.2. Laufverhalten, Schmiertheorie.

1) Bezeichnungen und Dimensionen.

a	(—)	relative Laufdauer, $= \frac{\text{Laufdauer}}{\text{Laufdauer + Pausen}}$ während einer Stunde
b	(cm)	Lagerbreite, Breite der Druckfläche
c	(kcal/kg °C)	spezif. Wärme des Öles $\approx 0{,}42 + 0{,}001\,\vartheta$
d, D	(cm)	Durchmesser des Zapfens, des Lagers
d_a, d_i, d_m	(cm)	äußerer, innerer, mittlerer Durchmesser der Druckfläche
D_a	(cm)	Außendurchmesser der Lagerbüchse
E	(° E)	Zähigkeit in Engler-Grad
f	(—)	Völligkeitsgrad, $= z \cdot l/(\pi \cdot d_m)$
h	(cm)	Schmierspaltdicke an der engsten Stelle
h_r	(—)	relative Spaltdicke, $= h/(R-r) = h/(\psi \cdot r)$
l	(cm)	mittlere Länge des Segmentes (Bild 15/20)
M_r	(cmkg)	Reibmoment, $= P \cdot \mu \cdot r_m$
n	(Uml/min)	Drehzahl des Zapfens
p, p_i	(kg/cm²)	Öldruck, Zuleitungsdruck
p_m	(kg/cm²)	mittl. Flächenpressung, $= P/(d_m \cdot b)$
P	(kg)	Belastungskraft
Q	(cm³/s)	sekundl. Öldurchfluß

Q'	(l/min)	minutl. Öldurchfluß
q	(—)	Verhältniswert, $= l/b$
R, r	(cm)	Krümmungshalbmesser der Druckfläche des Lagers, des Wellenzapfens
r_a, r_i, r_m	(cm)	äußerer, innerer, mittlerer Halbmesser der Druckfläche
s	(cm)	Dicke des Lagerausgusses
v	(m/s)	Umfangsgeschwindigkeit des Zapfens
z	(—)	Anzahl der Segmente
α	(kg/cm s °C)	Wärmeleitvermögen des Lagers
β	(kg/cm² °C)	Wärmebeiwert des Öles, $= 42700 \cdot c \cdot \gamma \approx 16{,}5$
γ	(kg/cm³)	Wichte des Öls $= 0{,}86 \cdot 10^{-3}$ bis $0{,}945 \cdot 10^{-3}$ für Lageröle
η	(kg s/cm²)	dynamische Zähigkeit, $= (74\,E - 64/E)\,\gamma \cdot 10^{-6}$
ϑ_a, ϑ_e	(° C)	Austritts-, Eintrittstemperatur des Öles
ϑ_f, ϑ_l	(° C)	mittl. Schmierfilmtemperatur, Lufttemperatur
Θ	(—)	Erwärmungskennzahl, $= \mu \cdot \omega \cdot r \cdot d \cdot b/Q$
μ	(—)	Reibwert, $= M_r/(P \cdot r_m)$
ψ	(—)	relatives Lagerspiel, $= (R-r)/r$
ω	(1/s)	Winkelgeschwindigkeit des Zapfens, $= n/9{,}55$

2) Reibung und Schmierdruck. Beim *Querlager* sinkt nach Bild 15/1 der Reibwert μ mit steigender Drehzahl sehr schnell, und zwar vom Größtwert (Reibwert der Ruhe) bis zum Kleinstwert μ_0 im „Ausklinkpunkt", um dann wieder anzusteigen.

Links vom Kleinstwert — ***im Gebiet der Mischreibung*** — reicht der Schmierdruck allein nicht aus, die Last P zu tragen. Reibwert und Verschleiß hängen hier von den besonderen Eigenschaften

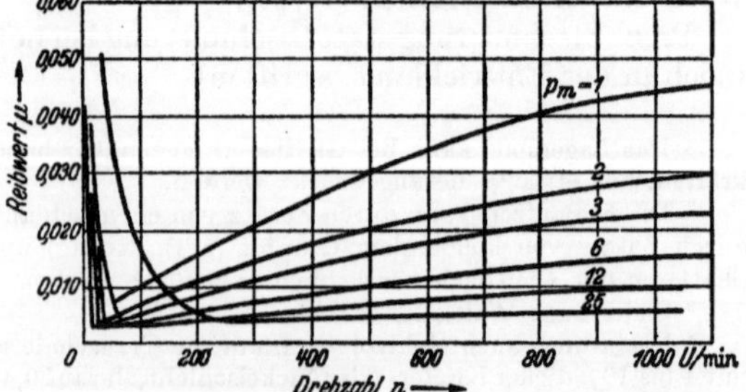

Bild 15/1. Reibwert/Drehzahlkurven bei verschiedener Flächenpressung p_m für Ringschmierlager mit 70 mm Zapfendurchmesser nach STRIBECK [15 12].

(„Oiliness", Schlüpfrigkeit und Haftvermögen) des Schmierstoffes und der Gleitflächen ab.

Rechts vom Kleinstwert — *Gebiet der Schwimmreibung* [1] — sind die Gleitflächen durch einen Schmierfilm getrennt, der Schmierdruck trägt die Last, so daß kein metallischer Verschleiß entsteht (erstrebter Zustand). In diesem Gebiet ist von den Eigenschaften des Schmierstoffes nur die dynamische Zähigkeit η von Bedeutung.

Der *Kleinstwert* μ_0 hängt dagegen von der erreichbaren kleinsten Schmierfilmdicke ohne metallische Berührung ab, also von der *Oberflächengüte* der Gleitflächen (s. Fußnote [5] S. 239).

Tafel 15/1. *Erfahrungswerte für* μ (s. auch Bild 15/7 u. Fußnote 2 S. 225).

	Lagerstoff	Reibwert μ		
		Anlauf-Reibung	Misch-Reibung	Schwimm-Reibung
Querlager				
Mit Fettschmierung	Bz	0,12	0,05 ··· 0,1	—
Mit Polster- oder Dochtschmierung	Bz	0,14	0,04 ··· 0,07	0,014
Reichsbahnachslager	WM	0,24	—	0,006
Ringschmierlager	WM	0,24	—	0,0017 ··· 0,003
,,	Bz	0,14	—	0,003 ··· 0,005
,,	GG	0,14	0,02 ··· 0,1	0,004 ··· 0,008
,,	Preßst.	0,14	0,01 ··· 0,03	0,003 ··· 0,006
Längslager				
Zapfen-Spurlager	WM	0,25	0,03	—
Kippsegment-Lager	WM	0,25	—	0,0015 ··· 0,004
Wälzlager	St	0,02	—	0,0010 ··· 0,0025

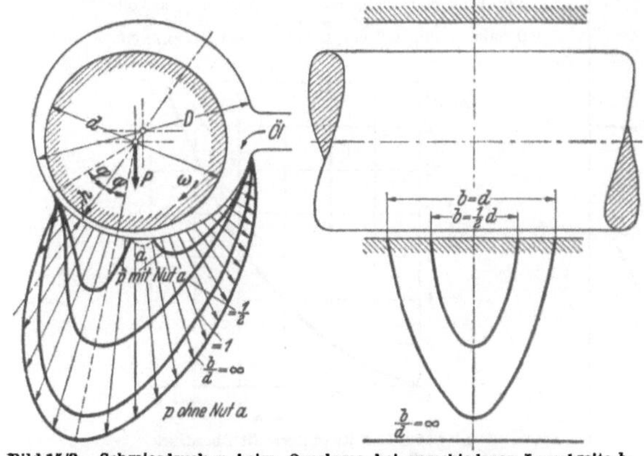

Bild 15/2. Schmierdruck p beim Querlager bei verschiedener Lagerbreite b, mit und ohne Längsnut a, nach KLEMENCIC [15/4].

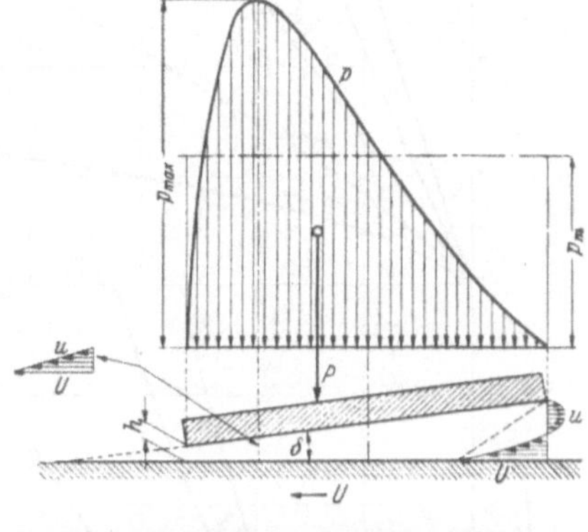

Bild 15/3. Schmierdruck p und Geschwindigkeitsverteilung u in der Schmierschicht bei ebener Platte mit Anstellwinkel δ, nach KLEMENCIC.

Anlauf-Reibwerte s. auch Bild 15/7; Reibwerte im Gebiet der Schwimmreibung Bild 15/1 und 15/4.

Der *tragende Schmierdruck* entsteht hydrodynamisch in dem keilförmigen Spalt zwischen den Gleitflächen (Bild 15/2), indem der Schmierstoff dank seiner Adhäsion und Zähigkeit durch die Gleitbewegung mitgerissen und in den sich verengenden Spalt gepreßt wird, so daß der Zapfen zur Seite gedrückt und angehoben wird (Bild 15/2) bis zum Gleichgewicht zwischen Belastung und Schmierdruck.

Die *Druckverteilung* zeigt Bild 15/2. Das Druckmaximum liegt in Umlaufrichtung kurz vor der engsten Stelle. Hinter der engsten Stelle kann sogar Unterdruck (Ansaugkraft bis 0,25 at) entstehen.

[1] Auch „flüssige Reibung" genannt.

Hydrodynamische Beziehungen im Gebiet der Schwimmreibung:

Relative Spaltdicke $\boxed{h_r = \frac{h}{R - r} = C_1 \frac{\eta \cdot \omega}{p_m \cdot \psi^2}}$. (1)

Hierbei ist R, bzw. r der Krümmungshalbmesser der Lagerschale bzw. des Wellenzapfens im Druckgebiet [1].

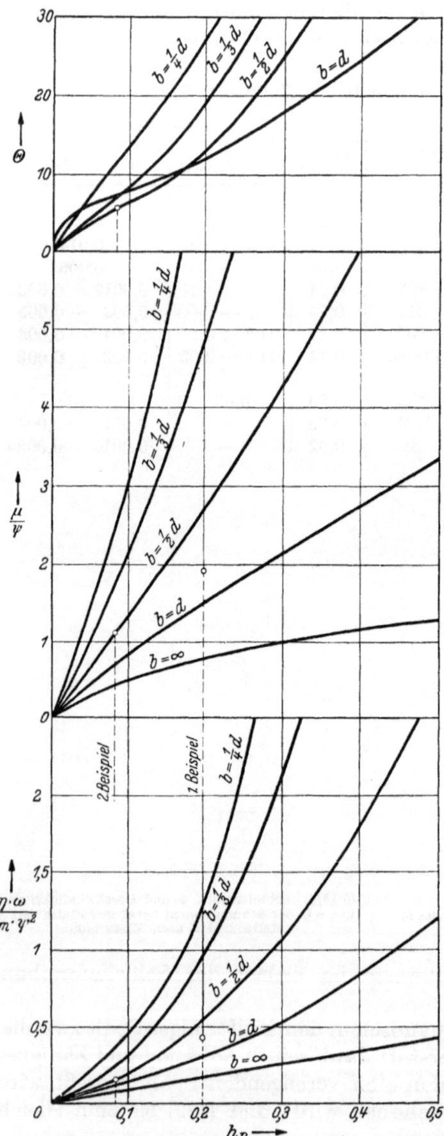

Bild 15/4. Kennlinien zur Lagerberechnung nach der Schmiertheorie*.

* Andere Darstellung der Kennlinien von BAUER [*15/24*] und KLEMENCIC [*15/4*], die für die seitliche Druckverteilung eine quadratische Parabel (Bild 15/2) und für den Winkel zwischen Lastdruck und Ölzuführung 90° voraussetzen und im Reibwert auch die zusätzliche Reibung durch Vollschmierung im drucklosen Teil erfassen.

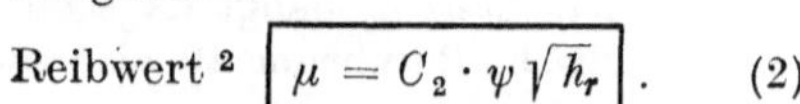

Reibwert [2] $\boxed{\mu = C_2 \cdot \psi \sqrt{h_r}}$. (2)

Der Ausdruck $\eta \cdot \omega/(p_m \cdot \psi^2)$ zeigt, wie die Einzelgrößen Ölzähigkeit η, Winkelgeschwindigkeit ω, mittlere Flächenpressung p_m und Lagerspiel $\psi = (R - r)/r$ verändert werden

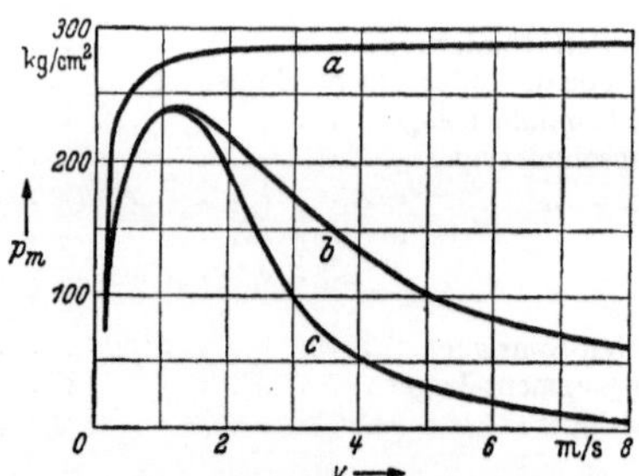

Bild 15/5. Tragfähigkeit der Querlager, abhängig von Gleitgeschwindigkeit und Ölmenge; a Vollschmierung, b Mangelschmierung mit 3 bis 6 cm³ Öl/min, c mit 0,2 cm³ Öl/min, nach KLEMENCIC.

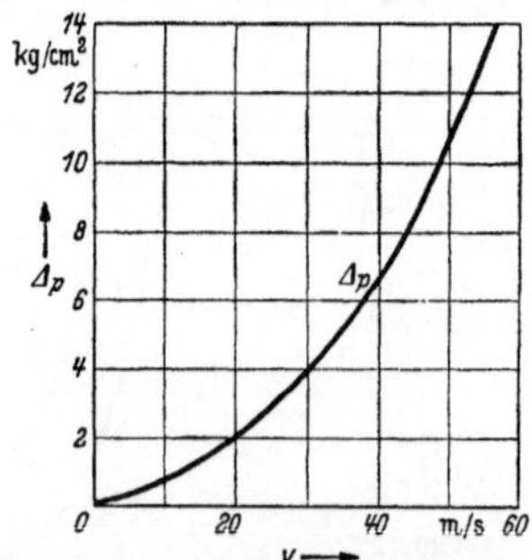

Bild 15/6. Notwendiger Öl-Überdruck $\Delta p = \frac{v^2}{2g} \cdot \gamma$, in der Zuleitung für $\gamma = 0{,}85 \cdot 10^{-3}$ kg/cm³ für Vollschmierung nach Bild 15/5. (Öldruck für den Leitungswiderstand s. Tafel 15/6.)

können, um die gleiche relative Spaltdicke h_r zu erreichen. Die Beiwerte C_1 und C_2 ändern sich mit dem seitlichen Druckabfall (s. Bild 15/2), der mit der Spaltdicke zunimmt und mit der Lagerbreite abnimmt. Bei $b/d = \infty$ ist $C_1 \approx 1{,}2$ und $C_2 \approx 2{,}1$.

[1] Nur für kreisrunde Lagerschalen ist $R = D/2$. Andere Anordnungsmöglichkeiten zeigt Bild 15/14.

[2] Reibung im drucklosen Teil vernachlässigt.

Für andere Verhältnisse von b/d lassen sich die Beziehungen für geometrisch ähnliche Lager als *Kennlinien* über h_r darstellen (s. Bild 15/4) und für die Berechnung der Lager benutzen.

Bei gestörter Schmierdruckbildung sinkt die Tragkraft erheblich, z. B. bei Ableitung des Schmieröles durch eine diagonale oder seitlich austretende Schmiernut (s. Bild 15/2), bei Schiefstellung des Zapfens (Kantenpressung!) und bei Mangelschmierung (Bild 15/5).

Der sekundliche Öldurchfluß Q und damit die Wärmeabführung durch das Schmieröl kann bei Vollschmierung erheblich durch größeres Lagerspiel ψ, aber nur wenig durch größere Förderleistung der Ölpumpe vergrößert werden.

Bei ebenen Gleitflächen wird der keilförmige Schmierspalt sinngemäß durch „Anschrägen" oder durch „Ankippen" der Gleitflächen (s. Bild 15/3) geschaffen, wie beim Segment-Spurlager (s. Bild 15/20). Berechnung s. S. 253.

Schmiervorrichtungen und Schmierverfahren s. S. 251 u. 255.

3) Erwärmung. Bei Wärmegleichgewicht ist die in Wärme umgesetzte Leistung $P \cdot \mu \cdot \omega \cdot r$ (kg cm/s) gleich der abgeführten. Die Wärmeabführung erfolgt durch Ableitung bzw. durch Luftkühlung des Gehäuses und bei größerem $p_m \cdot v$ mittels „Durchflußkühlung". Es ist mit den Bezeichnungen nach S. 240

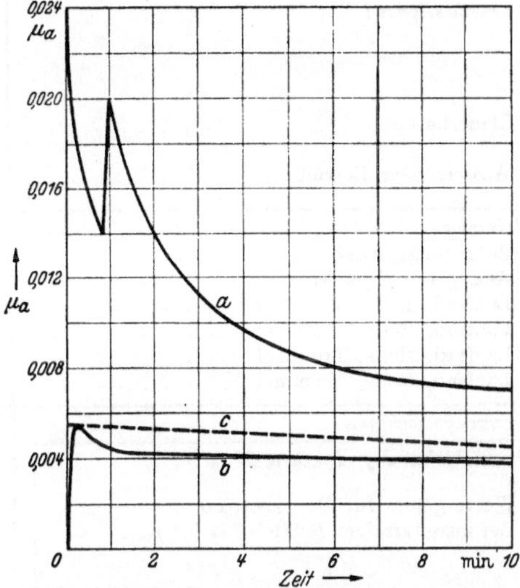

Bild 15/7. Anlauf-Reibwert μ_a bei verschiedenen Querlagern mit 120 mm Zapfendurchm., 6000 kg Belastung und 1,5 m/s Gleitgeschwindigkeit, nach WELTER und BRASCH**; a für Gleitlager mit Kissenschmierung $\mu a = 0{,}166$ bis 0,19; b für Gleitlager mit Hochdruckschmierung (Öldruck 200 kg/cm²), $\mu_a = 0{,}001$ ansteigend bis auf 0,006; c für Rollenlager mit Fettschmierung $\mu_a = 0{,}006$.

** Z. VDI 80 (1936) S. 457.

$$\boxed{P \cdot \mu \cdot \omega \cdot r = \underbrace{\alpha \cdot \pi \cdot d \cdot b\,(\vartheta_f - \vartheta_l)}_{\text{Luftkühlung}} + \underbrace{\beta \cdot Q\,(\vartheta_a - \vartheta_e)}_{\text{Durchflußkühlung}}} \quad \text{(kg cm/s)}. \qquad (3)$$

Hieraus für Luftkühlung allein (z. B. für Ringschmierlager, Fettlager usw.):

$$\boxed{\vartheta_f - \vartheta_l = \frac{p_m \cdot \mu \cdot \omega \cdot r}{\alpha\,\pi} \cdot a} \quad (°\,\text{C}). \qquad (4)$$

Erfahrungswerte: $\vartheta_f \leq 80°$ C, $\vartheta_l = 20$ bis 25° C; μ s. Tafel 15/1 und Bild 15/4. $\alpha \cdot \pi$ nach SCHIEBEL bei ruhender Luft $\approx 0{,}16$ für leichte Lager, $\approx 0{,}44$ für schwere Lager mit großer Kühlfläche und ableitender Eisenmasse; bei bewegter Luft (Fahrzeug) bis zum fünffachen der Werte.

Für Durchflußkühlung (ausreichende Umlaufschmierung):

$$\boxed{\vartheta_a - \vartheta_e = \frac{P \cdot \mu \cdot \omega \cdot r}{\beta Q} = \frac{p_m}{\beta}\,\Theta} \quad (°\,\text{C}) \qquad (5)$$

oder der notwendige minutliche Öldurchfluß

$$\boxed{Q' = \frac{P \cdot \mu \cdot n \cdot d}{320 \cdot \beta\,(\vartheta_a - \vartheta_e)} = \frac{M_r \cdot n}{160 \cdot \beta\,(\vartheta_a - \vartheta_e)} = \frac{d^2 \cdot b \cdot \mu \cdot n}{320\,\Theta}} \quad (l/\text{min}). \qquad (6)$$

Tafel 15/2. *Belastungswerte ausgeführter Gleitlager im Maschinenbau.*

St = Stahl, GG = Grauguß nach DIN 1691, WM = Weißmetall nach DIN 1703, Bl-Bz = Bleibronze nach DIN 1716, Bz und Rg = Bronze und Rotguß nach DIN 1705, KH = Kunstharz-Preßstoff nach DIN 7703.

Gleitlager für	Größtwerte p_m kg/cm²	Größtwerte v m/s	Werkstoff Lager/Welle	b/d
Transmissionen.	2	3,5	GG/St	1 ··· 2
	8	1,5	GG/St	1 ··· 2
	5	6	WM/St	1 ··· 2
	15	2	WM/St	1 ··· 2
Dauerbetrieb	6	0,5	KH/St 50	1 ··· 2
	20	0,15	KH/St 50	1 ··· 2
Aussetzender Betrieb	6	1	KH/St 50	1 ··· 2
	40	0,15	KH/St 50	1 ··· 2
Hebezeuge.				
Zahnstangenwinde	400	—	Bz/St 70	0,8 ··· 1,8
Ausleger-Drehpunkt	150	—	GBz 20/St 70	0,8 ··· 1,8
Laufrad, Rolle, Trommel	60	—	GG 21/St 50	0,8 ··· 1,8
Laufrad, Rolle, Trommel	120	—	Rg 8/St 50	0,8 ··· 1,8
Laufrad, Rolle, Trommel	$p_m v = 10$		KH/St 50	0,8 ··· 1,8
Laufrad, Rolle, Trommel	$p_m v = 25$		KH/St geh.	0,8 ··· 1,8
Werkzeugmaschinen	20 ··· 50	—	WM, Rg, Bz, GG/St	1,2 ··· 2
Hartzerkleinerung, Brecher, Mühlen.	8	1	GG/St	1 ··· 2
	8	3	WM 5/St	1 ··· 2
Werte gelten für Dauerbetrieb.	10	2	WM 10/St	1 ··· 2
Bei aussetzendem Betrieb bis 2,5 p_m	15	10	WM 10/St	1 ··· 2
	80	1	GBz 10, Bl-Bz/St	1 ··· 2
	20	1	KH/St	1 ··· 2
Kniehebelpresse, Höchstdruck	1000		Bl-Bz/St	1 ··· 2
Walzwerke.	500	50	Caro-Bz/St geh.	0,5 ··· 1,2
	250	50	KH/St geh.	0,5 ··· 1,2
Elektro- und Wasserkraftmaschinen.				
$n < 1500$, Auslaufzeit < 8 min	12	10	WM 10/St 50	0,8 ··· 1,5
$n < 1500$, Auslaufzeit > 8 min	7	10	WM 10/St 50	—
$n > 1500$, Auslaufzeit < 8 min	5	14	WM 10/St 50	—
$n > 1500$, Auslaufzeit darüber	—	—	WM 80/St 50	—
Turbomaschinen.				
Michell-Drucklager	30	60	WM, KH/St	—
Dampfturbinen	8	60	WM/St	0,8 ··· 1,25
Dampfturbinen	15	60	Bl-Bz/St	0,8 ··· 1,25
Sonstige Turbomaschinen	15	—	Bl-Bz/St	1,5 ··· 2
Kolben-Dampfmaschinen, -Verdichter, -Pumpen.				
Kreuzkopf- und Kolbenbolzen	120	—	WM, Bl-Bz/St geh.	—
Stirnkurbel, Pleuellager	90	2,5	WM, Bl-Bz/St geh.	1
Stirnkurbel, Wellenlager	35	3,3	WM, Bl-Bz/St geh.	1,4
Gekröpfte Kurbel, Pleuellager	75	3,5	WM, Bl-Bz/St geh.	0,85
Gekröpfte Kurbel, Wellenlager	45	3,5	WM, Bl-Bz/St geh.	1
Außenlager (Schwungrad)	25	3	WM/St	—
Steuerwellen	15	—	WM/St	1
Kreuzkopf-Gleitschuh	4	—	WM/St	—
Kreuzkopf-Gleitschuh	3	—	GG/St	—
Lokomotiven.				
Pleuel und Kreuzkopf	150	—	WM, Bz/St	—
Kreuzkopf-Gleitschuh	10	—	Rg/St	—
Kraftwagen- und Flugmotore.				
Langsamläufer, Pleuel	120	—	WM/St	0,5 ··· 0,6
Langsamläufer, Kurbelwelle	80	—	Bl-Bz/St	0,5 ··· 0,6
Schnelläufer: 1,7 p_m der Langsamläufer			Bl-Bz/St geh.	—
Flugmotor: 2,3 p_m der Langsamläufer			Bl-Bz/St geh.	—

Fortsetzung zu Tafel 15/2.

Gleitlager für	Größtwerte p_m kg/cm²	v m/s	Werkstoff Lager/Welle	b/d
Dieselmotoren.				
Viertakt-Kurbelwellenlager	55···130	—	—	0,45···0,9
Viertakt-Pleuellager	125···250	—	—	0,5 ···0,8
Zweitakt-Kurbelwellenlager	50··· 90	—	—	0,6 ···0,75
Zweitakt-Pleuellager	100···150	—	—	0,55···0,6
Großkraftmaschinen (für Land und Schiff).				
Langsamläufer, Pleuel	150	—	WM, Bl-Bz/St geh.	0,65···0,8
Langsamläufer, Kurbelwelle	90	—	—	0,7 ···0,9
Langsamläufer, Kolbenbolzen (b/d f. ganze Aufl.)	240	—	—	1,6 ···1,7
Schnelläufer: 1,5 p_m der Langsamläufer			—	—
Gelenke.	150	—	St geh./St geh.	—
	30	—	GG/St	—
	90	—	Rg, Bz/St geh.	—
	50	—	Rg, Bz/St	—

Tafel 15/3. *Belastungswerte ausgeführter Gleitlager in der Feinmechanik* (nach LÜPFERT[1]).
Untere Werte für Welle aus C 60. Obere Werte für Welle aus gehärtetem Stahl.

Lagerwerkstoff	Gleitgeschwindigkeit v (m/s) bis	Flächenpressung p_m (kg/cm²) bis: bei einmaliger Schmierung	bei sorgfältiger Docht-schmierung	bei Umlauf-schmierung
Zinnbronze	8	4···5	20···30	250···300
Sondermessing	6	4···5	25···40	200···250
Sinterbronze, ölgetränkt / Sintereisen, „	4	10···12	20···25	30···40
Grauguß	5	3···4	8···10	40···50
Aluminiumlegierung	8	1···1,5	4···6	250···350
Magnesiumlegierung	6	1···1,5	3···4	70···100
Feinzinnlegierung	5	0,5···1	10···12	120···150

Erfahrungswerte: $\vartheta_a = 90$ bis 110° C, $\vartheta_e = 35$ bis 55° C, $\beta \approx 16{,}5$ für Öl. Umlaufende Ölmenge etwa $\geqq 6 \cdot Q'$ nehmen, um zu schnelles Altern des Öles zu vermeiden. Erwärmungskennzahl $\Theta = d \cdot b \cdot \mu \cdot \omega \cdot r/Q$ nach Bild 15/4; kleines Θ wird mit kleinem $h_r = \frac{h}{\psi \cdot r}$, also bei gegebenem h/r mit großem ψ erreicht. Bis zum Wert $h_r = 0{,}17$ ist ein Verhältnis $b/d \leqq 0{,}5$ günstiger für Θ. μ-Werte s. Tafel 15/1 und Bild 15/4; Θ-Werte s. Bild 15/4.

15.3. Auslegung der Querlager.

1) Die zulässige Flächenpressung $p_m = \frac{P}{d \cdot b}$ ist von den Betriebsumständen (relative Laufdauer, Wartung und Lebensdauer), von der Ausführung und Werkstoffpaarung des Lagers und von der Art der Schmierung und Kühlung abhängig. Sie ist begrenzt durch

a) *hydrodynamische Tragfähigkeit.* Sie ist nach Bild 15/4 und Gl. (1) erhöhbar durch glattere Oberfläche (kleineres h_r) und größere Ölzähigkeit (größeres η, bessere Kühlung); ferner durch verringerte Kantenpressung und Vollschmierung (s. Bild 15/5);

b) *Verschleiß*, abhängig von der Laufdauer im Gebiet der Mischreibung, von Lebensdauer und Verwendungszweck;

c) *Dauerfestigkeit* des Lagerwerkstoffs; von Bedeutung bei stoßhafter Belastung (Werkstoffwahl!).

Erfahrungswerte für p_m s. Tafel 15/2 und 15/3.

[1] LÜPFERT, H.: Metallische Werkstoffe. S. 249. Bad Wörishofen: Verlag Banaschewski 1946.

2) **Zapfendurchmesser** d, durchweg konstruktiv oder durch zulässige Biegebeanspruchung gegeben (s. Kap. 17).

3) **Lagerbreite** b. Schmalere Lager ergeben geringere Kantenpressung bei Wellendurchbiegung und größeren Öldurchfluß (Kühlung!), aber anderseits auch größeren seitlichen Druckabfall (s. Bild 15/2). Das Optimum der Tragkraft liegt etwa bei $b/d = 0{,}4$ bis 1. Man wähle zunächst b/d und bestimme hieraus b.

4) **Relatives Lagerspiel** ψ. Ein größeres ψ ergibt bei gleichem h ein geringeres $h_r = h/(\psi \cdot r)$ und damit geringere Erwärmung (geringeres Θ, Bild 15/4) bei Durchflußkühlung; ein größeres ψ erfordert aber anderseits eine größere Ölzähigkeit, um die gleiche Tragkraft zu erreichen (s. Bild 15/4). Das auszuführende Lagerspiel ist dann $D - d = d \cdot \psi$. Bei Werkzeugmaschinen nimmt man $D - d = 0{,}001$ bis $0{,}002$ cm.

5) **Schmierfilmdicke** h. Für Schwimmreibung muß h mindestens gleich der mittleren Rauhigkeit der Gleitflächen sein, die durch gute Bearbeitung unter 5/1000 mm herabgedrückt werden kann. Für $h_r = h/(\psi \cdot r) \geq 0{,}3$ wird der Lauf der Welle unruhig[1].

6) **Ölzähigkeit** η. Aus Bild 15/4 ist der erforderliche Wert $\eta \cdot \omega/(p_m \cdot \psi^2)$ für das gewünschte h_r zu ersehen und hieraus das erforderliche η zu berechnen, das der Schmierstoff bei der betreffenden Ölfilmtemperatur ϑ_f bzw. ϑ_a aufweisen muß. Ölwahl s. Bild 16/1.

Tafel 15/4. *Empfohlene ψ-Werte in $^1/_{1000}$. $\psi = \frac{R - r}{r} = \frac{D - d}{d}$ für Rundwelle gepaart mit Rundlager.*

bei	Drehzahl niedrig	mittel	hoch
p_m mäßig[1]	0,7···1,2	1,4···2	2···3
p_m hoch[1]	0,3···0,6	0,8···1,4	1,5···2,5
Weißmetall		0,5 ··· 1	
Bleibronze		1 ··· 1,5	
Zinklegierung		1,5	
Zinnbronze, Rotguß		$\geq$1,7	
Sintereisen		2	
Preßstoffe		$\geq$4,5	

[1] Nach KLEMENCIC [*15/4*].

7) **Temperatur.** Berechnung der Ölfilmtemperatur ϑ_f bzw. ϑ_a nach Gl. (4) und (5) und der erforderlichen Kühlölmenge nach Gl. (6), wobei für p_m bzw. P *Mittel*werte einzusetzen sind, wenn der Zapfendruck im Verlauf der Zapfendrehung schwankt.

8) **Beispiele.**

Beispiel 1: Querlager für Elektromotor, $n = 1500$ U/min, $P = 600$ kg, Dauerbetrieb $a = 1$; $d = 8$ cm, Schmierung durch Spritzring oder Standöl, Rauhigkeit der Gleitflächen $\leq 0{,}4/1000$ cm.

Gewählt: $b/d = 0{,}75$, $\psi = 1{,}5/1000$ nach Tafel 15/4, $h = 3 \cdot 0{,}4/1000$ cm bei $n = 1500$, um Verschleiß beim An- und Auslauf des Motors herabzusetzen;

Ermittelt: $b = 0{,}75 \cdot d = 6$ cm; $h_r = h/(\psi \cdot r) = 0{,}20$, hierfür aus Bild 15/4: $\eta \cdot \omega/(p_m \cdot \psi^2) = 0{,}40$, $\mu/\psi = 1{,}9$ (interpoliert zwischen $b/d = 0{,}5$ und 1) $\mu = 1{,}9 \cdot \psi = 0{,}0029$; $p_m = P/(d \cdot b) = 12{,}5$ kg/cm², $\omega = n/9{,}55 = 157$ und somit die Ölzähigkeit $\eta = 0{,}40 \cdot p_m \psi^2/\omega = 0{,}072 \cdot 10^{-6}$ kg sec/cm² bei Temperatur ϑ_f; Übertemperatur $\vartheta_f - \vartheta_l = p_m \cdot \mu \cdot \omega \cdot r \cdot a/(\alpha \cdot \pi) = 52°$ C nach Gl. (4) für $\alpha \cdot \pi = 0{,}44$ (schweres Lager); oder mittlere Öltemperatur $\vartheta_f = 52 + \vartheta_l = 77°$ C bei 25° C Lufttemperatur ϑ_l. Hierfür Öl Nr. 2 nach Bild 16/2 geeignet. Beim Auslauf würde das Gebiet der Mischreibung etwa bei $h = 0{,}4/1000$ cm oder $h_r = h/\psi \cdot r = 0{,}07$ oder $\eta \cdot \omega/(p_m \cdot \psi^2) = 0{,}13$ oder $\omega = 0{,}13\, p_m\, \psi^2/\eta = 51$ oder Drehzahl $n = \omega \cdot 9{,}55 = 488$ U/min erreicht werden.

Beispiel 2: Kurbellager für Kraftwagenmotor mit Umlaufschmierung, $n = 2000$ U/min, $b/d = 3/6 = 0{,}5$ cm/cm, $p_m = P/(b \cdot d) = 2160/(3 \cdot 6) = 120$ kg/cm², $\vartheta_e = 50°$ C.

Gewählt: $\psi = 2/1000$, $h = 0{,}5/1000$ cm bei $n = 2000$.

Ermittelt: $h_r = h/(\psi \cdot r) = 0{,}083$, hierfür nach Bild 15/4 $\Theta = 6{,}3$ und $\eta \cdot \omega/(p_m \cdot \psi^2) = 0{,}16$ und $\mu/\psi = 1{,}15$ oder $\mu = 1{,}15 \cdot \psi = 0{,}0023$, $\omega = n/9{,}55 = 210$. Hieraus $\vartheta_a - \vartheta_e =$

[1] Siehe HUMMEL: Kritische Drehzahlen als Folge ... VDI-Forsch.-Heft 287. Berlin 1926.

$p_m \cdot \Theta/\beta = 45{,}8^\circ$ C oder $\vartheta_a = 45{,}8 + \vartheta_e = 95{,}8^\circ$ C, $\eta = 0{,}16 \cdot p_m \psi^2/\omega = 0{,}365 \cdot 10^{-6}$; $Q' = d^2 \cdot b \cdot \mu \cdot n/(320\ \Theta) = 0{,}24$ l/min.

Variation: für $\psi = 1{,}5/1000$ statt $2/1000$ würde $h_r = 0{,}11$; $\Theta = 7{,}2$; $\vartheta_a = 102^\circ$ C, $\eta = 0{,}285 \cdot 10^{-6}$ und $Q' = 0{,}21$ l/min.

15.4. Gestaltung der Querlager.

(Ausführungsbeispiele s. Bild 15/8—15/19).

Bei der Gestaltung des Lagers ist zunächst seine Lage und Verbindung zur sonstigen Konstruktion (Steh-, Flansch-, Einbau- oder Verbundlager) zu berücksichtigen, dann die Aufnahme der Kräfte und die Art der Schmierung (s. S. 251), der Ein- und Ausbau der Welle (geteiltes oder ungeteiltes Lager?), die Verformung der Welle (starres oder nach-

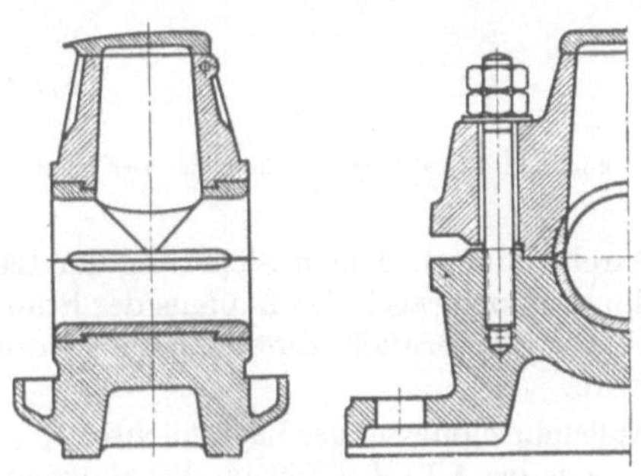

Bild 15/8. Querlager mit Fettkammerschmierung, nach TEN BOSCH [15/20].

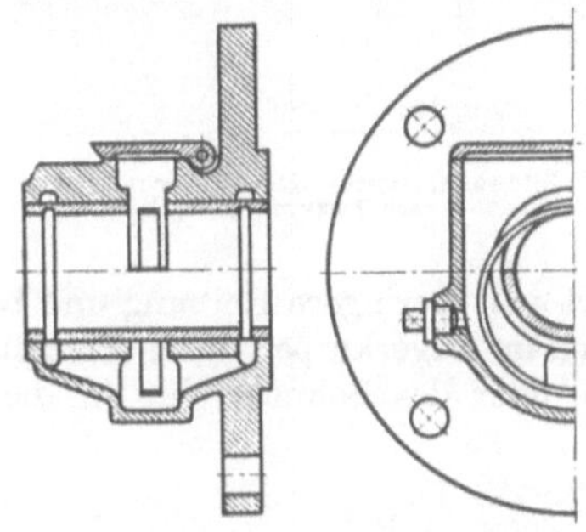

Bild 15/9. Einteiliges Ringschmier-Flanschlager, nach TEN BOSCH.

giebiges oder Pendellager), der Einbau und Verschleiß des Lagers (auswechselbare, mehrteilige oder nachstellbare Lagerbüchse) und schließlich die Abdichtung und die Kühlung des Lagers. Beachte auch die „Einbaulager" in den Abmessungen der Wälzlager Bild 15/16 und Tafel 15/5, die DIN-Blätter (s. unten) und folgende Erfahrungsangaben:

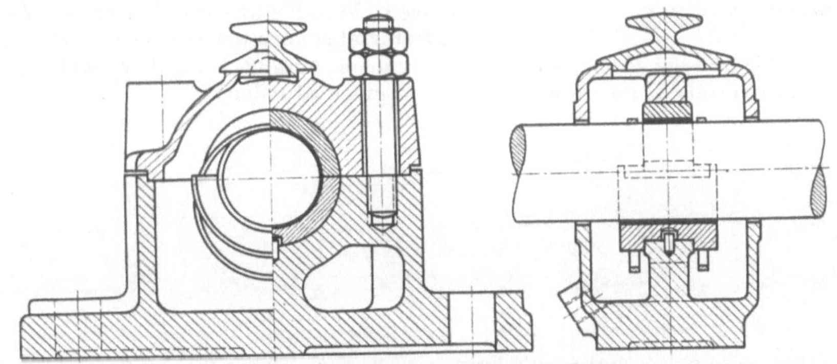

Bild 15/10. Ringschmier-Stehlager, nach KLEMENCIC [15/4].

1) Werkstoff der Gleitflächen (Welle und Lager) s. S. 255 und Tafel 15/2. Günstig für den Einlaufvorgang, d. h. für die Bildung eines „Tragspiegels" ist es, wenn die relativ zur Kraftrichtung *ruhende* Gleitfläche aus dem *weicheren* (bettungsfähigeren) Stoff besteht. Das ist durchweg die *Lager*fläche, aber nicht immer. So müßte z. B. bei einem auf einem Festbolzen gelagerten Laufrad die Lagerbüchse sinngemäß auf dem Festbolzen angebracht sein (bisher umgekehrt ausgeführt!).

2) Lagerbüchse, bzw. -schale aus GG, Bz, St oder GS, geteilt oder ungeteilt, mit oder ohne Kragen zur Längsführung der Welle, mit oder ohne Metallauflage (Ausguß). Teilfuge nicht in die belastete Zone legen; in der unbelasteten Zone kann die Schale aus-

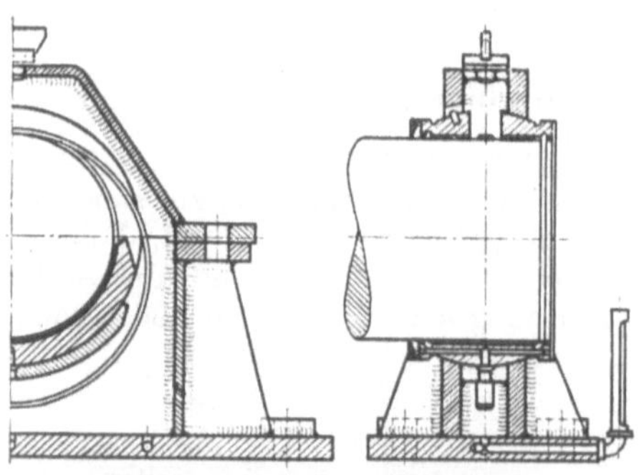

Bild 15/11. Geschweißtes Ringschmierlager, nach KLEMENCIC [15/4].

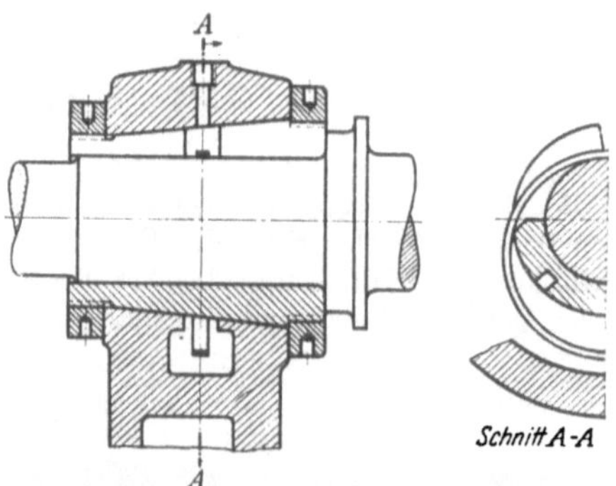

Bild 15/12. Nachstellbares Drehbanklager, nach TEN BOSCH.

gespart sein (geringere Reibung und bessere Durchspülung). Lagen-Sicherung der Lagerbüchsen im Lagerkörper durch Preßsitz oder durch Hineinragen des Zapfens der Staufferbüchse oder des Schmierrohrs in die Lagerbüchse, andernfalls durch Madenschrauben oder Stifte.

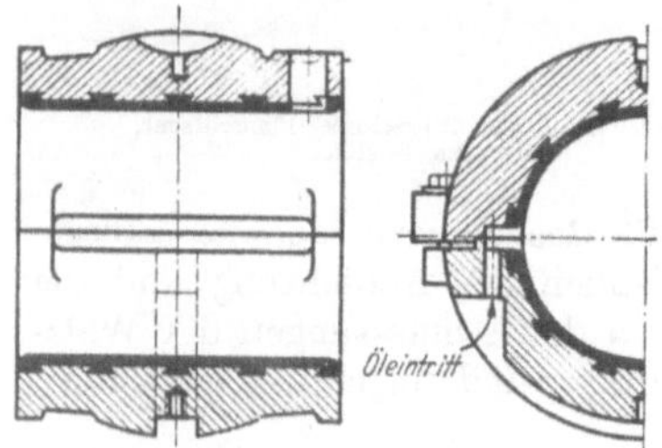

Bild 15/13. Dampfturbinenlager mit Umlaufschmierung, nach TEN BOSCH.

3) Außendurchmesser der Lagerbüchse $D_a \approx 1{,}07 \cdot d + 0{,}5$ cm bis $1{,}1 \cdot d + 0{,}6$ cm bei eingesetzter Büchse, $\approx 1{,}1 \cdot d + 1{,}5$ cm bei freitragender Büchse (Bild 15/13).

4) Metallauflage (Ausguß) aus gleitfähigem Werkstoff (s. S. 256). *Ausgußdicke* $s \approx d/85 + 0{,}15$ cm bei GG-Schale, $\approx d/140 + 0{,}05$ cm bei St- oder GS-Schale, $\geq 0{,}03$ cm bei Einbringen durch Schleuder- oder Preßguß (je nach zulässigem Verschleiß). Je dünner der Ausguß, desto fester, aber auch weniger verformbar (weniger einbettungsfähig für die Welle) ist er. Bei dünnem Ausguß keine Verankerungsnuten (Kerbwirkung) vorsehen, im übrigen die Nuten gut ausrunden.

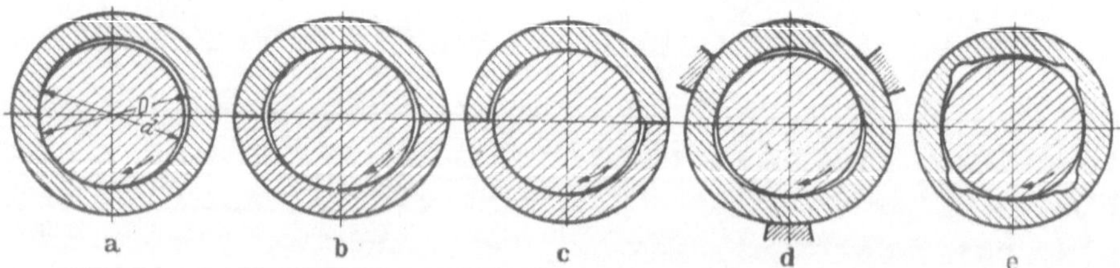

Bild 15/14. Möglichkeiten zur Schmierkeilbildung und Wellenführung bei Querlagern. a Übliche kreisrunde Lagerschale mit Schmierkeilbildung durch das Lagerspiel $D-d$ (einlinige Anlage), b Schalen mit „Zitronenspiel" verhindern das „Abkneifen" des Ölfilms an der Teilfuge und ermöglichen eine zweilinige Anlage der Welle bei geringem Lagerspiel (die Schalen werden mit einer Beilage in der Teilfuge ausgedreht und ohne Beilage eingebaut, oder es wird eine ungeteilte Büchse mit größerer Schnittdicke geteilt). c Schalen mit „versetzten" Zitronenspiel nach KLEMENCIC (die Schalen werden exzentrisch gebohrt und in umgedrehter Lage eingebaut, d Lagerbüchse mit dreiliniger Anlage, erreicht durch Preßsitz der ursprünglich kreisrunden Büchse zwischen drei Leisten nach MACKENSEN; e Lager mit vierliniger Anlage, nach FRÖSSEL [15/8].

5) Lagerspiel. $D - d = d \cdot \psi$, mit ψ nach Tafel 15/4. Entsprechende Passungen s. Tafel 6/3, S. 125. Wird der Schmierkeil, d. h. der Wert $R - r$ durch andere Mittel als durch das Lagerspiel $D - d$ erreicht (s. Bild 15/14), so kann das Lagerspiel erheblich kleiner sein und die Welle durch zweilinige, dreilinige oder vierlinige Anlage im Lager erheblich genauer geführt werden.

6) **Schmiernuten** in der Druckzone setzen die Tragkraft erheblich herab, wie Bild 15/2 zeigt. Besonders diagonale und offene Nuten sind daher (auch bei schwingender Bewegung) zu vermeiden. Für die Schmierstoffverteilung sieht man am besten nur flache *Schmiertaschen* (Bild 15/15) in der *unbelasteten* Zone vor.

7) **Schmierstoffzuführung, bzw. -abführung** in die unbelastete Zone legen, z. B. in die Teilfuge, bzw. im 90°-Winkel zur Kraftrichtung. Kurz hinter der engsten Stelle (s. Bild 15/2) ist sogar ein Ansaugen des Schmierstoffs durch den dort herrschenden Unterdruck möglich (bis 0,26 at Unterdruck

Bild 15/15. Motor-Kurbelwellenlager, nach ERKENS [15/3].

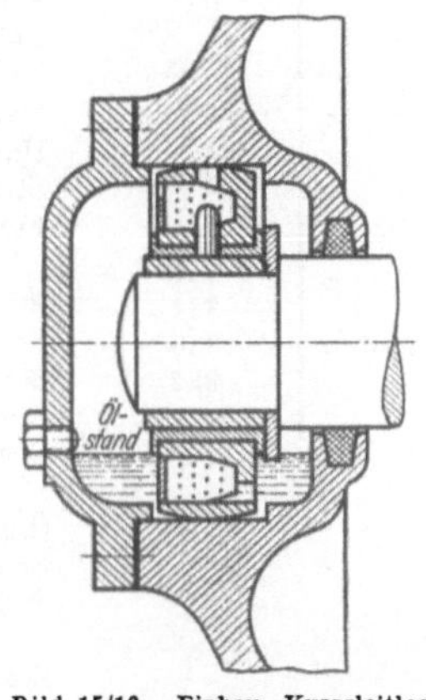

Bild 15/16. Einbau - Kurzgleitlager mit Wälzlager-Abmessungen nach RIEBE-CARO.

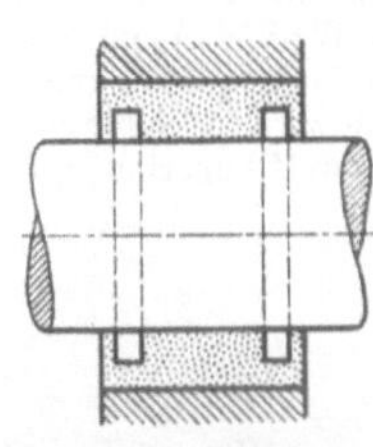

Bild 15/17. Sintermetall-Einbau-Gleitlager (Ringsdorff-Werke), selbsttätig Öl ansaugend.

gemessen!). Bei „*umlaufender*" Belastung (relativ zum Lager!) ist der Schmierstoff nach Bild 15/18 sinngemäß am Zapfen zuzuführen. Es lohnt sich auch, vor Einbau des Lagers die *Kanten* an den Schmiernuten und Schmierlöchern abzurunden und besonders alle *Spanreste* zu entfernen, da hierdurch häufig Lagerschäden auftreten.

Anschlußmaße der Staufferbuchsen und Öler:

Für Staufferbuchsen:
Gewinde M 10 × 1 mm;
M 12 × 1,5 mm; M 16 × 1,5 mm;
M 20 × 1,5 mm; M 24 × 1,5 mm.

Für Druckschmierköpfe:
Gewinde M 10 × 1 bzw. Loch 10 mm ∅.

Für Deckelöler:
Anschlußloch 5, 8, 10, 13 mm.

Für Einschlagöler (Kugelverschluß):
Anschlußloch 6; 8; 9,5; 12,5; 16 mm.

Für Einschrauböler (Kugelverschluß):
Gewinde M 10 × 1, M 14 × 1,5.

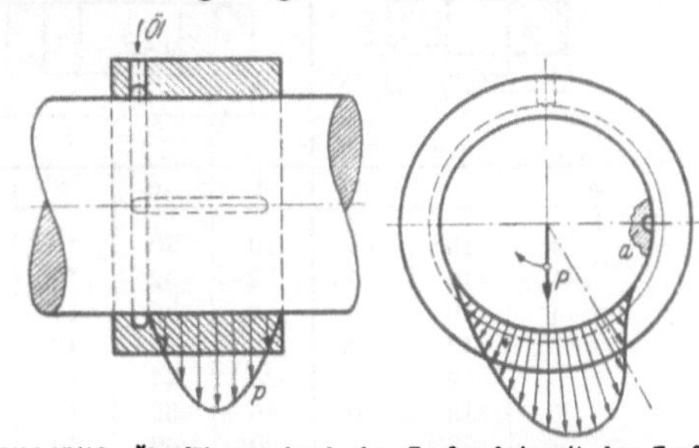

Bild 15/18. Ölzuführung durch den Zapfen bei mit dem Zapfen umlaufender Belastung, nach KLEMENCIC [15/4].

8) **Abdichtung des Lagers** (Bild 15/19). Gegen *Austritt* von Schmierstoff: Sammelnuten an den Schalenenden, Spritzringe auf der Welle, Abstreifringe aus Messing oder Abstreifnuten an der Außenschale; gegen *Eintritt* von Staub- und Fremdstoffen: Dichtungsringe aus Filz, Kork, Leder, Gummi, Kunststoff (Simmerringe, Maße s. S. 122).

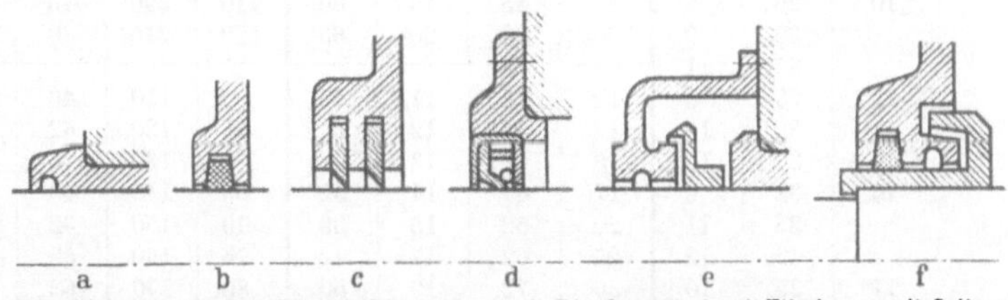

Bild 15/19. Verschiedene Lagerabdichtungen: a mit Ringfangnut, b mit Filzring, c mit Spitzendichtung, d mit Stulpendichtung (z. B. Simmerring), e mit Ölfangnut und umlaufendem Spitzring, f mit Filzring und Fangnut und Labyrinthscheibe.

9) DIN-Blätter (Gleitwerkstoffe s. S. 258).

	DIN
Gleitlager:	
Stehlager für Transmissionen . . .	118
Hängelager für Transmissionen . .	119
Flanschlager	502, 503
Augenlager	504
Deckellager	505, 506
Preßstofflager	7703
Kurzgleitlager	733, 734, 735
Lagerbuchsen:	
Dünnwandig	146
Dickwandig	147
Mit Weißmetallausguß	384
Rundungen, Schrägungen, Ringnuten	385
Schlitzbreiten für Schmierringe . .	322
Preßstoff-Lagerbuchsen	16 902

	DIN
Lagerzubehör:	
Wandarme zu Stehlagern	117
Winkelarme zu Stehlagern	187
Hammerschrauben zu Stehlagern .	188, 261
Sohlplatten zu Stehlagern	189
Ankerplatten für Hammerschrauben	191, 794, 795 192, 796
Mauerkasten zu Stehlagern	193
Hängeböcke zu Stehlagern	194
Stehböcke zu Stehlagern	195
Fundamentklötze	799
Schmiervorrichtungen:	
Schmierringe und Schlitzbreiter . .	322
Schmierlöcher für Bolzen	1442
Staufferbuchsen	3411, 3412
Schmierköpfe	3402, 3403, 71 412
Ölgläser	3401
Schmiergefäße	35 541
Schmierpumpen	3420 bis 3424 38 021
Zentralschmierung	71 420 bis 71 436

Tafel 15/5. *Kurzgleitlager und Breitlager, Einbaumaße (mm) nach DIN 733, 734 und 735.*

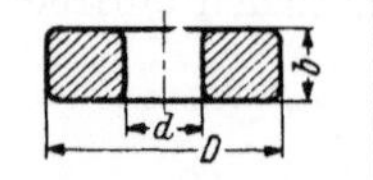

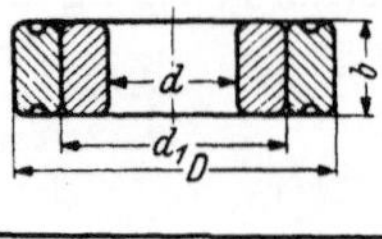

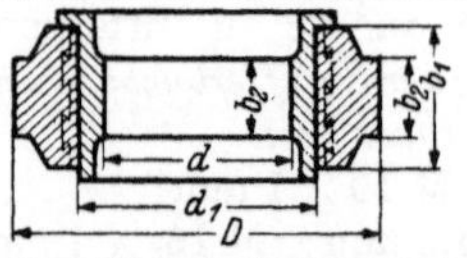

Einring-Kurzgleitlager DIN 733 (Aug. 1946)			Zweiring-Kurzgleitlager DIN 734 (Sept. 1947)				Zweiring-Breitlager DIN 735 (Sept. 1947)				
d	D	b	d	D	b	d_1	d	D	b_1	b_2	d_1
3	10	4	10	30	9	20	50	90	34	20	60
4	13	5	12	32	10	22	55	100	37	21	65
5	16	5	15	35	11	24	60	110	40	22	70
	19	6	17	40	12	28	65	120	44	23	75
6	19	6	20	47	14	32	70	125	48	24	85
7	19	6	25	52	15	36	75	130	52	25	90
	22	7	30	62	16	42	80	140	56	26	95
8	22	7	35	72	17	50	90	160	65	30	105
	24	7	40	80	18	55	100	180	70	34	115
10	26	8	45	85	19	60	110	200	76	38	125
	30	9	50	90	20	65	120	215	80	40	135
	35	11									
12	28	8	10	35	11	22	50	110	40	27	60
	32	10	12	37	12	24	55	120	42	29	65
	37	12	15	42	13	28	60	130	45	31	70
15	32	9	17	47	14	32	65	140	48	33	75
	35	11	20	52	15	36	70	150	52	35	85
	42	13	25	62	17	42	75	160	58	37	90
17	35	10	30	72	19	50	80	170	62	39	95
	40	12	35	80	21	55	90	190	68	43	105
	47	14	40	90	23	65	100	215	74	47	115
20	42	12	45	100	25	72	110	240	82	50	125
	47	14	50	110	27	80	120	260	90	55	135
	52	15									

Bezeichnungsbeispiel: Einring-Kurzgleitlager 10 × 30 DIN 733.

Werkstoff (bei Bestellung angeben): Sintereisen, Sondergrauguß, Sintermetall. Innenring: Flußstahl.

Belastbarkeit: Die zulässige Belastung deckt sich nicht mit der Tragfähigkeit der abmessungsgleichen Wälzlager. Sie ist abhängig vom Werkstoff, von der Oberflächengüte und von den Betriebsbedingungen (Schmierung u. Wärmeabführung).

Die zulässige Belastung beträgt $\boxed{P = P_0/S}$ (kg).

Für Kurzgleitlager mit Außenring aus Sintereisen, Innenring aus St 60 gehärtet und geschliffen, mit Abmessungen nach DIN 734 beträgt P_0 (kg)[1]:

Maße		bei Drehzahl (1/min)						
d	b	100	250	500	1000	1500	2500	5000
10	9	50	120	200	180	140	90	30
20	14	220	450	500	300	200	140	80
30	16	400	750	650	400	270	160	—
40	18	800	1050	750	460	320	200	—
50	20	1300	1300	900	550	380	220	

Sicherheit S:

bei	Belastung		
	gleichmäßig	wechselnd	stoßhaft
Druckschmierung	1,2	1,4	1,8
reichlicher Tropfschmierung . .	1,4	1,7	2,4
sparsamer Tropfschmierung . .	1,5	2,0	3,0

Obige Tragfähigkeitszahlen, an Werkzeugmaschinen erprobt, sind obere Grenzwerte und gelten von $d = 10$ bis 80 mm für Außenringe aus Sintereisen, von $d =$ 85 bis 120 mm für Außenringe in Verbundausführung Flußstahl-Pb Bz 25. Die Hauptmaße d, D und b stimmen mit der Maßreihe 02 für Wälzlager nach DIN 616 überein.

15.5. Schmierung der Querlager.

1) Art der Schmierung. Außer der Schmierung mit Fett oder Öl kommt in Sonderfällen auch die Schmierung mit *Wasser* (s. Gummilager bei Pumpen, S. 257, ferner Hartholz- und Preßstofflager bei Walzwerken), ferner der *Zusatz* von Wasser zum Schmieröl zur Verdampfungskühlung, der Zusatz von chemisch aktiven Stoffen (z. B. Schwefel), von sonstigen Stoffen (z. B. Graphit, Kalkwasser) und schließlich noch Trockenschmierung mit Graphit in Frage. Schmierstoffe s. S. 261.

2) Anordnung und Schmierplan. Je leichter und einfacher die Wartung, Sauberhaltung und Überwachung der Schmierstelle ist, desto sicherer kann man mit ausreichender Schmierung rechnen. Daher: Schmierstellen geschlossen, nicht tropfend (Verschlußstopfen unten vermeiden!) und gut zugänglich vorsehen und gegebenenfalls rot kennzeichnen, falls sie nicht zentral überwachbar angeordnet werden können. Für diese Fälle sind auch *fest an der Maschine selbst* angebrachte Schmierpläne mit Lagerskizze der Schmierstellen und kurzer Schmieranweisung zu empfehlen.

3) Fettschmierung ist bei Langsamläufern und als Staubdichtung (Fettkragen!) vorteilhaft; Fettzuführung am besten durch Fettkammer oben im Lager (Bild 15/8) oder durch Zentralfettpressen; schlechter durch aufgesetzte Fetter (einfache Staufferbüchsen, besser aber Schlenk- oder Conradbüchsen mit Kolbendruck) oder durch Handschmierung mit Fettpresse in Schmiernippel. Nachteil der Fettschmierung: Das Fett ist nur einmal verwendbar und sein Heraustreten oft unerwünscht.

4) Frischölschmierung durch Dochtöler, Tropföler (Nadel-, Ventil-Öler) oder als Handölung ist nur für untergeordnete Zwecke zu empfehlen, da das Öl nach einmaligem

---

[1] Nach Versuchen von HEIDEBROEK [*15/35*] und langzeitigen Erprobungen in Werkzeugmaschinen (Fa. Fritz Werner, Berlin-Marienfelde).

Gebrauch verloren geht und abtropft (unsauber!). Statt offener Schmierlöcher stets geschlossene Schmiernippel vorsehen.

5) Tauchschmierung. Die einfache, sparsame und betriebsichere Tauchschmierung mit Eintauchen der Gleitfläche ist bei liegender Welle mit aufgesetztem Laufring (s. Tafel 15/3) und bei Spurlagern anwendbar.

6) Die Hubschmierung mit Anheben des Öls mittels Ring oder Schleuder oder dgl. aus einem Ölsumpf zur Schmierstelle hin und wieder Auffangen im Ölsumpf ist sparsam und betriebssicher, auch für höhere Drehzahlen geeignet und erfordert wenig Wartung. Gute Abdichtung gegen Ölverlust und Verschmutzung ist hier jedoch wichtig. Am bekanntesten ist die *Ringschmierung* (nur für liegende Wellen geeignet) mit losem oder festem Schmierring oder Schmierkette (s. Bild 15/9 bis 15/12); dann die *Kissenschmierung*[1] und die *Schleuderrad*schmierung[2] bei Eisenbahn-Achslagern; die *Dochtschmierung* beim Riebe-Carolager (Bild 15/16) und die *Ölfangschmierung* (Abfangen von hochgeschleudertem Öl in Ölfangrillen bei Getriebelagern). Bei senkrechten Wellen ist der Ölhub durch ein umlaufendes Fangrohr, oder durch schraubenförmige Ölnuten in der Welle bekannt.

Tafel 15/6.* *Leitungswiderstand* (kg/cm^2) *auf 1 m Länge bei Öl- bzw. Fettförderung* (Fördermenge = 2 g/min).

bei	Rohr-Ø mm	Temperatur in °C −10	0	10	20
Maschinenöl 5···6° E bei 50° C	4	3,5	0,5	0,2	0,2
	6	1,0	0,2	0,2	0,2
Motorenöl 175° E bei 20° C	4	17	2,5	0,7	0,2
	6	3,0	1,0	0,2	0,2
Heißdampf-Zylinderöl 9,5° E bei 100° C	6	—	35	3	0,8
	8,5	50	15	1,8	0,5
	10	39	8	1,2	0,4
Starrfett	8	8	5	3	2
	9,5	4	2,5	2	1,5
	12,7	3	1,6	1,2	1
	19	1,6	1	0,8	0,8

* Nach BOSCH: Kraftfahrtechn. Taschenbuch 1944. VDI-Verlag.

7) Die Umlauf-Spülschmierung mit Schmierpumpe ist die bequemste und sicherste, sparsamste und leistungsfähigste Schmierart; sie wird bei größerer Reibleistung und betriebswichtigen Lagern angewendet. Sie gestattet auch die umlaufende Ölmenge und damit die Gebrauchsdauer des Öls zu erhöhen, ferner ein Ölfilter und eine Kühlung zwischen zu schalten. Bei breiteren Lagern kann der Öldurchfluß durch eine zentrische Ringnut in der Lagermitte vergrößert werden. Für die Ölleitung sind tote Ecken (Ablagerungsstellen!), Verengungen und Erwärmungszonen (Dampfrohre) zu vermeiden. Erforderlicher Öldruck s. Bild 15/6, für die Leitungswiderstände etwa 1,5 bis 3 atü (s. Tafel 15/6); minutlicher Öldurchfluß Q' s. S. **243**; umlaufende Ölmenge $\geq 6 \cdot Q'$.

8) Hochdruck-Preßschmierung ermöglicht nach Bild 15/7 eine außerordentlich geringe Anlaufreibung zu erreichen.

15.6. Längslager.

1) Überblick. *Das Zapfen- oder Ring-Spurlager* mit *ebener* Spurplatte oder Spurring kann mangels eines Anstellwinkels zwischen den Gleitflächen nur geringen Schmierdruck (halbflüssige Reibung) erzeugen und wird deshalb nur für $p_m = 3$ bis 8 kg/cm² und Gleitgeschwindigkeiten $v_m = 5$ bis 10 m/s verwendet oder durch *Preßöl* (Preßpumpe!) für größeres p verwendbar gemacht (s. Bild 15/20). Geringe Längskräfte können auch vom Kragen des Querlagers (Bund der Welle) aufgenommen werden.

Die beste Lösung für jede Belastung und Drehzahl ist das Kippsegment-Spurlager (s. Bild 15/21 ff.), das seinen Schmierdruck selbst erzeugt und den geringen Reibwert der

[1] Bei der Kissenschmierung wird gegen die Laufachse ein Schmierkissen gedrückt, dessen Fäden in den Ölsumpf tauchen und durch Dochtwirkung das Schmieröl sehr sauber und sparsam an die Lauffläche bringen, wobei allerdings keine Vollschmierung zustande kommt.

[2] Bei der Schleuderrad-Schmierung von PEYINGHAUS taucht ein Schleuderrad in den Ölsumpf und versorgt durch Hochschleudern des Öls die zur Gleitfläche führenden Ölfangrillen reichlich mit Öl, so daß Vollschmierung erreicht wird.

Schwimmreibung erreicht. Ausgeführt bis 5000 t Last und Durchmesser von mehreren Metern. Das *Einringsegmentlager* mit eingeschliffenem oder eingeschabtem festen oder neuerdings durch elastische Verformung erreichten Anstellwinkel der Segmente (Neigung 5/1000 bis 2/1000) erzeugt seinen Schmierdruck ähnlich, aber weniger vollkommen (s. Bild 15/22).

Für kleinere und mittlere Längsbelastungen und auch bei sehr geringer Drehzahl sind oft Wälzlager zweckmäßiger. Vergleich der *Reibwerte* s. Tafel 15/1.

2) Die ebene Spurplatte mit Preßschmierung. Nimmt man den Verlauf des Druckabfalls von innen nach außen nach Bild 15/20 an, so ist die mittlere Flächenpressung[1] des Spurrings

Bild 15/20. Druckverteilung bei ebener Spurplatte, nach SCHIEBEL [15/1].

$$p_m = \frac{P}{\pi (r_a^2 - r_i^2)} = \frac{p_i}{2 \cdot 10^4 \cdot \ln \frac{r_a}{r_i}} \quad (\text{kg/cm}^2) \qquad (7)$$

und das Reibmoment $M_r = P \cdot \mu \, \frac{r_a + r_i}{2}$ wird bei flüssiger Reibung

$$M_r = \frac{\pi}{2} \cdot \eta \, \frac{\omega}{h} (r_a^4 - r_i^4) \quad (\text{cmkg}). \qquad (8)$$

Erwärmung und Öldurchfluß siehe Gl. (5) und (6) S. 243.

Gestaltung: Die ruhende Spurplatte oder der Spurring aus GG oder gehärtetem Stahl wird meist einstellbar ausgeführt und gegen Drehung gesichert und mit radial oder spiral verlaufenden Schmiernuten versehen, die aber nicht bis zum Rande durchstoßen. Die Schmierung erfolgt stets von innen nach außen.

3) Das Segment-Spurlager (Bild 15/21). Beim *Kipp*segment-Lager mit richtig gewählter Unterstützung der z Segmente und günstiger Ausführung ist[2]

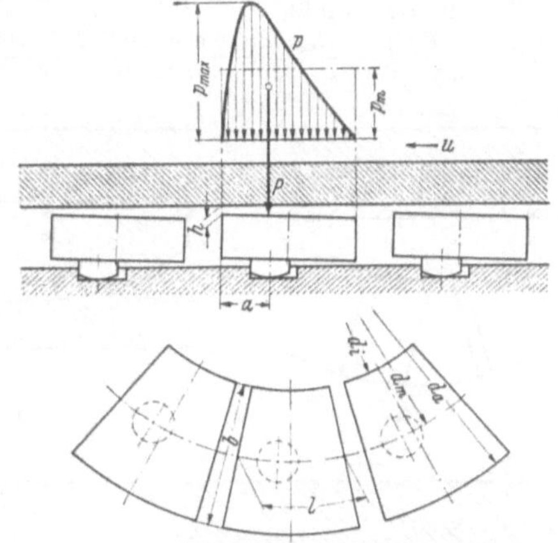

Bild 15/21. Schema eines Kippsegment-Spurlagers mit Schmierdruckverlauf p.

Tragkraft $$P = \frac{\eta \cdot \omega \cdot d_m \cdot z \cdot b \cdot l^2}{15\, h^2 (1 + q^2)} \quad (\text{kg}); \qquad (9)$$ *Reibwert* $$\mu = \sqrt{\frac{\eta \cdot \omega \cdot d_m \cdot \pi \cdot z \cdot b\, (1 + q^2)}{P}}\,. \qquad (10)$$

Bezeichnungen s. Bild 15/20 $q = l/b$.

Hieraus ergibt sich mit Einsatz von $p_m = \frac{P}{\pi \cdot d_m \cdot b \cdot f}$ und Völligkeitsgrad $f = \frac{z \cdot l}{d_m \cdot \pi}$ für die Bemessung:

Abmessungen $$d_m \cdot b = \frac{P}{p_m \cdot f \cdot \pi} \quad (\text{cm}^2); \qquad (11)$$ *Anzahl der Segmente* $$z = \frac{\pi \cdot d_m \cdot f}{q \cdot b}\,. \qquad (12)$$

Ölzähigkeit $$\eta = \frac{143\, p_m \cdot h^2 (1 + q^2)}{n \cdot d_m \cdot b \cdot q} \quad (\text{kgs/cm}^2); \qquad (13)$$ Reibwert $$\mu = 6{,}84\, \frac{h}{b} \, \frac{1 + q^2}{q}\,. \qquad (14)$$

Erwärmung und notwendige Kühlölmenge nach Gl. (5) und (6) S. 243.

---

[1] Nach SCHIEBEL [*15/1*].

[2] Nach SCHIEBEL [*15/1*]. Gleichung abgeleitet für geradlinige Bewegung.

Erfahrungsangaben: Schmierspalt kann etwa $h \geq 0{,}5 \cdot 10^{-4} \cdot d_m$ bei Betriebsdrehzahl angesetzt werden. Das Verhältnis $q = l/b = 0{,}6$ bis 1,5; für $q = 1$ wird die Tragkraft ein Maximum bzw. das erforderliche η ein Minimum; für $q = 1{,}5$ wird das Reibmoment $M_r = P \cdot \mu \cdot r$, also die Erwärmung ein Minimum. Anzahl der Segmente $z \approx 4 \cdots 16$ [1]; $f = 0{,}6$ bis 0,9 (Platz für Ölstrom); $p_m = 25$ bis 50 kg/cm² (bei Versuchen bis 500 kg/cm² erreicht), abhängig vom zulässigen Anlaufverschleiß und Erwärmung.

Bei *mittiger* Unterstützung der Segmente (Wechsel der Drehrichtung) fällt Tragkraft auf $\approx 75\%$ und Reibwert ist etwas größer [2].

Beispiel: Für stehende Turbinenwelle $P = 90\,000$ kg, $n = 300$, $p_m = 30$ kg/cm², $f = 0{,}8$, $h = 0{,}5/10^4\, d_m$, $\vartheta_a - \vartheta_e = 50 - 25 = 25°$ C; $d_m \cdot b = 90\,000/(30 \cdot 0{,}8 \cdot \pi) = 1200$ cm² nach Gl. 11.

Gewählt: $d_m = 60$ cm, $b = 1200/d_m = 20$ cm oder $d_i = d_m - b = 40$ cm, $d_a = d_m + b = 80$ cm; $h = 0{,}5 \cdot 10^{-4} \cdot 60 = 3 \cdot 10^{-3}$ cm; $z = \pi \cdot 60 \cdot 0{,}8/(0{,}94 \cdot 20) = 8$ nach Gl. 12, für $q = 0{,}94$;

$$\eta = \frac{143 \cdot 30 \cdot 3^2}{300 \cdot 1200 \cdot 10^6} \frac{1 + 0{,}94^2}{0{,}94} = 0{,}215 \cdot 10^{-6} \text{ nach Gl. 13 bei } 50° \text{ Öltemperatur};$$

geeignetes Öl: Nr. 2 Bild 16/1.

$$\mu = \frac{6{,}84 \cdot 3}{10^3 \cdot 20} \frac{1 + 0{,}94^2}{0{,}94} = 0{,}00205 \text{ nach Gl. 14; minutlicher Öldurchfluß}$$

$$Q' = \frac{P \cdot \mu \cdot n \cdot d_m}{320 \cdot \beta \cdot (\vartheta_a - \vartheta_e)} = \frac{90000 \cdot 0{,}00205 \cdot 300 \cdot 60}{320 \cdot 16{,}5 \cdot (50 - 25)} = 25\ l/\text{min}.$$

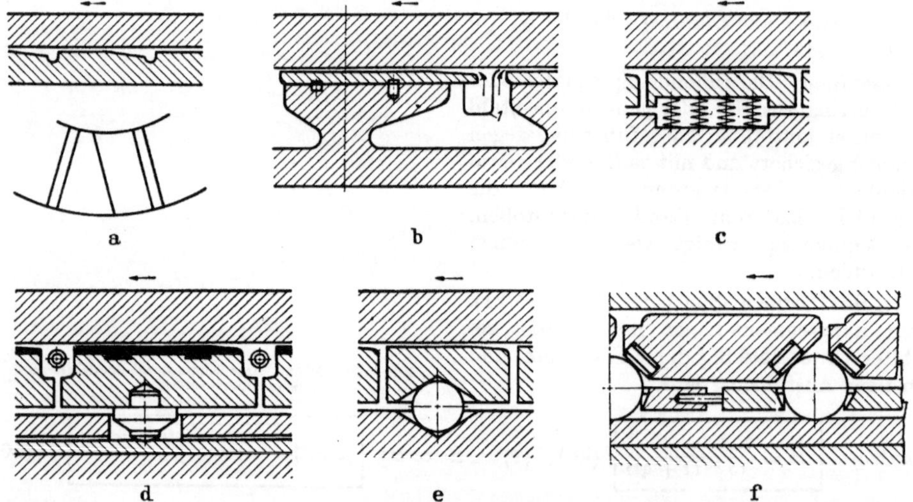

Bild 15/22. Verschiedene Segment-Anordnungen beim Spurlager: a Einringplatte mit radialen Nuten und Zuschärfung, b Einringplatte mit biegefedernden, pilzförmigen Tragstücken (Ateliers de Chamilles), c Kippsegment mit Abstützung auf zahlreiche Schraubenfedern (Gen. Electr. Comp.), d Kippsegment mit balliger Auflage auf Weicheisenring als Druckausgleich (ESCHER WYSS), e Kippsegment mit Zwischenkugel und kegeligen Vertiefungen zur Fixierung und Weicheisenauflage (NIEMANN), f Abstützkugeln zwischen den Segmenten (BBC).

4) Gestaltung der Längslager (s. Bild 15/22—15/24). *Einstellbarkeit*: Erstrebt wird außer der selbsttätigen Einstellung eines günstigen Anstellwinkels der Segmente eine gleichmäßige Lastverteilung auf alle Segmente (Punkt 2) und ferner radial über die Segmente. Bild 15/22 zeigt verschiedene Lösungen mit Druckverteilung durch ballige,

[1] Nach Versuchen von v. FREUDENREICH (Brown Boveri Mitt. Bd. 28 [1941], S. 366) an Segment-Spurlagern mit 10 Segmenten ($f = 0{,}73$) war die Gesamttragkraft am größten (150%), wenn 4 Segmente fortgenommen wurden ($f = 0{,}44$). Dieses Ergebnis weist auf den Einfluß der Ölabkühlung und Ölzuführung zwischen den Segmenten hin. Siehe hierzu Bild 15/22 b, wo durch Blechabstreifer zwischen den Segmenten das heiße Öl abgeführt wird.

[2] Nach SCHIEBEL [*15/1*].

durch federnde oder plastische (Weicheisen, Metall, Fiber) Auflage der Segmente bzw. des ganzen Spurringes (Bild 15/22).

Die *Segmente* erhalten Weißmetall- oder Preßstoffauflage und sind an der Einlaufkante abgerundet und schräg abgeflacht. Der Stützpunkt-Kantenabstand $a = l/2{,}4$ bis $l/2{,}6$ (Bild 15/21). Das Verhältnis $q = l/b = 0{,}6$ bis $1{,}5$ (Bild 15/21). Ein Wandern der Segmente auf der Unterlage ist gegebenenfalls durch Anschläge zu verhindern.

Der *obere Spurring* wird bei kleinen Lagern aus dichtem Feingußeisen, bei größeren aus Stahl hergestellt.

Die *Schmierung* erfolgt bei stehender Welle durch Tauchschmierung oder durch Umlaufschmierung, meist mit radial angeordneten Ölrohren mit Spritzöffnungen in Gleitrichtung oder mit Ölführung durch Abstreifbleche nach Bild 15/22b und bei liegender Welle durch Ölzufuhr vom Querlager (Bild 15/24) oder ebenfalls durch Tauchschmierung.

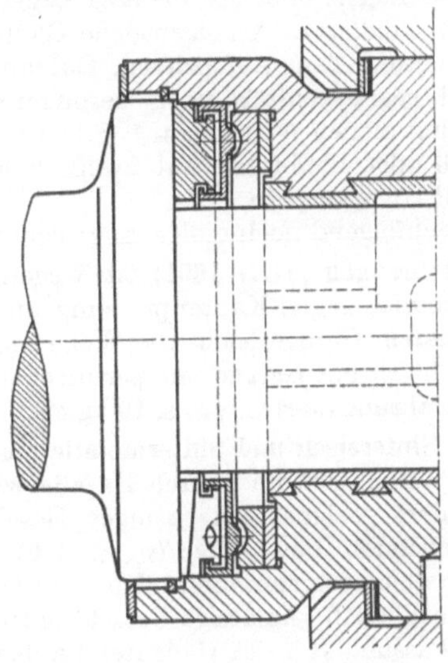

Bild 15/24. Segmentspurlager verbunden mit Querlager (BBC), Segmente nach Bild 15/22f.

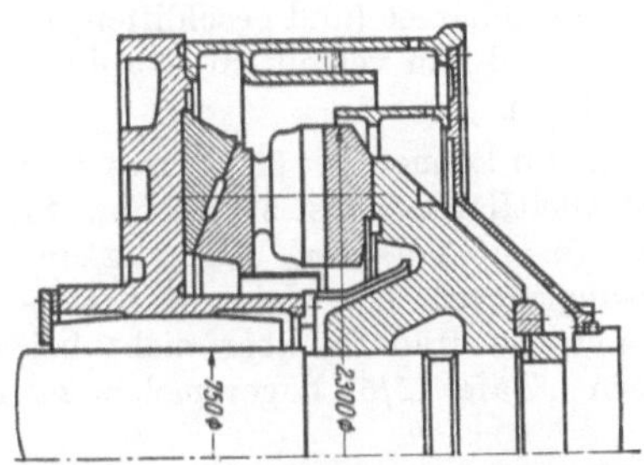

Bild 15/23. Segmentspurlager mit Segmenten nach Bild 15/22b für Wasserturbine für 900 t Belastung (Atelier des Chamilles).

15.7. Gleitwerkstoffe.

1) Eignung. Die gute Wirkungsweise der Gleitflächen hängt neben den Betriebsbedingungen (Belastung, Geschwindigkeit, Schmierung) von der *Form*paarung (Lagerspiel, Oberflächengüte, Einlaufzustand) und von der *Stoff*paarung der Gleitflächen ab.

Erwünscht ist eine Paarung, die

a) äußerst glättbar ist,
b) gut benetzungsfähig ist,
c) gut aufeinander „einläuft",
d) im Trockenlauf nicht „frißt" (Notlaufeigenschaft),
e) sich wenig ungleich ausdehnt und quillt,
f) genügende statische und dynamische Festigkeit, Wärme- und Korrosionsfestigkeit besitzt,
g) gut wärmeleitend ist und
h) als Plattierungsstoff gut bindungsfähig mit der Unterlage ist.

Die Eigenschaften *a* bis *d* werden nur für das Gebiet der nichtflüssigen Reibung benötigt [1].

Für die Gleitfläche der *Welle* (relativ zur Lastrichtung umlaufend) ist eine glatt-harte Oberfläche — z. B. aus gehärtetem Stahl oder aus graphitiertem Grauguß (GG-Büchse auf Welle) — besonders geeignet, während z. B. austenitischer Stahl hierfür ungünstig ist.

[1] Bei ausreichender Hochdruckschmierung (s. Bild 15/7) könnte man auf *a* bis *d* und ebenso auf die besonderen Schmiereigenschaften der Schmierstoffe verzichten.

Für die Gleitfläche des *Lagers* (relativ zur Lastrichtung ruhend) verwendet man durchweg besondere Stoffe, die weicher (bettungsfähiger) als die Gleitfläche der Welle sind und diese möglichst nicht angreifen, wie Zinn-, Blei- oder Zinklegierungen, ferner Bronzen, Sintereisen, Grauguß, Preßstoffe und andere (s. unten). Sie werden als *Voll-Lager* (Einstofflager) oder als *Verbund*-Lager (Mehrstofflager) verwendet.

Verbundlager. Als eigentliche Gleitschicht des Lagers genügt eine dünne Schicht, die durch Aufgießen, Aufspritzen, Galvanisieren usw. auf die Tragschale aufgebracht wird, wobei gegebenenfalls noch besondere Zwischenschichten zur besseren Bindung oder Bettung dienen (s. Fußnote[4] S. 239). Viel verwendet werden Ausführungen mit Weißmetall oder Bleibronze auf Stahlschale, aber auch auf Grauguß-Stahlguß oder Leichtmetall-Lagerkörpern.

Nachfolgend noch einige Angaben zu den verschiedenen Gleitwerkstoffen.

2) **Grauguß** (DIN 1691) ist wegen seiner Härte ($H_B \approx 150$) weniger bettungsfähig, empfindlich gegen Kantenpressung und greift bei unzureichender Schmierung und wenig geeignetem Gefüge leicht die Welle an, falls sie nicht gehärtet (und geschliffen) ist. Erwünscht ist ein Gefüge mit perlitischer Grundmasse und fein verteiltem Graphit.

Erfahrungswerte: $p_m \leq 10$ kg/cm², $v = 0{,}1$ bis 3 m/s.

3) **Sintereisen und Sintermetalle** aus Cu, Sn, Zn, Pb können bis 35% ihres Volumens an Öl aufnehmen und durch Kapillarwirkung ihre Gleitfläche selbst schmieren. Sie sind besonders geeignet bei geringer Geschwindigkeit ($v = 0{,}5$ m/s, $p_m \leq 100$ kg/cm²) und schleichender Bewegung ($p_m \leq 350$), bei Schwinglagern, bei Nahrungsmittel- und Haushaltsmaschinen, Seilrollen, Förderbändern und Laufrädern, aber nicht bei stoßhaftem Betrieb. Zulässige Belastung für Sintereisen s. Tafel 15/5. Lagerspiel $\approx 2\, d/1000$, z. B. Passung H 7 · $e8$ (Leichter Laufsitz).

4) **Messing** (DIN 1709) ist als Gleitwerkstoff weniger geeignet (stärkerer Zapfenverschleiß).

5) **Zinnbronze und Rotguß** (DIN 1705) mit $H_B \approx 60$—75 sind geeignet für hohe und stoßhafte Belastung; für hohe Temperaturen bei gleichzeitiger Korrosionsgefahr. Sie werden besonders bei Berührung mit Lebensmitteln verwendet. Bei Kantenpressung oder Heißlaufen ist Beschädigung der Welle zu befürchten. Lagerspiel $\geq 1{,}7 \cdot d/1000$ wegen größerer Wärmeausdehnung.

6) **Bleibronze** mit $H_B \approx 70$ eignet sich für noch höhere und stoßhafte Belastung bei hoher Temperatur. Sie ist verschleißfester als Weißmetall und ergibt eine geringere Anlaufreibung. Man verwendet sie besonders für Kolbenmotore, aber auch für Dampfturbinen, Werkzeugmaschinen, Schleifspindeln und im Lokomotivbau. Bekannt sind Verbundlager mit St-Schale und Bleibronze, Ausguß von 0,25 bis 1 mm Dicke. Im Hinblick auf die größere Härte und geringere Einlauffähigkeit der Bleibronze sind möglichst gehärtete Zapfen mit glatter Oberfläche zu verwenden. Lagerspiel $1 \cdot d/1000$ bis $1{,}5 \cdot d/1000$ und Schmieröl-Zuleitungsdruck etwa 3 bis 6 atü. Zulässige Belastung z. B. für $d = 5$ cm, $b = 5$ cm, $n = 200$ etwa $p_m = 315$ kg/cm² bei Druckschmierung, $= 155$ bei Ringschmierung, $= 78$ bei Tropfschmierung.

7) **Al-Bronze** (DIN 1714) als Austausch für Zinnbronze verlangt wegen ihrer größeren Wärmeausdehnung ein größeres Lagerspiel. Sie ist wegen ihrer größeren Härte ($H_B = 90$) und ihrer schlechteren Notlaufeigenschaften empfindlicher gegen Kantenpressung und Schmutz (Abdichtung!).

8) **Weißmetalle** (DIN 1703) sind Sparmetalle! Sie besitzen vorzügliche Gleit-, Einlauf- und Notlaufeigenschaften, sind aber nicht für stoßhafte Belastung geeignet. Man verwendet sie in dünnerer Auflage von 0,55 bis 2 mm für GG-, St-, GS- oder Leichtmetallschalen. Lagerspiel $\geq 0{,}5 \cdot d/1000$. An Stelle der einzusparenden Weißmetalle verwendet man weitgehend zinnarme ($< 10\%$ Sn) Weißmetalle (DIN 1728). Sie sind nach Schlesinger als Spritzgußlager mit sehr enger Passung zur Präzisionslagerung von Spindelköpfen an Drehbänken besonders geeignet [*15/7*]

9) Zinklegierungen mit $H_B = 40$ bis 80 zeigen gute Einlauf- und Notlaufeigenschaften. Sie sind noch in der Entwicklung begriffen. Lagerspiel $\approx 1{,}5\ d/1000$; höchste Lagertemperatur etwa 80° C. Belastungswerte bei 30° Übertemperatur etwa:

v (m/s)	2	3	4	5
p_m (kg/cm²)	170	100	40	10

10) Magnesium-Knetlegierung (DIN 1729) verwendet man als Vollager für geringe bis mittlere Belastungen, z. B. für Nockenwellen, Ölpumpen und Stößelpumpen. Zu beachten ist ihre große Wärmedehnung.

11) Duralumin-Pleuel kann man ohne Ausguß gegen gehärtete Zapfen laufen lassen (bereits angewendet bei Diesellastwagen).

12) Quarzal (eine Quarz-Al-Legierung) wurde für Pleuellager erprobt und ergab hierfür eine größere Lebensdauer als Bz [*15/39*].

13) Kunstharzpreßstoffe (DIN 7703 und 16902) zeigen gute Laufeigenschaften und geringen Verschleiß, wenn sie gegen vergütete oder noch besser gehärtete Stahlzapfen laufen. Ihre schlechte Wärmeleitung erfordert aber eine gute Kühlung (bzw. geringe Belastung) und ihre Quelldehnung ein größeres Lagerspiel ($\geqq 4{,}5 \cdot d/1000$ bei $b/d = 1$). Als Wanddicke der Kunstharz-Lagerbüchsen nimmt man etwa $0{,}1 \cdot d$ (sehr dünne aufgepreßte Kunstharz-Schichten quellen noch weniger). Bewährt sind nach Tafel 15/2 Kunstharzlager bei niedriger Belastung und Geschwindigkeit für Dauerförderer, Hebezeuge, Feldbahnwagen, Landmaschinen und bei Walzwerken mit Wasserkühlung und -schmierung bis $p = 250$ kg/cm² bei $v = 1$ m/s

Belastungswerte a) bei guter, b) bei weniger guter Wärmeableitung nach VDI-Richtlinien:

v (m/s)	~0	0,16	0,5	1	2
a) p_m (kg/cm²)	20	30	20	10	5
b) p_m (kg/cm²)	10	17	10	5	3

Bei Kurbelwellen-Lagerungen kennt man auch die Anordnung des Preßstoffs an der Welle (s. Gilbert und Lürenbaum [*15/36*]). **Selbstschmierende Kunstharzlager s.** [1].

14) Hartholz (Pockholz, Eiche, Esche, Rotbuche) wurde in bestimmten Fällen bei geringem v und mittlerem p verwendet. Heute bevorzugt man hierfür Preßstoffe oder Preßholz. Bei Textil- und graphischen Maschinen verwendet man auch selbstschmierende und nichttropfende Lager aus Preßholz, dessen Poren mit Lagermetall und Schmierstoff ausgefüllt sind[1].

15) Weichgummi mit 7 bis 20 mm Wanddicke einvulkanisiert und Bohrung geschliffen ist bewährt bei Lagern in Flüssigkeiten, z. B. für Schiffsschrauben, Wasserturbinen und Pumpen und ist unempfindlich gegen harte Verunreinigungen (schraubenförmige Schmiernut zur Kühlung!); $p \leqq 5$ kg/cm², $v = 0{,}5$ bis 25 m/s. **Günstigste Schmierung für Gummi s.** [2].

16) Glas und Edelsteine werden auf Sondergebieten, z. B. für Lager in Uhren und in der Feinmechanik und chemischen Industrie verwendet. Sie besitzen keine Notlaufeigenschaften.

17) Feinkeramische Stoffe und emaillierte Stahllager (Welle mit Gummibüchse) verwendet man in der chemischen Industrie für Sonderzwecke, z. B. bei Säurepumpen und Rührwerken.

18) Hartmetall hat sich neuerdings für Spitzenlagerungen (Hartmetall-Kegelspitze gegen Hartmetallager mit Kegelbohrung) von Schleifspindeln usw. bei hohen Geschwindig-

[1] Polyamide als selbstschmierende Lager, s. Vieweg: Z. VDI Bd. 90 (1948) S. 331.

[2] Nach Machinery, Febr. 1940, S. 99 ist Glyzerin in Alkohol 1 : 2, mit Graphit und Wasser das Beste zur Schmierung.

keiten besser als Wälzlager bewährt, da es nicht „frißt" und hohe Drücke und Temperaturen verträgt [*15/41*].

19) Graphitierte Lagerbüchsen sind geeignet für hohe Temperaturen (bis 300°) und dort, wo Öl nicht erwünscht ist ($p_m \leq 4{,}5\ \mathrm{kg/cm^2}$, $v \leq 1$ m/s, $p \cdot v \leq 1$).

20) DIN-Blätter über Gleitstoffe.

	DIN		DIN
Weißmetall	1703	Blei-Bronzen	1716
Blei, Zinn und ihre Legierungen	1728	Magnesium-Legierungen	1729
Zink und Zinklegierung	1724	Grauguß	1691
Bronze und Rotguß	1705	Einsatzstahl	17210
Messing und Sondermessing	1709	Stahlguß	1681
Al-Bronzen	1714	Preßstoff-Lager und -Büchsen	7703, 16902

15.8. Schrifttum zu 15.

Allgemein und Gestaltung.

[*15/1*] Schiebel, A. u. K. Körner: Die Gleitlager. Berlin: Springer 1933.

[*15/2*] Riebe, A.: Gleitlager mit Abmessungen von Wälzlagern. Z. VDI Bd. 78 (1934) S. 444.

[*15/3*] Erkens, A.: Konstruktive Lagerfragen. Berlin: VDI-Verlag 1940.

[*15/4*] Klemencic, A.: Bemessung und Gestaltung von Gleitlagern. Z. VDI Bd. 87 (1943) S. 409.

[*15/5*] Oschanitzky, H.: Die Traglager von elektrischen Maschinen. Elektrotechn. u. Maschinenb. 58 (1940) S. 518.

[*15/6*] Wolff, R.: Gleitachslager für Eisenbahnfahrzeuge. Z. VDI Bd. 76 (1932) S. 529 u. 1076.

[*15/7*] Tait, W. H.: Gleitlager, einige Betrachtungen über Werkstoffe und Bauart. Automob. Engr. Nr. 486 (1947) S. 111.

[*15/8*] Frössel, W.: Mehrgleitflächenlager. Techn. Handwerk Bd. 2 (1947) H. 11. Augsburg: Manu-Verlag.

[*15/9*] Ball, M.: Glatte Oberflächen erhöhen die Leistungsfähigkeit von Gleitlagern (erreichte Oberflächengüte 0,015 μ). Werkstatt u. Betrieb Bd. 81 (1948) S. 230.

[*15/10*] Gebauer, K.: Die Herstellung von hartverchromten Gleitflächen mit guten Laufeigenschaften. Metalloberfläche Bd. 2 (1948) S. 161.

Schmiertheorie und Versuche.

[*15/11*] — Oswalds Klassiker Nr. 218. Leipzig: Akadem. Verlagsges. 1927 (enthält die klassischen Arbeiten von Petrow, Reynolds, Sommerfeld und Michell).

[*15/12*] Stribeck, R.: Die wesentlichen Eigenschaften der Gleit- und Rollenlager. Z. VDI Bd. 46 (1902) S. 1341, 1432, 1463 und VDI-Forsch.-Heft 7.

[*15/13*] Michell, A. G. M.: Die Schmierung ebener Flächen. Z. Math. u. Physik Bd. 52 (1905) S. 123.

[*15/14*] Lasche, O.: Die Reibungsverhältnisse in Lagern mit hohen Umfangsgeschwindigkeiten. Z. VDI Bd. 46 (1902) und VDI-Forsch.-Heft 9 (1903) und Konstruktion und Material im Bau von Dampfturbinen. Berlin: Springer 1925.

[*15/15*] Gümbel, L. u. E. Everling: Reibung und Schmierung im Maschinenbau. Verlag von M. Kray 1925.

[*15/16*] Falz, E.: Grundzüge der Schmiertechnik. Berlin: Springer 1931.

[*15/17*] Nücker, W.: Über den Schmiervorgang in Gleitlagern. VDI-Forsch-Heft 352 (1932).

[*15/18*] Rumpf: Reibung und Temperatur in Gleitlagern. VDI-Forsch.-Heft 393 (1938).

[*15/19*] Thoma, H.: Der Heißlauf der Gleitlager. Forschg. Ing.-Wes. 9 (1938) S. 149.

[*15/20*] ten Bosch: Die Reibung in Gleitlagern. Schweiz. Bauztg. (1932) S. 321 und Flüssigkeitsreibung bei eintuschierten Lagern. Schweiz. Bauztg. (1933) S. 241, ferner Vorlesungen über Maschinenelemente. Berlin: Springer 1940.

[*15/21*] Stieber, W.: Das Schwimmlager. Berlin 1933.

[*15/22*] Frössel, W.: Nachprüfung der hydrodynamischen Schmiertheorie durch Versuche. Forschg. Ing.-Wes. 9 (1938) S. 261.

[*15/23*] Hersey, M. D.: Theorie of Lubrication. London: Chapman a. Hall Ltd. 1938 (mit 400 Schriftt.-Angaben).

[*15/24*] Bauer, K.: Einfluß der endlichen Breite des Gleitlagers auf Tragfähigkeit und Reibung. Forschg. Ing.-Wes. 14 (1943) S. 48.

[*15/25*] Vogelpohl, G.: Beiträge zur Kenntnis der Gleitlagerreibung. VDI-Forsch.-Heft 386 (1937).

[*15/26*] Rotzoll, E.: Untersuchungen an einem Gleitlager ... (Mackensen-Lager). Diss. TH. Hannover 1935.

[*15/27*] Bollenrath, Fr.: Erfahrungen mit elektrolytisch hergestellten Laufschichten in Gleitlagern unter besonderer Berücksichtigung des Auslandes. Metalloberfläche Bd. 1 (1947) S. 3.

[*15/28*] Lüpfert, H.: Die Notlaufeigenschaften der Gleitlagermetalle in Maschinen der Feinmechanik. VDI-Forsch.-Heft 417. Berlin 1942.

Gleitwerkstoffe.

[*15/29*] KÜHNEL, R.: Werkstoffe für Gleitlager. Berlin: Springer 1939 und Z. VDI Bd. 85 (1941) S. 201.

[*15/30*] EVANS: Neuere Entwicklung auf dem Gebiet der Lagermetalle. Chemical Industry (London) 6/39 Nr. 20002—2.

[*15/31*] BUNGARDT, W. Lagermetalle, Ringbuch der Luftfahrt II Bd. II C 5. (Gute Übersicht und Schrifttum.)

[*15/32*] HÖFINGHOFF, W.: (Reichsbahnlager.) Z. VDI Bd. 84 (1940) S. 465 und 581.

[*15/33*] *Grauguß*:
Meboldt. Z. VDI Bd. 79 (1935) S. 629.

[*15/34*] *Bleibronze*:
BLANKENFELD: Metallkde. 31 (1939) S. 31.
CLAUS: Metallwirtsch. 16 (1937) S. 109.
SPRINGERUM: Techn. Zbl. f. prakt. Metallbearbeitg. 47 (1937) S. 27. — Deutsches Kupferinstitut, Bleibronze als Lagerwerkstoffe. Berlin: Selbstverlag 1938.
FISCHER, G.: Untersuchung von Bleibronze-Ausgüssen in der DVL-Lagerprüfmaschine. Luftf.-Forschg. Bd. 16 (1939) S. 370.

[*15/35*] *Sintermetall*:
BAUM: Öl u. Kohle 11 (1935) S. 697.
ROLLFINKE: Z. VDI Bd. 84 (1940) S. 681 und 953.
HEIDEBROEK: Z. VDI Bd. 88 (1944) S. 205.
EISENKOLB, F.: Die Technik Bd. 1 (1946) S. 173.
RITZAU: Metallkeramiklager. Werkst.-Techn. Bd. 35 (1941) S. 145.
ROTHE, E.: in VDI-Sonderheft „Konstruieren in neuen Werkstoffen". Berlin: VDI-Verlag 1942.
REUTHE, W.: Sintereisen für Lagerung und Antrieb im Werkzeugmaschinenbau. Maschinenbau, Betrieb Bd. 21 (1942) S. 161.
KOEHLER, M.: Demag-Nachr. Ausgabe C Bd. 15 (1941) Nr. 1.
FIRMENSCHRIFTEN: Ringsdorff-Werke K. G., Mehlem a. Rhein; Schunk u. Ebe, Gießen. Vereinigte Dtsch. Metallwerke, Heddernheim.

[*15/36*] *Kunstharz*:
VDI-Richtlinien, Gestaltung und Verwendung von Gleitlagern aus KH.-Preßstoff. Berlin: VDI-Verlag 1939.
ACHILLES: (Verwendungsmöglichkeiten.) Z. VDI Bd. 80 (1936) S. 1317.
HEIDEBROEK: (Betriebserfahrungen und Belastbarkeit.) Z. VDI Bd. 82 (1938) S. 755 u. Masch.-Bau 17 (1938) S. 445.
GILBERT: (Versuche des VDI.) Masch.-Bau 16 (1937) S. 363.
GILBERT und LÜRENBAUM: (Hochbelastbare Lager.) Z. VDI Bd. 86 (1942) S. 139.
STROHAUER: (Vergleich mit Metallagern.) Z. VDI Bd. 85 (1938) S. 1441.
BARNER: (Versuche). Kunststoffe 27 (1937) S. 324.
LEHR: (Versuche.) Kunststoffe 28 (1938) S. 161.
KLING: (Für Pressen). Z. VDI Bd. 84 (1940) S. 39.
LUTZE: (Für Hartzerkleinerungsmaschinen.) Z. VDI Bd. 84 (1940) S. 691.
HENSKY: (Für Pumpen.) Z. VDI Bd. 84 (1940) S. 159.
OTTO: (Für Straßenbahn.) Z. VDI Bd. 84 (1940) S. 644.
ROHDE: (Für Walzwerke.) Z. VDI Bd. 84 (1940) S. 832.
NIGGEMEYER: (Für Dampfkraftwerke.) Arch. Wärmewirtsch. 19 (1938) S. 60.
ERNST: (Kranbetrieb.) Mitt. Forsch.-Anst. G. H. H.-Konz. Bd. 5 (1937) S. 135.
THIESSEN: (Schmierung.) Kunststoffe 27 (1937) S. 311.
MÄCKELT: (Für Schienenfahrzeuge.) Mitt. Forsch.-Inst. Maschinenwes. Baubetrieb H. 11 (1939).

[*15/37*] *Austauschstoffe*:
NASS: Masch.-Bau 19 (1940) S. 189.
BRENNECKE: (Für Kraftmaschinen u. Elektromotore.) Arch. Wärmewirtsch. 21 (1940) S. 223.
OPITZ: Masch.-Bau 19 (1940) S. 233.
ROHDE: (Walzenlager.) Z VDI Bd. 83 (1939). S. 1209.
BECKER: (Gestaltungsfragen.) Arch. Wärmewirtsch. 18 (1937) S. 255.

[*15/38*] *Leichtmetall*:
BUSKE: (Für Flugmotor.) ATZ 42 (1939) S. 355.
KÜNZEL: ATZ 42 (1939) S. 645.
VERSUCHSERGEBNISSE: DVL-Forschungsbericht 979 (Okt. 1938).
FISCHER: Luftf.-Forsch. 16 (1939) S. 1.
STERNER-RAINER: Masch.-Bau 20 (1941) S. 73.
HEIDEBROEK: Die Technik 4 (1949) S. 449.

[*15/39*] *Quarzal*:
VON SCHWARZ: Metallwirtsch. 16 (1937) S. 771.

[15/40] *Zink:*
BAYER: Z. VDI Bd. 84 (1940) S. 565.
SCHMIDT-WEBER: Z. VDI Bd. 84 (1940) S. 1017.

[15/41] *Hartmetall:*
— *Hartmetalle als Gleitlager* für Schleif- und Abrichter. VDI-Nahr. Nr. 1 (1949) S. 2, ferner Industrial Diamond Review Bd. 8 (Juli 1948) S. 203.
SCHÖNING: Maschinen- und Vorrichtungsteile aus Hartmetall. Werkstatt u. Betrieb Bd. 81 (1948) S. 50.

[15/42] *Email:*
— Emailverstärkte Stahllager. Metalloberfläche Jg. 2 (1948) S. 220.

[15/43] *Herstellung des Lagerausgusses:*
BEILFUSZ: (Schleuder- und Druckguß.) Z. VDI Bd. 80 (1936) S. 1475.
BACKOF: Masch.-Bau 19 (1940) S. 27.

Schmierung (Schmierstoffe s. S. 268).

[15/44] — Reibung und Schmierung. Sonderheft d. Z. Masch.-Bau 1931 u. Masch.-Bau (1932) S. 392.
[15/45] — Proceedings of the general discussion on Lubrication and lubricants. London 1937.
[15/46] WOLF, K. L.: Molekularphysikal. Probleme der Schmierung. Z. VDI Bd. 83 (1939) S. 781.
[15/47] DONANDT, H: Grenzschmierung. Z. VDI Bd. 80 (1936) S. 821.
[15/48] HEIDEBROEK, E. u. E. PIETSCH: (Grenzreibung.) Forschg. Ing.-Wes. 12 (1941) S. 74.
[15/49] THIESSEN: Schmierung von Kunststofflagern. Kunststoffe 27 (1937) S. 290.
[15/50] HUBER-EIBERGER: Frischölschmierung bei Pleuellager. Dtsch. Kraftfahrtforsch. H. 4. Berlin: VDI-Verlag 1938.
[15/51] MEIER, E.: Gleitlager und deren Schmierung. ATZ 37 (1934) S. 138.
[15/52] TRAEG, F.: Ölschmierung bei Werkzeugmaschinen. Sonderdruck des Techn. Zbl. prakt. Metallbearb. (1937).
[15/53] TRAEG, F.: Fettschmierung. Berlin: VDI-Verlag 1938.
[15/54] SCHRÖTER, H. v.: Die Schmierung von Gleitlagern mit konsistenten Fetten. Diss. TH. Karlsruhe 1933.
[15/55] WAGNER: Schmierung der Heißdampflokomotive. Z. VDI Bd. 69 (1925) S. 1589.
[15/56] MÜLLER, K.: Ölmengenmessungen an Ringschmierlagern. Versuchsfeld für Masch.-Elemente. TH. Berlin (1930) H. 10. Verlag Oldenbourg.
[15/57] — Schmierung bei Kältemaschinen und Gummilagern. Machinery (1940) S. 29.
[15/58] — *Zentral-Hochdruck-Schmierpumpen* für Öl bzw. Fett s. Sonderschriften d. Firma R. Bosch, Stuttgart; J. Vögele, Mannheim; C. Bauch, Rosswein, Helios-Apparate, Heidelberg.
[15/59] KINDSCHER, E.: Neue Erkenntnisse über Reibung, Schmierung und Verschleiß. Die Technik Bd. 2 (1947) S. 72.
[15/60] VOGELPOHL, G.: Die geschichtliche Entwicklung unseres Wissens über Reibung und Schmierung I. Öl u. Kohle Bd. 36 (1940) S. 89 u. S. 129.
[15/61] LUDWIG, N.: Reibungszahl verschieden bearbeiteter u. veredelter Oberflächen bei trockener, gleitender Reibung. Die Technik Bd. 2 (1947) S. 166.
[15/62] REUSCHKE, W.: Schmierung, Werkstattkniffe, Folge 2. München: Hanser-Verlag 1948.

Nachtrag.

[15/63] VOGEL, A.: Reibungsvorgänge in längsbeweglichen Querlagen. Forschg. Bd. 7 (1936) S. 221.
[15/64] ENDRES, W.: Elastische Lagerschalen. Z. VDI Bd. 79 (1935) S. 982.
[15/65] THOMA: Der Heißlauf der Gleitlager. Forschg. Bd. 9 (1938) S. 149 (p = etwa 50 kg/cm² für schnelllaufende Lager).
[15/66] KÜHNEL: Bewährung der metall. Gleitlager-Werkstoffe. Z. VDI Bd. 85 (1941) S. 201.
[15/67] BUSKE, A.: Die Abhängigkeit der Lagerbelastbarkeit von der Lagerbauform. Jb. 1942 dtsch. Luftf.
[15/68] VOGELPOHL, G.: Ähnlichkeitsbeziehungen der Gleitlagerreibung und untere Reibungsgrenze. Z. VDI 91 (1949) S. 379. — Reibungsmessungen auf Prüfmaschinen und ihr Wert zur Beurteilung der Schmierfähigkeit von Ölen. Erdöl und Kohle. Bd. 2 (1949), S. 551.
[15/69] HÜLLEN, H.: Die Flüssigkeitsströmung zwischen beweglichen Zylinderflächen. Die Technik Bd. 2 (1947) S. 46.
[15/70] RICHTER, F. u. W. HARTE: Lagermetalle unter Berücksichtigung einer besonderen Bleilagerlegierung. Werkstatt u. Betrieb 82 (1949) S. 114.
[15/71] WEBER, R.: Eigenschaften und Anwendung metallischer Gleitlagerwerkstoffe. Metallkunde 39 (1948) S. 240.
[15/72] HEIDEBROEK, E: Richtlinien für den Austausch von Wälzlagern gegen Gleitlager. Die Technik 4 (1949) S. 53. — Vergleichende Untersuchung an Lagerschalenwerkstoffen, Berlin: VDI-Verlag 1941.
[15/73] KALPERS, H.: Lagerteile aus Feinstzink-Schleuderguß. Werkstatt u. Betrieb 82 (1949) S. 54.
[15/74] CRAMER, H.: Über die Reibung und Schmierung von feinmechan. Geräten. Diss. T. H. Braunschweig 1949.

16. Schmierstoffe.

16.1. Übersicht.

Die Schmierstoffe sollen vor allem Reibwert und Verschleiß an den Gleitflächen auf ein Minimum herabsetzen, indem sie einen Schmierfilm zwischen den Gleitflächen bilden. Oft sollen sie außerdem die Reibwärme abführen, vor Rost schützen und abdichten.

Im Maschinenbau verwendet man vorwiegend *Mineralöle und Mineralfette*, in besonderen Fällen aber auch andere Schmierstoffe wie Öle und Fette *organischen* Ursprungs („fette Öle"), oder *Mischungen* von Mineralölen mit organischen („gefettete Öle"), oder mit wäßrigen Lösungen von Alkalien (s. Emulsionsöle), ferner *synthetische* Öle (noch in der Entwicklung) und *Graphit*-Schmiermittel [1].

1) Mineralöle. Sie sind billig und oxydieren nur wenig. Sie werden vorwiegend aus Erdöl gewonnen und in geringerem Umfang aus Steinkohle, Braunkohle und Schiefer.

Man unterscheidet

a) *nach der Herstellung:*

Destillate, das sind die aus dem Rohöl durch Destillation gewonnenen Öle (im Reagenzglas meist nur wenig durchscheinend); dann

Raffinate, das sind chemisch und physikalisch gereinigte bzw. weiterbehandelte Destillate (im Reagenzglas meist durchsichtig!) und schließlich die

Rückstandöle, die bei der Destillation zurückbleiben (auch im Tropfen nur wenig durchscheinend);

b) *nach der Zähigkeit:*

Spindelöle (dünnflüssig), *Maschinenöle* (mittelflüssig) und *Zylinderöle* (dickflüssig);

c) *nach den sonstigen Eigenschaften*

wie Schmierfähigkeit, Kälte-, Wärme- und Druckverhalten, Beständigkeit gegen Wärme, Sauerstoff, Wasser und Metalle und andere.

d) *nach der Verwendung:*

Getriebeöle, Turbinenöle, Schneidöle usw., s. Tafel 16/2.

2) Mineralfette. Sie zeichnen sich gegenüber den Mineralölen durch ihren hohen Tropfpunkt (plastische Konsistenz) aus. Sie werden meist als Aufquellungen von Natronseifen oder Kaliseifen hergestellt. Wir kennen aber auch unverseifte, reine Mineralfette, wie Vaseline und Invarol. Letzteres zeichnet sich durch große Beständigkeit aus und bleibt auch bei wiederholter Erhitzung auf + 70° C unverändert (sehr geeignet für Lager der Feinmechanik).

Man unterscheidet sie

a) *nach ihrer Verwendung:*

Maschinenfette, Wagenfette, Wälzlagerfette, Heißlagerfette usw.

b) *nach ihren Eigenschaften*,

wie Temperaturverhalten und Alterungsbeständigkeit (Tropfpunkt, Verharzen, Zersetzen, Altern), Konsistenz (weich bis zäh), Druckaufnahmefähigkeit, Wasserbeständigkeit (kalkverseifte Fette sind wasserbeständiger aber weniger wärmebeständig als natronverseifte) und Farbe.

3) „Fette" (organische) Öle, wie Rüböl, Oliven-, Rizinus- und Knochenöl, Talg usw. besitzen eine hohe Schmierfähigkeit; sie sind aber teuer und altern (oxydieren und verharzen) ziemlich schnell. Sie werden daher nur für Sonderzwecke verwendet, z. B. als Zusätze für

4) „Gefettete" Mineralöle, die man wegen ihrer guten Emulgierung mit Wasser mit Vorteil bei Dampfzylindern und Walzenzapfen verwendet und ferner dort, wo eine besonders hohe Schmierfähigkeit (Hochdrucköl) erforderlich ist, wie bei Schneckentrieben und versetzten Kegeltrieben. Ihre Neigung zum Verharzen kann durch elektrische Glimmentladungen (Voltolöle, s. Bild 16/1) erheblich verringert werden.

---

[1] In Sonderfällen, z. B. bei Wasserpumpen und Walzwerken schmiert man auch mit Wasser.

5) Emulsionsöle, d. h. innige Mischungen von Mineralölen mit wäßrigen Lösungen bestimmter Alkalien, besitzen eine große Adhäsion und ergeben selbst bei hohen Überhitzungstemperaturen keine erheblichen Rückstände, so daß sie sich als Heißdampföle (Dampfzylinder) besonders eignen.

6) Graphit-Schmiermittel. Graphit verwendet man

a) zum *Vorgraphitieren* der Gleitflächen, um diese benetzungsfähiger, glatter und freßsicherer zu machen und die Einlaufzeit abzukürzen;

b) in *kolloidaler* Form (Kollag und ähnliches) als Zusatz zum Öl oder Fett, um die unter a) angegebenen Wirkungen zu erreichen;

c) als *Graphit-Trockenschmierung* bei langsamen Bewegungen, oder bei hohen Temperaturen (bis 300° C), wenn andere Schmierstoffe weniger geeignet sind.

7) Auswahl der Schmierstoffe. Sie ist in hohem Maße eine Frage der Erfahrung und erfordert oft die Berücksichtigung zahlreicher Gesichtspunkte, so daß man bei neuen Umständen gut daran tut, den ausgezeichneten „Technischen Dienst" der Mineralöl- und Schmierstoff-Industrie heranzuziehen.

Ein wesentlicher Gesichtspunkt ist bei Gleitbewegungen stets die unter den Betriebsbedingungen (örtliche Pressung, Geschwindigkeit und Temperatur) erforderliche *Zähigkeit.* Je höher die örtliche Flächenpressung und je geringer die Gleitgeschwindigkeit, desto größer muß die Zähigkeit (und bei Gefahr des Fressens die „Schmierfähigkeit") des Schmierstoffs sein, wobei der Einfluß der Temperatur und bei hohen örtlichen Drücken (z. B. bei Zahnrädern) der Einfluß des Druckes auf die Zähigkeit zu beachten ist (Näheres s. S. 265).

Umgekehrt ist bei hohen Gleitgeschwindigkeiten eine geringe Ölzähigkeit erwünscht, weil sonst durch die innere Reibung im Öl die Temperatur und der Energieverbrauch zu sehr ansteigen.

Bei *höherer Temperatur* sind Öle erwünscht, die auch bei dieser Temperatur genügend zäh sind, d. h. eine *flache* Viskositätskurve besitzen (s. Bild 16/1).

Bei *hohen örtlichen Drücken* ($p \geqq 300$ kg/cm²) sind Schmierstoffe mit erheblicher Steigerung der Zähigkeit unter Druck oder mit erhöhter Haftfähigkeit (z. B. chemisch aktivierte Hypoidöle) erwünscht.

Für *Umlaufschmierung* ist die Alterungsbeständigkeit wesentlich.

Einen ersten Überblick für die geeignete Wahl der Schmierstoffe nach dem Verwendungszweck bieten Tafel 16/1 und 16/2. Weitere Angaben s. Lagerschmierung S. 251 und Zahnräder (Bd. 2).

Tafel 16/1. *Schmierfette nach DIN* (inzwischen zurückgezogen).

Verwendung	DIN	Tropfpunkt über ° C	Wassergehalt unter %	Bemerkungen
Wälzlagerfett	6562			Ganz leichte kleine Kugellager können mit Vaseline, Tropfpunkt 35°, geschmiert werden
a) bei geringer Drehzahl		120	1	
b) bei hoher Drehzahl		60	2	
Heißlagerfett	6563	120	1	Zusatz von Farbstoff erhöht den Schmierwert nicht
Getriebefett	6564	75	4	Zusatz von Farbstoff erhöht den Schmierwert nicht
Maschinenfett (Staufferfett)	6565	75	4	Für Emulsionsfett ist der Wassergehalt höher
Wagenfett	6566	60	6	Für Achsen von Fuhrwerken und Förderwagen
Förderwagenspritzfett	6567	45	6	
Drahtseilfett	6568	50	6	
Hanfseilfett	6569	60	6	
Zahnradfett	6570	45	6	
Kaltwalzenfett	6571	50	6	
Brikettwalzenfett	6572	80	6	
Heißwalzenfett	6573	>18° über Erweichungsp.	0,1	Erweichungspunkt nicht unter 60°

Tafel 16/2. *Schmieröle nach DIN* (inzwischen durch neue DIN ersetzt).

Verwendung	DIN	Flammpunkt über °C	Viskosität °E	bei °C	Bemerkungen
für Feinmechanik	6542	125	1,8	20	Für Büromaschinen, Meßgeräte, Nähmaschinen usw.
Lager	6543				
a) raschlaufende Zapfen . .		140	1,8…4	50	Elektromotoren, Kugellager, Rollenlager, Transmissionen
b) normal bel. Zapfen		160	4…7,5	50	Für Ring-, Tropf-, Umlaufschmierung
c) schwer bel. Zapfen . . .		170	>7,5	50	Für langsam laufende Maschinen
Achsen	6544				
a) für Bundesbahn	Sommeröl	160	8 … 10	50	Für Eisenbahn-, Kleinbahn-, Straßenbahnwagen und Förderwagen
	Winteröl	140	4,5 … 8	50	
b) für sonstige Zwecke . . .	Sommeröl	140	>4	50	
	Winteröl	140	>4	50	
Verdichter	6545			50	
a) Kolbenverdichter		175	4 … 12	50	Für Ventile °E = 4 … 12,
		200	6 … 10		Für Schieber °E = 6 … 10, nicht verwendbar für oxydierende Gase
b) Hochdruckverdichter . . .		200	>6	50	
c) Zellenverdichter		175	6 … 12	50	
Getriebe	6546				
a) Zahnradvorgelege und Schneckengetriebe in Kraftfahrzeugen		175	>12	50	
b) für sonstige Zahnradvorgelege u. Schneckengetriebe		175	>4	50	Nicht für Getriebe bei Dampfturbinen
Ortsfeste und Fahrzeugmotoren Motoren für Kfz.	6547	200	>8	50	Sommer
Vergaser und Dieselmotoren Station. Dieselm.: $n > 600$ U/min		185	4 … 8	50	Winter
Gasmaschinen	6550				
a) Kleingasmaschinen		160	>3	50	
b) Großgasmaschinen					
Viertakt		175	>4	50	Für Zylinder nur Raffinate
Zweitakt		175	>6	50	
Dampfmaschinen	6552				
a) Sattdampf		240	2,5 … 7	100	Für Zylinder
b) Heißdampf		270	3 … 9	100	
Dampfturbinen	6554	165	2,5 … 3,4	50	Alterungsbeständige, nicht emulgierende Öle
		180	3,4 … 7		
Wasserturbinen	6555	160	2,5 … 12	50	Für hydraulische Schützen weniger zähe Öle, für Flügelköpfe zähere Öle (ähnlich den Zylinderölen)
Kältemaschinen	51503				
a) NH_3 und CO_2 als Kältemittel		160	>4,5	20	Gruppe A } bei —25° C fließend
b) SO_2		160	>10	20	Gruppe B
c) Kohlenwasserstoffe und Abkömmlinge, z. B. C_3H_8 . .		160	>10	20	Gruppe C

16.2. Eigenschaften und Prüfung der Schmierstoffe.

Die physikalischen, chemischen und mechanischen Schmierstoff-Prüfverfahren sind in DIN 53652—53663 festgelegt.

Für den *Schmiervorgang* interessieren hiervon:

1) die *Zähigkeit* (Viskosität) und ihre Abnahme mit der *Temperatur* (Bild 16/1) für das Gebiet der Schwimmreibung und Mischreibung und für den Förderwiderstand in Schmierstoffleitungen; ferner die Zunahme der Zähigkeit mit dem *Druck* [*16/16*], [*16/17*] für das Gebiet hoher örtlicher Pressungen (z. B. Zahnradflanken). Nähere Angaben siehe unten in Abschnitt 16.3;

2) die *weiteren Schmiereigenschaften*, die durch Angabe der Zähigkeit nicht erfaßt werden und unter dem Begriff „*Schmierfähigkeit*" (Oiliness) zusammengefaßt werden. Sie sind für das Gebiet der *Misch-* und *Grenz*reibung maßgebend. Sie betreffen die Benetzungsfähigkeit, das Haftvermögen und sonstige Molekulareigenschaften. *Weitere Eigenschaften*, die für die Verwendung bzw. Abnahme der Schmierstoffe von Bedeutung sind; wie

3) *Wichte* γ. Sie ist abhängig von der Temperatur ϑ. Für Mineralöle ist $\gamma = \gamma_{20} - 0{,}0007$ $(\vartheta - 20) \cdot 10^{-3}$; $\gamma_{20} = 0{,}89 \cdot 10^{-3}$ bis $0{,}96 \cdot 10^{-3}$ kg/cm³ bei 20° C;

4) *Erstarrungstemperatur*[1] (Stockpunkt, Tropfpunkt bei Fetten; von Bedeutung beim Anlaufvorgang bei niedriger Temperatur. Sie beträgt z. B. — 8° bis —20° für russisches Mineralöl, = —3° bis 0° für amerikanisches Mineralöl, = 0° bis + 30° für amerikanisches Zylinderöl, unter —20° für Voltöl, = —11° bis 0° für Knochenöl, = —18° bis —10° für Rizinusöl;

5) *Flammpunkt* (Temperatur des 1. Entflammens) und *Brennpunkt* (etwa 30° bis 40° über den Flammpunkt). Sie sind wichtig für Kompressoren und Brennkraftmaschinen;

6) *Emulgierbarkeit* mit Wasser (unerwünscht für Dampfturbinen);

7) *Alterungsbeständigkeit* (gefährdet durch Oxydieren, Zersetzen und Anreichern) geprüft durch Verteerungszahl (VZ);

8) *Reinheit* (Gehalt an Wasser, Alkali, freie Mineralsäure, Hartasphalt, Asche, feste Verunreinigungen) und *chemisches Verhalten*, geprüft durch „Verseifungs-" (VS) und Neutralisations-Zahl (NS).

Die spezifische Wärme $C = 0{,}48 + 0{,}0007\,(\vartheta - 100)$ kcal/kg ° C ist maßgebend für die Wärmeaufnahme des Öles; sie ist unabhängig von der Zähigkeit.

Die *Farbe* des Schmierstoffs läßt keinen Rückschluß auf die Eigenschaften zu; gebrauchte Öle sehen dunkel, Öle mit Wassergehalt sehen getrübt aus.

16.3. Zähigkeit der Schmieröle[2].

Wegen ihrer zunehmenden Bedeutung für die rechnerische Erfassung des Schmiervorgangs im Gebiet der Schwimmreibung und Mischreibung werden nachfolgend die maßgebenden Begriffe und Beziehungen kurz zusammengestellt.

1) Dynamische Zähigkeit η: Bei Formänderungen einer Flüssigkeit treten im Innern der Flüssigkeit Schubspannungen τ auf, die mit der *Formänderungsgeschwindigkeit* zunehmen. Bewegen sich die Teilchen der Flüssigkeit in x-Richtung mit verschiedener Geschwindigkeit v_x, so daß das rechtwinklige Parallelepiped in ein schiefwinkliges übergeht, so gilt der NEWTONsche Ansatz:

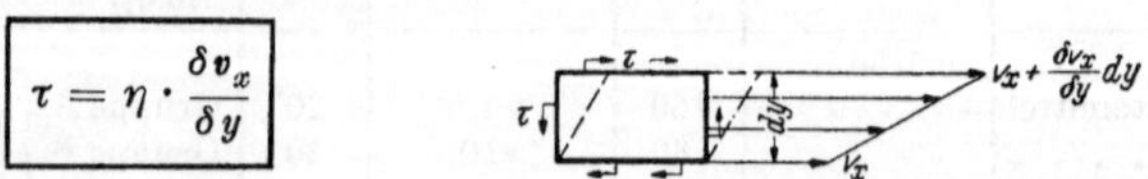

$$\tau = \eta \cdot \frac{\delta v_x}{\delta y}$$

Der Beiwert η wird als „*dynamische Zähigkeit*" bezeichnet und ist für den dynamischen Schmierzustand maßgebend. Er ändert sich mit der Flüssigkeit, mit der Temperatur und mit dem Druck.

[1] Die Bundesbahn nimmt ihre Schmiermittel nach der Erstarrungstemperatur ab.

[2] Begriffe s. DIN 1342 u. DIN 53655.

Technische Dimension: τ ... kg/cm², v_x ... cm/s, $\delta v_x/\delta y$ ... 1/s, also η ... kgs/cm².

Physikalische Dimension: Aus 1 kg (Kraft) = $0{,}981 \cdot 10^6$ dyn folgt das Maß für η: 1 dyn s/cm² = 1 Poise (sprich Poas) = 100 cP (sprich Zentipoase) = $1/(0{,}981 \cdot 10^6)$ kgs/cm² = $1{,}02 \cdot 10^{-6}$ kgs/cm².

Beispiel: $\eta = 1 \cdot 10^{-6}$ kgs/cm² = $1 \cdot 10^{-6} \cdot 0{,}981 \cdot 10^6\, P = 0{,}981\, P = 98{,}1$ cP.

2) Kinematische Zähigkeit

$$\boxed{\nu \text{ (sprich Nü)} = \eta/\text{Dichte} = \eta \cdot g/\gamma}\,.$$

Dimension: η ... kgs/cm², Erdbeschleunigung $g = 981$ cm/s², Wichte[1] γ ... kg/cm³, also ν ... cm²/s;

Maß: 1 cm²/s = 1 Stokes = 100 cSt.

Beispiel: Für $\eta = 1 \cdot 10^{-6}$ kgs/cm², $\gamma = 0{,}92 \cdot 10^{-3}$ kg/cm³ wird

$$\nu = 1 \cdot 10^{-6} \cdot 981/(0{,}92 \cdot 10^{-3})\ \text{cm}^2/\text{s} = 1{,}07\ \text{St} = 107\ \text{cSt}.$$

3) Englergrad. Die mit dem Engler-Viskosimeter in Englergrad (° E) ermittelte (kinematische) Zähigkeit E läßt sich nach Ubbelohde [*16/14*] in dynamische Zähigkeit η umrechnen:

$$\boxed{\eta = (74\, E - 64/E) \cdot \gamma \cdot 10^{-6}}\,,$$

worin η, E und γ[1] die Zahlenwerte von η (kgs/cm²), E (° E) und γ (kg/cm³) sind.

Beispiel: Für $E = 15$, $\gamma = 0{,}92 \cdot 10^{-3}$ kg/cm³ wird

$$\eta = (74 \cdot 15 - 64/15)\ 0{,}92 \cdot 10^{-3} \cdot 10^{-6} = 1{,}02 \cdot 10^{-6}\ \text{kgs/cm}^2.$$

4) Temperaturabhängigkeit. Die Zähigkeit fällt erheblich mit steigender Temperatur. Nach Vogel [*16/19*] ist

$$\boxed{\log \eta = \log k + 0{,}434\, b/(\vartheta + c)}$$

mit k, b und c als Konstanten der betreffenden Flüssigkeit, Temperatur ϑ (° C) und η (kgs/cm²). Nach Erk und Erk [*16/20*] ist für Öl $c = 95°$.

5) η–ϑ-Diagramm. Wir tragen nach obiger Gl. in ein Diagramm (Bild 16/1 und 16/2) von rechts nach links die Länge $1/(\vartheta + 95)$ und nach oben die Länge $\log \eta$ ab und schreiben die Werte von ϑ und η hinzu. In diesem Diagramm ist die Zähigkeitskurve eine *Gerade*, die durch Angabe der Zähigkeit für 2 Temperaturen festliegt und deren Neigung ein Maß für die Temperatur-Abhängigkeit ist. Mit der Neigung liegt der *Neigungswert* b fest, der rechts oben im Diagramm für verschiedene Neigungen eingetragen ist. Die *kinematische* Zähigkeit in cSt bzw. ° E erhält man, indem man von der η-Leiter aus über die jeweilige γ-Neigung zur ν-Leiter übergeht.

6) Druckabhängigkeit. Die Zähigkeit steigt mit dem Druck p (kg/cm²) und zwar um so mehr, je steiler die η–ϑ-Kurve (Bild 16/1) ist. Nach Cameron [*16/17*] ist für *Schmieröle*:

$$\boxed{\log \eta_p = \log \eta_{p_0} + 0{,}434 \cdot A \cdot p/(\vartheta + q)}\,,$$

wobei für *Mineralöle* $q \approx 52°$ und $1/A = 9{,}00 - 4{,}2 \cdot 10^{-3} \cdot b$ gesetzt werden kann; Zähigkeit η_p bzw. η_{p_0} (kgs/cm²) bei Überdruck p (über p_0) bzw. p_0 in kg/cm², Neigungswert b wie oben.

Beispiel: Für Öl mit $b = 1000$ wird $A = 1/(9{,}0 - 4{,}2 \cdot 10^{-3} \cdot 1000) = 0{,}21°$ C cm²/kg und für $\vartheta = 80°$ und $p = 400$ kg/cm² wird $\eta_p = \eta_{p_0} \cdot 1{,}89$. Der η-Anstieg ist also nur bei großen Drücken, z. B. bei Zahnflanken von Bedeutung.

---

[1] Je ° C Temperaturzunahme nimmt bei Mineralöl die Wichte γ um $0{,}0007 \cdot 10^{-3}$ (kg/cm³) ab.

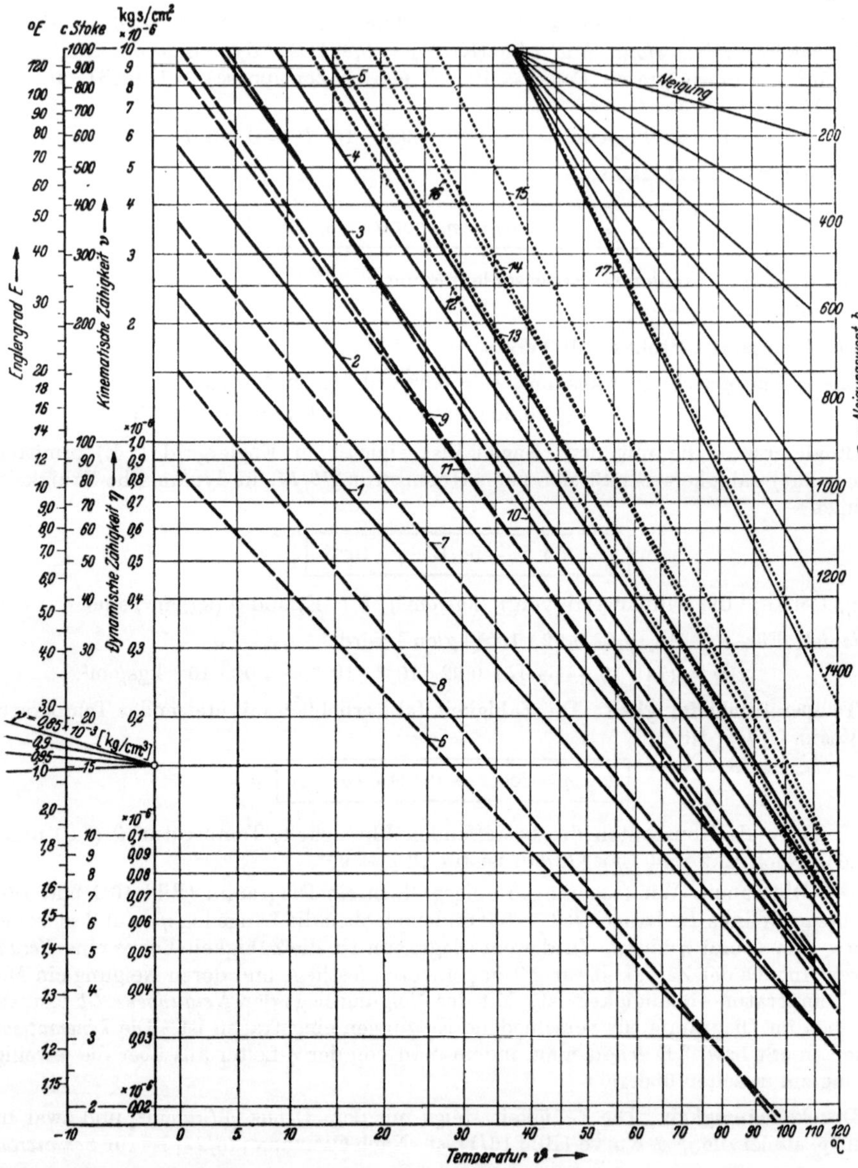

Bild 16/1. η-ϑ-Diagramm für Shell-Öle.

Voltol-Gleitöle (elektrisch veredelt, mit Wasser emulgierend, Alterungsstoffe setzen sich nicht ab

1 Voltöl 0 ($\gamma_{20} = 0{,}903$) Spindelöl
2 Voltöl II (0,892) für Werkzeugmaschinen, Triebwerke, Kompressoren, Pumpen, Dampfmaschinen für Transmissionen

3 Voltöl III (0,92)
4 Voltöl IV (0,926)
5 Voltöl V (0,0930) } für hochbelastete Getriebe und Lager

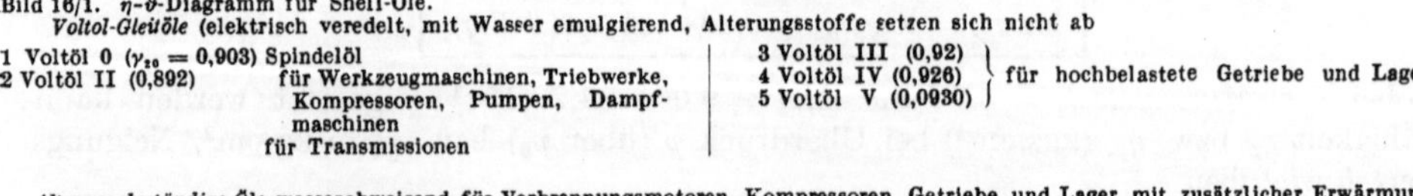

Alterungsbeständige Öle, wasserabweisend, für Verbrennungsmotoren, Kompressoren, Getriebe und Lager mit zusätzlicher Erwärmung

6 Shell-Öl JY 1 (0,875) Spindelöl
7 Shell-Öl JY 3 (0,884) schweres Spindelöl, für Kältemaschinen
8 Shell-Öl AB 11 (0,873) Kältemaschinenöl für tiefste Temperaturen
9 Shell-Öl BC 8 (0,89) für Dampfturbinen, Getriebe
10 Shell Öl BC 9 (0,9) für Schiffsdampfturbinen
11 Shell-Öl BG 8 (0,8) für Wasserturbinen

12 Shell-Öl CY 2 (0,918)
13 Shell-Öl CY 3 (0,911)
14 Shell-Öl CY 4 (0,915)
15 Shell-Öl CY 6 (0,913) } für Dieselmotoren
16 Shell-Öl HDL (0,915)
17 Shell-Öl HDS (0,930) } Hochdruck-Getriebeöl für Mischreibung bei hoher Belastung, z. B. Schneckengetriebe

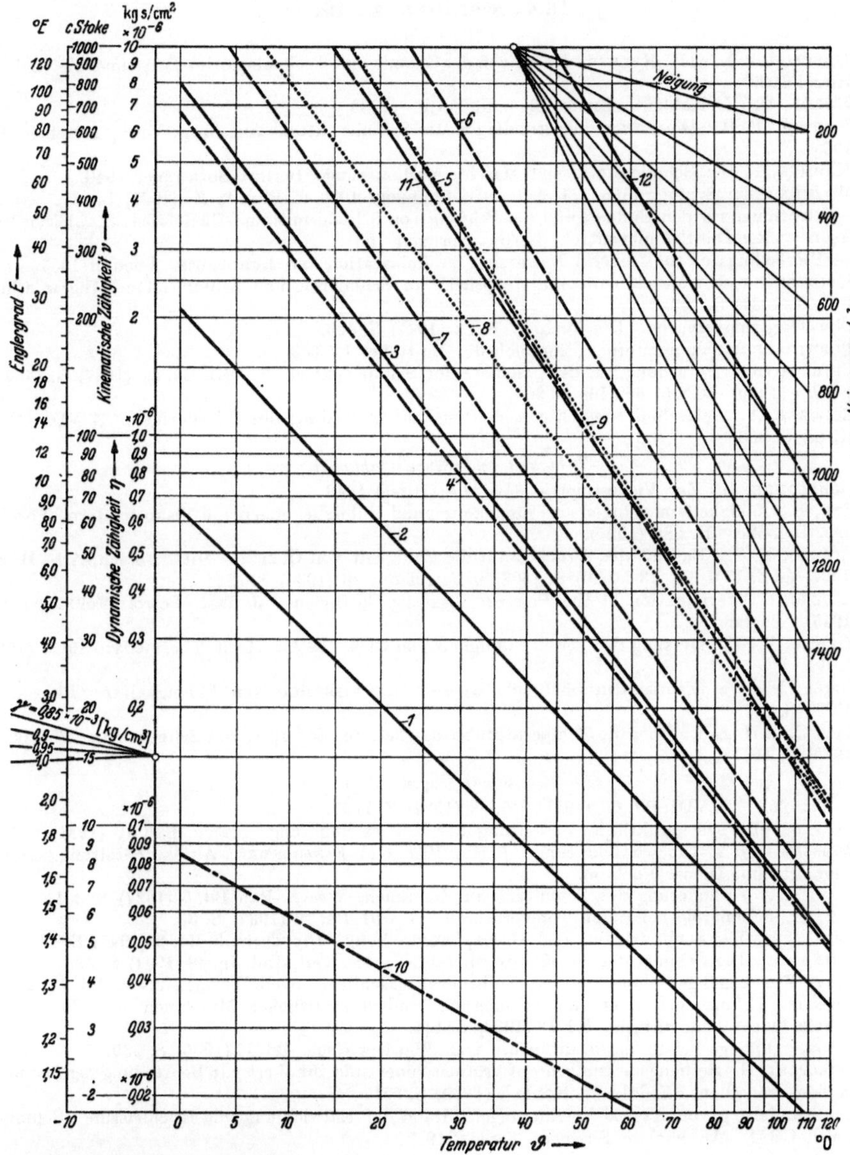

Bild 16/2. η-ϑ-Diagramm für Gargoyle-Öle.

1 Velocite E ($\gamma_{20} = 0{,}888$) Spindelöl
2 Vacuoline C (0,898), für Elektromotoren hoher Drehzahl
3 Vactra mittelschwer x (0,912), für Werkzeugmaschinen.

Alterungsbeständige DTE-Öle.

4 DTE mittel (0,906) für Dampfturbinen
5 DTE BB (0,915)
6 DTE AA (0,933)
7 DTE schwer (0,906)
(5–7: für hochbelastete Getriebe, Kompressoren, Großdiesel)
8 Mobilöl Aero Grauring (0,888), für Otto-Motoren
9 Mobilöl EPWJ/K (0,928), Hochdrucköl, für Mischreibung bei hoher Belastung, z. B. Schneckengetriebe

Zum Vergleich: 10 Petroleum (0,826)
11 Glyzerin (1,26)
12 Rizinus (0,963)

16.4. Schrifttum zu 16.

Allgemein.

[*16/1*] UBBELOHDE, L. u. H. HELLER: Handbuch der Chemie und Technologie der Fette und Öle. Leipzig: Hirzel 1929.
[*16/2*] HOLDE, D.: Z. Kohlenwasserstofföle und Fette. (1933.)
[*16/3*] KADMER, E. H.: Die Bewertungsgrundlagen der Schmiermittel. Augsburg: Verlag für chem. Ind. 1939.
[*16/4*] KADMER, E. H.: Schmierstoffe und Maschinenschmierung. Berlin: Bornträger 1940.
[*16/5*] WALTHER, C.: Schmiermittel. Dresden: V. Steinkopf 1930 u. Physik. Z. (1931) S. 617.
[*16/6*] — Richtlinien für den Einkauf und die Prüfung von Schmiermitteln. Düsseldorf: Stahleisen 1936.
[*16/7*] ASCHER, R.: Die Schmiermittel. Berlin: Springer 1931.
[*16/8*] — Proceedings of the General Discussion on Lubrication and Lubricants. London 1937.
[*16/9*] HEIDEBROEK, E.: Maschinentechn. Ansprüche an Schmieröle und Schmierfette. Angew. Chem. Bd. 50 (1937) S. 743.
Ölprüfungsringversuche. Die Technik Bd. 2 (1947) S. 525.
[*16/10*] BORNTRÄGER: Schmierstoffe. Ringbuch der Luftfahrt IV C 2.
[*16/11*] PHILIPPOVICH: Forschung auf dem Gebiete der Schmiermittel. Z. VDI Bd. 81 (1937) S. 1467.
[*16/12*] — *Ölprüfung.* DIN 53 652 bis 53 663.
[*16/13*] BOECKER, A.: Fettschmierung, Eigenschaften und Anwendung der Schmierfette. Z. VDI Bd. 90 (1948) S. 366.

Zähigkeit und Schmierfähigkeit.

[*16/14*] UBBELOHDE, L.: Zur Viskosimetrie. Leipzig: Hirzel 1943.
[*16/15*] ERK, S.: Zähigkeitsmessungen an Flüssigkeiten und Untersuchungen von Viskosimetern. Forsch.-Arb. Ing.-Wes. H. 288 (1927).
[*16/16*] KIESZKALT, S.: Einfluß des Druckes auf die Zähigkeit von Ölen ... Mitt. Forsch.-Arb. H. 291 (1927) u. Z. VDI Bd. 73 (1929) S. 1502 u. Petroleum 26 (1930) S. 1224.
[*16/17*] CAMERON: Determination of the Pressure-Viskosity-Coefficient. J. Inst. Petrol. Vol 31 Nr. 262 (1945). England.
[*16/18*] VIEWEG, V.: Die Messung der Schmierfähigkeit von Ölen. Techn. Mech. Thermodyn. Bd. 1 (1930) S. 101.
[*16/19*] VOGEL, H.: Das Temperaturabhängigkeitsgesetz der Viskosität von Flüssigkeiten. Physik. Z. (1921) S. 645.
[*16/20*] ERK, S. u. H. ERK: Über die Temperaturabhängigkeit der Zähigkeit von Schmierölen. Physik. Z. (1936) S. 113.

Sonderfragen.

[*16/21*] — Voltolöle. Z. VDI Bd. 65 (1921) Bd. 68 (1924) S. 1157.
[*16/22*] KARPLUS, H.: Die praktische Bedeutung der Kollagschmierung. Masch.-Bau 10 (1931) S. 199.
[*16/23*] *Regenerierung*: s. Ölbewirtschaftung. Berlin 1938 und FASZBENDER: Altölaufbereitung. Derop Schmiertechn. Dienst Bochum.
[*16/24*] FRANK, F.: Veränderung der Schmieröle im Gebrauch. Masch.-Bau Bd. 6 (1927) S. 231.
[*16/25*] ERK, S.: Schmieröle bei tiefen Temperaturen. Z. VDI Bd. 76 (1932) S. 33.
[*16/26*] UMSTÄTTER, H.: Schlüpfrigkeit und Grenzphasenreibung. Die Technik Bd. 2 (1947) S. 191.
[*16)27*] STEINBACH: Die Schmierung der Kälteverdichter. Z. Ges. Kälte-Ind. Jg. 48 (1941) S. 53.
[*16/28*] FALZ: Zweckmäßige Schmierung von Kolbenkraftmaschinen. Arch. Wärmewirtsch. Bd. 17 (1936).
[*16/29*] STEINITZ: Erfahrungen über die Schmierung landwirtschaftlicher Maschinen und Fahrzeuge. Technik in der Landwirtsch. Bd. 13 (1932) S. 134.
[*16/30*] UTHOFF: Ölpflege bei Industrieturbinen. Arch. Wärmewirtsch. Bd. 17 (1936) S. 339.
[*16/31*] VOGELPOHL, G: Reibungsmessungen auf Prüfmaschinen und ihr Wert zur Beurteilung der Schmierfähigkeit von Ölen. Erdöl und Kohle 2 (1949) S. 551.
[*16/32*] —: Schmierung von Hypoid-Verzahnungen (Stand der Entwickluug von Hochleistungs-Schmierölen in USA). Automobile Engineer. Sept. 1949.

IV. Wellen und Zubehör.

17. Achsen und Wellen.

17.1. Überblick.

Achsen (umlaufend oder ruhend) dienen nur zur Lagerung ruhender, schwingender oder umlaufender Maschinenteile, übertragen aber kein Drehmoment und werden daher vorwiegend auf *Biegung* beansprucht. Kurze Achsen werden auch als Bolzen bezeichnet. Die in den Lagern laufenden Stücke der Achsen (und Wellen) nennt man *Zapfen.*

Wellen (durchweg umlaufend) dienen zur Übertragung eines *Drehmomentes* und werden auf Drehung bzw. Drehung und Biegung beansprucht.

Nach dem Längsverlauf der Wellen unterscheiden wir die *gekröpften* (Kurbelwellen) von den üblichen *geraden* Wellen, die wiederum als *Voll*wellen oder *Hohl*wellen *glatt* durchgehend oder *abgesetzt* ausgebildet sein können. Dem Querschnitt nach sprechen wir von *Rund*wellen und *Profil*wellen (z. B. mit Vielnut- und K-Profil nach Bild 18/7, Kap. 18). Außerdem kennen wir noch *Gelenk*wellen, *Teleskop*wellen (Bild 17/9), *biegsame* Wellen (Bild 17/10) u. a. m.

Besondere Anforderungen an die Gestaltung und Herstellung stellen die *Verbindungen* von Welle und Nabe (Kap. 18) und von Welle mit Welle (Kap. 19).

Herstellung der geraden Wellen: Bis 150 mm Durchmesser werden sie aus Rundstahl (St 42.11, St 50.11, St 70.11 und legierter Stahl) gedreht, geschält oder kalt gezogen; dickere und stark abgesetzte geschmiedet. Genutete Wellen werden abschließend überdreht oder überschliffen, falls genauer Rundlauf verlangt wird. Die Lagerstellen und Absätze werden je nach den Anforderungen fein gedreht, geschliffen, prägepoliert, gedrückt oder geläppt und bei hohen Anforderungen noch vorher gehärtet. Rundstahl wird in Längen bis 7 m geliefert.

Normenübersicht:

Tafel 17/1. *DIN-Blätter.*

	Gegenstand	DIN		Gegenstand	DIN
Allgemeines	Lastdrehzahlen	112	Wellenenden	Wellenstümpfe für elektrische Maschinen	42943
	Achshöhen für Maschinen	747		für Hilfsmaschinen	73031
	Bolzen	1433 ··· 1436, 1438, 1439, 1442		Keilwellen	5461 bis 5465
	Rundstahl gezogen oder gedreht	668	Achsen	Achswellen für Elektrische Lokomotiven	22454
	Wellendurchmesser für Transmissionen	114			
Wellenenden	zylindrische, für Riemenscheiben und Kupplungen	748	Sonstiges	Biegsame Wellen, Anschluß, Antriebsseite	42995
	für Öl- und Fettpumpen	746			
	kegelige, für Zahnräder und Kupplungen	749, 750			

Tafel 17/2. *Wellendurchmesser d nach DIN 114* (Juli 1919).
Hinzugefügt sind übertragbares Drehmoment M_t und N_{PS}/n für eine Drehspannung $\tau_t = 120$ kg/cm². Leistung N_{PS} (PS), Drehzahl n (Uml./min).

d cm	M_t kgcm	$\frac{N_{PS}}{n}$ $\frac{PS \cdot min}{Uml.}$	d cm	M_t kgcm	$\frac{N_{PS}}{n}$ $\frac{PS \cdot min}{Uml.}$	d cm	M_t kgcm	$\frac{N_{PS}}{n}$ $\frac{PS \cdot min}{Uml.}$	d cm	M_t kgcm	$\frac{N_{PS}}{n}$ $\frac{PS \cdot min}{Uml.}$
2,5	376	0,0052	5,0	3 000	0,042	9,0	17 500	0,243	16,0	96 600	1,35
3,0	648	0,0094	5,5	3 990	0,055	10,0	24 000	0,333	18,0	140 000	1,94
3,5	1030	0,014	6,0	5 180	0,072	11,0	31 900	0,444	20,0	192 000	2,67
4,0	1540	0,021	7,0	8 230	0,114	12,5	47 000	0,655			
4,5	2190	0,030	8,0	12 290	0,172	14,0	65 860	0,915			

Tafel 17/3. *Genormte Drehzahlen nach DIN 112* (Okt. 1940).

25	45	80	140	250	450	800	1400
28	50	90	160	280	500	900	1600
32	56	100	180	315	560	1000	
36	63	112	200	355	630	1120	
40	71	125	224	400	710	1250	

Tafel 17/4. *Wellenenden für elektrische Maschinen nach DIN 42943* (Aug. 1949) mit Paßfeder nach Tafel 18/6, S. 289; mit Passung *k*6 für $d = 14$ bis 50 mm, *m*6 für *d* über 50 mm.

Nennleistung (kW)	0,25	0,4	0,63	1	1,6	2,5	3,5	5	7	10	14	20	28
Drehmom. (mkg) bei $n = 1500$	0,17	0,265	0,425	0,67	1,06	1,7	2,36	3,35	4,75	6,7	9,5	13,2	19
Durchmesser (mm)	14	14	18	18	22	22	28	28	38	38	45	45	55
Länge (mm)	30	30	40	40	50	50	60	60	80	80	110	110	110
Nennleistung (kW)	38	50	63	80	100	125	100	200	250	315	400	500	
Drehmom. (mkg) bei $n = 1500$	25	33,5	42,5	53	67	85	106	132	170	212	265	335	
Durchmesser (mm)	55	65	65	75	75	80	85	90	95	100	110	120	
Länge (mm)	110	140	140	140	140	170	170	170	170	210	210	210	

Gestaltung: Sie richtet sich nach den mit der Welle bzw. Achse in Verbindung stehenden Teilen (Lager, Abdichtungen und Naben der aufgesetzten Scheiben und Räder). Im Vordergrund steht dabei die richtige Ausbildung der Verbindungsstellen, die gute Ausrundung der Absätze, wie überhaupt die Herabsetzung der verschiedenen Kerbwirkungen (s. Bild 17/1). Beispiele für die gute Ausbildung der Absätze und Nabensitze s. S. **73**. Der Wellendurchmesser in der Nabe wird zweckmäßig auf 1,3 *d* verstärkt, wenn man die Kerbwirkung der Nabe ausgleichen will (Ausrundungshalbmesser am Absatz $r \approx 1 \cdot d$ bis $0{,}5\,d$). Einfache Achsen nimmt man glatt durchgehend ohne Absätze (billigere Herstellung bei größerem Werkstoffaufwand).

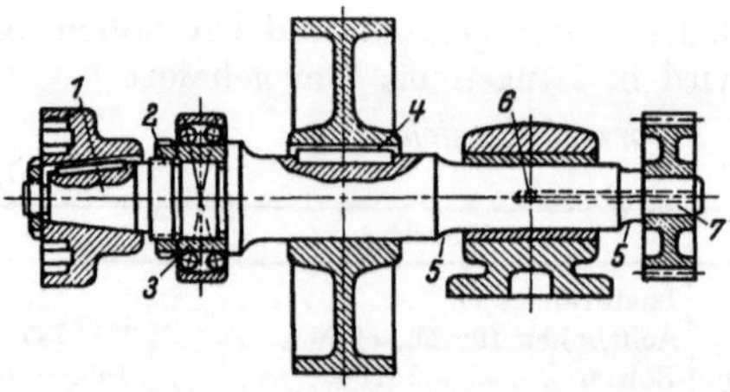

Bild 17/1. Kerbstellen an Wellen nach LEHR. *1* Kegelsitz, *2* Gewinde, *3* Wälzlagersitz, *4* Nabe und Nut, *5* Absätze, *6* Querbohrung, *7* Schrumpfsitz. (Minderung der dynamischen Festigkeit durch Kerbwirkungen s. S. 56).

Es ist zu beachten, daß

a) *ruhende Achsen* erheblich leichter gehalten werden können als umlaufende Wellen (s. Berechnungsbeispiel 1); ferner

b) Wellen aus *hochfestem* Stahl nicht steifer sind als solche aus St 42.11 (gleicher *E*-Modul) und daß ihre Biegewechselfestigkeit bzw. Drehschwellfestigkeit nur dann größer ist, wenn schroffe Kerbwirkungen vermieden werden, wie Bild 3/27 S. **56** drastisch zeigt;

c) *Hohl*wellen mit $d_i = 0{,}5\,d$ nur 75% des Gewichtes, aber 94% des Widerstandsmoments von Vollwellen aufweisen;

d) *hochtourige* Wellen eine gute Auswuchtung, eine starre Lagerung und steife Ausbildung erfordern;

e) die *Baulänge* von Maschinen oft erheblich von der Länge der Lagerzapfen, Naben und Dichtungen abhängt.

Die *Sicherung* der Wellen und Achsen gegen Längsverschiebung erfolgt durch Wellenabsätze an den Lagerstellen oder durch Stellringe (s. Tafel S. **121**) oder Sicherungsringe (s. Tafel S. **119**). Die Längssicherung der aufgesetzten Lager, Naben und Scheiben kann ebenfalls durch seitlichen Anlauf, durch Stellringe oder Sicherungsringe erfolgen, falls die Verbindungsform nicht bereits eine Längssicherung bietet (Preßsitze usw.).

Abdichtung: s. Lagerdichtungen S. 249 und Dichtungsringe S. 122.

17.2. Bemessung der Achsen und Wellen (nach Tafel 17/5).

Bezeichnungen:

A, B	(kg)	Auflagekräfte	f	(cm)	Durchbiegung
a	(—)	Beiwerte	G	(kg/cm²)	Gleitmodul
a_1, a_2	(cm)	Abstand	G_1, G_2	(kg)	Belastungsgewichte
c	(kgcm)	Federhärte, $= \frac{M_t}{\varphi}$	J	(cm⁴)	Flächen-Trägheitsmoment bei Biegung
d, di	(cm)	äußerer, innerer Wellendurchmesser	J_t	(cm⁴)	Flächen-Trägheitsmoment bei Drehung
E	(kg/cm²)	Elastizitäts-Modul	J_m	(kgm s²)	Massen-Trägheitsmoment $= \int dm \cdot r^2$

K	(—)	Beiwert
L	(cm)	Länge
M_b	(kgcm)	Biegemoment
M_t	(kgcm)	Drehmoment
M_v	(kgcm)	Vergleichsmoment
m	(kg s²/m)	Masse, = Gewicht/9,81
$N_{PS} = 1{,}36 \cdot N_{kW}$		Leistung in PS
$N_{kW} = 0{,}736 \cdot N_{PS}$		Leistung in kW
n	(Uml/min)	Drehzahl
n_K	(Uml/min)	krit. Drehzahl
P	(kg)	Kraft
p_m	(kg/cm²)	Flächenpressung, $= \frac{A}{L \cdot d}$
W_b	(cm³)	Widerstandsmoment gegen Biegung
W_t	(cm³)	Widerstandsmoment gegen Drehung
tg β	(—)	Neigung
φ	(—)	Drehwinkel im Bogenmaß für Länge L
φ_m	(°/m)	Drehwinkel in ° je m Länge, $= \varphi \cdot 180/(\pi L)$, ($L$ in m)
σ_b	(kg/cm²)	Biegespannung
τ_t	(kg/cm²)	Drehspannung

Erläuterungen zu Tafel 17/5:

Die *zulässige Spannung* ist gerade bei den Achsen und Wellen wegen der ganz verschiedenen Kerbwirkung an den einzelnen Querschnitten (glatte Welle, Absatz, Nabenwirkung, Querloch) sehr unterschiedlich, so daß man gut tut, die jeweilige Nutzfestigkeit σ_N (s. S. 59) für den jeweiligen Belastungsfall (ruhend, schwellend, wechselnd) näher zu bestimmen und hiernach die zulässige Spannung anzusetzen, wie es auch die Berechnungsbeispiele auf S. 59 zeigen.

Bei *Achsen* kann der erforderliche Durchmesser aus dem Biegemoment M_b und der zulässigen Biegespannung bestimmt werden, s. Berechnungsbeispiel 1.

Bei *Wellen*, die ja auf Drehung und Biegung beansprucht sind, wird häufig der Durchmesser aus dem Drehmoment M_t bestimmt, wobei die zusätzliche Biegespannung durch einen entsprechend niedrigen Ansatz der zulässigen Drehspannung τ_t (z. B. $\tau_t = 120$ kg/cm²) berücksichtigt wird. Für eine genauere Berechnung bestimmt man für den betreffenden Querschnitt aus M_t und M_b das Vergleichsmoment M_v und berechnet hierfür den erforderlichen Durchmesser mit Annahme einer zulässigen Biegespannung $\sigma_{b_{zul}}$. Man kann aber auch umgekehrt für einen bereits vorliegenden oder angenommenen Wellendurchmesser die Drehspannung $\tau_t = M_t/W_t$ und die Biegespannung $\sigma_b = M_b/W_b$ berechnen und nachprüfen, ob die hieraus nach S. 46 gebildete Vergleichsspannung $\sigma_v = \sqrt{\sigma_b^2 + (a \cdot \tau_t)^2} \leq \sigma_{b_{zul}}$ unter der zulässigen Biegespannung bleibt.

Die *Lagerzapfen* sind außerdem auf Flächenpressung $p_m = \frac{A}{L \cdot d}$ mit L als Auflagelänge nachzuprüfen (Erfahrungswerte s. S. 244). Für *ruhende* Auflage (Achsen) ist $p_m \approx 1000$ bis 1500 kg/cm² für St 50.11 auf St 37.11 zulässig.

Für *Wellen mit „fliegendem" Ritzel* (Bild 17/2) ist der aus der Zahnkraft P sich ergebende Biegewinkel β der Welle am Angriffspunkt von P nachzuprüfen, um Zahnbrüche zu vermeiden.

Bild 17/2. Welle mit „fliegendem" Ritzel.

Für *lange Wellenleitungen* soll häufig ein bestimmter Drehwinkel φ nicht überschritten werden, so daß dieser für die Wahl des Wellendurchmessers maßgebend wird. Ferner ist der größte Lagerabstand a meist begrenzt durch die zulässige Wellendurchbiegung f, bzw. Wellenneigung tg β infolge des Eigengewichtes.

Für *hochtourige Wellen* ($n > 1500$) bestimmter Maschinen ist noch die kritische Drehzahl n_K aus der *Biege*schwingung (bei Dampfturbinen), bzw. aus der *Dreh*schwingung (bei Kolbenmaschinen) der Welle nachzuprüfen. Sie soll möglichst weit (mindestens 10%) über, oder notfalls weit unter (bei Lavalturbinen) der Betriebsdrehzahl liegen. Die hierfür erforderliche Berechnung von Durchbiegung f, bzw. Drehwinkel φ kann rechnerisch erfolgen (s. Beispiel 3) oder graphisch (meist umständlicher!). Schwieriger ist die versteifende Wirkung der Naben, der Lager (s. Beiwert K in Tafel 17/5) und der Kreiselkräfte von Scheiben zu erfassen, durch die n_K erhöht wird. S. [*17/16*] bis [*17/20*].

Tafel 17/5. *Bemessung der Achsen und Wellen mit Rundquerschnitt.*
Genauer Ansatz der zulässigen Spannung s. Beispiele unter 17.3 und ferner S. 58.

Betrifft	Berechnung	Angaben
Achsen auf Biegung: (s. Beispiel 1)	Aus $M_b = W_b \cdot \sigma_b \approx 0{,}1\, d^3 \cdot \sigma_b$: $\boxed{d = 2{,}17 \sqrt[3]{\frac{M_b}{\sigma_b}}}$ (cm)	$\sigma_{b_{zul}}$ = 600 bis 1000 kg/cm² für ruhende Achsen, St 50.11 = 300 bis 600 kg/cm² für umlaufende Achsen, St 50.11
Wellen *überschlägig*:	Aus $M_t = W_t \cdot \tau_t \approx 0{,}2\, d^3 \cdot \tau_t$: $d = 1{,}72 \sqrt[3]{\frac{M_t}{\tau_t}} = 71 \sqrt[3]{\frac{N_{PS}}{n\, \tau_t}}$	$\tau_{t_{zul}}$ = 120 kg/cm² für Transmissionswellen, St 42.11 = 200 bis 400 für Hebezeugwellen, St 50.11
Für $\tau_t = 120$ kg/cm²:	$\boxed{d = 0{,}35 \sqrt[3]{M_t} = 14{,}4 \sqrt[3]{\frac{N_{PS}}{n}}}$ (cm)	= 50 bis 60 für Wasserradwellen, Eiche
Wellen auf *Biegung und Drehung*: (s. Beispiel 2)	Aus $M_v = \sqrt{M_b^2 + \left(\frac{a}{2} M_t\right)^2}$: $\boxed{d = 2{,}17 \sqrt[3]{b \cdot \frac{M_v}{\sigma_b}}}$ (cm) $b = 1$ für Vollwelle $b = \frac{1}{1 - (d_i/d)^4}$ für Hohlwelle $b = 1{,}065$ für $d_i/d = 0{,}5$	$\sigma_{b_{zul}}$ = 400 bis 600 kg/cm² für Hebezeugwellen, St 50.11 $\tau_{t_{zul}}$ = 300 bis 500 kg/cm² für Hebezeugwellen, St 50.11 $\sigma_{b_{zul}}$ = 1000 bis 1500 kg/cm² für Zahnstangenwinden, St 70 11 $\tau_{t_{zul}}$ = 600 bis 800 kg/cm² für Zahnstangenwinden, St 70 11 $a = \frac{\sigma_{b_{zul}}}{\tau_{t_{zul}}}$ { $a \approx 1$ für τ_t schwellend, σ_b wechselnd; $a \approx 1{,}7$ für τ_t wechselnd, σ_b wechselnd }
Welle mit *fliegendem Ritzel*: Für $\operatorname{tg} \beta = \frac{1}{1000}$:	$\operatorname{tg} \beta = \frac{a \cdot P}{E \cdot J}$ $\boxed{d \geqq 0{,}314 \sqrt[4]{P \cdot a}}$ (cm) mit J = konst. u. $E = 2{,}1 \cdot 10^6$ kg/cm²	$a = \frac{a_1 \cdot a_2}{3} + \frac{a_1^2}{2}$ a_1 = Abstand Ritzelmitte bis Lagermitte a_2 = Abstand der Lager, Bild 17/2
Lange Wellen: nach zulässigem Drehwinkel φ_m für $G = 8{,}1 \cdot 10^5$ kg/cm² und $\varphi_m = \frac{1}{4}$ °/m:	Aus $\varphi_m = \frac{18\,000\, M_t}{\pi \cdot G \cdot J_t}$; $J_t = \frac{\pi d^4}{32}$ $d = 15{,}5 \sqrt[4]{\frac{M_t}{G \cdot \varphi_m}}$ $\boxed{d = 0{,}73 \sqrt[4]{M_t} = 12 \sqrt[4]{\frac{N_{PS}}{n}}}$ (cm)	Außerdem: *Lagerabstand* $a \leqq 100 \sqrt{d}$ (cm) für vielfach gelagerte Wellen, entsprechend Durchbiegung durch Eigengewicht $f = 0{,}16$ mm *Lagerabstand* $a \leqq 50 \sqrt[3]{d^2}$ (cm), entsprechend $\operatorname{tg} \beta = 1/1000$
Kritische Drehzahl n_K (1/min) (s. Beispiel 3)	*Biegeschwingung*: $\boxed{n_K = 300\, K \sqrt{1/f}}$	Bei *mehreren* aufsitzenden Massen 1, 2 ⋯ ist[1] $f \approx f_1 + f_2 + \cdots$ (cm), wobei die Durchbiegung $f_1, f_2 \cdots$ *einzeln* für jedes Massengewicht als Belastung bestimmt wird. $K = 1$ bei frei aufliegender Welle oder Achse $K = 1{,}3$ bei beiderseits eingespannter Welle oder Achse $K = 0{,}9$ bei einseitig fliegender Welle
	Drehschwingung: [2] $\boxed{n_K = \frac{30}{\pi} \sqrt{\frac{c}{J_m}}}$ $\frac{1}{c} = \frac{\varphi}{M_t} = \frac{32}{\pi G} \left(\frac{L_1}{d_1^4} + \frac{L_2}{d_2^4} + \cdots \right)$	Bei *abgesetzter* Welle ist $L = L_1 + L_2 + \cdots$ (cm) die wirksame drehfedernde Länge, bestehend aus den Längen $L_1, L_2, \cdots$ der Absätze mit den Durchmessern $d_1, d_2, \cdots$

[1] Formel von DUNKERLEY für die krit. Drehzahl 1. Ordnung, wonach bei frei aufliegenden Wellen n_K bis 4% zu niedrig ermittelt wird (s. DUBBEL, Taschenbuch f. d. Maschinenbau [1943] Bd. 1, S. 239). Ermittlung von f_1 und f_2 s. Beispiel 3.

[2] Für Vollzylinder mit Durchm. D u. Länge L in m ist $J_m = 10\, D^4 \cdot L \cdot \gamma$ (kgms²) mit $\gamma = 7{,}8$ für Stahl.

17.3. Berechnungsbeispiele.

Beispiel 1: *Laufradachse aus St 50.11, nach Bild 17/3,* Radkraft $P = 2000$ kg.

Ausführung a: Laufrad auf *umlaufender* Achse befestigt und fliegend gelagert,

$a_1 = 5$ cm, $a_2 = 10$ cm.

Im Querschnitt 1 ist $M_{b1} = P \cdot a_1 = 2000 \cdot 5 = 10\,000$ kgcm und $d_1 = 2{,}17 \sqrt[3]{M_b/\sigma_{b\,1\,zul}} = 2{,}17 \cdot 3{,}2 \approx$ **7 cm** für $\sigma_{b\,1\,zul} = 300$ kg/cm² (Wechselspannung und Kerbwirkung der Nabe!); genauer ist nach S. 59 und 56 $\sigma_{b\,1\,zul} = \frac{\sigma_{bW_{10}} \cdot b}{S_N \cdot C} = \frac{11 \cdot 0{,}65}{1{,}5 \cdot 1{,}5} \cdot 10^2 =$ **320 kg/cm²** mit $\sigma_{bW_{10}} = 11$ kg/mm² (Kurve *12* in Bild 3/27, S. 56); $b = 0{,}65$, $S_N = 1{,}5$, $C = 1{,}5$ für Stöße.

Im Querschnitt 2 ist $M_{b_2} = P \cdot a_2 = 2000 \cdot 10 = 20\,000$ cmkg. Nach Bild 3/27, Kurve *3* (glatte Welle, fein geschlichtet) ist hierfür $\sigma_{bw_{10}} = 21$ kg/mm², so daß $\sigma_{b_2\,zul} = \frac{\sigma_{bW\,10} \cdot b}{S_N \cdot C} = \frac{21 \cdot 10^2 \cdot 0{,}65}{1{,}5 \cdot 1{,}5} = 610$ kg/cm² und $d_2 = 2{,}17 \sqrt[3]{20\,000/610} =$ **7 cm** wird.

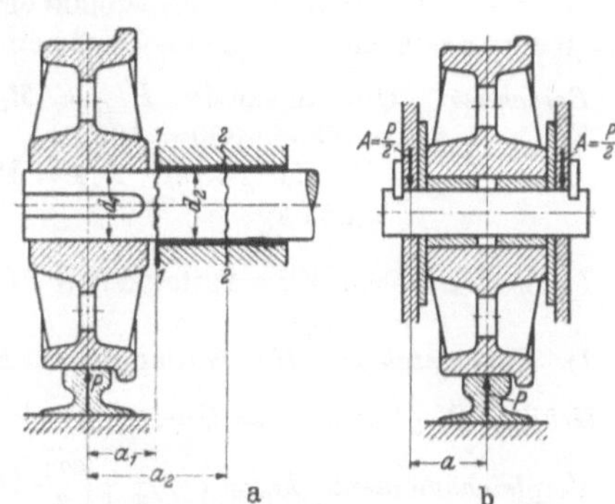

Bild 17/3. Beispiel Radachse (ohne M_t!). a) umlaufend und fliegend gelagert, b) ruhend und beiderseitig gelagert.

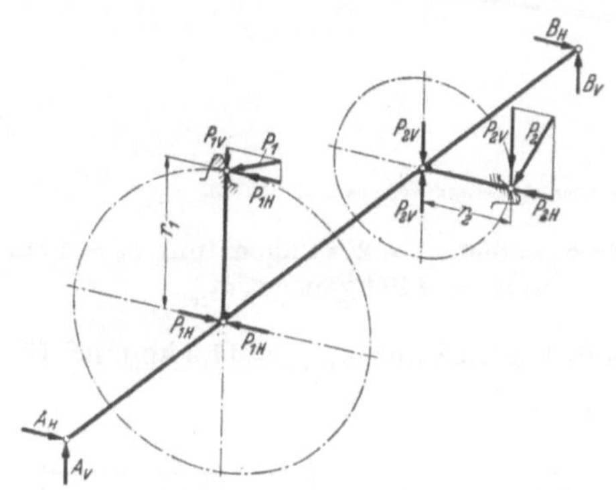

Ausführung b: Laufrad auf *ruhender Achse,* glatt durchgehend, beiderseitig gelagert, $a = 7$ cm. $M_b = A \cdot a = P \cdot a/2 = 2000 \cdot 7/2 = 7000$ kgcm in Achsmitte; $\sigma_{b_{zul}} = \sigma_{b_2\,zul} \cdot 1{,}8 = 1100$ kg/cm² (für Schwellspannung statt Wechselspannung), so daß $\boldsymbol{d} = 2{,}17 \sqrt[3]{\frac{7000}{1100}} =$ **4,0 cm.** Eine ruhende und beiderseitig gelagerte Achse kann also erheblich dünner gehalten werden als eine umlaufende und fliegend gelagerte, da das Biegemoment geringer und die zulässige Spannung höher wird.

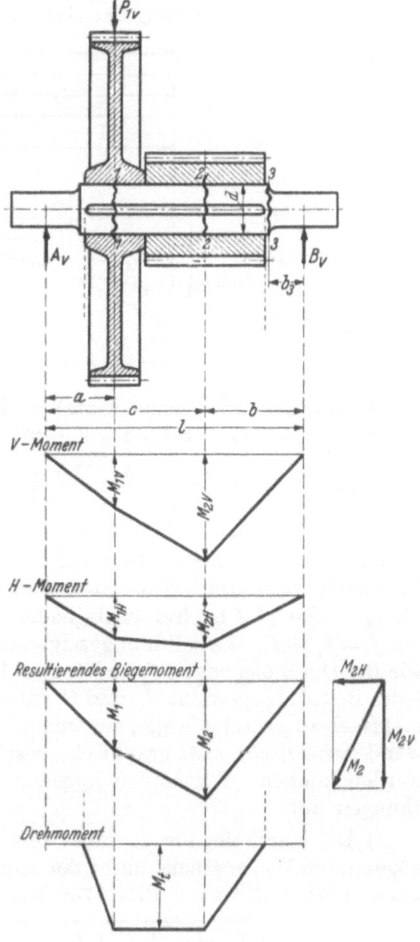

Bild 17/4. Beispiel Getriebewelle.

Beispiel 2: *Getriebewelle aus St 50.11 nach Bild 17/4.*

Gegeben: Drehmoment $M_t = 6000$ cmkg, 20° - Verzahnung ($\alpha = 20°$), $r_1 = 20$ cm, $r_2 = 6$ cm, $a = 8$ cm, $b = 12$ cm, $l = 30$ cm.

Berechnet: Umfangskraft $P_{1H} = M_t/r_1 = 300$ kg; Radialkraft $P_{1V} = \text{tg}\,\alpha \cdot P_{1H} = 0{,}364 \cdot 300 = 109$ kg;
Umfangskraft $P_{2V} = M_t/r_2 = 1000$ kg; Radialkraft $P_{2H} = \text{tg}\,\alpha \cdot P_{2V} = 364$ kg.

In Vertikalebene V: Auflagekraft $B_V = \dfrac{P_{1V} \cdot a + P_{2V} \cdot c}{l} = 630$ kg

In Horizontalebene H: Auflagekraft $B_H = \dfrac{P_{1H} \cdot a + P_{2H} \cdot c}{l} = 298$ kg

$B = \sqrt{B_V^2 + B_H^2} = 696$ kg

Größtes Biegemoment im Querschnitt 2: $M_2 = B \cdot b = 8350$ kgcm.

Vergleichsmoment: $M_v = \sqrt{M_2^2 + \left(\frac{a}{2} \cdot M_t\right)^2} = 8900$ kgcm für $a = \sigma_{b_{zul}} / \tau_{t_{zul}} \approx 1{,}0$ bei σ_b wechselnd und τ_t schwellend.

Ergebnis: $d = 2{,}17 \sqrt[3]{M_v/\sigma_{b_{zul}}} = \mathbf{6{,}65}$ **cm,** mit $\sigma_{b_{zul}} = 320$ kg/cm², wie im Beispiel 1 für Kerbwirkung der Nabe usw. gezeigt.

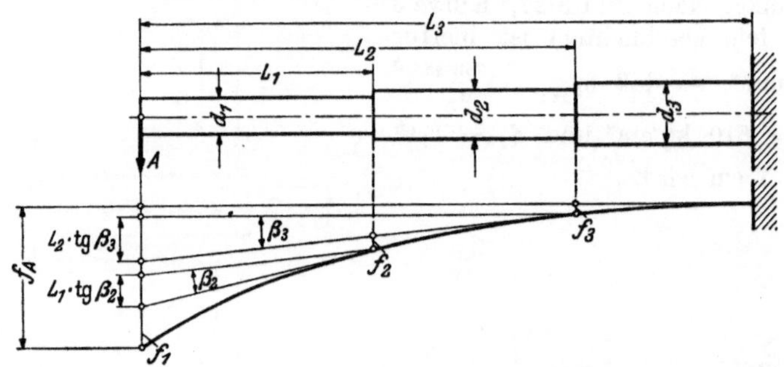

Bild 17/5. Zur Berechnung der Durchbiegung f_A einer abgesetzten Welle nach Gl. (1) u. (2).

Im Querschnitt 3 (Wellenabsatz) ist $M_3 = B \cdot b_3 = 696 \cdot 4 = 2784$ kgcm mit $b_3 = 4$ cm und $d = 4$ cm, $W_b = \pi\, d^3/32 = 6{,}3$ cm³ und $\sigma_b = M_b/W_b = 440$ kg/cm² $\leq \sigma_{b_{zul}}$.

Geprüft: $\sigma_{b_{zul}} = \dfrac{\sigma_{bW\,10} \cdot b}{S_N \cdot C} = \dfrac{17{,}5 \cdot 0{,}75 \cdot 10^2}{1{,}3 \cdot 1{,}5} = 670$ kg/cm² mit $\sigma_{bW\,10} = 17{,}5$ kg/mm² für St 50, Kurve *6* Bild 3/27 und $b = 0{,}75$ für $d = 4$ cm.

Beispiel 3: *Kritische Drehzahl* n_K einer Motorwelle nach Bild 17/8. Nach Tafel 17/5 ist $n_K = 300 \sqrt{1/f}$ bei frei aufliegender Welle mit $f = f_1 + f_2$. Es soll nun gezeigt werden, wie die Durchbiegungen f_1 und f_2 einzeln für jedes Belastungsgewicht G_1 und G_2, auch bei mehrfach abgesetzter Welle, mit weniger Aufwand *rechnerisch*, statt graphisch, bestimmt werden können. Wir stellen folgende Gleichungen auf:

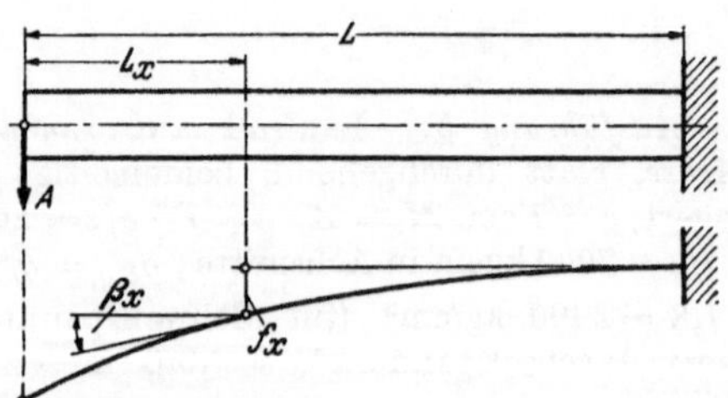

Bild 17/6. Zur Berechnung von Durchbiegung f_x und Neigungswinkel β_x an beliebiger Stelle einer glatten Welle nach Gl. (2) u. (3).

1) Die Durchbiegung f_A eines mehrfach abgesetzten Wellenstücks unter der Auflagekraft A setzt sich nach Bild 17/5, wie folgt, zusammen:

$$\boxed{f_A = f_1 + f_2 + f_3 + \cdots + \text{tg}\,\beta_2 \cdot L_1 + \text{tg}\,\beta_3 \cdot L_2 + \cdots} \quad \text{(cm).} \qquad (1)$$

2) An beliebiger Stelle x eines eingespannten glatten Stabes (Bild 17/6) ist

die Durchbiegung $$\boxed{f_x = \frac{A \cdot L^3}{E \cdot J \cdot 6}\left[2 - 3\frac{L_x}{L} + \frac{L_x^3}{L^3}\right]} \text{ (cm)} \tag{2}$$

und die Neigung $$\boxed{\operatorname{tg} \beta_x = \frac{A \cdot L^3}{2\, E \cdot J}\left(\frac{1}{L} - \frac{L_x^2}{L^3}\right)} \quad (-) \tag{3}$$

3) Ersetzt man in Gl. (1) die Einzelgrößen f_1, f_2 ... und tg β_2, tg β_3 ... durch die entsprechenden Ausdrücke der Gl. (2) und (3) für jeden Wellenabsatz der Welle nach Bild 17.5, so erhält man mit Einsatz von $J = \pi \cdot d^4/64$[1]:

$$\boxed{f_A = \frac{A \cdot 6{,}8}{E}\left[\frac{L_1^3}{d_1^4} + \frac{L_2^3 - L_1^3}{d_2^4} + \frac{L_3^3 - L_2^3}{d_3^4} + \cdots\right]} \text{ (cm)}. \tag{4}$$

4) Für eine frei aufliegende, mehrfach abgesetzte Welle ist dann die Durchbiegung f_1 unter dem Belastungsgewicht G_1 nach Bild 17/7:

$$\boxed{f_1 = f_A + \frac{f_B - f_A}{L/L_A}} \text{ (cm)}, \tag{5}$$

wobei f_A die Durchbiegung unter der Auflagekraft A_1 der bei G_1 eingespannt gedachten Welle und f_B die Durchbiegung unter der Auflagekraft B_1 der bei G_1 eingespannt gedachten Welle ist. Ebenso kann f_2 unter dem Belastungsgewicht G_2 bestimmt werden.

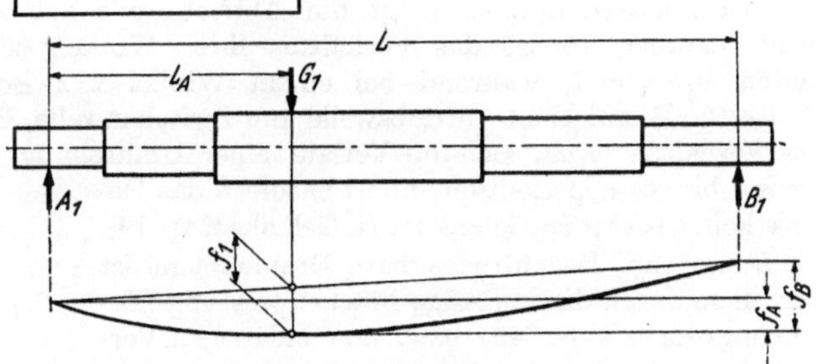

Bild 17/7. Zur Berechnung von Durchbiegung f_1 einer abgesetzten Welle aus f_A und f_B nach Gl. (5).

5) *Zahlenbeispiel* (Welle nach Bild 17/8).

Unter dem Belastungsgewicht $G_1 = 1500$ kg:

$$A_1 = G_1 \cdot (L - L_3)/L = 1500 \cdot 87{,}5/144 = 910 \text{ kg}; \quad B_1 = G_1 - A_1 = 590 \text{ kg}$$

nach Gl. (4): $$f_A = \frac{910 \cdot 6{,}8}{2{,}1 \cdot 10^6}\left[\frac{14{,}8^3}{15^4} + \frac{27{,}3^3 - 14{,}8^3}{22{,}5^4} + \frac{56{,}5^3 - 27{,}3^3}{25^4}\right] = \frac{16{,}0}{10^4} \text{ cm}$$

$$f_B = \frac{590 \cdot 6{,}8}{2{,}1 \cdot 10^6}\left[\frac{11{,}5^3}{15^4} + \frac{24^3 - 11{,}5^3}{22{,}5^4} + \frac{87{,}5^3 - 24^3}{25^4}\right] = \frac{33{,}3}{10^4} \text{ cm}$$

nach Gl. (5): $$f_1 = \frac{16{,}0}{10^4} + \frac{33{,}3 - 16{,}0}{10^4 \cdot 144/56{,}5} = \frac{22{,}78}{10^4} \text{ cm}.$$

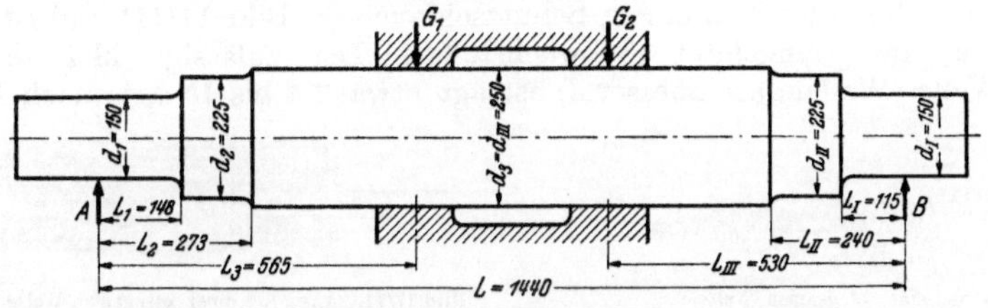

Bild 17/8. Zum Beispiel 3. Welle eines Elektromotors; Maße (mm).

Unter dem Belastungsgewicht $G_2 = 1500$ kg:

$$A_2 = G_2 \cdot L_{III}/L = 1500 \cdot 53/144 = 552 \text{ kg}; \quad B_2 = G_2 - A_2 = 948 \text{ kg}.$$

nach Gl. (4): $$f_A = \frac{552 \cdot 6{,}8}{2{,}1 \cdot 10^6} \cdot \left[\frac{14{,}8^3}{15^4} + \frac{27{,}3^3 - 14{,}8^3}{22{,}5^4} + \frac{91^3 - 27{,}3^3}{25^4}\right] = \frac{35{,}9}{10^4} \text{ cm}$$

$$f_B = \frac{948 \cdot 6{,}8}{2{,}1 \cdot 10^6}\left[\frac{11{,}5^3}{15^4} + \frac{24^3 - 11{,}5^3}{22{,}5^4} + \frac{53^3 - 24^3}{25^4}\right] = \frac{12{,}95}{10^4} \text{ cm}$$

[1] Für *kegelige* Wellenstücke s. Biegefeder S. 189.

nach Gl. (5): $f_2 = \frac{35,9}{10^4} + \frac{12,95 - 35,9}{10^4 \cdot 144/91} = \frac{21,4}{10^4}$ cm

Ergebnis: $f = f_1 + f_2 = \frac{22,78 + 21,4}{10^4} = \frac{44,18}{10^4}$ cm

Kritische Drehzahl $n_K = 300 \sqrt{10^4/44,18} = \mathbf{4520}$ (l/min).

17.4. Gelenkwellen und biegsame Wellen.

Wir verwenden sie zur Verbindung von Wellen, die ihre Lage zueinander ändern, und zwar bei größeren Drehmomenten (z. B. bei Werkzeugmaschinen) *Gelenkwellen*, während bei kleinen Drehmomenten und hohen Drehzahlen *biegsame* Wellen vorgezogen werden (z. B. bei handgeführten Bohr- und Schleifspindeln, bei Tachometerantrieben u. dgl.)[1].

1) Bei den *Gelenkwellen* (Bild 17/9) wird die Neigbarkeit durch drehfeste, kardanartige Gelenke [2] erreicht, während die Längsbeweglichkeit meist durch Zwischenschaltung ineinander verschiebblicher Wellen mit Drehmomentübertragung durch Nut und Feder, oder Vielnut- oder K-Profil erreicht wird (Teleskopwellen).

Bewegungsverhältnisse. Liegt die Abtriebswelle zur Antriebswelle parallel, so ist das Verhältnis ihrer Winkelgeschwindigkeiten $\omega_2/\omega_1 = 1$, während bei einem Winkel α zwischen den Wellen (z. B. zwischen Antriebswelle und Zwischenwelle, Bild 17/9) das Verhältnis ω_2/ω_1 sich im Verlauf einer Umdrehung zwischen $1/\cos\alpha$ bis $\cos\alpha$ periodisch ändert [3], sofern das Gelenk kein *Gleichgang*-Gelenk ist (s. Gelenke Kap. 19).

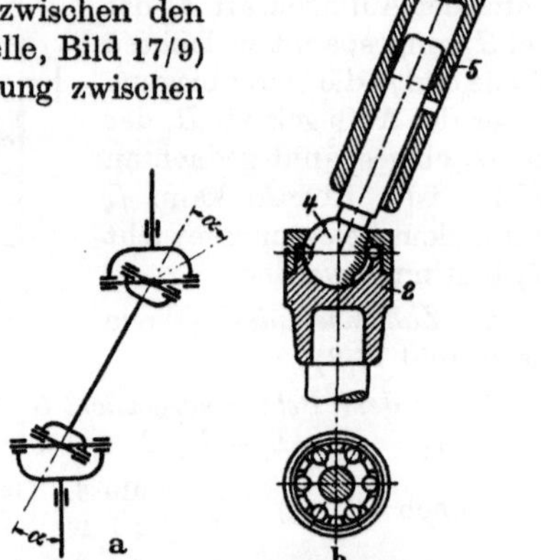

Bild 17/9. Gelenkwelle. a) Schema, b) Ausführung, *1* Antrieb, *2* Abtrieb, *3* und *4* drehfeste Gelenke, *5* Teleskop-Zwischenwelle mit Nut und Feder.

Bemessung. Das übertragbare Drehmoment ist vor allem durch die zulässige Flächenpressung (Erfahrungswerte s. S. 245) bzw. den zulässigen Verschleiß an den Druckstellen der Gelenke begrenzt.

2) *Die biegsamen Wellen* (Bild 17/10) bestehen aus schraubenförmig gewundenen Drähten, die in mehreren Lagen mit entgegengesetzter Schlagrichtung übereinander gewickelt sind. Die übertragbare Leistung ist am größten, wenn die äußere Drahtlage sich bei der Kraftübertragung auf der nächsten Drahtlage festzieht (in entgegengesetzter Richtung sind nur etwa 40 % der Nennleistung übertragbar!). Also Drehrichtung bei Bestellung angeben!

Die biegsame Welle läuft in einem Schutzschlauch (s. Bild 17/11) und ist in der Anschlußwelle durchweg eingelötet (Schwachstelle!). Der zulässige kleinste Biegehalbmesser der Welle (Wellendurchmesser *d*) beträgt etwa 7 *d* bis 15 *d*, je nach Drahtdicke.

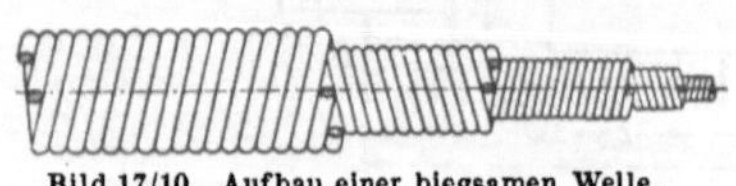

Bild 17/10. Aufbau einer biegsamen Welle.

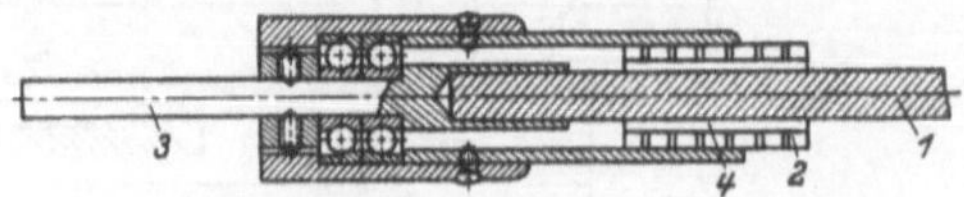

Bild 17/11. Anschluß einer biegsamen Welle. *1* biegsame Welle, *2* Schutzschlauch, *3* Anschlußwelle, *4* Fettfüllung.

Bemessung. Die drehmomentübertragenden Drahtlagen werden auf *Zug* beansprucht, sobald sie auf der unteren Drahtlage fest aufliegen. Bei gebogener Lage der Welle kommt

[1] Für sehr geringe Kräfte werden auch hintereinander geschaltete *Schnurtriebe* verwendet, die in gelenkig verbundenen Rahmen gelagert, noch leichter beweglich sind (Bohrmaschinen für Zahnärzte).

[2] Gelenke s. Kap. 19.

[3] Benutzbar zur Erzeugung sinusförmig schwankender Winkelgeschwindigkeiten oder Drehmomente bei gleichförmigem Antrieb.

hierzu noch Wechsel-Biege- und Drehspannung. Trotzdem kann man überschlägig das übertragbare M_t aus $M_t = z \cdot \pi\, \delta^3\, \tau_{t_{zul}}/16$ berechnen mit Drahtdurchmesser δ, Anzahl z der tragenden Drähte und Ansatz von $\tau_{t_{zul}}$ entsprechend den Betriebsumständen (Drehzahl und Biegehalbmesser der Welle). Siehe Tafel 17/6.

Tafel 17/6. *Übertragbare Leistung (PS) von biegsamen Wellen* [1].

Wellen-durchmesser d mm	Drehzahl n							
	250	500	800	1000 · 1200	1400 · 1500	2000 · 2250	3000	6000
3,25	—	—	—	1/100	1/50	1/40	1/30	1/20
4 ··· 5	—	—	1/100	1/50	1/40	1/30	1/20	1/15
6 ··· 8	1/100	1/60	1/50	1/40	1/30	1/20	1/15	1/10
9	1/50	1/40	1/30	1/15	1/10	1/6	1/5	1/4
10	1/20	1/15	1/10	1/6	1/5	1/4	1/3	1/2
11···12	1/10	1/6	1/5	1/4	2/5	1/2	3/4	1
15	1/6	1/5	1/4	1/3	1/2	3/4	1	1 1/2
20	1/5	1/3	1/2	3/4	1	1 1/2	2	—
25	1/3	1/2	3/4	1 1/4	1 3/4	2 1/2	3	—

17.5. Schrifttum (s. auch Schwingungsfestigkeit S. 60).

[17/1] LEHR, E.: Spannungsverteilung in Konstruktionselementen. Berlin, VDI-Verlag 1934; Dauerhaltbarkeit von Ritzelwellen. Z. VDI Bd. 81 (1937) S. 117; Festigkeit und Formgebung. Konstruktionstagung Stuttgart, Landesgewerbemuseum 1936.

[17/2] LEHR, E. u. R. MAILÄNDER: Einfluß von Hohlkehlen an abgesetzten Wellen und von Querbohrungen auf die Biegewechselfestigkeit. Arch. Eisenhüttenwes. 11 (1938) S. 563.

[17/3] HEROLD, W.: Versuche über Drehschwingungsfestigkeit abgesetzter, genuteter und durchbohrter Wellen. Z. VDI Bd. 81 (1937) S. 505.

[17/4] ULRICH, M.: Verdrehfestigkeit und Verschleiß von Keilwellen. Forschungsarbeiten für das Kraftfahrwesen — Versuchsbericht 1935 Nr. 11.

[17/5] ULRICH, M.: Sind Brüche von Kraftwagen-Hinterachswellen Dauerbrüche? Z. VDI Bd. 80 (1936) S. 181.

[17/6] KÜHNEL, R.: Achsbrüche bei Eisenbahnfahrzeugen und ihre Ursachen. Glasers Ann. 1932 S. 49.

[17/7] OSCHATZ, H.: Gesetzmäßigkeiten des Dauerbruches und Wege zur Steigerung der Dauerhaltbarkeit. Mitt. dtsch. Mat.-Prüf.-Anst. an der TH. Darmstadt 1933.

[17/8] THUM, A. u. F. WUNDERLICH: Zur Festigkeitsberechnung von Fahrzeugachsen. Z. VDI Bd. 78 (1934) S. 823.

[17/9] THUM, A. u. F. WUNDERLICH: Dauerbiegefestigkeit von Konstruktionsteilen an Einspannungen, Nabensitzen und ähnlichen Kraftangriffsstellen. Mitt. d. Mat.-Prüf.-Anst. an der TH. Darmstadt 1934 H. 5.

[17/10] BERG, P: Die Steigerung der Dauerhaltbarkeit von Keilverbindungen durch Oberflächendrücken. Diss. TH. Braunschweig 1935.

[17/11] THUM, A. u. H. WEISS: Versuche zur Steigerung der Verdrehdauerhaltbarkeit quergebohrter Wellen durch Kaltverformung. Automob.-techn. Z. 41 (1938) S. 629.

[17/12] THUM, A. u. W. BAUTZ: Der Entlastungsübergang. Forschg. u. Fortschr. 6 (1935) S. 269.

[17/13] THUM, A. u. E. BRUDER: Dauerbruchgefahr an Hohlkehlen von Wellen und Achsen und ihre Verminderung. Dtsch. Kraftfahrtforsch. H. 11. Berlin: VDI-Verlag 1938.

[17/14] THUM, A. und E. BRUDER: Flanschwellen-Dauerbrüche und ihre Ursachen. Dtsch. Kraftfahrtforsch. H. 41. Berlin 1940. Auszug s. Z. VDI Bd. 84 (1940) S. 542.

[17/15] — (Wellenbrüche.) Masch.-Schad. 15 (1938) S. 47; (Laufradwelle, Portalkran.); S. 73 (Hinterachsen von Kraftwagen); S. 126 (Hauptwellen von Kreiselbrechern.)

Kritische Drehzahl (s. auch Schrifttum S. 203).

[17/16] LEHR, E.: Schwingungstechnik. Bd. I und II. Berlin: Springer 1930 u. 1933.

[17/17] WAIMANN, K.: Zeichnerisches Verfahren zur Berechnung von Wellen auf Drehschwingungen. Z. VDI Bd. 78 (1934) S. 1083.

---

[1] Nach Fa. A. Schneider, Berlin N 65.

[17/18] HOLBA, J.: Berechnungsverfahren zur Bestimmung der kritischen Drehzahlen von geraden Wellen. Wien: Springer 1936.

[17/19] KARAS, K.: Die krit. Drehzahlen wichtiger Rotorformen. Wien: Springer 1935.

[17/20] SCHILHANSL, M.: Beitrag zur genäherten Ermittlung der Biegeeigenfrequenzen mehrfach abgesetzter und mehrfach gelagerter Wellen. Ing.-Arch. 10 (1939) S. 182.

[17/21] DÜBBERS: Ermittlung der Durchbiegung elastischer Wellen. Die Technik Bd. 3 (1948) S. 21.

[17/22] DOREY, S. F.: Begrenzung der Drehschwingungsbeanspruchung in den Wellenleitungen von Schiffsölmaschinen. Konstruktion 1 (1949) S. 26 (für Schiffsschraubenwellen $\tau_{t_{zul}} = 280$ kg/cm²).

18. Verbindung von Welle und Nabe.

18.1. Überblick.

Auswahl: Zur Verfügung stehen uns *reib*schlüssige Verbindungen (Klemmsitz, Preßsitz, Kegelsitz), *form*schlüssige (Querstift, Paßfeder, Vielnut-, Kerbzahn- und K-Profil) und *vorgespannte form*schlüssige (Flachkeil, Nutenkeil, Rundkeil, Tangentkeil, K-Profil mit Preßsitz, Kegelsitz mit Paßfeder). Außerdem kann die Nabe auf der Welle auch hart *aufgelötet*[1] und gegebenenfalls auch *angeschweißt* werden, wenn sie nicht lösbar zu sein braucht.

Neben den im Maschinenbau am meisten verwendeten *Paßfeder-* und *Nutenkeil*verbindungen und neben den *Querstift*verbindungen für geringere Drehmomente finden heute die *Vielnutprofile* und ferner die *Kerbzahn-* und *K-Profile* für große und stoßhafte Drehmomente immer mehr Anwendung, besonders bei Serien- und Massenfertigung, wo die für ihre Herstellung erforderlichen Sondereinrichtungen tragbar sind. Eine viel ausgedehntere Anwendung werden auch die *Preßsitze* finden, nachdem die Zusammenhänge hinsichtlich Herstellung, Wahl der Passung, übertragbare Kraft und Lösbarkeit durch Versuche genügend geklärt sind.

Vergleich der *Herstellungskosten* s. Tafel 18/3.

Geeignet sind

für *kleinere* Drehmomente: Querstifte und Klemmsitze, Scheibenfedern und Hohlkeile;

für *einseitige* Drehmomente: Querstifte und Paßfedern;

für *wechselseitige* Drehmomente: Keil-, Klemm- und Preßsitze;

für *große, wechselseitige* oder *stoßhafte* Drehmomente: Querpreßsitze (Schrumpfsitze), Tangentkeile, Vielnut- und K-Profile mit Preßsitz;

für *kurze Naben bei großen* Drehmomenten: Schrumpfsitze mit Carborundpulver, Vielnut-, Kerbzahn- und K-Profile;

für *verschiebbare* Naben oder Wellen: Gleitfedern und Vielnutprofile;

für *leicht lösbare* Naben: Klemmsitze, Kegelsitze, Kegelbüchsen, Paßfeder, Nasenkeil, Vielnut-, Kerbzahn- und K-Profile; bei einseitigem Drehmoment auch Gewinde mit Längsanlage der Nabe am Wellenabsatz (Beispiel Spannfutter bei Drehbänken);

für *nachträglich* auf glatte Wellen aufzubringende Naben: Hohlkeil, Klemmsitze, Kegelbüchsen;

für *in Drehrichtung verstellbare* Naben: Hohlkeil, Klemmsitze, Kegelsitze, Kegelbüchse und Kerbzahnprofil;

für *dünnwandige* Naben: Kerbzahnprofile, bei einseitigem Drehmoment auch Gewinde mit Längsanlage der Nabe am Wellenabsatz.

Festigkeit: Jede drehfeste Verbindung von Welle und aufgesetzter Nabe bringt eine Herabsetzung der Wellenfestigkeit (Kerbwirkung) mit sich, so daß man zweckmäßig den Wellendurchmesser im Nabensitz verstärkt (etwa 1,3 d), oder die Welle dort durch Härten

---

[1] Das Lot zieht sich bei reduzierender Ofenlötung selbsttätig in die Fuge. Näheres s. [8/13] S. 142.

oder Oberflächendrücken verfestigt. So betrug nach Versuchen von THUM [1] die Biegewechselfestigkeit [2] von 14—18 mm dicken Wellen aus St 50.11: beim glatten Stab 24,5 kg/mm²;

bei Welle mit auslaufender Keilnut 19,5; mit Paßfeder in Nut 14,5;
ohne Keilnut mit Nabe 13,0; mit Keilnut, Keil und Nabe 9,5 bis 10,5 kg/mm².

Bei anderen Versuchen mit einem Si-Mn-Stahl ($\sigma_B = 56$) betrug die Biegewechselfestigkeit (bzw. Drehwechselfestigkeit): am glatten Stab 30,5 (18) kg/mm²;
mit aufgepreßter Nabe 14,2 (14,7); wie vorher aber Nabensitz gewalzt 27,8 (18);
wie vorher aber Nabensitz mit Brennstrahl gehärtet > 40 (18).

Siehe hierzu auch in Bild 3/27, S. 56 die Biegewechselfestigkeit von Wellen mit aufgekeilter und aufgepreßter Nabe.

Eine geringe Erhöhung der Dauerfestigkeit (etwa 10%) erreicht man, wenn man nach Bild 4/8 u. 4/9 S. 73 die Nabendicke zu den Nabenenden hin abnehmen läßt und beim Kegelsitz, wenn man die Nabe überstehen läßt.

Nabenmaße: Anhaltswerte bietet Tafel 18/1. Außerdem sind in Tafel 18/6 bis 18/11 Anhaltswerte für das übertragbare Drehmoment je mm Nabenlänge angegeben; es ist am größten für die Kerbverzahnung, der die Vielnut-, K-Profil-, Tangentkeil- und Schrumpfsitze folgen.

Tafel 18/1. *Anhaltswerte für Nabenlänge* l (cm) und *Nabendicke* s (cm) bei **Stahlwelle (St 42)** in Abhängigkeit vom Drehmoment M_t (cmkg). Für Keilwellen ist l die tragende Nutenlänge bei einseitigem M. Bei wechselseitigem M_t und seitlichen Kippkräften l größer nehmen.

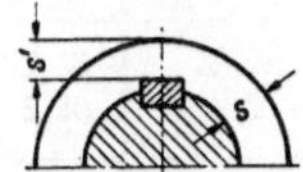

$l \approx x \cdot \sqrt[3]{M_t}$ überschlägig: $s \approx y \cdot \sqrt[3]{M_t}$

genauer: $s' \approx y' \cdot \sqrt[3]{M_t}$

Verbindung	GG-Nabe			St- oder GS-Nabe		
	x	y	y'	x	y	y'
Schrumpf-, Preß-, Kegelsitz	0,42 ··· 0,53	0,21 ··· 0,30	0,21 ··· 0,30	0,21 ··· 0,35	0,18 ··· 0,26	0,18 ··· 0,27
Keil, Paßfeder, Klemmsitz	0,53 ··· 0,70	0,18 ··· 0,21	0,15 ··· 0,18	0,35 ··· 0,46	0,14 ··· 0,18	0,11 ··· 0,15
Keilwelle nach DIN 5462	0,34 ··· 0,42	0,14 ··· 0,18	0,13 ··· 0,16	0,21 ··· 0,30	0,125 ··· 0,16	0,11 ··· 0,15
Keilwelle nach DIN 5463	0,21 ··· 0,30	0,14 ··· 0,18	0,12 ··· 0,15	0,13 ··· 0,21	0,125 ··· 0,16	0,10 ··· 0,14
Keilwelle nach DIN 5464	0,14 ··· 0,21	0,14 ··· 0,18	0,11 ··· 0,14	0,08 ··· 0,13	0,125 ··· 0,16	0,09 ··· 0,13

Tafel 18/2. *DIN-Blätter* [3].

	DIN		DIN
Kegel	254	Flachkeile	491
Werkzeugkegel	228	Hohlkeile	492
Metrische Kegel	228	Tangentkeilnuten	271, 268
Morse Kegel	228	Rundkeile	30 525
Kegelige Wellenenden für Zahnräder und Kupplungen	749, 750		
		Keilwellen-, Keilnaben-Profile	5461
Paßfedern, Abmessungen, Anwendung	6885	„ „ leichte Reihe	5462
Scheibenfedern	6888	„ „ mittl. Reihe	5463
		„ „ schwer. Reihe	5464
		„ „ Toleranzen	5465
Keilstahl, gezogen	6880	„ „ mit 4 Keilen	5471
Keile, Abmess. u. Anwendung	6886	„ „ mit 6 Keilen	5472
Nasenkeile, Anwendung	6887	Zahnwellen-, Zahnnaben-Profile mit	
Flachkeile	6883, 6884	Evolventenfl.	5482
Hohlkeile	6881, 6889	Kerbverzahnungen	5481
Keile, Abmessungen und Anwendung	6886	Preßpassungen, Berechnung	7190

[1] BAUTZ, W.: Maschinenelemente-Tagung Aachen. S. 29. Berlin: VDI-Verlag 1936.
[2] Für $\tau_t = M_t/W_t$ mit $W_t = \pi d^3/16$ für den Vollquerschnitt der Welle.
[3] DIN-Blätter über *Stifte* s. S. 178.

Tafel 18/3. *Vergleich des Aufwandes* [1] zur Herstellung verschiedener Verbindungen von Welle mit Nabe bei 60 mm Wellendurchmesser und 80 mm Nabenlänge.

Nach Bild	Verbindung Welle/Nabe	Aufwand Zeit min	Aufwand Kosten DM
18/2d	Längspreßsitz	36,5	2,50
	Querpreßsitz	40,0	2,68
18/2 f	Kegelsitz	48,0	3,32
	Kegelsitz mit Paßfeder	57,7	4,18
	Kegelsitz mit Paßfeder, Endscheibe und Mutter	77,7	6,02
18/7 a	mit Kegelstift quer	43,8	3,00
	mit Kerbstift quer	40,8	2,79
18/7 b	mit Scheibenfeder	43,2	2,93
18/7 c	mit Einlege-Paßfeder	52,6	3,41
18/7 e	mit Vielnutprofil	60,2	4,65
	mit Vielnutprofil mit Endscheibe und Mutter	80,7	6,14
18/7 f	mit Kerbzahnprofil	62,2	3,23
	mit Kerbzahnprofil mit Endscheibe und Mutter	74,7	4,72
18/7 g	mit K-Profil	61,7	4,23
	mit K-Profil mit Endscheibe und Mutter	74,2	5,72
18/8 c	mit Einlegekeil	55,2	3,52
18/8 d	mit Nasenkeil	62,2	3,87
18/8 e	mit Tangentkeil	66,7	4,18
	mit Tangentkeil, geteilter Nabe und 2 Schrauben	102,7	6,77

Bezeichnungen für die Berechnungen.

(Bezeichnungen und Dimensionen für Tafelwerte s. die Tafeln.)

a	(cm)	axialer Preßweg
A	(kg)	Axialkraft
b	(cm)	Keilbreite
B	(—)	Beiwert (Tafel 18/4)
C	(—)	Beiwert (Tafel 18/4)
d	(cm)	Wellendurchmesser
d_a	(cm)	Außendurchmesser der Welle
d_i	(cm)	Innendurchmesser der Welle
d_1	(cm)	Bohrungsdurchmesser
D	(cm)	Nabendurchmesser
ε	(—)	Exponent, Tafel 18/4
E, E_1	(kg/cm²)	E-Modul der Welle, der Nabe
F_s	(cm²)	Sprengquerschnitt
H	(kg)	Haftkraft
H_R	(kg)	Rutschkraft
h	(cm)	Keildicke
i	(—)	Anzahl der Nuten
L	(cm)	tragende Länge
M_t	(cmkg)	Drehmoment
1/m	(—)	Querzahl
P	(kg)	Anpreßkraft
P_K	(kg)	Kippkraft
P_s	(kg)	Sprengkraft
p	(kg/cm²)	Flächenpressung
q, q_1, q_2		Beiwerte (Tafel 18/4)
t, t_1	(cm)	Nuttiefe
U	(kg)	Umfangskraft
$ü$	(cm)	Übermaß, $= d - d_1$
$ü_e$	(cm)	größtes elastisches Übermaß
$ü_f$	(cm)	Fügespiel
$ü_t$	(cm)	Wärmedehnung
$ü_v$	(cm)	Verlustmaß (Glättungsmaß)
$ü_H$	(cm)	Haft-Übermaß (wirksames Übermaß)
W_t	(cm³)	Dreh-Widerstandsmoment
$\alpha°$	(°)	Neigungswinkel
μ	(—)	Reibwert, $= \operatorname{tg} \varrho$
μ_H	(—)	Haftreibwert
μ_R	(—)	Rutschreibwert
ϱ	(°)	Reibwinkel
σ, σ_1	(kg/cm²)	Tangentialspannung der Welle, der Nabe an der Fuge (Bild 18/1, b)
σ_m, σ_{m1}	(kg/cm²)	mittlere Tangentialspannung der Welle (Bild 18/1, b)

[1] Die Vergleichskalkulation wurde von Prof. Dr.-Ing. O. Kienzle, TH. Hannover zur Verfügung gestellt. Beispielsweise rechnet er für die einzelnen Arbeitsgänge beim Längspreßsitz: Welle drehen 16 min (1,12 DM), Nabe bohren und reiben 18 min (1,26 DM), Nabe auf Welle pressen 2,5 min (0,12 DM). Weitere Einzelheiten siehe STN-Blatt 80 131 Seminar für technische Normung, TH. Hannover.

18.2. Reibschluß-Verbindungen.

1) Kräfte bei Klemmsitz (Bild 18/1). Bei allen Klemm- und Preßsitzen muß die Haftkraft H (Widerstand gegen Verdrehen oder Verschieben der Nabe), welche gleich der Summe der Reibkräfte $\Sigma\, P \cdot \mu$ ist, größer sein, als die zu übertragende Umfangskraft U an der Welle:

$$\boxed{H = \Sigma\, P \cdot \mu \geq U = 2\, M_t/d} \quad \text{(kg)}. \tag{1}$$

Bei gleichmäßig über den Umfang verteilter Anpressung (Flächenpressung p) ist

$$\boxed{H = \Sigma\, P \cdot \mu = \pi \cdot d \cdot L \cdot p \cdot \mu} \quad \text{(kg)}. \tag{2}$$

Mit Einsatz von $M_t = \tau_t \cdot W_t$ und $W_t = \pi\, d^3/16$ für die Vollwelle wird dann das erforderliche $\frac{L}{d} \geq \frac{1}{8 \cdot \mu} \frac{\tau_t}{p}$.

Die *Sprengkraft* P_s in der Nabe, d.h. die Zugkraft P_s im Längsmittelschnitt $F_s = (D - d)\, L$ der Nabe beträgt

$$\boxed{P_s = d \cdot L \cdot p \geq \frac{U}{\pi \cdot \mu} = \frac{2\, M_t}{\pi \cdot \mu \cdot d}} \quad \text{(kg)} \tag{3}$$

und die mittlere tangentiale Zugspannung in der Nabe: $\sigma_{m\,1} = P_s/F_s$ (kg/cm²).

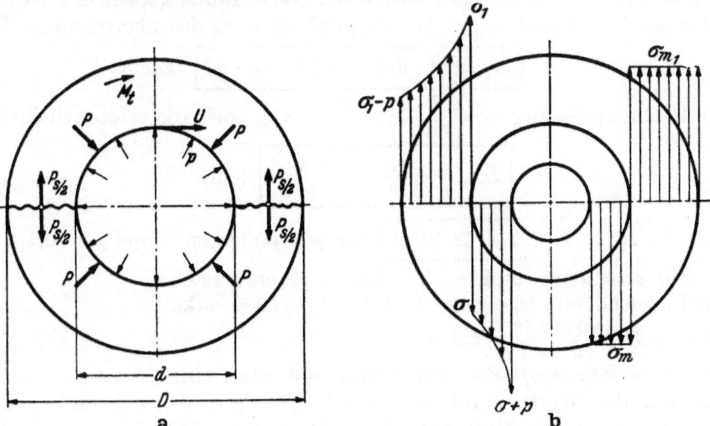

Bild 18/1. Kräfte (a) und Spannungen (b) bei Klemm- und Preßsitzen.

Erfahrungswerte:

Flächenpressung p = 300 bis 500 kg/cm² für GG gegen St;
= 500 bis 900 kg/cm² für St gegen St.

Haft-Reibwert[1] μ_H = 0,15 bis 0,3 je nach Schmierung (geölt bis trocken), Flächenpressung und Oberfläche;
μ_H bis 0,65, wenn Sitzflächen mit Carborundpulver eingerieben werden.

Rutsch-Reibwert $\mu_R \approx 0{,}5\, \mu_H$.

Ausführungen von Klemmsitzen. (Bild 18/2). Die Nabe ist meistens *geteilt* oder *geschlitzt* und die Klemmkräfte werden durch Schrauben, Kegelringe oder Schrumpfringe erzeugt, deren Gesamtquerschnitt F_s die Sprengkraft P_s (s. Gl. 3) aufnehmen muß.

Sicherheitshalber rechnet man mit dem Rutschreibwert (z.B. 0,075 s. oben).

[1] Es liegen nur Versuche für Preßsitze vor.

Beispiel: Geteilte Riemenscheibe (Bild 18/2b), Wellendurchmesser $d = 4$ cm, $M_t = 1500$ kgcm. Notwendige Gesamt-Schraubenkraft $P_s \geq \frac{2\,M_t}{\pi \cdot \mu_R \cdot d} = \frac{2 \cdot 1500}{\pi \cdot 0{,}075 \cdot 4} = 3180$ kg. Bei 4 Schrauben erhält man je Schraube 800 kg; gewählt Schraube M 18 nach Tafel 10/14.

Für $p = 300$ wird $L \geq \frac{P_s}{d \cdot p} = \frac{3180}{4 \cdot 300} = 2{,}67$ cm (wegen Unterbringung der Schrauben L erheblich größer!).

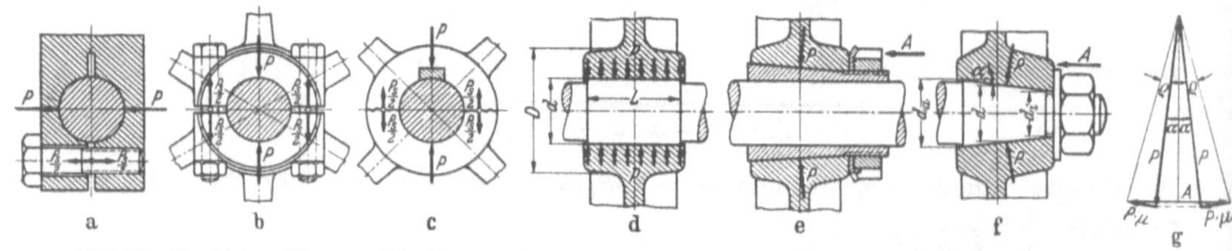

Bild 18/2. Verschiedene Klemm- und Preßsitze. a) Klemmsitz mit geschlitzter Nabe, b) mit geteilter Nabe, c) mit Hohlkeil, d) Preßsitz, e) Kegelsitz mit Kegelbüchse, f) Kegelsitz, g) Kräfte am Kegelsitz.

Ungeteilte Naben können durch *Hohlkeile* (Maße s. Tafel 18/6) aufgeklemmt werden. Die auf die Keilfläche $b \cdot L$ wirkende Preßkraft $P = p \cdot b \cdot L$ wirkt mindestens an 2 Stellen des Wellenumfangs, so daß die Haftkraft $H = 2\,P \cdot \mu \geq U = 2\,M_t/d$ gesetzt werden kann. Sie ist durch die Keil-Eintreibkraft $A \approx P\,(\mathrm{tg}\,\alpha + 2\,\mu) = \frac{M_t\,(\mathrm{tg}\,\alpha + 2\,\mu)}{d \cdot \mu} \approx \frac{2\,M_t}{d}$ begrenzt ($\mathrm{tg}\,\alpha = 1 : 100$). Setzt man wegen der Verformungsgefahr des Hohlkeils beim Eintreiben $A = \sigma_{\mathrm{zul}} \cdot b \cdot h$ und $\sigma_{\mathrm{zul}} = 1200$ kg/cm², so wird das übertragbare *Drehmoment*

$$\boxed{M_t \approx A \cdot d/2 \leq 600\,d \cdot b \cdot h^{1}} \text{ (kgcm)} \qquad (4),$$

und nach der Flächenpressung $p = \frac{P}{b \cdot L} \geq \frac{M_t}{d \cdot \mu \cdot b \cdot L}$ (kg/cm²) die erforderliche *Nabenlänge*

$$\boxed{L \geq \frac{M_t}{p \cdot d \cdot b \cdot \mu} = \frac{600 \cdot h}{p \cdot \mu}} \text{ (cm)} \qquad (5);$$

oder

$$\boxed{L \geq 12 \cdot h} \text{ für } p = 500 \text{ kg/cm}^2 \text{ und } \mu = 0{,}1.$$

Beispiel: Für $d = 4$ cm und $b \cdot h = 1{,}2 \cdot 0{,}35$ cm² nach Tafel 18/6, wird nach Gl. (4): $M_t \approx 600 \cdot 4 \cdot 1{,}2 \cdot 0{,}35 = \mathbf{1000}$ **cmkg** und nach Gl. (5): $L \geq \frac{600 \cdot 0{,}35}{500 \cdot 0{,}1} \geq \mathbf{4{,}2}$ **cm**.

Klemmsitz durch Kippkraft P_K: Nach Bild 18/3 kann eine Laufsitz-Nabe auf der Welle durch die Kippkraft P_K festgeklemmt werden, wenn die Haftkraft $H = 2\,P \cdot \mu \geq P_K$ ist. Mit Einführung des Kippmoments $P_K \cdot a = P \cdot L$, wird $H = 2\,P_K \cdot \mu \cdot a/L \geq P_K$. Hieraus ergibt sich $\frac{a}{L} = \frac{1}{2\mu}$. In diesem Fall liegt „*Selbsthemmung*“ vor. So muß z. B. für den Rutschreibwert $\mu_R = 0{,}075$ $\frac{a}{L} = \frac{1}{0{,}15} = 6{,}7$ sein, wenn ein sicherer Klemmsitz erreicht werden soll.

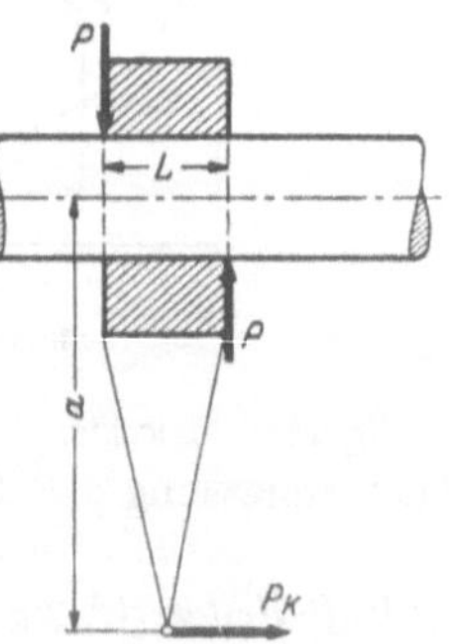

Bild 18/3. Klemmsitz durch Kippkraft P_K. Für Selbsthemmung muß $\frac{a}{L} \geq \frac{1}{2\mu}$ sein.

2) Kräfte und Spannungen beim Preßsitz[2] (Bild 18/1). Die Welle (Durchmesser d) besitzt gegenüber der Nabenbohrung (Durchmesser d_1) das Übermaß $ü = d - d_1$, so daß nach dem Zusammenfügen die Nabe gedehnt und die Welle zusammengedrückt ist. Die Spannungsverteilung im Längsmittel-

[1] Würde man beim Hohlkeil die Dicke h ebenso groß, wie beim Nutenkeil machen, so würde sich das übertragbare M_t verdoppeln lassen.

[2] Hier sei auf DIN 7190, Berechnung einfacher Preßpassungen, hingewiesen, worin auch Schaubilder für ISA-Preßpassungen und ein Rechenvordruck gebracht werden.

schnitt der Nabe bzw. Welle entspricht dann der eines Rohres unter innerem bzw. äußerem Überdruck p und kann im elastischen Gebiet wie folgt berechnet werden:

In der Nabe $\sigma_1 = p\,\frac{a_1^2+1}{a_1^2-1}$ (kg/cm²); $a_1 = D/d_1$.

In der Welle $\sigma = p\,\frac{a^2+1}{a^2-1}$ (kg/cm²); $a = d/d_i$.

(Für Vollwelle ($d_i = 0$) wird $\sigma = p$).

Das wirksame relative Übermaß

$$\boxed{\frac{\ddot{u}_H}{d} = \frac{\ddot{u} - \ddot{u}_v}{d} = \frac{\sigma_1 + p/m}{E_1} + \frac{\sigma - p/m}{E}} \qquad (6).$$

Hieraus läßt sich $\ddot{u}_H$ bzw. umgekehrt p berechnen. (Das Verlust-Übermaß $\ddot{u}_v$ [1] hängt von der Rauhigkeit der Oberflächen und ihrer Glättung beim Fügen ab.)

Anderseits ist nach Gl. (2) die Haftkraft $H = \sum P \cdot \mu = \pi \cdot d \cdot L \cdot p \cdot \mu$. Hieraus ergibt sich für die *Voll*welle mit p aus Gl. (6) und $1/m = 0{,}3$, und Stahl auf Stahl ($E_1 = E$):

$$\text{Haftkraft}\quad \boxed{H = \ddot{u}_H \cdot q \cdot L\,(1 - d^2/D^2)}\ \text{(kg)} \qquad (7),$$

wobei $q = \pi \cdot \mu \cdot E/2$. Durch Versuch ermittelte Werte für H in Abhängigkeit von $\ddot{u}$ zeigt Bild 18/4 für Längs- und Querpreßsitze. Für Preßsitze auf Hohlwellen und Büchsen ist auf Gl. (6) zurückzugreifen.

3) Querpreßsitz. Hergestellt durch *Aufschrumpfen* der erwärmten Nabe (Schrumpfsitz) oder durch Ein-

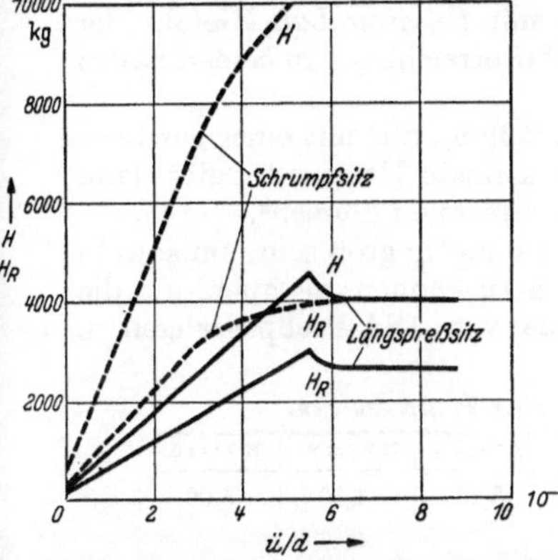

Bild 18/4. Haftkraft H und Rutschkraft H_R in Abhängigkeit von $\ddot{u}/d$ beim Schrumpfsitz und Längspreßsitz für $d = 1{,}8$ cm, $D = 4{,}5$ cm, $L = 2{,}5$ cm, Bolzen St 50 geschliffen, Nabe St 50 gerieben, Schmierung Maschinenöl. Nach WASSILEFF [18/10].

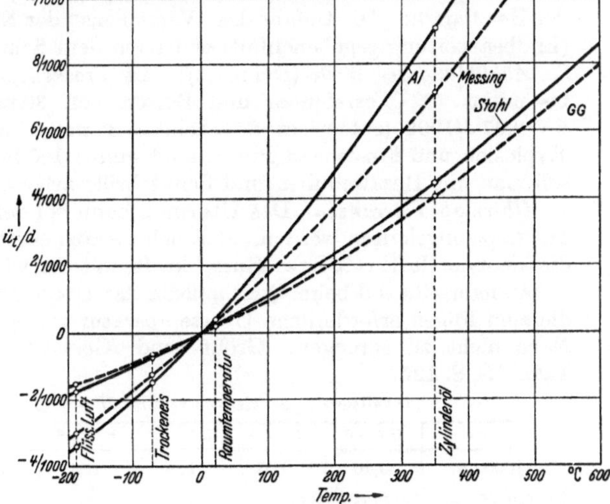

Bild 18/5.
Wärmedehnung $\ddot{u}_t/d$ bei verschiedenen Werkstoffen und Temperaturen. (Für andere Werkstoffe s. S. 127 Tafel 6/5.)

bringen der mit Trockeneis oder flüssiger Luft unterkühlten Welle (Dehnsitz), oder durch nachträgliche Änderung der Eigenspannungen der Nabe [18/13] [2].

Versuchsergebnisse von WASSILEFF [18/10]: Bei geschliffener [3] Vollwelle, geriebener Bohrung und Erwärmung der Nabe im Ölbad war im elastischen Bereich ($\ddot{u} \leq \ddot{u}_e$):

---

[1] Beim Querpreßsitz wurde $\ddot{u}_v \approx 0{,}7/10^3$ bzw. $7/10^3$ mm ermittelt, und zwar bei gedrehter Oberfläche hergestellt mit 0,07 bzw. 0,22 mm/Uml. Vorschub [18/10].

[2] Einen schnell lösbaren Querpreßsitz zeigt die Stieber-Rollkupplung S. 297 Bild 19/6.

[3] Bei *gedrehter* Bohrung und Welle war die Haftkraft größer als H nach Gl. (8) und die Rutschkraft kleiner als H_R. Die Art des Schmierstoffs hatte wenig Einfluß.

Haftkraft $\boxed{H \geqq \ddot{u}_e \cdot q_1 \cdot L\,[1 - (d/D)^e] \geqq 2\,M_t/d}$ (kg) (8)

Rutschkraft $\boxed{H_R \approx 0{,}47\,H}$ (kg)

$\ddot{u}_e$, q, e nach Tafel 18/4.

Die Haftkraft ändert sich: bei *pulsierender* Belastung auf $\approx 0{,}9\,H$; bei *trockener* Sitzfläche auf $1{,}35\,H$; bei *Dehnsitz* auf $1{,}1\,H$ (Rutschkraft $\approx 0{,}56\,H$).

Durch *Verzunderung* der Flächen (nicht lösbar!) oder durch Einreiben der Sitzflächen mit *Carborundpulver* [1] lassen sich die Haft- und Rutschkräfte noch erheblich steigern.

Tafel 18/4. *Beiwerte für Preßsitze nach Versuchen [18/9], [18/10].*

Werkstoff Welle	Werkstoff Nabe	$\ddot{u}_e$ (cm)	q_1 zu Gl. (8)	e	q_2 zu Gl. (9)	B zu Gl. (10)	C zu Gl. (10)
St 50	St 50	$d \cdot 3{,}5/1000$	$5 \cdot 10^5$	2	$2{,}1 \cdot 10^5$	112	450
St 50	GG	$d \cdot 2{,}2/1000$	$3{,}7 \cdot 10^5$	1	$1{,}12 \cdot 10^5$	510	0
St 50	Elektron	$d \cdot 2/1000$	$1{,}4 \cdot 10^5$	1	$0{,}72 \cdot 10^5$	225	0

Die erreichbare *Wärmedehnung* $\ddot{u}_t$ der Nabe bei verschiedener Übertemperatur zeigt Bild 18/5. Sie soll um das *Fügespiel* $\ddot{u}_f \geqq 1 \cdot d/1000$ größer sein, als das geforderte Übermaß $\ddot{u}$.

Erwärmung der Nabe (Schrumpfsitz): Bis 100° C auf einer Wärmplatte (z. B. beim Aufziehen von Wälzlagern), bis 370° in Zylinderöl, bis etwa 700° im Muffelofen oder in der Heizflamme. Die Gefahr des „Verziehens" der Nabe wächst mit der Temperaturhöhe. (Endbearbeitung gegebenenfalls erst nach dem Schrumpfen!)

Abkühlung der Welle (Dehnsitz): Mit *Trockeneis* (Kohlensäureschnee) sind minus 70 bis minus 79° C erreichbar und Bolzen von 30 mm aufwärts mit einem Übermaß $\ddot{u} = 0{,}67\,d/1000$ (entspricht $20\,\mu$ bei $d = 30$ mm) fügbar; mit *flüssiger Luft* (Gefahr der Explosion und Frostschädigung!) sind minus 190 bis 196° C erreichbar. In beiden Fällen soll man mit Handschuhen und Schutzbrille arbeiten!

Übermaß-Toleranzen: Das Übermaß kann bei der Herstellung nur mit einer gewissen Toleranz eingehalten werden. Das sich hieraus ergebende kleinste Übermaß ergibt dann die kleinste Haftkraft bzw. Rutschkraft, mit der wir sicher rechnen können[2].

Andererseits soll beim Querpreßsitz das Übermaß nicht unnötig groß sein, um sowohl die zum Fügen erforderliche Übertemperatur gering halten zu können, als auch, um die Nabe nicht zu sprengen. Größt- und Kleinst-Übermaße von ISA-Preßpassungen s. Tafel 6/4 S. 126.

Anhaltswerte für kleinste relative Übermaße ü/d von ISA-Preßpassungen.

Passung	H 7 · s 6	H 7 · t 6	H 7 · u 6	H 7 · x 6	H 7 · z 6	H 7 · za 6	H 7 · zb 6	H 7 · zc 6
$1000 \cdot \ddot{u}/d$	0,40	0,63	1,00	1,60	2,50	3,15	4,00	5,00

Beispiele für Querpreßsitze:

Gegeben: $d = 4$ cm, $D = 8$ cm, $L = 5$ cm, $q_1 = 5 \cdot 10^5$, Vollwelle und Nabe aus St 50/St 50.

a) *Ausgeführt als Dehnsitz* (mit Trockeneis fügbar $\ddot{u} = 0{,}67\,d/1000$, s. oben).

für Übermaß	wird Rutschkraft nach Gl. (8):
Größtes $\ddot{u} = 0{,}67\,d/1000 = 2{,}68/1000$ cm,	$H_R = 0{,}47\,H \geqq 2150$ kg
Bei Übermaßtoleranz = 2/1000 cm wird kleinstes $\ddot{u} = (2{,}68-2)/1000 = 0{,}68/1000$	kleinstes $H_R \geqq 596$ kg

[1] Siliciumcarbid (Schleifstaub)! Auch für sonstige Reibverbindungen sehr zu empfehlen (DRP. 625 371). So trat bei derartig aufgeschrumpften Wellenflanschen mit $L = 0{,}28\,d$ und $d = 50$ mm unter Wechsellast ($\tau_t = 12$ kg/mm²) eher Dauerbruch an der Welle, als Rutschen am Schrumpfsitz auf. Beim Auspressen der Welle wurde $H = 680$ kg *je cm²* der Sitzfläche (etwa 2,5fache des gewöhnlichen Schrumpfsitzes) erreicht. Siehe [*18/15*].

[2] Weitere Minderungen können in besonderen Betriebsfällen durch besondere Temperaturverhältnisse und besonders hohe Fliehkraft-Beanspruchung eintreten.

b) *Ausgeführt als Schrumpfsitz:*

Das Grenzmaß $\ddot{u} = \ddot{u}_e = 3{,}5\ d/1000 = 14/1000$ cm soll nicht überschritten werden; entsprechend gewählt Preßpassung H 7 · x 7, nach Tafel 6/4, S. 126, sodaß:

Übermaß	Rutschkraft nach Gl. (8)
Größtes $\ddot{u} = 10{,}5/1000$ cm	$H_R = 0{,}47 \cdot H \geqq 9200$ kg
Kleinstes $\ddot{u} = 5{,}5/1000$ cm	Kleinstes $H_R \geqq 4800$ kg

Die erforderliche Schrumpfübertemperatur beträgt nach Bild 18/5 etwa 290° C für $\ddot{u}_t/d = \ddot{u}/d + 1/1000 = 3{,}6/1000$.

4) **Längspreßsitz.** Er wird hergestellt durch *axiales* Aufpressen der Nabe auf die Übermaßwelle, wobei die Flächen mehr oder weniger geglättet werden (Verlustmaß $\ddot{u}_v$). Eine rauhere Oberfläche erfordert also entsprechend mehr Übermaß ($\ddot{u} = \ddot{u}_H + \ddot{u}_v$), um die gleiche Haftkraft zu erreichen. *Besonders wichtig ist ein kegeliger Ansatz der Welle mit 10 bis 15° Kegelwinkel,* um die Schabewirkung der Wellen-Stirnkante zu verhüten [*18/9*]. Die Haftkraft H wächst nach Bild 18/4 proportional mit dem Übermaß $\ddot{u}$ bis zur Erreichung der Fließgrenze, um darüber hinaus wieder abzufallen. Bild 18/6 zeigt den Kraftverlauf beim Ein- und Auspressen.

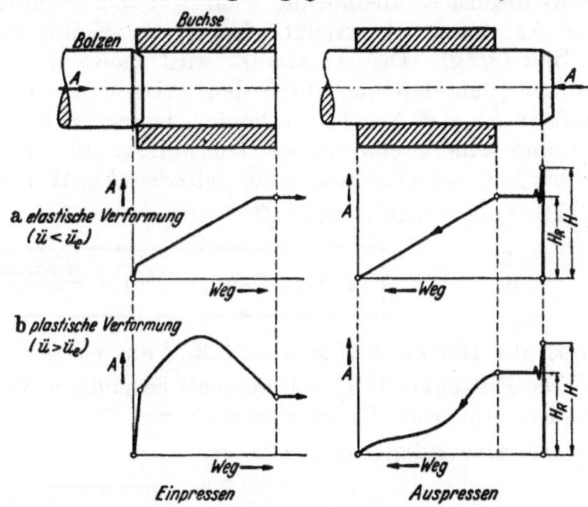

Bild 18/6. Kraftverlauf beim Ein- und Auspressen eines Bolzens nach WERTH [*18/9*]. *a* bei elastischer ($\ddot{u} \leqq \ddot{u}_e$), *b* bei plastischer Verformung ($\ddot{u} > \ddot{u}_e$).

Versuchsergebnisse von WERTH [*18/9*]. Bei geriebener Bohrung, geschliffenem Vollbolzen mit 15° Kegelansatz und Maschinenöl geschmiert[1] war:

im elastischen Bereich ($\ddot{u} \leqq \ddot{u}_e$): Haftkraft $\boxed{H \geqq \ddot{u} \cdot q_2 \cdot L\,[1 - (d/D)^2]}$ (kg) (9),

im plastischen Bereich ($\ddot{u} \geqq \ddot{u}_e$): Haftkraft $\boxed{H \geqq L(B \cdot d + C)\,(1 - d/D)}$ (kg) (10),

Beiwerte $\ddot{u}_e$, q_2, B und C nach Tafel 18/4. Rutschkraft $\boxed{H_R \approx 0{,}66\ H}$ (kg).

Die volle Haftkraft H wird erst nach 2 Tagen erreicht (sofort nach dem Pressen nur 70%!).

Die Haftkraft ändert sich:

bei pulsierender Belastung auf den Wert der Rutschkraft H_R (durchweg maßgebend);
bei Einpreßgeschwindigkeit über 2 mm/s bis auf 0,75 H;
bei trockenen Bolzen auf 0,67 H;
bei 60° Kegelansatz (statt 15°) auf 0,62 H;

nach mehrmaligem Fügen auf 0,75 H;
mit Rübölersatz statt mit Maschinenöl geschmiert auf 1,65 H.

Beispiel für Längspreßsitz:

Gegeben: Maße wie vorher im Beispiel Querpreßsitz.

[1] Die Art des Schmierstoffs ist beim Längspreßsitz von großem Einfluß auf H (Einfluß auf $\ddot{u}_v$!), im Gegensatz zum Schrumpfsitz.

Für Preßpassung H 7 · x 7 (wie oben) und Beiwert $q_2 = 2{,}1 \cdot 10^5$ wird dann

Übermaß	Rutschkraft nach Gl. 9
Größtes $ü = 10{,}5/1000$ cm	$H_R = 0{,}66\, H \geqq 5450$ kg
Kleinstes $ü = 5{,}5/1000$ cm	Kleinstes $H_R \geqq 2860$ kg

Im plastischen Bereich ($ü \gtrsim ü_e = 3{,}5\, d/1000$) würde nach Gl. (10) die Rutschkraft $H_R \approx 0{,}66\, H = 0{,}66 \cdot L\,(B \cdot d + C)\,(1 - d/D) = \mathbf{1500\ kg}$, mit $B = 112$, $C = 450$ nach Tafel 18/4. Das gleiche H_R würde im *elastischen* Bereich mit $ü = 2{,}9/1000$ cm erreicht werden. Falls diese Kraft ausreicht, ist demnach *jede* Passung mit einem Mindest-Übermaß $ü \gtrsim 2{,}9/1000$ cm ($= 2{,}9\,\mu$) geeignet.

5) Kegelsitz. Ausführung nach Bild 18/2 e und f, oft mit Paßfeder als Lagensicherung. Die Axialkraft A erzeugt durch die Keilwirkung des Kegels die Preßkräfte P (s. Bild 18/2g). Die Axialkraft wird meist durch eine Gewindemutter erreicht (bei Werkzeugschäften nur durch den axialen Arbeitsdruck allein); gegenüber dem Längspreßsitz ist der Kegelsitz erheblich teurer (s. Tafel 18/3), aber dafür ist er leichter lösbar und seine Preßkraft ist nachstellbar und dosierbar. Mit *Kegelbüchsen* (meist geschlitzt) können auch Naben auf *zylindrischen* Wellen aufgespannt werden (s. Bild 18/2 e).

Die notwendige *Axialkraft*

$$\boxed{A \approx 2P \cdot \sin(\alpha + \varrho) = \frac{H \sin(\alpha + \varrho)}{\mu} \approx H \frac{\operatorname{tg}\alpha + \mu}{\mu}} \text{ (kg)}, \tag{11}$$

wobei die Haftkraft $H \gtrsim U = 2\, M_t/d$ am *mittleren* Durchmesser d angreift.

Die Rutschkraft H_R soll mangels besonderer Versuche zu $H_R = 0{,}47\, H$ angenommen werden, wie beim Querpreßsitz, ebenso $ü$.

Der notwendige *axiale Preßweg*

$$\boxed{a = \frac{ü}{2 \cdot \operatorname{tg}\alpha}} \text{ (cm)} \tag{12}$$

kann mittels Mikrometer kontrolliert werden; wobei das notwendige Übermaß $ü$, mangels besonderer Versuche, aus Gl. (8) zu berechnen ist.

Erfahrungswerte: $\operatorname{tg}\alpha$ nach Tafel 18/5; Reibwert $\mu = \operatorname{tg}\varrho = 0{,}15$ bis $0{,}25$.

Flächenpressung $$\boxed{p = \frac{2P}{\pi \cdot d \cdot L} = \frac{H}{\mu \cdot \pi \cdot d \cdot L}} \text{ (kg/cm}^2\text{)} \tag{13};$$

$$\boxed{d_a = d + L \cdot \operatorname{tg}\alpha; \quad d_i = d - L \cdot \operatorname{tg}\alpha} \text{ (cm) (s. Bild 18/2).}$$

Beispiel für Kegelsitz:

Gegeben: Maße, wie vorher im Beispiel Querpreßsitz, ferner $\operatorname{tg}\alpha = 1 : 20 = 0{,}05$; $\mu \approx 0{,}2$, $H_R = 4800$ kg (wie oben), $H = H_R/0{,}47 = 10\,200$ kg.

Berechnet: Nach Gl. (11) $A \approx H \dfrac{\operatorname{tg}\alpha + \mu}{\mu} = 12\,700$ kg;

nach Gl. (13) $p = \dfrac{H}{\mu \cdot \pi \cdot d \cdot L} = 810$ kg/cm²;

nach Gl. (12) $a = \dfrac{ü}{2 \operatorname{tg}\alpha} = 55/1000$ cm ($= 0{,}55$ mm), mit Einsatz von $ü = 5{,}5/1000$ cm nach Gl. (8) (s. Beispiel Querpreßsitz), ferner

$$d_a = d + L \cdot \operatorname{tg}\alpha = 4{,}25 \text{ cm}.$$

Tafel 18/5. *Übliche Kegel-Neigungen.*

Kegel $(d_a - d_i)/L$	Neigung tg α	α	Verwendet für
1: 5	1:10	5° 42′ 38″	leicht lösbare Naben auf Wellen
1:10	1:20	2° 51′ 45″	lösbare Naben auf Wellen und nachstellbare Lagerbüchsen
1:12	1:24	2° 23′ 10″	Kegelbüchsen für Wälzlager
1:15	1:30	1° 54′ 30″	Schiffspropeller, Kolbenstangen
1:20	1:40	1° 25′ 56″	metr. Kegel, DIN 233 für Werkzeuge

18.3. Formschluß-Verbindungen (Bild 18/7).

1) Längs- und Querstift, billig und für kleinere Drehmomente geeignet; Ausführung und Bemessung s. Kap. 11.

2) Paßfeder (Bild 18/7 c). Die Paßfederverbindung ist die am häufigsten anzutreffende Nabenverbindung bei *einseitigem* Drehmoment, z. B. bei Kupplungsflanschen. Ferner findet man sie als *Gleitfeder* bei *längsbeweglichen* Naben und schließlich als *Lagensicherung* bei manchen Klemm- und Kegelsitzen. Die Paßfeder ist gegenüber dem Nutenkeil kaum

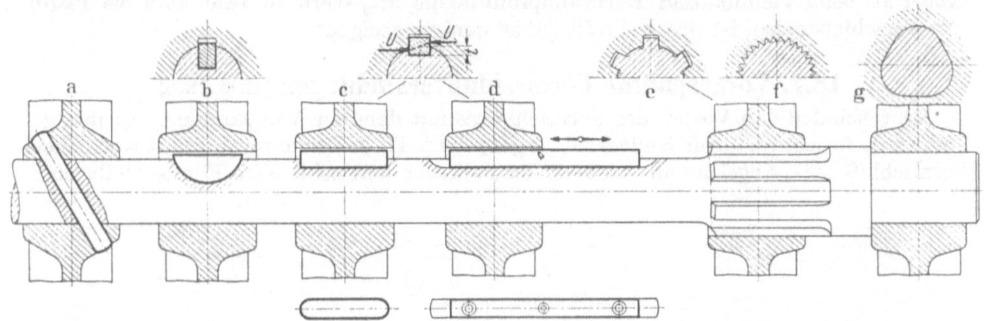

Bild 18/7. Formschlußverbindungen, a) Querstift, b) Scheibenfeder, c) Einlege-Paßfeder, d) Gleitfeder, e) Vielnutprofil, f) Kerbzahnprofil, g) *K*-Profil.

billiger in der Herstellung und im Einbau (s. Tafel 18/3), aber die Nabe wird nicht ausmittig verzogen und das Auftreiben der Nabe erfordert geringere Kräfte (wichtig für eingebaute Wälzlager). Die billigere *Scheiben*feder wird, besonders bei Werkzeugmaschinen und Kraftfahrzeugen, für kleinere Drehmomente verwendet.

Kraftübertragung: Die Umfangskraft U wird über die *Seiten*fläche der Paßfeder übertragen:

$$\boxed{U = 2\, M_t/d = p \cdot t \cdot L \cdot i} \text{ (kg)}. \tag{14}$$

Hieraus kann die Flächenpressung p bzw. die erforderliche tragende Länge L der Paßfeder berechnet werden (i = Anzahl der Nuten = 1 bis 2).

Erfahrungswerte für M_t und *Maße* der Paßfedern s. Tafel 18/6, für Scheibenfedern Tafel 18/7.

3) Vielnut-Profil, auch *Keilwelle* genannt (s. Bild 18/7 e und Tafel 18/8). Es ist für große auch stoßhafte Drehmomente und auch für Verschiebe-Naben besonders geeignet. Das Drehmoment wird über mehrere Seitenflächen (i = 4 bis 20) übertragen, wovon man bei genauer Herstellung 75% als tragend ansieht.

Man rechnet:

$$\boxed{M_t = 0{,}75 \cdot p \cdot h \cdot L \cdot i \cdot r_m} \text{ (kgcm)}. \tag{15}$$

Erfahrungswerte für M_t (kgcm) und *Maße* s. Tafel 18/8.

Die *Herstellung* der Vielnutprofile der *Wellen* erfolgt auf Abwälz-Fräsmaschinen (notfalls im Teilverfahren mit Scheibenfräsern), der *Naben* mit Räumnadeln (notfalls im Teilverfahren auf Stoßmaschinen) [1].

Die *Sicherung* der Naben gegen Längsverschiebung kann durch Endscheiben, billiger durch Sicherungsringe (Maße s. S. 119), erfolgen, gegebenenfalls auch durch seitliche Anlage an andere Teile (Wellenabsatz).

4) **Kerbzahnprofil** (s. Bild 18/7 f und Tafel 18/9). Durch die feine Kerbverzahnung werden Welle und Nabe noch weniger geschwächt als beim Vielnutprofil. Ferner wird die Flächenpressung geringer (vergleiche M_{10} in Tafel 18/8 und 18/9). Außerdem kann die Nabe in Drehrichtung sehr fein (um eine Zahnteilung) versetzt werden. Ferner ist die Kerbverzahnung auch für kegelige Wellenzapfen anwendbar. In manchen Fällen ist jedoch die *radiale* Kraftkomponente nachteilig, falls hierdurch die Nabe aufgeweitet wird.

5) **K-Profil** (s. Bild 18/7 *g* und Tafel 18/10). Sein Vorteil liegt in der genauen, einfachen Herstellung auf einer Profildrehbank [2], auf der das K-Profil der Welle und der Nabe gedreht und *vollständig geschliffen* werden kann. Tafel 18/10 zeigt die übertragbaren Drehmomente und Abmessungen des K-Profils. Durch entsprechende Wahl der Passung sind auch Preßsitze möglich, ferner können auch Kegelzapfen mit K-Profil versehen werden. Die *radiale* Kraftkomponente und die Flächenpressung sind jedoch erheblich größer als beim Vielnut- und Kerbzahnprofil (s. die M_{10}-Werte in Tafel 18/9 bis 18/10). Für Verschiebenaben ist das K-Profil daher weniger geeignet.

18.4. Vorgespannte Formschlußverbindungen (Bild 18/8).

Sie verbinden den Vorteil des Formschlusses mit dem der Vorspannung. Zu ihm gehören alle formschlüssigen Keilverbindungen, dann Preßverbindungen mit zusätzlichem Formschluß, z. B. Kegelsitz mit zusätzlicher Paßfeder und schließlich Formschlußverbindungen mit zusätzlicher Vorspannung, z. B. K-Profil mit Preßsitz. Als Anhalt für die übertragbaren Kräfte kann die jeweils zugrunde liegende Formschluß- bzw. Reibschlußverbindung dienen.

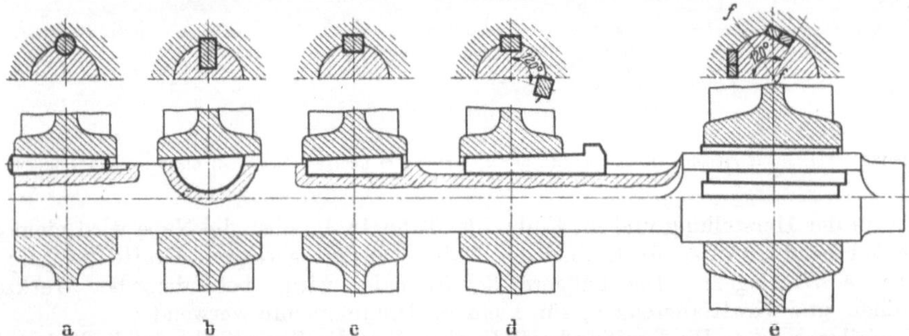

Bild 18/8. Vorgespannte Formschlußverbindungen. a Rundkeil (Stirnkeil), b Scheibenkeil, c Einlegekeil, d Treibkeil ohne bzw. mit Nase (bei 2 Stück um 120° versetzen), e Tangentkeile (*f*—*f* = Lage der Teilfuge, wenn Nabe geteilt ist).

Formschlüssige Keilverbindungen. Durch Eintreiben des Keiles bzw. Auftreiben der Nabe werden Keil, Nabe und Welle gegeneinander gepreßt, so daß ein Drehmoment durch *Reib*schluß übertragen werden kann (s. Kraftwirkung beim Hohlkeil S. 282). Außerdem kann zusätzlich ein Drehmoment durch den *Form*schluß zwischen Keil und Nute übertragen werden (s. Kraftwirkung der Paßfeder S. 287).

Das durch Reibschluß übertragbare Drehmoment ist von der Eintreibkraft des Keiles (s. Hohlkeil) abhängig und somit ungewiß. Bemessung nach Erfahrung (s. Tafel 18/1),

[1] Neuere Vorschläge für Vielnutprofile mit *trapez*förmigen Nuten siehe [*18/17*], mit ***Evolventen***flanken siehe [*18/21*] und DIN 5482 „Zahnwellen- und Zahnnabenprofile mit Evolventenflanken".

[2] Sondermaschine der Firma Ernst Krause u. Co., Wien.

wobei die durch seitliche Flächenpressung (Formschluß) übertragbare Kraft [s. Gl. (14) und Tafel 18/6 und 18/11] als Anhalt dienen mag. Beachte auch den zum Eintreiben des Keiles bzw. Auftreiben der Nabe benötigten Platz in Längsrichtung der Welle. Keilneigung allgemein 1: 100. Die Passung zwischen Nabe und Welle soll möglichst eng sein (Haftsitz), um die Nabe durch den Keil nicht einseitig zu verziehen.

1) *Scheibenkeil* (s. Bild 18/8 b und Tafel 18/7). Der Scheibenkeil stellt sich selbst auf Neigung und ergibt die billigste und am wenigsten Nacharbeit erfordernde Keilverbindung. Sie wird besonders bei Werkzeugmaschinen und auch bei Kraftfahrzeugen bei nicht zu großen Drehmomenten verwendet. Maße s. Tafel 18/7.

2) *Flachkeil* (s. Tafel 18/6). Die Welle wird durch die Abflachung weniger als durch eine Nute geschwächt. Das übertragbare Drehmoment ist etwas größer als beim Hohlkeil. Maße s. Tafel 18/6.

3) *Nutenkeil* (s. Bild 18/8 c und d). Man unterscheidet den *Einlegekeil* (Nabe wird aufgetrieben) vom *Treibkeil* (Keil wird eingetrieben), der bei verlangter Lösbarkeit noch mit der Nase (Nasenkeil) versehen wird. Das übertragbare Drehmoment ist größer als beim Flachkeil. Bei wechselseitigem *und* stoßhaftem Drehmoment kann man *zwei* um 120 versetzte Nutenkeile anordnen (Dreipunktauflage). Maße und Drehmomente s. Tafel 18/6.

4) *Tangent*keile (s. Bild 18/8e). Sie ermöglichen die einzige Keilverbindung, bei der Nabe und Welle auch in *Umfangs*richtung verspannt sind, so daß auch stoßhafte Drehmomente in beiden Drehrichtungen unter Vorspannung (spielfrei) übertragen werden. (Anwendungsbeispiel: Schwungrad.) Maße und Drehmomente s. Tafel 18/11.

Tafel 18/6. ***Paßfeder-, Keil- und Nutenmaße (mm) nach DIN*** **(überholt durch neue DIN).**

Welle d		Paßfeder* und Nutenkeil (DIN 6886, Jan. 1946)							Welle d		Flachkeil (DIN 142, Aug. 1922)			Hohlkeil (DIN 143, Aug. 1922**)	
von	bis	b	h**		$t_1 = d + ..$**		t**		von	bis	$b \cdot h$	t	$t_1 = d + \ldots$	$b \cdot s$	$t_1 = d + \ldots$
10	12	4	4	4	1,4	1,4	2,4	2,4							
12	17	5	5	3	1,9	0,9	2,9	1,9							
17	22	6	6	4	2,2	1,2	3,5	2,5							
22	30	8	7	5	2,5	1,5	4,1	3,1							
30	38	10	8	6	2,9	1,9	4,7	3,7	22	30	8 · 4	1	3	8 · 3	3
38	44	12	8	6	2,7	1,7	4,9	3,9	30	38	10 · 5	1,5	3,5	10 · 3,5	3,5
44	50	14	9	6	3,3	1.6	5,5	4,0	38	44	12 · 5	1,5	3,5	12 · 3,5	3,5
50	58	16	10	7	3,4	1,9	6,2	4,7	44	50	14 · 5	1	4	14 · 4	4
58	65	18	11	7	3,7	1,8	6,8	4,8	50	58	16 · 6	1	5	16 · 5	5
65	75	20	12	8	4,1	2,2	7,4	5,4	58	68	18 · 7	2	5	18 · 5	5
75	85	22	14	9	5,0	2,6	8,5	6,0	68	78	20 · 8	2	6	20 · 6	6
85	95	25	14	9	4,8	2,4	8,7	6,2	78	92	24 · 9	2	7	24 · 7	7
95	110	28	16	10	5,6	2,6	9,9	6,9	92	110	28 · 10	2	8	28 · 8	8
110	130	32	18	11	6,3	2,9	11,1	7,6	110	130	32 · 11	2	9	32 · 9	9
130	150	36	20	12	7,1	3,2	12,3	8,3	130	150	36 · 13	3	10	36 · 10	10
150	170	40	22	14	7,9	4,0	13,5	9,5	150	170	40 · 14	3	11		
170	200	45	25	16	9.1	4,6	15,3	10,8	170	200	45 · 16	4	12		

* Für Paßfedern ist DIN 6885 (Aug. 1943) maßgebend.

** Die 1. Spalte von h, t_1 u. t gilt für Nutenkeile u. Paßfedern.
Die 2. „ „ „ „ „ schwächere Paßfedern.

Drehmoment für Paßfedern: $M_t \approx (h - t) \cdot \frac{d}{2} \cdot \frac{p}{10} \cdot L$ [cmkg];

GG-Nabe: $p \leq 5$ kg/mm².
St-Nabe: $p \leq 9$ kg/mm².

Tafel 18/7. *Scheibenfedern*, Nennmaße (mm) nach DIN 6888 (Juli 1948) (überholt durch neue Ausgabe).

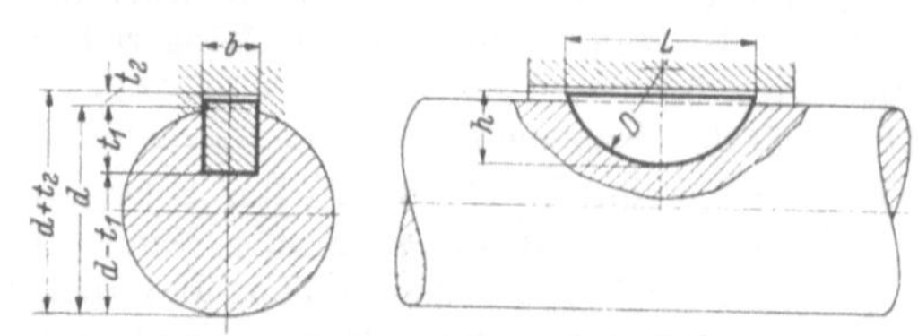

Wellendurchmesser	Scheibenfeder				Reihe A[2] Nuttiefe		Reihe B[2] Nuttiefe		Reihe A M_{10}[3] cmkg/mm		Reihe B M_{10}[3] cmkg/mm	
d	b	h	$L \approx$	D	Welle t_1	Nabe t_2	Welle t_1	Nabe t_2	von	bis	von	bis
über 3 ··· 4	1	1,4	3,82	4	1,0	0,5	1,0	0,5	2,3	3,0	2,3	3,0
über 4 ··· 6	1,5	2,6	6,76	7	2,0	0,7	2,0	0,7	8,1	12,2	8,1	12,2
über 6 ··· 8	2	2,6	6,76	7	1,8	0,9	1,8	0,9	16,2	21,6	16,2	21,6
	2	3,7	9,66	10	2,9	0,9	2,9	0,9	23,2	30,9	23,2	30,9
über 8 ··· 10	2,5[1]	3,7	9,66	10	2,9	0,9	2,9	0,9	30,9	38,6	30,9	38,6
	3	3,7	9,66	10	2,5	1,3	2,8	1,0	46,4	58,0	34,8	43,5
	3	5	12,65	13	3,8	1,3	4,1	1,0	60,8	76,0	45,6	57
	3	6,5	15,72	16	5,3	1,3	5,6	1,0	75,5	94,4	56,6	70,9
über 10 ··· 12	4	5	12,65	13	3,5	1,6	4,1	1,0	95	114	57	68,4
	4	6,5	15,72	16	5,0	1,6	5,6	1,0	118	141,5	70,8	85
	4	7,5	18,57	19	6,0	1,6	6,6	1,0	139	167	83,5	100
über 12 ··· 17	5	6,5	15,72	16	4,5	2,1	5,4	1,2	188	267	103	147
	5	7,5	18,57	19	5,5	2,1	6,4	1,2	222	315	122	173
	5	9	21,63	22	7,0	2,1	7,9	1,2	259	368	142	202
über 17 ··· 22	6	7,5	18,57	19	5,1	2,5	6,0	1,6	378	490	237	306
	6	9	21,63	22	6,6	2,5	7,5	1,6	442	572	276	357
	6	10	24,49	25	7,6	2,5	8,5	1,6	500	646	312	404
	6	11	27,35	28	8,6	2,5	9,5	1,6	558	722	349	451
über 22 ··· 30	8	9	21,63	22	6,2	2,9	7,5	1,6	666	910	357	486
	8	11	27,35	28	8,2	2,9	9,5	1,6	843	1149	451	615
	8	13	31,43	32	10,2	2,9	11,5	1,6	969	1320	519	707
über 30 ··· 38	10	11	27,35	28	7,8	3,3	9,1	2,0	1311	1665	779	986
	10	13	31,43	32	9,8	3,3	11,1	2,0	1510	1915	895	1132
	10	16	43,08	45	12,8	3,3	14,1	2,0	2063	2620	1229	1555

[1] Nur für Kraftfahrbau zugelassen.

[2] Reihe A (hohe Nabennut, nach DIN 6885 Bl. 1) bevorzugt verwenden! Reihe B (niedrige Nabennut, nach DIN 6885 Bl. 2) für Werkzeugmaschinen.

[3] *Drehmoment* $M_t = L\,(h - t_1)\,\frac{d}{2} \cdot \frac{p}{10}$ (cmkg).

Tafelwert $M_{10} = M_t$ für Flächenpressung $p = 10$ kg/mm².

Zulässiges Drehmoment (einseitig und stoßfrei): $M_t \approx 0{,}5 \cdot M_{10}$ (cmkg) für GG-Nabe.
(nicht genormt!) $\approx 0{,}9 \cdot M_{10}$ (cmkg) für St-Nabe.

Bezeichnung einer Scheibenfeder nach $b \cdot h$, z. B. Scheibenfeder 10 × 16 DIN 6888.

Werkstoff (bei Bestellung angeben): St 60 oder St 80.

Tafel 18/8. *Keilwellen und. Keilnaben-Profile*, Nennmaße (mm).

1. *Für Kraftfahrzeuge* nach DIN 5461 bis 5464 (Febr. 1939).
Nennmaße: s. Tafel a und Bild a.
Toleranzen: s. DIN 5465.
Zentrierung: Innen-Zentrierung für 6- bis 10keilige Profile,
Flanken-Zentrierung für 8- bis 20keilige Profile.
Bezeichnungsbeispiel: Keilwellenprofil 28 × 32 × 7 DIN 5462.
Drehmoment: $M_t = 0{,}75 \cdot i \cdot h \cdot r_m \cdot L \cdot p/10$ (cmkg)
mit Keilzahl i, $r_m = \dfrac{d_1 + d_2}{4}$ (mm), Nabenlänge L (mm)
tragender Keilhöhe h und Flächenpressung p (kg/mm²).
Tafelwert: $M_{10} = M_t$ für $p = 10$ kg/mm² u. $L = 1$ mm.
Zulässiges Drehmoment bei stoßhaftem (stoßfreiem) Betrieb:
$M_t = 0{,}4 \cdot L \cdot M_{10} = (0{,}6 \cdot L \cdot M_{10})$ für GG-Nabe, L in mm!
$M_t = 0{,}7 \cdot L \cdot M_{10} = (1 \cdot L \cdot M_{10})$ für St-Nabe.

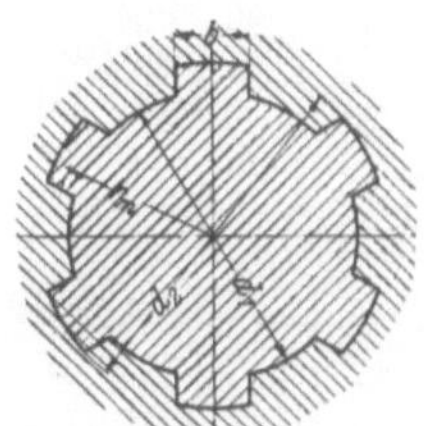

Bild a.

Tafel a.

Innendurchmesser d_1 mm	Leicht DIN 5462				Mittel DIN 5463				Schwer DIN 5464			
	Anzahl d. Keile i	d_2 mm	b mm	M_1 cmkg/mm	Anzahl d. Keile i	d_2 mm	b mm	M_{10} cmkg/mm	Anzahl d. Keile i	d_2 mm	b mm	M_{10} cmkg/mm
11	—	—	—	—	6	14	3	25,4	—	—	—	—
13	—	—	—	—	6	16	3,5	29,5	—	—	—	—
16	—	—	—	—	6	20	4	57	10	20	2,5	94,5
18	—	—	—	—	6	22	5	63	10	23	3	146
21	—	—	—	—	6	25	5	72,5	10	26	3	167
23	6	26	6	49,5	6	28	6	109	10	29	4	234
26	6	30	6	88,2	6	32	6	144	10	32	4	240
28	6	32	7	94,5	6	34	7	154	10	35	4	320
42	8	36	6	122	8	38	6	231	10	40	5	432
46	8	40	7	138	8	42	7	258	10	45	5	570
32	8	46	8	159	8	48	8	297	10	52	6	706
36	8	50	9	173	8	54	9	450	10	56	7	766
52	8	58	10	330	8	60	10	505	16	60	5	1010
56	8	62	10	354	8	65	10	635	16	65	5	1280
62	8	68	12	390	8	72	12	805	16	72	6	1620
72	10	78	12	563	10	82	12	1155	16	82	7	1850
82	10	88	12	638	10	92	12	1350	20	92	6	2610
92	10	98	14	712	10	102	14	1455	20	102	7	2910
102	10	108	16	790	10	112	16	1605	20	115	8	4480
112	10	120	18	1300	10	125	18	2450	20	125	9	4900

2. *Für Werkzeugmaschinen* nach DIN 5471 (Mai 1952) mit 4 Keilen.
Nennmaße: s. Tafel b und Bild b.
Form A: Im Wälzverfahren hergestellt.
Form B: Im Teilverfahren mittels Scheibenfräser hergestellt.
Bezeichnungsbeispiel: Keilwellenprofil A 46 × 52 × 14 DIN 5471.
Zulässiges Drehmoment: Wie oben mit M_{10} nach Tafel b.
Toleranzen: Für d: H 7 — g 6
Für D: H 13 — a 11
Für b: D 9 — h 9

Tafel b.

Nennmaße in mm für Welle und Nabe $d \cdot D \cdot b$	M_{10} cmkg/mm
11 · 15 · 3	23,4
13 · 17 · 4	27
16 · 20 · 6	37,5
18 · 22 · 6	42
21 · 25 · 8	48,3
24 · 28 · 8	54,5
28 · 32 · 10	65
32 · 38 · 10	105
36 · 42 · 12	117
42 · 48 · 12	135
46 · 52 · 14	147
52 · 60 · 14	252
58 · 65 · 16	231
62 · 70 · 16	297
68 · 78 · 16	437

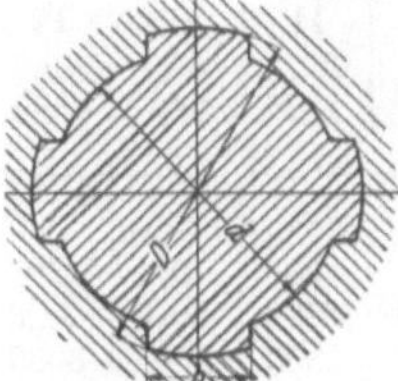

Bild b.

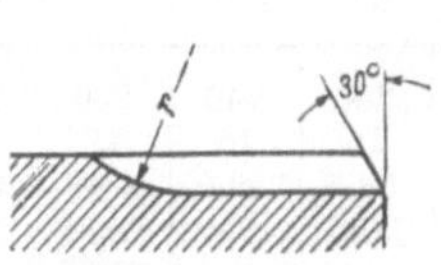

r nach Werkzeugdurchmesser.

Tafel 18/9. *Kerbzahn-Profile*, Nennmaße (mm) nach DIN 5481 (Jan. 1952).

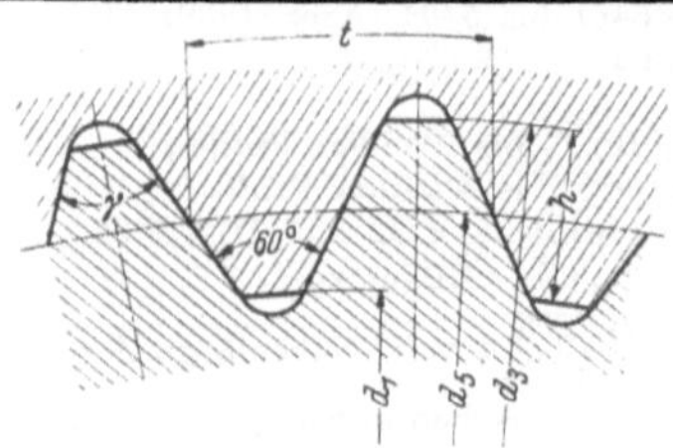

Nenndurchmesser $(d_1 \cdot d_3)$[1]	d_1	d_3	d_5	Teilung t errechnet für d_5	γ	Zähnezahl i	M_{10} cmkg/mm
7 · 8	6,9	8,1	7,5	0,842	47° 8′ 35″	28	47,2
8 · 10	8,1	10,1	9	1,010	47° 8′ 35″	28	95,7
10 · 12	10,1	12	11	1,152	48°	30	118
12 · 14	12	14,2	13	1,317	48° 23′ 14″	31	167
15 · 17	14,9	17,2	16	1,571	48° 25′	32	221
17 · 20	17,3	20	18,5	1,761	49° 5′ 27″	33	311
21 · 24	20,8	23,9	22	2,033	49° 24′ 42″	34	464
26 · 30	26,5	30	28	2,513	49° 42′ 52″	35	649
30 · 34	30,5	34	32	2,792	50°	36	761
36 · 40	36	39,9	38	3,226	50° 16′ 13″	37	1025
40 · 44	40	44	42	3,472	50° 31′ 35″	38	1198
45 · 50	45	50	47,5	3,826	50° 46′ 9″	39	1735
50 · 55	50	54,9	52,5	4,123	51°	40	1930
55 · 60	55	60	57,5	4,301	51° 25′ 43″	42	2265

Bezeichnungsbeispiel: Kerbverzahnung 12 × 14 DIN 5481.

Drehmoment: $M_t = 0{,}75 \cdot i \cdot h \cdot r_m \cdot L \cdot p/10$ (cmkg), mit Zähnezahl i, Nabenlänge L (mm), tragende Höhe h (mm), Flächenpressung p (kg/mm²) und $r_m = \frac{d_1 + d_3}{4}$ (mm).

Tafelwert: $M_{10} = M_t$ für $p = 10$ kg/mm² und $L = 1$ mm.

Zulässiges Drehmoment (cmkg) bei stoßhaftem (stoßfreiem) Betrieb:

$$M_t = 0{,}4 \cdot M_{10} \cdot L\,(= 0{,}6 \cdot M_{10} \cdot L) \text{ für GG-Nabe, } L \text{ in mm!}$$
$$M_t = 0{,}7\, M_{10} \cdot L\,(= 1 \cdot M_{10} \cdot L) \text{ für St-Nabe.}$$

Tafel 18/10 befindet sich auf Seite 293.

Tafel 18/11. *Tangentkeile nach DIN 271*, (April 1924), Maße (mm).

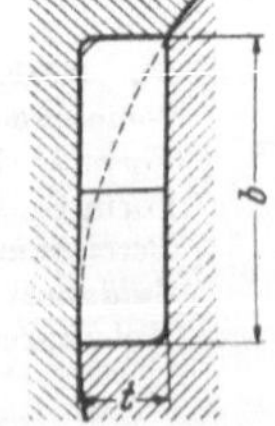

Drehmoment: $M_t = t \cdot \frac{d}{2} \frac{p}{10} \cdot L$ (cmkg); t, d, L in mm; Flächenpressung p (kg/mm²).

Tafelwert: $M_{10} = M_t$ für $p = 10$ kg/mm² und Nabenlänge $L = 1$ mm.

Zulässiges Drehmoment bei stoßhaftem Betrieb:

$$M_t = 0{,}8\, M_{10} \cdot L \text{ (cmkg) für GG-Nabe,}$$
$$M_t = 1 \cdot M_{10} \cdot L \text{ (cmkg) für St-Nabe, } L \text{ in mm!}$$

Welle d .	60	70	80	90	100	110	120	130	140	150	160	170	180
Nut t . .	7	7	8	8	9	9	10	10	11	11	12	12	12
b . .	19,3	21,0	24,0	25,6	28,6	30,1	33,2	34,6	37,7	39,1	42,1	43,5	44,9
M_{10} . . .	210	245	320	360	450	495	600	650	770	825	960	1020	1080

Welle d .	190	200	210	220	230	240	250	260	270	280	290	300
Nut t . .	14	14	14	16	16	16	18	18	18	20	20	20
b . .	49,6	51,0	52,4	57,1	58,5	59,9	64,6	66,0	67,4	72,1	73,5	74,8
M_{10} . . .	1330	1400	1470	1760	1840	1920	2250	2340	2430	2800	2900	3000

[1] Nenndurchmesser bis $d_1 \cdot d_3 = 120 \cdot 125$ genormt.

Tafel 18/10. *K-Profile,* Nennmaße (mm).

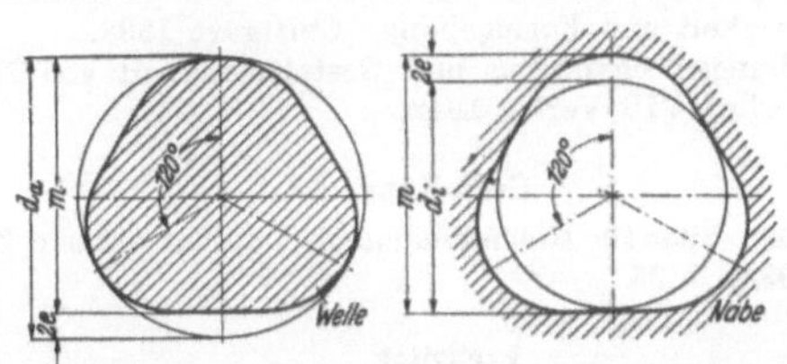

Für Ruhe- und Bewegungssitze					Nur für Ruhesitze				
Meßweite m mm	Hub e mm	Welle d_a mm	Nabe d_i mm	M_{10} cmkg mm	Meßweite m mm	Hub e mm	Welle d_a mm	Nabe d_i mm	M_{10} cmkg mm
14	0,8	15,6	12,4	33,6	22	0,8	23,6	20,4	52,8
16		17,6	14,4	38,4	25		26,6	23,4	60,0
18		19,6	16,4	43,2	28		29,6	26,4	67,2
20		21,6	18,4	48,0	30		31,6	28,4	72,0
22	1,2	24,4	19,6	79,2	32	1,2	34,4	29,6	115
25		27,4	22,6	90,0	34		36,4	31,6	122
28		30,4	25,6	100	36		38,4	33,6	129
30		32,4	27,6	108	38		40,4	35,6	136
32	1,8	35,6	28,4	172	40		42,4	37,6	144
34		37,6	30,4	183	42		44,4	39,6	151
36		39,6	32,4	194	45		47,4	42,6	162
38		41,6	34,4	205	48	1,8	51,6	44,4	259
40		43,6	36,4	216	50		53,6	46,4	270
42		45,6	38,4	226	53		56,6	49,4	286
45		48,6	41,4	234	56		59,6	52,4	302
48	2,7	53,4	42,6	388	60		63,6	56,4	324
50		55,4	44,6	405	63		66,6	59,4	340
53		58,4	47,6	429	67		70,6	63,4	361
56		61,4	50,6	453	71	2,7	76,4	65,6	575
60		65,4	54,6	486	75		80,4	69,6	607
63		68,4	57,6	510	80		85,4	74,6	648
67		72,4	61,6	542	85		90,4	79,6	688
					90		95,4	84,6	729
					95		100,4	89,6	769

Maßeintragung s. Bild.
Bezeichnungsbeispiel: K-Profilwelle 20 m 0,8; K-Profilnabe 20 m 0,8.
Passung: Feinpassung nach DIN oder ISA.
Widerstandsmoment gegen Drehung: $W_t = 0{,}2\, m^3$.
Drehmoment: $M_t = 3 \cdot e \cdot m \cdot L \cdot p/10$ (cmkg).
Tafelwert: $M_{10} = M_t$ für Flächenpressung $p = 10$ kg/mm² und Nabenlänge $L = 1$ mm.
Zulässiges Drehmoment (cmkg) bei stoßhaftem (stoßfreiem) Betrieb:

$$M_t = 0{,}4\, M_{10} \cdot L\ (= 0{,}6 \cdot M_{10} \cdot L) \text{ für GG-Nabe, } L \text{ in mm!}$$
$$M_t = 0{,}7\, M_{10} \cdot L\ (= 1 \cdot M_{10} \cdot L) \text{ für St-Nabe.}$$

18.5. Schrifttum zu 18.

Festigkeit (s. auch Schrifttum zu 17).

[*18/1*] THUM, A. u. F. WUNDERLICH: Die Dauerbiegefestigkeit von Konstruktionsteilen an Einspannungen, Nabensitzen und ähnlichen Kraftangriffsstellen. Mit MPA Darmstadt, H. 5, Berlin 1934.

[*18/2*] FÖPPL, O. und H. KOCH: 1. Die Biegewechselfestigkeit einer Keilverbindung (Paßfeder) und die Erhöhung der Dauerhaltbarkeit durch das Oberflächendrücken.
2. Eine neue Keilform mit besserer Dauerhaltbarkeit der Welle. Mitt. Wöhler-Inst. Heft 20 Braunschweig 1934.

[*18/3*] BAUTZ, W.: Steigerung der Dauerhaltbarkeit von Formelementen durch Kaltverformung. Diss. T. H. Darmstadt 1935.

[*18/4*] *Konstruktionstagung Stuttgart 1935*: Festigkeit und Formgebung, Dauerbruchsichere Konstruktionen, Formgestaltung und Belastbarkeit. Landesgewerbemuseum Stuttgart 1937.

[18/5] Berg, P.: Die Steigerung der Dauerhaltbarkeit von Keilverbindungen durch Oberflächendrücken. Diss. T. H. Braunschweig 1935.
[18/6] Wunderlich, F.: Festigkeit und Formgebung. Stuttgart 1938.
[18/7] Thum, A.: Beanspruchungsmechanismus und Gestaltfestigkeit von Nabensitzen. Dtsch. Kraftfahrtforsch. H. 73. Berlin: VDI-Verlag 1942.

Gestaltung.

[18/8] Streiff, F: Zweckmäßige Sitze für Riemenscheiben, Kupplungen und Zahnräder auf Wellenenden. Werkst.-Techn. 32 (1938) S. 25.

Preßsitze.

[18/9] Werth, S.: Austauschbare Längspreßsitze. VDI-Forsch.-Heft 383. Berlin: VDI-Verlag 1937; Auszug s. Z. VDI Bd. 82 (1938) S. 471.
[18/10] Wassileff, D.: Austauschbare Querpreßsitze. VDI-Forsch.-Heft 390. Berlin, VDI-Verlag, 1938.
[18/11] Kienzle, O. und A. Heiss: Die Berechnung einfacher Preßsitze. Werkst.-Techn. 32 (1938) S.468/73.
[18/12] Kienzle, O.: Die Einflüsse auf die Haftbeiwerte in den Fugen von Preßsitzen. Werkst.-Techn. 32 (1938) S. 552.
[18/13] Bühler, H.: Schrumpfverbindung durch Verändern von Eigenspannungen. Z. VDI Bd. 79 (1935) S. 323.
[18/14] Hufschmidt: Kaltschrumpfen mit Trockeneis. Chem. Fabrik (1941) S. 318.
[18/15] Meyer, P.: Neuartige Schrumpfverbindung für aufgebaute Kurbelwellen. Werft Reed. Hafen Bd. 19 (1938) S. 155.
[18/16] Wiemer, A.: Die Schrumpfverbindung zur Übertragung von Drehmomenten. Z. VDI Bd. 86 (1942) S. 274.

Profilwellen.

[18/17] Dreyhaupt, W.: Die Trapezkeilverzahnung. Maschinenbau, Betrieb Bd. 19 (1940) S. 241.
[18/18] Müller, H. R.: Räumen von Bohrungen mit Mehr- und Vielkeilprofilen oder Kerbverzahnungen. Maschinenbau, Betrieb Bd. 19 (1940) S. 9/13.
[18/19] — Das K-Profil, eine neue Zapflochverbindung. ATZ 1939 S. 349.
[18/20] — K-Profil-Handbuch der Fa. Ernst Krause u. Co., Wien.
[18/21] Schatz, A.: Vielnutprofil mit Evolventenflanken, Normvorschläge in USA und Frankreich. Werkstatt u. Betrieb Bd. 82 (1949) S. 29 u. 127.
[1822] Wiemer, A.: Vorspannung und Zahnform bei stirnverzahnten Wellenverbindungen. ZVDI Bd. 84 (1940) S. 1021; Bd. 85 (1941) S. 324.
[18/23] Müller, H. R.: Die Fertigbearbeitung von Keil- und Evolventenprofilen in gehärteten Naben. Masch.-Bau/Betrieb Bd. 19 (1940) S. 473.
[18/24] Wötzel, W.: Spanngewinde (Spanngewinde als Klemmsitz). Die Technik 4 (1949) S. 56.

19. Verbindung von Welle und Welle (Kupplungen, Gelenke).

19.1. Überblick.

Wellenenden, die nach Bild 19/1 voreinander stoßen und mehr oder weniger in einer Flucht liegen, können durch *Kupplungen* oder *Gelenke* drehfest verbunden werden.

Je nach den Anforderungen verwende man

1) *feste* Kupplungen zur starren Verbindung von genau gleichachsigen Wellenenden;

2) *Ausgleich*-Kupplungen, die dank ihrer gelenkigen oder federnden Ausbildung entweder

a) Unterschiede in der Achslage nach Bild 19/1 ausgleichen, oder

b) Drehmomentstöße ausgleichen, oder

c) Drehschwingungen dämpfen oder die Drehschwingungszahl verschieben (Bild 19/7); oder

d) mehrere dieser Aufgaben erfüllen.

Bild 19/1. Arten der Wellenverlagerung, Längs a, quer h, winklig Achswinkel β, Drehwinkel φ.

3) *Schalt*-Kupplungen, auch Wellenschalter genannt, zum betriebsmäßigen Kuppeln und Entkuppeln gleichachsiger Wellen oder gleichachsiger Triebwerksteile und zwar

a) *kraftschlüssige* Schaltkupplungen, z. B. Reibkupplungen (s. Bd. 2) und

b) *formschlüssige* Schaltkupplungen, z. B. Zahnkupplungen.

Für jede der obigen Aufgaben können häufig genormte bzw. serienmäßig hergestellte Ausführungen verwendet werden (s. Tafel 19/2 bis 19/5). Bei ihrer Auswahl sind neben der Funktionsweise und Lebensdauer der Raumbedarf (Baulänge und Außendurchmesser), das Gewicht, Schwungmoment und vor allem die bequeme Bedienung (Ein- und Ausbau und Erneuerung der Zwischenelemente) zu beachten. Bei frei umlaufenden Kupplungen ist eine glatte Umgrenzung für den Unfallschutz wichtig (keine vorstehenden Schrauben, Kanten und Keilnasen).

Tafel 19/1. *DIN-Blätter.*

	Gegenstand	DIN		Gegenstand	DIN
Kupplung	Feste Kupplungen	758, 759	Gelenke	Gabelgelenke	71751
	Angeschmiedete Kupplungsflansche	760		Kreuzgelenke	7551
	Scheibenkupplung für Transmissionen	116		Gelenke für Züge	37361
	Schalenkupplung für Transmissionen	115			
	Kupplungen für Hilfsmaschinen	73035			

19.2. Feste Kupplungen.

1) Plan-Kerbverzahnung (Hirthverzahnung) nach Bild 19/2 mit radial verlaufenden Zähnen zur Übertragung des Drehmoments bei axialer Vorspannung durch eine innen angeordnete Schraube oder äußere Überwurfmutter. Sie baut am kleinsten von allen lösbaren Kupplungen. Sie eignet sich vor allem zur Verbindung von Wellenenden mit Zahnrädern oder Scheiben oder Kurbelwangen oder unmittelbar von Zahnrädern mit Zahnrädern oder Scheiben ohne eigentliche Welle (Bild 19/2), wobei die Kerbverzahnung die Zentrierung der Teile übernimmt. Ihr Anwendungsgebiet ist durch die erforderliche axiale Verspannung begrenzt.

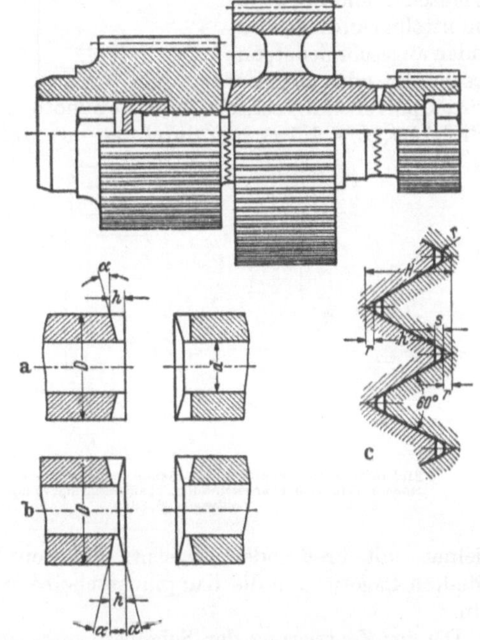

Bild 19/2. Drehfeste Verbindung von Zahnrädern durch Hirthverzahnung (Albert Hirth AG., Stuttgart-Zuffenhausen). a) mit unsymmetrischer, b) mit symmetrischer Lage der Zähne, c) Abwicklung der Verzahnung am Außendurchmesser D.

Beanspruchung und Bemessung: Die axiale Vorspannkraft preßt die Zahnflanken gegeneinander, so daß außer der Flächenpressung an den Zahnflanken infolge des Flankenwinkels der Zähne eine *Spreizkraft* (tangentiale Zugspannung) *im Zahngrund* auftritt, welche den Ringquerschnitt zu dehnen sucht. Hierzu tritt bei einem Drehmoment noch die Drehspannung und Zahnbiegespannung, so daß sich im Zahngrund eine zusammengesetzte Spannung ergibt, deren wirkliche Größe noch von der Kerbwirkung (Ausrundung r) abhängt. Bei geometrisch ähnlicher Zahnform bleiben die aus dem Drehmoment herrührenden Spannungen proportional der Drehspannung τ_t, so daß man diese als Maßstab nehmen und einem durch Versuch ermittelten $\tau_{t_{zul}}$ gegenüberstellen kann:

$$\tau_t = \frac{M_t}{W_t} = \frac{M_t \cdot 16}{\pi D^3 [1 - (d/D)^4]} \leq \tau_{zul} \quad (\text{kg/cm}^2)$$

Durchmesser d und D nach Bild 19/2.

Bei der Hirth-Verzahnung (Spitzenwinkel 60°, r = 0,3 bis 0,9 mm) kann für $\tau_{t_{zul}}$ (kg/cm²) gesetzt werden[1]:

Drehmoment	C-Stahl	Cr-Ni-Stahl Cr-Mo-Stahl
stoßfrei	335	435
stoßhaft	185	260
stoßhaft, mit Drehschwingung	130	185

Setzt man die axiale Vorspannkraft (Schraubenkraft) $P_a = 2 \cdot$ axiale Kraftkomponente aus M und $\operatorname{tg}\alpha = \operatorname{tg} 30° = 0{,}577$, so ist:

$$\boxed{P_a = 2 \cdot \operatorname{tg} 30° \cdot M_t/R = 1{,}16\, M_t/R} \text{ (kg)}; \quad R \approx \frac{D+d}{4}.$$

Bei einem Versuch mit VCN 45 als Werkstoff und $D/d = 50/40$ wurde die größte Dauerdrehwechselfestigkeit $\tau_{tW} = 780$ kg/cm² bei einer axialen Zahnpressung $\sigma_a = \frac{P_a \cdot 4}{\pi \cdot (D^2 - d^2)} = 1400$ kg/cm² erreicht.

Tafel 19/2. *Maße der Hirth-Verzahnung nach Bild 19/2.*

Zähnezahl z =	12	24	48	96
H =	0,2260 D	0,1130 D	0,0566 D	0,0283 D
r =	0,3	0,6	0,9 mm	wählbar
s =	0,4	0,6	0,9 mm	wählbar
h =	$H - (2r + s)$			

2) Scheibenkupplung nach Bild 19/3 und 19/4; Abmessungen s. Tafel 19/3 und 19/4. Die Scheiben (Flansche) sind entweder unmittelbar an die Wellenenden angeschmiedet, angeschweißt oder mit Carborundpulver aufgeschrumpft (s. Fußnote S. 284), oder sie besitzen längere Naben (Bild 19/4, $L \approx 1{,}5\, d$), die durchweg mit Haftsitz und Paßfeder oder Keil, seltener mit

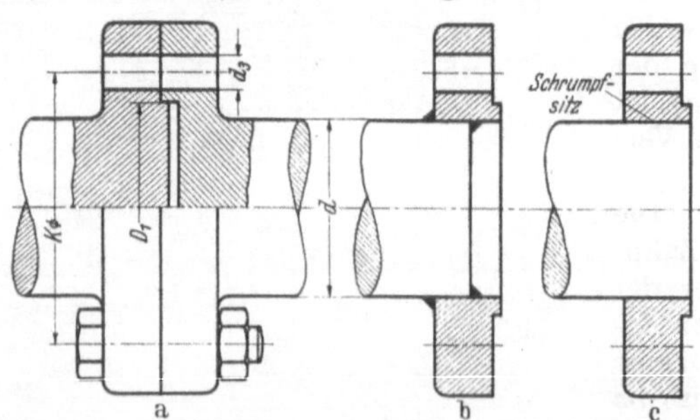

Bild 19/3. Flanschkupplung; a) Flansche angeschmiedet (DIN 760); Maße s. Tafel 19/3, b) angeschweißt; c) aufgeschrumpft mit Carborundpulver (s. S. 284.)

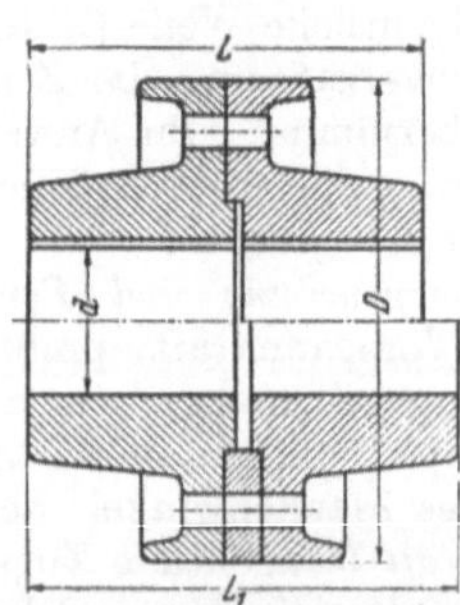

Bild 19/4. Scheibenkupplung nach DIN 116, oben mit Zentrierleiste, unten mit geteiltem Zentrierring, Maße s. Tafel 19/4.

Vielnut, mit Preß- oder Kegelsitz auf den Wellen befestigt sind. Beachte: Bei ungeteilten Lagern muß die Kupplungsscheibe mindestens an einem Wellenende abziehbar sein.

Die zur Zentrierung der Scheiben vorgesehene Zentrierleiste (s. Bild 19/3) erfordert eine geringe Längsverschiebung der Welle beim Ausbau, falls nicht ein geteilter Zentrierring (Bild 19/4 unten) eingebaut ist.

Die Scheiben werden durch *Paß*schrauben verbunden, die so fest angezogen werden, daß das Drehmoment durch Reibung übertragen werden kann. Die hierfür erforderliche

[1] Aus den von der Fa. Alb. Hirth A.-G., Stuttgart-Zuffenhausen angegebenen zulässigen Biegebeanspruchungen σ_b der Kerbzähne für gleiche Durchmesser d und D bei gleichem M_t von mir umgerechnet wobei $\tau_t = 0{,}37\, \sigma_b$ gesetzt wurde (schwankt mit r!).

Zugkraft je Schraube ist dann $P = \frac{2\,M_t}{K \cdot z \cdot \mu}$ (kg), Schraubenzahl z, Reibwert $\mu = 0{,}25$ für geschruppte Flächen und Lochkreisdurchmesser K nach Bild 19/3. Besondere Schraubensicherungen sind bei stramm sitzenden und gut angezogenen Paßschrauben bei glatter Auflage (keine Unterlegscheiben!) erfahrungsgemäß überflüssig.

Tafel 19/3. *Angeschmiedete Kupplungsflansche nach DIN 760* (Aug. 1937), (Bild 19/3). Maße in mm.

Wellendurchmesser d	35	45	55	70	80	90	110	130	150	170	190	210
Zentrierdurchm. D_1	50	60	75	95	95	125	150	150	195	195	240	240
Lochkreisdurchm. K	70	85	100	125	140	160	190	215	240	265	290	315
Lochdurchmesser d_3	11	14	16	18	20	22	25	32	35	40	40	45
Anzahl der Schrauben	4	4	4	6	6	6	6	6	6	8	8	8

3) Schalenkupplung nach Bild 19/5. Abmessungen s. Tafel 19/4. Die geteilten Schalen werden durch Schrauben oder aufgetriebene Kegelringe auf die Welle gepreßt, so daß das Drehmoment durch Reibung übertragen wird. Berechnung s. Klemmverbindung S. 281.

Bild 19/5. Schalenkupplung nach DIN 115, Maße s. Tafel 19/4.

Eigenschaften: bequem lösbar, so daß die Lager- und Radnaben ungeteilt sein können. Besonders für Transmissionswellen verwendet; für größeres Drehmoment mit eingelegter Paßfeder; für stoßhaftes Drehmoment weniger geeignet!

4) Stieber-Rollkupplung nach Bild 19/6. Eine Schnellkupplung, bei welcher besonders die Eleganz der Wirkung, nämlich der mit leichter Handkraft erzielte hochfeste Preßsitz der Welle verblüfft. Die Langrollen *4* liegen im Winkel α zur Achsrichtung geneigt. Dreht man den Überwurf *6* nach rechts, so wird er mit ganz geringer Steigung unter Wälzbewegung hinaufgeschraubt, ohne in der Achsrichtung abzurutschen (Neigungswinkel β des Kegels kleiner als der Reibwinkel). Die hierdurch erzielte axiale Verschiebung des Überwurfs preßt die ungeschlitzte Nabe *3* dank der Kegelneigung β radial gegen die Welle *1*.

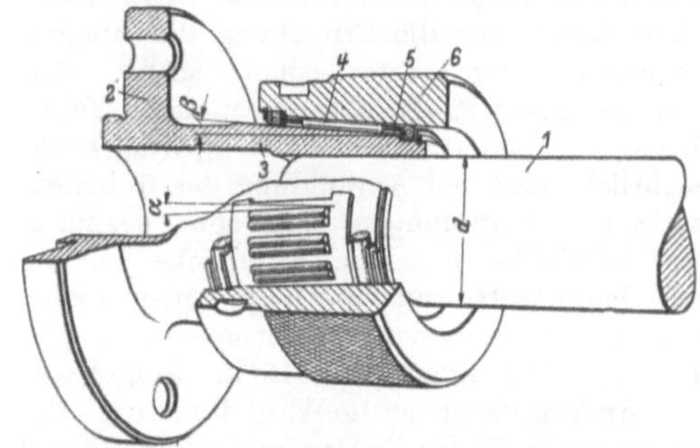

Bild 19/6. Stieber-Rollkupplung. Erläuterung s. Text.

Bei 1 d/1000 Toleranz der Welle (Durchmesser d) und 2 d/1000 *elastischer* Verengung der Nabenbohrung bleibt für die Erzeugung des Preßsitzes noch 1 d/1000 Übermaß wirksam, dem bei einer Stahlwelle etwa ein übertragbares Drehmoment

$$\boxed{M_t \approx 130\, d^2 \cdot L} \quad \text{(cmkg) entspricht,}$$

z. B. $M_t = 8300$ cmkg für Wellendurchmesser $d = 4$ cm und Sitzlänge $L = 4$ cm. Die Preßwirkung kommt auch bei Anordnung einer Zwischenbüchse zwischen Welle und Nabe zustande. Nach dem gleichen Prinzip kann auch eine Hohlwelle von innen gegen eine Nabe gepreßt werden [1].

[1] Weitere Anwendung: Zur Schnellverstellung bei Meßgeräten; als Spannfutter für Innen- bzw. Außenspannung; als Momentkupplung usw. s. [*19/7*].

Tafel 19/4. *Scheiben- und Schalenkupplungen nach Bild 19/4 und 19/5* *. Maße in mm.

	Wellendurchmesser d	25 u. 30	35 u. 40	45 u. 50	55 u. 60	70	80	90	100
Schalenkupplung nach DIN 115 (Febr. 1922)	Außendurchmesser D	105	115	140	155	180	195	220	240
	Gesamtlänge L	130	160	190	220	250	280	310	350
	Gewicht	3,6	5,5	8	11,8	17,4	21,5	33	44
Scheibenkupplung nach DIN 116 (Febr. 1922)	Außendurchmesser D	150	170	195	220	245	270	300	330
	Gesamtlänge L	130	150	170	190	210	230	260	290
	Gewicht	7	10	13	20	29	40	56	74
	Mit Zwischenscheibe:								
	Gesamtlänge L_1	150	170	190	210	230	250	280	310
	Gewicht	9	13	16	24	33	45	62	82

* Bei verschiedenen Wellendurchmessern ist die Kupplungsgröße nach der dickeren Welle zu wählen.

19.3. Ausgleich-Kupplungen.

Anwendung: Sie werden vorwiegend zwischen Antriebsmotor und Arbeitsmaschine eingebaut; dann zwischen Wellenenden, deren Gleichachsigkeit nicht immer gesichert ist, oder die zueinander geringe Lagenänderungen durchmachen, wie z. B. die Hinterachse eines Kraftwagens zum Antriebsblock; oder dort, wo der Zusammenbau erleichtert werden soll, wie z. B. bei Prüfständen.

Ausgleichgrößen: Maßgebend für die Auswahl und Ausbildung derartiger Kupplungen sind Art und Grad der zu erwartenden Verlagerung nach Bild 19/1: Längs Maß a, quer Maß h, winklig Achswinkel β und Drehwinkel φ unter dem Nenndrehmoment M_t. Je größer φ/M_t, desto geringer das Stoß-Drehmoment bei gleicher Stoßarbeit und desto niedriger die Resonanzdrehzahl, für die auch das Massenträgheitsmoment J_m der Kupplung von Bedeutung ist (s. S. 272). Als Maß für die Schwingungs*dämpfung* (s. Bild 19/7) kann die Reibungsarbeit beim Verspannen der Kupplung von Null bis zum Nenndrehmoment und zurück bis Null dienen [1]. Für die Belastung der Lager ist dann noch wesentlich, welche *Kräfte* für die Erreichung der obigen Lagenänderungen erforderlich sind. Bei Kenntnis dieser Kräfte würden manche Fehlschläge vermieden werden. So würde z. B. ersichtlich, daß bei Anwendung der üblichen elastischen Kupplungen auch ein geringer Quer-Achsfehler h schon erhebliche Lagerkräfte hervorruft, wenn die Kupplungen nicht nach dem System von 2 hintereinander geschalteten Gelenken (Bild 19/16) aufgebaut sind. Anderseits ist für die Wahl der Kupplung eine genauere Kenntnis der zu erwartenden Lagenfehler der Wellen erforderlich und bei hochtourigen Maschinen, besonders bei Brennkraftmaschinen, die Größe der Stoßkräfte und die Lage der Eigenschwingungszahl.

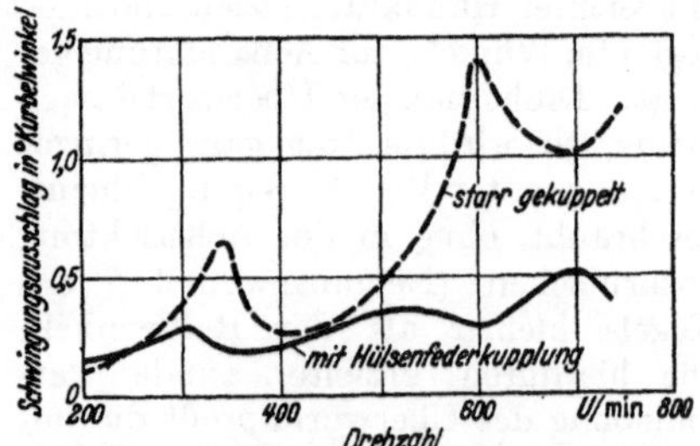

Bild 19/7. Schwingungsdämpfung durch elastische Kupplung (MAN-Renk-Hülsen-Federkupplung).

Bauarten und Bemessung: Wir können derartige Kupplungen als „*Gelenke*" auffassen, deren Zwischenglieder die Umfangskraft unter Relativbewegungen übertragen müssen. Auf die richtige Ausbildung dieser Zwischenglieder und der Kraftübertragungsstellen kommt es an. Als Zwischenglieder sind verwendbar:

1) *verformbare Zwischenglieder* (Leder, Gummi, Gewebe, Stahlfedern)! Hierbei sind der Kraftanstieg bei der Verformung, die Dauerfestigkeit (s. Federn Kap. 12) und Lebensdauer zu beachten. Übliche Flächenpressung bei Gummi- bzw. Leder-, oder Gewebezwischengliedern $p \approx 8$—$14\ \text{kg/cm}^2$. Typische Ausführungen s. Bild 19/8—19/15;

[1] Diese echte Schwingungsdämpfung ist zu unterscheiden von dem Schwingungsabfall durch Verschiebung der Resonanzdrehzahl.

Fortsetzung von Tafel 19/4.

110	125	140	160	180	200
270	290	320	—	—	—
390	430	490	—	—	—
72	100	148	—	—	—
360	390	440	480	540	600
320	350	390	430	470	510
98	123	160	225	300	385
340	380	420	460	500	540
107	140	180	250	332	425

2) *formfeste Zwischenglieder* mit Gleit-, Dreh- oder Wälzbewegungen, z. B. Gleitsteine zwischen Führungen, Drehzapfen in Lagerbüchsen, Zähne oder Knorpel zwischen balligen Flanken (zulässige Wälzpressung s. S. 209 u. 211). Übliche Flächenpressung bei derartigen Gelenken mit geringer Gleitbewegung: $p \leq 30\,\text{kg/cm}^2$ bei GG auf Stahl; ≤ 50 bei Bz auf Stahl; ≤ 90 bei Bz auf gehärteten Stahl; ≤ 150 bei gehärtetem Stahl auf gehärteten Stahl. Beachte den Totgang beim Wechsel der Kraftrichtung (bei Schwingungen Dämpfung durch Schmierstoff erstreben!), den Gleitverschleiß und die Sicherung der Schmierung. Typische Ausführungen s. Bild 19/16 bis 19/21.

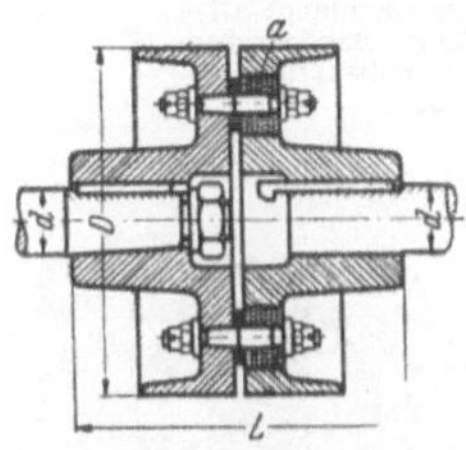

Bild 19/8. Elastische Bolzenkupplung für Kranantriebe (nach HÄNCHEN). *a* Leder- oder Gummigeweberinge, Maße s. Tafel 19/5.

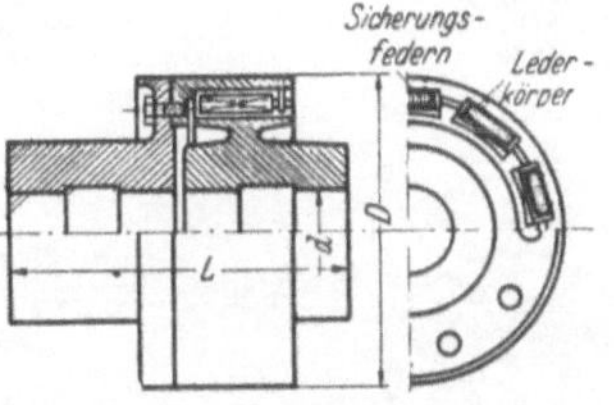

Bild 19/9. Elastische Voith-Kupplung mit Lederklotzen (J. M. Voith-Heidenheim). Maße s. Tafel 19/5.

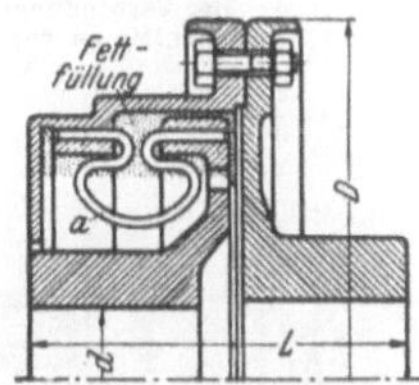

Bild 19/10. Elastische Voith-Maurer-Kupplung (J. M. Voith-Heidenheim). Die Feder *a* aus Runddraht wird auf Verdrehung beansprucht.

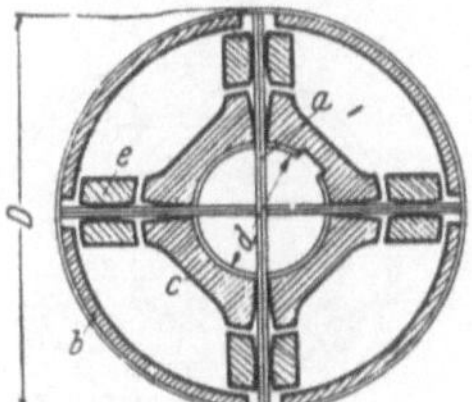

Bild 19/11. Elastische Axien-Kupplung (Axien, Hamburg-Altona) mit Fettfüllung. *a* Blattfedern, die sich zwischen den Anlagen *b* und *c* (Antrieb) und Anlage *e* (Abtrieb) biegend verformen. Maße s. Tafel 19/5.

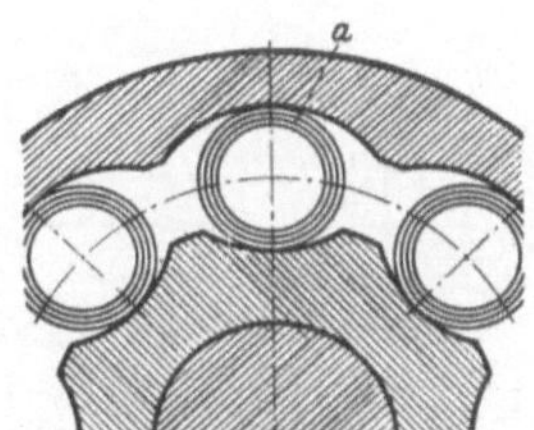

Bild 19/12. Elastische Deli-Kupplung (Demag-Duisburg). *a* schraubenförmig geschlitzt und ineinander gesteckte Federhülsen, die bei Verformung auch Reibungsdämpfung erzeugen. Maße s. Tafel 19/5.

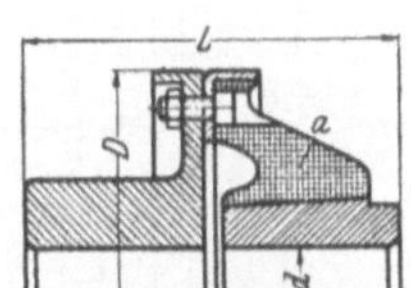

Bild 19/13. Elastische Kegelflex-Perbunan-Kupplung (Kauermann-Düsseldorf). *a* elastisches Perbunan. Maße s. Tafel 19/5.

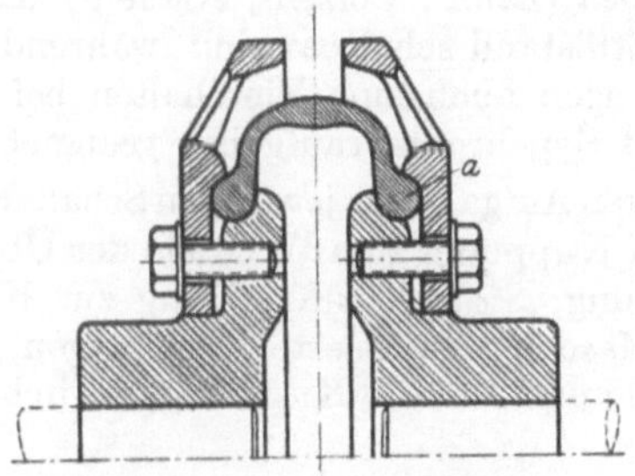

Bild 19/14. Elastische Periflex-Kupplung Eickhoff Bochum). *a* elastischer Bunaring.

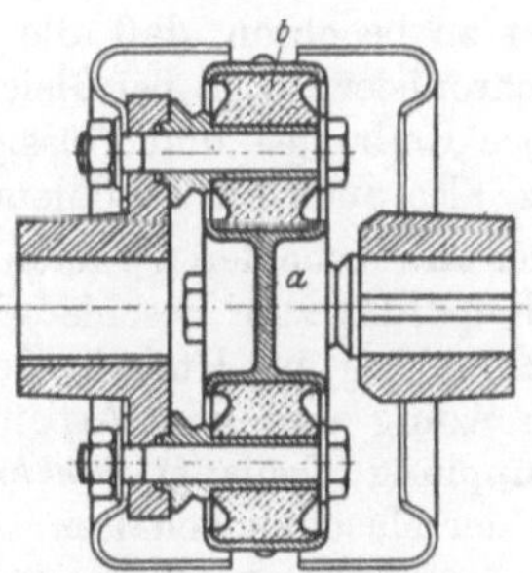

Bild 19/15. Boge-Silentbloc-Gelenkkupplung (Boge u. Sohn, Eitorf). Gelenkscheibe *a* mit Weichgummikörper *b*.

Für den Aufbau ist noch wesentlich, daß die Kupplung leicht lösbar und der gelöste Teil möglichst *ohne axiale Verschiebung* ausbaubar ist. Hierzu wird oft eine besondere Flanschverbindung in der Kupplungsmitte angeordnet (s. Bild 19/9).

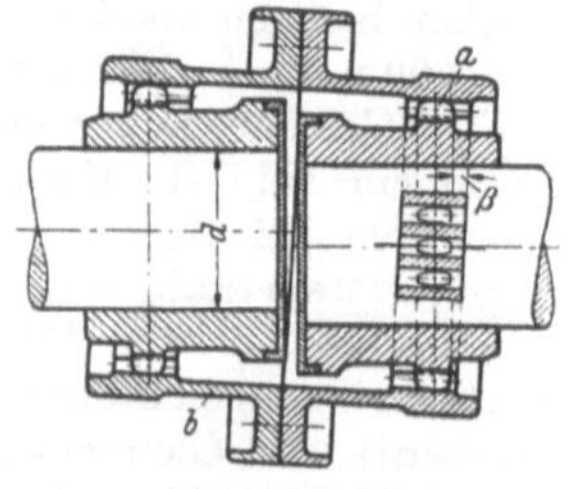

Bild 19/16. Tacke-Bogenzahn-Kupplung (Tacke-Rheine) mit Ölfüllung. Wirkt als Doppel-Kardan. Die Bogenzähne *a* der Nabe liegen auch bei Neigung β der Verbindungshülse *b* mit allen Zähnen ballig an den Gegenflanken. Maße s. Tafel 19/5.

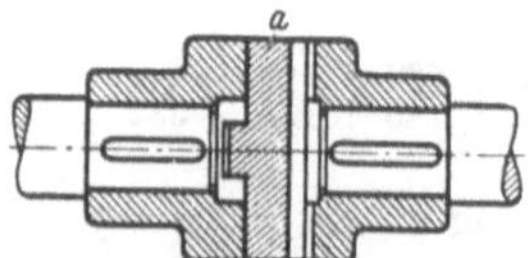

Bild 19/17. Oldham-Kupplung; allseitig verlagerungsfähig. Das Zwischenstück *a* besitzt 2 Gleitführungen unter 90°.

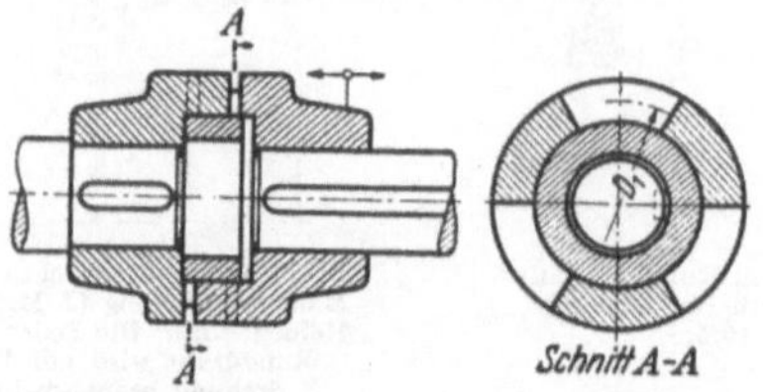

Bild 19/18. Klauenkupplung als axiale Ausdehnungskupplung mit Zentriering.

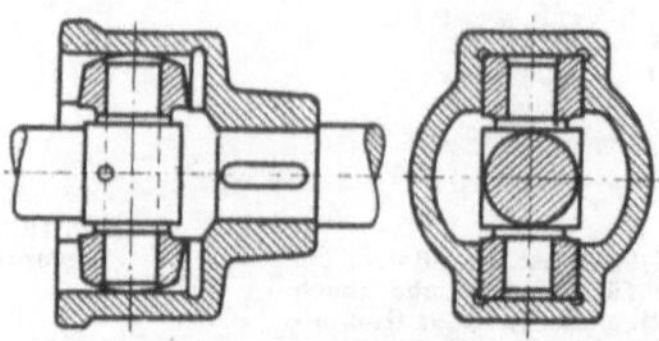

Bild 19/19. Gelenkstein-Kupplung als Kardan für Kraftfahrzeuge.

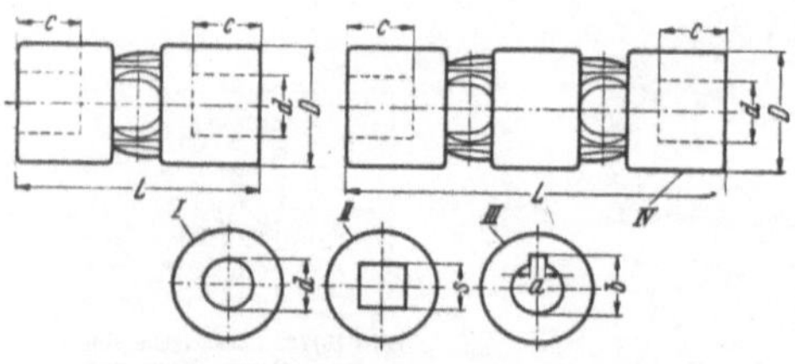

Bild 19/20. Kugelgelenk (Fritz Werner AG., Berlin-Marienfelde). Maße s. Tafel 19/6.

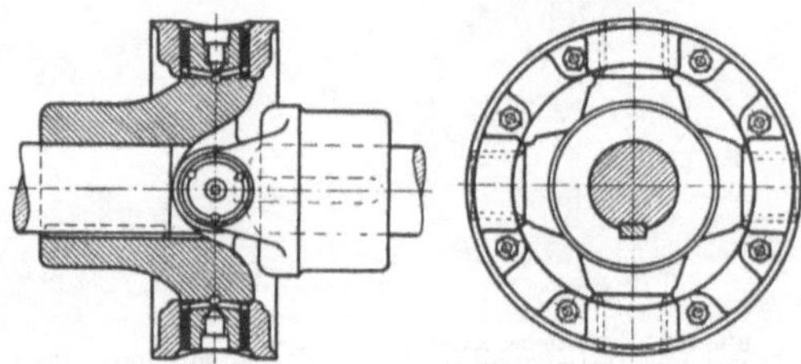

Bild 19/21. Kardangelenk (Bamag).

19.4. Schaltkupplungen (Wellenschalter).

Es ist zu beachten, daß alle *formschlüssigen* (Zahn-, Bolzen-, Klauen-) Kupplungen nur synchronisiert, d. h. bei Gleichlauf bzw. Stillstand schaltbar sind während die *kraftschlüssigen* Reibungs- und Flüssigkeitskupplungen auch zum Einschalten bei Drehzahldifferenz, also auch für Beschleunigungs- und Synchronisieraufgaben geeignet sind.

Ferner unterscheiden wir nach der besonderen Aufgabe der jeweiligen Schalt-Kupplung: *Anlauf*-Kupplung zum Beschleunigen, *Wechsel*-Kupplung zum Wechseln der Übersetzung, *Wende*-Kupplung zur Umkehr der Drehrichtung, *Sicherheits*-Kupplung zur Kraft- oder Wegbegrenzung und vom Arbeitsgang der Maschine gesteuerte Kupplungen, wie *Richtungs*-Kupplung (Freilauf), *Fliehkraft*-Kupplung und *Moment*-Kupplung, die in bestimmter Stellung der Maschine schalten.

Auch die Art der *Bedienung* (durch Federdruck, Fuß oder Hand, durch Magnet, Druckluft oder Drucköl) und die Frage, ob die Kupplung sich selbst überlassen, ein- oder aus-

Tafel 19/5. *Ausgleich-Kupplungen*, Maße (mm), Gewichte (kg), Drehmomente (cmkg) und zulässige Verlagerung nach Bild 19/1. Nenn-Drehmoment $M_t = 71\,620\ N/n$, C = Max - M_t/Nenn-M_t, Nennleistung N (PS), N/n (PS · min/Uml).

Kupplung	Größe															
Elastische Bolzen-Kupplung, Bild 19/8	[1] Nenn-M_t	500	750	1500	3000	5500	8500	13 000	20 000							
	Wellen-d	30	40	50	60	70	80	90	100							
	Außen-D	175	200	250	300	350	400	450	500							
	Gesamtlänge L	224	245	246	288	348	378	410	412							
Elastische Voith-Kupplung, Bild 19/9; zulässige Verlagerung: sehr gering	$C \cdot N/n$	0,0015	0,0035	0,014	0,028	0,04	0,08	0,17	0,38	0,5	0,88	1,75	3,2	5,2	8	12
	Größte Bohrung d	20	28	42	52	60	65	90	110	120	155	200	240	280	320	370
	Außendurchmesser D	60	80	105	130	150	200	250	300	350	400	500	600	700	800	900
	Gesamtlänge L	75	85	115	145	190	220	280	340	380	400	480	570	680	770	875
	Gewicht	1	2	4	8	13	23	43	78	114	140	250	420	680	1030	1520
Voith-Maurer-Kupplung, Bild 19/10; Verlagerung: a bis 2 mm; $h = 0{,}6$ bis 1,6 mm, β bis 1,5°; $\varphi = 2{,}5°$	$C \cdot N/n$	0,018	0,03	0,052	0,063	0,12	0,14	0,25	0,48	0,9	1,8	3,75	6	10	15	24
	Größte Bohrung d	25	30	35	35	45	45	65	80	95	125	160	185	200	—	—
	Außendurchmesser D	170	180	190	190	240	240	350	400	470	560	700	815	960	1080	1205
	Gesamtlänge L	120	120	120	120	145	145	180	215	235	285	340	400	455	545	635
	Gewicht	6,5	8	10	11	17,5	19	42	65	98	166	285	480	660	925	1350
Axien-Kupplung, Bild 19/11; Verlagerung: $a = 5 \cdots 15$ mm, $h = 0{,}5 \cdots 2$ mm, β bis 2,5°, $\varphi = 2°$	$C \cdot N/n$	0,002	0,005	0,012	0,025	0,04	0,07	0,12	0,25	0,5	0,8	1,2	1,8	3		
	Größte Bohrung d	23	35	40	45	50	60	70	80	90	105	120	140	160		
	Außendurchmesser D	75	100	120	130	150	180	210	240	280	320	380	470	570		
	Gesamtlänge L	95	110	125	150	175	195	245	290	340	390	430	490	530		
	Gewicht	1,3	2,8	4,5	6,5	10	15	24	38	60	95	155	260	380		
Demag-Deli-Kupplung, Ausführung Z, Bild 19/12; h bis 0,15 mm, β bis 1°; $\varphi = 6 \cdots 10°$	$C \cdot N/n$	0,07	0,12	0,21	0,35	0,65	1,2	2,2	4	6	8,5	12	17	24	34	48
	Größte Bohrung d	45	55	65	80	95	120	145	160	180	205	230	260	290	325	370
	Außendurchmesser D	125	150	185	225	270	325	430	480	530	600	670	745	830	930	1040
	Gesamtlänge L	124	145	165	195	225	267	309	330	370	410	450	510	570	630	712
	Gewicht	7	11,5	19	32	53	90	150	210	285	400	555	800	1120	1585	2300
Kauermann-Kegelfex-Perbunan-Kupplung, Ausführung 1 s. Bild 19/13; $\varphi = 8 \cdots 10°$, Ausführung 1; $\varphi = 16 \cdots 20°$, Ausführung 2; β bis 4°	$C \cdot N/n$	0,0012	0,0025	0,004	0,008	0,016	0,03	0,05	0,08	0,125	0,2	0,32	0,5			
	Größte Bohrung d	20	25	30	36	45	50	55	65	75	85	95	110			
	Außendurchmesser D	80	95	115	130	160	200	230	260	295	350	400	450			
	Gesamtlänge L	63	73	93	104	124	136	146	168	188	228	248	268			
	Gewicht	0,75	1,2	2,1	3,3	6,3	10	13,2	21	29	47	66	94			
Tacke-Bogenzahn-Kupplung, Bild 19/16; Type TB, $a = 4 \cdots 14$ mm, $h = 1{,}4 \cdots 16$ mm, β bis 3° (bis 4° Sonderausführung)	Dauer-N/n	0,027	0,06	0,12	0,2	0,33	0,48	0,66	0,93	1,3	1,8	2,6	3,9	5,5	7,5	
	max-N/n	0,04	0,09	0,18	0,3	0,5	0,72	1	1,4	1,9	2,7	3,9	5,8	8,2	11,2	
	Größte Bohrung d	30	40	50	60	70	80	90	100	110	125	140	160	180	200	
	Außendurchmesser	115	135	155	180	200	225	245	285	300	320	365	425	460	520	
	Gesamtlänge	115	125	148	170	192	215	240	272	292	336	370	426	480	538	
	Gewicht	3,6	5,5	8,5	13	18	26	35	52	63	80	117	178	248	355	

[1] Entspricht der Nennleistung des Elektromotors bei 25% Einschaltdauer.

Tafel 19/6. *Kugelgelenke nach Bild 19/20,* Maße, Gewichte, Drehmomente.
Übertragbares Drehmoment $M_t = q \cdot$ Tafelwert; $q = 1{,}25$ für Neigungswinkel $\beta = 5°, = 1$ für $10°, = 0{,}75$ für $20°$ $= 0{,}6$ für $30°, = 0{,}45$ für $40°$.

Normalausführung I						Sonderausführung II	Sonderausführung III		Doppelgelenk IV			Drehmoment bei Drehzahl n (Umdr./min) 50	100	200	400	800
Nr.	d mm	D mm	L mm	c mm	Gewicht kg	s mm	a mm	b mm	Nr.	L mm	Gewicht kg	mkg	mkg	mkg	mkg	mkg
01	6	16	34	9	0,05	6	—	—				0,1	0,78	0,73	0,54	0,35
02	8	18	40	11	0,06	8	—	—				1,35	1,35	1,15	0,8	0,5
03	10	22	45	12	0,10	10	3	11,5				2,5	2,3	1,8	1,2	0,75
04	12	26	50	13	0,15	12	3	13,5				4,0	3,5	2,7	1,8	1,1
05	14	29	56	16	0,20	14	4	15,5				6,5	5,2	3,8	2,7	1,6
1	16	32	65	18	0,30	14	4	17,5	1 D	100	0,45	10,0	7,6	5,5	3,5	2,2
2	18	37	72	20	0,45	17	5	20	2 D	112	0,70	15,5	11,2	7,6	4,9	2,8
3	20	42	82	23	0,67	19	5	22	3 D	127	1,00	22,5	14,8	10,2	6,5	
4	22	47	95	25	1,00	22	5	24	4 D	145	1,56	29,0	20,0	13,0	8,0	
5	25	52	108	29	1,35	27	6	27	5 D	163	2,10	36,0	25,0	16,0	9,8	
6	30	58	122	34	1,85	30	8	32	6 D	182	2,75	45,2	30,0	20,0	11,8	
7	35	70	140	39	3,15	36	8	37	7 D	212	4,75	58,0	39,0	24,0	14,2	
8	40	80	160	44	4,60	41	10	42,5	8 D	245	7,2	74,0	50,0	31,0	18,6	
9	50	95	190	54	7,60	50	12	53	9 D	290	12,0	110,0	72,0	46,0	27,0	

geschaltet oder in beiden Lagen selbsthemmend sein soll, bestimmt ihre Konstruktion. So ist bei Magnetbedienung der Stromzuführung (Schleifringe) und bei Drucköl- oder Druckluftbedienung der Gleitdichtung besondere Aufmerksamkeit zu schenken. Bei Reibkupplungen stellt der Verschleiß noch die Aufgabe, die Anpreßkraft und den Schaltweg nachzustellen bzw. vom Verschleiß unabhängig zu machen.

Bei Bedienung der Kupplung von *außen* muß die Axialkraft des Schalthebels unter *Gleit-* oder *Wälz*-Bewegung auf die umlaufende und axial verschiebbare Schaltmuffe übertragen werden (Bild 19/22). Hierzu dienen Gleitsteine oder Gleitringe, die vom

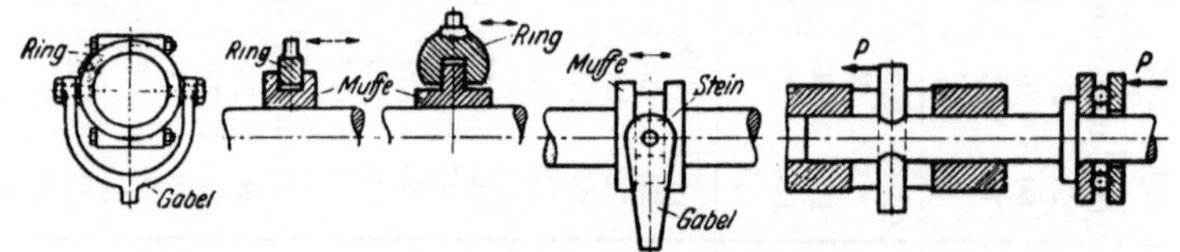

Bild 19/22. Schaltzeug. Schaltgabel mit Gleitring oder Gleitstein und Schalt-Muffe. Umlaufende Schaltstange mit Drucklager (rechts).

Schalthebel drehfest gehalten werden und in eine Ringnute der umlaufenden Schaltmuffe eingreifen; oder der Schalthebel drückt über ein Längskugellager auf die Schaltmuffe. An Stelle der die Welle umschließenden Schaltmuffe kann auch eine zentrisch in der Welle verschiebbare Schaltstange treten. Die zu schaltenden Kupplungsteile sind unmittelbar oder über eine Kraftübersetzung mit der Schaltmuffe verbunden. Die Axialkraft an der Schaltmuffe ist meist sehr erheblich (s. Beispiel unten), so daß für eine gute Lagerung des Schalthebels und für eine gute Ausbildung und Schmierung der Gleitstellen gesorgt werden muß. Die Kupplung ist möglichst so auszubilden, daß die Gleitmuffe im vollen Lauf der Kupplung entlastet ist und so anzuordnen, daß die Gleitmuffe nicht auf der durchlaufenden Antriebsseite, sondern auf der bei Abschaltung stillstehenden Abtriebsseite sitzt.

1) *Kraftschlüssige Schaltkupplungen* s. Reibkupplungen Bd. 2.

2) *Formschlüssige Schaltkupplungen.*

Die Klauenkupplung Bild 19/18 wird zur Schaltkupplung, wenn man die eine Kupplungsnabe auf der Welle verschiebbar macht.

Kräfte und Schalterleichterungen: Beim Verschieben (Schalten) unter Drehmoment M_t (Umfangskraft U) muß nach Bild 19/18 und 19/23 die Reibkraft $A_1 = \mu \cdot U_1 = 2\mu \cdot M_t/D_1$ an den Klauen *und* die Reibkraft $A_2 = \mu \cdot U_2 = 2\mu \cdot M_t/D_2$ an der Paßfeder der Welle überwunden werden, wobei D_1 der Durchmesser bis Mitte der Klauen, D_2 der Durchmesser bis Mitte Paßfeder und μ der Reibwert ist.

Die axiale Schaltkraft $\boxed{A = A_1 + A_2 = 2\mu \cdot M_t\,(1/D_1 + 1/D_2)}$ (kg) wird bei kleinem D_1 und D_2 sehr groß, z. B. $A = 2 \cdot 0{,}1 \cdot 3000\ (1/10 + 1/5) = 180$ kg für $\mu = 0{,}1$, $M_t = 3000$ cmkg, $D_1 = 10$ cm, $D_2 = 5$ cm. Abhilfe durch Vergrößerung von D_1 und besonders von D_2, z. B. durch Verlagerung der Gleitbewegung von der Paßfeder weg an die Klauen ($D_2 = D_1$), wie es die Bolzen-Schalt-Kupplung Bild 19/23 zeigt; oder durch

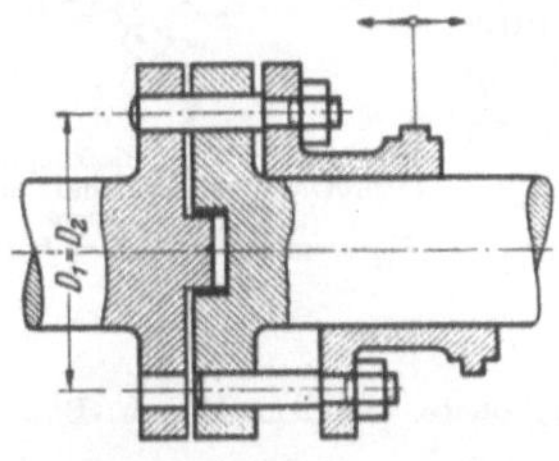

Bild 19/23. Schema einer Bolzen-Schaltkupplung.

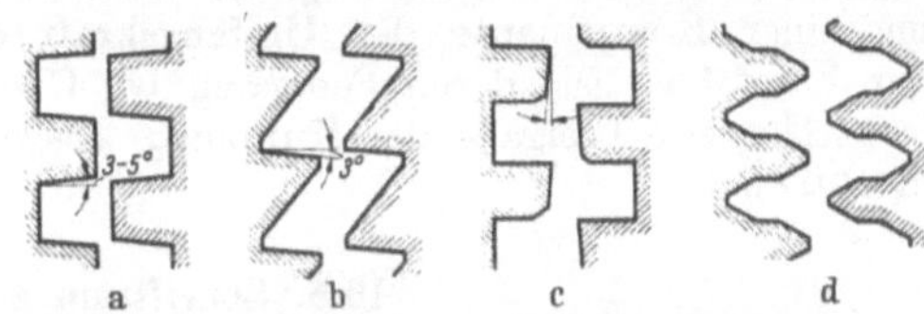

Bild 19/24. Radial angeordnete Zähne für Klauenkupplungen.
a) Trapezzähne nach beiden Richtungen Kraft übertragend. b) Sägezähne nur in einer Richtung Kraft übertragend, c) „abweisende" Zähne nach MAYBACH, nur bei Umkehr der Relativbewegung (Gleichlauf) einrückend und dann in beiden Richtungen Kraft übertragend; d) in jeder Stellung einschaltbar und in beiden Richtungen Kraft übertragend.

Herabsetzung von μ (glatte, gehärtete und gut geschmierte Gleitflächen mit niedriger Flächenpressung, oder mit Wälzreibung statt Gleitreibung), oder durch Neigung der Gleitflächen zur Achse, so daß die Umfangskraft beim Entkuppeln mitwirkt (s. Bild 19/24), oder durch eine Kraftübersetzung zwischen der Klauen- und Muffenbewegung.

Die Einschaltung wird erleichtert durch große Zähnezahl, durch Abrundung oder Zuspitzung oder „abweisende" Ausbildung der Zähne (Bild 19/24), wobei im letzteren Fall die Zähne nur im Augenblick der Bewegungsumkehr einspringen; dann vor allem durch vorhergehende „Synchronisierung", z. B. durch vorhergehende Anpressung der

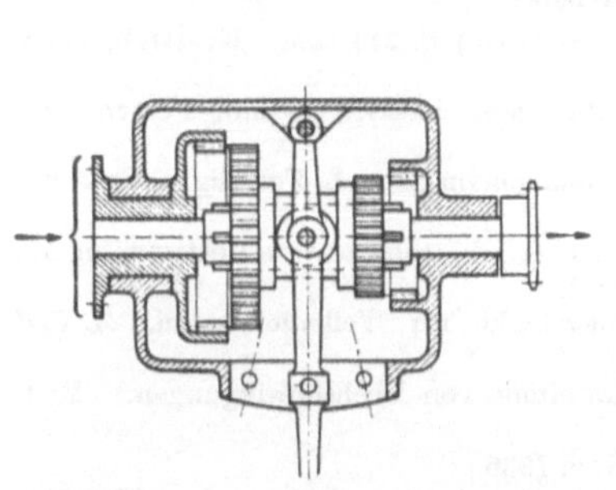

Bild 19/25. Zahn-Schaltkupplung mit Evolventenzähnen, nach links kuppelnd, nach rechts blockend (nach KUTZBACH).

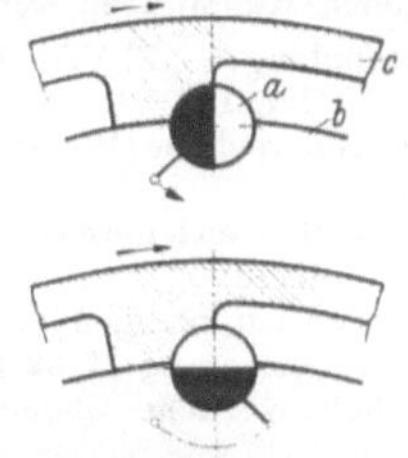

Bild 19/26. Drehkeil-Kupplung (nach KUTZBACH). Der abgeflachte Drehzapfen *a* ist im Umfang der Welle *b* drehbar gelagert und wird von außen gesteuert. *c* äußerer Drehkranz. Oben ist Kuppelstellung, unten entkuppelt.

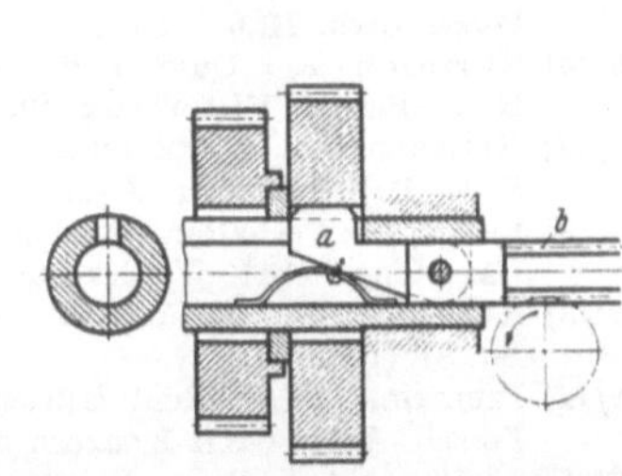

Bild 19/27. Ziehkeil-Kupplung (nach COENEN). Der mit der Welle umlaufende Ziehkeil *a* wird durch die Schaltstange *b* axial verschoben und springt in die Nute des betreffenden Zahnrades ein.

beiden Kupplungsteile in Kegelflächen. Die Zähne können an der Radialfläche oder an der Mantelfläche der Kupplungsscheiben angeordnet werden, wobei im letzteren Fall die mit großer Genauigkeit billig herstellbare Evolventenverzahnung anwendbar ist (s. Bild 19/25).

Als *Moment*kupplungen, z. B. für Stanzen und Exzenterpressen eignen sich Drehkeilkupplungen (Bild 19/26), gesteuerte Freiläufe und Gesperre (s. Bd. 2), die Stieber-Rollkupplung (Bild 19/6) und gegebenenfalls auch die Ziehkeilkupplung (Bild 19/27).

Die *Stoßkraft* (Beschleunigungskraft $\boxed{P_b \approx 2\ A_m/f}$ (kg) an den Zahnflanken beim Einschalten unter ungleicher Drehzahl wird um so kleiner, je größer der Verformungsweg f (m) und je kleiner die *Zunahme* der kinetischen Energie $\boxed{A_m = J_m \cdot \omega^2/2}$ (kgm) ist, mit Massenträgheitsmoment J_m (kgm/s²) und *Zunahme* der Winkelgeschwindigkeit ω (1/s) während des Stoßvorgangs.

Als Schaltelement für *Sicherheits*kupplungen genügt für grobe Kraftbegrenzung ein Scherbolzen oder Scherblech, die bei Überlastung abgeschert werden, oder federbelastete Reibkupplungen (Rutschkraft schwankt mit dem Reibwert!), während zur genaueren Begrenzung der Höchstlast die Abstützung einer Komponente der Umfangskraft durch eine Feder zu empfehlen ist, deren Federweg bei Überschreitung der Höchstlast zur Freigabe der Kupplung ausgenutzt wird (s. Bild 19/28).

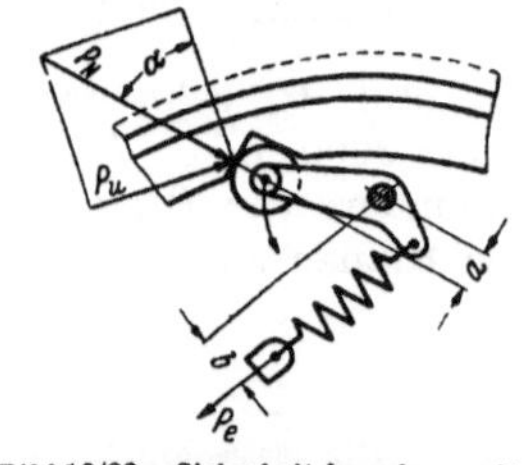

Bild 19/28. Sicherheitskupplung mit federbelasteter Rollenklinke, ausklinkend, wenn $P_N \cdot a = P_u \cdot a/\sin\alpha = P_e \cdot b$ ist.

19.5. Schrifttum zu 19.

Allgemein.

[19/1] vom Ende, E.: Wellenkupplungen und Wellenschalter. Einzelkonstr. aus dem Masch.-Bau H. 11. Berlin: Springer 1931.

Feste Kupplungen.

[19/2] Schemberger, G.: Untersuchung über die Spannungsverteilung, Drehsteifigkeit und Drehwechselfestigkeit der Hirth-Verzahnung. Dr.-Diss. Stuttgart 1937.
[19/3] — Verbindung von Wellen durch Zahnung. Z. VDI Bd. 83 (1939) S. 912.
[19/4] Matzke: Die Hirth-Verzahnung, ein bewährtes Maschinenelement. Werkstatt u. Betrieb Bd. 74 (1941) H. 10.
[19/5] Vogel, A.: Plankerbverzahnungen. Die Technik Bd. 2 (1947) S. 89.
[19/6] — Hirth-Verzahnung. Schriften der Fa. A. Hirth A. G., Stuttgart-Zuffenhausen.
[19/7] Stieber, P.: Die Rollkupplung zur Verbindung von Welle und Bohrung und dgl. Z. VDI Bd. 84 (1940) S. 195.
[19/8] — Stieber-Rollkupplung. Schriften der Fa. Stieber-Rollkupplung, München 23.

Ausgleich-Kupplungen und Gelenke.

[19/9] Altmann, G.: Drehfedernde Kupplungen. Z. VDI Bd. 80 (1936) S. 245 und Kraftfahrtechn. Forsch.-Arb. H. 6. Berlin: VDI-Verlag 1937.
[19/10] Kutzbach, K.: Quer- und winkelbewegliche Wellenkupplungen. Kraftfahrtechn. Forsch.-Arb. H. 6. Berlin: VDI-Verlag 1937.
[19/11] Rembold, V. u. J. Jehlicka: Das Verhalten federnder Kupplungen im Betrieb. Forschg. u. Fortschr. 5 (1934) S. 146/54 u. 8 (1937) S. 109/18.
[19/12] Brink, K.: Verhalten von elastischen Kupplungen im Dauerbetrieb, insbesondere Bestimmung der Dämpfung. Mitt. Wöhler-Inst. Braunschweig H. 32 (1938).
[19/13] Kutzbach, K.: Quer- und winkelbewegliche Gleichganggelenke für Wellenleitungen. Z. VDI Bd. 81 (1937) S. 889.
[19/14] Pielstick: (MAN-Renk-Hülsenfederkupplungen und Dämpfung von Drehschwingungen.) Mitt. Forsch.-Anst. GHH-Konzern 5 (1936) H. 5.
[19/15] — Die hochelastische Deli-Kupplung. Demag-Nachr. Nov. 1936.
[19/16] Spies, R.: Kardangelenke zur Übertragung gleichförmiger Bewegung. Fördertechn. 29 (1936) S. 289/98.
[19/17] Dietz, H.: Die Übertragung von Momenten in Kreuzgelenken. Z. VDI Bd. 82 (1938) S. 825.
[19/18] Groszmann, K. H.: Die Momente im Kreuzgelenk. Schweiz. Bauztg. 113 (1939) S. 27.
[19/19] — Handbuch für Kugelgelenk-Antriebe. Fritz Werner A. G., Berlin-Marienfelde.
[19/20] Reuthe, W.: Ausführungsarten, Belastungsgrenzen und Reibungsverluste von Kreuzgelenken. Konstruktion Bd. 1 (1949) S. 206.

Sachverzeichnis.

Abdichtungen, Gleitlager 249.
—, Maße 122.
—, Wälzlager 218.
Abkanten, Abrundung 20.
Abmaße 126.
Abrundungen 21.
Abschreckhärten 85.
Abzughülse, Wälzlager 218.
Achsen 268.
Al-Legierungen 93.
Al-Bronze 99.
Al-Bronzelager 256.
Anlassen 85.
Anregung 4.
Anstände 11.
Arbeitsflächen 21.
Arbeitsmethoden 1.
—, Schrifttum 11.
Atrappe 10.
Aufgabenstellung 2.
Ausgleich-Kupplungen 298, 301.
Ausschlagfestigkeit 52.
Ausschlagspannung 52.
Automatenstähle 91.

Baustähle 89.
Bearbeitete Teile 20.
Bedienungseinfluß 14.
Belastungsfall 52.
Berechnen, Gesichtspunkte 9.
Beryllium-Bronze 99.
—, Federn 183, 203.
Betriebssicherheit, Einfluß 14.
Beulspannung 48.
Beurteilung, Neukonstruktion 7.
Bewegungsschraube 160, 170.
Biegefeder 188.
Biegespannung 39—41.
Biegeträger, gekrümmt 69, 192.
—, Festigkeit, Gestaltung 69—72.
biegsame Wellen 276.
Blattfeder 189.
Blechteile 19.
Bleibronze 99.
—, Lager 256.
Boge-Silentblock 198.
Bohrungen 22.
Bolzen-Verbindung 176.
Brinellhärte 51.
Bruchdehnung 50.
Bronze 99.
—, Lager 256.

Chromnickelstähle 89, 90.
Cu-Legierungen 98.

Dämpfung, Schwingungs- 182, 184, 298.
Dauerbruch 52.
Dauerfestigkeit 52.
—, Schrifttum 34, 61, 277, 293.
Dauerfestigkeitswerte 54—56.
Dauerstandfestigkeit 50.
Deckel, Flansche 22.
— Befestigungen 158.
Dehnung 50.
Dehnschraube 169.
Dehnsitz 284.
Dichtungsringe, Maße 122.
—, Nilos 218.
Differenzgewinde 159.
Doppel-Ausnutzung 5.
Drehspannung 43.
Drehstabfeder 193.
Druckstab 148.
Durchbrüche 22.

Einbettungseffekt 29.
Eigenschwingung 200, 271.
Einsatzhärten 86.
Einsatzstähle 87, 89.
Elastische Federn 181.
— Kupplungen S. 299, 301.
Elastizitätsgrenze 50.
Englergrad 265.
Entwurf, Arbeitsfolgen 8.
Erfahrungen 1.

Federn, Schrifttum 201.
—, Biegefeder 188.
—, Blattfeder 189.
—, Drehstabfeder 193.
—, elastische 181.
—, Gummifeder 198.
—, Kegelfeder 197.
—, Lenkerfeder 191.
—, Litzen-Schraubenfeder 196.
—, Pufferfeder 197.
—, Ringfeder 187.
—, Schraubenfeder 194.
—, —, Abmessungen 196.
—, Spiralfeder 192.
—, Tellerfeder 192.
—, Zugfeder 186.
Federstähle 91, 92.

Fertigungseinfluß 15.
Festigkeitsrechnung 36.
Festigkeit, Schrifttum 60.
Festigkeitswerte, statische 49.
—, dynamische 52, 54.
Fette 262.
Flächenpressung 38.
—, Gelenke 245.
—, Gewinde 166.
—, Gleitlager 244, 245, 253.
—, Kegelsitz 286.
—, Keilwelle 291.
—, Kerbzahnprofil 292.
—, Klemmsitz 281.
—, K-Profil 293.
—, Kupplungen 299.
—, Nietverbindung 144.
—, Paßfeder, Keil 287, 289.
—, Preßsitz 283.
—, Stifte 180.
—, Wälzpaarungen 204.
Flansche, Ausbildung 22.
Flanschverbindungen 158.
Fließgrenze 50.
Flußstahl 83.
Form-Leichtbau 62.
Fragemethode 4.

Gekrümmter Biegeträger 69, 192.
Gelenke, 294, 300.
—, Maße 302.
Gelenke, Schrifttum 304.
Gelenkwellen 276.
Geräuscharmut 13.
Gesichtspunkte f. Konstruktion 1, 2, 3, 7—9.
Gestaltungsregeln 12—35
—, Schrifttum 34.
Gestehungskosten 7.
Gewinde 161.
Gezogene Stähle 91.
Gleitlager 239.
— Abdichtung 249.
— Belastungswerte 244.
— Bemessung 245.
— Eigenschaften 239.
— Erwärmung 243.
— Gestaltung 247.
— Kennlinien 242.
— Kurz- 250.
— Längs- 252.
— Quer- 245.

Gleit-Reibung 240.
— Schmierung 251.
— Schmiertheorie 240.
Gleitlager, Schrifttum 258.
—, Segment- 253.
—, Spur- 252.
—, Werkstoffe 255.
—, Schrifttum 259.
Glühbehandlung 84.
Graphitierte Lager 258.
Grauguß 80.
—, Lager 256.
Grenzspielzahl 53.
Grübchenbildung 209.
Gummifedern 198.
Gummi, Lager 257.
Gußteile, Gestaltung 15.

Härtebehandlung 84.
Härteverfahren, Schrifttum 105.
Härte u. Verschleiß 28, 29.
Härtewerte 51.
Hartgewebe 102.
Hartholz, Lager 257.
Hartmetall 93.
—, Lager 257.
Hartporzellan 102.
Hertz'sche Pressung 205, 206.
Hirthverzahnung 295.
Hohlquerschnitte, Drehfestigkeit 70, 74.
Holz 100.

Ideelle Last, Wälzlager 222.
ISA-Toleranzen 124.

Jahreskosten 2, 3.

Kegelfeder 197.
Kegellager 216.
Kegelsitz 286.
Kegelstift 177.
Keile, Maße 289, 290, 292.
Keilverbindung 288.
Keilwellen 287, 291.
Keramische Stoffe 103.
—, Lager 257.
Kerbfestigkeit 56, 55.
Kerbnägel 179.
Kerbschlag-Festigkeit 58.
Kerbstellen, günstige Ausbildung 57, 73.
Kerbstift 177.
Kerbwirkung, Festigkeit 55, 56.
—, Wellenabsatz 56.
—, Querbohrung 56.
—, Spitzkerbe 56.
—, Oberfläche 56.
—, Kröpfung 55.
—, b. Wellen 270, 279.
Kerbzahnprofil 288.
— -Maße 292.
Kesselblech 153.
Kettenmaße 22.

Klemmsitze 281.
Knickspannung 47.
Knickzahl ω 48.
—, Zahlenwerte 150.
Konstruktionsablauf 8.
Korrosionsschutz 32.
—, Schrifttum 35.
K-Profil-Welle 288.
— -Maße 293.
Kraftausgleich 5, 13.
Kraftfluß 55.
Kritik der Lösung 6.
Kritische Drehzahl 272.
Kugellager 216.
Kupfer 99.
— -Leg. 99.
Kunstharz-Preßstoffe 102.
—, Lager 257.
Kunststoffe 101.
Kupplungen (Wellen) 294.
—, Abmessungen 297, 301.
—, Ausgleich- 298, 301.
—, Bogenzahn- 300.
—, Bolzen- 303.
—, Drehkeil- 303.
—, Elastische — 299.
—, feste 295.
—, Flansch- 296.
—, Kardan- 300.
—, Klauen- 300.
—, Moment- 303.
—, Roll- 297.
—, Schalen- 297.
—, Schalt- 300.
—, Schaltzeug 302.
—, Scheiben- 296.
—, Schrifttum 304.
—, Sicherheits- 304.
—, Zahn- 300, 303.
—, Ziehkeil- 303.

Lager, Abdichtungen 249.
—, Belastungswerte 244.
—, Gleit- 239.
—, Kurzgleit- 250.
—, Längs- 252.
—, Michell- 253.
—, Nadel- 217.
—, Quer- 245.
—, -Reibung 224, 240.
—, Ringschmier- 247.
—, Riebe-Caro- 249.
—, Segment 254.
—, Schneiden- 203.
—, Sintermetall- 249.
—, Wälz- 215.
Laufrad-Schiene 213.
Lebensdauer, Kurve 53.
—, Wälzlager 221.
legierte Stähle 89—94.
Leichtbau 61.
—, Schrifttum 77.
Leichtmetall-Leichtbau 76.
Leichtprofile 109.
Lenkerfeder 191.

Lignofol 101.
Lignostone 101.
Litzen-Schraubenfeder 197.
Lote 141.
Lötverbindung 140.
L-Stahlprofile 110—115.

Maschinenbaustahl 87.
Massen-Trägheitsmoment 270, 272.
Metallkeramische Stoffe 103.
Messing 99.
Mg-Legierungen 96.
—, Lager 257.
Mittelspannung 52.
Modelle 10.
Monell-Metall 99.
Moment, Biege- 39.
—, Biege-Widerstands- 39.
—, Dreh- 43.
—, Dreh-Widerstands- 43.
—, Flächen-Trägheits- 39, 43.
—, Massen-Trägheits- 270, 272.

Naben auf Wellen 278.
Nachstell-Elemente 5.
Nadellager 217.
NE-Metalle 93.
Nennspannung 37, 49.
Neusilber 99.
Nietmaße 149.
Nietverbindung 143.
— im Behälterbau 156.
—, Festigkeit 146.
— im Kesselbau 152.
— im Leichtmetallbau 151.
Nietverbindung, Schrifttum 156.
— im Stahlbau 147.
Nilos-Dichtungsring 218.
Nitrierhärten 86.
Nitrierstähle 87.
Nockenpaarung 213.
Normalglühen 85.
Normalspannung 37.
Normen 123.
—, Schrifttum 127.
Normzahlen 123.
Nutz-Dauerfestigkeit 57.
Nutzfestigkeit 59.
Nutzsicherheit 59.

Oberflächengüte 21.
Öle 261.
Ölzähigkeit 265.
Optimum-Untersuchungen 6.

Paßarbeiten 22.
Paßfeder-Maße 289.
— -Verbindung 287.
Passungen 123.
Passungen, Schrifttum 127.
Passungszeichen 124.
Pendellager 216.
Perlitguß 81.
Plan-Kerbverzahnung 295.

Plastische Kunststoffe 101.
Plexiglas 102.
Preßsitze 282.
—, Längs- 285.
—, Quer- 283.
—, Schrifttum 294.
Preßstoffe 102.
—, Lager 257.
Preßteile 19.
Problemstellung 2.
Profilstähle 87.
—, Tafeln 107—118.
Profilwellen, Schrifttum 294.
Prüfung von Entwürfen 9.
— von Neukonstruktionen 7.
Prüfung von Zeichnungen 8, 9.
Proportional-Grenze 50.
P-Träger 118.
Pufferfeder 197.
Punktwertung 6, 7.

Quarzal, Lager 257.
Querbohrung, Kerbwirkung 56.
—, günstiger 73.
Querpunkt 43.
Quetschgrenze 50.

Randhärten 85.
Räumen 23.
Reibung, Gleitlager 240.
—, Gewinde 161, 169.
—, Haft- 281—284.
— bei Federn 182, 184, 187, 199.
—, Keilverbindung 281.
—, Klemmsitz 281.
— bei Scheiben- u. Schalenkupplungen 296, 297.
—, Nietverbindung 144.
—, Preßsitz 283.
—, Roll-, Wälz- 212.
—, Rutsch- 281—284.
—, Schraube 161, 169.
—, Stiftverbindung 177.
—, Wälzlager 224.
—, Wälzpaarung 212.
Reibradgetriebe 213.
Reibschluß-Verbindungen 281.
Rillenlager 216.
Ringfeder 187.
Ringlager 216.
Rippen, Festigkeit 72.
Ritzhärte 51.
Rockwellhärte 51.
Rohre, Biegehalbmesser 20.
Rollenlager 216.
Rollkupplung 297.
Rollreibung 212.
Rostschutz, Schrifttum 35.
Rotguß 99.
—, Lager 256.
Rundquerschnitte, F, J, W, G 107.

Schadenslinie 53.
Schalenbau 68.
Schaltkupplungen 300.
Schalenkupplung 297.
Schaltzeug (Kupplungen) 302.
Scheibenfeder, Maße 290.
Scheibenkupplung 296.
Scheibenlager 216.
Schichtholz 101.
Schlagfestigkeit 58.
Schlankheitsgrad 47.
Schlupf 211.
Schmiedeteile 19.
Schmiegung 205.
Schmierstoffe 261.
—, Schrifttum 268.
Schmiertheorie, Gleitlager 240.
—, Schrifttum 258.
Schmierung, Gleitlager 251.
—, Schrifttum 260.
Schneidmetalle 93, 94.
Schraubenarten 158.
Schrauben, Berechnung 166.
—, Erfahrungswerte 171.
—, Gestaltung 158.
— -Maße 172.
Schraubenfeder 194.
Schraubenmuttern 158.
— -Normen 175.
Schraubensicherungen 159.
Schraubenverbindung 157.
—, Schrifttum 175.
Schrauben-Verspannungsbild 168.
Schrifttum:
—, Arbeitsmethoden 11.
—, Dauerfestigkeit 34, 61, 277, 293.
—, Federn 201.
—, Gelenke 304.
—, Gestaltungsregeln 34.
—, Gleitlager 258.
—, Gleitwerkstoffe 259.
—, Härteverfahren 105.
—, Korrosionsschutz 35.
—, Kupplungen 304.
—, Leichtbau 77.
—, Lötverbindung 142.
—, Nietverbindung 156.
—, Normen u. Passungen 127.
—, Preßsitze 294.
—, Profilwellen 294.
—, Rostschutz 35.
—, Schmierstoffe 268.
—, Schmiertheorie 258.
—, Schmierung 260.
—, Schraubenverbindung 175.
—, Schweißverbindung 136, 140.
—, Schwingungen 203, 277.
—, Spannung u. Festigkeit 60.
—, Stifte 181.
—, Verschleißabwehr 35.
—, Wälzlager 226.
—, Wälzpaarungen 214.
—, Wellen u. Achsen 277, 293.
—, Werkstoffe 104.
—, Werkstoff-Umstellung 104.
Schrumpfsitz 283.
Schubspannung 42.
Schwarzguß 82.
Schweißbarkeit 129.
Schweißkonstruktion 128.
—, Festigkeitsrechnung 133.
—, Gestaltung 130.
—, Gestaltungsbeispiele 137.
—, Gewichtsersparnis 128.
—, im Kesselbau 135.
—, im Maschinenbau 136.
—, im Stahlbau 134.
—, Stoß- u. Nahtformen 130.
—, Zeichnungsangaben 132.
Schweißverbindung 128.
—, Schrifttum 136, 140.
Schweißverfahren 129.
Schweißvorrichtungen 129.
Schwingungen, Schrifttum 203, 277.
—, Dämpfung 102, 184, 298.
Schwingungsfestigkeit 52.
Schwingungszahl 201.
Seeger-Sicherungen 119, 120.
Segmentlager 253.
Sicherheits-Kuppl. 304.
Sicherungsringe 119, 120.
Sicherungen, Schrauben 159.
— 14.
Sicken 20.
Sintereisen 103, 256.
—, Lager 249.
Spannhülse 218.
Spannstift 177.
Spannung, Ausschlag 52.
—, Beul- 48.
Spannung, Dreh- 43.
—, Kerb- 55.
—, Knick- 47.
—, Mittel- 52.
—, Nenn-, 37, 49.
—, Normal- 37.
—, Schub- 42.
—, Vergleichs- 46.
—, zulässige 58.
Spannungsdreieck 168.
Spannung u. Festigkeit, Schrifttum 60.
Spannungsfrei glühen 85.
Spiralfeder 192.
Spurlager 252.
Stahl, Automaten- 91.
Stahlbleche 86, 88.
Stahl, Bau- 89.
—, Einsatz- 89.
—, Feder- 91.
—, gezogener 91.
Stahlguß 82.
Stahl-Legierungen 83.
— -Leichtbau 73.
— -profile 107, 118.
— -rohre 87, 108.
—, St 00 bis St 70 89.
—, Vergütungs- 90.
—, Warmfester 91.
—, Werkzeug- 93, 94.

Stahl, zunderbeständ. 91.
Stanzteile 19.
Stegblechstoß 151,
Steiner'scher Satz 40.
Stellringe 121.
Stieber-Rollkuppl. 297.
Stifte, Abmessungen 178.
Stiftverbindung 176.
—, Bemessung 179.
Stoff-Leichtbau 62.
Störanfälligkeit 11.
Stoßkraft 200.
—, Unterbindung 13.
Stoßvorgang 49, 200.
Stribecksche Wälzpressung 205.

Tangentkeil 289.
—, Maße 292.
Teleskopwellen 276.
Tellerfeder 192.
Temperguß 82.
Toleranzen 124.
Tonnenlager 216.
Tragfähigkeit, Gleitlager 244.
—, Wälzlager 220.
Trägheitsmoment, Biege- 39.
—, Dreh- 43, 45.
—, Massen- 270, 272.
Tragzahl C, Wälzlager 220.
Transportrücksichten 25.
T-Stahlprofile 117.

Ursprungsfestigkeit 53.
U-Stahlprofile 116.

Variationstechnik 4,5.
Verbindungen 24.
Verbundstoffe 102.
Vergleichspannung 46.
Vergüten 85.
Vergütungsstähle 90.
Versandrücksichten 25.
Verschleiß, Abwehr 25.
— -Arten 27.
—, Gleit- 28.
— u. Härte 28, 29.
—, Merkmale 27.
—, Mineral- 30.
— Sog- 32.
— Strahl- 31.
— Wälz- 31.
—, Schrifttum 35.
Versuche 10.
Vickershärte 51.
Vielnut-Profil 287.
— -Maße 291.
Viskosität 265.
Vorspannungsverbindungen 13.
— bei Schrauben 167.
— bei Naben 288.
Vorstellungsvermögen 9.

Waagengelenk 209.
Waagenschneide 209.
Wälzfestigkeit 209, 210.
Wälzlager 215.
Wälzlager, Abmessungen 227, 238.
—, Schrifttum 226.
Wälzlagerstahl 90.
Wälzpaarungen 203.
—, Schrifttum 214.
Wälzpressung 205.
Wälzreibung 212.
Wälzschlitten 213.
Wärmeausdehnung 127.
Wärmebehandlung 84.
Warmfeste Stähle 91, 92.
Warmfließgrenze 50.
Wartungseinfluß 14.
Wechselfestigkeit 53.
Weißmetall, Lager 256.
Wechselstab 148.
Wellen 268.
— -Absatz, Kerbwirkung 56.
Wellen, Bemessung 272.
—, biegsame 276.
—, Durchbiegung 274.
—, Gelenk- 276.
— Kerbstellen 270, 279, 56.
—, Kritische Drehzahl 272.
—, Schrifttum 277, 293.
—, Teleskop- 276.
—, Verbindungen 278, 294.
Werkstoffe 79.
—, Schrifttum 104.
Werkstoff-Vergleich 62.
— -wahl 79.
— -Umstellung, Schrifttum 104.
Werkzeugstähle 93, 94.
Widerstandsmoment, Biege- 39.
—, Dreh- 43—45.
Winkel-Stahl 110—115.
Wirtschaftlichkeit 12.
Wöhlerkurve 53.
Wirkungsgrad, Federn 184.
—, Gewinde, Schrauben 162.

Zähigkeit 50, 265.
Zahn-Kupplungen 300, 303.
Zeitfestigkeit 52.
Zellenbau 68.
Zentrierungen 24.
Zink-Legierungen 98.
—, Lager 257.
Zinnbronze, Lager 256.
Zugfeder 186.
Zugfestigkeit 50.
Zugstab 148.
Zugversuch 50.
Zulässige Spannung 58.
Zunderbeständige Stähle 91, 92.
Zusammenbau 25.
Zwischenkorn, Verschleiß 27.
Zylinder-Rollenlager 216.
Zylinderstift 177.

W 57 275 4022
III 18/97 DG 721/68/57